myBook+

Ihr Portal für alle Online-Materialien zum Buch!

Arbeitshilfen, die über ein normales Buch hinaus eine digitale Dimension eröffnen. Je nach Thema Vorlagen, Informationsgrafiken, Tutorials, Videos oder speziell entwickelte Rechner – all das bietet Ihnen die Plattform myBook+.

Und so einfach geht's:

- Gehen Sie auf **https://mybookplus.de**, registrieren Sie sich und geben Ihren Buchcode ein, um auf die Online-Materialien Ihres Buchs zu gelangen
- **Ihren individuellen Buchcode finden Sie am Buchende**

Wir wünschen Ihnen viel Spaß mit myBook+!

Bilanztraining

Prof. Dr. Inge Wulf, Dr. René Pollmann

Bilanztraining

Jahres- und Konzernabschluss, Lage- und Nachhaltigkeitsbericht, Grundzüge der IFRS

16. aktualisierte und überarbeitete Auflage

Haufe Group
Freiburg · München · Stuttgart

Bibliografische Information der Deutschen Nationalbibliothek

Die Deutsche Nationalbibliothek verzeichnet diese Publikation in der Deutschen Nationalbibliografie; detaillierte bibliografische Daten sind im Internet über http://dnb.dnb.de/ abrufbar.

Print:	ISBN 978-3-648-17313-8	Bestell-Nr. 01109-0009
ePub:	ISBN 978-3-648-17314-5	Bestell-Nr. 01109-0102
ePDF:	ISBN 978-3-648-17315-2	Bestell-Nr. 01109-0152

Prof. Dr. Inge Wulf, Dr. René Pollmann
Bilanztraining
16. aktualisierte und überarbeitete Auflage, Dezember 2023

www.haufe.de
info@haufe.de

Bildnachweis (Cover): © iStock, g-stockstudio

Produktmanagement: Dipl.-Kfm. Kathrin Menzel-Salpietro
Lektorat: Juliane Sowah

Inhaltsverzeichnis

Vorwort

Die Bilanzierung hat die Aufgabe, das Unternehmen in einem Jahresabschluss abzubilden, der handelsrechtlich für Kapitalgesellschaften unter Beachtung der Grundsätze ordnungsmäßiger Buchführung ein den tatsächlichen Verhältnissen entsprechendes Bild der Vermögens-, Finanz- und Ertragslage zu vermitteln hat. Die Stakeholder des Unternehmens sind an entsprechenden Informationen über die wirtschaftliche Lage und deren Entwicklung interessiert. Deren Interessenslage beschränkt sich jedoch nicht nur auf die primär quantitative Abbildung im Jahres- oder Konzernabschluss, sondern erstreckt sich zunehmend auch auf nachhaltigkeitsbezogene Informationen, insbesondere betreffend Umwelt- und Sozialthemen, um nichtfinanzielle Leistungen von Unternehmen unter Berücksichtigung von Nachhaltigkeitsaspekten bewerten zu können.

Das Buch erläutert zentrale Fragen zur Erstellung eines Jahres- und Konzernabschlusses nach HGB in gebotener Breite und Tiefe. Darüber hinaus vermitteln die Ausführungen zur Nachhaltigkeitsberichterstattung sowie ein komprimierter Überblick zur Bilanzierung nach IFRS ein breites Grundverständnis. Bei der Bearbeitung der Themen helfen vor allem die Veranschaulichungen durch zahlreiche Übersichten und Beispiele sowie die zielgerichteten Übungsaufgaben und Lernkontrollfragen. Zentrale Inhalte werden zudem durch Praxisbeispiele konkretisiert. Ergänzend können Sie mit den digitalen Extras Ihr erlerntes Wissen weiter festigen.

Die Rechnungslegung ist in den letzten Jahren durch einen dynamischen Änderungsprozess gekennzeichnet. So wurde die 12. Auflage auf der Basis des Bilanzrechtsmodernisierungsgesetzes (BilMoG) völlig neu verfasst. In der 13. Auflage sind inzwischen erschienene Verlautbarungen zur Auslegung des BilMoG berücksichtigt sowie zahlreiche ergänzende Aufgaben eingefügt worden. Die 14. Auflage ergänzte die erneut grundlegend überarbeiteten Ausführungen noch konsequenter um Hinweise auf steuerrechtliche Abweichungen und wurde um ein Kapitel zu den Grundsachverhalten nach IFRS ergänzt. Zudem wurde die Entwurfsfassung des Kleinstkapitalgesellschaften-Bilanzrechtsänderungsgesetzes (MicroBilG) mit eingearbeitet. Weiterhin wurde in der überarbeiteten 15. Auflage insbesondere das Bilanzrichtlinie-Umsetzungsgesetz (BilRUG) eingearbeitet. In der jetzt vorliegenden 16. Auflage erfolgten umfassende Überarbeitungen und Ergänzungen sowie eine inhaltliche Erweiterung um das Thema der Nachhaltigkeitsberichterstattung, die stufenweise ab dem Geschäftsjahr 2024 verpflichtend zu erstellen ist. Für große Kapitalgesellschaften gelten die Vorgaben bereits ab dem Geschäftsjahr 2025. Die hervorragenden Ausführungen von Herrn Dr. Schmidt, dessen erfolgreiches Buch wir seit der 11. Auflage freundlicherweise weiterführen dürfen, waren uns eine gute Vorlage. Mit der 16. Auflage gab es einen Autorenwechsel: Herr Prof. Dr. Müller hat seine Co-Autorenschaft an Herrn Dr. Pollmann übertragen.

Das Buch richtet sich an Studierende vor allem der Betriebswirtschaftslehre, des Wirtschaftsingenieurwesens, der Wirtschaftsinformatik, der Volkswirtschaftslehre und der Rechtswissenschaften, die an einer grundlegenden Einführung in die Rechnungslegung, Nachhaltigkeitsberichterstattung, Konzernabschlusserstellung und internationale Rechnungslegung interessiert sind. Die Themen behandeln den relevanten Lehrstoff, der an Universitäten, Hochschulen Berufsakademien wie auch Verwaltungs- und Wirtschaftsakademien im Bachelorstudiengang wie auch an Weiterbildungseinrichtungen vermittelt wird. Außerdem eignet sich das Buch für Praktiker des Rechnungswesens, die entweder eine Einführung in die behandelten Themenbereiche suchen oder ihre Kenntnisse auffrischen und/oder vertiefen wollen.

Die umfangreichen Aktualisierungen wären ohne den engagierten Einsatz von Mitarbeitern nicht möglich gewesen. Daher danken wir besonders den wissenschaftlichen Mitarbeitern Tim Friedrich (M.Sc.) und Lucas Kirste (M.Sc.) für ihre hervorragende Unterstützung bei der Erstellung der Neuauflage. Zudem gebührt unser Dank der Produktmanagerin, Frau Kathrin Menzel-Salpietro, und der Lektorin, Frau Juliane Sowah, für die außerordentlich gute Zusammenarbeit.

Verbesserungsvorschläge oder Anregungen jeder Art nehmen wir dankend entgegen.

Clausthal-Zellerfeld/Düsseldorf, im November 2023

Inge Wulf
René Pollmann

1 Vorschriften zur Rechnungslegung, Prüfung und Offenlegung

Nach Durcharbeiten dieses Kapitels

- kennen Sie die Bedeutung und die Funktionen der Rechnungslegung.
- sind Sie mit den rechtlichen Grundlagen zur Buchführungspflicht vertraut.
- wissen Sie, dass Kaufleute zur Buchführung verpflichtet sind.
- können Sie den Unterschied zwischen Ist-, Kann- und Formkaufmann erläutern.
- haben Sie die Bedeutung von Handels- und Steuerbilanz verinnerlicht.
- haben Sie einen Überblick über die Informationsinstrumente der Rechnungslegung.
- ist Ihnen die Gliederung der handelsrechtlichen Rechnungslegungsvorschriften bekannt.
- können Sie Beispiele für Bilanzposten der Aktiv- und Passivseite (Vermögen und Kapital) benennen und diese hinsichtlich Liquiditätsnähe bzw. Fälligkeit ordnen.
- wissen Sie, wie die Bilanz sowie Gewinn- und Verlustrechnung strukturiert sind.
- können Sie eine Einteilung von Unternehmen in die Größenklassen vornehmen und größenabhängige Aufstellungs-, Prüfungs- und Offenlegungsvorschriften benennen.

1.1 Funktionen der Rechnungslegung

Unter den Begriff der **Rechnungslegung** werden alle verpflichtenden (und ggf. freiwilligen) primär monetären, also mit Geldeinheiten bezifferten Abbildungen von Unternehmen gefasst, die an externe Adressaten – wie Anteilseigner, Fremdkapitalgeber, Steuerbehörden usw. – gerichtet sind. Die Daten stammen aus dem Rechnungswesen, wobei die Rechnungslegung auch als externes Rechnungswesen bezeichnet wird. Dem internen Rechnungswesen werden Instrumente wie die Kosten- und Leistungs-(Erlös-)Rechnung zugerechnet, die primär der Unterstützung der Unternehmensführung mit Blick auf Entscheidungen oder Verhaltensbeeinflussungen dienen. Die Abgrenzung verliert an Trennschärfe, weil auch die externen Daten für die zielorientierte Steuerung von Unternehmen relevant sind und das interne Rechnungswesen ebenfalls umfangreiche Daten für die Rechnungslegung liefern muss.

In Deutschland ist die pflichtgemäße Rechnungslegung primär im Handelsgesetz geregelt; hinzukommen ergänzend oder mit entsprechenden Verweisen die steuerrechtlichen Vorschriften (insbesondere in den §§ 4 – 7 EStG) sowie börsenzugangs-, rechtsform-, größen- oder branchenspezifische Regelungen, bspw. für Kreditinstitute, die bei der Bilanzaufstellung u. a. das Gliederungsschema des Formblatts 1 der Kreditinstituts-Rechnungslegungsverordnung (RechKredV) berücksichtigen müssen, oder für Krankenhäuser, die auch den Rechnungslegungspflichten nach der Krankenhaus-Buchführungsverordnung (KHBV) unterliegen.

Im Zentrum der pflichtgemäßen Rechnungslegung steht der ordentliche **Jahresabschluss.** Der Jahresabschluss ist bei Unternehmen, die an einem geregelten Kapitalmarkt innerhalb der EU (§ 2 Abs. 11 WpHG) gehandelt werden, gem. WpHG um eine ordentliche unterjährige Berichterstattung in Form eines Halbjahresfinanzberichts und zweier Zwischenberichte zu ergänzen ist. Hinzu kommt eine Fülle von Rechnungen, die aufgrund spezieller Anlässe, wie z. B. Umwandlungen oder Liquidationen, zu erstellen sind.

Das Handelsrecht erklärt an keiner Stelle explizit das Ziel oder das Zielsystem der Jahresabschlusserstellung. Abgeleitet aus den Generalnormen in § 238 Abs. 1 S. 1 u. 2 HGB (Generalnorm für die Buchführung), § 243 Abs. 1 HGB (Generalnorm für den Jahresabschluss von Einzelkaufleuten und Personenhandelsgesellschaften) sowie § 264 Abs. 2 S. 1 HGB (Generalnorm für Kapitalgesellschaften) werden traditionell

- die Dokumentation der Geschäftsvorfälle,
- die Gewinnermittlungsfunktion für die Ausschüttungs- und Steuerbemessung (Letzteres jedoch nur unter Beachtung weiterer steuerrechtlicher Regelungen) und
- die Rechenschaftslegung der Unternehmensleitung gegenüber den am Unternehmen beteiligten Gruppen

als Hauptaufgaben des Jahresabschlusses angesehen.

Die **Dokumentationsfunktion** kann aus § 238 Abs. 1 HGB abgeleitet werden. Danach ist jeder Kaufmann[1] verpflichtet, »Bücher zu führen und in diesen seine Handelsgeschäfte und die Lage seines Vermögens nach den Grundsätzen ordnungsmäßiger Buchführung ersichtlich zu machen. Die Buchführung muss so beschaffen sein, dass sie einem sachverständigen Dritten innerhalb angemessener Zeit einen Überblick über die Geschäftsvorfälle und über die Lage des Unternehmens vermitteln kann. Die Geschäftsvorfälle müssen sich in ihrer Entstehung und Abwicklung verfolgen lassen.« In diesem Sinne ist unter Dokumentation zum einen die Buchführungspflicht, die ein übersichtliches, vollständiges, richtiges und systematisches Aufschreiben und Festhalten von Geschäftsvorfällen erfordert, zu subsumieren. Zum anderen erfüllt die Dokumentation eine präventive Wirkung als Beweisfunktion, weil Unterschlagungen (dolose Handlungen) durch das Management aufgrund der Nachprüfbarkeit der Aufzeichnungen verhindert oder zumindest erschwert werden. Die Aufzeichnungen können zur Beweissicherung im Streitfall herangezogen werden.[2] Insbesondere die

1 Nach § 241a HGB existiert für Kleinstunternehmen von Einzelkaufleuten eine Befreiung von der Buchführungspflicht.

2 Vgl. Baetge/Kirsch/Thiele, Bilanzen, S. 92 f.

strafrechtlichen Vorschriften verdeutlichen die Dokumentationsfunktion des Jahresabschlusses (§§ 283 u. 283 b StGB).

Im Rahmen der Jahresabschlusserstellung wird unter anderem der **Gewinn ermittelt, der die Basis für die Bemessung der Besteuerung und der Ausschüttungen** an Gesellschafter und Aktionäre bildet (**Gewinnermittlungsfunktion**). Vor allem bei Kapitalgesellschaften muss aufgrund der Haftungsbeschränkung auf das Gesellschaftsvermögen zum Schutze der Gläubiger sichergestellt sein, dass die Haftungssubstanz nicht durch Ausschüttungen verringert wird, die über den Bilanzgewinn hinausgehen. Aus diesem Grunde bestehen Ausschüttungssperren bei Aktivierung von selbst geschaffenen immateriellen Vermögensgegenständen des Anlagevermögens, bei Aktivierung latenter Steuern und bei Aktivierung von Vermögensgegenständen im Sinn des § 246 Abs. 2 S. 2 HGB, die der Erfüllung von Schulden aus Altersversorgungsverpflichtungen und ähnlichen Verpflichtungen dienen (§ 268 Abs. 8 HGB), sowie bei bestimmten phasengleich vereinnahmten Gewinnen aus Beteiligungen (§ 272 Abs. 5 HGB).[3] Unter Beachtung der latenten Steuerwirkungen soll so der Ausschüttung von noch nicht realisierten Gewinnen vorgebeugt werden.

Der Jahresabschluss ist ein Instrument, mit dessen Hilfe die Höhe des Gewinns nach allgemein verbindlichen Normen unter Beachtung **der Grundsätze ordnungsmäßiger Buchführung und Bilanzierung (GoB)**[4] ermittelt wird. Dabei ist zu beachten, dass sich viele Sachverhalte der **Bilanzierung einer objektiven Abbildung entziehen**. Insbesondere bei der Bewertung kommt ein hohes Maß an Subjektivität in die Bilanzierung, da viele Sachverhalte eingeschätzt werden müssen (Ist der Vermögensgegenstand noch werthaltig? Wie lange können abnutzbare Anlagen wirtschaftlich sinnvoll genutzt werden? Muss für den Prozess eine Rückstellung gebildet werden und wie hoch wird der Schaden sein? ...). Die verbindlichen Normen sind daher als Leitlinien zu verstehen, die zumindest für eine hinreichende Objektivierung der Abbildungen sorgen sollen. »Richtig« kann ein Sachverhalt des Jahresabschlusses somit primär nur bezüglich der angewendeten Abbildungsnormen sein. Zum Zwecke der Sicherung des Unternehmensbestandes erfolgt die Gewinnermittlung unter Beachtung des Vorsichtsprinzips und unter Beachtung von Liquiditäts- und Substanzerhaltungsrestriktionen. Damit sorgen die handelsrechtlichen Normen dafür, dass die Entscheidungsspielräume für die Abbildung deutlich in Richtung einer eher das Jahresergebnis mindernde Wiedergabe der Realität eingegrenzt werden.

Das Problem, welcher Gewinn entnommen werden darf, steht im Mittelpunkt der **Unternehmenserhaltungskonzeptionen**. Inzwischen wurden verschiedene Konzepte wie die Nominalkapitalerhaltung, die Realkapitalerhaltung und die Substanz-

3 Vgl. Müller/Mühlbauer, StuB 2015, S. 691–697.
4 Vgl. das Kapitel 2.4 »Grundsätze ordnungsmäßiger Buchführung (GoB)«.

erhaltung entwickelt.[5] Im HGB wird formal die Nominalkapitalerhaltung verfolgt, die aber in Kombination mit dem Vorsichtsprinzip in Zeiten steigender Preise im Ergebnis in Richtung einer Realkapitalerhaltung tendiert, da im Durchschnitt Aufwendungen früher und Erträge später berücksichtigt werden, als sie realistisch zu erwarten sind. Somit entsteht eine im Unternehmen verbleibende stille Reserve, die zum Ausgleich der Preissteigerungen und damit zur realen Kapitalerhaltung eingesetzt werden kann.

Während Einzelkaufleute und Personenhandelsgesellschaften wegen der Vollhaftung auch mit dem Privatvermögen zumindest eines der Gesellschafter (Komplementär der KG) frei in ihren Entscheidungen bezüglich der Ausschüttungen sind, bestehen für **Kapitalgesellschaften** rechtsformspezifische Ausschüttungsregelungen, die bei Aktiengesellschaften in den §§ 58 u. 150 AktG und bei GmbHs in den §§ 29 u. 30 GmbHG verankert sind. So besteht die Pflicht, jährlich bestimmte Beträge des Jahresergebnisses in die gesetzlichen Rücklagen zu überführen. Außerdem ist vorgeschrieben, dass vor einer Auflösung der Gesellschaft nur der Bilanzgewinn ausgeschüttet werden darf; der Bilanzgewinn ist der nach Rücklagenbildung/ -auflösung und Gewinn-/Verlustvorträgen verbleibende Jahresüberschuss.

Dementsprechend steht einer **Mindestausschüttung** als Ausschüttungssicherung zum Zwecke des Gesellschafterschutzes eine Höchstausschüttung als Ausschüttungsbegrenzung zum Zwecke des Gläubigerschutzes gegenüber. Es wird somit als erforderlich angesehen, dass die Eigentümer bei entsprechender Erfolgslage des Unternehmens eine angemessene Gewinnausschüttung erhalten, womit einerseits dem Jahresabschluss die Aufgabe zukommt, die Gesellschafter gegen willkürliche Gewinnkürzungen und -einbehaltungen abzusichern. Andererseits kommt dem Jahresabschluss auch die Aufgabe zu, gläubigergefährdende Ausschüttungen, die das Mindesthaftungskapital verringern könnten, zu verhindern, weil die Haftung der Eigentümer gegenüber den Gläubigern bei Kapitalgesellschaften auf das Haftungskapital beschränkt ist.

Die handelsrechtliche Gewinnfeststellung im Einzelabschluss ist aufgrund des sog. **Maßgeblichkeitsgrundsatzes** gem. § 5 Abs. 1 EStG – vorbehaltlich bestimmter Ausnahmen und der Ausübung eines steuerlichen Wahlrechts (Durchbrechung des Maßgeblichkeitsprinzips) – die Basis für die steuerrechtliche Gewinnermittlung zur Bestimmung der an den Fiskus zu leistenden Zahlungen. Die Gewinnfeststellungsfunktion des Jahresabschlusses dient daher auch den Zwecken der Besteuerung.[6]

Die **Rechenschaftslegung** ergibt sich gem. § 238 Abs. 1 S. 1 HGB aus der Pflicht des Kaufmanns, die Lage seines Vermögens ersichtlich zu machen. Ebenso ist der Kauf-

---

5 Vgl. ausführlich Coenenberg/Haller/Schultze, Jahresabschluss und Jahresabschlussanalyse, S. 1354–1389.

6 Vgl. Baetge/Kirsch/Thiele, Bilanzen, S. 100 ff.

mann gem. § 242 HGB verpflichtet, regelmäßig eine Bilanz als »einen das Verhältnis seines Vermögens und seiner Schulden darstellenden Abschluss« (Abs. 1) aufzustellen. Die Rechenschaftslegung der Unternehmensführung erfolgt zum einen gegenüber sich selbst und zum anderen – allerdings rechtsformspezifisch höchst unterschiedlich ausgestaltet – gegenüber Dritten (Gläubigern, Kunden, Lieferanten, Arbeitnehmern und der Öffentlichkeit). Die Rechenschaft der Unternehmensführung vor sich selbst dient der Kontrolle getroffener Entscheidungen und hilft bei der weiteren Entscheidungsbildung (**Selbstinformation**). Der gesetzlich vorgeschriebene Zwang zur Rechenschaftslegung soll im Sinne des Gläubigerschutzes verhindern, dass der Kaufmann durch unzureichende Informationen über Schuldendeckungsmöglichkeiten in Zahlungsschwierigkeiten gerät. Die Rechenschaftslegung ist mit der Informationsfunktion verbunden. Die mit dem Jahresabschluss präsentierten Informationen geben vor allem Kapitalgebern Rechenschaft über die Verwendung der zur Verfügung gestellten Mittel.

Dokumentation	Gewinnermittlung	Rechenschaft
	(auch Zahlungsbemessung)	(auch Informationsfunktion)
Buchführungspflicht: übersichtliche, vollständige und für Dritte nachvollziehbare Aufzeichnung aller Geschäftsvorfälle. **Beweisfunktion:** Dolose Handlungen werden durch Dokumentation der realen Sachverhalte verhindert oder zumindest erschwert	**Kapitalerhaltung zur Sicherung des Unternehmensbestandes** **Ausschüttungsbemessungsfunktion** Mindestausschüttung/Ausschüttungssicherung: Gesellschafterschutz Höchstausschüttung/Ausschüttungsbegrenzung: Gläubigerschutz Handelsrechtlicher Jahresabschluss (nur der Einzelabschluss!) ist Grundlage für die steuerrechtliche Gewinnermittlung (Maßgeblichkeitsgrundsatz) und dient auch den Zwecken der Besteuerung	Rechenschaft über die Verwendung der zur Verfügung gestellten (anvertrauten) Mittel Rechenschaft gegenüber sich selbst (Selbstinformation) Rechenschaft gegenüber Dritten, wie z. B. Gläubigern, Kunden, Lieferanten, Arbeitnehmern und Öffentlichkeit (Drittinformation)

Abb. 1 – 1: Funktionen der Rechnungslegung im Überblick

Aufgrund der Vielfalt der am Unternehmen partizipierenden und interessierten Gruppen kann nur ein gesetzlich normierter Jahresabschluss eine zufriedenstellende Abwägung der zum Teil gegensätzlichen Interessen gewährleisten. Da der Jahresabschluss prinzipiell einen für alle Interessenten befriedigenden Einblick in die Vermögens-, Finanz- und Ertragslage eines Unternehmens geben soll, wird der handelsrechtliche Jahresabschluss zu einem gesetzlich vorgesehenen Informationskompromiss zwischen den verschiedenen am Unternehmen interessierten Gruppen.[7] Das verdeutlicht die folgende Abbildung:

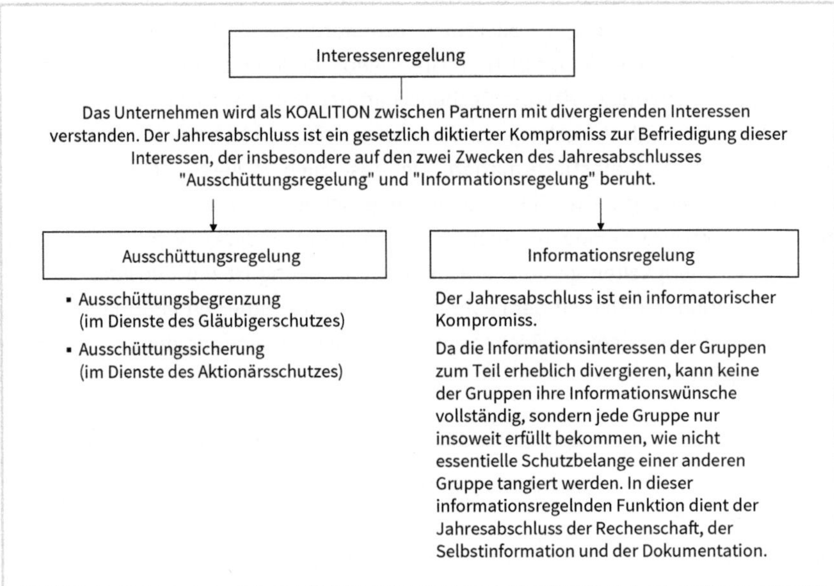

Abb. 1 – 2: System der Jahresabschlusszwecke

Trotz der durch den Kompromisscharakter bedingten Aussagebegrenzungen ist der Jahresabschluss ein zentrales, für viele Gruppen sogar das zentrale Instrument zur Unterrichtung über die wirtschaftliche Lage von Unternehmen. Er kann daher auch als eine Art Visitenkarte des Unternehmens bezeichnet werden.

1.2 Rechtliche Grundlagen der Rechnungslegung

1.2.1 Handelsrechtliche Vorschriften zur Buchführungspflicht

Gemäß § 238 Abs. 1 S. 1 HGB ist zunächst **jeder Kaufmann** verpflichtet, Bücher zu führen und die Lage seines Vermögens nach den Grundsätzen ordnungsmäßiger Buchführung ersichtlich zu machen. Kaufmann im Sinne des HGB ist jede Person, die ein Handelsgewerbe betreibt (§ 1 Abs. 1 HGB). Ein Handelsgewerbe ist nach § 1 Abs. 2 HGB jeder **Gewerbebetrieb**, der nach Art oder Umfang einen **in kaufmännischer Weise eingerichteten Geschäftsbetrieb**, d. h. eine **kaufmännische Organisation**, erfordert. Anhaltspunkte einer kaufmännischen Organisation können bspw. die Höhe der erzielten Umsatzerlöse, die Anzahl der beschäftigten Arbeitnehmer, die Vielfalt der herge-

7 Vgl. Coenenberg/Haller/Mattner/Schultze, Rechnungswesen, S. 20.

stellten und verkauften Erzeugnisse, die Höhe des Betriebsvermögens oder Art und Umfang der Geschäftsvorfälle darstellen (Beispiel: Buchhandlung mit 10 Angestellten und eigener Buchhaltung). Die Definition eines Gewerbebetriebs ist nicht explizit im HGB aufgeführt. Wie auch in anderen Fällen der Bilanzierung geben steuerrechtliche Regelungen hier wichtige Hinweise. Nach § 15 Abs. 3 EStG wird ein Gewerbebetrieb definiert als eine selbstständige, auf Dauer angelegte Tätigkeit mit der Absicht, Gewinne zu erzielen, es sei denn, es liegt die Ausübung von Land- und Forstwirtschaft (§ 13 EStG) oder die Ausübung eines freien Berufs oder einer anderen selbstständigen Tätigkeit (§ 18 EStG) vor.

Die gewerbliche Tätigkeit ist vor allem von der **selbstständigen freiberuflichen Tätigkeit** abzugrenzen. Gemäß § 18 EStG zählen zur **selbstständigen Tätigkeit**:

1. Freiberufler:
   - selbstständig ausgeübte wissenschaftliche, künstlerische, schriftstellerische, unterrichtende oder erzieherische Tätigkeiten,
   - die selbstständige Berufstätigkeit der Ärzte, Zahnärzte, Tierärzte, Rechtsanwälte, Notare, Patentanwälte, Vermessungsingenieure, Ingenieure, Architekten, Handelschemiker, Wirtschaftsprüfer, Steuerberater, beratenden Volks- und Betriebswirte, vereidigten Buchprüfer (vereidigten Bücherrevisoren), Steuerbevollmächtigten, Heilpraktiker, Krankengymnasten, Journalisten, Bildberichterstatter, Dolmetscher, Übersetzer, Lotsen und ähnlicher Berufe,
2. staatliche Lotteriebetreiber (sonst nicht gewerblich),
3. sonstige selbstständige Arbeiten (Testamentsvollstrecker, Vermögensverwalter, Aufsichtsratsmitglieder),
4. Veräußerungsgewinne aus selbstständiger Arbeit.

Von der Buchführungspflicht sind grundsätzlich **Kleingewerbetreibende** befreit. Sie haben nachzuweisen, dass ein in kaufmännischer Weise eingerichteter Geschäftsbetrieb nicht erforderlich ist (Beispiel: Copy-Shop mit Eigentümerin und zwei studentischen Mitarbeitern auf 400-EUR-Basis). Die Beurteilung erfolgt nach der Gesamtwürdigung der betrieblichen Verhältnisse unter Anwendung der folgenden möglichen Kriterien:

- Art der gewerblichen Tätigkeit,
- Zahl der Beschäftigten,
- Vielfalt der Geschäftsvorfälle und -beziehungen,
- Höhe des Umsatzes und des Anlage-/Betriebskapitals.

Land- und Forstwirte, Freiberufler und Kleingewerbetreibende sind grundsätzlich keine Gewerbetreibenden und somit keine Kaufleute (**Nichtkaufmann**) nach § 1 HGB. Sie sind deshalb nicht handelsrechtlich buchführungspflichtig. Während diese Personengruppen **Nichtkaufleute** sind, handelt es sich bei den Gewerbetreibenden, bei denen eine kaufmännische Organisation erforderlich ist, um **Istkaufleute**. Bei Istkaufleuten ist ein Eintrag ins Handelsregister gem. § 29 HGB verpflichtend; der Eintrag hat jedoch nur **deklaratorischen** Charakter. Demgegenüber können sich Land-/Forstwirte oder Gewerbetreibende ohne kaufmännische Organisation freiwillig und widerrufbar ins Handelsregister eintragen lassen; ihre Eintragung ist **konstitutiv**, d.h. rechtserzeugend. Da sie erst kraft Eintragung ins Handelsregister als Kaufleute gelten, handelt es sich um **Kannkaufleute**. Darüber hinaus existieren **Formkaufleute**, die kraft Rechtsform als Kaufleute gelten (§ 6 HGB); dazu zählen Kapitalgesellschaften und Genossenschaften.[8] Ausnahmen nach § 241a HGB (Unterschreiten von Schwellenwerten) greifen hier nicht.

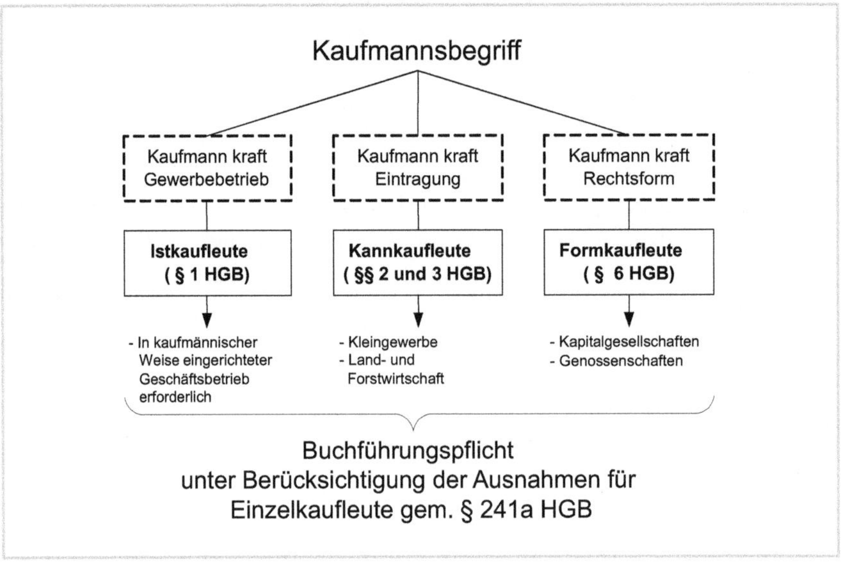

Abb. 1 – 3: Kaufmannseigenschaften[9]

Zur Abmilderung dieser wenig trennscharfen Einteilung hat der Gesetzgeber **Erleichterungen für bestimmte Einzelkaufleute im HGB verankert**. Konkret sind **Kleinstunternehmen** von der Pflicht zur Buchführung und Erstellung eines Inventars befreit und müssen die Vorschriften der §§ 238 – 241 HGB nicht anwenden, wenn sie an den Abschlussstichtagen von zwei aufeinander folgenden Geschäftsjahren nicht mehr als 600.000 EUR Umsatzerlöse und 60.000 EUR Jahresüberschuss[10] aufweisen (§ 241a HGB). Dennoch haben diese Unternehmen für Zwecke der Gewinnermittlung und zur Beweiserbringung bei Rechtsstreitigkeiten faktisch zumindest einen rudimentären Jahresabschluss aufzustellen, sodass die Geschäftsvorfälle geordnet zu erfassen und

8 Vgl. Möller/Hüfner, Buchführung und Finanzberichte, S. 49–50.

9 Vgl. Coenenberg/Mattner/Schultze, Rechnungswesen, S. 48.

10 Die Werte wurden mit dem Bürokratieentlastungsgesetz von 500.000 EUR Umsatzerlöse und 50.000 EUR Jahresüberschuss ab dem Geschäftsjahr 2016 hochgesetzt, BGBl I 2015, S. 1400.

nachzuweisen sind. Zudem können steuerrechtliche Buchführungspflichten greifen, da die Kriterien für die Befreiung nicht deckungsgleich formuliert sind.[11]

1.2.2 Steuerrechtliche Vorschriften zur Buchführungspflicht

Eine Buchführungs- und Aufzeichnungspflicht für steuerliche Zwecke resultiert aus den Bestimmungen der Abgabenordnung. Nach § 140 AO ist die steuerrechtliche Buchführungs- und Aufzeichnungspflicht zunächst an andere Gesetze gekoppelt; das wird als abgeleitete **(derivative) Buchführungspflicht** bezeichnet.

Darüber hinaus sind gem. § 141 AO Gewerbetreibende sowie Land- und Forstwirte auch dann buchführungspflichtig **(originäre Buchführungspflicht)**, wenn eine der folgenden Grenzen überschritten ist:

- Umsatz größer als 600.000 EUR p. a. oder
- selbst bewirtschaftete land- und forstwirtschaftliche Flächen mit einem Wirtschaftswert größer als 25.000 EUR oder
- Gewinn aus Gewerbebetrieb größer als 60.000 EUR oder
- Gewinn aus Land- und Forstwirtschaft größer als 60.000 EUR im Kalenderjahr.

Durch die Bestimmungen des § 141 AO wird der Kreis der zur Buchführung und zum Erstellen von Jahresabschlüssen verpflichteten Personen auch auf Nicht-Kaufleute, die die genannten Größenkategorien überschreiten, ausgedehnt. Diese originäre steuerrechtliche Buchführungspflicht gilt aber nicht für Freiberufler.[12]

Beispiel

In den folgenden Fällen ist zu prüfen, ob für die Personen eine Buchführungspflicht vorliegt oder nicht

1. Sarah Probst betreibt ein Großhandelsunternehmen für Wäschereibedarf in Varel. Sie beschäftigt insgesamt 17 Arbeitnehmer, von denen zwei für die eigene kaufmännische Organisation zuständig sind. Der jährliche Umsatz des Unternehmens beträgt ca. 600.000 EUR.

   → Sarah Probst betreibt einen Gewerbebetrieb, der einen in kaufmännischer Weise eingerichteten Geschäftsbetrieb erfordert. Indiz hierfür ist die Größe des Unternehmens, insbesondere der Geschäftsumfang (Umsatz, Zahl der Arbeitnehmer). Somit betreibt sie ein Handelsgewerbe nach § 1 Abs. 2 HGB. Dadurch ist sie ein Kaufmann im Sinne des § 1 HGB

11 Vgl. Graf, in: Bertram/Kessler/Müller (Hrsg.): Haufe-HGB-Kommentar, § 241a, Rz. 3.

12 Vgl. Coenenberg/Haller/Mattner/Schultze, Rechnungswesen, S. 50.

(Istkaufmann). Frau Probst ist deshalb nach § 238 HGB und nach § 140 AO buchführungspflichtig.

2. Lukas Braun betreibt einen Kiosk in Wiefelstede. Er beschäftigt eine Aushilfskraft. Sein Gewinn beträgt jedes Jahr ca. 65.000 EUR. Herr Braun spielt mit dem Gedanken, sich ins Handelsregister eintragen zu lassen.
   → Der Kiosk des Herrn Braun ist zwar ein Gewerbebetrieb, Art und Umfang der Geschäftstätigkeit erfordern jedoch keinen in kaufmännischer Weise eingerichteten Geschäftsbetrieb. Herr Braun besitzt somit kein Handelsgewerbe; er ist ein Kleingewerbetreibender. Somit ist er nach § 238 HGB nicht buchführungspflichtig. Da er jedoch die Gewinngrenze des § 141 AO überschreitet, ist Herr Braun steuerrechtlich buchführungspflichtig. Sollte er sein Unternehmen in das Handelsregister eintragen lassen, wäre er ab der Eintragung ein (Kann-)Kaufmann. Er wäre dann nach § 238 HGB und nach § 140 AO buchführungspflichtig.
3. Maike B. ist eine selbstständige Tierärztin. Sie betreibt eine Praxis in Starnberg. Der Jahresumsatz beträgt ca. 800.000 EUR, der Gewinn liegt bei rund 100.000 EUR. Sie beschäftigt einen angestellten Tierarzt und zwei weitere Arbeitnehmerinnen ganztägig, von denen eine ausschließlich für die kaufmännische Büroorganisation zuständig ist.
   → Maike B. betreibt keinen Gewerbebetrieb, sondern eine freiberufliche Tierarztpraxis. Sie ist deshalb weder nach Handels- noch nach Steuerrecht buchführungspflichtig.

Auch wenn keine handels- oder steuerrechtliche Buchführungspflicht vorliegt, ist für die Bemessung der Steuerzahlungen eine Einnahmen-Überschussrechnung zu erstellen, was ebenfalls mit einer rudimentären Buchführung und mit Dokumentationspflichten verbunden ist.

1.2.3 Kopplung der Steuerbilanz an die Handelsbilanz

In Deutschland sind Handels- und Steuerbilanz eng miteinander verbunden. In § 5 Abs. 1 EStG ist der sog. **Maßgeblichkeitsgrundsatz** kodifiziert: »Bei Gewerbetreibenden, die aufgrund gesetzlicher Vorschriften verpflichtet sind, Bücher zu führen und regelmäßig Abschlüsse zu machen, [...] ist für den Abschluss des Wirtschaftsjahres das Betriebsvermögen anzusetzen, das nach den handelsrechtlichen Grundsätzen ordnungsmäßiger Buchführung auszuweisen ist [...].« Hieraus folgt, dass für die steuerliche Rechnungslegung im Prinzip die handelsrechtlichen Grundsätze ordnungsmäßiger Buchführung und Bilanzierung gelten (Maßgeblichkeit der Handelsbilanz für die Steuerbilanz).

Diese Maßgeblichkeit wird durch die Vorschriften in § 5 Abs. 1 S. 1 und Abs. 2 – 5 EStG in wesentlichen Teilen hinfällig. In § 5 Abs. 2 – 5 EStG ist kodifiziert, dass in vielen Fällen von den handelsrechtlichen Vorschriften abweichende spezielle steuerliche Ansatz- und Bewertungsvorschriften für die steuerliche Gewinnermittlung verpflichtend sind (**Durchbrechung der Maßgeblichkeit**). Das betrifft u.a. die handelsrechtlichen Wahlrechte, die im Steuerrecht nicht übernommen werden (z.B. die Aktivierung von selbst geschaffenen immateriellen Vermögensgegenständen des Anlagevermögens). Aus handelsrechtlichen Aktivierungswahlrechten wird überwiegend ein steuerliches Aktivierungsverbot (selbst geschaffene immaterielle Vermögensgegenständen des Anlagevermögens). Für das Disagio gilt steuerrechtlich ein Aktivierungsgebot. Aus handelsrechtlichen Passivierungswahlrechten wird ein steuerliches Passivierungsverbot, wie etwa bei Nichtansatz von mittelbaren Pensionsverpflichtungen (Art. 28 EGHGB).

Sofern steuerrechtliche Wahlrechte bestehen, können diese in bestimmten Fällen unabhängig von der handelsrechtlichen Behandlung ausgeübt werden (sog. Wahlrechtsvorbehalt). Wird in entsprechenden Ausnahmefällen steuerrechtlich ein anderer Ansatz gewählt, wird von sog. **eingeschränkter Maßgeblichkeit** gesprochen, da eine Abweichung möglich, aber nicht zwingend ist.

Die **umgekehrte Maßgeblichkeit** wurde mit dem BilMoG aufgehoben, sodass rein steuerrechtlich motivierte Regelungen nicht mehr in das Handelsrecht eingehen. Dementsprechend sind die in diesem Zusammenhang stehenden handelsrechtlichen Vorschriften (§ 247 Abs. 3, §§ 254, 273, 279 Abs. 2, § 280 Abs. 1, §§ 281, 285 S. 1 Nr. 5 HGB a.F.) aufgehoben oder geändert worden. Korrespondierend ist § 5 Abs. 1 EStG geändert worden. Durch die vom Gesetzgeber sehr weiche Ausgestaltung des Übergangs auf die neue Rechtslage gelten Teile dieser Vorschriften für Altfälle jedoch weiter, soweit gem. Art. 67 Abs. 3 u. 4 EGHGB die Unternehmen sich bei der Erstanwendung des BilMoG für die Beibehaltung der Altfälle entschieden haben.

Viele kleinere und mittlere Betriebe bzw. Nicht-Kapitalgesellschaften streben das Erstellen nur einer Bilanz an, die gleichzeitig für handels- und steuerrechtliche Zwecke genutzt wird. Deshalb werden die handelsrechtlichen Vorschriften bei einer großen Anzahl von Unternehmen von vornherein an die entsprechenden steuerlichen Ansatz- und Bewertungsvorschriften angepasst, soweit es das Handelsrecht erlaubt. Gelingt das, wird gemeinhin von einer **Einheitsbilanz** gesprochen. Allerdings zementieren die Änderungen von Handels- und Steuerrecht in den letzten Jahren eher die Trennung der Rechenwerke, sodass es nur noch in wenigen Fällen möglich sein wird, eine Einheitsbilanz zu erstellen. Durch die Handelsrechtsvorschriften der §§ 238 ff. HGB und die Vorschriften des § 5 EstG ist die handels- und steuerrechtliche Rechnungslegung für Vollkaufleute festgelegt.

1.2.4 Aufbau der handelsrechtlichen Rechnungslegungsvorschriften

Das deutsche Bilanzrecht wurde als Folge entsprechender Richtlinien des Rates der Europäischen Gemeinschaft durch das am 19.12.1985 verabschiedete Bilanzrichtlinien-Gesetzes (BiRiLiG) strukturell und inhaltlich wesentlich reformiert. Das BiRiLiG ist auf die inzwischen aufgehobene 4. (Bilanzrichtlinie) und 7. (Konzernbilanzrichtlinie) EG-Richtlinie zurückzuführen. Änderungen dieser Richtlinien haben in der Folge zu vielen Anpassungen des HGB geführt, die über entsprechende Artikelgesetze vorgenommen wurden; wobei die grundsätzliche Struktur des **Handelsbilanzrechts** jedoch nicht wesentlich verändert wurde. Mit dem Bilanzrechtsmodernisierungsgesetz (BilMoG) wurde für Geschäftsjahre, die nach dem 31.12.2009 beginnen, das HGB stärker in Richtung der internationalen Rechnungslegungsvorschriften verschoben. Am 29.06.2013 wurde die EU-Bilanzrichtlinie 2013/34 veröffentlicht, die die beiden vorherigen Richtlinien zusammenführt und einen weiteren Vorstoß in Richtung einer stärkeren Harmonisierung der europäischen Rechnungslegungsnormen unternimmt. Die daraus resultierenden Änderungsnotwendigkeiten wurden vom deutschen Gesetzgeber mit dem Bilanzrichtlinie-Umsetzungsgesetz (BilRUG) vom 17.07.2015 in das HGB mit überwiegendem Erstanwendungszeitpunkt für die nach dem 31.12.2015 beginnenden Geschäftsjahre übernommen. Zudem können sich Sachverhalte mit Relevanz für die Rechnungslegung auch aus weiteren Gesetzen wie z. B. dem Aktiengesetz, dem GmbH-Gesetz, dem Genossenschaftsgesetz usw. ergeben.

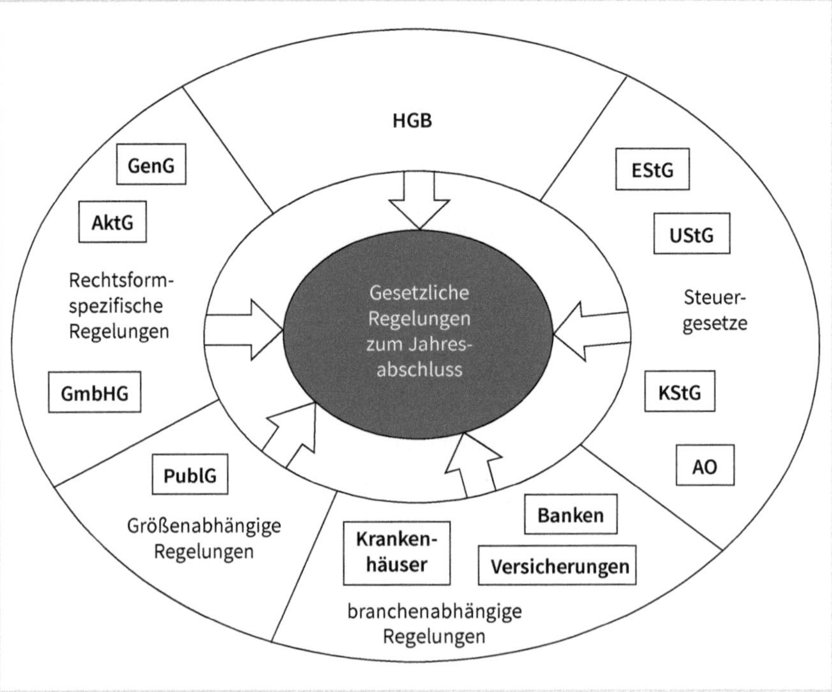

Abb. 1 – 4: Gesetzliche Regelungen zur Rechnungslegung im Überblick

Das Handelsbilanzrecht ist im Dritten Buch des HGB (Rechnungslegungsbuch) kodifiziert. Hier sind die Vorschriften grundsätzlich in Schichten gestuft:

- Vorschriften für alle Kaufleute (§§ 238–263 HGB),
- ergänzende Vorschriften für Kapitalgesellschaften (§§ 264–335c HGB),
- ergänzende Vorschriften für eingetragene Genossenschaften (§§ 336–339 HGB),
- ergänzende Vorschriften für Unternehmen bestimmter Geschäftszweige (§§ 340–342p HGB) und
- Privates Rechnungslegungsgremium, Rechnungslegungsbeirat (§§ 342q, 342r HGB).

Einen Überblick über die Unterabschnitte und Titel vermittelt die folgende Abbildung:

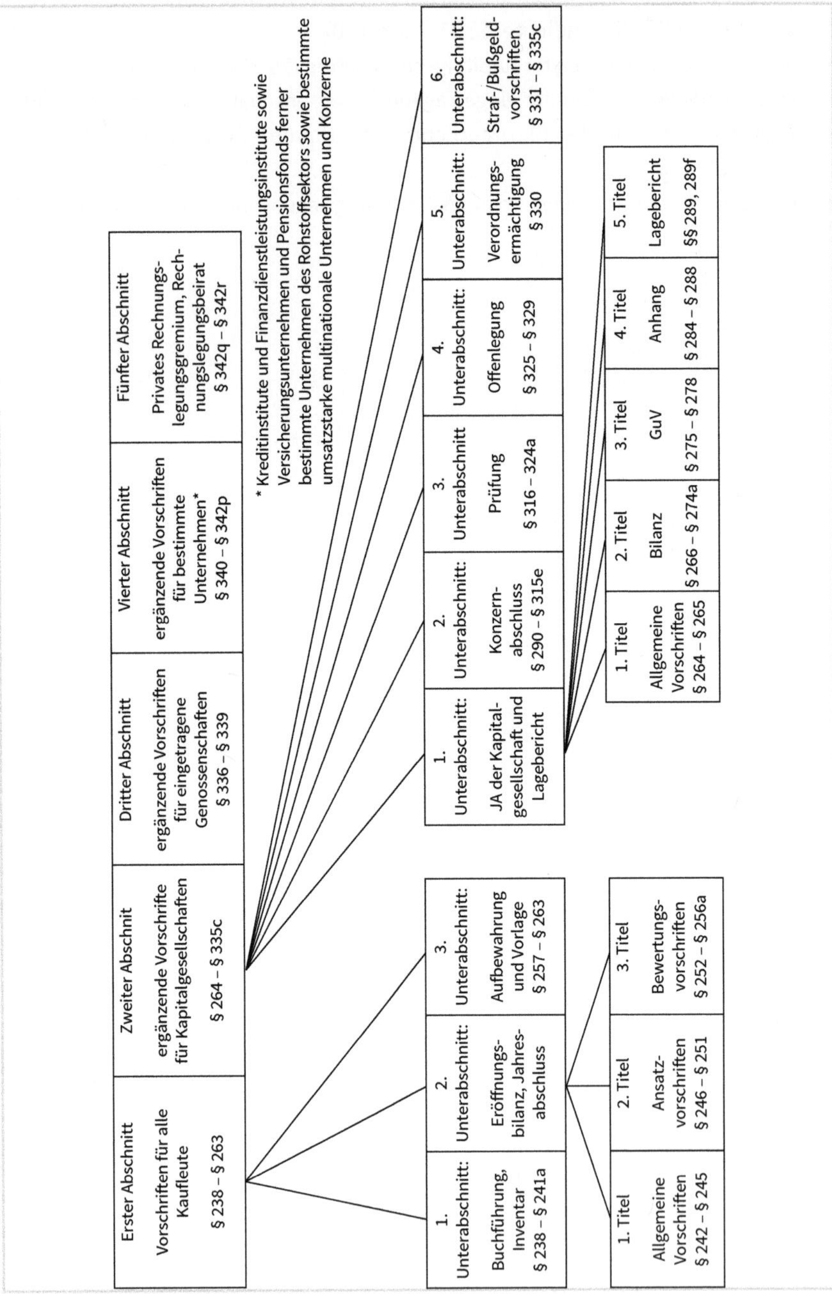

Abb. 1 – 5: Vorschriften für alle Kaufleute[13]

13 In enger Anlehnung an Coenenberg/Haller/Mattner/Schultze, Rechnungswesen, S. 38.

Gemäß **Publizitätsgesetz** sind die Rechnungslegungspflichten bei Überschreiten bestimmter Größenmerkmale auch von Einzelunternehmen und Personenhandelsgesellschaften zu erfüllen, wenn sie nicht in der Rechtsform von Kapitalgesellschaften, bestimmten anderen haftungsbeschränkten Personengesellschaften, Genossenschaften oder Versicherungsvereinen auf Gegenseitigkeit auftreten. Damit wird der Erkenntnis Rechnung getragen, dass Großunternehmen – unabhängig von ihrer Rechtsform – eine erhebliche wirtschaftliche Bedeutung besitzen. So sind zahlreiche Marktakteure wie z. B. Lieferanten, Kunden, Gläubiger und Arbeitnehmer auf den Fortbestand der Unternehmen angewiesen.[14]

Nach § 1 PublG besteht für Unternehmen unabhängig von der Unternehmensform eine Rechnungslegungspflicht, wenn an drei aufeinander folgenden Abschlussstichtagen jeweils mindestens zwei der drei folgenden Merkmale erfüllt sind:

- Bilanzsumme > 65 Mio. EUR,
- Umsatzerlöse > 130 Mio. EUR im Jahr,
- Arbeitnehmer > 5.000 im Jahresdurchschnitt.

Das Größenkriterium »Arbeitnehmer« ist ohne Auszubildende zu berechnen. Nicht als Arbeitnehmer gelten außerdem nach herrschender Kommentarmeinung[15]:

- Leiharbeiter, sofern sie nicht über § 3 AÜG arbeitsrechtlich doch als Arbeitnehmer zu klassifizieren sind,
- freie Mitarbeiter und Personen, die auf der Basis von Werkverträgen beschäftigt sind,
- Mitglieder der gesellschaftsrechtlichen Aufsichtsorgane, soweit sie nicht gleichzeitig Arbeitnehmer des Unternehmens sind,
- gesetzliche Vertreter der Gesellschaft,
- ausgeschiedene Arbeitnehmer im Vorruhestand, in Altersteilzeit oder Altersfreizeitregelung,
- ohne Arbeitsvertrag mitarbeitende Familienangehörige,
- Arbeitnehmer im Erziehungsurlaub bei ruhendem Arbeitsverhältnis und Arbeitnehmerinnen im Mutterschutz.

Für die Berechnung ist eine Durchschnittsbetrachtung des Geschäftsjahres erforderlich, die – je nach Schwankungen der Mitarbeiterzahl – monatlich, quartalsweise oder bei geringen Schwankungen als Jahresdurchschnitt ermittelt werden kann. Bei Teilzeitbeschäftigten ist die Anzahl der Mitarbeiter auf der Basis von Vollzeitstellenäquivalenten zu berechnen.[16]

14 Vgl. Möller/Hüfner, Buchführung und Finanzberichte, S. 62.
15 Vgl. z. B. Marx/Dallmann, in: Baetge/Kirsch/Thiele: Bilanzrecht-Kommentar, § 267 HGB, Rz. 29 (Sept. 2015).
16 Vgl. Wulf, in: Baetge/Kirsch/Thiele: Bilanzrecht-Kommentar, § 285, Rz. 125 (März 2023).

Darüber hinaus werden die Rechnungslegungspflichten zum einen um strengere und detaillierte Vorschriften für Kapitalgesellschaften sowie um **rechtsform- oder branchenspezifische Vorschriften**, die sich in den jeweiligen Spezialgesetzen (wie z. B. im Aktiengesetz, im GmbH-Gesetz, im Genossenschaftsgesetz, im Gesetz über das Kreditwesen oder im Versicherungsaufsichtsgesetz) finden, ergänzt.

Seit der Etablierung des **privaten Rechnungslegungsgremiums** im Jahre 1998 existieren zusätzliche Vorschriften außerhalb des HGB-Gesetzesstandes. Das Deutsche Rechnungslegungs Standards Committee e. V. (**DRSC**) wurde 1998 als nationale Standardisierungsorganisation gegründet und durch das Bundesministerium der Justiz (BMJ) als privates Rechnungslegungsgremium im Sinne von § 342q HGB als gesetzliche Grundlage anerkannt. Zu den Aufgaben des DRSC zählen u. a. die Entwicklung von Empfehlungen (Standards) zur Anwendung der Grundsätze für eine ordnungsmäßige Konzernrechnungslegung, die Beratung gesetzgeberischer Vorhaben zu Rechnungslegungsvorschriften, die Vertretung Deutschlands in internationalen Standardisierungsgremien sowie die Interpretationen der internationalen Rechnungslegungsstandards. Die vom HGB-Fachausschuss, ehemals Deutscher Standardisierungsrat (DSR), des DRSC erstellten und vom Bundesministerium der Justiz nach § 342q Abs. 2 HGB veröffentlichten **Deutschen Rechnungslegungsstandards (DRS)** gelten als vermutete Grundsätze ordnungsmäßiger Bilanzierung. Gleichwohl sich die bekanntgemachten Standards gem. § 342q HGB auf die Ausgestaltung der Konzernbilanzierung beziehen, finden sich in den DRS auch Empfehlungen für Einzelabschlüsse (bspw. DRS 24 »Immaterielle Vermögensgegenstände im Konzernabschluss).[17] Eine Übersicht bisher verabschiedeter, unmittelbar vor der Bekanntmachung stehender sowie in Überarbeitung befindlicher Standards, Interpretationen und Anwendungshinweise findet sich im Anhang und unter https://www.drsc.de/verlautbarungen/.

Ferner entfalten die fachlichen Verlautbarungen des **Instituts der Wirtschaftsprüfer in Deutschland e. V. (IDW)** (Berufsstand der Wirtschaftsprüfer) eine faktische Bindungswirkung für die Rechnungslegung, gleichwohl den Standards keine Rechtsnormqualität beigemessen werden kann.

Im Gegensatz zu den primär einzelfallorientierten Regelungen international anerkannter Rechnungslegungsvorschriften ist das deutsche Bilanzrecht prinzipienorientiert. Das bedeutet, dass per Definition grundsätzlich alle Sachverhalte durch das Gesetz abgedeckt sind. Damit dieser umfassende Ansatz durchgehalten werden kann, bedient sich der Gesetzgeber neben den in den Gesetzen kodifizierten Vorschriften der sog. **Grundsätze ordnungsmäßiger Buchführung und Bilanzierung**, mit

17 Vgl. Baetge/Kirsch/Thiele, Bilanzen, S. 48–50.

deren Hilfe die nicht konkret im Gesetz beschriebenen Sachverhalte eingeordnet werden können.[18]

Für kapitalmarktorientierte Aktiengesellschaften sind zudem die Grundsätze, Empfehlungen und Anregungen des **Deutschen Corporate Governance Kodex**[19] (**DCGK**) im Zuge einer sog. Entsprechenserklärung gemäß § 161 AktG relevant.

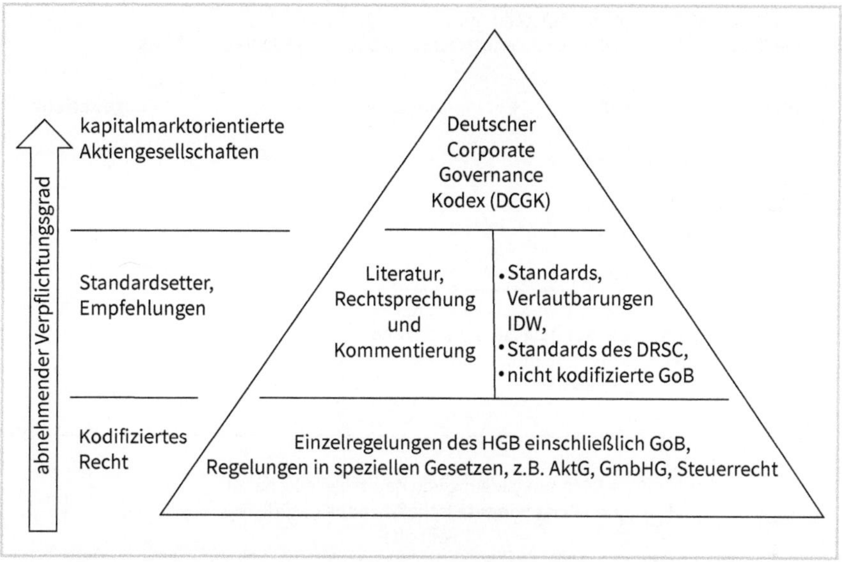

Abb. 1 – 6: Grundsätzlicher Aufbau der Regulierung der Rechnungslegung nach HGB

1.3 Informationsinstrumente der handelsrechtlichen Rechnungslegung

Gemäß § 242 Abs. 3 HGB besteht der Jahresabschluss aus einer Bilanz und einer Gewinn- und Verlustrechnung (GuV). Bei Kapitalgesellschaften werden diese beiden Rechenwerke gemäß § 264 Abs. 1 HGB um einen Anhang erweitert, der gemeinsam mit der Bilanz und der GuV den Jahresabschluss bildet. Zusätzlich ist ein Lagebericht von Kapitalgesellschaften, nach dem Publizitätsgesetz rechnungslegungspflichtigen Unternehmen, Genossenschaften, Kreditinstituten und Versicherungsunternehmen aufzustellen. Befreiungsvorschriften bestehen dabei für kleine Kapitalgesellschaften, Personenhandelsgesellschaften und Einzelkaufleute. Personenhandelsgesellschaften ohne natürlichen Vollhafter unterliegen nach § 264a HGB jedoch ebenfalls den

18 Vgl. das Kapitel 2.4 »Grundsätze ordnungsmäßiger Buchführung (GoB)«.
19 Abrufbar unter: https://www.dcgk.de/.

Bestimmungen für Kapitalgesellschaften. Losgelöst von den gesetzlichen Bestimmungen kann stets eine freiwillige Lageberichterstattung erfolgen.

Die handelsrechtliche Rechnungslegung umfasst somit die folgenden **Informationsinstrumente,** wobei für Kapitalgesellschaften größenabhängige Befreiungen existieren:

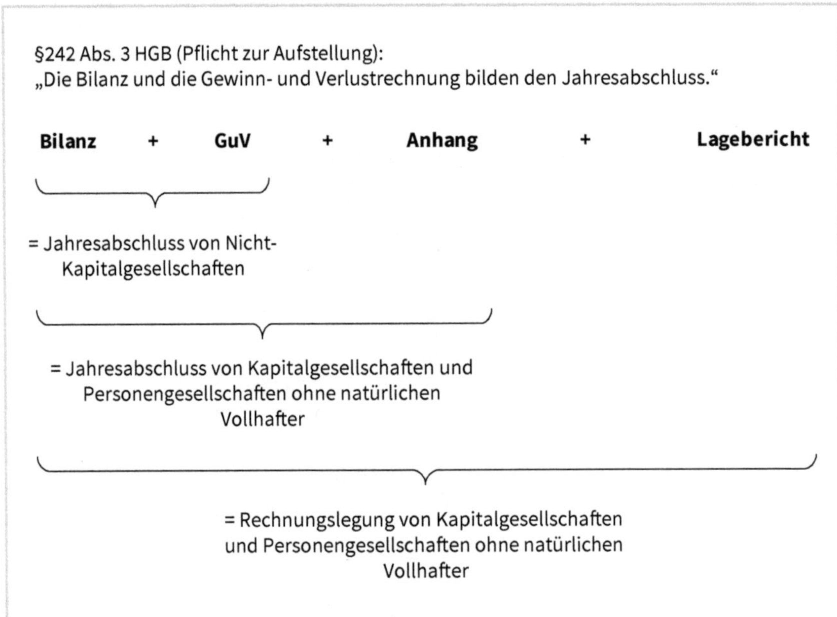

Abb. 1 – 7: Bestandteile des Jahresabschlusses

Darüber hinaus umfasst der Jahresabschluss von kapitalmarktorientierten Kapitalgesellschaften, die nicht zur Aufstellung eines Konzernabschlusses verpflichtet sind, zusätzlich eine Kapitalflussrechnung und einen Eigenkapitalspiegel; sie können den Jahresabschluss um eine Segmentberichterstattung erweitern (§ 264 Abs. 1 S. 2 HGB).

Die **Bilanz** ist eine **zeitpunktbasierte** Wiedergabe der Wertemasse »Unternehmung«, wobei die Wertemasse »Unternehmung« am Bilanzstichtag aus zwei verschiedenen Blickwinkeln dargestellt wird: auf der Aktivseite als Vermögen und auf der Passivseite als Kapital. Die Vermögensseite lässt erkennen, welche wirtschaftlichen Werte im Unternehmen in welchen konkreten Formen vorhanden sind; sie kann deshalb als eine Darstellung der Ausstattung des Unternehmens und als ein Investitionsbericht verstanden werden (Mittelverwendung bzw. Vermögenslage). Die Kapitalseite der Bilanz zeigt, von welchen Personen und Institutionen in welcher Höhe Rechtsansprüche gegen die Vermögensmasse des Unternehmens erhoben werden. Die Kapitaldarstellung kann zugleich als ein Bericht über die Herkunft der Werte verstanden werden, d.h. als ein Bericht darüber, welche finanziellen Mittel für die Finanzierung der auf der Vermögensseite ausgewiesenen Werte zur Verfügung stehen (Mittelherkunft bzw. Kapitalstruktur).

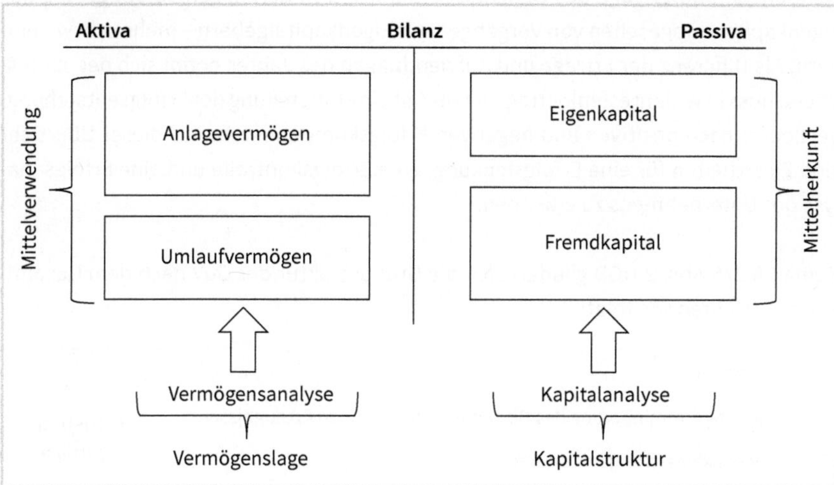

Abb. 1 – 8: Abbildung der Vermögens- und Finanzlage

Die Grundstruktur der Bilanz ist in § 266 HGB vorgeschrieben und gliedert sich wie folgt:

A.	Anlagevermögen	A.	Eigenkapital
I.	immaterielle Vermögensgegenstände	I.	gezeichnetes Kapital
II.	Sachanlagen	II.	Kapitalrücklagen
III.	Finanzanlagen	III.	Gewinnrücklagen
		IV.	Gewinnvortrag/Verlustvortrag
B.	Umlaufvermögen	V.	Jahresüberschuss/Jahresfehlbetrag
I.	Vorräte		
II.	Forderungen	B.	Rückstellungen
III.	Wertpapiere		
IV.	Schecks, Kassenbestand, Bundesbank- oder Postgiroguthaben, Guthaben bei Kreditinstituten	C.	Verbindlichkeiten
C.	Rechnungsabgrenzungsposten	D.	Rechnungsabgrenzungsposten
D.	aktive latente Steuern	E.	passive latente Steuern
E.	aktiver Unterschiedsbetrag aus der Vermögensverrechnung		

Abb. 1 – 9: Grundstruktur einer Bilanz

Die **Gewinn- und Verlustrechnung** (GuV) ist eine **zeitraumbezogene** Darstellung der Erfolgsvorgänge des Geschäftsjahres. Es handelt sich um eine Aufzeichnung der Aufwendungen und Erträge des Berichtszeitraumes, d.h. derjenigen Vorgänge, die das Eigenkapital – abgesehen von Vorgängen mit Eigenkapitalgebern – mehren bzw. mindern. Als Differenz der Erträge und Aufwendungen des Jahres ergibt sich der Jahresüberschuss bzw. Jahresfehlbetrag. Die GuV ist eine Darstellung der Erfolgsentstehung, gegliedert nach positiven und negativen Erfolgskomponenten. Aus dieser Übersicht sind Einzelheiten für eine Erfolgslenkung, eine Erfolgskontrolle und eine Erfolgsanalyse des Unternehmens zu erkennen.

Gemäß § 275 Abs. 2 HGB gliedert sich die Grundstruktur der GuV nach dem Gesamtkostenverfahren wie folgt:

<table>
<tr><td>1. Umsatzerlöse
2. Erhöhung/Verminderung des Bestands an (un)fertigen Erzeugnissen
3. andere aktivierte Eigenleistungen
4. sonstige betriebliche Erträge</td><td>betriebliche Erträge</td></tr>
<tr><td>5. Materialaufwand
6. Personalaufwand
7. Abschreibungen
8. sonstige betriebliche Aufwendungen</td><td>betriebliche Aufwendungen</td></tr>
<tr><td>9. Erträge aus Beteiligungen
10. Erträge aus Wertpapieren/Ausleihungen des Finanzanlagevermögens
11. sonstige Zinsen und ähnliche Erträge</td><td>finanzielle Erträge</td></tr>
<tr><td>12. Abschreibungen auf Finanzanlagen/Wertpapiere des Umlaufvermögens
13. Zinsen und ähnliche Aufwendungen</td><td>finanzielle Aufwendungen</td></tr>
<tr><td>14. Steuern vom Einkommen und vom Ertrag
15. Ergebnis nach Steuern
16. sonstige Steuern</td><td>Steuern</td></tr>
<tr><td colspan="2">17. Jahresüberschuss/Jahresfehlbetrag</td></tr>
</table>

Abb. 1 – 10: Grundstruktur einer GuV nach dem Gesamtkostenverfahren

Der **Anhang** dient gem. § 284 HGB primär der Erläuterung von Bilanz und GuV, wobei die Erläuterung der benutzten Bilanzierungsmethoden im Mittelpunkt steht. Gemäß § 285 HGB enthält der Anhang eine Fülle weiterer Pflichtangaben, die teils nur verbale und teils auch zusätzliche quantitative Informationen, zu verschiedenen Bilanzierungssachverhalten liefern.[20]

Mit § 264 Abs. 1 S. 2 HGB wird der Jahresabschluss kapitalmarktorientierter Unternehmen, die nicht konzernrechnungslegungspflichtig sind, um eine Kapitalflussrechnung und einen Eigenkapitalspiegel erweitert. Im Konzernabschluss sind beide Bestandteile gem. § 297 Abs. 1 S. 1 HGB pflichtgemäß zu erstellen. Darüber hinaus kann der Jahres- bzw. Konzernabschluss um eine Segmentberichterstattung erweitert werden.[21]

Zusätzlich umfasst die Rechnungslegung von Kapitalgesellschaften den **Lagebericht**, der den Jahresabschluss ergänzt. Der Berichtsumfang des Lageberichts – konkretisiert in § 289 HGB – wurde durch die Umsetzung der EU-Modernisierungsrichtlinie erweitert. Gemäß § 289 HGB sind im Lagebericht der Geschäftsverlauf einschließlich Geschäftsergebnis und die Lage der Kapitalgesellschaft unter Einbeziehung finanzieller und nichtfinanzieller Leistungsindikatoren darzustellen. Ferner ist die voraussichtliche Entwicklung mit ihren wesentlichen Chancen und Risiken zu beurteilen und zu erläutern. Nach § 289 Abs. 1 HGB ist der Lagebericht im Sinne von § 264 Abs. 2 S. 3 HGB um einen sog. Lageberichts-Eid zu ergänzen. Des Weiteren ist im Lagebericht auf das Risikomanagement (von Finanzinstrumenten) und auf den Bereich »Forschung und Entwicklung« einzugehen. Zudem muss der Lagebericht den Zweigniederlassungsbericht und den Vergütungsbericht umfassen. Für kapitalmarktorientierte Kapitalgesellschaften und kapitalmarktorientierte Mutterunternehmen (§ 264 d HGB) sind die verpflichtenden Angaben über die wesentlichen Merkmale des internen Kontroll- und Risikomanagementsystems im Hinblick auf die Rechnungslegung notwendig. Zudem muss der Lagebericht von börsennotierten Aktiengesellschaften gem. § 289a HGB eine Erklärung zur Unternehmensführung enthalten, die auch Informationen zur Frauenquote beinhaltet. Diese Erklärung kann alternativ auf der Internetseite bekannt gegeben werden; im Lagebericht ist dann hierauf zu verweisen.[22]

Der Lagebericht ist nicht Bestandteil des Jahresabschlusses, sondern stellt ein selbstständiges Informationsinstrument dar. Gleiches gilt für die **CSR-Berichterstattung** gem. §§ 289b ff. HGB. Diese kann als Erweiterung des Lageberichts in Form einer eingebetteten **nichtfinanziellen Erklärung** (§ 289b Abs. 1 HGB) erfolgen oder gesondert als nichtfinanzieller Bericht außerhalb des Lageberichts (§ 289b Abs. 3 HGB) aufgestellt werden. Die Pflicht zur nichtfinanziellen Erklärung ist in § 289b Abs. 1 HGB geregelt und an bestimmte Merkmale geknüpft.[23]

---

20 Vgl. das Kapitel 9.3 »Anhang«.

21 Vgl. zu diesen Bestandteilen das Kapitel 9.4 »Segmentberichterstattung, Kapitalflussrechnung und Eigenkapitalspiegel«.

22 Vgl. das Kapitel 9.4. »Segmentberichterstattung, Kapitalflussrechnung und Eigenkapitalspiegel«.

23 Vgl. das Kapitel 9.5 »Lagebericht«.

1.4 Handelsrechtliche Aufstellungs-, Prüfungs- und Offenlegungspflichten

1.4.1 Größenklassen

Der Umfang der zu beachtenden Vorschriften für die Aufstellung, Prüfung und Offenlegung ist bei Kapitalgesellschaften von der **Unternehmensgröße** abhängig. Für die Kategorisierung als kleine, mittelgroße oder große Kapitalgesellschaft sind die in § 267 Abs. 1 u. 2 HGB benannten Grenzwerte der drei Merkmale Bilanzsumme, Umsatzerlös und Mitarbeiterzahl ausschlaggebend. Mit dem MicroBilG wurde die Klasse der kleinen Kapitalgesellschaften noch weiter unterteilt: in die Kleinstkapitalgesellschaften, die noch weitere Erleichterungen nutzen können, und in die übrigen kleinen Kapitalgesellschaften. Trotz Einhaltung der Größengrenzen können nach § 267a Abs. 3 HGB einige dort benannte Unternehmen nicht als Kleinstkapitalgesellschaften klassifiziert werden. Dabei handelt es sich konkret um

1. *Investmentgesellschaften im Sinne des § 1 Absatz 11 des Kapitalanlagegesetzbuchs,*
2. *Unternehmensbeteiligungsgesellschaften im Sinne des § 1a Absatz 1 des Gesetzes über Unternehmensbeteiligungsgesellschaften oder*
3. *Unternehmen, deren einziger Zweck darin besteht, Beteiligungen an anderen Unternehmen zu erwerben sowie die Verwaltung und Verwertung dieser Beteiligungen wahrzunehmen, ohne dass sie unmittelbar oder mittelbar in die Verwaltung dieser Unternehmen eingreifen, wobei die Ausübung der ihnen als Aktionär oder Gesellschafter zustehenden Rechte außer Betracht bleibt.*

Der Grund hierfür ist, dass diese Gesellschaften häufig ein erhebliches Vermögen auf sich vereinen, gleichzeitig aber über keine oder kaum Umsätze verfügen und auch i. d. R. kein umfangreiches Personal aufweisen. Somit würden die Schwellenwerte bei den Umsatzerlösen (700.000 EUR) und bei den Mitarbeitern (10) regelmäßig unterschritten und die Gesellschaften als Kleinstkapitalgesellschaften einzustufen sein.[24] Allerdings existieren schon bisher zumindest für **Investmentgesellschaften**, die als Investmentvermögen in den Rechtsformen einer Investment-AG oder einer Investment-KG auftreten können, und Unternehmensbeteiligungsgesellschaften, die auf Antrag von der zuständigen Behörde als solche anerkannte wurden, konkretisierende Aufstellungs-, Prüfungs- und Offenlegungsvorschriften. So haben die Unternehmensbeteiligungsgesellschaften, die klein i. S. v. § 267 Abs. 1 HGB sind, mindestens die Regelungen für mittelgroße Kapitalgesellschaften zu beachten (§ 8 Abs. 1 UB GG). Investment-AGs haben § 120 KAGB, Investment-KGs § 135 KAGB zu beachten. Zur Verdeutlichung möchte der Gesetzgeber diese auf europäischen Vorgaben beruhenden Ausnahmen von der Anwendung der Erleichterungen für Kleinstkapitalgesellschaften

24 Vgl. Kolb/Roß, WPg 2014, S. 994.

auf jeden Fall unmittelbar in § 267a HGB verankert wissen.[25] Zusätzlich erfolgt eine Einschränkung für Beteiligungsgesellschaften, die die Erleichterungen für Kleinstkapitalgesellschaften nicht anwenden dürfen, auf »Unternehmen, deren einziger Zweck darin besteht, Beteiligungen an anderen Unternehmen zu erwerben sowie die Verwaltung und Verwertung dieser Beteiligungen wahrzunehmen, ohne dass sie unmittelbar oder mittelbar in die Verwaltung dieser Unternehmen eingreifen« (§ 267a Abs. 3 Nr. 3 HGB). Dabei bleiben die Eingriffsrechte, die ihnen nach dem Gesetz oder nach einem Vertrag in ihrer Eigenschaft als Aktionäre oder Gesellschafter zustehen außer Betracht. Ein typischer Anwendungsfall von § 267a Abs. 3 Nr. 3 HGB dürfte damit nach der Gesetzesbegründung eine Holding-Kapitalgesellschaft sein, sofern sie nicht bereits die Voraussetzungen des § 267a Abs. 3 Nr. 2 HGB erfüllt.[26]

Die Grenzwerte von mindestens zwei der drei bezeichneten Merkmale müssen an zwei aufeinander folgenden Stichtagen erfüllt sein. Die monetären Grenzwerte sind europarechtlich seit 2013 unverändert geblieben. Um den Auswirkungen der Inflation Rechnung zu tragen, hat die Europäische Kommission am 17.10.2023 einen delegierten Rechtsakt zur Änderung der monetären Schwellenwerte in Art. 3 der Bilanz-RL angenommen, die für nach dem 01.01.2024 beginnenden Geschäftsjahre wirksam werden. Dieser Rechtsakt ist von den EU-Mitgliedstaaten noch umzusetzen.

	Größenklasse			
	kleinst	**klein**	**mittel**	**groß**
Bilanzsumme in Mio. EUR	**≤ 0,35 (≤ 0,45)**	**> 0,35–6 (> 0,45–5*)**	**> 6–20 (> 5*–25)**	**> 20 (> 25)**
Umsatz in Mio. EUR	**≤ 0,7 (≤ 0,9)**	**> 0,7–12 (> 0,9–10*)**	**> 12–40 (> 10*–50)**	**> 40 (> 50)**
Ø Mitarbeiter	**≤ 10**	**> 10 ≤ 50**	**> 50 ≤ 250**	**> 250**

* Den Mitgliedstaaten wird im delegierten Rechtsakt vom 17.10.2023 gestattet, höhere monetäre Schwellenwerte für kleine Unternehmen festzulegen; diese dürfen jedoch für kleine Unternehmen 7.500.000 € für die Bilanzsumme und 15.000.000 € für die Umsatzerlöse nicht überschreiten.

Abb. 1 – 11: Größenklassen

Unabhängig von den Größenkriterien gilt eine Kapitalgesellschaft gem. § 267 Abs. 3 HGB stets als groß, wenn sie **kapitalmarktorientiert** i. S. d. § 264d HGB ist. Das ist der Fall, »wenn sie einen organisierten Markt i. S. d. § 2 Abs. 5 WpHG durch von ihr ausgegebene Wertpapiere i. S. d. § 2 Abs. 1 S. 1 WpHG in Anspruch nimmt oder die Zulassung zum Handel an einem organisierten Markt beantragt hat.« Zudem müssen Versicherungen und Kreditinstitute immer die Regeln für große Kapitalgesellschaften beachten.

25 Vgl. BilRUG-RegE, BR-Drs. 23/15, S. 72.
26 Vgl. BilRUG-RegE, BR-Drs. 23/15, S. 77.

Beispiel

Eine GmbH wurde im Jahr am 01.01.t0 gegründet. Für die Jahresabschlüsse t0 bis t4 ergeben sich die nachstehenden Größenmerkmale:

Jahr	Bilanzsumme in Mio. EUR	Umsatz in Mio. EUR	Ø Mitarbeiter
t0	3,1	12,3	40
t1	6,5	18,0	45
t2	3,0	12,9	100
t3	20,12	26,9	280
t4	8,9	41,0	200

Am 01.04.t4 wurde die GmbH in eine Aktiengesellschaft (AG) umgewandelt, um kurzfristig eine Notierung am geregelten Markt aufzunehmen. In welche Größenklassen ist das Unternehmen für die Geschäftsjahre einzuordnen?

- t0: Die GmbH ist als klein einzustufen. Im Gründungsjahr treten die Rechtsfolgen der jeweiligen Einstufung sofort ein.
- t1: Die Einstufung als mittelgroße Kapitalgesellschaft wird erfüllt, jedoch nicht an zwei aufeinander folgenden Abschlussstichtagen. Somit erfolgt die Einstufung weiterhin als klein.
- t2: Einordnung als mittelgroße Kapitalgesellschaft wird erfüllt, da an zwei aufeinanderfolgenden Abschlussstichtagen drei Merkmale einer großen Kapitalgesellschaft unterschritten und zwei Merkmalswerte einer kleinen Kapitalgesellschaft überschritten werden.
- t3: Zwei Merkmalswerte für die Klassifizierung als große Kapitalgesellschaft werden erfüllt. Trotzdem greifen für die GmbH die Rechtsfolgen für mittelgroße Kapitalgesellschaften.
- t4: Für das Jahr der Notierungsaufnahme am geregelten Markt gilt für Kapitalgesellschaften unabhängig von den Größenkriterien die Zugehörigkeit zu den großen Kapitalgesellschaften.

Für Großunternehmen gem. § 1 PublG gelten grundsätzlich dieselben Vorschriften wie für große Kapitalgesellschaften. Voraussetzung ist die Erfüllung mindestens zwei der drei folgenden Merkmale an zwei aufeinanderfolgenden Abschlussstichtagen.

Bilanzsumme in Mio. EUR	Umsatz in Mio. EUR	Ø Mitarbeiter
> 65	> 130	> 5.000

Abb. 1 – 12: Großunternehmen nach § 1 Abs. 1 PublG

1.4.2 Größenabhängige Aufstellung, Prüfung und Offenlegung

Einzelunternehmen und Personenhandelsgesellschaften müssen eine Bilanz und eine GuV erstellen. Darüber hinaus gibt es keine weiteren Vorschriften; sie unterliegen weder der Prüfungs- noch der Offenlegungspflicht, es sei denn, es resultieren Aufstellungspflichten aus dem PublG.

Müssen Unternehmen gem. PublG einen Jahresabschluss aufstellen, gelten für den Inhalt des Jahresabschlusses, seine Gliederung und für die einzelnen Posten des Jahresabschlusses die §§ 264 Abs. 1a, 265, 266, 268–275, 277 HGB. Ein Anhang und ein Lagebericht sind nur von Unternehmen aufzustellen, die nicht in der Rechtsform einer Personenhandelsgesellschaft (mit natürlichem Vollhafter) oder eines Einzelkaufmanns geführt werden.

Darüber hinaus ist zu beachten, dass für Personenhandelsgesellschaften ohne einen natürlichen Vollhafter die Vorschriften für Kapitalgesellschaften gelten (§ 264a HGB). Das ist konsequent, weil der Vollhafter in diesen Konstruktionen durch eine haftungsbeschränkte Kapitalgesellschaft ersetzt wird und es sich somit ökonomisch gesehen letztlich um eine mit einer Kapitalgesellschaft vergleichbare Gesellschaft handelt.

Der **Umfang der Aufstellungspflicht** des Jahresabschlusses für Kapitalgesellschaften und ihnen gleichgestellte Gesellschaften gestaltet sich in Abhängigkeit von der Größenklasse wie folgt:

	Größenklassen			
	kleinst	**klein**	**mittel**	**groß**
Bilanz	ja[1]	ja[2]	ja	ja
GuV-Rechnung	ja[3]	ja[4]	ja[4]	ja
Anhang	kann entfallen[5]	ja	ja	ja
Lagebericht	nein	nein	ja	ja

[1] kann als verkürzte Bilanz gemäß § 266 Abs. 1 S. 4 HGB erfolgen
[2] kann als verkürzte Bilanz gemäß § 266 Abs. 1 S. 3 HGB erfolgen
[3] kann in verkürzter Form gemäß § 275 Abs. 5 HGB erfolgen
[4] kann in verkürzter Form ohne Umsatzausweis gemäß § 276 HGB erfolgen
[5] wenn erforderliche Angaben unter der Bilanz als sog. Bilanzvermerke erfolgen

Abb. 1 – 13: Aufstellungspflichten für den Jahresabschluss von Kapitalgesellschaften

Nach § 264 Abs. 1 HGB können **Kleinstkapitalgesellschaften** unter bestimmten Umständen von der Aufstellung des Anhangs befreit werden. Konkret darf zusätzlich zur quantitativen Klassifikation der Größenkriterien als weitere Voraussetzung keine Bewertung zum beizulegenden Zeitwert erfolgen. Für Kleinstkapitalgesellschaften sind aber einige wenige Angaben in der Bilanz zu machen.

Der Jahresabschluss und der Lagebericht sind bei großen und mittelgroßen Kapitalgesellschaften in den ersten drei Monaten des Geschäftsjahres für das vergangene Geschäftsjahr aufzustellen. Für kleine Kapitalgesellschaften verlängert sich die **Aufstellungsfrist** für den Jahresabschluss; er ist aber innerhalb der ersten sechs Monate des Geschäftsjahres zu erstellen (§ 264 Abs. 1 S. 2 u. 3 HGB). Die Aufstellungsfrist ist zwingend, sie kann durch die Satzung weder verlängert noch verkürzt werden. Der Jahresabschluss ist allein wegen Überschreitens der Aufstellungsfrist nicht nichtig. Die Verletzung der Aufstellungsfrist ist nicht bußgeldbewehrt. Möglich ist nur eine Festsetzung von Zwangsgeld nach § 335 S. 1 Nr. 1 HGB durch das Registergericht für eine nicht erfolgte Offenlegung (oder bei Kleinstkapitalgesellschaften Hinterlegung), wobei hier eine Frist von 12 Monaten nach Geschäftsjahresende gilt (kapitalmarktorientierte Unternehmen haben nur 4 Monate Zeit).

Bei **Personenunternehmen** verlangt § 243 Abs. 2 HGB lediglich, dass der Jahresabschluss innerhalb der einem ordnungsmäßigen Geschäftsgang entsprechenden Zeit aufzustellen ist.

Der Jahresabschluss ist von den zu seiner Aufstellung verpflichteten Personen zu unterzeichnen (§ 245 HGB). Die **Unterzeichnung** des Jahresabschlusses gehört nicht mehr zu seiner Aufstellung. Das ergibt sich daraus, dass die §§ 242 ff. HGB zwischen der Aufstellung und der Unterzeichnung des Jahresabschlusses unterscheiden. Während die §§ 242 – 244 HGB die Aufstellung des Jahresabschlusses behandeln, regelt § 245 HGB die Unterzeichnung des aufgestellten Jahresabschlusses. Daraus folgt, dass die Unterschrift nicht im Zusammenhang mit der Aufstellung, und damit nicht innerhalb der Aufstellungsfrist erfolgen muss. Es ist zweckmäßig, den Jahresabschluss erst später zu unterschreiben, weil sich aus der Prüfung und der Feststellung des Jahresabschlusses noch Änderungen ergeben können. Es ist deshalb ordnungsgemäß, wenn der Jahresabschluss erst unmittelbar nach der Feststellung unterschrieben wird. Diese Unterschrift ist im Normalfall nicht mit dem »Bilanzeid« zu verwechseln, der über das Transparenzrichtlinie-Umsetzungsgesetz (TUG) ab dem Jahr 2008 eingeführt wurde. Dieser Bilanzeid gem. § 37y Nr. 1 WpHG i. V. m. §§ 297 Abs. 2 S. 4 u. 315 Abs. 1 S. 6 HGB gilt nur für kapitalmarktorientierte Unternehmen. Der Deutsche Rechnungslegungs Standard Nr. 20 (DRS 20) schlägt dafür folgende zusammenfassende Formulierung für Konzernabschluss und Lagebericht kapitalmarktorientierter Mutterunternehmen (DRS 20.K309) vor:

> *Wir versichern nach bestem Wissen, dass gemäß den anzuwendenden Rechnungslegungsgrundsätzen der Konzernabschluss ein den tatsächlichen Verhältnissen entsprechendes Bild der Vermögens-, Finanz- und Ertragslage des*

Konzerns vermittelt und im Konzernlagebericht der Geschäftsverlauf einschließlich des Geschäftsergebnisses und die Lage des Konzerns so dargestellt sind, dass ein den tatsächlichen Verhältnissen entsprechendes Bild vermittelt wird, sowie die wesentlichen Chancen und Risiken der voraussichtlichen Entwicklung des Konzerns beschrieben sind.

Die im Deutschen Rechnungslegungsstandard vorgeschlagene Formulierung kann im Falle einer Verpflichtung zur Erstellung eines Jahresfinanzberichts gem. § 37 v Abs. 1 u. 2 WpHG (Einzelabschluss) unter Beachtung der Vorgaben der §§ 264 Abs. 2 S. 3 u. 289 Abs. 1 S. 5 HGB analog übertragen werden und kann auch getrennt für Abschluss und Lagebericht erfolgen.[27]

Der Jahresabschluss von mittelgroßen und großen Kapitalgesellschaften ist dem Abschlussprüfer vorzulegen, der nach der **Prüfung** den Bestätigungsvermerk gem. § 322 HGB erteilt. Bei einer mittelgroßen GmbH sind auch vereidigte Buchprüfer oder Buchprüfungsgesellschaften zur Prüfung berechtigt[28]; ansonsten sind gem. §§ 316 ff. HGB zur Abschlussprüfung nur Wirtschaftsprüfer oder Wirtschaftsprüfungsgesellschaften berechtigt. Der Jahresabschluss ist dann in Abhängigkeit von der Rechtsform festzustellen. Dies erfolgt bei Personengesellschaften und der GmbH durch die Gesellschafterversammlung, bei der AG durch Vorstand und Aufsichtsrat und nur ggf. durch die Hauptversammlung (§ 273 Abs. 1 AktG), bei der KGaA durch die Hauptversammlung vorbehaltlich der Zustimmung des Komplementärs und bei Genossenschaften durch die Generalversammlung.[29]

Nachdem der Jahresabschluss – soweit notwendig – geprüft und festgestellt ist, ist er rechtswirksam. Um unternehmensexternen Jahresabschlussadressaten einen Einblick in die Rechnungslegung von Kapitalgesellschaften und haftungsbeschränkten Personengesellschaften zu ermöglichen, ist deren Jahresabschluss **offenzulegen.**

Die Kapitalgesellschaften und haftungsbeschränkten Personengesellschaften haben den Jahresabschluss innerhalb von zwölf Monaten nach dem Abschlussstichtag in **elektronischer Form** beim Betreiber des **elektronischen Bundesanzeigers** einzureichen (§ 325 Abs. 1 a HGB); eine Einreichung beim Handelsregister entfällt.

Kleinstkapitalgesellschaften können nach § 326 Abs. 2 HGB statt der bislang üblichen Offenlegung (Bekanntmachung der Daten als jederzeit abrufbare Information im Internet vom Betreiber des elektronischen Bundesanzeigers) alternativ eine **Hinterlegung** der durch verschiedene Aufstellungs- und Offenlegungserleichterungen auf

27 Für den Lagebericht vgl. Kapitel 9.5 »Lagebericht«.
28 Der Berufszugang zum vBP wurde zum 01.01.2005 geschlossen.
29 Vgl. Federmann, Bilanzierung nach Handels- und Steuerrecht, S. 100.

die Bilanz reduzierten Unterlagen beantragen. Bei einer Hinterlegung ist die Bilanz von Außenstehenden nur auf Antrag beim Unternehmensregister als kostenpflichtige elektronische Kopie erhältlich. Es bleibt jedoch dabei, dass die Antragstellung – und damit auch die Einsichtnahme – jedem gestattet ist. So sind etwa keine Begründungen oder Nachweise für ein begründetes Interesse an der Einsichtnahme vorzulegen. Allerdings muss vor der Antragstellung eine Registrierung beim Unternehmensregister erfolgen, wobei eine Übermittlung der registrierten Daten der Antragsteller bzw. der Anträge an das betroffene Unternehmen nicht vorgesehen sind, sodass die Interessenten hinsichtlich ihres Namens und ihrer Anzahl anonym bleiben.

Diese Regelungen zur Offen- und Hinterlegung gelten über § 264a HGB auch für die haftungsbeschränkten Personengesellschaften, über § 9 Abs. 1 PublG auch für offenlegungspflichtige Personengesellschaften und über § 325 Abs. 3 HGB auch für Konzernabschlüsse. Gem. § 325 Abs. 4 HGB ist für Kapitalgesellschaften, die einen organisierten Markt i. S. v. § 2 Abs. 5 WpHG in Anspruch nehmen und keine Kapitalgesellschaften nach § 327a HGB darstellen, die zwölfmonatige Einreichungsfrist des § 325 Abs. 1 S. 2 HGB auf vier Monate verkürzt.

Die konkreten Umfänge der Offenlegung und die über den Jahresabschluss hinausgehenden Dokumente sind in der folgenden Abbildung unterteilt nach Unternehmensgrößenklassen aufgelistet.

Unterlagen	Kapitalgesellschaften / haftungsbeschränkte Personengesellschaften			
	KleinstGes § 325 Abs. 1 / § 326 Abs. 2	**kleine § 325 Abs. 1 / § 326 Abs. 1**	**mittelgroße § 325 Abs. 1 / § 327**	**große § 325 Abs. 2**
Bilanz	Wahlrecht: Offenlegung oder Pflicht zur dauerhaften elektronischen Hinterlegung (verkürzt aufgestellt, zusätzliche Angabepflichten gem. § 264 Abs. 1 S. 5)	offenzulegen (verkürzt aufgestellt)	offenzulegen (verkürzte Gliederung)	offenzulegen
GuV	keine Offenlegungspflicht	keine Offenlegungspflicht	offenzulegen (verkürzt aufgestellt)	offenzulegen
Anhang	keine Aufstellungspflicht	offenzulegen (ohne Angaben zur GuV)	offenzulegen (verkürzt aufgestellt und ohne Angaben zu § 285 Nr. 2, 5, 8a, 12)	offenzulegen
Lagebericht	keine Aufstellungspflicht	keine Aufstellungspflicht	offenzulegen	offenzulegen
Bestätigungs- oder Versagungsvermerk	entfällt, da keine Prüfungspflicht	entfällt, da keine Prüfungspflicht	offenzulegen	offenzulegen
Bericht des Aufsichtsrates (sofern ein Aufsichtsrat besteht)	keine Aufstellungspflicht	keine Aufstellungspflicht	offenzulegen	offenzulegen
Jahresergebnis	keine Angabepflicht	offenzulegen	offenzulegen	offenzulegen
Vorschlag oder Beschluss über Ergebnisverwendung*	entfällt, da keine Angabepflicht	offenzulegen (beachte § 325 Abs. 1 Satz 1)	offenzulegen (beachte § 325 Abs. 1 Satz 1)	offenzulegen (beachte § 325 Abs. 1 Satz 1)

* soweit diese Angaben nicht bereits aus dem Jahresabschluss ersichtlich sind.

Abb. 1 – 14: Offenzulegende Unterlagen im elektronischen Bundesanzeiger[30]

30 Entnommen aus: Baetge/Kirsch/Thiele, Bilanzen, S. 45.

Zu beachten ist, dass es nach § 264b HGB konkrete **Ausnahmen und Befreiungen** für bestimmte, den Kapitalgesellschaften gleichgestellte Personengesellschaften gibt. Hierbei handelt es sich um Unternehmen, die als Tochtergesellschaften in einen Konzernabschluss einbezogen sind. Wenn der Konzernabschluss veröffentlicht wird, sind die Tochtergesellschaften von den Aufstellungs- und Offenlegungsvorschriften für Kapitalgesellschaften entbunden. Nach § 264 Abs. 3 HGB gelten diese Befreiungen auch für alle Kapitalgesellschaften.

Darüber hinaus gibt es in § 325 Abs. 3a HGB die Möglichkeit, den **Einzel- und Konzernabschluss zusammen offenzulegen**, wobei primär ein gemeinsamer Anhang bzw. ein gemeinsamer Lagebericht denkbar ist.

Auch eine pflichtgemäße oder freiwillige Anwendung der **IFRS** bedingt eine Offenlegung. Nach § 325 Abs. 2a HGB kann für Offenlegungszwecke ein IFRS-Abschluss verwendet werden, der jedoch parallel neben dem weiter notwendigen HGB-Abschluss zu erstellen wäre. Anstelle des handelsrechtlichen Jahresabschlusses wird dieser dann zusammen mit weiteren Unterlagen gem. § 325 Abs. 1 HGB sowie § 325 Abs. 2b Nr. 1 und Nr. 2 HGB offengelegt.

Für **Konzernabschlüsse** gelten mit Ausnahme der Gewinnverwendungsrechnung die Offenlegungsvorschriften wie bei großen Kapitalgesellschaften.[31] Auch hier kann bzw. muss (von kapitalmarktorientierten Unternehmen) ein IFRS-Konzernabschluss offengelegt werden, der dann einen HGB-Konzernabschluss ersetzt.

Der **Betreiber des elektronischen Bundesanzeigers** ist nach § 329 Abs. 1 HGB damit beauftragt zu prüfen, ob die Unterlagen fristgemäß und vollständig eingereicht wurden und ggf. in Anspruch genommene größenabhängige Erleichterungen oder die Erleichterungsmöglichkeit des § 327a HGB zu Recht genutzt wurden.

Um die **Prüfung der Offenlegung** zweckgerichtet durchführen zu können, stellt der Betreiber des Unternehmensregisters hierfür die von den Landesjustizverwaltungen übermittelten Unternehmensdaten nach § 8a Abs. 3 Nr. 2 HGB und die ggf. von den Unternehmen eingereichten Unterlagen zur Verfügung. Ergibt sich der Hinweis auf einen Verstoß, muss er dies nach § 329 Abs. 4 HGB der zuständigen Verwaltungsbehörde zur Durchführung von Ordnungsgeldverfahren – insbesondere nach § 335 HGB – melden. Die Verwaltungsbehörde droht dann im Rahmen des Ordnungsgeldverfahrens den Mitgliedern des vertretungsberechtigten Organs der Kapitalgesellschaft oder der Kapitalgesellschaft selbst mit einem Ordnungsgeld von bis zu 25.000 EUR (bei kapitalmarktorientierten Unternehmen 250.000 EUR) plus Verfahrenskosten. Sofern der Aufforderung zur Offenlegung nicht binnen sechs Wochen nachgekommen

31 Vgl. das Kapitel 11 »Grundsachverhalte der Konzernabschlusserstellung«.

wird – wobei ein Einspruch gegen die Androhung keine aufschiebende Wirkung mehr hat – wird das Ordnungsgeld festgesetzt und gleichzeitig die frühere Verfügung unter Androhung eines erneuten Ordnungsgeldes wiederholt. Somit findet eine Prüfung nach neuer Gesetzeslage nicht erst auf Antrag, sondern schon von Amts wegen statt. Die inzwischen vom Betreiber des elektronischen Unternehmensregisters mitgeteilten Zugriffszahlen belegen ein hohes Interesse an den offengelegten Jahresabschlüssen quer durch alle Unternehmensgrößen.

1.5 Steuerrechtliche Einreichungspflichten

Nach § 5b EStG besteht für Steuerpflichtige, die ihren Gewinn nach § 4 Abs. 1, § 5 oder § 5a EStG ermitteln, die Verpflichtung, den Inhalt der Bilanz sowie der Gewinn- und Verlustrechnung nach amtlich vorgeschriebenem Datensatz durch Datenfernübertragung zu übermitteln. Das Herzstück der sog. **E-Bilanz** bildet die Taxonomie, die gem. § 5b EStG als amtlich vorgeschriebener Datensatz veröffentlicht wird.[32] Der Mindestumfang der erforderlichen Positionen ist in den §§ 5b, 51 Abs. 4 Nr. 1b EStG geregelt. Diese Positionen müssen am Bilanzstichtag mit den vorhandenen Daten der einzelnen Buchungskonten befüllt werden.[33] Grundsätzlich orientiert sich die Untergliederung an den §§ 266 u. 275 HGB. Somit haben auch Einzelunternehmen und Personenhandelsgesellschaften sowie kleine Kapitalgesellschaften indirekt die Gliederungsvorschriften zu beachten, die für mittelgroße und große Kapitalgesellschaften handelsrechtlich vorgeschrieben sind. Allerdings ist der Ausweis nur für die steuerliche Gewinnermittlung von Relevanz, der handelsrechtliche Jahresabschluss ist davon nicht direkt tangiert. Gleichwohl finden sich in der Praxis viele kleine Unternehmen, die schon bisher in der handelsrechtlichen Darstellung auf die größenabhängigen Erleichterungen bei der Aufstellung und Offenlegung verzichten, was bedeutet, dass diese die Daten in ihrem Buchhaltungssystem bereits ganz überwiegend vorliegen haben. Ansonsten ist der Kontenrahmen der Buchhaltung auf die Taxonomien hin anzupassen, um unnötige Doppelerfassungen bei einer Übernahme der Regelungen auch in die Handelsbilanz zu vermeiden. Dies betrifft auch Kapitalgesellschaften, die ggf. gem. § 265 Abs. 5 HGB in ihrer bisherigen handelsrechtlichen Gliederung neue Posten hinzugefügt haben, um Inhalte auszudrücken, die inhaltlich nicht von einem anderen vorgeschriebenen Posten abgedeckt wurden. Beispiele dafür sind etwa Positionen wie »Reservetriebwerke« oder »Tiervermögen«. Da diese in der Taxonomie nicht vorgesehen sind, dürfte der Ausweis dieser Sonderposten in der HGB-Bilanz weiter zurückgehen.

32 Vgl. BMF, Schreiben vom 28.09.2011, Rdn. 10.
33 Vgl. BMF, Schreiben vom 28.09.2011, Rdn. 15.

Es ist zu bedenken, dass kleine und mittelgroße Kapitalgesellschaften handelsrechtliche **Aufstellungs- und Offenlegungserleichterungen** haben. So müssen kleine Unternehmen gem. § 266 Abs. 1 HGB nur eine auf die Buchstaben und römischen Zahlen verkürzte Bilanz aufstellen. Diese Erleichterung würde zu Konflikten mit der E-Bilanz führen, da dort einige der Positionen ausweispflichtig sind. In der Praxis zeigt sich, dass kleine Unternehmen die Aufstellungserleichterung nur überraschend selten nutzen, sodass zumindest bei diesen Unternehmen die Informationen zur Übertragung generell zur Verfügung stehen. Auch die Möglichkeit, auf die Aufstellung eines Anlagenspiegels zu verzichten (§ 284 Abs. 3 i. V. m. § 288 Abs. 1 Nr. 1 HGB), wurde von den kleinen Unternehmen nicht durchgängig genutzt.[34]

Darüber hinaus bestehen Offenlegungserleichterungen nach § 326 HGB für kleine sowie nach § 327 HGB für mittelgroße Kapitalgesellschaften, wobei in Bezug auf das Anlagevermögen insbesondere die Bilanzverkürzung für mittelgroße Kapitalgesellschaften von Relevanz ist. Allerdings müssen anders als bei den Aufstellungserleichterungen hier die Daten intern vorliegen, sodass hieraus generell keine Konflikte mit der E-Bilanz entstehen.

Problematischer ist die Anpassung der Gliederung an Unternehmensspezifika. Hier liegen einerseits über § 330 HGB pflichtgemäß zu beachtende Formblätter für bestimmte Branchen vor, die jedoch ihre Entsprechung in den **Branchenspezifika** der Taxonomien gefunden haben. Andererseits darf die Gliederung entsprechend der Vorgaben des § 265 Abs. 4–7 HGB angepasst werden. In der Praxis finden sich vergleichsweise selten Unternehmen, die das immaterielle Vermögen und das Sachanlagevermögen mit einem zusätzlichen Posten versehen. In diesen Fällen ist für die Übertragung der Werte in die E-Bilanz eine geeignete Position für die handelsrechtlich neu geschaffene Position zu finden, wobei notfalls die Auffangposten herangezogen werden können.

Zu denken ist auch an die **Nicht-Kapitalgesellschaften**, die § 266 HGB nicht zu beachten haben, sondern lediglich die Anforderungen des § 247 Abs. 1 HGB. Danach ist in Anlage- und Umlaufvermögen zu unterteilen und die generelle Aufstellungspflicht der klaren und übersichtlichen Darstellung nach § 243 Abs. 2 HGB zu beachten. Dennoch hat sich auch dort die Anwendung der Gliederung des § 266 Abs. 2 HGB für das Anlagevermögen in der Praxis durchgesetzt – es bleibt aber letztlich eine freiwillige Gliederung. Da § 5b EStG rechtsformunabhängig für alle Steuerpflichtigen gilt, kann es hier indirekt zu einem (wirtschaftlichen) Zwang einer Ausrichtung an die Regelungen des § 266 HGB kommen, da die Kerntaxonomien diesen zur Grundlage haben.

34 Vgl. Lange/Müller, BilMoG-Erfahrungsbericht, Rz. 188 ff.

Inhaltlich erlaubt § 5b EStG zwei **Übermittlungsmöglichkeiten**: die Übermittlung einer Handelsbilanz mit Überleitungsrechnung oder die Übermittlung einer Steuerbilanz:

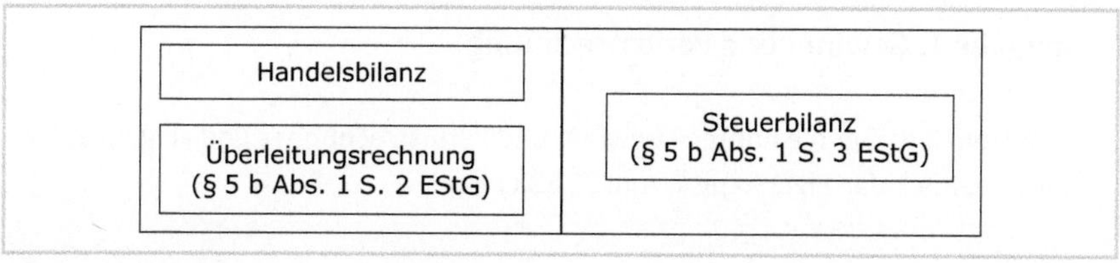

Abb. 1 – 15: Alternative Übermittlungsmethoden

Aus diesem Grund finden sich in den Taxonomien auch Positionen, die steuerrechtlich nicht ansatzfähig sind, wie die selbst geschaffenen gewerblichen Schutzrechte und ähnliche Rechte und Werte gem. § 5 Abs. 2 EStG, für die handelsrechtlich nach § 248 Abs. 2 S. 1 HGB ein Ansatzwahlrecht besteht. Wenn eine Steuerbilanz übermittelt wird, muss diese Position leer bleiben. Es ist zu bedenken, dass dann auch nach Auffassung der Steuerverwaltung eine Steuer-GuV zu übermitteln ist, d. h. die Aufwands- und Ertragskonsequenzen der Aktivierung von selbst geschaffenen immateriellen Vermögensgegenständen sind in der GuV zu bereinigen. Konkret bedeutet dies Anpassungen im Bereich der Bestandsänderungen sowie der Abschreibungen von in Vorjahren aktivierten Beträgen bei Verwendung des Gesamtkostenverfahrens, beim Umsatzkostenverfahren wären die Aufwendungen für Forschung und Entwicklung entsprechend anzupassen. Erfolgt eine Übermittlung der Handelsbilanz, sind die steuerbilanziellen Abweichungen in einer Überleitungsrechnung kenntlich zu machen.

1.6 Aufgaben und Lösungen

1.6.1 Aufgaben

Aufgabe 1: Gewinn- und Verlustrechnung

Ermitteln Sie über die Konten »Gewinn- und Verlustrechnung« und »Eigenkapital«, wie hoch das Eigenkapital zum 31.12.t1 ist:

Angaben	in EUR
Eigenkapital am 01.01.t1	240.000,00
Mieterträge	3.000,00
Löhne und Gehälter	12.000,00
Aufwendungen für Rohstoffe	17.000,00
Umsatzerlöse	67.000,00
Bankguthaben	2.000,00
Fremdinstandhaltung	3.000,00
Verbindlichkeiten	20.000,00

Aufgabe 2: Größenklassen

Nach dem HGB hängen verschiedene Pflichten zur Erstellung, Prüfung und Offenlegung des Jahresabschlusses und des Lageberichts davon ab, in welche Größenklasse eine Kapitalgesellschaft einzuordnen ist.

1. Erläutern Sie, unter welchen Voraussetzungen eine Kapitalgesellschaft als klein bzw. groß im Sinne des HGB gilt.
2. Welche konkreten Erleichterungen gelten für kleine Kapitalgesellschaften im Vergleich zu großen Kapitalgesellschaften bezüglich der Pflicht zur Erstellung von Bilanz, Gewinn- und Verlustrechnung, Anhang und Lagebericht sowie zur Prüfung und zur Offenlegung?
3. Welcher Größenklasse nach § 267 HGB ist die X AG mit den folgenden Kennzahlen zuzuordnen? Begründen Sie die Antwort!

in Mio. EUR	Jahr 1	Jahr 2	Jahr 3	Jahr 4
Bilanzsumme	3,50	4,50	4,50	16,10
Umsatzerlöse	8,50	8,00	8,10	38,00
Mitarbeiter	89	48	251	264

1.6.2 Lösungen

Lösung zu Aufgabe 1

Soll	Gewinn- und Verlustrechnung in EUR		Haben
Löhne und Gehälter	12.000	Umsatzerlöse	70.000
Aufwendungen für Rohstoffe	17.000		
Fremdinstandhaltung	3.000		
Jahresüberschuss	38.000		
	70.000		70.000

Soll	Eigenkapital in EUR		Haben
Endbestand (31.12.t1)	278.000	Anfangsbestand	240.000
		Jahresüberschuss	38.000
	278.000		278.000

Lösung zu Aufgabe 2

a) Zur Einstufung einer Kapitalgesellschaft werden gemäß § 267 HGB grundsätzlich drei Kriterien herangezogen:

Größenkriterium	kleine Kapitalgesellschaft	große Kapitalgesellschaft
Bilanzsumme in EUR	< 6.000.000	> 20.000.000
Jahresumsatz in EUR	< 12.000.000	> 40.000.000
Ø jährliche Beschäftigtenzahl	< 50 Arbeitnehmer	> 250 Arbeitnehmer

Damit eine Kapitalgesellschaft als »kleine« bzw. »große« Kapitalgesellschaft eingestuft werden kann, müssen von diesen drei Größenkriterien mindestens zwei in zwei aufeinander folgenden Geschäftsjahren erfüllt sein. Ebenso gilt nach § 267 Abs. 3 S. 2 HGB eine Kapitalgesellschaft stets als »groß«, wenn

- sie einen organisierten Markt i. S. d. § 2 des Wertpapierhandelsgesetzes durch von ihr ausgegebene Wertpapiere i. S. d. § 2 Abs. 1 S. 1 Wertpapierhandelsgesetzes in Anspruch nimmt oder
- an einem organisierten Markt die Zulassung zum Handel beantragt wurde.

b) Die folgenden wesentlichen Erleichterungen werden kleinen Kapitalgesellschaften gewährt, bezüglich der

1. Erstellungspflicht

Bilanz:

Eine kleinformatige Bilanz darf erstellt werden, d. h. nach § 266 Abs. 2 u. 3 HGB i. V. m. § 266 Abs. 1 S. 3 HGB sind nur die mit Buchstaben und römischen Zahlen bezeichneten Posten aufzuführen (§ 266 Abs. 1 S. 3 HGB).

Außerdem sind kleine Kapitalgesellschaften nach § 268 HGB i. V. m. § 274 a HGB befreit von

- § 268 Abs. 6 HGB: dem gesonderten Ausweis eines Rechnungsabgrenzungspostens nach § 250 Abs. 3 HGB (Disagio),
- § 274 HGB: Steuerabgrenzung und daraus resultierende Anhangangaben nach § 285 Nr. 29 und 30 HGB.

GuV-Rechnung:

Es muss nur eine verkürzte GuV-Rechnung erstellt werden (§ 276 S. 1 HGB).

Anhang:

Es muss nur ein verkürzter Anhang erstellt werden. Daraus resultiert eine Befreiung von den folgenden Vorschriften nach § 268 i. V. m. § 274 a HGB:

- § 268 Abs. 4 S. 2 HGB über die Pflicht zur Erläuterung von Forderungen, die erst nach dem Bilanzstichtag entstehen,
- § 268 Abs. 5 S. 3 HGB über die Erläuterung von Verbindlichkeiten, die erst nach dem Bilanzstichtag entstehen,
- § 268 Abs. 6 HGB über den Rechnungsabgrenzungsposten nach § 250 Abs. 3 HGB (Disagio).

Darüber hinaus sind kleine Kapitalgesellschaften nach §§ 284 u. 285 HGB i. V. m. § 288 HGB von den folgenden Vorschriften befreit:

- § 284 Abs. 2 Nr. 3 HGB über den Ausweis der Unterschiedsbeträge der Buchwerte zur Bewertung zu letzten Börsen- oder Marktpreisen bei Gruppen-, LiFo- oder FiFo-Bewertung,
- § 284 Abs. 3 HGB über die Aufstellung eines Anlagegitters,
- § 285 Nr. 2 HGB über die Aufgliederung der Verbindlichkeiten,
- § 285 Nr. 3 HGB über die Angabe zu Art, Zweck und Risiko von außerbilanziellen Geschäften,
- § 285 Nr. 4 HGB über die Aufgliederung des Umsatzerlöses nach Tätigkeitsbereichen und regionalen Märkten,
- § 285 Nr. 7 HGB über die durchschnittliche Anzahl der Arbeitnehmer, getrennt nach Gruppen,
- § 285 Nr. 8 a HGB über die Angabe des Materialaufwandes beim Umsatzkostenverfahren,
- § 285 Nr. 8 b HGB über die Angabe des Personalaufwandes beim Umsatzkostenverfahren,
- § 285 Nr. 9 a und Nr. 9 b HGB über die Angabe der Gesamtbezüge von Mitgliedern des Vorstandes, Aufsichtsrates u. Ä.,
- § 285 Nr. 10 HGB über die Nennung der Mitglieder des Vorstandes und Aufsichtsrates,
- § 285 Nr. 11 HGB über Beteiligungen (insbesondere Name und Sitz anderer Unternehmen, die Höhe des Anteils am Kapital etc.),

- § 285 Nr. 11 a HGB über Name, Sitz und Rechtsform des Unternehmens, deren unbeschränkt haftender Gesellschafter die Kapitalgesellschaft ist,
- § 285 Nr. 12 HGB über die Erläuterung des Postens »sonstige Rückstellungen«,
- § 285 Nr. 14 HGB über Name und Sitz des Mutterunternehmens der Kapitalgesellschaft, das den Konzernabschluss für den größten Kreis von Unternehmen aufstellt,
- § 285 Nr. 15 HGB, soweit es sich um den Anhang des Jahresabschlusses einer Personenhandelsgesellschaft i. S. d. § 264 a Abs. 1 handelt, Name und Sitz der Gesellschaften, die persönlich haftende Gesellschafter sind, sowie deren gezeichnetes Kapital,
- § 285 Nr. 15 a HGB über das Bestehen von Genussscheinen, Genussrechten, Wandelschuldverschreibungen etc. (unter Angabe der Anzahl und Rechte, die sie verbriefen),
- § 285 Nr. 17 HGB über Angaben zu Abschlussprüferhonoraren,
- § 285 Nr. 18 HGB über Angaben zu den zu Finanzanlagen gehörenden Finanzinstrumenten, die über ihren beizulegenden Zeitwert ausgewiesen werden, da eine außerplanmäßige Abschreibung unterblieben ist (Buchwert und der beizulegende Zeitwert der einzelnen Vermögensgegenstände, Gründe für das Unterlassen der Abschreibung),
- § 285 Nr. 19 HGB über Angaben zu Finanzinstrumenten,
- § 285 Nr. 21 HGB über Angaben zu Geschäften mit nahe stehenden Personen,
- § 285 Nr. 22 HGB über Angaben zu Forschung und Entwicklung,
- § 285 Nr. 24 HGB über Angaben zu den Rückstellungen für Pensionen und ähnliche Verpflichtungen (angewandte versicherungsmathematische Berechnungsverfahren sowie grundlegende Annahmen der Berechnung),
- § 285 Nr. 26 HGB über Anteile am Sondervermögen i. S. d. § 1 Abs. 10 des Kapitalanlagegesetzbuchs oder Anlageaktien an Investmentaktiengesellschaften mit veränderlichem Kapital,
- § 285 Nr. 27 HGB über im Anhang ausgewiesene Verbindlichkeiten und Haftungsverhältnisse die Gründe der Einschätzung des Risikos der Inanspruchnahme,
- § 285 Nr. 28 HGB: Gesamtbetrag der Beträge i. S. d. § 268 Abs. 8 HGB, aufgegliedert in Beträge aus der Aktivierung selbst geschaffener immaterieller Vermögensgegenstände des Anlagevermögens, Beträge aus der Aktivierung latenter Steuern und aus der Aktivierung von Vermögensgegenständen zum beizulegenden Zeitwert,
- § 285 Nr. 29 HGB über Angaben zur Ermittlung latenter Steuern,

- § 285 Nr. 30 HGB über die latenten Steuersalden am Ende des Geschäftsjahres und die im Laufe des Geschäftsjahres erfolgten Änderungen dieser Salden,
- § 285 Nr. 32 HGB über die Erläuterung der einzelnen Erträge und Aufwendungen, die einem anderen Geschäftsjahr zuzuordnen sind,
- § 285 Nr. 33 HGB über Vorgänge von besonderer Bedeutung, die nach dem Schluss des Geschäftsjahres eingetreten sind und weder in der Gewinn- und Verlustrechnung noch in der Bilanz berücksichtigt sind,
- § 285 Nr. 34 HGB über den Vorschlag für die Verwendung des Ergebnisses oder den Beschluss über seine Verwendung.

Lagebericht:

Kleine Kapitalgesellschaften müssen keinen Lagebericht erstellen (§ 264 Abs. 1 S. 4 HGB).

Die Frist zur Erstellung der Bilanz, der GuV-Rechnung und des Anhangs beträgt 6 Monate (§ 264 Abs. 1 S. 3 HGB).

2. Prüfungspflicht

Bei kleinen Kapitalgesellschaften entfällt die Prüfung des erweiterten Jahresabschlusses (§ 316 Abs. 1 S. 1 HGB).

3. Offenlegungspflicht

Offengelegt werden müssen nur

- die verkürzte Bilanz und
- der doppelt verkürzte Anhang, d. h. der Anhang ohne die Erläuterungen zur GuV-Rechnung (§ 325 Abs. 1 i. V. m. § 326 Abs. 1 HGB).

Die Rechtsfolgen treten gem. § 267 Abs. 4 HGB bzw. gem. § 1 Abs. 1 PublG nur dann ein, wenn zwei der drei Merkmale an den Abschlussstichtagen von zwei aufeinander folgenden Geschäftsjahren jeweils unter- oder überschritten werden.

in Mio. EUR	Jahr 1	Jahr 2	Jahr 3	Jahr 4
Bilanzsumme	klein	klein	klein	mittel
Umsatzerlöse	klein	klein	klein	mittel
Mitarbeiter	mittel	klein	groß	groß
Einordnung:	klein	klein	klein	mittel
Rechtsfolge:	klein, weil erstmalige Anwendung	klein	klein	klein, weil Vorjahr noch klein

Hinweis

DIGITALE EXTRAS

Diese und weitere Aufgaben samt Lösungen finden Sie online bei den digitalen Extras.

1.7 Lernkontrolle

Geben Sie bitte an, ob die folgenden Aussagen richtig (R) oder falsch (F) sind. (Die Lösung finden Sie in Kapitel »Lösungen zu den Lernkontrollen«.)

Nr.	Aussage	Antwort
1	Das Rechnungswesen ist die Gesamtheit aller Prozesse im Unternehmen, mit denen alle Geschäftsvorfälle erfasst werden.	
2	Die Dokumentationsfunktion legt fest, welcher Gewinn entnommen werden darf.	
3	Architekten sind aufgrund ihrer gewerblichen Tätigkeit zur Buchführung verpflichtet.	
4	Die Befreiungsvorschrift nach § 241a HGB gilt ausschließlich für Einzelkaufleute.	
5	Es wird zwischen Ist-, Kann- und Sollkaufmann unterschieden.	
6	In der Bilanz werden Aufwendungen und Erträge einander gegenübergestellt.	
7	Das Publizitätsgesetz bestimmt, welche Unternehmen von der Rechnungslegungspflicht ausgeschlossen sind.	
8	Zu den Informationsinstrumenten der Rechnungslegung zählen u. a. Bilanz, Gewinn- und Verlustrechnung und Anhang.	
9	Die Einstufung der Kapitalgesellschaften erfolgt anhand der drei Größenklassen Kleinst, Medium und Groß.	
10	Lediglich der Jahresabschluss von großen Kapitalgesellschaften ist dem Abschlussprüfer vorzulegen, der nach der Prüfung den Bestätigungsvermerk gem. § 322 HGB erteilt.	

1.7 Lernkontrolle

2 Grundlagen der Rechnungslegung

Nach Durcharbeiten dieses Kapitels

- ist Ihnen die Abgrenzung zwischen Betriebs- und Privatvermögen bekannt.
- kennen Sie den Unterschied zwischen Inventur und Inventar.
- können Sie die Vollinventur von der Stichtagsinventur unterscheiden und die beiden Inventurverfahren erläutern.
- wissen Sie, welche Rechengrößen es gibt und können diese (Einnahme, Einzahlung, Ertrag; Ausgabe, Auszahlung, Aufwand) voneinander abgrenzen.
- verstehen Sie den Zusammenhang zwischen der Finanzbuchhaltung, Bilanz sowie Gewinn- und Verlustrechnung.
- sind Ihnen die Grundsätze ordnungsmäßiger Buchführung geläufig und können Sie Beispiele den verschiedenen GoB zuordnen.
- wissen Sie, dass das Vorsichtsprinzip einen hohen Stellenwert im Handelsrecht hat.
- ist Ihnen bekannt, dass unrealisierte Gewinne und unrealisierte Verluste ungleich behandelt werden (Imparitätsprinzip) und unrealisierte Verluste bereits als Aufwand zu berücksichtigen sind (sofern wahrscheinlich), unrealisierte Gewinne aber nicht.

2.1 Begriffsbestimmungen

2.1.1 Betriebsvermögen

Abgrenzung nach wirtschaftlichen Gesichtspunkten

Nach § 242 Abs. 1 HGB hat der Kaufmann »sein« Vermögen und »seine« Schulden in die Bilanz aufzunehmen. Das Vermögen besteht handelsrechtlich aus Vermögensgegenständen, während steuerrechtlich von positiven Wirtschaftsgütern gesprochen wird. Negative Wirtschaftsgüter sind grundsätzlich mit Schulden gleichzusetzen. Zwischen einem handelsrechtlichen Vermögensgegenstand und einem steuerrechtlichen Wirtschaftsgut besteht hingegen ein Unterschied. Ein Vermögensgegenstand bedingt die Möglichkeit der selbstständigen Verkehrsfähigkeit, was beim Wirtschaftsgut nicht erforderlich ist.[35]

Das Vermögen muss dem Kaufmann gehören und die Schulden müssen ihm zuzurechnen sein. Dabei muss ihm das Vermögen nicht zwangsweise bürgerlich-rechtlich (juristisches Eigentum), sondern wirtschaftlich (wirtschaftliches Eigentum) gehören. Häufig stimmen juristisches und wirtschaftliches Eigentum jedoch überein.

35 Vgl. das Kapitel 3.2 »Ansatz von Aktiva«.

Im Bilanzrecht kommt es auf das **wirtschaftliche Eigentum** an. Als wirtschaftliches Eigentum wird Eigentum an Sachen bezeichnet, die dem Inhaber zwar nicht sachenrechtlich zustehen, wenn bei ihm aber Besitz, Gefahr, Nutzen und Lasten der Sache liegen. Wesentliche Kriterien zur Abgrenzung des betrieblichen Vermögens sind Nutzungsrecht und Gefahrenübergang.[36] Der wirtschaftliche Eigentümer ist somit jene Person, die die Vermögensgegenstände bzw. die Wirtschaftsgüter nutzt, verarbeitet und damit auch für den Untergang haftet, d.h. diejenige Person, die Substanz und Ertrag einer Sache tatsächlich, auf Dauer und vollständig hat.

So sind einem Unternehmen als wirtschaftlichem Eigentümer die Vermögensteile zuzurechnen, über die es in der Weise die tatsächliche Herrschaft ausübt, dass es den (anderen) juristischen Eigentümer im Regelfall für die gewöhnliche Nutzungsdauer von der Einwirkung auf die Wirtschaftsgüter ausschließen kann (§ 39 Abs. 2 Nr. 1 S. 1 AO).

Juristisches und wirtschaftliches Eigentum können – etwa bei Kommissionsgeschäften, Treuhandverhältnissen, Factoringverhältnissen, Leasingverhältnissen[37], Pensionsgeschäften und Bauten auf fremden Grundstücken – auseinanderfallen.

Werden Waren unter Eigentumsvorbehalt geliefert oder auch als Sicherungsgut übereignet, z.B. verpfändet, sind die Vermögensgegenstände nach § 246 Abs. 1 S. 2 HGB beim wirtschaftlichen Eigentümer zu bilanzieren. Der wirtschaftliche Eigentümer ist der Erwerber (bei Eigentumsvorbehalt) bzw. der Sicherungsgeber (bei Sicherungsübereignung).

Beispiel

Wirtschaftlicher Eigentümer ist bei Treuhandverhältnissen der Treugeber, bei Eigentumsvorbehalt, bei Sicherungsübereignung und bei Sicherungszession der Sicherungsgeber (bzw. Schuldner), bei Eigenbesitz der Eigenbesitzer und bei der Einkaufskommission der Kommittent. Beim Grundstückskauf ist das Grundstück beim Käufer schon vor der Eintragung des Eigentumsübergangs zu aktivieren, wenn Besitz, Gefahr, Nutzung und Lasten auf ihn übergegangen sind und die Auflassung dem Grundbuchamt vorliegt.

Wurden Konnossements, Ladescheine, indossable Lagerscheine oder Frachtbriefe an den Käufer ausgehändigt oder hat der Käufer die Mitteilung erhalten, dass die Vorräte zu seiner Verfügung stehen, sind die **Vorräte** beim Käufer zu bilanzieren, auch wenn sich die Vorräte im Unternehmensbereich eines Spediteurs, Lagerhalters oder

36 Vgl. Förschle/Kroner, in: Beck'scher Bilanzkommentar, § 246 HGB, Rz. 7; IDW (Hrsg.): WP Handbuch, Abschnitt F, Rz. 36.

37 Vgl. das Kapitel 8.2 »Leasing«.

Frachtführers befinden. Gleiches gilt, wenn ein Einkaufskommissionär für den Käufer handelt, sobald die Vorräte beim Kommissionär eingegangen sind. Unterwegs befindliche, sog. rollende oder schwimmende Ware, ist vom Käufer zu bilanzieren, sobald die Gefahr des zufälligen Untergangs oder der zufälligen Verschlechterung gem. §§ 445 – 446 BGB auf ihn übergegangen ist.

2.1.2 Abgrenzung vom Privatvermögen

Während bei **Kapitalgesellschaften** durch die **eigene Rechtspersönlichkeit** der Gesellschaft geringe Abgrenzungsprobleme bestehen, besteht bei **Personengesellschaften** häufig keine klare **Trennung von Betriebs- und Privatvermögen**. Die selbst genutzte Wohnung kann sich im betrieblich genutzten Gebäude befinden oder ein Auto kann sowohl privat als auch betrieblich genutzt werden. Anders als bei der Kapitalgesellschaft besteht aber eine Identität des Eigentümers; sowohl der betriebliche als auch der private Gegenstand gehören also zunächst demselben Eigentümer.

Handelsrechtlich sind nur die Vermögensgegenstände und Schulden zu bilanzieren, die zum **Betriebsvermögen** des Kaufmanns gehören. Privatvermögen darf in der Bilanz nicht angesetzt werden.

Analog werden steuerrechtlich die zum Betriebsvermögen zählenden Wirtschaftsgüter bilanziert. Wirtschaftsgüter gehören zum **notwendigen Betriebsvermögen**, wenn sie überwiegend und unmittelbar für eigenbetriebliche Zwecke genutzt werden oder dazu bestimmt sind (notwendiges Betriebsvermögen); dazu zählen betrieblich genutzte Bürogebäude oder betrieblich genutzte Maschinen und Anlagen.

Davon abzugrenzen ist das **notwendige Privatvermögen**, das nicht in der Unternehmensrechnung berücksichtigt werden darf, weil diese Gegenstände aufgrund ihrer Beschaffenheit und aufgrund ihrer tatsächlichen Verwendung im privaten Bereich des Steuerpflichtigen nicht zum Betriebsvermögen gehören, wie z. B. das Segelboot eines Brauereibesitzers.

Demgegenüber hängt es beim **gewillkürten Betriebsvermögen** vom Ermessen des Unternehmens ab, ob es dem Betriebsvermögen zugerechnet wird oder nicht. Beim gewillkürten Betriebsvermögen handelt es sich um Wirtschaftsgüter, die weder zum notwendigen Betriebs- noch zum notwendigen Privatvermögen gehören. Diese Güter können nur zum Betriebsvermögen gerechnet werden, wenn sie in einem gewissen objektiven Zusammenhang mit dem Betrieb stehen und dazu bestimmt und geeignet sind, den Betrieb zu fördern. Beispiele hierfür sind zu Anlagezwecken gekaufte Wertpapiere oder Bürogebäude des Steuerpflichtigen, die vermietet sind. Bei diesen

Wirtschaftsgütern ist die Buchung und Bilanzierung ausschlaggebend dafür, ob sie tatsächlich dem Betriebsvermögen zugerechnet werden.[38]

Die folgende Tabelle informiert – in Abhängigkeit von der eigenbetrieblichen oder privaten Nutzung – über die Zurechnung zum Betriebsvermögen, zum Privatvermögen oder zum gewillkürten Betriebsvermögen bei der Bilanzierung (R 4.2 Abs. 1 S. 4–7 EStR).

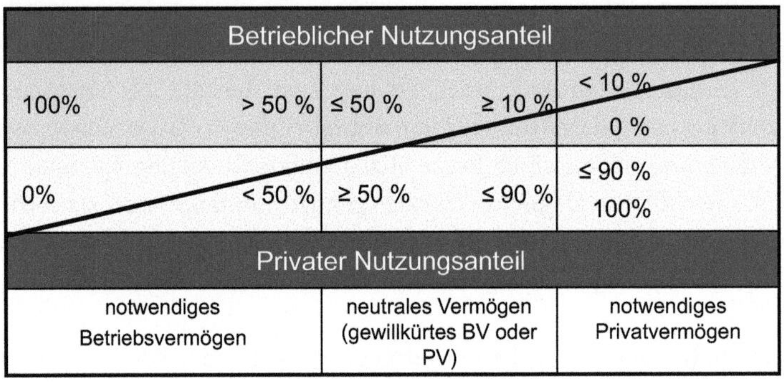

Abb. 2 – 1: Abgrenzung Betriebsvermögen zum Privatvermögen[39]

Darüber hinaus bestehen weitere Besonderheiten, etwa im Falle von Grundstücken (R 4.2 Abs. 3–14 EStR). Da hier die Nutzung räumlich aufgeteilt werden kann, wird eine Parzellierung in Grundstücksteile gefordert, die dann jeweils als eigenständiges Wirtschaftsgut verstanden werden. Bei Verbindlichkeiten wird auch eine klare Aufteilung in den betrieblich und den privat veranlassten Teil erwartet.

2.1.3 Rechengrößen des Rechnungswesens

Das Rechnungswesen ist unmittelbar mit den Größen **Liquidität** und **Erfolg** verknüpft, die bei jedem Unternehmen im Zielsystem verankert sein müssen, damit es nachhaltig existieren kann. Für die Zielgröße Liquidität sind die Rechengrößen Einzahlungen/Auszahlungen bzw. Einnahmen/Ausgaben unter Berücksichtigung von Kreditgeschäften relevant. Die Rechengrößen für den Erfolg sind Erträge/Aufwendungen für die Bilanzierung und Leistungen/Kosten für die Kosten- und Leistungsrechnung.

38 Vgl. Coenenberg/Haller/Schultze, Jahresabschluss und Jahresabschlussanalyse, S. 88.
39 Vgl. Federmann, Bilanzierung nach Handelsrecht und Steuerrecht, S. 306.

Zielgrößen	Rechengrößen	Definition
Liquidität	Einzahlungen/ Auszahlungen	Zugang/Abgang liquider Mittel (Bargeld und Sichtguthaben) pro Periode
	Einnahmen/ Ausgaben	Wert aller veräußerten Leistungen (Umsätze)/Wert aller zugegangenen Güter und Dienstleistungen (Beschaffungswert) pro Periode
Erfolg	Erträge/ Aufwendungen	Wert aller erbrachten Leistungen/aller verbrauchten Güter und Dienstleistungen pro Periode
	Leistungen/ Kosten	Wert aller erbrachten Leistungen/aller verbrauchten Güter und Dienstleistungen pro Periode im Rahmen der »eigentlichen« betrieblichen Tätigkeit

Abb. 2 – 2: Ziel- und Rechengrößen im Rechnungswesen

Bei **Einzahlungen** und **Auszahlungen** handelt es sich um tatsächliche Geldzahlungen, die den Bestand an flüssigen Mitteln verändern. Beispiele sind alle Bareinkäufe und -verkäufe. Wird z. B. ein Vermögensgegenstand eingekauft und in bar bezahlt, liegt eine Auszahlung vor.

Einnahmen und **Ausgaben** sind Begriffe für Vorgänge, die einen Rechtsanspruch bzw. eine Rechtsverpflichtung herbeiführen. Der Abschluss eines Kaufvertrages bewirkt, dass der Käufer dem Verkäufer den Kaufpreis schuldet und der Verkäufer das betreffende Gut liefern muss. Für den Käufer liegt eine Rechtsverpflichtung zur Zahlung von Geldbeträgen (Ausgaben) und für den Verkäufer ein Rechtsanspruch auf Zufluss von Geldbeträgen (Einnahmen) vor.

Eine Ausgabe kann gleichzeitig eine Auszahlung sein, wenn die Ware eingekauft und in bar bezahlt wird. In diesem Fall handelt es sich aufgrund der Zahlungsverpflichtung um eine Ausgabe und durch den Geldfluss gleichzeitig um eine Auszahlung. Wird die Ware erst später bezahlt (wie z. B. bei einem Kauf mit Zahlungsziel), liegt nur eine Ausgabe vor; die Bezahlung, und somit die Auszahlung, erfolgt zu einem späteren Zeitpunkt.

Abb. 2 – 3: Einzahlungen/Auszahlungen und Einnahmen/Ausgaben

Erträge und **Aufwendungen** (wie z. B. Umsatzerlöse bzw. Material- oder Personalaufwendungen) sind Begriffe für den Wertzuwachs (Ertrag) bzw. Wertverzehr (Aufwand) in der Finanzbuchhaltung eines Unternehmens. In der Finanzbuchhaltung werden Aufwendungen als negative und Erträge als positive Erfolgsbeiträge bezeichnet, die das Jahresergebnis beeinflussen und die Höhe des Eigenkapitals verändern. Die Höhe der Aufwendungen und Erträge und auch deren zeitliche Erfassung werden durch das Rechnungslegungssystem, d. h. hier durch das HGB, determiniert.

Mit dem Entstehen einer Ausgabe oder einer Auszahlung sind zwar rechtliche Ansprüche entstanden bzw. Geldmittel abgeflossen, die erworbenen Güter liegen aber möglicherweise noch auf Lager und sind noch nicht verbraucht. Erst wenn die gelagerten Rohstoffe tatsächlich im Betriebsprozess verbraucht werden, liegt ein Aufwand (Wertverzehr) vor.

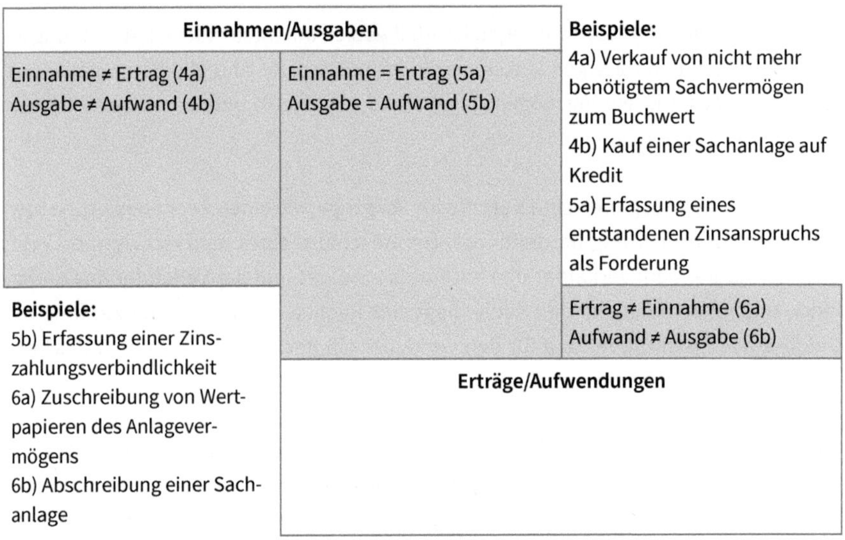

Abb. 2 – 4: Einnahmen/Ausgaben und Erträge/Aufwendungen

Leistungen und **Kosten** sind Begriffe der Betriebsbuchhaltung (Kosten- und Leistungsrechnung). Hierbei handelt es sich um Wertezuwachs- bzw. -verbrauch, der allein durch die Erfüllung der spezifischen Aufgaben der betrieblichen Tätigkeit verursacht wird. Leistungen werden oft auch als **Erlöse** bezeichnet. Zusätzlich werden in der Kostenrechnung **kalkulatorische Kosten** verrechnet, die in der Finanzbuchhaltung entweder gar nicht (z. B. kalkulatorische Eigenkapitalkosten) oder in anderer Höhe (z. B. kalkulatorische Abschreibungen) entstehen; sie werden als Zusatzkosten oder Anderskosten bezeichnet.

Demgegenüber beziehen die Begriffe der Finanzbuchhaltung, Aufwendungen und Erträge, alle Aktivitäten des Unternehmens und nicht nur die Leistungserstellung und

-verwertung ein. Dazu zählen alle betriebsfremden, periodenfremden und außergewöhnlichen Aufwendungen und Erträge, wie z. B. Spekulationsgewinne, Steuernachzahlungen, Erträge aus dem Verkauf von Produktionsanlagen und Spenden. Diese in der Kosten- und Leistungsrechnung nicht zwangsläufig erfassten Aufwendungen und Erträge werden als neutrale Aufwendungen und Erträge bezeichnet.[40]

Wie das folgende Beispiel zeigt, können die Rechengrößen in einer Aufeinanderfolge betrachtet werden.

Beispiel

- Am 20.01. kaufen wir Rohstoffe für 80.000 EUR mit Zahlungsziel.
  → Ausgabe
- Am 07.02. bezahlen wir die Rechnung per Banküberweisung.
  → Auszahlung
- Am 10.02 werden die Rohstoffe in der Produktion verarbeitet.
  → Aufwand
- In gleicher Höhe liegen Kosten vor.
  → Kosten

2.2 Inventur und Inventar

2.2.1 Definition und Stichtage

Gem. § 240 Abs. 1 HGB hat jeder Kaufmann für den Schluss eines jeden Geschäftsjahres eine Aufstellung seiner Grundstücke, Forderungen und Schulden, seines baren Geldes und seiner sonstigen Vermögensgegenstände anzufertigen und dabei den Wert der einzelnen Vermögensgegenstände und Schulden anzugeben (**Inventar**). Ein Geschäftsjahr kann beliebig im Kalenderjahr positioniert sein, es darf nur nicht länger als 12 Monate dauern.

Das **Verfahren zur Erstellung des Inventars** nennt sich Inventur. Die **Inventur** ist die körperliche Bestandsaufnahme aller Vermögensgegenstände und Schulden. Sie wird durch Zählen, Messen oder Wiegen vorgenommen. Die Vermögensteile und Schulden werden jeweils einzeln erfasst, und zwar nach

- Art (Bezeichnung),
- Menge (Stückzahl, Gewicht, Länge u. a.),
- Wert (EUR zum Stichtag).

40 Vgl. Coenenberg/Haller/Mattner/Schultze, Rechnungswesen, S. 13 f.

Für bestimmte Vermögensposten und Schulden erfolgt anstelle der körperlichen Inventur eine Buchinventur, auch Beleginventur genannt (z. B. für die Ermittlung der Forderungsbestände).

Neben der Art der Durchführung kann sich die Inventur nach dem Zeitpunkt und dem Umfang der Bestandsaufnahme unterscheiden. Hinsichtlich des Zeitpunktes der Bestandsaufnahme ist zwischen Stichtagsinventur (§ 240 Abs. 2 HGB), zeitlich verlegter Inventur (§ 241 Abs. 3 HGB) und permanenter Inventur (§ 241 Abs. 2 HGB) zu unterscheiden. Hinsichtlich des Umfanges kann eine Voll- oder eine Stichprobeninventur in Betracht kommen.

Das Ergebnis der Inventur ist ein Bestandsverzeichnis, das als **Inventar** bezeichnet wird. Es ist systematisch aufgebaut. Zunächst ist das gesamte Vermögen nach zunehmender Liquidierbarkeit aufgelistet. An erster Stelle wird das dem Unternehmen langfristig dienende Vermögen notiert, d. h. Vermögensposten wie z. B. Grundstücke und Gebäude, Anlagen und Maschinen oder Lizenzen. Das dem Unternehmen kurzfristig dienende Vermögen, wie z. B. Roh-, Hilfs- und Betriebsstoffe oder fertige Erzeugnisse, wird erst danach ausgewiesen.

Im Anschluss an das Vermögen werden die Schulden bzw. das Fremdkapital nach abnehmender Fälligkeit in die Aufstellung aufgenommen. Demnach wird zunächst das lang- und anschließend das kurzfristige Fremdkapital aufgeführt.

Aus der wertmäßigen Differenz zwischen Vermögen und Schulden ergibt sich das Reinvermögen bzw. Eigenkapital. Hierbei handelt es sich inhaltlich um den Betrag, den der Unternehmer erhalten würde, wenn alle Vermögensgegenstände liquidiert und die Schulden beglichen würden. Dem Inventar können die folgenden **Aufgaben** zugeordnet werden:

- Das Inventar dokumentiert alle Vermögensteile und Schulden eines Unternehmens zu einem bestimmten Zeitpunkt nach Art, Menge und Wert. Die wertmäßige Differenz zwischen dem aufgelisteten Vermögen und den Schulden wird als Reinvermögen (Eigenkapital) bezeichnet.
- Das Inventar bildet die Grundlage für die im Jahresabschluss auszuweisenden Endbestände von Vermögen und Schulden.
- Das Inventar trägt zur Aufdeckung und Korrektur von Fehlern in der Buchführung bei und hat i. d. R. auch eine Präventivwirkung, indem es zur Vermeidung von Buchungs- und anderen Fehlern beiträgt.[41]

Nach § 240 Abs. 1 und 2 HGB muss der Kaufmann zu Beginn seines Handelsgewerbes und danach für den Schluss eines jeden Geschäftsjahres ein Inventar erstellen (**Stichtagsinventur**). Außerdem ist es sinnvoll, ein Inventar bei der Liquidation eines Unter-

41 Vgl. Baetge/Kirsch/Thiele, Bilanzen, S. 68 ff.

nehmens, bei der Aufspaltung eines Unternehmens in mehrere Unternehmen oder bei einem Eigentümerwechsel aufzustellen.

Das Inventar ist »innerhalb der einem ordnungsmäßigen Geschäftsgang entsprechenden Zeit« aufzustellen (§ 240 Abs. 2 S. 3 HGB). Dementsprechend ist zwischen einem Inventurstichtag und einem Inventuraufnahmetag zu unterscheiden. Während der Inventurstichtag der Zeitpunkt ist, für den die Vermögensgegenstände und Schulden wertmäßig festzustellen sind, ist der Inventuraufnahmetag der Zeitpunkt, an dem die Bestandsaufnahme von Vermögen und Schulden durchgeführt wird. Die Aufnahme muss zeitnah durchgeführt werden, d. h. in der Regel innerhalb einer Frist von zehn Tagen vor oder nach dem Inventurstichtag. Auftretende Bestandsveränderungen zwischen Inventuraufnahme- und Inventurstichtag müssen anhand von Belegen oder Aufzeichnungen ordnungsgemäß dokumentiert werden.

2.2.2 Bestandsbewertung

Die **Bewertung** der ins Inventar aufgenommenen Vermögensgegenstände und Schulden ist eine der größten Herausforderungen im Rechnungswesen. Der Grund dafür ist, dass häufig keine objektiven Werte existieren und den Vermögensgegenständen und Schulden deshalb nur über gesetzlich objektivierte Betrachtungen ein Wert zugeordnet werden darf. So ist etwa der Wert einer 4 Jahre alten Maschine, die theoretisch (und bei entsprechendem Reparaturaufwand) noch lange laufen kann, aber inzwischen durch den technischen Fortschritt nicht mehr auf dem neusten Stand ist, schwierig festzustellen. Auch wenn das Unternehmen auf Schadensersatz verklagt wird, lässt sich die Höhe des Betrages, den das Gericht dem Kläger zuspricht, vorher nicht eindeutig bestimmen. Ebenso ist der Wert eines bezogenen Bauteils lediglich zum Zeitpunkt des Abschlusses des Kaufvertrages als objektiv zu bezeichnen, und auch nur dann, wenn beide Vertragsparteien als voneinander unabhängig und gut informiert einzustufen sind. Schon bei der Lieferung könnten sich am Markt andere Werte ergeben. Fraglich ist überdies, wie etwa mit Transportkosten umzugehen ist. Erhöhen sie den Wert der Vermögensgegenstände?

Bevor im Einzelnen auf die Wertbestimmung der Vermögensgegenstände/Wirtschaftsgüter und Schulden eingegangen wird, erfolgt zunächst die Darstellung der grundsätzlichen Methoden der Bestandsbewertung. Dabei fordert das HGB zunächst explizit die Einzelbewertung. Jeder Vermögensgegenstand und jede Schuld ist isoliert zu betrachten. Hiervon gibt es nur die Ausnahmen der Festbewertung, der Gruppenbewertung, der Sammelbewertung/Verbrauchsfolgefiktion[42] und der Bewertungseinheiten[43].

---

42 Vgl. das Kapitel 6.2 »Vorräte«.

43 Vgl. das Kapitel 8.3 »Derivative Finanzinstrumente«.

Festwert

Die **Festbewertung** nach § 240 Abs. 3 HGB ist eine Ausnahme der Einzelbewertung. Sie gilt nur für Vermögensgegenstände des Sachanlagevermögens sowie für Roh-, Hilfs- und Betriebsstoffe, wenn

- sie regelmäßig ersetzt werden,
- ihr Gesamtwert für das Unternehmen von nachrangiger Bedeutung ist und
- ihr Bestand in Größe, Wert und Zusammensetzung nur geringen Veränderungen unterliegt.

Sind die Voraussetzungen für eine Festbewertung erfüllt, dürfen die benannten Vermögensgegenstände **mit einer gleichbleibenden Menge und einem gleichbleibenden Wert** angesetzt werden (Festwert), d.h. Zugänge werden sofort als Aufwand verbucht. Eine jährliche Bestandsaufnahme ist nicht erforderlich, jedoch ist in der Regel alle drei Jahre eine körperliche Bestandsaufnahme durchzuführen.

Die Festbewertung ist **auf bestimmte Vermögensgegenstände begrenzt**. Es dürfen nur Sachanlagen sowie Roh-, Hilfs- und Betriebsstoffe mit dem Festwert angesetzt werden. Immaterielles Anlagevermögen und Finanzanlagen sind ebenso ausgeschlossen wie unfertige und fertige Erzeugnisse sowie Handelswaren. Der Festwert kann nur für bewegliche Anlagegüter Anwendung finden, weil unbewegliche Sachanlagen in der Regel nicht »von nachrangiger Bedeutung« sind und auch nicht »regelmäßig ersetzt« werden.[44]

Sachanlagen sind nach § 247 Abs. 2 HGB die materiellen Anlagegegenstände, die dazu bestimmt sind, dauernd dem Geschäftsbetrieb zu dienen.[45]

> ### Beispiele für eine Festbewertung
>
> Bahn- und Gleisanlagen, Laboreinrichtungen, Mess- und Prüfeinrichtungen, Hotelwäsche, Besteck in Kantinen oder Restaurants sowie Gerüst- und Schalungsteile.

Roh-, Hilfs- und Betriebsstoffe gehören zu den Vorräten des Unternehmens, aus denen Erzeugnisse hergestellt werden. Während Rohstoffe als Hauptbestandteile und Hilfsstoffe als Nebenbestandteile unmittelbar in das Erzeugnis eingehen, werden Betriebsstoffe bei der Herstellung verbraucht.

44 Vgl. Coenenberg/Haller/Mattner/Schultze, Rechnungswesen, S. 168.

45 Vgl. das Kapitel 5.3 »Sachanlagevermögen«.

Beispiele für eine Festbewertung

- Rohstoffe: Blech bei der Autoproduktion, Holz bei der Möbelherstellung,
- Hilfsstoffe: Farbe, Leim, Nägel,
- Betriebsstoffe: Brennstoffe, Reinigungsmaterial, Schmierstoffe.

Die Voraussetzung des »**regelmäßigen Ersatzes**« der Vermögensgegenstände unterstellt, dass sich Zu- und Abgänge, Verbrauch sowie Abschreibungen in etwa ausgleichen. Da die Zugänge als Aufwendungen gebucht werden, solange der Festwert gleich bleibt, trägt die Festbewertung in Zeiten steigender Einkaufspreise zu einer Substanzerhaltung bei.

Die zweite Voraussetzung, dass der **Gesamtwert für das Unternehmen von nachrangiger Bedeutung** ist, wird an einem Prozentsatz der Bilanzsumme gemessen. Vermögensgegenstände sind in ihrer Bedeutung nachrangig, wenn ihr Gesamtwert in den letzten fünf Jahren vor dem Bilanzstichtag im Durchschnitt 10% der Bilanzsumme nicht überstiegen hat.[46] Demnach sind auch Überschreitungen der 10%-Grenze erlaubt, wenn in anderen Jahren entsprechende Unterschreitungen zu verzeichnen sind.

Außerdem ist die Festbewertung an die Voraussetzung geknüpft, dass sich der **Bestand der Größe, dem Wert und der Zusammensetzung nach nur gering verändern** darf. Demnach dürfen Rohstoffe, die erfahrungsgemäß erheblichen Wertschwankungen unterliegen (wie z.B. Blei, Kaffee, Kakao oder Kupfer), nicht mit einem Festwert angesetzt werden. Sachanlagen mit erheblich unterschiedlichen Nutzungsdauern dürfen nicht zusammengefasst werden, weil sich die Zusammensetzung nur gering verändern darf.

Bei **erstmaliger Bildung des Festwerts** sind die Anschaffungs- oder Herstellungskosten der betreffenden Vermögensposten zu berücksichtigen. Bei Roh-, Hilfs- und Betriebsstoffen, die keiner planmäßigen Abschreibung unterliegen, richtet sich der Wert in aller Regel nach den Anschaffungskosten. Die Festwertbildung bei beweglichen Vermögensgegenständen des Sachanlagevermögens setzt voraus, dass der Bestand unter Berücksichtigung von Zugängen, Abgängen und Abschreibungen in etwa gleichbleibend ist (sog. Anhaltewert). Aus Vereinfachungsgründen sind bei beweglichen Sachanlagen zunächst Abschreibungen in Höhe von 40 bis 50% der Anschaffungs- oder Herstellungskosten vorzunehmen, die dann als Durchschnittssatz den Festwert bilden.

46 Vgl. BMF, Schr. vom 08.03.1993 IV B 2 – S 2174 a – 1/93, BStBl 193 I, S. 276.

Der Festwert braucht in der Regel **nur alle drei Jahre** im Rahmen der durchzuführenden Bestandsaufnahme geprüft zu werden. Wenn die körperliche Bestandsaufnahme eine Wertänderung des Festwerts ergibt, ist eine Wertanpassung zu prüfen.[47] Bei einer mehr als 10%igen Werterhöhung des Festwerts sind Wertanpassungen vorzunehmen, bei einer Werterhöhung bis zu 10% können Wertanpassungen vorgenommen werden. Demgegenüber besteht bei einer Wertminderung handelsrechtlich eine Abwertungspflicht.

Der Festwert wird erhöht, indem er um die Anschaffungs- oder Herstellungskosten der im abgelaufenen Geschäftsjahr zugegangenen Vermögensgegenstände aufgestockt wird, bis der neue Festwert erreicht ist.[48]

Beispiel einer Festwertbewertung nach § 240 Abs. 3 HGB

Ein Hotel hat zur Bewertung der Besteckbestände das Festwertverfahren angesetzt. Im Jahresabschluss t0 wurde das Besteck mit einem Wert von 25.000 EUR bilanziert. Am 31.12.t1 wurde nach Ablauf von drei Jahren erneut eine Inventur durchgeführt. Hierbei ergab sich der jeweils aufgeführte Inventurwert der Beispiele 1 bis 3. Welcher Wert ist im Jahresabschluss zum 31.12.t1 im jeweiligen Beispiel anzusetzen?

- Beispiel 1: Inventurwert beträgt 23.000 EUR
  Am 31.12.t1 beläuft sich der Wert gemäß Inventur auf 23.000 EUR. Gemäß Niederstwertprinzip besteht für Vermögensgegenstände des Anlagevermögens, bei denen eine dauerhafte Wertminderung vorliegt, eine Abwertungspflicht. Dieses gilt auch, wenn das Verfahren der Festbewertung angewendet wird. Da von einer dauerhaften Wertminderung auszugehen ist, sind die Bestecke in der Bilanz zum 31.12.t1 mit 23.000 EUR zu bilanzieren.
- Beispiel 2: Inventurwert beträgt 26.900 EUR
  Am 31.12.t1 beläuft sich der Wert gemäß Inventur auf 26.900 EUR. Da die Abweichung zwischen dem tatsächlichen Wert am 31.12.t1 gemäß Inventur und Festwert weniger als 10% beträgt (rd. 7,6%), kann der bisherige Festwert von 25.000 EUR in der Bilanz zum 31.12.t1 beibehalten werden.
- Beispiel 3: Inventurwert beträgt 35.400 EUR
  Am 31.12.t1 beläuft sich der Wert gemäß Inventur auf 35.400 EUR. Da die Abweichung zwischen dem tatsächlichen Wert am 31.12.t1 zwischen Inventur und Festwert mehr als 10% beträgt, muss der bisherige Festwertansatz zum 31.12.t1 auf 35.400 EUR angehoben werden.

47 Vgl. R 5.4 Abs. 3 EStR.
48 Vgl. R 5.4 Abs. 3 S. 3 EStR.

Gruppenbewertung

Nach § 240 Abs. 4 HGB dürfen bei der Bestandsaufnahme bestimmte Positionen in Gruppen zusammengefasst werden. Im Einzelnen handelt es sich hierbei um

- Vorratsgegenstände, die gleichartig sind,
- andere bewegliche Vermögensgegenstände, die gleichartig oder annähernd gleichwertig sind,
- Schulden, die gleichartig oder annähernd gleichwertig sind.

Zum Vorratsvermögen zählen neben Roh-, Hilfs- und Betriebsstoffen auch unfertige und fertige Erzeugnisse sowie Handelswaren. Eine Gruppenbewertung setzt eine **Gleichartigkeit der Vorräte** voraus. Eine Gleichartigkeit ist bei Gattungs- oder Funktionsgleichheit gegeben, also dann, wenn die Vorräte zu einer Warengattung gehören oder die gleiche Verwendbarkeit haben; eine Gleichwertigkeit ist nicht gefordert.[49]

Anders als beim Vorratsvermögen ist bei anderen beweglichen Vermögensgegenständen und bei Schulden entweder eine Gleichartigkeit oder eine **Gleichwertigkeit** gefordert. Bewegliche Vermögensgegenstände sind u. a. Maschinen, maschinelle Anlagen und sonstige Betriebsvorrichtungen, Geschäftseinrichtungsgegenstände sowie Werkzeuge. Annähernd gleichwertig sind Vermögensgegenstände, wenn ihre Werte nicht wesentlich voneinander abweichen. Wenn die Vermögensgegenstände einen geringen Wert haben, ist eine Gleichwertigkeit gegeben, sofern die Preisabweichung zwischen dem höchsten und dem niedrigsten Einzelwert ca. 20 % beträgt. Bei Schulden, d. h. Verbindlichkeiten und Rückstellungen, bezieht sich die Gleichwertigkeit auf die Risikoarten.[50]

Die Gruppenbewertung erfolgt mit dem gewogenen Durchschnittswert. Der gewogene Durchschnittswert ergibt sich aus der Division des Gesamtwerts durch die Menge der Einzelpositionen.

---

49 Vgl. Winkeljohann/Philipps, in: Beck'scher Bilanzkommentar, § 240 HGB, Rz. 136.

50 Vgl. ADS, § 240 HGB, Rdn. 128; Winkeljohann/Philipps, in: Beck'scher Bilanzkommentar, § 240 HGB, Rz. 137.

Beispiel

Datum	Menge in Tonnen	Preis pro Tonne in EUR	Gesamtbetrag in EUR
10. Jan.	15	5,40	81,00
25. Apr.	60	4,60	276,00
29. Mai.	40	5,30	212,00
3. Jul.	100	4,20	420,00
1. Sep.	75	4,40	330,00
30. Okt.	35	4,30	150,50
7. Dez.	25	5,70	142,50
	350		1.612,00
			1.612 EUR/350 t = 4,61 EUR/t

Der Endbestand beträgt 80 Tonnen. Der Gesamtwert des Warenbestandes beläuft sich unter Verwendung der gewogenen Durchschnittsmethode auf 368,80 EUR (= 80 t x 4,61 EUR/t).

Kann eine bestimmte Reihenfolge in der Verbrauchsfolge glaubhaft gemacht werden, kann ein anderes Bewertungsvereinfachungsverfahren Anwendung finden.[51]

2.2.3 Verfahren der Inventur

Da die oben beschriebene **Stichtagsinventur** mit dem Nachteil behaftet ist, dass innerhalb weniger Tage viel Arbeit durch das Unternehmen zu bewältigen ist, erlaubt der Gesetzgeber Erleichterungen der Inventur.

Stichprobeninventur

Nach § 241 Abs. 1 HGB darf die Bestandsaufnahme der Vermögensgegenstände nach Art, Menge und Wert mit Hilfe anerkannter mathematisch-statistischer Methoden aufgrund von Stichproben ermittelt werden. Voraussetzung ist, dass das Verfahren den Grundsätzen ordnungsmäßiger Buchführung entspricht und dass der Aussagewert einer solchen Inventur dem Aussagewert einer körperlichen Bestandsaufnahme gleichkommt.[52]

51 Vgl. das Kapitel 6.2 »Vorräte«.

52 Vgl. IDW St/HFA 1/1981. Nach IDW St/HFA 1/1990 sind sowohl die Stichprobeninventur als auch permanente und zeitlich vor- oder nachverlegte Inventur bei besonders wertvollen Beständen oder bei Beständen mit hohem Schwund unzulässig.

Bei der Stichprobeninventur muss gewährleistet sein, dass eine Stichprobe pro Vermögensposten gezogen wird und bei der Auswahl der Stichprobe jeder einzelne Vermögensgegenstand des Lagerbestandes die gleiche Chance hat, ausgewählt zu werden. Die Werte der in der Stichprobe enthaltenen Vermögensposten werden genau ermittelt; anschließend wird der Mittelwert berechnet. Da dieser Wert als Mittelwert aller im Lager befindlichen Vermögensposten interpretiert wird, ergibt sich aus der Multiplikation der Anzahl aller im Lager befindlichen Vermögensposten der Gesamtwert für den Lagerbestand.

Das **einfache Mittelwertverfahren** kann nur angewendet werden, wenn die Stichprobe für den gesamten Lagerbestand repräsentativ ist.

Beispiel

Im Lager befinden sich 50 verschiedene Produktarten. Es wird eine Stichprobe von insgesamt 5 verschiedenen Produkten genommen, denen folgende Werte zuzuordnen sind:

Produktart	Wert in EUR
1	350,00
2	410,00
3	280,00
4	590,00
5	800,00
	2.430,00

Der Durchschnittswert der Stichprobe beträgt 486,00 EUR/Einheit (= 2.430,00 EUR : 5 Einheiten).

Der gesamte Lagerbestand hat somit einen Wert von 24.300,00 EUR (= 486,00 EUR/Einheit x 50 Einheiten).

Das **geschichtete Mittelwertverfahren** ist wegen der geringeren Streuung der Einzelwerte der Stichprobe genauer als das einfache Mittelwertverfahren. Hier wird aus jeder Schicht eine Stichprobe genommen und jeweils deren Mittelwert bestimmt. Durch Multiplikation des Mittelwerts mit der Anzahl der Positionen der Schicht wird der Wert der Schicht ermittelt. Die Werte aller Schichten zusammen ergeben den Lagerwert.

Permanente Inventur

Nach § 241 Abs. 2 HGB kann eine körperliche Bestandsaufnahme zum Bilanzstichtag entfallen, wenn »durch Anwendung eines den Grundsätzen ordnungsmäßiger Buchführung entsprechenden anderen Verfahrens gesichert ist, dass der Bestand der Vermögensgegenstände nach Art, Menge und Wert auch ohne die körperliche Bestandsaufnahme für diesen Zeitpunkt festgestellt werden kann« (§ 241 Abs. 2 HGB).

Die mengenmäßige Fortschreibung der Bestände kann über Lagerbücher, Lagerkarteien oder aber über Scanner-Kassen erfolgen. Die Bestände müssen einmal im Geschäftsjahr zu einem beliebigen Zeitpunkt körperlich aufgenommen werden. Der Tag der Inventur ist in den Lagerbüchern/-karteien zu vermerken. Wenn sich zwischen dem Inventurwert und dem fortgeschriebenen Lagerwert Differenzen ergeben, sind die Lagerbücher/-karteien zu korrigieren.

Die permanente Inventur darf nicht bei besonders wertvollen Wirtschaftsgütern des Unternehmens angewendet werden. Auch ist eine permanente Inventur bei Beständen, bei denen Schwund, Verdunsten, Verderb, leichte Zerbrechlichkeit oder ein ähnlicher Vorgang vorliegen kann, untersagt, es sei denn, diese Abgänge können mit Hilfe von Erfahrungssätzen schätzungsweise annähernd zutreffend berücksichtigt werden.[53]

Zeitverschobene Inventur
Für Vermögensgegenstände kann gem. § 243 Abs. 3 HGB eine körperliche Inventur zum Inventurstichtag entfallen, wenn der Kaufmann ihren Bestand aufgrund einer körperlichen Bestandsaufnahme oder aufgrund eines den Grundsätzen ordnungsmäßiger Buchführung entsprechenden Fortschreibungs- oder Rückrechnungsverfahrens nach Art, Menge und Wert in einem besonderen Inventar verzeichnet hat. Voraussetzung ist, dass das Inventar für einen Tag innerhalb der letzten **drei Monate vor oder der ersten beiden Monate nach dem Schluss des Geschäftsjahres** aufgestellt ist.

Die Vor- und Rückrechnung vom Inventurtag zum Bilanzstichtag ist durch die folgenden Merkmale gekennzeichnet:

- Die Bestände werden innerhalb der letzten drei Monate vor oder der beiden ersten Monate nach dem Bilanzstichtag körperlich einzeln aufgenommen oder durch permanente Inventur ermittelt.
- Der Bestand wird bewertet.
- Der Gesamtwert wird wertmäßig zum Aufnahmetag auf den folgenden Bilanzstichtag fortgeschrieben oder vom Inventurtag auf den zurückliegenden Bilanzstichtag zurückgerechnet.

Die zeitverschobene Inventur hat den Vorteil, dass die Bestandsaufnahme in beschäftigungsschwache Zeiten oder in Zeiten mit geringem Lagerbestand (Saisonbetriebe) verlegt werden kann. Nachteilig ist der zusätzliche Aufwand durch die notwendigen Wertfortschreibungen.[54]

53 Vgl. Baetge/Kirsch/Thiele, Bilanzen, S. 75; IDW St/HFA 1/1990.
54 Vgl. Coenenberg/Haller/Mattner/Schultze, Rechnungswesen, S. 62.

Zusammenfassung der Inventurverfahren

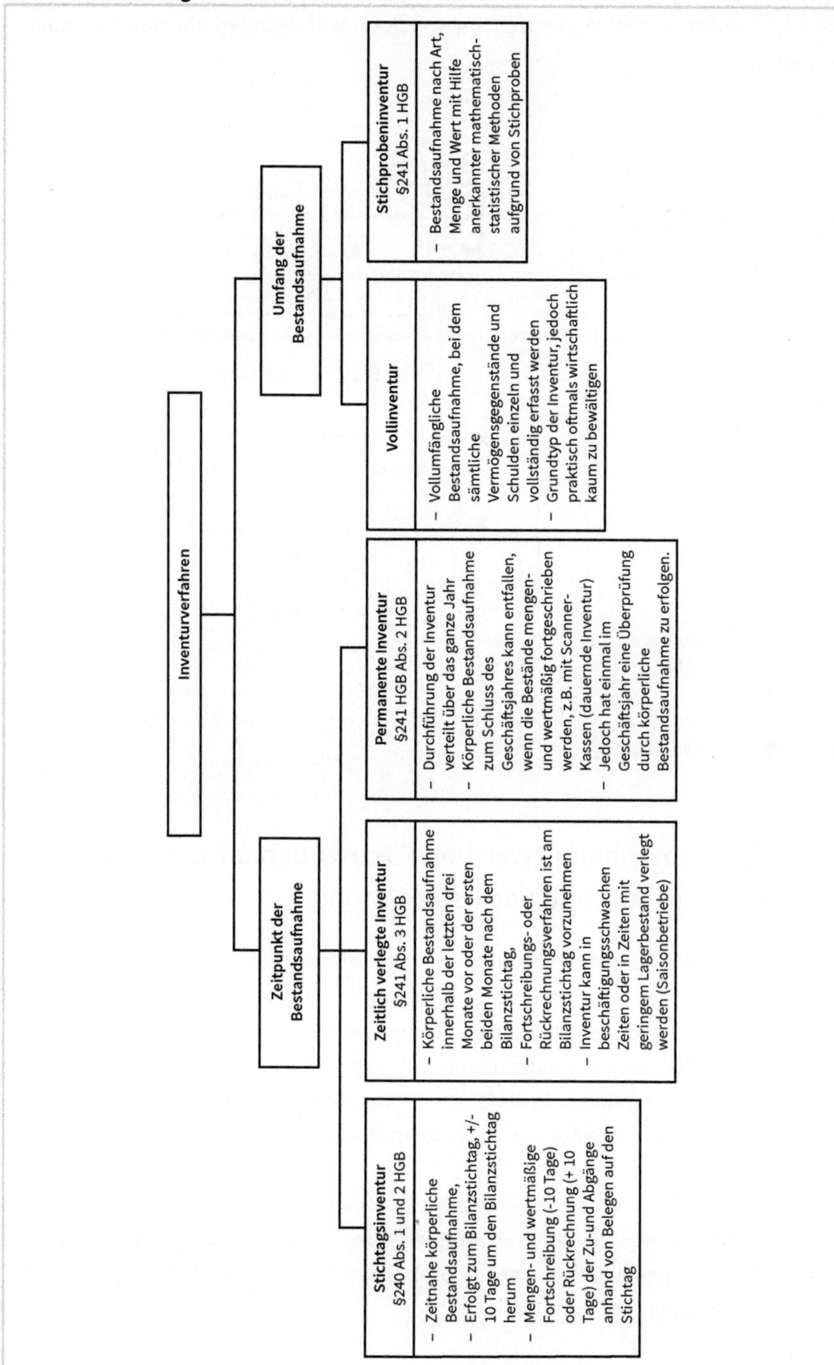

Abb. 2 – 5: Zulässige Inventurverfahren

Die Stichtagsinventur (1), zeitlich verlegte Inventur (2), permanente Inventur (3) und Stichprobeninventur (4) lassen sich anhand der nachfolgenden Illustration systematisieren:

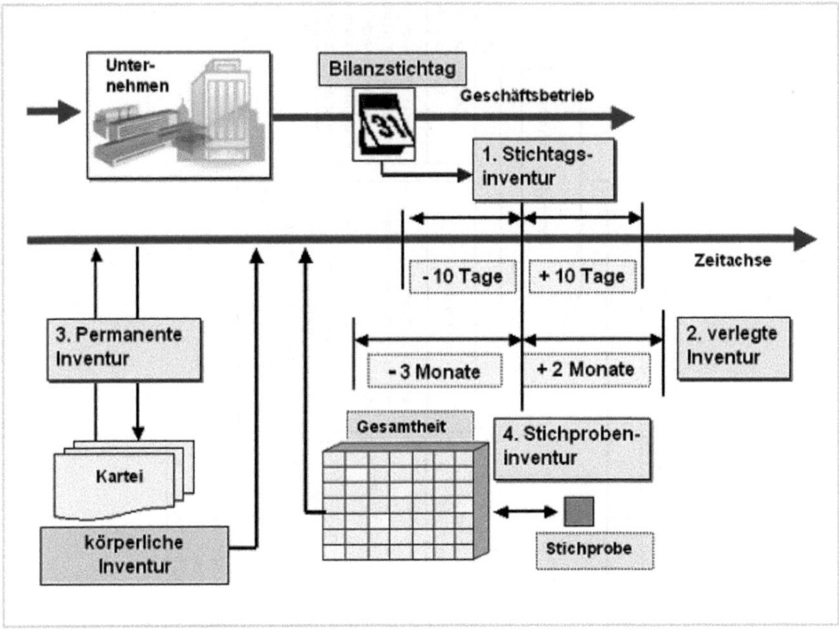

Abb. 2 – 6: Illustration der Inventurverfahren[55]

2.3 Zusammenhang zwischen Finanzbuchhaltung, Bilanz und Gewinn- und Verlustrechnung

Die Aufgabe von **Finanzbuchhaltung** und Jahresabschluss besteht darin, die Geschäftsvorgänge des Berichtsjahres in systematischer Weise zu erfassen und in den gesetzlich geforderten Informationsinstrumenten Bilanz und GuV zusammenzufassen. Die Gesamtentwicklung eines Jahres kann man als Weg von der Anfangsbilanz zur Schlussbilanz interpretieren. In einfachster Form lässt sich die Ableitung einer Bilanz unmittelbar aus dem Inventar des Unternehmens vorstellen.

Die Umsetzung der Inventaraufstellung in eine **Bilanz** geschieht, indem entsprechend der gesetzlich vorgeschriebenen Bilanzgliederung Positionsgruppen des Vermögens und der Schulden gebildet werden. Je Gruppe werden nur noch Wertangaben geboten; die Mengenangaben entfallen.

55 Entnommen aus: https://media.daa-pm.de/ufv_wirtschaftslexikon/Html/I/Inventurverfahren.htm.

Die Bilanz soll gemäß § 242 Abs. 1 HGB einen das Verhältnis des Vermögens und der Schulden darstellenden Abschluss ergeben. Auch in § 242 Abs. 1 HGB ist die Position Eigenkapital nicht eigens erwähnt, gleichwohl ist ein Ausweis des Eigenkapitals für jede Bilanz notwendig. Zum richtigen Verständnis des Wesens des Eigenkapitals muss man sich vergegenwärtigen, dass sich das Eigenkapital in der Bilanz aus der Gegenüberstellung von Vermögen und Schulden als Saldo ergibt. Damit wird deutlich, dass das Eigenkapital keine eindeutige bzw. festliegende Größe ist, sondern dass es sich als rechnerischer Rest aus dem Wertansatz von Vermögen und Schulden ableitet.

Zugleich zeigt dieser Zusammenhang, dass eine Bilanz stets ausgeglichen sein muss, weil jede Bilanz durch Einsetzen des Saldos Eigenkapital zum Ausgleich kommt. Das zeigen die Grundgleichungen der Bilanzierung:

	Aktiva	**=**	**Passiva**
↔	Vermögen	=	Eigenkapital + Fremdkapital
↔	Eigenkapital	=	Vermögen – Fremdkapital

Neben der Bilanz umfasst der Jahresabschluss gemäß § 242 HGB die **Gewinn- und Verlustrechnung**. Die GuV ist eine Gegenüberstellung der Aufwendungen und Erträge des Geschäftsjahres. Sie endet mit dem Periodenerfolg. Der Erfolgsbegriff im Abbildungsmodell des Jahresabschlusses bezieht sich auf das Eigenkapital. Als Erfolg gilt die durch die Unternehmenstätigkeit bewirkte Eigenkapitalveränderung, d. h. die Eigenkapitalmehrung als Gewinn bzw. die Eigenkapitalminderung als Verlust. Erträge und Aufwendungen sind eigenkapitalmehrende bzw. -mindernde Wirkungen von Unternehmensgeschehnissen, wobei Kapitaleinlagen und Entnahmen durch Eigentümer ausgenommen sind. Die GuV erfasst die erfolgswirksamen Auswirkungen des Geschäftsgeschehens der Periode auf das Eigenkapital. Wegen der Bedeutung des Erfolges für die Unternehmensberichterstattung werden diese Einflüsse in einer getrennten Rechnung, eben der GuV, detailliert erfasst und über entsprechende Kontenreihen und Berichtssysteme einer laufenden Kontrolle zugänglich gemacht.

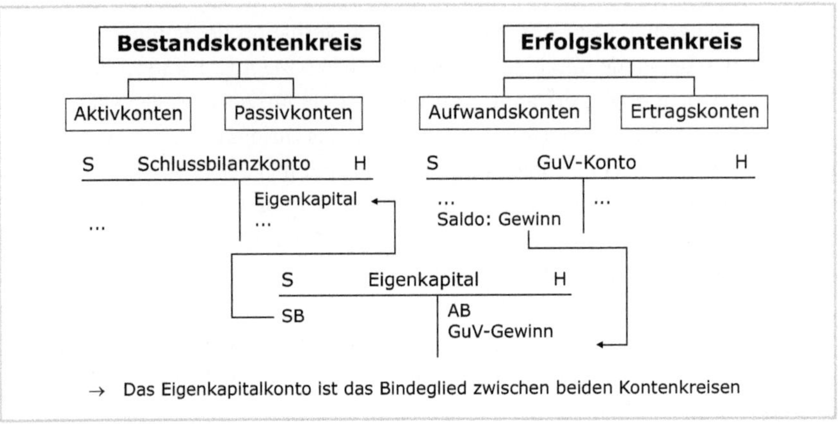

Abb. 2 – 7: Zusammenhang von Bilanz und GuV

Buchhaltung, Bilanz und GuV bilden zusammen ein geschlossenes System zur laufenden Erfassung und periodischen Abbildung des Unternehmensgeschehens und des Unternehmenszustandes. Die **Anfangsbilanz** als Aufnahme der Bestände an Vermögen, Schulden und Eigenkapital bildet den Ausgangspunkt der Erfassung in der Finanzbuchhaltung. Zur laufenden Erfassung der Geschäftsgeschehnisse in zeitlicher und sachlicher Ordnung wird die Anfangsbilanz in Einzelrechnungen, die sog. Konten, zerlegt (siehe Abb. 2 – 8: Auflösung der Bilanz in Konten). Auf diese Weise kann die Fortschreibung der Anfangsbestände an Vermögen und Kapital im Wege einer systematischen Plus-Minus-Rechnung als Erfassung der Geschäftsvorfälle geschehen. Mit diesen Erfassungsregeln stehen die formalen Richtlinien für die laufende Abbildung des Unternehmensgeschehens im System der Finanzbuchhaltung fest. Nachdem alle Geschäftsvorfälle des Geschäftsjahres im System der Finanzbuchhaltung erfasst sind, können die Konten abgeschlossen und die **Schlussbilanz** abgeleitet werden.

Geschäftsvorfälle, die nur die Konten von Bilanzposten verändern, gelten als **erfolgsneutrale Vorgänge**. Zu den erfolgsneutralen Vorgängen zählen alle Geschäftsvorfälle mit Buchung und Gegenbuchung auf Bestandskonten der Bilanz. Hierbei kann es sich sowohl um Bestandsbuchungen außerhalb des Eigenkapitals (wie z. B. die Begleichung einer Verbindlichkeit aus Lieferungen und Leistungen per Banküberweisung) als auch um Bestandsänderungen von Bilanzkonten, die auch direkt das Eigenkapital betreffen (wie z. B. Geschäftsvorfälle mit den Eigentümern) handeln.

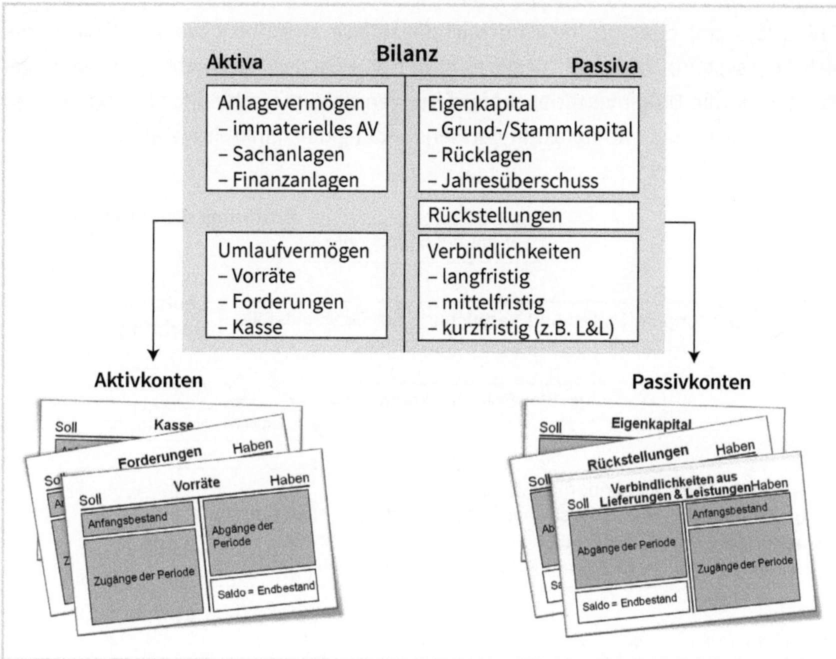

Abb. 2 – 8: Auflösung der Bilanz in Konten

Demgegenüber sind alle Geschäftsvorfälle, die die Aufwands- oder Ertragskonten der Gewinn- und Verlustrechnung betreffen, **erfolgswirksame Vorgänge** (z.B. der Verkauf von Fertigerzeugnissen oder die Zahlung von Fremdkapitalzinsen). Der aus der Gegenüberstellung von Erträgen und Aufwendungen in der GuV resultierende Periodenerfolg wird auf das Eigenkapitalkonto als Gewinn bzw. Verlust des Geschäftsjahres übertragen.

Die Finanzbuchhaltung ist die systematische Erfassung der Geschäftsvorgänge, ausgehend von einer Anfangsbilanz und hinführend zu einer Schlussbilanz. Auf diesem Wege wird die Erfolgswirkung in einem getrennten Kontensystem über die GuV separat sichtbar gemacht. Das Gesamtgefüge von Bilanz und GuV sieht demnach im systematischen Zusammenhang wie folgt aus:

Eine Herausforderung stellen die unterschiedlichen Abbildungen dar. So muss aus der Finanzbuchhaltung einerseits der handelsrechtliche Abschluss zu generieren sein. Andererseits muss aber auch die i.d.R. davon abweichende steuerrechtliche Darstellung abgeleitet werden und es sind ggf. noch weitere interne Auswertungen im Rahmen der Kosten- und Leistungsrechnung zu bedienen. Derartige Anforderungen können nur erfüllt werden, wenn schon die Ausgestaltung des **Kontenrahmens** an diese Ziele ausgerichtet wurde. Letztlich ist zu entscheiden, ob die Konten so angelegt werden, dass alle nötigen Abbildungen aus einem System (Buchungskreis) ableitbar sind (sog.

Einkreissystem) oder ob mehrere Buchungskreise eingeführt werden (Zwei- oder Mehrkreissystem). Während Letzteres in der praktischen Handhabung aufwendiger ist, stecken die Dokumentationsanforderungen der unterschiedlichen Abbildungen und die zunehmende Komplexität der Handhabung dem Einkreissystem Grenzen.

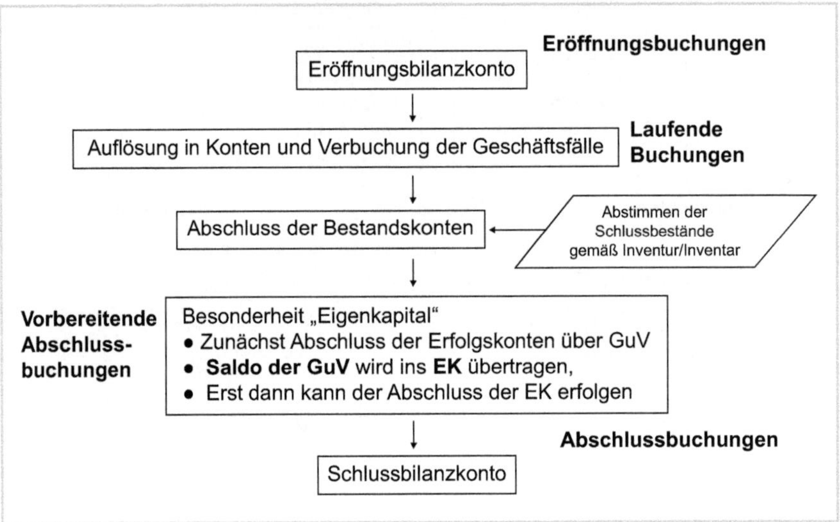

Abb. 2 – 9: Von der Anfangsbilanz zur Schlussbilanz

2.4 Grundsätze ordnungsmäßiger Buchführung (GoB)

2.4.1 Zweck und Aufgabe der GoB

§ 243 Abs. 1 HGB fordert, dass der Jahresabschluss nach den **Grundsätzen ordnungsmäßiger Buchführung** aufzustellen ist.[56] Die in den Paragrafen des Handelsrechts kodifizierten Regelungen können, weil sie prinzipienorientiert formuliert sind, die konkrete Handhabung der Rechnungslegung einzelner Sachverhalte in Unternehmen nur in Grundzügen bestimmen. In der wirtschaftlichen Praxis existiert eine Fülle differenzierter Probleme, dass der Gesetzgeber dieses Spektrum an Einzelproblemlagen nicht vollständig regeln kann und zur Erhaltung der notwendigen Anpassungsflexibilität an veränderte wirtschaftliche Lagen auch nicht vollständig regeln sollte. Die Grundsätze ordnungsmäßiger Buchführung (GoB) stellen rechtsnormergänzende Konkretisierungen zur Handhabung der verschiedenen, praktisch auftretenden Rechnungslegungsprobleme dar. Es sind allgemein anerkannte Regeln über das Führen der Handelsbücher und das Erstellen des Jahresabschlusses der Unternehmung. Die GoB stellen dabei ein System wechselseitig ergänzender und beschränkender Prinzipien

56 § 5 Abs. 1 EStG überträgt die handelsrechtlichen GoB auch explizit auf das Steuerrecht.

und Einzelnormen dar, die nicht nur bei der Buchführung (GoB i.e.S.) zu beachten sind, sondern Ausstrahlungswirkung auf sämtliche Bereiche der handelsrechtlichen Rechnungslegung (GoB i.w.S.) haben.[57] Die GoB sind zwingende Rechtssätze, die das Gesetz ergänzen und immer dort greifen, wo Gesetzeslücken auftreten bzw. spezifische Gesetzesvorschriften einer Auslegung bedürfen. Durch die gesetzliche Verweisung wird die den GoB zugrunde liegende Ordnungsvorstellung zum unmittelbaren **Normbefehl.**[58]

Für Kapitalgesellschaften und Personengesellschaften ohne natürlichen Vollhafter wird in § 264 Abs. 2 HGB explizit formuliert, dass der Jahresabschluss **unter Beachtung der GoB** ein den tatsächlichen Verhältnissen entsprechendes Bild der Vermögens-, Finanz- und Ertragslage zu vermitteln hat. Damit kommt der tatsachengemäßen Darstellung (sog. **true and fair view** oder **Generalnorm**) des Unternehmens im Jahresabschluss keine übergeordnete Funktion zu. Vielmehr fungieren die GoB als übergeordneter Grundsatz unabhängig von der Frage, ob damit ein den tatsächlichen Verhältnissen entsprechendes Bild entsteht. Gleichwohl der Generalnorm eine hohe Bedeutung beizumessen ist, wird diese durch die Beachtung der Grundsätze ordnungsmäßiger Buchführung eingeschränkt. Das »den tatsächlichen Verhältnissen entsprechende Bild« wird folglich immer dann nicht erreicht, wenn durch die Grundsätze ordnungsmäßiger Buchführung eine Durchbrechung der Generalnorm stattfindet.

Bei den GoB handelt es sich um einen unbestimmten Rechtsbegriff, der im Zusammenwirken von

- Praxis (induktive Ableitung aus der Kaufmannspraxis),
- Theorie (deduktive Ableitung aus den allgemeinen Rechnungslegungszielen durch Rechtsprechung oder Vertreter der BWL) und
- Hermeneutik (Auslegung von Rechtsnormen, juristische Methodenlehre)[59]

konkretisiert wird.

Die GoB sind von Gewerbetreibenden auch in der Steuerbilanz zu beachten, wenn sie zur Buchführung verpflichtet sind oder freiwillig Bücher führen (§ 5 Abs. 1 S. 1 EStG).

2.4.2 Elemente der GoB

Grundsätze für Buchführung, Inventur und Datenverarbeitung

Die **Grundsätze ordnungsmäßiger Buchführung** beziehen sich auf die vertiefende Regelung der §§ 238 u. 239 HGB, in denen die Buchführungspflicht der Kaufleute fest-

57 Vgl. Meyer/Theile, Bilanzierung nach Handels- und Steuerrecht, S. 67.
58 Vgl. Baetge/Apelt, HdJ, Abt. I/2, Rdn. 2; IDW (Hrsg.): WP Handbuch, Abschnitt F, Rz. 4.
59 Vgl. ausführlich Baetge/Kirsch/Thiele, Bilanzen, S. 105 ff.

gelegt ist. Die Grundsätze ordnungsmäßiger Buchführung regeln die Buchführungsorganisation und die Eintragung in die Handelsbücher; sie liefern Vorschriften, in welcher Weise die Buchführung der kaufmännischen Unternehmen zu geschehen hat (**Dokumentationsgrundsatz**).

- Die Buchführung muss so beschaffen sein, dass sie einem sachverständigen Dritten innerhalb angemessener Zeit einen Überblick über die Geschäftsvorfälle und die Lage des Unternehmens vermitteln kann.
- Die Geschäftsvorfälle müssen sich in ihrer Entstehung und Abwicklung verfolgen lassen.
- Jeder Kaufmann ist zur Aufbewahrung von Schriftgut verpflichtet, soweit es Belegcharakter hat. Die Wiedergabe kann als Kopie (auch Mikrokopie), Abdruck, Abschrift oder sonstige Wiedergabe des Wortlauts auf Schrift-, Bild- oder anderem Datenträger erfolgen.
- Die Verwendung einer lebenden Sprache ist zwingend. Der Abschluss muss nach § 244 HGB zwingend in deutscher Sprache und in der Währungseinheit Euro aufgestellt werden. Die Bedeutung von Abkürzungen, Ziffern, Buchstaben oder Symbolen muss im Einzelfall festgelegt und nachvollziehbar sein.
- Zudem sind gem. § 239 Abs. 2 HGB Ordnungsregeln zu beachten. Demnach ist für die Buchhaltung die Vollständigkeit, Richtigkeit, Zeitgerechtigkeit (zeitnahe Buchung, tägliche Eintragungen sind nur noch für die Kassenführung gefordert) sowie die sachliche und zeitliche Ordnung zu beachten.
- Schließlich darf eine Eintragung oder eine Aufzeichnung nicht so verändert werden, dass der ursprüngliche Inhalt nicht mehr feststellbar ist und dass nicht mehr erkennbar ist, ob die Veränderung ursprünglich ist oder erst später gemacht wurde. Fehlerhafte Eintragungen in der konventionellen Buchhaltung können gestrichen und müssen mit Namenszeichen des Korrigierenden versehen werden. In der EDV-Buchführung ist die fehlerhafte Buchung in jedem Fall zu stornieren!

Neben den Regelungen über die Vollständigkeit der Konten, die fortlaufende Eintragung, die zeitliche Unverzüglichkeit, die Klarheit und die Nachprüfbarkeit, die Übersichtlichkeit der Darstellung, das Belegprinzip und die Einhaltung der Aufbewahrungsfristen sind auch Regelungen über den systematischen Aufbau der Buchführung und die Handhabung EDV-gestützter Buchführungssysteme sowie Voraussetzungen im Hinblick auf die notwendige Fehlerabsicherung solcher Systeme erforderlich. Hierbei hat eine Sicherstellung der Zuverlässigkeit und Ordnungsmäßigkeit über ein internes Kontrollsystem (IKS) sowie eine Dokumentation und Sicherung des IKS zu erfolgen.[60]

Die **Grundsätze ordnungsmäßiger Inventur** beziehen sich auf die §§ 240 u. 241 HGB. Durch die Grundsätze ordnungsmäßiger Inventur soll über die im Gesetz gegebenen Hinweise hinaus sichergestellt werden, dass die körperliche Bestandsaufnahme und

60 Vgl. Baetge/Kirsch/Thiele, Bilanzen, S. 113 ff.

Fortschreibung der Bestände sachlich zutreffend ist. Hierzu sind Regelungen erforderlich, die Lösungen über die Stichtagsinventur hinaus ermöglichen (z. B. bei permanenter Inventur oder für Stichprobeninventuren). Ebenso sind hier die konkreten Inventurdurchführungsformen hinsichtlich der Abwicklungstechnik, des Termins und der organisatorischen Machbarkeit zu beachten.

Anstelle der Handelsbücher kann eine gesonderte Ablage von Belegen treten, deren Vollständigkeit z. B. durch fortlaufende Nummerierung nachgewiesen werden muss; Beispiele sind Offene-Posten-Buchhaltung oder Sammelbuchungen, die den Zusammenhang mit nach einem bestimmtem System geordneten Belegen erkennen lassen. Ebenso können auf Datenträgern aufgenommene Angaben verwendet werden, soweit diese Formen der Buchführung einschließlich des dabei angewandten Verfahrens den GoB entsprechen.

Die **Grundsätze ordnungsmäßiger Datenverarbeitung** stellen Anforderungen für die sachgemäße Ausgestaltung und Anwendung von Buchhaltungssoftware. Hier ist zunächst konzeptionell über die Grundsätze ordnungsmäßiger EDV-Dokumentation sicherzustellen, dass die eingesetzte Software die Grundsätze der Vollständigkeit, Übersichtlichkeit, Durchsichtigkeit, Zeitgerechtigkeit und Prüfbarkeit erfüllt. Die konkrete Ausgestaltung der Anwendungsprozesse steht im Mittelpunkt der Grundsätze ordnungsmäßiger EDV-Arbeitsabwicklung, die Anforderungen bezüglich der Zuverlässigkeit, Richtigkeit, Zeitgerechtigkeit, Vollständigkeit und Prüfbarkeit der Bedienung stellen. Aus der Problematik virtueller Lösungen folgen zudem die Grundsätze ordnungsmäßiger Funktionssicherheit der EDV, die durch notwendige Maßnahmen der Betriebssicherheit, Funktionstrennung, Datensicherung und Sicherheitsüberwachung Gefährdungspotenziale eindämmen.[61] Gerade beim Einsatz der EDV ist sicherzustellen, dass die Akten während der Dauer der Aufbewahrungsfrist verfügbar sind und innerhalb einer angemessenen Frist jederzeit lesbar gemacht werden können, was insbesondere bei jedem Soft- oder Hardwarewechsel zu bedenken ist.

Grundsätze ordnungsmäßiger Bilanzierung

Im Hinblick auf die Jahresabschlusserstellung bilden die **Grundsätze ordnungsmäßiger Bilanzierung** das eigentliche Kernstück. Sie werden üblicherweise in Rahmen- und Systemgrundsätze, Definitionsgrundsätze für den Jahreserfolg und Kapitalerhaltungsgrundsätze untergliedert.

Die **Rahmengrundsätze** legen die grundlegenden Anforderungen an eine aussagekräftige Abbildung des wirtschaftlichen Geschehens von Unternehmen fest. Dazu zählen die Grundsätze der Wahrheit, der Klarheit und Übersichtlichkeit, der Vollständigkeit, der Vergleichbarkeit, der Wirtschaftlichkeit sowie das Bilanzstichtags- und Periodisie-

61 Vgl. Freidank/Meuthen, Rechnungslegung und Rechnungslegungspolitik, S. 286.

rungsprinzip. Bei den **Systemgrundsätzen** handelt es sich um generelle Regeln für die anderen GoB. Diese können als Klammer zwischen den Jahresabschlusszwecken und den anderen GoB gesehen werden. Dazu zählen das Prinzip der Unternehmensfortführung, der Grundsatz der Pagatorik und der Grundsatz der Einzelbewertung.

Die **Definitionsgrundsätze für den Jahreserfolg** legen fest, wann die Ein- und Auszahlungen erfolgswirksam in der GuV oder erfolgsneutral in der Bilanz zu erfassen sind. Es wird zwischen zwei Ausprägungen (Realisationsprinzip sowie Grundsatz der Abgrenzung der Sache und der Zeit nach) unterschieden.

Der **Grundsatz der Kapitalerhaltung** hängt mit dem Rechnungslegungszweck der Gewinnermittlung/Zahlungsbemessungsfunktion zusammen. Zu den Kapitalerhaltungsgrundsätzen zählen das Imparitäts- und das Vorsichtsprinzip.[62]

Im Folgenden werden die zentralen Grundsätze genauer betrachtet.

Abb. 2 – 10: Grundsätze ordnungsmäßiger Buchführung

Der **Grundsatz der Wahrheit** wird in der Literatur als **Bilanzrichtigkeit** beschrieben. Damit wird zum Ausdruck gebracht, dass es sich nicht um eine objektive Wahrheit, sondern nur um eine den Vorschriften entsprechende Wahrheit handelt. Eine Bilanz kann im Prinzip nicht objektiv wahr sein, sondern nur normgemäß richtig.[63]

Unter dem Grundsatz der Bilanzwahrheit sind

- die bestandsmäßige und
- die wertmäßige

62 Vgl. Baetge/Kirsch/Thiele, Bilanzen, S. 142.

63 Vgl. Coenenberg/Haller/Mattner/Schultze, Rechnungswesen, S. 56.

Richtigkeit der Ausweise als Teilprobleme zu behandeln.

Die bestandsmäßige Richtigkeit beinhaltet die Anforderung, dass Vermögen und Kapital vollständig abgebildet sind, die richtigen Mengen jeweils dem Ausweis zugrunde gelegt werden und die vorhandenen Bestände unter der Postenbezeichnung artlich richtig erscheinen (Ansatz). Die bestandsmäßige Richtigkeit beruht zunächst auf der gem. § 246 Abs. 1 HGB geforderten Vollständigkeit der Darstellung. Die wertmäßige Richtigkeit ist gegeben, wenn der Posten in der richtigen Höhe ausgewiesen wird.

Neben der Richtigkeit gehört die **Willkürfreiheit** zum Grundsatz der Wahrheit. Die Willkürfreiheit besagt, dass der Bilanzierende bei Schätzungen keine Werte ansetzen darf, die er selbst nicht für zutreffend hält, und dass er durch Ausnutzung der gesetzlichen Wahlrechte den Geschäftserfolg nicht willkürlich schönen oder verschlechtern darf.[64] Verstöße gegen die Bilanzwahrheit sind als Bilanzfälschungen zu klassifizieren und werden gesetzlich sanktioniert.

Gem. § 243 Abs. 2 HGB muss der Jahresabschluss klar und übersichtlich sein. Während der Grundsatz der Wahrheit eine materielle Richtigkeit fordert (richtige Wiedergabe), muss der Jahresabschluss nach dem **Grundsatz der Klarheit und Übersichtlichkeit** formell richtig sein (eindeutige Wiedergabe). Der Grundsatz der Bilanzklarheit bezieht sich auf

- die eindeutige Bezeichnung der einzelnen Abschlussposten und
- die übersichtliche Anordnung der Posten in Bilanz und GuV.

Verstöße gegen den Grundsatz der Bilanzklarheit werden als Bilanzverschleierung bezeichnet.

Zur Konkretisierung der Gliederung und der Positionenbenennung dienen die im Gesetz gegebenen Schemata zur Gliederung von Bilanz und GuV sowie die in diesen Vorlagen benutzten Begriffe für die auszuweisenden Positionen.

Die konkreten Vorlagen für die **Gliederung der Rechenwerke** finden sich

- in § 266 HGB (Bilanzgliederung) und
- in § 275 HGB (GuV-Gliederung).

Zudem sind die **Posten eindeutig zu benennen**, sodass dem Jahresabschlussleser die inhaltlichen Unterschiede der einzelnen Posten deutlich werden.

Des Weiteren ist das **Verrechnungsverbot**, auch Saldierungsprinzip genannt, des § 246 Abs. 2 HGB zu beachten, das eine Verrechnung von Aktiva und Passiva sowie von Aufwendungen und Erträgen miteinander grundsätzlich untersagt, um einen möglichst hohen Informationsgehalt des Jahresabschlusses sicherzustellen. In Aus-

64 Vgl. Leffson, GoB, S. 199–201.

nahmefällen wird eine Saldierung jedoch gefordert oder zumindest zugelassen. So ist nach § 246 Abs. 2 Satz 2 HGB eine Saldierung von Planvermögen mit Pensionsverpflichtungen vorzunehmen und nach § 274 Abs. 1 HGB dürfen die aktiven und passiven latenten Steuern im Rahmen einer Gesamtbetrachtung saldiert ausgewiesen werden. Ferner steht dem Verrechnungsverbot nicht die offene Absetzung bestimmter einzelner Posten entgegen, bspw. die Absetzung erhaltener Anzahlungen von den Vorräten gemäß § 268 Abs. 5 S. 2 HGB.[65]

Sachlich verschiedene Bilanzpositionen dürfen nicht in einer Position ausgewiesen werden. So ist beispielsweise eine **Zusammenfassung** von Wertpapieren und Bankguthaben nicht mit dem Gliederungsschema des § 266 HGB vereinbar.

Eine **Einschränkung** erfährt der Grundsatz der Klarheit durch die in § 276 HGB gebotene **größenabhängige Erleichterung** für kleine und mittelgroße Kapitalgesellschaften. Danach dürfen die Posten Umsatzerlöse, Bestandsänderungen der Erzeugnisse, andere aktivierte Eigenleistungen, sonstige betriebliche Erträge und der Materialaufwand nach dem Gesamtkostenverfahren (§ 275 Abs. 2 HGB) bzw. Umsatzerlöse, Herstellungskosten der zur Erzielung der Umsatzerlöse erbrachten Leistungen, das Bruttoergebnis vom Umsatz sowie sonstige betriebliche Erträge beim Umsatzkostenverfahren (§ 275 Abs. 3 HGB) in der Position Rohergebnis zusammengefasst ausgewiesen werden. Kleinstkapitalgesellschaften können gem. § 266 Abs. 1 S. 4 und § 275 Abs. 5 HGB eine noch stärker verkürzte Bilanz- und GuV-Gliederung verwenden, allerdings müssen sie dann auf die Zusammenfassungsmöglichkeit des »Rohergebnisses« verzichten.

Der **Grundsatz der Vollständigkeit** ist in § 246 Abs. 1 HGB kodifiziert. Im Jahresabschluss sind alle Vermögensgegenstände, Schulden, Rechnungsabgrenzungsposten, Aufwendungen und Erträge zu erfassen. Auszuweisen sind die Posten jedoch nur insofern, als sie zum Betriebsvermögen des Unternehmens gehören und wirtschaftliches Eigentum darstellen.

Ausnahmen vom Vollständigkeitsgrundsatz sind aufgrund konkreter handelsrechtlicher Ansatzwahlrechte oder -verbote erlaubt bzw. geboten, wie z. B. Nichtnutzung des Aktivierungswahlrechts für selbst geschaffenes immaterielles Anlagevermögen, Ansatzverbot für selbst erstellte Marken.[66]

Der **Grundsatz der Vergleichbarkeit** umfasst die formelle und materielle Stetigkeit. Die **formelle Stetigkeit** ist gewährleistet, wenn die Grundsätze der Bilanzidentität sowie die Bezeichnungs-, Gliederungs- und Ausweisstetigkeit (formale Bilanzkontinuität) eingehalten werden.

---

65 Vgl. WP Handbuch, Abschnitt F, Rz. 65.
66 Vgl. Baetge/Kirsch/Thiele, Bilanzen, S. 120.

Die **Bilanzidentität** fordert nach § 252 Abs. 1 Nr. 1 HGB die Gleichheit von Schlussbilanz und Anfangsbilanz des Folgejahres (d. h. Endbestände t0 = Anfangsbestände t1).

Die **formale Bilanzkontinuität** erstreckt sich auf die Beibehaltung der Bilanzierungszeitpunkte, der Positionenbenennungen und der gewählten Gliederung. Gem. § 265 Abs. 1 HGB ist die Form der Darstellung, insbesondere die Gliederung, beizubehalten (Darstellungsstetigkeit).

Als **materielle Stetigkeit**, auch materielle Bilanzkontinuität genannt, wird die Beibehaltung der Bewertungsmethoden bezeichnet. Gemäß § 252 Abs. 1 Nr. 6 HGB **sind** die auf den vorhergehenden Jahresabschluss angewandten Bewertungsmethoden beizubehalten (Bewertungsstetigkeit). Ebenso wird mit § 246 Abs. 3 HGB für Ansatzmethoden eine Stetigkeit vorgeschrieben.

Dieser Grundsatz verlangt, dass gleichartige Bewertungsobjekte nach den gleichen Methoden zu bewerten sind (Einheitlichkeit der Bewertung). Besondere Bedeutung bekommt die Methodenstetigkeit im Zusammenhang mit den gesetzlich eingeräumten Bewertungswahlrechten.[67] Demgegenüber ist im HGB eine Ansatzstetigkeit nicht explizit gefordert.[68]

Beispiel: Materielle Stetigkeit

Die Verfahren zur Ermittlung der Herstellungskosten sind von Jahr zu Jahr beizubehalten.

Werden Vorräte nach der LiFo-Methode bewertet, sind diese auch in den folgenden Geschäftsjahren nach dieser Methode zu bewerten.

Abweichungen vom Stetigkeitsprinzip (Durchbrechung der Stetigkeit) sind nur in begründeten Ausnahmefällen zulässig (§ 252 Abs. 2 HGB). Ein solcher Fall liegt vor, wenn der Jahresabschluss kein klares und richtiges Bild der Unternehmenslage und -entwicklungen mehr geben würde.[69] Kapitalgesellschaften müssen im Anhang die Abweichungen von den Bilanzierungs- und Bewertungsmethoden angeben und begründen. Ferner ist ihr Einfluss auf die Vermögens-, Finanz- und Ertragslage gesondert darzustellen (§ 284 Abs. 2 Nr. 2 HGB).

Auch in DRS 13 (Grundsatz der Stetigkeit und Berichtigung von Fehlern), der zumindest für Konzerne auf der Basis der GoB-Vermutung, gilt, wird die Stetigkeit als Beibe-

67 Vgl. insbesondere das Kapitel 4.1 »Allgemeine Bewertungsgrundsätze im Überblick«.
68 Vgl. Baetge/Kirsch/Thiele, Bilanzen, S. 116 ff.
69 Vgl. Leffson, GoB, S. 439.

haltung von Bilanzierungsgrundsätzen in sachlicher und zeitlicher Hinsicht definiert (DRS 13.6). Bei Abweichungen vom Stetigkeitsprinzip sind zusätzliche Angaben geboten (DRS 13.10 – 11).

Der **Grundsatz der Wirtschaftlichkeit** zielt darauf ab, dass der Aufwand für die Darstellung der Jahresabschlussinformationen nicht höher sein soll als der damit verbundene Informationsnutzen für die Adressaten. Da der Informationsnutzen von den Abschlussadressaten unterschiedlich bewertet wird, kann die Wirtschaftlichkeit des Jahresabschlusses nicht objektiv nachgeprüft werden.[70]

Der Grundsatz der Wirtschaftlichkeit wird durch ein genormtes Kriterium der Wesentlichkeit ersetzt. Es gibt aber keine gesetzliche Normierung der Wesentlichkeit, sodass vom Bilanzierenden eine eher qualitative Beurteilung vorzunehmen ist, ob und wieweit die anderen Grundsätze sowie Rechnungslegungsvorschriften beachtet werden müssen.[71]

Unter den Wirtschaftlichkeitsgrundsatz sind z. B. die Vorschriften in den §§ 240 Abs. 3 u. 4 sowie 256 HGB zu subsumieren; hier werden unter bestimmten Voraussetzungen Erleichterungen bei der Inventur und der Bewertung eingeräumt.

Bei der Bewertung von Vermögen und Schulden ist nach § 252 Abs. 1 Nr. 2 HGB die **Fortsetzung der Unternehmenstätigkeit** (Going-Concern-Prinzip) zu unterstellen. Das bedeutet, dass der Bilanzierende nicht ohne Grund von einer Zerschlagungsfiktion ausgehen darf. Vielmehr sind die Vermögensgegenstände mit ihren sog. Fortführungswerten anzusetzen. Bei der Bewertung von Bilanzposten ist folglich von der Fortführung der Unternehmenstätigkeit auszugehen, solange dieser Annahme nicht tatsächliche oder rechtliche Gegebenheiten entgegenstehen. Eine tatsächliche Gegebenheit stellt bspw. die Überschuldung und Zahlungsunfähigkeit des Unternehmens dar. Die Eröffnung des Insolvenzverfahrens spiegelt bspw. eine rechtliche Gegebenheit wider.

Der **Grundsatz der Pagatorik** ist in § 252 Abs. 1 Nr. 5 HGB verankert. Danach dürfen die Bilanzposten nur mit Rechengrößen bewertet werden, die letztlich auf tatsächliche Zahlungsvorgänge zurückzuführen sind. Kalkulatorische Werte oder individuelle Wertvorstellungen des Bilanzierenden dürfen nicht als Wertansätze berücksichtigt werden.[72]

Der **Grundsatz der Einzelbewertung** fordert, dass die Vermögensgegenstände und Schulden einzeln zu erfassen und einzeln zu bewerten sind (§ 252 Abs. 1 Nr. 3 HGB). Die Bewertung wird sodann durch § 252 Abs. 1 Nr. 4 HGB modifiziert, in dem das Vor-

70 Vgl. Baetge/Kirsch/Thiele, Bilanzen, S. 121 f.
71 Vgl. Ossadnik, Grundsatz und Interpretation der »Materiality«, S. 617–629.
72 Vgl. Baetge/Kirsch/Thiele, Bilanzen, S. 124 f.

sichtsprinzip als Richtschnur für die Bewertung benannt wird. Mit dem Prinzip der Einzelbewertung wird ein Wertausgleich zwischen verschiedenen Vermögensgegenständen und Schulden verhindert. Insofern kann das **Verrechnungsverbot** des § 246 Abs. 2 HGB als Ausprägung des Einzelbewertungsgrundsatzes aufgefasst werden.

In begründeten Ausnahmefällen darf vom Grundsatz der Einzelbewertung abgewichen werden, was eine Durchbrechung der GoB darstellt. Als Beispiele hierfür sind zu nennen:

- § 240 Abs. 3 HGB: Festbewertung,
- § 240 Abs. 4 HGB: Gruppenbewertung (gewogener Durchschnitt),
- § 254 HGB: Bildung von Bewertungseinheiten,
- § 256 HGB: Bewertungsvereinfachungsverfahren/Sammelbewertung (FiFo-/LiFo-Verfahren, gewogener Durchschnitt).

Gem. § 252 Abs. 1 Nr. 5 HGB sind Aufwendungen und Erträge des Geschäftsjahres ohne Rücksicht auf den Zeitpunkt ihrer Ausgabe oder Einnahme im Jahresabschluss zu berücksichtigen. Anders als beim Realisations- und Imparitätsprinzip werden Aufwendungen und Erträge nicht unter dem Gesichtspunkt der Vorsicht abgegrenzt. Bei der **Periodenabgrenzung** erfolgt eine Abgrenzung nach der Sache und nach der Zeit.[73] In beiden Fällen ist das Verursachungsprinzip maßgebend.

Bei der **Abgrenzung der Sache nach** werden Zahlungen nach ihrer wirtschaftlichen Verursachung erfolgsmäßig abgegrenzt: Den realisierten Erträgen werden die ihnen (sachlich) zurechenbaren Aufwendungen gegenübergestellt (Finalprinzip). Für die Aufwandsverrechnung ist deshalb das Prinzip der leistungsentsprechenden Gegenüberstellung von Aufwendungen und Erträgen von entscheidender Bedeutung.[74]

Beispiele

Ausgaben für Sachanlagen vor dem Bilanzstichtag werden der Sache nach Aufwendungen als Abschreibungen während der betriebsgewöhnlichen Nutzungsdauer.

Nach dem Realisationsprinzip werden Teile dieser Aufwendungen durch Aktivierung als Herstellungskosten der Erzeugnisse den Erträgen zugeordnet.

Erfassung von Ausgaben nach dem Bilanzstichtag, für die am Bilanzstichtag eine gewisse oder ungewisse Verpflichtung besteht, durch Passivierung einer Verbindlichkeit oder einer Rückstellung für ungewisse Verbindlichkeiten.

73 Vgl. Leffson, GoB, S. 188 ff.
74 Vgl. Coenenberg/Haller/Mattner/Schultze, Rechnungswesen, S. 59.

Der Grundsatz der **Abgrenzung der Zeit nach** ordnet Einnahmen und Ausgaben periodengerecht zu, die ihrer Natur nach zeitraumbezogen anfallen. Zeitliche Abgrenzungen sind notwendig für

- Ausgaben des abgelaufenen Geschäftsjahres, soweit sie als Aufwand in die Zeit nach dem Bilanzstichtag gehören, und
- Einnahmen des abgelaufenen Geschäftsjahres, soweit sie als Ertrag in die Zeit nach dem Bilanzstichtag gehören.

Die Abgrenzung erfolgt durch die Bilanzierung von Rechnungsabgrenzungsposten (RAP).

Beispiel

Ein Unternehmen hat Geschäftsräume angemietet. Das Mietverhältnis beginnt am 01.10. Die jährliche Miete beträgt 60.000 EUR und wird am 01.10. überwiesen. Das Geschäftsjahr endet zum 31.12. Welche Buchungen sind vorzunehmen, um die Ausgabe im Sinne der Abgrenzung der Zeit nach erfolgsmäßig zutreffend zeitlich abzugrenzen?

01.10.: Mietaufwand an Bank (60.000 EUR)

31.12.: (aktiver) RAP an Mietaufwand (45.000 EUR)

01.01.: Mietaufwand an (aktiver) RAP (45.000 EUR)

Das **Realisationsprinzip** ist der Maßstab für den zeitgerechten Ausweis von Erträgen und Aufwendungen – und damit das grundlegende Aktivierungs- und Passivierungskriterium. Es ist in § 252 Abs. 1 Nr. 4 HGB kodifiziert und besagt, dass Gewinne nur zu berücksichtigen sind, wenn sie am Abschlussstichtag realisiert sind (**Gewinnantizipationsverbot**). Das Realisationsprinzip hat zwei Komponenten:

1. Bestimmung des Wertansatzes für Erzeugnisse und Leistungen vor Ertragsrealisation,
2. Regelung der Ertragsrealisation.[75]

Wenn die vom Unternehmen zu liefernden Güter und Leistungen noch nicht den »Sprung zum Absatzmarkt« geschafft haben und damit noch nicht den Wertsprung zum Verkaufspreis erfahren haben, sind sie höchstens mit ihren Anschaffungs-/Herstellungskosten anzusetzen (§ 253 Abs. 1 HGB). Zweck des **Anschaffungskosten-/ Herstellungskostenprinzips** ist es, dass Zugänge von Vermögensgegenständen den Erfolg nicht positiv verändern sollen (Gewinnneutralität bzw. Erfolgsneutralität von Beschaffungsvorgängen). Voraussichtlich gewinnbringende Geschäfte dürfen nicht gebucht und folglich nicht gewinnerhöhend behandelt werden.

75 Vgl. Baetge/Apelt, HdJ, Abt. I/2, Rdn. 80 ff.

Entsprechend dem Realisationsprinzip dürfen demnach nur realisierte Erträge ausgewiesen werden. Als **Zeitpunkt der Ertragsrealisation** gilt jener Zeitpunkt, zu dem die Güter den »Sprung zum Absatzmarkt« geschafft haben. Zu diesem Zeitpunkt ist der erzielte Erlös als Forderung oder – falls eine sofortige Zahlung erfolgte – als Zugang liquider Mittel zu buchen. Gleichzeitig ist der Abgang der verkauften Güter als Aufwand zu bilanzieren.

Folgende Bedingungen müssen erfüllt sein, damit der Gewinnrealisationszeitpunkt erreicht ist:

1. Ein Kaufvertrag muss abgeschlossen worden sein.
2. Die geschuldete Lieferung oder Leistung muss erbracht worden sein.
3. Das Gut muss den Verfügungsbereich – und somit den Verwertungsbereich – des liefernden oder leistenden Unternehmens verlassen haben.
4. Die Abrechnungsfähigkeit muss gegeben sein.[76]

Beispiel

Ein Unternehmen erhält am 15.10. den Auftrag, eine bestimmte Produktionsanlage zu liefern. Die Lieferung erfolgt am 03.02. des folgenden Jahres. Die Rechnung beläuft sich auf über 200.000 EUR zzgl. USt. Die Herstellungskosten haben 170.000 EUR betragen; bis zum 31.12. waren hiervon 150.000 EUR angefallen.

Buchung am 31.12.: Aktivierung der Produktionsanlage in Höhe von 150.000 EUR in den Vorräten (Gewinnneutralität).

Buchung am 03.02.: Die Forderung wird brutto in Höhe von 238.000 EUR gegen Umsatzerlöse (200.000 EUR) und Umsatzsteuer (38.000 EUR) gebucht. Gleichzeitig sind Herstellungskosten in Höhe von 170.000 EUR (150.000 EUR Aufwand aus Bestandsminderung, der gegen die Bestandsminderung der Vorräte in der Bilanz gebucht wird, und 20.000 EUR laufender Aufwand, der gegen liquide Mittel oder Verbindlichkeiten zu buchen ist) zu erfassen. Insgesamt wird somit ein Gewinn in Höhe von 30.000 EUR realisiert.

Das Realisationsprinzip wird allerdings im Falle von (erwarteten) Verlusten durch das **Vorsichtsprinzip** zum Imparitätsprinzip abgewandelt. Das **Imparitätsprinzip** ist in § 252 Abs. 1 Nr. 4 HGB kodifiziert und fordert, im Jahresabschluss »namentlich alle vorhersehbaren Risiken und Verluste, die bis zum Abschlussstichtag entstanden sind, zu berücksichtigen, selbst wenn diese erst zwischen dem Abschlussstichtag und dem Tag der Aufstellung des Jahresabschlusses bekannt geworden sind; …«. Negative Erfolgsbeiträge werden im Interesse der Kapitalerhaltung und des Gläubigerschutzes

76 Vgl. Baetge/Kirsch/Thiele, Bilanzen, S. 129 ff.

bereits in der abzuschließenden Periode antizipiert, indem sie als Aufwand in die GuV eingestellt werden, um künftige Rechnungsperioden von vorhersehbaren Risiken und Verlusten freizuhalten, die am Bilanzstichtag zwar noch nicht realisiert, aber bereits verursacht sind (**Verlustantizipationsgebot**).[77]

Anders als unrealisierte Gewinne müssen voraussichtlich verlustbringende Geschäfte umgehend gewinnmindernd behandelt werden. Eine Berücksichtigung von negativen Erfolgsbeiträgen muss erfolgen, wenn sie

- aus Geschäften des abgelaufenen Geschäftsjahres herrühren (bis zum Abschlussstichtag entstanden sind) und
- am Abschlussstichtag vorhersehbar sind.[78]

Abwertungen bei Vermögen bzw. Zunahmen bei Schulden sind also auch zu berücksichtigen, wenn sie noch nicht durch entsprechende Marktverkäufe realisiert wurden. Gewinne dürfen dagegen nur berücksichtigt werden, wenn sie am Abschlussstichtag bereits realisiert, d. h. marktlich verwirklicht wurden. Diese asymmetrische, aus dem Vorsichtsprinzip stammende Bewertungsregel wird als Imparitätsprinzip bezeichnet. Unrealisierte Gewinne und unrealisierte Verluste werden ungleich (impar) behandelt. Das Imparitätsprinzip schlägt sich bei Vermögen als **Niederstwertprinzip** und bei Schulden als **Höchstwertprinzip** nieder.

Das **Vorsichtsprinzip** findet seinen Niederschlag in einer Reihe von Vorschriften und Bilanzierungsgrundsätzen:

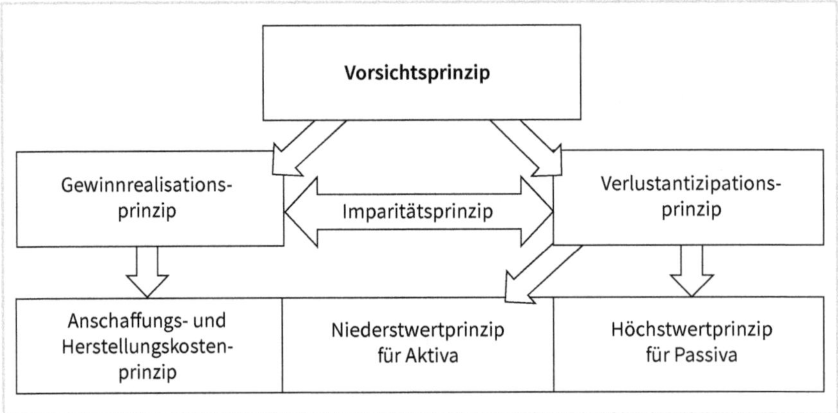

Abb. 2 - 11: Ausprägungen des Vorsichtsprinzips

77 Vgl. BFH, Beschl. vom 23.06.1997 GrS 2/93, BStBl 1997 II, S. 735.
78 Vgl. Leffson, GoB, S. 339 ff.

Beispiel

Die Kaufkap GmbH hat am 20.12.t1 einen Vertrag zum Kauf von Rohstoffen abgeschlossen.

20.000 kg zu 17,90 EUR/kg	358.000 EUR
Der Marktpreis am Abschlussstichtag (31.12.t1) beträgt 16,80 EUR/kg.	336.000 EUR
Differenz:	22.000 EUR
Noch im Dezember (22.12.t1) verkauft die Kaufkap GmbH die Rohstoffe zum Festpreis von 21,00 EUR/kg weiter an die Einmalkauf KG.	420.000 EUR

Wie muss die Kaufkap GmbH die Differenz in Höhe von 22.000 EUR zum 31.12. im Jahresabschluss ausweisen, wenn die Rohstoffe am

a) 23.12.(t1),
b) 05.01.(t2)

angeliefert werden?

Lösung
Die Kaufkap GmbH hat die Rohstoffe am Abschlussstichtag noch nicht an seinen Kunden geliefert. Es liegt ein schwebendes Geschäft vor; Gewinne aus schwebenden Geschäften dürfen nach dem Realisationsprinzip nicht ausgewiesen werden. Deshalb darf das Unternehmen keine Forderungen aus dem Verkaufsgeschäft aktivieren.

In Fall a) hat die Kaufkap GmbH die Rohstoffe bereits erhalten und innerhalb der Vorräte bilanziert. Allerdings ist der Wert der Vorräte am Bilanzstichtag um 22.000 EUR gesunken. Nach dem Imparitätsprinzip ist eine Abschreibung vorzunehmen und die Rohstoffe sind mit dem niedrigeren Wert in Höhe von 336.000 EUR anzusetzen (§ 253 Abs. 4 S. 1 u. 2 HGB).

In Fall b) ist am Bilanzstichtag vorhersehbar, dass die Kaufkap GmbH die Rohstoffe um 22.000 EUR günstiger hätte erwerben können. Am Bilanzstichtag ist deshalb ein Verlust in Höhe von 22.000 EUR erkennbar, der zu antizipieren und in der Bilanz als drohender Verlust aus schwebenden Geschäften auszuweisen ist (§ 249 Abs. 1 S. 1 HGB).

Entsprechend des Grundsatzes der Vorsicht hat der Kaufmann den Wert seiner Vermögensgegenstände und Schulden vorsichtig zu bewerten (§ 252 Abs. 1 Nr. 4 HGB). Das **Vorsichtsprinzip** ist heranzuziehen, wenn bezüglich künftiger Sachverhalte unsichere Erwartungen beim Bilanzierenden vorliegen.

Konkret geht es stets darum, ein vorsichtiges Vorgehen bei der Bewertung und bei der Schätzung im Rahmen gegebener Spielräume zu praktizieren. Der Kaufmann solle sich im Zweifel lieber »ärmer« als »reicher« rechnen.[79] Die damit verbundene asymmetrische Bilanzierungsweise erscheint zwar aus Sicht des Kapitalerhaltungszwecks gerecht zu sein, sie steht jedoch dem Rechenschaftszweck entgegen. Eine vorsichtige Bewertung führt zu einer Gewinnminderung und zu einer Minderung des Ausschüttungspotenzials. Eine Unterbewertung von Aktiva und eine Überbewertung von Passiva führen zur Bildung stiller Reserven, deren Existenz und Umfang die Jahresabschlussadressaten i.d.R. nicht erkennen können. Aufgrund der dadurch entstehenden unzutreffenden Unternehmensabbildung im Jahresabschluss kann die Anwendung des Vorsichtsprinzips dem Rechenschaftszweck nicht gerecht werden.

2.5 Aufgaben und Lösungen

2.5.1 Aufgaben

Aufgabe 1: GoB

Anfang Dezember t0 schließt die Müller-OHG einen Vertrag zur Lieferung von Handelsware ab. Dementsprechend sind im Januar des nächsten Jahres 20.000 Stück zu je 25,00 EUR zzgl. USt an den Kunden zu liefern. Die OHG hat für die Ware selbst 15,00 EUR pro Stück bezahlt.

1. Wann entsteht der Gewinn bei der Müller-OHG? Wie hoch ist er? Welches Prinzip gilt?
2. Wie werden Gläubiger durch den vorsichtigen Erfolgsausweis geschützt?

Aufgabe 2: GoB (2)

Die Grundsätze ordnungsmäßiger Buchführung und Bilanzierung (GoB) enthalten unter anderem die folgenden Bewertungs- und Gliederungsgrundsätze:

A Grundsatz der Bilanzidentität,

B Grundsatz der Bilanzwahrheit,

C Grundsatz der formellen Bilanzkontinuität,

D Grundsatz der Fortsetzung der Unternehmenstätigkeit,

79 Vgl. Schmalenbach, Dynamische Bilanz, S. 83–85; Leffson, GoB, S. 466.

E Grundsatz der Klarheit und Übersichtlichkeit,

F Grundsatz der Periodenabgrenzung,

G Grundsatz des Verrechnungsverbots,

H Grundsatz der Vollständigkeit,

I Grundsatz der Vorsicht,

J Grundsatz der Wesentlichkeit,

K Grundsatz der materiellen Bilanzkontinuität,

L Grundsatz der Einzelbewertung.

a) Den folgenden Beispielen ist jeweils – unter Nennung der gesetzlichen Norm – einer dieser Grundsätze zuzuordnen:

1.	In der Bilanz sind alle bilanzierungsfähigen Wirtschaftsgüter des Unternehmens aufzunehmen, es sei denn, gesetzlich eingeräumte Wahlrechte werden in Anspruch genommen.
2.	Für aufeinander folgende Jahresabschlüsse sind die Form der Darstellung, insbesondere die Gliederung und die inhaltliche Abgrenzung der Posten, beizubehalten.
3.	Die Wertansätze in der Eröffnungsbilanz des Geschäftsjahres müssen mit den Wertansätzen in der Schlussbilanz des vorhergehenden Geschäftsjahres übereinstimmen.
4.	Sachlich verschiedene Bilanzpositionen dürfen nicht in einer Position ausgewiesen werden (z. B. Zusammenfassung von Schecks, Kassenbestand, Bundesbank- und Postscheckguthaben sowie Guthaben bei Kreditinstituten zu einem Posten »Flüssige Mittel«).
5.	Die angewendeten Bewertungsmethoden sind in der Regel von Jahresabschluss zu Jahresabschluss beizubehalten.
6.	Der Jahresabschluss von Kapitalgesellschaften soll unter Beachtung der Grundsätze ordnungsmäßiger Buchführung ein den tatsächlichen Verhältnissen entsprechendes Bild der Vermögens-, Finanz- und Ertragslage des Unternehmens vermitteln.
7.	Am Abschlussstichtag dürfen nur die realisierten Gewinne ausgewiesen werden; vorhersehbare Risiken und Verluste, die im Geschäftsjahr oder früher entstanden sind, sind zu berücksichtigen.
8.	Bei der Bewertung der Wirtschaftsgüter ist in der Regel die Fortsetzung der Unternehmenstätigkeit zu unterstellen.
9.	Aufwendungen und Erträge für das Geschäftsjahr sind ohne Rücksicht auf den Zeitpunkt ihrer Ausgabe oder Einnahme im Jahresabschluss zu berücksichtigen.

10.	Führen trotz Anwendung der Grundsätze ordnungsmäßiger Buchführung besondere Umstände dazu, dass der Jahresabschluss der Kapitalgesellschaft kein den tatsächlichen Verhältnissen entsprechendes Bild der Vermögens-, Finanz- und Ertragslage vermittelt, sind zusätzliche Angaben im Anhang zu machen.
11.	Forderungen und Verbindlichkeiten dürfen in der Regel nicht saldiert ausgewiesen werden. Entsprechendes gilt für den Ausweis von Aufwendungen und Erträgen.
12.	Die Vermögensgegenstände und Schulden sind zum Abschlussstichtag einzeln zu bewerten.

b) In welchen Fällen ist eine Durchbrechung dieser Grundsätze im Gesetz gegeben und worin liegen die Motive dafür?

2.5.2 Lösungen

Lösung zu Aufgabe 1

a) Gewinn entsteht erst mit der Auslieferung der Ware in t1. Der Gewinn beträgt 200.000 EUR (Realisationsprinzip).

b) Erst mit der Erfüllung aller Pflichten hat der Unternehmer einen Rechtsanspruch auf den Kaufpreis. Dann nämlich ist der Anspruch nicht mehr gefährdet. Anders wäre es, wenn die Ware noch im Lager ist; dann könnte sie durch einen Brand o. Ä. zerstört werden und das liefernde Unternehmen müsste das Risiko des Verlustes tragen. Die Möglichkeit, die Ware mit Gewinn zu verkaufen, reicht deshalb nicht aus. Der eher späte Gewinnausweis führt zu eher niedrigen Gewinnen.

Lösung zu Aufgabe 2

a) Paragrafen im HGB

1.	Grundsatz der Vollständigkeit (H) § 246 Abs. 1 HGB
2.	Grundsatz der formellen Bilanzkontinuität (C) § 265 Abs. 1 HGB
3.	Grundsatz der Bilanzidentität (A) § 252 Abs. 1 Nr. 1 HGB
4.	Grundsatz der Klarheit und Übersichtlichkeit (E) § 243 Abs. 2 HGB
5.	Grundsatz der materiellen Bilanzkontinuität (K) § 252 Abs. 1 HGB
6.	Grundsatz der Bilanzwahrheit (B) § 264 Abs. 2 HGB
7.	Grundsatz der Vorsicht (I) § 252 Abs. 1 Nr. 4 HGB

8.	Grundsatz der Fortsetzung der Unternehmenstätigkeit (D) § 252 Abs. 1 Nr. 2 HGB
9.	Grundsatz der Periodenabgrenzung (F) § 252 Abs. 1 Nr. 5 HGB
10.	Grundsatz der Wesentlichkeit (J) nicht kodifiziert
11.	Grundsatz des Verrechnungsverbots (G) § 246 Abs. 2 HGB
12.	Grundsatz der Einzelbewertung (L) § 252 Abs. 1 Nr. 3 HGB

b) Durchbrechung der Grundsätze im HGB:

Durchbrechung des Grundsatzes	**HGB**	**Gegenstand**	**Begründung/Motive**
Einzelbewertung	§ 240 Abs. 3	Ansatz mit gleichbleibender Menge und gleich bleibendem Wert	Vereinfachung nachrangige Bedeutung
Einzelbewertung	§ 240 Abs. 4	gewogene Durchschnittsbewertung	Vereinfachung
Einzelbewertung	§ 256	Bewertungsvereinfachungsverfahren	Vereinfachung
Stichtagsprinzip	§ 241	Inventurvereinfachungsverfahren	Vereinfachung
Einzelbewertung	§ 254	Bewertungseinheiten	angestrebte tatsachengemäße Darstellung

Hinweis

Diese und weitere Aufgaben samt Lösungen finden Sie online bei den digitalen Extras.

DIGITALE EXTRAS

2.6 Lernkontrolle

Geben Sie bitte an, ob die folgenden Aussagen richtig (R) oder falsch (F) sind. (Die Lösung finden Sie in Kapitel »Lösungen zu den Lernkontrollen«.)

Nr.	Aussage	Antwort
1	Das Privatvermögen ist in der handelsrechtlichen Bilanz stets anzusetzen.	
2	Zur Abgrenzung wird das Betriebsvermögen in notwendiges sowie gewillkürtes Betriebsvermögen unterschieden.	
3	Zur Zielgröße der Liquidität gehören die Rechengrößen Einzahlung und Auszahlung sowie Einnahme und Ausgabe.	
4	Ein Inventar ist grundsätzlich die detaillierte Aufstellung aller Vermögensgegenstände und Schulden eines Unternehmens.	
5	Bei der Stichtagsinventur handelt es sich um ein einfaches und zeitsparendes Verfahren.	
6	Die Anfangsbilanz vom 01.01.t1 muss mit der Schlussbilanz vom 31.12.t0 übereinstimmen.	
7	Der wichtigste Grundsatz ordnungsmäßiger Buchführung ist Klarheit.	
8	Der Grundsatz der Vergleichbarkeit umfasst die formelle sowie materielle Stetigkeit.	
9	Erfolgswirksame Vorgänge sind dadurch gekennzeichnet, dass sie das Eigenkapitalkonto beeinflussen.	
10	Der Grundsatz der Pagatorik besagt, dass kalkulatorische Werte im Wertansatz berücksichtigt werden können.	
11	Bei der Bewertung von Vermögen und Schulden spielt das Prinzip der Fortsetzung der Unternehmenstätigkeit (Going-Concern-Prinzip) eine untergeordnete Rolle.	
12	Das Vorsichtsprinzip findet seinen Niederschlag in einer Reihe von Vorschriften und Bilanzierungsgrundsätzen.	

3 Grundlegende Ansatzvorschriften

Nach Durcharbeiten dieses Kapitels
- sind Sie mit den allgemeinen Ansatzregelungen der Aktiva und Passiva vertraut.
- verstehen Sie den Unterschied zwischen abstrakter und konkreter Aktivierungsfähigkeit.
- wissen Sie, durch welche Merkmale Vermögensgegenstände und Schulden gekennzeichnet sind.
- kennen Sie Beispiele für Aktivierungsverbote.
- wissen Sie, für welche Sachverhalte Aktivierungswahlrechte bestehen.
- sind Sie mit den Passivierungsgeboten, -verboten sowie -wahlrechten vertraut.

3.1 Allgemeine Ansatzregelungen

Gem. § 246 Abs. 1 HGB hat der Jahresabschluss sämtliche Vermögensgegenstände, Schulden, Rechnungsabgrenzungsposten [...] zu enthalten, soweit gesetzlich nichts anderes bestimmt ist (**Vollständigkeitsgebot**). Das Vollständigkeitsgebot bezieht sich nur auf bilanzierungsfähige Vermögensgegenstände und Schulden, für die kein Ansatzwahlrecht oder -verbot besteht. Es erstreckt sich lediglich auf alle zum Betriebsvermögen gehörenden Vermögensgegenstände und Schulden. Vermögensgegenstände und Schulden des Privatvermögens dürfen handelsrechtlich nicht angesetzt werden.

In § 246 Abs. 1 S. 2 HGB wird die Zurechnung bislang unter dem Gesichtspunkt wirtschaftlicher Zugehörigkeit ausdrücklich für den Erwerb unter Eigentumsvorbehalt, die Verpfändung und die Sicherungsübereignung hervorgehoben. »Vermögensgegenstände, die unter Eigentumsvorbehalt erworben oder an Dritte für eigene oder fremde Verbindlichkeiten verpfändet oder in anderer Weise als Sicherheit übertragen worden sind, sind in die Bilanz des Sicherungsgebers aufzunehmen. In die Bilanz des Sicherungsnehmers sind sie nur aufzunehmen, wenn es sich um Bareinlagen handelt.«

Ferner ist das **Verrechnungsverbot** zu beachten. Posten der Aktivseite dürften grundsätzlich nicht mit Posten der Passivseite und Grundstücksrechte dürfen nicht mit Grundstückslasten verrechnet werden (§ 246 Abs. 2 HGB). Eine Verrechnung ist nur zulässig, wenn z. B. gegenüber derselben Person eine Forderung und eine Verbindlichkeit bestehen, die bis zum Bilanzstichtag durch das juristische Institut der Aufrechnung (§§ 387 ff. BGB) getilgt werden können. Ebenso sind Bewertungseinheiten gem. § 254 HGB bei der Bilanzierung von Sicherungsbeziehungen zu bilden.[80] Gem. § 246 Abs. 2 S. 2 HGB sind auch Vermögensgegenstände, die dem Zugriff aller übri-

80 Vgl. das Kapitel 8.3 »Derivative Finanzinstrumente«.

gen Gläubiger entzogen sind und ausschließlich der Erfüllung von Altersversorgungsverpflichtungen und vergleichbaren langfristigen Verpflichtungen dienen, mit den entsprechenden Schulden zu verrechnen. Ein aktiver Überhang ist gesondert in der Bilanz auszuweisen (sog. aktiver Unterschiedsbetrag aus der Vermögensverrechnung). Hiermit wird insbesondere eine saldierte Darstellung von Pensionsvermögen und Pensionsverpflichtungen bezweckt, wie sie auch in internationalen Rechnungslegungssystemen (z.B. IAS 19) üblich ist. Zudem dürfen latente Steuern nach § 274 Abs. 1 HGB saldiert ausgewiesen werden.

Aus dem Grundsatz der **Periodenabgrenzung** resultiert das Ansatzgebot für aktive und passive Rechnungsabgrenzungsposten.

Handelsrechtlich existiert keine konkrete Definition von Vermögensgegenständen und Schulden (unbestimmter Rechtsbegriff). Aus nicht kodifizierten GoB wurden Definitionskriterien für Vermögensgegenstände bzw. Schulden abgeleitet. So ist festgelegt, was in der Bilanz prinzipiell unter den Aktiva bzw. Passiva angesetzt werden muss bzw. darf. Hieraus leiten sich die Aktivierungs- und Passivierungsgebote ab.

Die **Grundlinie der Ansatzpflichten** (Vollständigkeitsgebot) wird durch die folgenden beiden Sachverhalte unterbrochen:

1. Ansatzwahlrechte/-verbote für Vermögensgegenstände und Schulden,
2. Problemkreis der Abgrenzungen beim Vermögensausweis:
   - Abgrenzung Privatvermögen/Betriebsvermögen,
   - Abgrenzung Anschaffungskosten/Erhaltungsaufwand,
   - Abgrenzung der Zugehörigkeit nach wirtschaftlichem, nicht nach juristischem Eigentum (relevant z.B. bei Kommissionsvermögen, Eigentumsvorbehalt, Sicherungsübereignung und Leasing).

Während es sich bei Punkt 1 um vom Gesetzgeber eingeräumte Wahlrechte zur Aktivierung handelt, liegen bei den unter Punkt 2 genannten Problemen unvermeidliche Auslegungsspielräume vor, die kaum eingegrenzt werden können.

Darüber hinaus gelten aktive latente Steuern nicht als Vermögensgegenstand und passive latente Steuern nicht als Fremdkapital. Sie stellen einen »Sonderposten eigener Art« dar. Während für aktive latente Steuern ein Ansatzwahlrecht besteht, sind passive latente Steuern ansatzpflichtig.

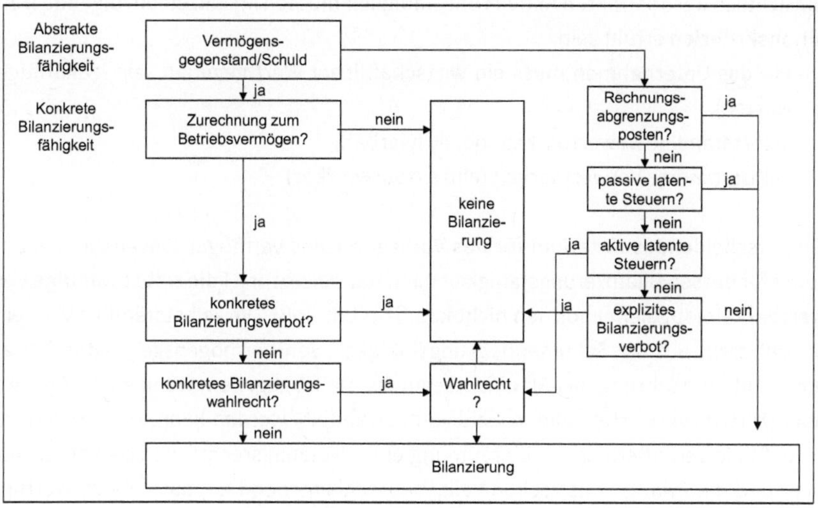

Abb. 3 – 1: Bilanzansatz-Entscheidung im HGB-Abschluss[81]

3.2 Ansatz von Aktiva

3.2.1 Aktivierungsgebot

Grundsätzlich unterliegen gem. § 246 Abs. 1 HGB alle **aktivierungsfähigen Vermögensgegenstände**, die zum Betriebsvermögen gehören und die sich im wirtschaftlichen Eigentum des Unternehmens befinden, einem Aktivierungsgebot, es sei denn, sie stehen dem Ansatzverbot entgegen oder es liegen Ansatzwahlrechte oder Ermessensspielräume vor. In diesem Zusammenhang wird zwischen abstrakter und konkreter Aktivierungsfähigkeit unterschieden. Die **abstrakte Aktivierungsfähigkeit** wird durch die Kriterien des Aktivierungsgrundsatzes bestimmt (Definitionskriterien), während sich die **konkrete Aktivierungsfähigkeit** aus den konkreten handelsrechtlichen Aktivierungsvorschriften ergibt, die beim Vorliegen von Wahlrechten und Verboten vom Aktivierungsgrundsatz abweichen können (Ansatzkriterien). Neben den aktivierungsfähigen Vermögensgegenständen sind auf der Aktivseite Posten auszuweisen, die zwar nicht die Definitionskriterien erfüllen, jedoch aufgrund handelsrechtlicher Vorschriften zu aktivieren sind, z. B. aktiver Rechnungsabgrenzungsposten.

81 Vgl. Coenenberg/Haller/Schultze, Jahresabschluss und Jahresabschlussanalyse, S. 91.

Hinsichtlich der abstrakten Aktivierungsfähigkeit müssen im Einzelnen folgende **Definitionskriterien** erfüllt sein:

- Für das Unternehmen muss ein wirtschaftlicher Wert gegeben sein (zukünftiger Nutzen),
- selbstständige Bewertbarkeit (objektivierbar),
- selbstständige Verwertbarkeit (einzeln verwertbar).

Ein entscheidendes Kriterium für das Vorliegen eines Vermögensgegenstandes und somit für dessen Bilanzierungsfähigkeit nach Handelsrecht ist die **selbstständige Verwertbarkeit** (abgeleitet aus den nicht kodifizierten GoB). Die selbstständige Verwertbarkeit stellt auf die Schuldendeckungsfähigkeit von Vermögensgegenständen ab und dient der Wahrung des Gläubigerschutzes; sie ist gegeben, wenn ein Gut gegenüber Dritten »verwertet« und in Geld »umgewandelt« werden kann. Die Verwertung schließt die Veräußerung, die Einräumung eines Nutzungsrechts, den bedingten Verzicht und die Zwangsvollstreckung ein.[82] Ausschlaggebend ist, dass die Verwertung nach allgemeiner Verkehrsauffassung prinzipiell möglich ist. Eine selbstständige Verwertbarkeit ist daher auch dann gegeben, wenn die Verwertung des Gutes gesetzlich, vertraglich oder faktisch beschränkt ist (DRS 24.20). Ferner setzt die Einzelverwertbarkeit nicht zwingend voraus, dass das Gut stets in isolierter Gestalt verwertbar sein muss. Das Merkmal der selbstständigen Verwertbarkeit ist erfüllt, wenn das Gut zusammen mit anderen Vermögensgegenständen wirtschaftlich sinnvoll verwertet werden kann (DRS 24.22).

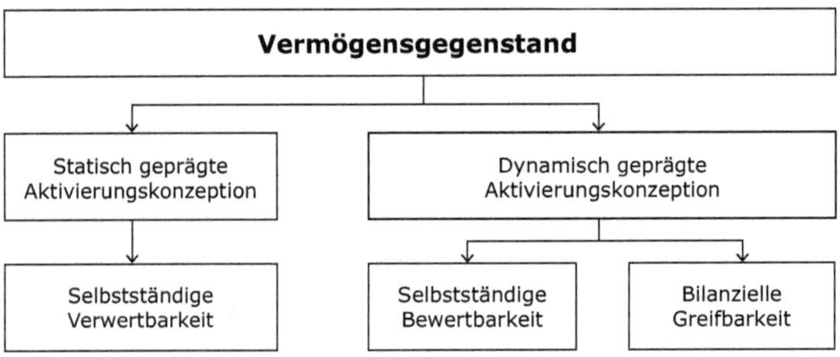

Abb. 3 – 2: Elemente der abstrakten Aktivierungsfähigkeit nach Handelsrecht[83]

Ein Aktivierungsgebot ist gegeben, wenn keine Aktivierungsverbote oder -wahlrechte bestehen.

82 Vgl. Baetge/Kirsch/Thiele, Bilanzen, S. 160 ff.
83 Entnommen aus: Baetge/Kirsch/Thiele, Bilanzen, S. 161.

Beispiel: Bilanzierungsfähigkeit

Ist die abstrakte und konkrete Bilanzierungsfähigkeit in folgenden Fällen gegeben?

- Gekauftes Tablet: Bei einem Tablet handelt es sich um einen materiellen Vermögensgegenstand mit wirtschaftlichem Wert, der zudem durch Veräußerung selbständig verwertbar ist. Eine selbstständige Bewertbarkeit ist mit dem Kaufpreis gegeben. Somit sind die Bedingungen für eine abstrakte Aktivierungsfähigkeit erfüllt. Da kein handelsrechtliches Aktivierungsverbot oder -wahlrecht existiert, das eine Abweichung vom Aktivierungsgrundsatz vorsieht, wird zudem die Voraussetzung der konkreten Aktivierungsfähigkeit erfüllt.
- Kosten einer Werbekampagne: Für die Kosten einer durchgeführten Werbekampagne, die für das Unternehmen zwar einen zukünftigen Nutzen impliziert, liegt jedoch keine selbstständige Verwertbarkeit vor. Daher ist keine abstrakte Aktivierungsfähigkeit gegeben. Da keine Bilanzierungsfähigkeit vorliegt, sind entsprechende Kosten unmittelbar aufwandswirksam zu erfassen, d.h. es erfolgt keine Aktivierung.

3.2.2 Aktivierungsverbote

Die **konkrete Aktivierungsfähigkeit** wird durch die in § 248 HGB ausdrücklich kodifizierten Aktivierungsverbote eingeschränkt. Ein Aktivierungsverbot besteht gem. § 248 Abs. 1 HGB für

- Aufwendungen für die Gründung eines Unternehmens (Abs. 1 Nr. 1),
- Aufwendungen für die Beschaffung des Eigenkapitals (Abs. 1 Nr. 2) und
- Aufwendungen für den Abschluss von Versicherungsverträgen (Abs. 1 Nr. 3).

Während Abs. 1 Nr. 1 und Nr. 2 lediglich eine klarstellende Regelung ist (Gründungsaufwendungen und Beschaffungskosten für Eigenkapital sind nicht selbstständig verwertbar), verbietet Abs. 1 Nr. 3 den Ansatz eines transitorischen Rechnungsabgrenzungspostens[84] für mit dem Abschluss von Versicherungen entstehende Aufwendungen, um eine Aktivierung von handelsrechtlichen Non-Valeurs zu verhindern.[85]

Darüber hinaus werden in **§ 248 Abs. 2 S. 2 HGB** zusätzlich Ansatzverbote benannt für **nicht entgeltlich erworbene**

- Marken,
- Drucktitel,
- Verlagsrechte und Kundenlisten,
- vergleichbare immaterielle Vermögensgegenstände des Anlagevermögens.

84 Vgl. das Kapitel 8.1 »Bilanzierungshilfen und Rechnungsabgrenzungen«.
85 Vgl. Baetge/Kirsch/Thiele, Bilanzen, S. 167.

3.2.3 Aktivierungswahlrechte

Neben Aktivierungsverboten existieren im Handelsrecht verschiedene **explizite Aktivierungswahlrechte**. Im Einzelnen sind zu nennen:

- selbst geschaffene immaterielle Vermögensgegenstände des Anlagevermögens (§ 248 Abs. 2 S. 1 HGB),
- Disagio (§ 250 Abs. 3 HGB i. V. m. § 268 Abs. 6 HGB),
- aktive latente Steuern (§ 274 Abs. 1 S. 2 HGB).

Konkret handelt es sich bei den Positionen um die folgenden Sachverhalte:

Selbst geschaffene immaterielle Vermögensgegenstände des Anlagevermögens können – abgesehen von selektiven Ansatzverboten gem. § 248 Abs. 2 S. 2 HGB – unter bestimmten Voraussetzungen aktiviert werden (§ 248 Abs. 2 S. 1 HGB). Bei entwicklungsintensiven Unternehmen könnte es anderenfalls dazu führen, dass wesentliche Werte des Unternehmens, verkörpert durch selbst geschaffene (originäre) immaterielle Anlagevermögensgüter wie z. B. Patente, Know-how und Software, nicht als Vermögensposten in der Bilanz erscheinen.

Die Aktivierungsmöglichkeit selbst geschaffener immaterieller Vermögensgegenstände des Anlagevermögens führt zu Einschätzungsspielräumen. Wird von dem Aktivierungswahlrecht Gebrauch gemacht, sind gem. § 255 Abs. 2a HGB Entwicklungskosten in die Herstellungskosten einzubeziehen, wohingegen Forschungsaufwendungen nicht in die Herstellungskosten einbezogen werden dürfen. Als Entwicklung gilt – in Anlehnung an IFRS – die Anwendung von Forschungsergebnissen oder die Weiterentwicklung von Gütern oder Verfahren mittels wesentlicher Änderungen. Dagegen ist Forschung die eigenständige und planmäßige Suche nach neuen wissenschaftlichen oder technischen Erkenntnissen oder Erfahrungen allgemeiner Art, über deren technische Verwertbarkeit und über deren wirtschaftliche Erfolgsaussichten grundsätzlich keine Aussagen gemacht werden können.[86]

86 Zu Einzelheiten siehe Kapitel 5.2 »Immaterielles Anlagevermögen« sowie DRS 24.15–38.

Forschungsphase (Forschungsaufwand der Periode)	**Entwicklungsphase** (Aktivierungsfähige Herstellungskosten)	**Nutzungsphase** (Fortschreibung)
Eigenständige und planmäßige Suche nach neuen wissenschaftlichen oder technischen Erkenntnissen oder Erfahrungen allgemeiner Art, über deren technische Verwertbarkeit und wirtschaftliche Erfolgsaussichten grundsätzlich keine Aussagen gemacht werden können.	Anwendung von Forschungsergebnissen oder von anderem Wissen für die Neuentwicklung oder die Weiterentwicklung von Gütern oder Verfahren mittels wesentlicher Änderungen.	
	Wenn keine verlässliche Trennung in Forschungs-und Entwicklungsphase möglich ist, ist eine Aktivierung ausgeschlossen.	
Beispiele: Herstellung einerbetrieblich genutzten Software		
• Machbarkeitsstudie • Formulierung allgemeiner Softwareanforderungen	• Entwicklung des Grafikdesigns • Programmierung der Software • Testen der Software	

Abb. 3 – 3: Trennung von Forschung und Entwicklung am Beispiel einer selbst erstellten Software

Beispiel

Ist die abstrakte und konkrete Bilanzierungsfähigkeit einer selbsterstellten (entwickelten) Software gegeben, die betrieblich eingesetzt wird?

Bei einer selbst erstellten Software handelt sich um einen immateriellen, d.h. nicht physischen Vermögensgegenstand, der die Merkmale der abstrakten Bilanzierungsfähigkeit grundsätzlich erfüllt, sofern keine Beschränkung der selbständigen Verwertbarkeit, bspw. mangels theoretischer Veräußerbarkeit oder fehlender Einsatzmöglichkeit in anderen Unternehmen, vorliegt. Die Herstellungskosten sind ermittelbar, sodass eine selbstständige Bewertung möglich sowie der zukünftige Nutzen ebenfalls gegeben ist. Die konkrete Aktivierungsfähigkeit ergibt sich bei der selbst entwickelten Software aus dem handelsrechtlich eingeräumten Aktivierungswahlrecht (§ 248 Abs. 2 S. 1 HGB).

Ein **Disagio** entsteht, wenn der Auszahlungsbetrag einer Verbindlichkeit niedriger ist als der Rückzahlungsbetrag. Gem. § 250 Abs. 3 HGB kann dieser Betrag zum Zeitpunkt der Darlehensgewährung entweder unter dem aktiven Rechnungsabgrenzungsposten ausgewiesen oder als Sofortaufwand in der GuV verrechnet werden. Ein Disagio ist eine vorweggenommene Zinszahlung an den Gläubiger. Bei sofortiger Aufwandsverrechnung wird dieser Betrag einer Periode angelastet, obwohl er die Gesamtlaufzeit des Darlehens betrifft. Betriebswirtschaftlich sinnvoll ist eher eine Aktivierung und Verteilung des Unterschiedsbetrages über die Laufzeit. Ein solches Vorgehen bewirkt, dass der laufende Zinsaufwand durch die Abschreibung aus dem abgegrenzten Disagio erhöht wird.

Latente Steuern spiegeln die steuerlichen Effekte aus den unterschiedlichen handels- und steuerrechtlichen Bilanzierungsvorschriften wider. **Aktive latente Steuern** entstehen immer dann, wenn der Ansatz von Vermögensposten (Schulden) in der Handelsbilanz niedriger (höher) ist als der entsprechende Ansatz in der Steuerbilanz bzw. wenn in den nächsten fünf Jahren verwertbare steuerliche Verlustvorträge bestehen. Dementsprechend ist der effektive Steueraufwand, der auf der Basis der Steuerbilanz ermittelt wird, höher als der fiktive Steueraufwand, der sich auf der Basis des Handelsrechts ergibt. Die Steuerdifferenz zwischen dem effektiven steuerrechtlichen und dem fiktiven handelsrechtlichen Steueraufwand wird über aktive latente Steuern geschlossen,[87] die – ggf. nach Verrechnung mit den passiven latenten Steuern – aktiviert oder sofort als Aufwand verrechnet werden dürfen. Aktive latente Steuern gelten nicht als Vermögensgegenstand, sondern als Sonderposten eigener Art. In der Steuerbilanz sind sie nicht zu übernehmen.

87 Vgl. das Kapitel 8.4 »Latente Steuern«.

Werden selbst geschaffene immaterielle Vermögensgegenstände des Anlagevermögens oder aktive latente Steuern in der Bilanz angesetzt, dürfen Gewinne nur ausgeschüttet werden (**Ausschüttungssperre**), wenn die nach der Ausschüttung verbleibenden frei verfügbaren Rücklagen zuzüglich eines Gewinnvortrags und abzüglich eines Verlustvortrags mindestens den angesetzten Beträgen abzüglich der hierfür gebildeten passiven latenten Steuern entsprechen (§ 268 Abs. 8 HGB).

Weitere explizite Aktivierungswahlrechte existieren nicht. Ingangsetzungs- und Erweiterungsaufwendungen sind seit der Streichung des Ansatzwahlrechts ab dem Geschäftsjahr 2010 sofort als Aufwand zu verrechnen.

Beispiel: Auswirkungen von Aktivierungswahlrechten

Dem neu entwickelten Produktionsverfahren konnten im Geschäftsjahr folgende Kosten zuverlässig zugeordnet werden:

- Gehälter für den Entwickler: 35 TEUR und
- Materialaufwendungen (Entwicklungskosten) in Höhe von 45 TEUR.

Wie sind diese Aufwendungen zu behandeln?

Hinweis: Der Personal- und Materialaufwand ist unabhängig von der Bilanzierungshandhabung als Aufwand zu buchen. Abschreibungen sind nicht zu berücksichtigen.

Lösung
Gem. § 248 Abs. 2 S. 1 HGB können selbst geschaffene immaterielle Vermögensgegenstände des Anlagevermögens aktiviert oder sofort als Aufwand verrechnet werden. Im Falle der Aktivierung erfolgt dementsprechend ein Bilanzansatz in Höhe von 80 TEUR; andernfalls wird dieser Betrag als Aufwand verrechnet. Wird vom Aktivierungswahlrecht Gebrauch gemacht, sind in der Folge Abschreibungen aufwandswirksam zu buchen. Die Auswirkungen (ohne Abschreibungen) sehen wie folgt aus:

Aktivierung

A Bilanz		P
IAV:	+80	EK/JE: 0 (Personal-/ Materialaufwand: −80 aktivierte Eigenleistungen: +80)
Liquide Mittel:	−80	

→ Buchung eines „Vermögenspostens“: In diesem Fall erfolgt bei Zugangsbuchung keine Minderung des Jahresergebnisses.

→ Aktivtausch

Keine Aktivierung

A Bilanz	P	
	EK/JE	−80
Liquide Mittel: −80		

→ Bei sofortiger Aufwandsverrechnung ist das Jahresergebnis im Vergleich zur Aktivierung niedriger; es erfolgt keine Buchung als „Vermögensposten“

→ Bilanzverkürzung

3.3 Ansatz von Passiva

3.3.1 Passivierungsgebote

Nach dem Vollständigkeitsgebot sind auf der Passivseite gem. § 247 Abs. 1 HGB Eigenkapital, Schulden und passive Rechnungsabgrenzungsposten auszuweisen. Unter Schulden sind alle Passivposten zu subsumieren, die weder Eigenkapital noch passive Rechnungsabgrenzungsposten sind. Analog zum Vermögen ist auch der Begriff der Schulden nicht definiert, sodass er ebenfalls über den Passivierungsgrundsatz zu konkretisieren ist. Wie auf der Aktivseite wird mit dem Passivierungsgrundsatz die abstrakte Passivierungsfähigkeit nach GoB bestimmt.

Die **konkrete Passivierungsfähigkeit** schränkt die Passivierung von passivierungsfähigen Sachverhalten ein, wenn auf der Grundlage von abweichenden konkreten handelsrechtlichen Vorschriften Passivierungsverbote oder -wahlrechte bestehen. Zudem ist zu prüfen, ob für einen abstrakt nicht passivierungsfähigen Sachverhalt (»Nicht-Schuld«) – aufgrund bestehender Vorschriften – eine Passivierung geboten bzw. erlaubt ist.[88]

Erfüllt ein Sachverhalt die Kriterien des Passivierungsgrundsatzes (Definitionskriterien), ist er abstrakt passivierungsfähig und vorbehaltlich abweichender gesetzlicher Vorschriften gem. § 246 Abs. 1 S. 1 HGB auch passivierungspflichtig, d.h. als Schuld in der Bilanz anzusetzen. Für die **abstrakte Passivierungsfähigkeit** nach den GoB sind die folgenden drei Kriterien maßgeblich:[89]

- Es muss eine der folgenden **Verpflichtungen** des bilanzierenden Unternehmens vorliegen:
  - Außenverpflichtung: rechtliche (bürgerlich- oder öffentlich-rechtliche Außenverpflichtung) oder wirtschaftliche (faktische) Leistungsverpflichtung des Unternehmens;
  - Innenverpflichtung (nur beschränkt auf solche gem. § 249 Abs. 1 S. 2 Nr. 1 HGB).
- Mit der Verpflichtung muss eine bestehende oder hinreichend sicher erwartete **wirtschaftliche Belastung** für das bilanzierende Unternehmen verbunden sein.
- Die Belastung muss **quantifizierbar** sein:
  - exakt quantifizierbar,
  - in einer Bandbreite quantifizierbar.

Das Kriterium der Verpflichtung bezieht sich sowohl auf Verpflichtungen gegenüber Dritten (**Außenverpflichtung**) als auch auf bestimmte Innenverpflichtungen. Eine

88 Vgl. Baetge/Kirsch/Thiele, Bilanzen, S. 172.
89 Vgl. Frericks, Bilanzierungsfähigkeit, S. 226–231.

Außenverpflichtung kann entweder bürgerlich-rechtlich, öffentlich-rechtlich oder wirtschaftlich begründet sein.

Bürgerlich-rechtliche Verpflichtungen resultieren aus § 241 BGB, z. B. bei zweiseitig verpflichtenden Verträgen, bei denen das bilanzierende Unternehmen eine Leistungsverpflichtung eingeht, wie Zielkauf.

Öffentlich-rechtliche Verpflichtungen entstehen aus entsprechenden öffentlich-rechtlichen Bestimmungen, z. B. die Verpflichtung einer Kapitalgesellschaft zur Zahlung von Körperschaftsteuern, wenn der Tatbestand der Gewinnerzielung erfüllt ist.

Eine Verpflichtung gegenüber Dritten liegt auch vor, wenn die Verpflichtung nicht auf rechtlichem, sondern auf wirtschaftlichem Zwang beruht. Eine **wirtschaftliche Verpflichtung** kann betriebswirtschaftlich, sozial oder sittlich begründet sein. Sie liegt z. B. vor, wenn ein Unternehmen Kulanzleistungen für fehlerhafte Produkte gewährt, die auf keiner rechtlichen Gewährleistungsverpflichtung beruhen. Eine wirtschaftliche Verpflichtung resultiert daraus, dass ein Unternehmen erhebliche wirtschaftliche Nachteile hinnehmen müsste, wenn es die Kulanzleistung nicht erbringen würde.[90]

Innenverpflichtungen resultieren – wie wirtschaftliche Verpflichtungen – aus wirtschaftlichem Zwang. Es handelt sich um Verpflichtungen, die der Bilanzierende gegenüber sich selbst hat.[91] Die Erfassung von Innenverpflichtungen als bilanzrechtliche Schulden leitet sich aus dem Grundsatz der Unternehmensfortführung und aus dem Grundsatz der sachlichen Abgrenzung ab. So muss das Unternehmen mit gewissen Schwierigkeiten für den Fortgang der Unternehmenstätigkeit rechnen, wenn es die Verpflichtung nicht erfüllt. Der Grundsatz der Abgrenzung der Sache nach leitet sich aus der dynamischen Bilanztheorie ab. Danach begründen Innenverpflichtungen einen passivierungsfähigen Aufwand, wenn der korrespondierende Ertrag bereits im abzuschließenden Geschäftsjahr nach dem Realisationsprinzip erfasst wird. Es dürfen keine Aufwendungen passiviert werden, die für die Erzielung künftiger Erträge notwendig sind.[92] Gem. § 249 Abs. 1 S. 2 Nr. 1 HGB sind nur im Geschäftsjahr unterlassene Aufwendungen für Instandhaltung, die im folgenden Geschäftsjahr innerhalb von drei Monaten, oder für Abraumbeseitigung, die im folgenden Geschäftsjahr nachgeholt werden, passivierungspflichtig. Bis zum BilMoG galten erweiterte Ansatzmöglichkeiten für Aufwandsrückstellungen, die gem. Art. 67 Abs. 3 EGHGB beibehalten werden konnten.

Neben dem Vorliegen einer wirtschaftlichen oder rechtlichen Verpflichtung muss der **Leistungszwang** hinreichend konkret sein. Das bedeutet im Allgemeinen, dass das

90 Vgl. Baetge/Kirsch/Thiele, Bilanzen, S. 177.
91 Vgl. Moxter, Bilanzrechtsprechung, S. 82.
92 Vgl. ADS, § 253 HGB, Rz. 58.

Entstehen einer Verpflichtung vorhersehbar sein muss. Eine Vorhersehbarkeit ist dann gegeben, wenn mehr Gründe für als gegen den Eintritt der Verpflichtung sprechen.[93] Bei einem Schadensersatzprozess liegt beispielsweise nur dann eine Verpflichtung i. S. d. Passivierungsgrundsatzes vor, wenn die Wahrscheinlichkeit, den Prozess zu verlieren, größer ist als die Wahrscheinlichkeit, den Prozess zu gewinnen.

Das **Kriterium der wirtschaftlichen Belastung** ist erfüllt, wenn für ein Unternehmen mit einer Verpflichtung eine künftige Bruttovermögensminderung einhergeht. Die wirtschaftliche Belastung drückt sich als zu erbringende Gegenleistung des bilanzierenden Unternehmens in Form einer Geld-, Sach- oder Dienstleistung oder in Form einer Leistungsverpflichtung gegenüber Dritten aus. Deshalb muss bis zur Zahlung des Entgeltes gemäß periodengerechter Aufwandsverrechnung eine Schuld als Aufwandsrückstellung passiviert werden, sofern die Generalüberholung im ersten Quartal des folgenden Geschäftsjahres nachgeholt wird.

Darüber hinaus muss auch die wirtschaftliche Verpflichtung hinreichend konkretisiert, d. h. vorhersehbar, sein. Eine fehlende Wahrscheinlichkeit der wirtschaftlichen Belastung liegt bei Bürgschaftsverträgen vor, weil i. d. R. davon ausgegangen wird, dass mehr Gründe gegen eine Inanspruchnahme aus dem Bürgschaftsvertrag sprechen als dafür.[94]

Eine **Quantifizierbarkeit** liegt vor, wenn eine Verpflichtung entweder eindeutig punktuell bestimmbar ist oder im Rahmen einer Bandbreite angegeben werden kann. Im letzteren Fall ist die Verpflichtung dem Grunde nach gewiss und der Höhe nach ungewiss.[95] Bei Verbindlichkeiten ist durch den Rückzahlungsbetrag immer eine Quantifizierbarkeit gegeben. Demgegenüber kann die Belastung bei Rückstellungen nur als Bandbreite geschätzt werden. In diesem Zusammenhang ist nach dem Grundsatz der Vorsicht bei gegebenen Bandbreiten möglicher Werte für eine Schuld grundsätzlich der höhere Wert anzusetzen. Allerdings ist nach neuerer Deutung des Vorsichtsprinzips der – nach statistischen oder anderen objektivierten Methoden – errechnete Mittelwert zu passivieren. Gleichzeitig ist aus Vorsichtsgründen eine Bandbreitenrückstellung in Höhe der Differenz zwischen dem höchsten Wert und dem Mittelwert der Bandbreite zu bilanzieren.[96]

Die Bilanzierung einer Schuld als **Verbindlichkeit oder Rückstellung** hängt von der Sicherheit/Unsicherheit einer Verpflichtung und/oder von ihrer Quantifizierbarkeit ab. Ist sowohl das Bestehen als auch die Höhe der Verpflichtung sicher, liegt eine Verbind-

93 Vgl. BFH, Urteil vom 01.08.1984 – I R 88/80, S. 44–47.
94 Vgl. Schubert, in: Beck'scher Bilanzkommentar, § 249 HGB, Rz. 100.
95 Vgl. Frericks, Bilanzierungsfähigkeit, S. 230.
96 Vgl. Baetge/Kirsch/Thiele, Bilanzen, S. 178.

lichkeit vor, die passivierungspflichtig ist. Sind das Bestehen und/oder die Höhe einer Verpflichtung mit Unsicherheit verbunden, handelt es sich um eine Rückstellung.

Grundsätzlich erfüllen sowohl Verbindlichkeiten als auch Rückstellungen für ungewisse Verbindlichkeiten (Außenverpflichtungen) und Aufwandsrückstellungen (Innenverpflichtungen) die Kriterien der Passivierungsgrundsätze und sind abstrakt passivierungsfähig. Ein Passivierungsgebot liegt jedoch nur dann vor, wenn gesetzlich Passivierungsverbote oder -wahlrechte eingeräumt werden.

Das **Passivierungsgebot** erstreckt sich auf die folgenden Rückstellungssachverhalte:

- Rückstellungen für ungewisse Verbindlichkeiten (§ 249 Abs. 1 S. 1 (1. HS) HGB):
  - Pensionsrückstellungen,
  - Garantieverpflichtungen,
  - Steuerrückstellungen,
  - Prozesskosten;
- Rückstellungen für drohende Verluste aus schwebenden Geschäften (§ 249 Abs. 1 S. 1 (2. HS) HGB) betreffend Beschaffung, Absatz oder Dauerschuldverhältnis;
- Rückstellungen für unterlassene Instandhaltungen (Nachholung innerhalb von 3 Monaten) oder für Abraumbeseitigungen (Nachholung innerhalb von 12 Monaten) (§ 249 Abs. 1 S. 2 Nr. 1 HGB);
- Rückstellungen für Gewährleistungen, die ohne rechtliche Verpflichtung erbracht werden, sog. Kulanzleistungen (§ 249 Abs. 1 S. 2 Nr. 2 HGB);
- Rückstellungen für voraussichtliche Steuerbelastungen nachfolgender Geschäftsjahre (§ 274 Abs. 1 HGB), die von mittelgroßen und großen Kapitalgesellschaften gesondert auszuweisen sind.

3.3.2 Passivierungsverbote

Ein Passivierungsverbot besteht nach § 249 Abs. 3 für Sachverhalte, die nicht unter § 249 Abs. 1 u. 2 HGB zu subsumieren sind. Beispielsweise dürfen Rückstellungen nicht gebildet werden für künftige Mietaufwendungen, künftige Aufwendungen für Forschung und Entwicklung, künftige Aufwendungen für Werbung oder künftige Instandhaltungen. In diesen Fällen ist die Bedingung des § 249 Abs. 2 HGB nicht erfüllt, da der Aufwand nicht dem Geschäftsjahr oder einem früheren Geschäftsjahr zuzuordnen ist. Die Bilanzierungsvorschriften verbieten die Passivierung von Aufwandsrückstellungen weitgehend. Ansatzverbote sind Rückstellungen für im aktuellen Geschäftsjahr unterlassene Instandhaltungsaufwendungen, sofern die Instandhaltung erst nach Ablauf des ersten Quartals im folgenden Geschäftsjahr nachgeholt wird sowie Aufwandsrückstellungen für das Geschäftsjahr oder einem früheren Geschäftsjahr zuzuordnende Aufwendungen, die am Abschlussstichtag konkretisiert werden, aber hinsichtlich ihrer Höhe und ihres Eintrittszeitpunktes unsicher sind.

3.3.3 Passivierungswahlrechte

Ein handelsrechtliches Passivierungswahlrecht existiert zum einen für mittelbare Pensionsverpflichtungen und zum anderen für unmittelbare Verpflichtungen aus sog. **Pensionsaltzusagen** (Art. 28 Abs. 2 EGHGB). Dagegen besteht für direkte Pensionszusagen, die nach dem 31. Dezember 1986 gewährt wurden, ein Passivierungsgebot (Art. 28 Abs. 1 S. 1 EGHGB). Pensionsverpflichtungen erfüllen die Kriterien des Passivierungsgrundsatzes und sind als ungewisse Verbindlichkeit gem. § 249 Abs. 1 S. 1 HGB auszuweisen.

Neben unmittelbaren Pensionsverpflichtungen, bei denen das Unternehmen das volle Leistungsrisiko trägt, existieren **mittelbare Pensionsverpflichtungen**, bei denen das Unternehmen nicht das volle Leistungsrisiko trägt. Bei mittelbaren Verpflichtungen erfolgt die Finanzierung mittelbar über einen rechtlich selbstständigen Fonds (z. B. eine Unterstützungskasse, eine Pensionskasse oder einen Pensionsfonds). Dennoch bleibt das Unternehmen gegenüber dem Leistungsempfänger leistungspflichtig (sog. Einstandspflicht aus der Subsidiärhaftung), wenn die Mittel der mit der Altersversorgung beauftragten Unterstützungskasse nicht ausreichen, den Verpflichtungen nachzukommen (Deckungslücke). Auch in diesem Fall ist der Passivierungsgrundsatz erfüllt, die Ansatzpflicht wird jedoch durch das gem. Art. 28 Abs. 1 S. 1 EGHGB konkrete Ansatzwahlrecht eingeschränkt. Ein Ansatzwahlrecht besteht auch für Verpflichtungen im Zusammenhang mit sog. pensionsähnlichen Leistungen wie z. B. der Altersteilzeit.

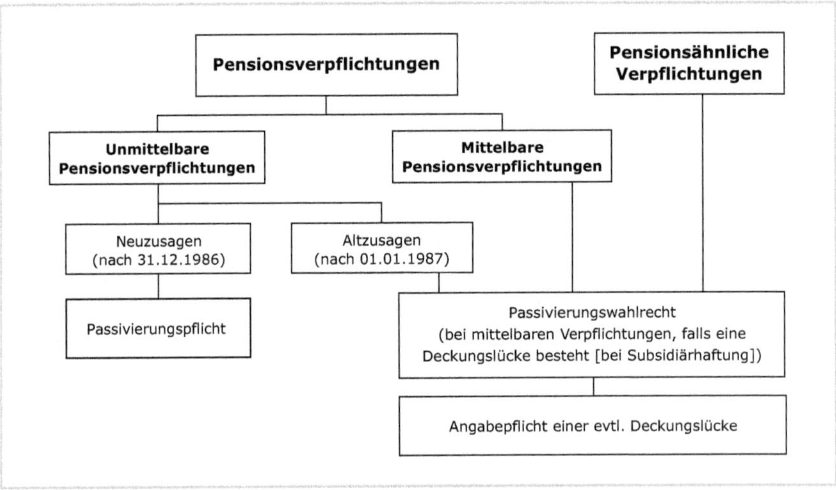

Abb. 3 - 4: Ansatzpflichten und -wahlrechte für Pensionsverpflichtungen

Sofern ein Unternehmen investive Zuwendungen oder Zuschüsse von Dritten erhält, können diese im Sinne des § 265 Abs. 5 S 2 HGB in einen gesonderten Passivposten, **Sonderposten** für Investitionszuschüsse zum Anlagevermögen, eingestellt werden (vgl. St/HFA 1/1984, Abschn. 2 d). Die Bildung erfolgt im Jahr des Zugangs des bezuschussten Anlagegutes und wird über die Nutzungsdauer des Anlagegegenstands, parallel zur Abschreibung, ertragswirksam über die Gewinn- und Verlustrechnung aufgelöst (Bruttodarstellung). Alternativ kann die Zuwendung bei der Aktivierung des bezuschussten Anlagegutes direkt verrechnet werden, d. h. die Anschaffungskosten werden um den Zuwendungsbetrag gekürzt. Hierdurch erfolgt eine Nettodarstellung, da sich für die Folgejahre ein entsprechend verminderter Abschreibungsbetrag ergibt.

Als weitere Sonderposten sind Sonderposten für unentgeltlich ausgegebene Emissionsberechtigungen (IDW RS HFA 15, Tz. 13) zu nennen.

Beispiel: Auswirkung von Passivierungsentscheidungen

Das Unternehmen befindet sich im Rechtsstreit und geht davon aus, dass es

a) den Prozess wahrscheinlich verlieren wird; es fallen Kosten in Höhe von 15.900 EUR an.
b) den Prozess wahrscheinlich gewinnen wird.

a) Passivierung	**b) Keine Passivierung**
A Bilanz P (P:) Eigenkapital, Jahresergebnis ↓, Rückstellung ↑	S Bilanz H
→ Buchung einer Rückstellung in Höhe von 15.900 €; in diesem Fall erfolgt über die Buchung „Aufwendungen für die Zuführung zu Rückstellung" eine Minderung des Jahresergebnisses und somit des Eigenkapitals. → Passivtausch	→ In diesem Fall erfolgt keine Buchung. Der Aufwand wird erst im nächsten Geschäftsjahr gebucht.

3.4 Ansatzwahlrechte im Überblick

Folgende Wahlrechte bestehen gemäß handelsrechtlichen Vorschriften:

Ansatzwahlrechte (dauerhaft)
§ 248 Abs. 1 HGB: selbst geschaffene immaterielle Vermögensgegenstände des Anlagevermögens
§ 249 Abs. 1 HGB i. V. m. Art. 28 EGHGB: Rückstellungen für unmittelbare Pensionszusagen, die vor dem 01.01.1987 erteilt wurden und Rückstellungen für mittelbare Pensionszusagen und für ähnliche Verpflichtungen
§ 250 Abs. 3 HGB: Disagio
§ 274 Abs. 1 S. 2 HGB: Aktive latente Steuern
ggf. Ansatz eines Sonderpostens für Investitionszuschüsse zum Anlagevermögen
ggf. fortbestehende Wahlrechte gem. Art. 66 u. 67 EGHGB aus dem Rechtsstand vor 2009
Die Werte der durch auslaufende Ansatzwahlrechte aus §§ 249 Abs. 1 S. 3 und Abs. 2, 247 Abs. 3, 250 Abs. 1 S. 2 HGB a. F. konnten beibehalten oder erfolgsneutral ausgebucht werden.
Aktivierte Aufwendungen für Ingangsetzung und Erweiterung des Geschäftsbetriebs durften beibehalten oder erfolgswirksam ausgebucht werden.

Abb. 3 – 5: Dauerhafte Ansatzwahlrechte und auslaufende Ansatzwahlrechte durch das BilMoG

Anzumerken ist, dass die **ausgelaufenen Wahlrechte** auch zukünftig noch die Jahresabschlüsse verzerren können, da diese mit dem Übergang auf das BilMoG aufgelöst werden konnten, aber nicht mussten (sog. Ausübung des **Beibehaltungswahlrechts**).

3.5 Aufgaben und Lösungen

3.5.1 Aufgaben

Aufgabe 1: Bilanzierung von Geschäftsvorfällen

Die SchnellerEuro GmbH kauft am 20.12.t1 von der der Insolvenz nahe stehenden HauRaus AG 100 frostfeste Terrakotta Blumentöpfe für insgesamt 800 EUR auf Ziel, zahlbar ohne Abzug am 05.01.t2 und mit einem Eigentumsvorbehalt. Die Blumentöpfe werden taggleich am 20.12.t1 geliefert und sind am 31.12.t1 – wenig überraschend – noch vorrätig.

1. Wie ist der Geschäftsvorfall am 31.12.t1 bei der Schneller Euro GmbH zu bilanzieren? Begründen Sie Ihre Antwort mit den relevanten GoB.

2. Wie sind die Blumentöpfe bilanziell zu behandeln, wenn sie von der SchnellerEuro GmbH noch am 20.12.t1 vollständig zum Gesamtpreis von 1.250 EUR (12,50 pro Topf) auf Ziel (zahlbar am 08.01.t2) verkauft wurden?
3. Welche Auswirkungen entstehen für den Jahresabschluss, wenn die Blumentöpfe erst am 05.01.t2 geliefert werden und auch dann erst bezahlt werden sollen? Welche grundsätzlichen bilanziellen Konsequenzen hat es, wenn die HauRaus AG der SchnellerEuro GmbH am 31.12. mitteilt, dass sie aufgrund der zwischen beiden Vertragsparteien vereinbarten Änderungsklausel bezüglich der Konditionen den Verkaufspreis an Wiederverkäufer ab dem 01.01.t2 auf
   - 7,50 EUR je Stück senken wird?
   - 9,00 EUR je Stück erhöhen wird?

   Der geplante Verkaufspreis der Blumentöpfe bei der SchnellerEuro GmbH beträgt weiterhin 12,50 EUR pro Topf.
4. Wie ändert sich Ihre Beurteilung des schwebenden Geschäfts in Aufgabe (3), wenn die SchnellerEuro GmbH (aus Wettbewerbsgründen) den Ladenverkaufspreis von geplanten 12,50 EUR pro Topf auf 7 EUR zurücknehmen muss?

Aufgabe 2: Ansatz von Vermögenswerten und Schulden

Bei Aufstellung der Bilanz eines neu gegründeten Unternehmens stellt sich die Frage, ob und unter welchen Voraussetzungen die folgenden Sachverhalte zu bilanzieren sind:

1. Gründungskosten (Notar, Handelsregister).
2. Schulung der Produktionsmitarbeiter.
3. Unternehmenswert durch das Know-how der Mitarbeiter und den Kundenstamm des Unternehmens.
4. Selbst geplante und gebaute Produktionsanlagen,
5. Patente auf selbst entwickelte Produktionsverfahren.
6. Unterschiedsbetrag zwischen dem Aus- und dem Rückzahlungsbetrag (250.000 EUR vs. 265.000 EUR) des aufgenommenen Darlehens. In welcher Höhe wird das Darlehen angesetzt?
7. Ein Zulieferbetrieb wurde für einen Betrag von 200.000 EUR übernommen. Der Wert des Nettovermögens des Unternehmens betrug zum Zeitpunkt der Übernahme 180.000 EUR. Wie ist der Unterschiedsbetrag zu behandeln?
8. Für das Betriebsgebäude der Fertigung besteht ein langjähriger Leasingvertrag.
9. Aufgrund hoher Nachfrage sind die Produktionskapazitäten voll ausgelastet. Die notwendigen Instandsetzungsarbeiten an einer Maschine werden auf die nachfrageschwächere Zeit im vierten Monat des Folgejahres verschoben.

3.5.2 Lösungen

Lösung zu Aufgabe 1

Zu 1:
Die Blumentöpfe sind als Vermögensgegenstände zu klassifizieren, weil eine abstrakte Aktivierungsfähigkeit und eine selbstständige Verwertbarkeit gegeben sind. Zudem sind sie unbeschadet des Eigentumsvorbehalts in das wirtschaftliche Eigentum der SchnellerEuro GmbH übergegangen, weil die SchnellerEuro GmbH die ganz überwiegenden Rechte und Pflichten an den Vermögensgegenständen hat.

Zudem besteht für Waren kein Wahlrecht und kein Verbot, sodass Waren an Verbindlichkeit 800 gebucht werden können (ohne Umsatzsteuer). Die Bewertung erfolgt zu den Anschaffungskosten gem. § 255 Abs. 1 HGB, d. h. zum Kaufpreis und ggf. anfallenden Anschaffungsnebenkosten: Grundsatz der Pagatorik.

Der Ausweis erfolgt unter § 266 Abs. 2 B.I.3 HGB (fertige Erzeugnisse und Waren) sowie unter den Verbindlichkeiten aus Lieferungen und Leistungen, weil es sich um eine zukünftige Belastung handelt, die bezüglich ihrer Höhe und ihres Zeitpunktes feststeht.

Zu 2:
Nach Verkauf darf kein Blumentopf mehr in der Bilanz aktiviert sein, allerdings bleibt die Verbindlichkeit bestehen. Zusätzlich tritt eine Bilanzierung einer Forderung hinzu, weil der Anspruch an den Käufer selbstständig verwertbar ist (sie könnte durch Factoring übertragen werden). Der anzusetzende Wert der Forderung beläuft sich auf 1.250 EUR. Das Realisationsprinzip ist erfüllt, weil die Erträge realisiert sind (der Kaufvertrag ist abgeschlossen, die geschuldete Lieferung und Leistung ist erbracht, die Güter haben das Unternehmen verlassen und die Abrechnungsfähigkeit ist gegeben).

Aus dem Grundsatz der Abgrenzung folgt, dass den Erträgen die entsprechenden Aufwendungen (der Wareneinstandspreis) gegenüberzustellen sind. Es ergeben sich die folgenden Buchungssätze (ohne USt.):

- Forderungen aus Lieferungen und Leistungen an Umsatzerlöse 1.250 EUR,
- Materialaufwand an Waren 800 EUR.

Zu 3:
Bei Sachverhalt 3 liegt ein zweiseitig unerfüllter Vertrag vor, der als schwebendes Geschäft zu klassifizieren ist. Die Blumentöpfe sind noch nicht geliefert, die

SchnellerEuro GmbH ist demzufolge noch nicht der wirtschaftliche Eigentümer. Ein Bilanzansatz scheidet deshalb sowohl für die Waren als auch für die Verbindlichkeit aus. Die Preisänderung führt zu keinen Konsequenzen, wenn der erwartete Verkaufspreis weiter bei 12,50 EUR pro Stück liegt, weil die Ansprüche mindestens so groß sind wie die Verpflichtung, sodass keine Drohverlustrückstellung zu bilden ist.

Zu 4:
Sinkt der erwartete Verkaufspreis jedoch unter den Einstandspreis und kann sich die SchnellerEuro GmbH dem Geschäft nicht entziehen, liegt ein schwebendes Geschäft vor, aber der Wert der eigenen Leistung (8,00 EUR/Stück) übersteigt den Wert der erwarteten Gegenleistung (7,00 EUR/Stück). Dieser Verlust aus schwebenden Geschäften ist zum Stichtag (31.12.t1) zu antizipieren (Imparitätsprinzip) und als Drohverlustrückstellung nach § 249 Abs. 1 S. 1 HGB unter den sonstigen Rückstellungen auszuweisen.

Nach § 253 Abs. 1 S. 2 HGB beträgt der Wertansatz der Drohverlustrückstellung bei einem Einstandspreis von 8,00 EUR und einem angenommenen Verkaufspreis von 7,00 EUR 100,00 EUR.

Lösung zu Aufgabe 2

1. Ansatzverbot. Gründungskosten sind als Aufwand in der GuV zu erfassen (§ 248 Abs. 1 Nr. 1 HGB).
2. Aktivierungsverbot, weil den Aktivierungskriterien nicht entsprochen wird!
3. Ansatzverbot. Es handelt sich um den originären Firmenwert.
4. Ansatzpflicht. Als Vermögensgegenstand des Anlagevermögens besteht für die Produktionsanlage ein Aktivierungsgebot zu Herstellungskosten gemäß § 255 HGB.
5. Aktivierungswahlrecht (§ 248 Abs. 2 S. 1 HGB), wenn den Eigenschaften eines immateriellen Vermögensgegenstands entsprochen wird (bei Aktivierung greift die Ausschüttungssperre). Aktivierungsfähig sind aber nur Entwicklungskosten und weitere Herstellungskostenbestandteile. Forschungs- und Vertriebskosten dürfen nicht angesetzt werden.[97]
6. Ansatzwahlrecht. Der Unterschiedsbetrag darf als Disagio aktiviert (Abschreibung maximal über Laufzeit des Darlehens) oder sofort ergebniswirksam in der GuV erfasst werden (§ 250 (3) HGB).
7. Aktivierungspflicht des Geschäfts- oder Firmenwerts (§ 246 Abs. 1 S. 4 HGB)

97 Siehe hierzu das Kapitel 5.2 »Immaterielles Anlagevermögen«.

8. Ansatzpflicht, weil das Betriebsgebäude als wirtschaftliches Eigentum qualifiziert wird.
9. Passivierungsverbot (§ 249 Abs. 2 S. 1 HGB)

Hinweis

DIGITALE EXTRAS

Diese und weitere Aufgaben samt Lösungen finden Sie online bei den digitalen Extras.

3.6 Lernkontrolle

Geben Sie bitte an, ob die folgenden Aussagen richtig (R) oder falsch (F) sind. (Die Lösung finden Sie in Kapitel »Lösungen zu den Lernkontrollen«.)

Nr.	Aussage	Antwort
1	Die Grundlinie der Ansatzpflichten wird durch Wahlrechte und Verbote durchbrochen.	
2	Die abstrakte Aktivierungsfähigkeit leitet sich aus konkreten handelsrechtlichen Aktivierungsvorschriften ab.	
3	Vermögensgegenstände sind durch eine selbstständige Bewertbarkeit und bilanzielle Greifbarkeit gekennzeichnet.	
4	Im Falle einer Unternehmensgründung greifen keine Aktivierungsverbote.	
5	Der Ansatz aktiver latenter Steuern stellt im Handelsrecht ein Wahlrecht dar.	
6	Die Quantifizierbarkeit ist für die Passivierungsfähigkeit unerheblich.	
7	Pensionsrückstellungen stellen in Ausnahmefällen handelsrechtlich ein Passivierungsverbot dar.	
8	Die selbstständige Verwertbarkeit ist ein Kriterium für die abstrakte Aktivierungsfähigkeit von Vermögensgegenständen.	
9	Selbst geschaffene immaterielle Vermögensgegenstände des Anlagevermögens unterliegen stets einem Ansatzverbot.	
10	Passivierungswahlrechte existieren für mittelbare Pensionsverpflichtungen und Verpflichtungen aus sog. Pensionsaltzusagen.	

4 Grundlegende Bewertungsvorschriften

Nach Durcharbeiten dieses Kapitels
- sind Ihnen die Bewertungsgrundsätze bekannt.
- können Sie zwischen wertaufhellenden und wertbegründenden Tatsachen unterscheiden.
- verstehen Sie den Unterschied zwischen Zugangs- und Folgebewertung.
- wissen Sie, welche Bestandteile in die Anschaffungskosten einzubeziehen sind.
- können Sie die Herstellungskosten ermitteln.
- ist Ihnen der Unterschied zwischen Herstellungskosten und Erhaltungsaufwand bekannt.
- können Sie eine Folgebewertung von Vermögensgegenständen vornehmen.
- wissen Sie, dass zwischen planmäßigen und außerplanmäßigen Abschreibungen unterschieden wird.
- kennen Sie verschiedene Methoden der planmäßigen Abschreibung.
- ist Ihnen das Kriterium der »voraussichtlich dauernden Wertminderung« beim Anlagevermögen geläufig.
- wissen Sie, ob und in welcher Höhe Zuschreibungen auf zuvor vorgenommene außerplanmäßige Abschreibungen vorzunehmen sind.
- können Sie eine Bewertung von Schulden zum Erfüllungsbetrag vornehmen.

4.1 Allgemeine Bewertungsgrundsätze im Überblick

Im Rahmen der grundlegenden Ansatzvorschriften wurde darüber entschieden, ob ein Vermögensgegenstand bzw. eine Schuld in der Bilanz angesetzt werden muss oder darf (**Ansatz dem Grunde nach**). Erfolgt ein Bilanzansatz, ist im nächsten Schritt darüber zu entscheiden, welcher Wert dem Bilanzposten zugewiesen wird (**Ansatz der Höhe nach**). Bei der **Bewertung** wird den in der Bilanz anzusetzenden Vermögensgegenständen und Schulden entsprechend den GoB und den handelsrechtlichen Bewertungsvorschriften jeweils ein Geldbetrag zugeordnet.

Für die Bewertung sind zahlreiche GoB zu beachten. In § 252 HGB sind die **allgemeinen Bewertungsvorschriften mit sieben generellen Grundsätzen** kodifiziert. Dazu zählen die im Folgenden genannten Prinzipien:
- Identitätsprinzip, Bilanzkontinuität (§ 252 Abs. 1 Nr. 1 HGB),
- Going-Concern-Prinzip (§ 252 Abs. 1 Nr. 2 HGB),
- Einzelbewertungsprinzip (§§ 246 Abs. 1 u. 252 Abs. 1 Nr. 3 HGB),
- Stichtagsprinzip (§ 252 Abs. 1 Nr. 3 HGB),
- Realisations- bzw. Imparitätsprinzip und Vorsichtsprinzip (§ 252 Abs. 1 Nr. 4 HGB),
- Abgrenzungsgrundsatz (§ 252 Abs. 1 Nr. 5 HGB),
- Stetigkeitsprinzip (§ 252 Abs. 1 Nr. 6 HGB).

Dem **Vorsichtsprinzip** kommt bei der Bewertung eine große Bedeutung zu. Bei der Bewertung sind Risiken und Verluste zu berücksichtigen, die bis zum Abschlussstichtag entstanden sind, auch wenn sie erst am Tag der Aufstellung des Jahresabschlusses bekannt geworden sind. In diesem Zusammenhang ist handelsrechtlich zwischen wertaufhellenden und wertbegründenden bzw. wertbeeinflussenden Tatsachen zu unterscheiden.[98]

Wertaufhellende Tatsachen beziehen sich auf die Begebenheiten vor dem Abschlussstichtag, während wertbegründende Tatsachen erst nach dem Abschlussstichtag verursacht werden. Da die wertaufhellenden Tatsachen die für den Wert maßgebenden Verhältnisse so zeigen, wie sie am Bilanzstichtag objektiv bestanden, sind sie bei der Bewertung zum Bilanzstichtag des abgelaufenen Geschäftsjahres zu berücksichtigen. Wenn ein Auto (Betriebsvermögen) im Dezember einen Motorschaden erleidet, der aber erst nach dem Bilanzstichtag repariert und berechnet wird, ist für die Bildung der Rückstellung für unterlassene Instandhaltung keine Schätzung notwendig. Vielmehr ist der exakte Wert der Rechnung anzusetzen.

Demgegenüber verändern **wertbegründende Tatsachen** die für den Wert maßgeblichen Verhältnisse, z. B. ein Unfallschaden an einem Auto im Januar. Sie sind deshalb bei der Bewertung erst am folgenden Bilanzstichtag zu berücksichtigen. In der erstellten Bilanz im März ist ein intakter Wagen auszuweisen, weil dies die Verhältnisse am Stichtag waren.

Wertaufhellende und wertbegründende Tatsachen

- **Berücksichtigung wertaufhellender Tatsachen**, da diese bereits **vor dem Bilanzstichtag verursacht**, aber erst bis zum Zeitpunkt der Bilanzaufstellung, im sog. Wertaufhellungszeitraum für den Jahresabschluss, bekannt geworden sind.
- **Nichtberücksichtigung wertbegründender Tatsachen**, da diese erst **nach dem Bilanzstichtag verursacht** worden sind (wertbegründend für das nachfolgende Geschäftsjahr).

	vor dem Bilanzstichtag	**nach dem Bilanzstichtag**
Wertaufhellung	Tatsachen sind verursacht.	Tatsachen werden bekannt.
Wertbegründung	Tatsachen sind nicht verursacht.	Tatsachen werden verursacht und bekannt.

Abb. 4 – 1: Wertaufhellung und Wertbegründung

98 Vgl. BFH, Urt. vom 04.04.1973 I R 130/71, BStBl 1973 II, S. 485.

Beispiel

Ein Kunde der Heicomp GmbH meldet am 15.02.t2 Insolvenz an. Die Heicomp GmbH hat gegen diesen Kunden eine Forderung in Höhe von 90.000 EUR zum Bilanzstichtag des Jahres t1. Die Heicomp GmbH stellt ihre Bilanz für das Jahr t1 am 30.03.t2 auf.

Ist die Insolvenz des Kunden bei der Bewertung der Forderung zum 31.12.t1 zu berücksichtigen, wenn

1. der Kunde sich bereits am 31.12.t1 in einer wirtschaftlich ausweglosen Situation befunden hat?
2. der Kunde aufgrund von Umständen zahlungsunfähig geworden ist, die am Bilanzstichtag weder bestanden haben noch vorhersehbar waren?

Lösung

Im Fall a) liegt eine wertaufhellende Tatsache vor. Der Kunde hat sich bereits im abgelaufenen Geschäftsjahr in einer Lage befunden, die eine Abschreibung der Forderung gerechtfertigt hat. Auch wenn dies der Heicomp GmbH zum Bilanzstichtag noch nicht bekannt gewesen ist, wurde die Wertminderung der Forderung zum 31.12.t1 durch die Insolvenzanmeldung offensichtlich. Da die Werterhellung zwischen dem Bilanzstichtag und dem Zeitpunkt der Bilanzerstellung eingetreten ist, muss sie bei der Forderungsbewertung zum 31.12.t1 berücksichtigt werden.

Demgegenüber liegt in Fall b) eine wertbegründende Tatsache vor, weil sie erst nach dem Bilanzstichtag eingetreten ist. Deshalb ist dieser Sachverhalt zum Bilanzstichtag noch nicht zu berücksichtigen und wirkt sich somit nicht auf die Bilanz zum 31.12.t1 aus.

Die Bewertungsvorschriften sind in §§ 252 – 256a HGB kodifiziert und umfassen zwei Schritte:

1. Die Zugangsbewertung bei der Einbuchung der Vermögensgegenstände und Schulden und
2. die Folgebewertung in den nächsten Geschäftsjahren.

Die **Zugangsbewertung** hat zu marktmäßig realisierten, nachweisbaren Werten zu geschehen. Marktmäßig realisierte, nachweisbare Werte sind gemäß HGB

- für gekauftes Anlage- und Umlaufvermögen die Anschaffungskosten (§ 255 Abs. 1 HGB),
- für selbst erstelltes Anlage- und Umlaufvermögen die Herstellungskosten (§ 255 Abs. 2 – 3 HGB),
- für Verbindlichkeiten der Erfüllungsbetrag (§ 253 Abs. 1 S. 1 HGB),
- für Rückstellungen einschließlich Pensionsrückstellungen der nach vernünftiger kaufmännischer Beurteilung notwendige Erfüllungsbetrag (§ 253 Abs. 1 S. 2 HGB);

Abzinsung von Rückstellungen mit einer Laufzeit von mehr als einem Jahr (§ 253 Abs. 2 HGB)[99] und
- für Fremdkapitalpositionen, die zum Zeitpunkt der Einbuchung mit dem Devisenkassamittelkurs umgerechneten Beträge (§ 256a HGB).

Nutzungsbedingte und außerplanmäßige Wertminderungen erfordern Wertkorrekturen, denen durch Abschreibungen an den folgenden Bilanzstichtagen Rechnung getragen wird (**Folgebewertung**). Als Wertkorrekturen sind die folgenden Zeitwerte zu unterscheiden:
- Zeitwert nach planmäßiger Abschreibung (nur bei abnutzbarem Anlagevermögen).
- Zeitwert nach außerplanmäßiger Abschreibung:
  Zu jedem Bilanzstichtag ist zu prüfen, ob die planmäßig fortgeführten Anschaffungswerte für das abnutzbare und der Buchwert für das nicht abnutzbare Anlagevermögen unverändert weiterhin Gültigkeit haben oder ob Umstände eingetreten sind, die dazu führen, dass eine außerplanmäßige Abschreibung auf den beizulegenden Zeitwert vorgenommen werden muss (Abschreibungspflicht bei voraussichtlich dauernder Wertminderung) oder darf (Abschreibungswahlrecht bei voraussichtlich vorübergehender Wertminderung gilt rechtsformunabhängig nur für das Finanzanlagevermögen).
  Für Umlaufvermögen muss unabhängig von der Dauer der voraussichtlichen Wertminderung immer auf den niedrigeren Wert am Bilanzstichtag außerplanmäßig abgeschrieben werden.
  Folgende Korrekturwerte kommen in Betracht:
  - Börsen- oder Marktpreis (nur UV);
  - am Abschlussstichtag beizulegender niedrigerer Zeitwert (AV und UV).[100]

Gemäß § 253 Abs. 5 HGB darf – mit Ausnahme des Geschäfts- oder Firmenwerts – ein niedrigerer Wertansatz aufgrund der außerplanmäßigen Abschreibung nicht beibehalten werden, wenn die Gründe dafür nicht mehr bestehen (sog. **Zuschreibungsgebot**).

Darüber hinaus erlaubt das Handelsrecht – abweichend vom Grundsatz der Einzelbewertung – **Bewertungsvereinfachungen** (§ 240 Abs. 4 HGB, § 256 HGB), die für bestimmte Posten des Anlage- und Umlaufvermögens in Anspruch genommen werden dürfen.

Zudem sind die § 249 Abs. 1, § 252 Abs. 1 Nr. 3 u. 4, § 253 Abs. 1 S. 1 sowie § 256a HGB im Falle der Bildung von **Bewertungseinheiten** nicht anzuwenden (§ 254 HGB), soweit sich die gegenläufigen Wertänderungen oder Zahlungsströme aufheben und Vermögensgegenstände, Schulden, schwebende Geschäfte oder mit hoher Wahrscheinlichkeit erwartete Transaktionen zum Ausgleich gegenläufiger Wertänderungen oder Zahlungsströme aus vergleichbaren Risiken zusammengefasst werden.

99 Zu den Zinssätzen siehe Kapitel 7.2 »Rückstellungen«.
100 Zur Definition siehe Kapitel 4.3 »Folgebewertung von Vermögensgegenständen«.

4.2 Zugangsbewertung von Vermögensgegenständen

4.2.1 Anschaffungskosten

Gemäß § 253 Abs. 1 S. 1 HGB sind Vermögensgegenstände höchstens mit den Anschaffungs- oder Herstellungskosten (AK/HK) anzusetzen (Wertobergrenze). Die AK/HK sind in § 255 Abs. 1 – 3 HGB festgelegt. Die **Anschaffungskosten** bezeichnen jene Aufwendungen, die im Rahmen des Erwerbs von Vermögensgegenständen anfallen. Sie bilden die Wertobergrenze für den Wertansatz der Vermögensposten.

Unter **Anschaffung** sind der Erwerb und das Versetzen des erworbenen Vermögensgegenstandes in einen betriebsbereiten Zustand zu verstehen. Entscheidendes Kriterium für den **Erwerb** ist das Erlangen der Verfügungsgewalt über den Vermögensgegenstand, d. h. der Zeitpunkt, zu dem das wirtschaftliche Eigentum auf den Käufer übergeht. Der Zeitpunkt der Bezahlung ist nicht entscheidend.

Anschaffungskosten umfassen nicht nur den eigentlichen Anschaffungspreis; Anschaffungskosten setzen sich aus den folgenden Komponenten zusammen:

Zusammensetzung der AK
Kaufpreis (Listenpreis mit Zu- und Abschlägen, netto) - Anschaffungspreisminderungen • Zahlungsnachlässe (Skonti, Rabatte); • ggf. Zuwendungen (Subventionen, Zuschüsse Dritter)[101] • weitere direkt dem Vermögensgegenstand zurechenbare Anschaffungspreisminderungen + Anschaffungsnebenkosten • Nebenkosten des Erwerbs (z. B. GrErwSt, Gebühren) • Nebenkosten der Verbringung in das Unternehmen (z. B. Fracht, Transportversicherung) • Nebenkosten zur Erreichung der Betriebsfähigkeit (z. B. Montage, Fundamentierungsarbeiten, Sicherheitsüberprüfung)
= Anschaffungswert/Anschaffungskosten + nachträgliche Anschaffungskosten stehen im sachlichen Zusammenhang mit der Anschaffung (z. B. Kaufpreiserhöhungen)
Ausschluss: Nicht zu den Anschaffungskosten zählen: • Gemeinkosten der Beschaffung • Finanzierungskosten (Geldbeschaffungskosten) (Ausnahme: Kreditaufnahme für Anzahlungen)

Abb. 4 – 2: Bestandteile der Anschaffungskosten

101 Zur Behandlung von Zuwendungen siehe Abschnitt »Anschaffungspreisminderungen« in diesem Kapitel.

Anschaffungspreis

Der Anschaffungspreis stimmt im Regelfall mit dem Rechnungsbetrag überein. Es handelt sich um den Bruttopreis abzüglich der Umsatzsteuer, soweit das Unternehmen zum Vorsteuerabzug (§ 15 UStG) berechtigt ist (§ 9b Abs. 1 EStG). Nichtabzugsfähige Umsatzsteuern zählen zu den Anschaffungskosten.

Bei Anschaffungen in einer **Fremdwährung** ist eine Euroumrechnung erforderlich. Maßgeblich ist der Wechselkurs zu dem Zeitpunkt, zu dem die wirtschaftliche Verfügungsmacht erlangt wurde.

Wird für mehrere Vermögensgegenstände ein **Gesamtanschaffungspreis** gezahlt, ist er nach dem Grundsatz der Einzelbewertung auf die einzelnen Vermögensgegenstände zu verteilen.

> **Beispiel**
>
> Ein Unternehmen kauft ein Grundstück mit aufstehendem Gebäude. Der Grund und Boden ist ein nicht abnutzbarer Anlagegegenstand. Das Gebäude ist ein abnutzbarer Anlagegegenstand. Beide Anlagegegenstände sind deshalb einzeln zu bewerten.

Falls der Kaufpreis im Kaufvertrag auf Grund und Boden und auf Gebäude aufgeteilt ist, ist diese Aufteilung nach dem Grundsatz der Einzelbewertung auch für die Bilanzierung beizubehalten, wenn sie wirtschaftlich vernünftig und nicht willkürlich erscheint. Ist das nicht der Fall, ist der Gesamtanschaffungspreis auf die einzelnen Vermögensgegenstände nach dem Verhältnis der Zeitwerte zu verteilen.[102] Wenn der Gesamtanschaffungspreis die Summe der einzelnen Werte der erworbenen Vermögensgegenstände beim Erwerb eines Unternehmens im Ganzen übersteigt, ist der verbleibende Differenzbetrag im Verhältnis der Zeitwerte aufzuteilen.

Übersteigt jedoch beim Kauf ganzer Betriebe oder Betriebsteile der vereinbarte Gesamtanschaffungspreis die Summe der Zeitwerte der einzelnen Vermögensgegenstände (abzüglich der Zeitwerte der übernommenen Schulden), ist der Differenzbetrag als Geschäfts- oder Firmenwert gem. § 246 Abs. 1 S. 3 HGB zu aktivieren.

Anschaffungsvorgänge können rechtlich auch als **Tausch** vollzogen werden. Handelsrechtlich besteht beim Tausch, zumindest beim Tausch von Vermögensgegenständen des Anlagevermögens, ein Wahlrecht. Deshalb darf der Vermögensgegenstand nach überwiegend vertretener Ansicht in der Handelsbilanz zum einen mit den fortge-

---

102 Vgl. Schubert/Gadek, in: Beck'scher Bilanzkommentar, § 255 HGB, Rz. 82.

führten Anschaffungs- oder Herstellungskosten des hingegebenen Gutes als fiktivem Anschaffungspreis bewertet werden (sog. Buchwertfortführung). Zum anderen wird eine teilweise Realisation der stillen Reserven im Handelsrecht als zulässig erachtet; das erworbene Gut darf aber höchstens zum Zeitwert angesetzt werden. Zur Diskussion steht ferner die ergebnisneutrale Behandlung (Ansatz erfolgt zum Buchwert des hingegebenen Postens zuzüglich Ertragsteuerbelastung).[103]

Bei Vermögensübertragungen im Zusammenhang mit **Verschmelzungen oder Spaltungen** nach dem UmwG gelten neben den allgemeinen Vorschriften (§§ 253 Abs. 1, 255 Abs. 1 HGB) Ergänzungen durch § 24 UmwG. Nach Maßgabe der Transaktion bestimmen sich die Anschaffungskosten ferner nach den Grundsätzen für Tauschgeschäfte oder es wird wahlweise nach der Buchwertfortführung verfahren.[104]

Beim **unentgeltlichen Erwerb** (wie z. B. bei einer Schenkung oder bei einer Erbschaft) ist die bilanzielle Behandlung umstritten. Im Schrifttum reichen die Meinungen vom Aktivierungsverbot über ein Wahlrecht bis hin zum Aktivierungsgebot.[105] Bei der Aktivierung bildet der Zeitwert des erhaltenen Vermögensgegenstandes die Wertobergrenze.[106] Aus Gründen der Vorsicht ist auch ein Ansatz zum **Erinnerungswert** zulässig.[107]

Beim **entgeltlichen Erwerb** sind gemäß dem Grundsatz der Pagatorik nur die mit der Beschaffung im Zusammenhang stehenden Ausgaben zu aktivieren.

Anschaffungspreisminderungen

Der Kaufpreis ist um alle Anschaffungspreisminderungen zu kürzen, die dem Vermögensgegenstand direkt zurechenbar sind; hierbei ist zwischen Nachlässen und Zuwendungen zu unterscheiden.

Nachlässe sind in Anspruch genommene Rabatte, Skonti und Boni. Da ein **Bonus** eine Vergütung darstellt, die nicht für eine bestimmte Lieferung oder Leistung, sondern beim Vorliegen bestimmter Voraussetzungen (z. B. Mindestabnahmemenge in einem bestimmten Zeitraum) gewährt wird, kann i. d. R. keine direkte Zurechnung auf den einzelnen Vermögensgegenstand erfolgen. Deshalb darf ein nicht direkt zurechenbarer Bonus nicht als Anschaffungspreisminderungen abgezogen werden.[108] Demgegenüber sind sowohl Rabatte als auch **Skonti** direkt zurechenbar und als Anschaffungspreisminderungen vom Kaufpreis abzuziehen.

103 Vgl. IDW (Hrsg.), § 255 HGB, Rz. 252, S. 267.
104 Vgl. IDW (Hrsg.), WP Handbuch, Abschnitt F, Rz. 123.
105 Vgl. Baetge/Kirsch/Thiele, Bilanzen, S. 197 m. w. N.
106 Vgl. z. B. Kahle, in: Baetge/Kirsch/Thiele: Bilanzrecht-Kommentar, § 255 HGB, Rz. 74–77 (Dez. 2021).
107 Vgl. IDW (Hrsg.), WP Handbuch, Abschnitt F, Rz. 119.
108 Vgl. ADS, § 255 HGB, Rz. 50.

Rabatte sind Abschläge vom Verkaufspreis, die aus bestimmten Gründen gewährt werden (z. B. Barzahlungsrabatt, Mengenrabatt oder Treuerabatt). Rabatte werden in der Rechnung bereits offen vom Anschaffungspreis abgesetzt. Es wird nur der um den Rabatt geminderte Anschaffungspreis gebucht.

Skonti sind Preisnachlässe für eine vorzeitige Zahlung der Lieferantenrechnung. Sie drücken die Differenz zwischen dem höheren Barzahlungspreis und dem niedrigeren Zielkaufpreis aus. Die Gewährung von Skonti wird erst bei der Zahlung des Kaufpreises in Anspruch genommen. Deshalb sind am Bilanzstichtag noch nicht bezahlte Waren i. d. R. mit dem Bruttowert zu bewerten. Grundsätzlich darf die Behandlung der Skonti aber nicht von der tatsächlichen Inanspruchnahme bzw. von der Art der Finanzierung des Beschaffungsvorgangs abhängig sein. Deshalb ist der Vermögensgegenstand zu dem um das Skonto verminderten Betrag zu buchen. Nicht in Anspruch genommene Skonti sind beim Käufer als Zinsaufwände zu buchen. Mit diesem Vorgehen wird der Kaufpreis in ein Entgelt für ein Gütergeschäft und in ein Entgelt für ein Kreditgeschäft (die Nutzung eines Lieferantenkredits) geteilt.[109]

Zu den **Zuwendungen** zählen **Subventionen** und **Zuschüsse** Dritter. Voraussetzungen für einen Zuschuss sind:

- Kein unmittelbarer wirtschaftlicher Zusammenhang der Zahlung mit einer Leistung des Zahlungsempfängers an den Zahlenden.
- Der Zahlende fördert mit der Leistung an den Empfänger einen in seinem Interesse liegenden Zweck.

Gewährte Zuwendungen mit **investiver Zweckbindung**, d. h. finanzielle Zuwendungen zu einer Investition, können nach herrschender Meinung entweder als **Anschaffungspreisminderung** direkt bei den Anschaffungskosten gekürzt werden oder in einem gesonderten Passivposten, **Sonderposten für Investitionszuschüsse zum Anlagevermögen**, eingestellt werden. Eine unmittelbar erfolgswirksame Vereinnahmung, d. h. weder Absetzung von den Anschaffungskosten noch Bildung passivischen Sonderpostens, ist nur in bestimmten Ausnahmefällen sachgerecht.[110] Die Berücksichtigung der Zuwendung als Anschaffungskostenminderung ist erfolgsneutral. Der Anschaffungspreis wird direkt um den Zuschussbetrag gemindert; die Zuwendung wirkt sich somit erst in den Folgeperioden durch geringere Abschreibungsbeträge in der GuV aus. Wird von einer unmittelbaren Absetzung von den Anschaffungskosten abgesehen, insbesondere bei umfangreichen Zuschussfinanzierungen (bspw. bei Verkehrsbetrieben oder Krankenhäusern) unter dem Gesichtspunkt einer klaren Darstellung der Vermögens-, Finanz- und Ertragslage, sind die Anschaffungskosten des bezuschussten Anlagegegenstands ungekürzt aufzuführen. Der Zuwendungsbe-

109 Vgl. Baetge/Kirsch/Thiele, Bilanzen, S. 198 m. w. N.
110 Vgl. IDW (Hrsg.), WP Handbuch, Abschnitt F, Rz. 112.

trag wird in diesem Fall erfolgsneutral im gesonderten Passivposten, Sonderposten für Investitionszuschüsse zum Anlagevermögen, eingestellt und über die Nutzungsdauer des Vermögensgegenstands parallel zu den Abschreibungen ertragswirksam aufgelöst. Die Zuwendung wirkt sich damit nicht durch geringere Abschreibungsbeträge (Nettodarstellung), sondern als kompensierender Ertrag zu den Abschreibungen (Bruttodarstellung) in der GuV aus, sodass die GuV insgesamt auch nur mit der Nettoabschreibung belastet wird.

Zuwendungen, die nicht im Zusammenhang mit der Investitionstätigkeit stehen, sind sofort erfolgswirksam zu erfassen.

Bei bedingt rückzahlbaren Zuschüssen ist nur der wahrscheinlich nicht rückzahlbare Betrag als Anschaffungspreisminderung zu berücksichtigen, der Restbetrag sollte in einem Passivposten (z. B. Rückstellung) erfasst werden. Für unbedingt rückzahlbare Zuwendungen (Verbindlichkeiten), kommt keine Anschaffungspreisminderung in Betracht.

Anschaffungsnebenkosten

Als Anschaffungsnebenkosten gelten alle Ausgaben, die unmittelbar mit der Beschaffung oder mit der Versetzung in den betriebsbereiten Zustand zusammenhängen, soweit sie den Positionen einzeln zugerechnet werden können. Zu nennen sind u. a.:

- **Nebenkosten der Beschaffung:** Zum Beispiel Courtagen, Provisionen, Aufwendungen der Begutachtung eines Kaufobjektes, Notariats-, Gerichts- und Registerkosten, Verzollungskosten, Grunderwerbsteuern sowie Speditionskosten und Transportversicherungsaufwendungen, Lagergelder wie auch Abfuhr- und Abladekosten.
- **Nebenkosten der Inbetriebnahme bzw. der Versetzung in den betriebsbereiten Zustand:** Zum Beispiel Kosten der Fundamentierung, Montagekosten, Kosten für Probeläufe und Sicherheitsüberprüfungen (durch Dritte), Kosten für die Abnahme von Gebäuden und Anlagen.

Die Betriebsbereitschaft eines Vermögenspostens ist gegeben, sobald der Vermögensposten seiner Zweckbestimmung entsprechend genutzt werden kann. Bei **Sachanlagen** liegt die Betriebsbereitschaft i. d. R. mit der Montage am betrieblichen Einsatzort (ggf. nach Abschluss von Probeläufen) vor, wenn die betriebliche Nutzbarkeit des Vermögensgegenstandes erreicht ist.

Demgegenüber werden **Gegenstände des Umlaufvermögens** betrieblich verbraucht. Ihre Betriebsbereitschaft ist gegeben, wenn sie den Zustand der Verbrauchbarkeit, der Verwertbarkeit oder der Veräußerbarkeit erreicht haben.

Beispiel

Ein Unternehmer kauft eine Maschine von einem Maschinenbauer. Der Unternehmer lässt von seinen Mitarbeitern ein Fundament erstellen. Die dafür aufgewendeten Löhne werden anhand der Stundenzettel, die aufgewendeten Sachmittel anhand der Materialentnahmescheine ermittelt. Zusätzlich schließt ein beauftragter Monteur die Maschine an das Stromnetz an.

Lösung
Die Maschine ist erst betriebsbereit, wenn sie betrieblich nutzbar ist. Voraussetzung hierfür ist, dass sie auf dem Fundament montiert und an das Stromnetz angeschlossen ist. Deshalb zählen die Fundamentierungs- und die Anschlusskosten zu den Anschaffungskosten. Das gilt auch dann, wenn das Fundament in Eigenarbeit und nicht durch fremde Arbeitnehmer errichtet wird. Die zurechenbaren Löhne wurden – ebenso wie die zurechenbaren Sachmittel – durch die Nutzbarmachung der Maschine verursacht.

Aufwendungen für die Durchführung von eigenen Versuchen, Probeläufen und die Einstellung auf ein bestimmtes Fertigungsprogramm (sog. **Anlaufkosten**) dürfen nicht als Anschaffungskosten aktiviert werden. Ggf. kommt handelsrechtlich eine Aktivierung als Entwicklungskosten gem. § 248 Abs. 2 HGB in Betracht. Ansonsten sind sie aufwandswirksam zu verbuchen. Beauftragt das Unternehmen aber einen Lieferanten oder einen fremden Montagebetrieb gegen besonderes Entgelt für das Einstellen und den Probebetrieb einer Maschine, sind die Anlaufkosten als zusätzliche Anschaffungskosten zu aktivieren.

Beim Kauf eines bebauten Grundstücks zählen auch die **Abbruchkosten** für ein Gebäude zu den Anschaffungsnebenkosten, sofern schon zum Erwerbszeitpunkt beabsichtigt war, das Grundstück unbebaut zu nutzen.[111]

Die Bestimmung der Anschaffungsnebenkosten ist an den **Zeitraum des Anschaffungsvorganges** geknüpft. Der Anschaffungsvorgang beginnt mit Tätigkeiten, die auf die Beschaffung des Vermögensgegenstandes gerichtet sind, und endet, wenn der Gegenstand in die wirtschaftliche Verfügungsgewalt des Erwerbers gelangt, d.h., wenn er selbstständig verwertbar ist und ggf. in den betriebsbereiten Zustand versetzt wurde.[112] Bei Ausgaben, die nach diesem Zeitraum anfallen, ist zu prüfen, ob sie als nachträgliche Anschaffungskosten aktiviert werden können bzw. zu aktivieren sind.

111 Vgl. ADS, § 255 HGB, Rz. 13 u. 24.
112 Vgl. Knop/Küting, in: Küting/Pfitzer/Weber, HdR-E, § 255 HGB, Rz. 29.

Gemeinkosten als Anschaffungsnebenkosten

Gemäß § 255 Abs. 1 S. 1 HGB dürfen nur direkt zurechenbare Aufwendungen, d.h. Einzelkosten, in die Anschaffungskosten einbezogen werden. Während **Einzelkosten** direkt dem Produkt zugerechnet werden, können **Gemeinkosten**, die gemeinsam für eine Vielzahl von Vermögensgegenständen anfallen, nur indirekt dem Produkt zugerechnet werden.

Grundsätzlich sind dem Vermögensgegenstand nur Anschaffungsnebenkosten in der tatsächlich angefallenen Höhe zuzurechnen (**Grundsatz der Pagatorik**). Jedoch sind aus Vereinfachungsgründen Pauschalierungen von direkt zuzurechnenden Anschaffungskosten zulässig (z. B. bei Transportversicherungen).[113]

Eine Beschränkung der Anschaffungsnebenkosten auf Einzelkosten ist nicht plausibel. Wenn für einen gekauften Vermögensgegenstand noch Montagearbeiten anfallen, sind sie Bestandteile der Anschaffungskosten, wenn die Montagearbeiten fremdvergeben werden. Würde die Montage dagegen von eigenen Mitarbeitern durchgeführt, lägen Gemeinkosten vor, die nach strenger Auslegung nicht in die Anschaffungsnebenkosten mit einbezogen werden dürften.[114]

Ebenso können im Anschaffungsbereich Herstellungskosten anfallen. Rohstoffe, wie z. B. Holz oder Wein, steigen durch längere Lagerung im Wert. Die Aus- oder Nachreife ist ein Herstellungsprozess im weiteren Sinne. Deshalb sind auf die Zeit der Aus- oder Nachreife entfallende Aufwendungen als Herstellungskosten zu aktivieren.

Die Einbeziehung von Anschaffungsnebenkosten kann dazu führen, dass die aktivierten Anschaffungskosten höher sind als der Zeitwert des Vermögenspostens. Deshalb ist zusätzlich zu prüfen, ob ggf. eine außerplanmäßige Abschreibung gemäß § 253 Abs. 3 S. 1 HGB erforderlich ist.

Nachträgliche Anschaffungskosten

Bei den nachträglichen Anschaffungskosten wird unterschieden zwischen

- nachträglichen Ausgaben für bereits beschaffte Vermögensgegenstände und
- nachträgliche Erhöhungen des ursprünglichen Kaufpreises.

Zu den **nachträglichen Aufwendungen** zählen jene Ausgaben, die nicht zeitnah zum Anschaffungszeitpunkt angefallen sind, aber in einem sachlichen Zusammenhang mit der Anschaffung stehen und den Vermögensgegenstand in einen betriebsbereiten Zustand versetzten. Die Ausgaben können somit auch längere Zeit nach dem Erwerb entstanden sein. Ausgaben zählen auch dann zu den nachträglichen Aufwendungen, wenn mit ihnen eine andere als die bisherige Nutzung des Vermögensgegenstandes

113 Vgl. IDW (Hrsg.), § 255 HGB, Rz. 237, S. 263.
114 Vgl. Baetge/Kirsch/Thiele, Bilanzen, S. 200.

ermöglicht wird (z. B. Straßenanlieger- und Erschließungsbeiträge, die entstehen, wenn ein zunächst im unbebauten Zustand genutztes Grundstück in späteren Jahren als Bauland ausgewiesen wird).

Nachträgliche Erhöhungen des Kaufpreises können eintreten, wenn der Kaufpreis zum Teil durch spätere Ereignisse erhöht wird. Das ist beispielsweise bei der Nennung von Gewinnschwellen beim Beteiligungskauf (sog. Earn-out-Klauseln) oder bei Kaufpreisanpassungen aufgrund von Gerichtsprozessen denkbar.[115]

Beispiel: Nachträgliche Erhöhung des Kaufpreises

Infolge des Kriegs in der Ukraine haben sich zum Teil erhebliche Baupreissteigerungen ergeben. Vom Bundesministerium für Wohnen, Stadtentwicklung und Bauwesen wurden Sonderregelungen zum Umgang mit den Lieferengpässen und Materialpreissteigerungen erlassen. In diesem Schreiben werden u. a. Preisgleitklauseln für Betriebsstoffe, neue Vergabeverfahren, laufende Vergabeverfahren und Anpassungen in bestehenden Verträgen behandelt. Die Kriegsereignisse sind nach Aussage des Erlasses grundsätzlich geeignet, eine Störung der Geschäftsgrundlage darzustellen (§ 313 BGB). Sofern diese vorliegt, wäre unter bestimmten Voraussetzungen eine Vertragsanpassung (§ 313 Abs. 1 BGB) gerechtfertigt, sodass der Kaufpreis nachträglich nach oben korrigiert werden kann.

Finanzierungskosten

Finanzierungskosten gehören nicht zu den Anschaffungskosten, weil sie gem. § 255 Abs. 3 HGB auf den Zeitraum der Herstellung entfallen müssen und somit nur für die Bestimmung der Herstellungskosten relevant sind. Außerdem ist keine direkte Zurechenbarkeit der Fremdkapitalzinsen zum Vermögensgegenstand möglich.[116] Finanzierungskosten können allenfalls als Herstellungskosten gemäß § 255 Abs. 3 HGB aktiviert werden. Sofern Fremdkapitalzinsen im engen Zusammenhang mit der **Kreditaufnahme für Anzahlungen** stehen, um die Anschaffung von Gegenständen mit längerer Bauzeit zu finanzieren, kann eine Aktivierung als Nebenkosten in Betracht kommt (Wahlrecht in analoger Anwendung des § 255 Abs. 3 HGB).[117]

Beispiel 1

Ein Unternehmen kauft am 01.07.t1 ein an das Betriebsgrundstück angrenzendes Grundstück, auf dem ein Lagerhaus steht. Zur Kaufpreisfinanzierung nimmt das Unternehmen eine Hypothek auf. Es entstehen Maklerkosten für die Grundstücksvermittlung, Kosten für ein erstelltes Wertgutachten, Notariatsgebühren

115 Vgl. Kahle in: Baetge/Kirsch/Thiele: Bilanzrecht-Kommentar, § 255 HGB, Rz. 111 (Dez. 2021).

116 Vgl. Baetge/Kirsch/Thiele, Bilanzen, S. 201.

117 Vgl. IDW (Hrsg.), WP Handbuch, Abschnitt F, Rz. 110.

für die Bestellung der Hypothek, den Kaufvertrag und die Auflassung, Grunderwerbsteuern an das Finanzamt sowie Kosten für die Eintragung der Hypothek und die Eigentumseintragung in das Grundbuchamt. Außerdem fallen im Jahr t1 bereits Zinsen für die Hypothek an.

Lösung
Die Kosten für das Wertgutachten, die Maklerkosten, die Notariatsgebühren, die Grunderwerbsteuern und die Grundbuchgebühren sind Aufwendungen, die für den Eigentumsübergang erforderlich sind; sie zählen folglich zu den Anschaffungskosten.

Die Bestellung der Hypothek dient der Sicherung des Darlehens, das zur Finanzierung des Kaufpreises aufgenommen wurde. Die Notariatsgebühr und die Grundbuchgebühr stehen im Zusammenhang mit der Finanzierung und sind Finanzierungs- und keine Anschaffungskosten.

Beispiel 2

Die Clever AG kauft am 14.04.t0 eine Anlage zu einem Preis von 204.000 EUR (netto). Auf den Nettolistenpreis erhält die AG 5% Rabatt und 2% Skonto für sofortige Barzahlung.

Für den Transport der Anlage muss die Clever AG 10.000 EUR (netto) bezahlen. Die anteiligen Kosten der Beschaffungsabteilung, die zwei Monate für die Auswahl des Modells benötigt hat, betragen 20.000 EUR.

Die Installation wird durch die betriebseigene Elektroabteilung der Clever AG durchgeführt. Es entstehen Lohnaufwendungen i. H. v. 10.000 EUR. Zeitgleich mit der Anschaffung der Anlage werden die Räume renoviert. Dafür entstehen Materialkosten i. H. v. 20.000 EUR (netto).

Mit welchem Betrag sind die handelsrechtlichen Anschaffungskosten anzusetzen?

Lösung

	in EUR
Listenpreis	204.000
Rabatt 5%	-10.200
Skonto 2%	-3.876
Transportkosten (netto)	+10.000
Installationskostenkosten (netto)	+10.000
Anschaffungskosten	**= 209.924**

Hinweis:

- Rabatt: 5% von 10.200 EUR
- Skonto: 2% von 193.800 EUR
- Bei den Aufwendungen für die allgemeine Entscheidungsfindung vor der Anschaffung handelt es sich nicht um Anschaffungsnebenkosten. Die Renovierungsaufwendungen sind ebenfalls keine Anschaffungsnebenkosten.

Welcher Betrag würde sich ergeben, wenn die Clever AG zwei Monate nach dem Kauf ein für die endgültige Betriebsbereitschaft erforderliches Zusatzgerät für die Anlage zum Preis von 80.000 EUR (netto) erwerben würde?

Lösung

		in EUR
	Anschaffungskosten	209.924
+	Anschaffungsnebenkosten	80.000
=	**(neue) Anschaffungskosten**	**289.924**

Beispiel 3

Das Bauunternehmen Baugro GmbH hat im September einen Bagger gekauft, für den sie 238.000 EUR incl. 19% USt bezahlt hat. Vom Staat erhält das Unternehmen einen nicht rückzahlbaren Investitionszuschuss in Höhe von 23.000 EUR. Die Transportversicherung über 250 EUR muss die Baugro GmbH selbst tragen. Zum Jahresende erhält das Bauunternehmen für den gekauften Bagger einen Bonus über 11.500 EUR.

Wie hoch sind die Anschaffungskosten?

Lösung

	in EUR
Rechnungsbetrag (brutto)	238.000
Umsatzsteuer	-38.000
Investitionszuschuss	-23.000
Anschaffungsnebenkosten	+250
Bonus	-11.500
Anschaffungskosten	**= 165.750**

Anmerkung

Die dargestellte Behandlung des Investitionszuschusses erfolgt als unmittelbarer Abzug. Der Bonus ist zu berücksichtigen, da er dem Vermögensgegenstand im vorliegenden Beispiel direkt zugerechnet werden kann.

Drei Monate später erhält der technische Leiter der Baugro GmbH ein Angebotsschreiben: Durch den Einbau zweier zusätzlicher Motorteile und eines Doppelauspuffs kann die Leistung des Baggers wesentlich erhöht werden. Die Kosten betragen netto 1.200 EUR zzgl. 300 EUR Nutzungsausfall. Der technische Leiter bestellt unverzüglich die zusätzlichen Teile, die am 28.12. in den Bagger eingebaut werden.

Ändern sich dadurch die Anschaffungskosten des Baggers?

Lösung
Die Anschaffungskosten des Baggers ändern sich, weil der Einbau der Motorteile die Leistung des Baggers wesentlich verbessert und somit nachträgliche Anschaffungskosten anfallen.

Da die Anschaffungs- oder Herstellungskosten pagatorischer Natur sein müssen (d. h. auf Zahlungen basierend), entfällt eine Berücksichtigung des Nutzungsausfalls (= kalkulatorisch).

Deshalb steigen die Anschaffungskosten von 165.750 EUR um 1.200 EUR auf 166.950 EUR.

4.2.2 Herstellungskosten

Begriff der Herstellungskosten
Die **Herstellungskosten** sind der Wertmaßstab für die Zugangsbewertung aller vom Unternehmen selbst erstellter Vermögensgegenstände, die am Bilanzstichtag zum Betriebsvermögen zählen. Sie sind für die Bewertung von fertigen und unfertigen Erzeugnisbeständen, aber auch von selbst erstellten Sach- oder Immaterialanlagen relevant. § 255 Abs. 2 S. 1 HGB definiert die Herstellungskosten.

Der Begriff der Herstellungskosten bezeichnet zu aktivierende, periodengerechte, auf die Herstellung bezogene Ausgaben für am Bilanzstichtag noch vorhandene selbst erstellte Vermögensgegenstände. Im Gegensatz zum Kostenbegriff der »Herstellkosten« beschränken sich die bilanziellen Herstellungskosten auf **aufwandsgleiche Kosten (pagatorischer Begriff)**. Nicht pagatorische Teile der kalkulatorischen Kosten (wie die kalkulatorische Miete, der kalkulatorische Unternehmerlohn, die kalkulatorischen Eigenkapitalzinsen) und der über die bilanzielle Abschreibung hinausgehende Teil der kalkulatorischen Abschreibung dürfen nicht in die bilanziellen Herstellungskosten einbezogen werden. Konsequenterweise wäre die Bezeichnung Herstellungsaufwendungen/-ausgaben zutreffender.

Die Herstellungskosten setzen sich aus dem **Verbrauch von Gütern** und der Inanspruchnahme von Diensten zusammen. Erstere umfassen Roh-, Hilfs- und Betriebsstoffe, die bei der Herstellung des Vermögensgegenstandes verarbeitet werden sowie Abschreibungen auf die bei der Herstellung eingesetzten Maschinen und Fertigbauten, in denen die Maschinen stehen. Zur **Inanspruchnahme von Diensten** zählen alle Leistungen der in der Produktion beschäftigten Arbeitnehmer, die bei der Erstellung in Anspruch genommen werden.

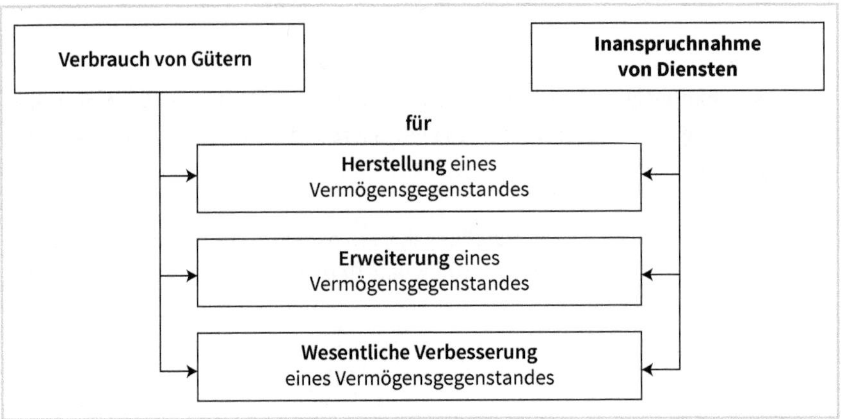

Abb. 4 – 3: Zusammensetzung der Herstellungskosten

Abgrenzung zwischen Herstellungskosten und Erhaltungsaufwand

Die Herstellungskosten werden aufgewendet, um einen Vermögensgegenstand herzustellen, zu erweitern oder über seinen ursprünglichen Zustand hinaus wesentlich zu verbessern. Während die **Herstellung** die Neuschaffung eines Vermögensgegenstandes bedeutet (z. B. der Bau einer Spezialmaschine durch eigene Arbeitnehmer oder die Produktion von Erzeugnissen), ist die **Erweiterung** mit einer Substanzmehrung verbunden (z. B. Gebäudeanbau, Ausbau des Dachgeschosses oder Aufteilung eines Großraumbüros in Einzelbüros). Eine **über den ursprünglichen Zustand hinaus wesentliche Verbesserung** liegt vor, wenn der Vermögensgegenstand in seiner Verwendungs- und Nutzungsmöglichkeit deutlich geändert wird. In diesem Zusammenhang ist die Abgrenzung zwischen aktivierungspflichtigen Herstellungskosten und aufwandswirksam zu verrechnenden Erhaltungsaufwendungen von Bedeutung. Wenn Maßnahmen dazu dienen, einen Vermögensgegenstand in ordnungsgemäßem Zustand zu erhalten, liegen keine aktivierungspflichtigen Vermögensmehrungen vor. Es sind regelmäßig vorzunehmende notwendige Ausbesserungen. Dementsprechend bewirken Erhaltungsaufwendungen lediglich, dass die Vermögensgegenstände nutzbar bleiben und verhindern einen vorzeitigen Verschleiß.

Werden dagegen Vermögensgegenstände in ihrer Substanz wesentlich vermehrt (z. B. durch einen Anbau oder eine Erweiterung von Gebäuden) oder ihre Gebrauchs- bzw.

Verwertungsmöglichkeiten wesentlich verändert bzw. erweitert (z. B. durch den Umbau eines Frachtschiffes zum Passagierschiff) oder wenn die Nutzungsdauer des Vermögensgegenstandes durch die getätigten Maßnahmen nicht nur geringfügig verlängert wird, handelt es sich um bilanzierungspflichtige Vermögensmehrungen.[118]

Herstellungskosten versus Erhaltungsaufwendungen	
Herstellungskosten	**Erhaltungsaufwendungen**
Vermögensgegenstand wird • neu geschaffen • erweitert (Substanzvermehrung) • wesentlich verbessert bzw. im Wesen verändert (geänderte Zweckbestimmung)	Die Substanz oder die Verwendungs- oder Nutzungsmöglichkeit eines Vermögensgegenstands wird • erhalten (Instandhaltungsaufwand) oder • wiederhergestellt (Instandsetzungsaufwand)
Aktivierung zu Herstellungskosten	Erfassung als Aufwand

Abb. 4 – 4: Herstellungskosten versus Erhaltungsaufwendungen

Ob Aufwendungen für Vermögensgegenstände als Herstellungskosten zu behandeln sind, hängt von der Verhältnismäßigkeit der Ausgaben in Relation zum Gesamtwert des Vermögensgegenstandes ab. Gleichzeitig steht der Annahme als Erhaltungsaufwand jedoch nicht entgegen, dass z. B. durch Anpassung an den technischen Fortschritt, zur Erhaltung der Funktionsfähigkeit oder bei aufwendiger Instandsetzung über dem Verhältnis liegende Aufwendungen anfallen.

Herstellungskosten liegen vor, wenn der Vermögensgegenstand durch Instandhaltungs- bzw. Modernisierungstätigkeiten wesentlich verbessert oder erweitert wird oder wenn durch eine Generalüberholung faktisch ein neuer Vermögensgegenstand geschaffen wird. Darüber hinaus können Instandhaltungs- und Modernisierungsaufwendungen, die bei isolierter Betrachtung Erhaltungsaufwendungen darstellen, in der Gesamtheit eine wesentliche Verbesserung darstellen. Werden im Zuge einer Baumaßnahme drei der vier maßgeblichen Gewerke modernisiert, kann in der Gesamtheit regelmäßig von einer wesentlichen Verbesserung ausgegangen werden (IDW RS IFA 1, Tz. 13).

Zusammensetzung der Herstellungskosten

Die Herstellungskosten umfassen Einzelkosten (Materialeinzelkosten, Fertigungseinzelkosten, Sondereinzelkosten der Fertigung) sowie Material-, Fertigungsgemeinkosten und Abschreibungen. Ferner können angemessene Teile für soziale Aufwendungen und allgemeine Verwaltungskosten Berücksichtigung finden.

---

118 Vgl. Coenenberg/Haller/Schultze, Jahresabschluss und Jahresabschlussanalyse, S. 89.

Zu den **Materialeinzelkosten** gehören der bewertete Verbrauch für Roh-, Hilfs- und Betriebsstoffe sowie Fertigteile, sofern sie dem herzustellenden Vermögensgegenstand einzeln zugerechnet werden können.

Beispiel

Zu den Materialeinzelkosten zählen auch selbst hergestellte unfertige Erzeugnisse und Abfälle, die bei der Produktion verwertet werden. Ebenso zählt die Warenumschließung des Erzeugnisses zu den Materialeinzelkosten, wenn das Produkt später in der Verpackung ausgeliefert wird (wie z. B. Verpackung bei Nahrungs- und Genussmitteln, Schokolade in Papierumhüllung, Gefrierkühlkost in Pappumhüllung oder Beuteln oder aber Säfte und Bier in Flaschen oder Dosen).

Fertigungseinzelkosten sind die dem Vermögensgegenstand darüber hinaus direkt zurechenbaren Herstellungsaufwendungen. Das sind die Fertigungslöhne und Nebenkosten wie bspw. Zuschläge oder Prämien.

Beispiel

Die Fertigungslöhne umfassen die den in der Produktion tätigen Arbeitnehmern direkt zurechenbaren Löhne einschließlich Werkmeister und Techniker. Ferner sind auch Überstunden- und Feiertagszuschläge, Entgelte für Ausfallzeiten und gesetzliche und tarifliche Sozialaufwendungen in die Fertigungslöhne einzubeziehen, sofern sie direkt zurechenbar sind.[119]

Sondereinzelkosten der Fertigung sind Ausgaben, die pro Auftrag gesondert erfasst werden können (wie z. B. Ausgaben für Modelle, Schablonen, Spezialwerkzeuge, Vorrichtungen und Entwürfe).[120]

Pflichtmäßig sind alle Einzelkosten in die Herstellungskosten einzubeziehen, die einzeln zurechenbar sind. Das schließt auch eine direkte Zurechnung mit Hilfe von reinen Zeit- oder Mengenschlüsseln ein, sodass auch Zeitlöhne als Einzelkosten in die Herstellungskosten einzubeziehen sind.[121]

Herstellungsgemeinkosten

Zu den **Material- und Fertigungsgemeinkosten** zählen jene der Höhe und Sache nach angemessenen Material- und Fertigungskosten, die nicht als Material- und Fertigungseinzelkosten sowie Sondereinzelkosten der Fertigung einbeziehungspflichtig sind.

119 Vgl. ADS, 6. Aufl., § 255 HGB, Rz. 144, 147.

120 Vgl. IDW (Hrsg.), § 255 HGB, Rz. 265, S. 267.

121 Vgl. Kahle, in: Baetge/Kirsch/Thiele: Bilanzrecht-Kommentar, § 255 HGB, Rz. 160 (Dez. 2021).

Beispiel

Materialgemeinkosten: Aufwendungen für Hilfsstoffe, soweit nicht zugerechnet (unechte Gemeinkosten, z. B. Kleinteile wie Schrauben, Nieten), Aufwendungen für Materialbestellungen, -prüfungen, -lagerung und -verwaltung.

Fertigungsgemeinkosten: Aufwendungen für Betriebsstoffe (z. B. Heizöl, Schmieröl), Aufwendungen für Instandhaltung, Arbeitsvorbereitung, Fertigungsplanung und -steuerung sowie Weiterentwicklungskosten für bereits genutzte Produkte.

Der **Werteverzehr des Anlagevermögens** umfasst die planmäßigen handelsrechtlichen Abschreibungen der notwendigen Fertigungsanlagen. Die Ergänzung »soweit er durch die Fertigung veranlasst ist« zielt auf die Angemessenheit bzw. Notwendigkeit ab. So dürfen keine außerplanmäßigen Abschreibungen in die Herstellungskosten einbezogen werden.[122]

Angemessene Teile sind in Verbindung mit dem Begriff »notwendig« als jene Aufwendungen zu interpretieren, die sachlich mit der Produktion zusammenhängen und somit betrieblich bedingt sind. Außerdem bedeutet »angemessen«, dass nur jene Aufwendungen in die Herstellungskosten einbezogen werden dürfen, die das normale Maß nicht wesentlich übersteigen. Demnach dürfen keine betriebsfremden und außergewöhnlichen Aufwendungen als Herstellungskosten deklariert werden (z. B. Kosten stillgelegter Produktionsanlagen oder Abschreibungen in Katastrophenfällen), sondern nur betriebliche und gewöhnliche Aufwendungen.[123]

Durch den ausdrücklichen Hinweis auf die Begriffe »angemessen« und »notwendig« kommen nur Nutzkosten als aktivierbar in Betracht; sog. **Leerkosten** scheiden hingegen aus, die daher nicht als Herstellungskosten der Erzeugnisse aktiviert werden dürfen. Leerkosten sind die Aufwendungen, die bei Unterbeschäftigung entstehen, weil die fixen Gemeinkosten in diesem Fall auf eine geringere Produktionsmenge verteilt werden. Die Vermögensgegenstände werden dementsprechend mit einem höheren Betrag an anteiligen Gemeinkosten belastet.

Beispiel

Leerkosten sind Kosten, die in einem Betrieb entstehen, der infolge teilweiser Stilllegung wegen mangelnder Aufträge nicht voll ausgenutzt wird.

Die Höhe der einzubeziehenden Material- und Fertigungsgemeinkosten wird wesentlich von der zugrunde gelegten **Beschäftigung (Kapazität)** beeinflusst, sodass die

122 Vgl. ADS, § 255 HGB, Rz. 191.

123 Vgl. Baetge/Kirsch/Thiele, Bilanzen, S. 204 f. m. w. N.

Frage zu beantworten ist, ab welchem Beschäftigungsgrad eine Unterbeschäftigung gegeben ist und somit Leerkosten entstehen. Zur Bestimmung der Grenze kann eine optimale, maximale oder normale Beschäftigung zugrunde gelegt werden. Da die Bestimmung der optimalen und maximalen Beschäftigung eher theoretisch und somit praktisch kaum zu ermitteln ist, sollte für die Bestimmung der Leerkosten die **Normalbeschäftigung** herangezogen werden, die als Intervall und nicht als exakt bestimmbarer Punktwert zu definieren ist. Als Untergrenze gilt eine tatsächliche Beschäftigung von 70% der normalerweise erreichbaren maximalen Beschäftigung. Eliminierungsnotwendige Leerkosten entstehen demnach erst bei einer Beschäftigung unter 70% der Kapazität.[124] Die geforderte »Angemessenheit« impliziert neben der Höhe auch, dass keine willkürliche Schlüsselung und damit keine willkürliche Zuordnung der Gemeinkosten erfolgen darf.

Da die Verrechnung der Kosten auf die betrieblichen Bereiche bei der traditionellen **Kostenrechnung** mit Hilfe von Schlüsselungen und Umlagen erfolgt, bestehen erhebliche Ermessensspielräume und firmenindividuelle Handhabungsunterschiede.[125] In diesem Zusammenhang bietet die Prozesskostenrechnung einen Weg, um eine verursachungsgerechtere Zurechnung der Gemeinkosten auf die Kostenträger zu erreichen.

Für **soziale Aufwendungen** gilt handelsrechtlich ein Einbeziehungswahlrecht. Nach § 255 Abs. 2 S. 3 1 HS HGB »dürfen angemessene Teile der Kosten der allgemeinen Verwaltung sowie angemessene Aufwendungen für soziale Einrichtungen des Betriebs, für freiwillige soziale Leistungen und für betriebliche Altersversorgung einbezogen werden«.

Beispiel

- Kosten der allgemeinen Verwaltung: Aufwendungen für Geschäftsleitung, Betriebsrat, Rechnungswesen und Personalbüro.
- Aufwendungen für soziale Einrichtungen: Kantinen und Sporteinrichtungen, Bibliotheken.
- Aufwendungen für freiwillige soziale Leistungen: Jubiläumsgeschenke, Weihnachtszuwendungen oder Wohnungsbeihilfen.
- Aufwendungen für betriebliche Altersversorgung: Direktversicherungen, Unterstützungskassen und Pensionsrückstellungen.[126]

In Abgrenzung zu den Fertigungseinzelkosten handelt es sich bei den einrechenbaren sozialen Aufwendungen um freiwillige Leistungen. Wenn diese Leistungen arbeitsver-

---

124 Vgl. Wohlgemuth, in: HdJ, Abt. I/10, Rz. 96; Knop/Küting, in: Küting/Pfitzer/Weber, HdR-E, § 255 HGB, Rn. 309.

125 Vgl. Lachnit, in: Bonner Handbuch der Rechnungslegung, § 275 HGB, Rz. 129.

126 Vgl. Meyer/Theile, Bilanzierung nach Handels- und Steuerrecht, S. 158.

traglich oder tarifvertraglich bestimmt sind, zählen die Zahlungen zu den einbeziehungspflichtigen Fertigungseinzelkosten.

Bei den **allgemeinen Verwaltungskosten** ist ebenfalls ein Wahlrecht vorgesehen. Es ist jedoch zunächst eine Zurechnung nach betrieblichen Funktionen vorzunehmen, um die herstellungsbezogenen Verwaltungskosten zu separieren. Beispielweise können Lohn- und Gehaltsabrechnungen für den Produktionsbereich der Produktion zugerechnet werden. Ebenso können auch Aufwendungen für bestimmte soziale Leistungen sowie die betriebliche Altersvorsorge nach betrieblichen Funktionen aufgeteilt werden.[127]

Die Einrechnung von Kosten der allgemeinen Verwaltung darf nur insoweit geschehen, als sie auf den **Zeitraum der Herstellung** entfallen (§ 255 Abs. 2 S. 2 HGB). Der Zeitraum der Herstellung beginnt mit dem erstmaligen Anfall von betriebsbedingten Aufwendungen und endet, wenn der Vermögensgegenstand absatzbereit ist oder – bei selbst erstellten Anlagen – wenn er zur Nutzung eingesetzt werden kann. Der Zeitraum der Herstellung beginnt, wenn ein unmittelbarer sachlicher Zusammenhang zum herstellenden Vermögensgegenstand vorliegt (z. B. Beginn des technischen Herstellungsprozesses). Ausgaben, die vor diesem Zeitraum anfallen (wie z. B. Ausgaben für die Grundlagenforschung), dürfen deshalb nicht in die Herstellungskosten einbezogen werden. Auch alle nach der Fertigstellung des absatzreifen bzw. nutzbaren Vermögensgegenstandes anfallenden Kosten dürfen nicht aktiviert werden, es sei denn, es handelt sich um nachträgliche Herstellungskosten.

Forschungs- und Vertriebskosten

Forschungs- und Vertriebskosten gehören gem. § 255 Abs. 2 S. 4 HGB nicht zu den Herstellungskosten. Forschung ist »die eigenständige und planmäßige Suche nach neuen wissenschaftlichen oder technischen Erkenntnissen oder Erfahrungen allgemeiner Art, über deren technische Verwertbarkeit und wirtschaftliche Erfolgsaussichten grundsätzlich keine Aussagen gemacht werden können« (§ 255 Abs. 2a S. 3 HGB).[128] Zu den Vertriebskosten zählen Aufwendungen, die im Zusammenhang mit dem Verkauf, dem Versand, dem Kundendienst, der Werbung und der Marktforschung anfallen. Das Einbeziehungsverbot gilt auch für die Sondereinzelkosten des Vertriebs. Das sind Kosten, die sich einem einzelnen Auftrag zurechnen lassen (wie z. B. Kosten der Auftragserlangung einschließlich der Kosten für die Erstellung von Angeboten sowie Reisekosten).

Eine Abgrenzung von Fertigungs- und Vertriebskosten bereitet häufig Probleme. So z. B. bei Auftragserlangungskosten, die zugleich einbeziehungspflichtige Fertigungs-

---

127 Vgl. Coenenberg/Haller/Schultze, Jahresabschluss und Jahresabschlussanalyse, S. 105 f.

128 Zur Abgrenzung von Forschungs- und Entwicklungskosten siehe Kapitel 5.2 »Immaterielles Anlagevermögen«.

einzelkosten (Sondereinzelkosten der Fertigung) sein können. Das gilt bspw. für Projektierungskosten für Installationen, wenn auf der Basis des Angebots ein Auftrag erfolgt und die Projektierungsarbeit bei der Auftragsausführung Verwendung findet. Erfolgt keine Auftragserteilung handelt es sich bei den Ausgaben um Vertriebskosten.[129]

Zinsen für Fremdkapital

Grundsätzlich sind Zinsen für Fremdkapital wie alle **Finanzierungskosten** Entgelte für einen Kredit und damit nicht Anschaffungs- oder Herstellungskosten der mit dem Kredit finanzierten Anschaffung oder Herstellung eines Vermögensgegenstandes.[130] § 255 Abs. 3 S. 1 HGB (Zinsen für Fremdkapital gehören nicht zu den Herstellungskosten) ist deshalb nur als Klarstellung zu sehen.

Kreditzinsen dürfen aber unter zwei Voraussetzungen in die Herstellungskosten einbezogen werden, nämlich

- wenn Fremdkapital zur Finanzierung der Herstellung eines Vermögensgegenstandes verwendet wird und
- wenn sie auf den Zeitraum der Herstellung des Vermögensgegenstandes entfallen.

Da in der Bilanzierung keine Bindung zwischen Kapitalherkunft (Finanzierung) und Kapitalverwendung (Investition) besteht, gilt das Einbeziehungswahlrecht für Fremdkapitalzinsen in die Herstellungskosten nur bei langfristiger Fertigung mit entsprechendem Einsatz an Fremdkapital. Das betrifft z.B. Branchen wie Flugzeugbau, Werften oder Unternehmen der (Hoch-/Tief-)Bauwirtschaft. Zudem ist zu beachten, dass der Betrag der im Geschäftsjahr aktivierten Fremdkapitalzinsen nach § 284 Abs. 3 HGB unterteilt in die Positionen des Anlagenspiegels anzugeben ist.

Umfang der Herstellungskosten nach Handelsrecht im Überblick

Die folgende Übersicht zeigt die Bestandteile der Herstellungskosten und ihre Aktivierbarkeit (§ 255 Abs. 2 u. 3 HGB):

	HGB
Materialeinzelkosten	Pflicht
Fertigungseinzelkosten	Pflicht
Sondereinzelkosten der Fertigung	Pflicht
Materialgemeinkosten	Pflicht
Fertigungsgemeinkosten	Pflicht

129 Vgl. Selchert, Problem der Unter- und Obergrenze von Herstellungskosten, S. 2304.

130 Vgl. BFH, Urt. vom 24.05.1968 VI R 6/67, BStBl 1968 II, S. 574.

	HGB
Entwicklungskosten	Wahlrecht
allgemeine Verwaltungskosten	Wahlrecht
Aufwendungen für bestimmte soziale Leistungen und betriebliche Altersvorsorge	Wahlrecht
herstellungsbezogene Zinsen	Wahlrecht
Vertriebskosten, Forschungskosten	Verbot

Abb. 4 – 5: Herstellungskosten im Handelsrecht

Das Handelsrecht unterscheidet zwischen aktivierungspflichtigen (Pflicht), aktivierbaren (Wahlrecht) und nicht aktivierbaren (Verbot) Ausgaben. Die aktivierungspflichtigen Bestandteile bilden die Wertuntergrenze. Die Wertobergrenze berücksichtig hingegen alle aktivierungsfähigen Bestandteile der Herstellungskosten.

Der vor dem BilMoG erlaubte Teilkostenansatz in Höhe der Einzelkosten war letztmals auf Herstellungsvorgänge in Abschlüsse anzuwenden, die vor dem 01.01.2010 beginnen (Art. 66 Abs. 5 EGHGB). Da keine Umbewertung gefordert wurde, kommt es ggf. zu einem Nebeneinander von Herstellungskostendefinitionen im Jahresabschluss, die vom Herstellungszeitpunkt abhängen. Die praktizierte Methode ist im Anhang von Kapitalgesellschaften und haftungsbeschränkten Personenhandelsgesellschaften anzugeben (§ 284 Abs. 2 Nr. 1 HGB); ferner sind Methodenabweichungen anzugeben und zu begründen sowie ihre Einflüsse auf die Vermögens-, Finanz- und Ertragslage gesondert darzustellen (§ 284 Abs. 2 Nr. 3 HGB).

Folgendes Beispiel verdeutlicht die Unterschiede zwischen Wertunter- und Wertobergrenze exemplarisch:

Beispiel

Aus der Kostenrechnung werden die folgenden Angaben zur Ermittlung der Herstellungskosten für das Produkt A bereitgestellt.

Beschreibung	in EUR
Materialeinzelkosten	16.000
Fertigungseinzelkosten	8.000
freiwillige soziale Kosten (Fertigung)	500
Marktforschungsaufwendungen	700
Raumkosten des Materiallagers	200

Beschreibung	in EUR
anteilige Kosten des Rechnungswesens	500
zurechenbare Entwicklungskosten	1.000
kalkulatorischer Eigenkapitalzins	800
sonstige Materialgemeinkosten	3.800
sonstige Fertigungsgemeinkosten	6.000
kalkulatorische Abschreibungen	5.000
bilanzielle planmäßige Abschreibungen	4.000
sonstige Sondereinzelkosten der Fertigung	3.000
sonstige Verwaltungsgemeinkosten	2.500
Zinsen zur Finanzierung der in Produkt A eingebauten Bauteile	100
sonstige Vertriebsgemeinkosten	5.300

Ermitteln Sie

a) die handelsrechtliche Wertuntergrenze und

b) die handelsrechtliche Wertobergrenze.

Lösung

Beschreibung	a) in EUR	b) in EUR
Materialeinzelkosten	16.000	16.000
Fertigungseinzelkosten	8.000	8.000
freiwillige soziale Kosten (Fertigung)		500
Marktforschungsaufwendungen		
Raumkosten des Materiallagers	200	200
anteilige Kosten des Rechnungswesens		500
zurechenbare Entwicklungskosten		1000
kalkulatorischer Eigenkapitalzins		
sonstige Materialgemeinkosten	3.800	3.800
sonstige Fertigungsgemeinkosten	6.000	6.000
kalkulatorische Abschreibungen		
planmäßige Abschreibungen der Fertigungsmaschine	4.000	4.000
sonstige Sondereinzelkosten der Fertigung	3.000	3.000
sonstige Verwaltungsgemeinkosten		2.500

Beschreibung	a) in EUR	b) in EUR
Zinsen		100
sonstige Vertriebsgemeinkosten		
	41.000	45.600

a) handelsrechtliche Wertuntergrenze: 41.000 EUR
b) handelsrechtliche Wertobergrenze: 45.600 EUR

4.3 Folgebewertung von Vermögensgegenständen

In den Folgejahren sind Vermögensgegenstände, deren Nutzung zeitlich begrenzt ist, **planmäßig abzuschreiben**; darüber hinaus ist zu prüfen, ob den Vermögensgegenständen am Bilanzstichtag ein niedrigerer Wert beizulegen ist. Vermögensgegenstände, die in ihrer Nutzung nicht zeitlich begrenzt sind (z. B. Grundstücke), werden mit ihren Zugangswerten unverändert fortgeführt (d. h. zu historischen Anschaffungs-/Herstellungskosten), es sei denn, eine **außerplanmäßige Abschreibung** ist erforderlich. Als Vergleichswert für eine außerplanmäßige Abschreibung ist der am Abschlussstichtag beizulegende Wert zu ermitteln.

Auch für Gegenstände des Umlaufvermögens kommt keine planmäßige Abschreibung, sondern ggf. nur eine außerplanmäßige Abschreibung in Betracht. Beim Umlaufvermögen ist der Börsen- oder Marktpreis oder der niedrigere beizulegende Wert als Vergleichswert heranzuziehen.

4.3.1 Planmäßige Abschreibung

Nach § 253 Abs. 3 S. 1 HGB sind die Anschaffungs- oder Herstellungskosten bei Vermögensgegenständen des Anlagevermögens, deren Nutzung zeitlich begrenzt ist, um **planmäßige Abschreibungen** zu vermindern.

Im ersten Jahr der Nutzung ist ein **Abschreibungsplan** zu erstellen, in dem der Ausgangsbetrag der Abschreibung, die voraussichtliche Nutzungsdauer und die Abschreibungsmethode als Einflussdeterminanten der planmäßigen Abschreibung festgehalten werden.

Sofern ein abnutzbarer Gegenstand des Sachanlagevermögens in wesentliche, physisch separierbare **Komponenten** mit unterschiedlichen wirtschaftlichen Nutzungsdauern zerlegt werden kann, wird es unter bestimmten Voraussetzungen als zulässig erachtet, komponentenweise planmäßig abzuschreiben.[131] In diesem Fall sind folglich mehrere Abschreibungspläne erforderlich.

Der **Ausgangsbetrag** der Abschreibung stellt die erste Grundlage für die Bemessung der Abschreibung dar. Den Ausgangswert bilden die aktivierten Anschaffungs- oder Herstellungskosten.[132]

Der **Beginn der Abschreibung** ist in Abhängigkeit vom Zugang zu definieren. Die Abschreibung beginnt

- bei angeschafften Anlagen mit dem Zeitpunkt der Lieferung,
- bei hergestellten Anlagen mit dem Zeitpunkt der Fertigstellung und
- bei aus dem Privatvermögen zugeführten Wirtschaftsgütern mit dem Zeitpunkt der Zuführung.

Die Lieferung ist vollbracht, wenn die wirtschaftliche Verfügungsmacht auf den Erwerber übergegangen ist, d.h., wenn der Erwerber Eigenbesitzer geworden ist und Gefahr, Nutzen und Lasten auf ihn übergegangen sind. Falls der Vermögensgegenstand noch zu montieren ist, ist zu unterscheiden, ob die Montage per Kaufvertrag durch den Verkäufer zu erfolgen hat oder ob der Käufer die Montage durchführt bzw. per Auftrag durch einen Dritten durchführen lässt. Im ersten Fall beginnt die Abschreibung erst mit Beendigung der Montage; im zweiten Fall beginnt die Abschreibung bereits bei Übergang der wirtschaftlichen Verfügungsmacht auf den Käufer. Bei selbst erstellten Vermögensgegenständen ist die Fertigstellung mit der Inbetriebnahme gegeben.

Abschreibungen auf im Laufe des Jahres angeschaffte, hergestellte oder aus dem Privatvermögen zugeführte Vermögensgegenstände werden im Jahr der Anschaffung, Herstellung oder Einlage grundsätzlich dem ersten und letzten Geschäftsjahr **zeitanteilig** (pro rata temporis) auf Monatsbasis zugerechnet, wobei im Allgemeinen eine Aufrundung auf volle Monate erlaubt ist.

Nutzungsdauer

Die **Nutzungsdauer** entspricht dem voraussichtlichen Zeitraum der Nutzung des Vermögensgegenstandes. Der Abschreibungszeitraum beginnt mit der Inbetriebnahme; das Ende und somit die Länge der Nutzungsdauer wird durch technische, wirtschaftliche und/oder rechtliche **Abschreibungsursachen** beeinflusst. Zu den technischen Ursachen zählen bei maschinellen Anlagen der normale nutzungsbedingte und/oder zeitbedingte Verschleiß (verbrauchsbedingte Ursachen) oder der Substanzabbau (im Bergbau). Der zeitbedingte Verschleiß resultiert aus äußeren Ursachen (wie z.B.

131 Zum sog. Komponentenansatz siehe Kapitel 5.3.1 »Begriff und Unterteilung der Sachanlagen«.
132 Vgl. Baetge/Kirsch/Thiele, Bilanzen, S. 259.

Witterungseinflüssen bei Maschinen und Gebäuden). Als wirtschaftliche Ursachen kommen technische Überholung, Fehlinvestition, Nachfrageverschiebung oder Preisänderung in Betracht. Darüber hinaus kann die Nutzungsdauer insbesondere bei zeitlich begrenzten immateriellen Vermögensgegenständen durch rechtliche Ursachen bestimmt werden (z.B. zeitlicher Ablauf von Verträgen oder zeitlicher Ablauf von Schutzrechten; Patente, Lizenzen).

Die betriebsgewöhnliche oder voraussichtliche Nutzungsdauer entspricht der Anzahl an Jahren, in denen gleiche oder ähnliche Anlagen nach den bisherigen Erfahrungen in dem betreffenden Betrieb genutzt wurden. Fehlen solche betriebsindividuellen Erfahrungen, können die Erfahrungen zugrunde gelegt werden, die mit gleichen oder ähnlichen Wirtschaftsgütern in Betrieben des gleichen Geschäftszweigs gemacht wurden. Um bilanzielle Einschätzungsspielräume bei der Bestimmung der Nutzungsdauer auszuschließen, gelten die steuerlichen **AfA-(Absetzung für Abnutzung)-Tabellen**, die vom Bundesfinanzministerium in Zusammenarbeit mit den Wirtschaftsverbänden branchenbezogen die Nutzungsdauer von Vermögensgegenständen normieren, als Anhaltspunkt zur Beurteilung der Angemessenheit der Absetzungen für Abnutzung in der Steuerbilanz. Mangels handelsrechtlicher Normierungen, können die AfA-Tabellen auch in der Handelsbilanz zur Schätzung der Nutzungsdauer herangezogen werden. Alternativ können Herstellerangaben zur Schätzung der wirtschaftlichen Nutzungsdauer verwendet werden.

Die im handelsrechtlichen Abschreibungsplan zugrunde gelegte Nutzungsdauer richtet sich i.d.R. nach der geschätzten wirtschaftlichen Nutzungsdauer und wird durch die technische Nutzungsdauer begrenzt.

Nach § 253 Abs. 3 Satz 3 und 4 HGB sind für den Ausnahmefall, dass die voraussichtliche Nutzungsdauer eines selbst geschaffenen immateriellen Vermögensgegenstands des Anlagevermögens oder eines Geschäfts- oder Firmenwerts nicht verlässlich geschätzt werden kann, die planmäßigen Abschreibungen auf die Herstellungskosten über einen Zeitraum von zehn Jahren vorzunehmen.

Erinnerungswert und Schrottwert/Restwert

Die Abschreibungen sind so zu bemessen, dass die Anschaffungs- oder Herstellungskosten nach Ablauf der betriebsgewöhnlichen Nutzungsdauer voll abgeschrieben sind. Befindet sich der Anlagegegenstand nach Ablauf des Abschreibungszeitraums noch in Betrieb, wird er mit dem sog. **Erinnerungswert** angesetzt. Der Ansatz des Erinnerungswerts folgt aus dem Vollständigkeitsprinzip. Durch diesen Merkposten wird sichergestellt, dass ein voll abgeschriebener Vermögensposten nicht »unbemerkt« aus dem Betriebsvermögen ausscheiden kann. Beim Verkauf eines bereits voll abgeschriebenen Vermögenspostens, ist der Buchwert auszubuchen und ggf. ein Ertrag in Höhe der Differenz eines höheren erzielten Veräußerungserlöses zu buchen.

Bei der Bemessung der Abschreibung ist ein **Schrottwert/Restwert** zu berücksichtigen, wenn er im Vergleich zu den Anschaffungs- oder Herstellungskosten wesentlich ist. Das ist z. B. bei Seeschiffen regelmäßig der Fall. Die Anschaffungs- oder Herstellungskosten werden bei Zugang um den Schrottwert gekürzt und nur der verbleibende Restbetrag auf die voraussichtliche Nutzungsdauer als Abschreibung verteilt. Die Berücksichtigung des Schrottwerts führt dazu, dass der Schrottwert beim Ausscheiden bzw. beim Verkauf des Wirtschaftsgutes als Aufwand gegengebucht wird und eine Ertragsbuchung in dieser Höhe vermieden wird.[133]

Abschreibungsmethode

Neben der Bestimmung der Nutzungsdauer wird durch die Wahl der Abschreibungsmethode bestimmt, in welcher Höhe die Anschaffungsausgabe eines Vermögensgegenstandes auf die Perioden der Nutzung verteilt wird. Das Handelsrecht schreibt in § 253 Abs. 3 HGB keine konkreten Abschreibungsmethoden vor, lediglich die Pflicht zur Vermittlung eines tatsächlichen Bildes der Vermögens-, Finanz- und Ertragslage unter Beachtung der GoB begrenzen die Wahlfreiheit. Nach dem Steuerrecht ist grundsätzlich zwischen zeitabhängigen und leistungsabhängigen Abschreibungsmethoden zu unterscheiden. Zu den zeitabhängigen Verfahren zählen die lineare Abschreibung (§ 7 Abs. 1 S. 1 u. 2 EStG), die degressive Abschreibung (§ 7 Abs. 2 EStG, nur für Anschaffungen von beweglichen Wirtschaftsgütern nach dem 31.12.2019 und vor 01.01.2023), die kombinative Abschreibung (§ 7 Abs. 3 EStG) und die Abschreibung nach Leistungsabgabe (erfolgt nach der sog. Inanspruchnahme; § 7 Abs. 1 S. 6 EStG). Darüber hinaus kann in bestimmten Fällen (wie z. B. bei Großkraftwerken oder Erdgasleitungen) die progressive Abschreibung zur Anwendung kommen, mit der letztlich eine Abschreibung nach Leistungsabgabe fingiert wird. Obwohl die umgekehrte Maßgeblichkeit nicht mehr existiert und auch das BMF eine Abkopplung bei Wahlrechten zwischen Handels- und Steuerbilanz unterstützt, orientieren sich die Unternehmen auch weiterhin häufig in der Handelsbilanz möglichst an den steuerrechtlichen Vorgaben, um das inzwischen kaum noch zu erreichende Ideal der Einheitsbilanz zumindest weitestmöglich umzusetzen.[134]

133 Vgl. ADS, § 253 HGB, Rz. 416.
134 Vgl. Lange/Müller, BilMoG-Erfahrungsbericht, Rz. 133 ff.

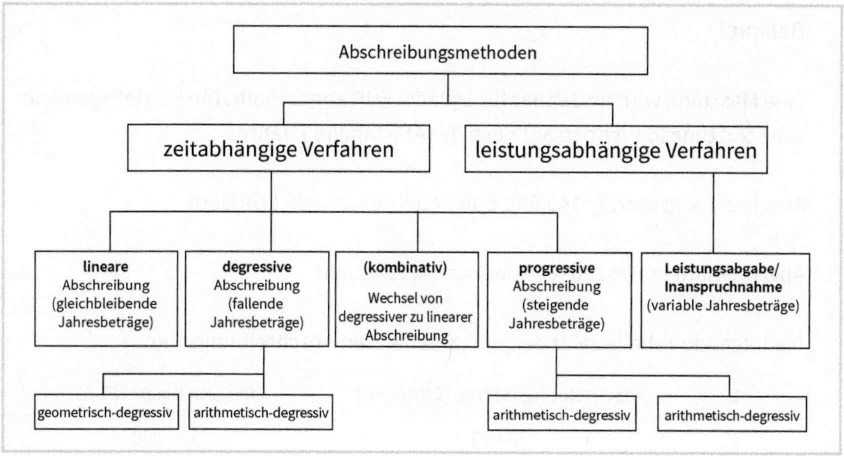

Abb. 4 – 6: Mögliche planmäßige Abschreibungsmethoden

Die lineare Abschreibung

Bei der linearen Abschreibung werden die Anschaffungs- oder Herstellungskosten gleichmäßig auf die Jahre der Nutzung verteilt und als Aufwendungen erfasst. Der Zeitraum der Abschreibung bemisst sich nach der betriebsgewöhnlichen Nutzungsdauer. Der jährliche Abschreibungsbetrag (a) ergibt sich, indem die Anschaffungs- oder Herstellungskosten durch die Zahl der Jahre der betriebsgewöhnlichen Nutzungsdauer geteilt werden.

$$a_t = \frac{(AHK - R_N)}{N}$$

mit t = 1, …, N

AHK = Anschaffungs- oder Herstellungskosten

N = geschätzte Nutzungsdauer (Jahre)

a = jährlicher Abschreibungsbetrag

R_N = Restwert am Ende der Nutzungsdauer

Der Abschreibungssatz entspricht bei der linearen Abschreibung dem Prozentsatz der Anschaffungs- oder Herstellungskosten (Abschreibungsbetrag) der jährlich abgeschrieben wird. Er wird wie folgt ermittelt:

$$p = \frac{100\,\%}{N}$$

Beispiel

Eine Maschine wird im Januar für 140.000 EUR angeschafft. Die betriebsgewöhnliche Nutzungsdauer beträgt nach der AfA-Tabelle 7 Jahre.

Abschreibungsbetrag: 140.000 EUR : 7 Jahre = 20.000 EUR/Jahr

Abschreibungssatz: 100 % : 7 Jahre = 14,29 %/Jahr

Die folgende Tabelle zeigt den entsprechenden Abschreibungsplan:

t	Abschreibungsbetrag (EUR/Jahr)	Restbuchwert (EUR)
1	20.000	120.000
2	20.000	100.000
3	20.000	80.000
4	20.000	60.000
5	20.000	40.000
6	20.000	20.000
7	19.999	1
	139.999	

Beispiel

Bezogen auf das obige Beispiel wird nunmehr davon ausgegangen, dass der Restwert (R_N) 3.500 EUR beträgt.

Während der Abschreibungssatz unverändert bei 14,29 %/Jahr liegt, ändert sich der jährliche Abschreibungsbetrag von zuvor 20.000 EUR/Jahr auf 19.500 EUR/Jahr.

$$a_t = \frac{140.000 - 3.500}{7} = 19.500\ €/\text{Jahr}$$

Der Abschreibungsplan sieht nunmehr wie folgt aus:

t	Abschreibungsbetrag (EUR/Jahr)	Restbuchwert (EUR)
1	19.500	120.500
2	19.500	101.000
3	19.500	81.500

t	Abschreibungsbetrag (EUR/Jahr)	Restbuchwert (EUR)
4	19.500	62.000
5	19.500	42.500
6	19.500	23.000
7	19.500	3.500
	136.500	

Vorteile der linearen Abschreibung sind die einfache Ermittlung der Abschreibungsbeträge und die gleichbleibende Ergebnisbelastung. Die lineare Abschreibung ist sinnvoll, wenn unterstellt werden kann, dass sich der Vermögensgegenstand über die gesamte Nutzungszeit gleichmäßig abnutzt. Zu berücksichtigen ist aber, dass im Zeitablauf häufig mit steigenden Wartungs- und Instandhaltungskosten zu rechnen ist. Werden diese Aufwendungen mit berücksichtigt, ist keine gleichmäßige Ergebnisbelastung mehr gegeben.

Die degressive Abschreibung

Degressive Abschreibung bedeutet, dass zu Beginn der Nutzungsdauer relativ hohe Abschreibungsbeträge zu berücksichtigen sind, die von Jahr zu Jahr stetig sinken. Deshalb wird auch von fallenden Abschreibungsbeträgen gesprochen. Als wichtigste degressive Abschreibungsmethoden sind die geometrisch-degressive und die arithmetisch-degressive Abschreibung zu nennen. Handelsrechtlich dürfen degressive Abschreibungsmethoden verwendet werden, soweit diese nicht den tatsächlichen Werteverzehr völlig verzerrt abbilden. Üblich ist die geometrisch-degressive Methode, wobei auch eine Kombination zwischen degressiver und linearer Methode, z. B. eine degressive Abschreibung mit planmäßigem Übergang auf die lineare Abschreibung, handelsrechtlich Anwendung finden darf.[135]

Bei der **arithmetisch-degressiven Abschreibung** in Form der sog. digitalen Abschreibung vermindern sich die jährlichen Abschreibungsbeträge um denselben Differenzbetrag (arithmetische Folge). Diese in den USA anzutreffende Abschreibung ist steuerrechtlich nicht zulässig und findet deshalb in der deutschen Praxis auch handelsrechtlich kaum Anwendung.

Beispiel (arithmetisch-degressive Abschreibung)

Bei Anschaffungskosten in Höhe von 40.000 EUR und einer Nutzungsdauer von 4 Jahren werden die Abschreibungsbeträge wie folgt ermittelt:

Differenzbetrag = 40.000 EUR : (1 + 2 + 3 + 4) =40.000 EUR : 10 = 4.000 EUR

135 Vgl. IDW (Hrsg.), WP Handbuch, Abschnitt F, Rz. 172.

Abschreibungsbeträge:

1. Jahr: 4 x 4.000 EUR = 16.000 EUR

2. Jahr: 3 x 4.000 EUR = 12.000 EUR

3. Jahr: 2 x 4.000 EUR = 8.000 EUR

4. Jahr: 1 x 4.000 EUR = 4.000 EUR

Bei der **geometrisch-degressiven Abschreibung** wird die Abschreibung nach einem gleich bleibenden Prozentsatz vom jeweiligen Restbuchwert bemessen (geometrische Folge); es handelt sich um die sog. Buchwertabschreibung.

Der Abschreibungsbetrag (a) wird durch Multiplikation des Restbuchwerts (RBW) mit einem konstanten Prozentsatz (s) ermittelt.

$$a_t = S \times RBW_{t-1}$$

mit: s = konstant und t = 2, …, N

Beispiel (geometrisch-degressive Abschreibung)

Der prozentuale Abschreibungssatz lautet 25 %.

Angenommen sei die Anschaffung einer Maschine für 140.000 EUR, die nach der Regelung mit maximal 25 % abgeschrieben werden darf. In diesem Fall sieht der Abschreibungsplan bei einer degressiven Abschreibung folgendermaßen aus:

t	Abschreibungsbetrag (EUR/Jahr)	Restbuchwert (EUR)
1	35.000	105.000
2	26.250	78.750
3	19.688	59.063
4	14.766	44.297
5	11.074	33.223
6	8.306	24.917
7	24.916	1
	139.999	1

Im Gegensatz zur linearen Abschreibung wird bei der degressiven Abschreibung in den ersten Jahren der Nutzung mehr, in den späteren Jahren weniger abgeschrieben. Die degressive Abschreibung wird zum einen dem Vorsichtsprinzip gerecht, zum anderen spiegelt sie eher den Nutzungsverlauf vieler Anlagegegenstände wider.[136] Diese Methode erscheint zudem sowohl aus Gründen der **realen Substanzerhaltung** als auch aus dem Umstand, dass mit fortgeschrittener Nutzungsdauer auch der Reparaturaufwand steigt, sinnvoll zu sein.

Durch die prozentuale Abschreibung auf den Restbuchwert wird der Nullwert nicht erreicht; die Abschreibungen laufen theoretisch ins Unendliche. Da die Vermögensgegenstände nur während ihrer Nutzungsdauer abgeschrieben werden dürfen, ist im letzten Jahr voll bzw., wenn der Vermögensgegenstand noch betrieblich genutzt wird, auf den Erinnerungswert abzuschreiben. Daraus ergibt sich im letzten Jahr ein relativ hoher Abschreibungsbetrag. Aus diesem Grund ist es sinnvoll, ab einem bestimmten Zeitpunkt auf die lineare Abschreibung umzusteigen.

Die kombinative Abschreibung

Die geometrisch-degressive Abschreibungsmethode beginnt zu Anfang mit deutlich höheren Abschreibungen als bei der linearen Methode. Nach zehn Jahren verbleibt aber ein beträchtlicher Restwert, der als ein Verlust aus einem Abgang von Gegenständen des Anlagevermögens ausgebucht werden muss, wenn kein adäquater Verkauf möglich ist. Um dieses Problem zu beseitigen, muss ein **Übergang** von der geometrisch-degressiven zur linearen Abschreibung vorgenommen werden. Der optimale Zeitpunkt für einen Übergang ist gekommen, wenn der Abschreibungsbetrag der fortgesetzten geometrisch-degressiven Abschreibung unter den Betrag der linearen Abschreibung sinkt. Um den optimalen Zeitpunkt für den Abschreibungsübergang zu ermitteln, wird eine Vergleichsrechnung zwischen der degressiven und der linearen Abschreibung vorgenommen.

Das folgende Beispiel zeigt den Abschreibungsverlauf mit einem Wechsel der Abschreibungsmethode von der degressiven zur linearen Abschreibung.

> **Beispiel**
>
> Analog zu den Beispielen der linearen und geometrisch-degressiven Abschreibung betragen die Anschaffungskosten 140.000 EUR und die Nutzungsdauer 7 Jahre.

136 Vgl. Baetge/Kirsch/Thiele, Bilanzen, S. 267 f.

Linear (EUR)		Degressiv (EUR)		Wechsel (EUR)
AK	140.000	AK	140.000	von geom.-degr. auf lineare Abschreibung
- Abschr. für 01	20.000	- Abschr. für 01 (25 %)	-35.000	
= RBW 31.12.t1	120.000	= RBW 31.12.t1	105.000	
- Abschr. 02	20.000	- Abschr. 02 (25 %)	-26.250	
= RBW 31.12.t2	100.000	= RBW 31.12.t2	78.750	
- Abschr. 03	20.000	- Abschr. 03 (25 %)	-19.688	
= RBW 31.12.t3	80.000	= RBW 31.12.t3	59.063	59.063/4
- Abschr. 04	20.000	- Abschr. 04 (25 %)	-14.766	-14.766
= RBW 31.12.t4	60.000	= RBW 31.12.t4	44.297	44.297
- Abschr. 05	20.000	- Abschr. 05		-14.766
= RBW 31.12.t5	40.000	= RBW 31.12.t5		-29.531
- Abschr. 06	20.000	- Abschr. 06		14.766
= RBW 31.12.t6	20.000	= RBW 31.12.t6		14.766
- Abschr. 07	19.999	- Abschr. 07		-14.765
RBW 31.12.t7	1	= RBW 31.12.t7		1

Im Jahr t4 sind die degressive und die lineare Abschreibung gleich hoch; im Jahr t5 ist der lineare Abschreibungsbetrag größer als der Betrag der degressiven Abschreibung. Deshalb ist spätestens in diesem Jahr ein Wechsel auf die lineare Abschreibung vorzunehmen. In den Folgejahren werden bis zum Erreichen der Nutzungsdauer jährlich 14.766 EUR abgeschrieben. Wird der Vermögensposten noch im Unternehmen genutzt, bleibt ein Erinnerungswert von 1 EUR stehen.

Der optimale Übergangszeitpunkt kann mathematisch berechnet werden.

Tipp

$$d \times RBW_{t-1} \leq (RBW_{t-1}); \left(N - t + 1\right)$$

25 % x 59.063 ≤ 59.063 : (7 – 4 + 1)

14.766 ≤ 14.766

Alternativ lässt sich der optimale Zeitpunkt für den Wechsel rechnerisch nach der folgenden Formel ermitteln:

> **Tipp**
>
> Nutzungsdauer – 100 : Abschreibungssatz + 1
>
> 7 – 100 : 25 + 1 = 4

Das bedeutet, dass der optimale Übergangszeitpunkt im 4. Jahr (spätestens im 5. Jahr) ist.

Bei einer zehnjährigen Nutzungsdauer ist der optimale Zeitpunkt für einen Wechsel der Abschreibungsmethode das Jahr 7, spätestens das Jahr 8:

10 – 100 : 25 + 1 = 7

Als Möglichkeit der Kombination von Abschreibungsverfahren bietet sich auch die Kombination der leistungsabhängigen und der linearen Abschreibung als Verfahren der Zeitabschreibung an.

Die progressive Abschreibung

Die progressive Abschreibung ist dadurch gekennzeichnet, dass die Abschreibungsbeträge im Zeitablauf ansteigen. Die progressive Abschreibung ist steuerrechtlich nicht zulässig, wohl aber prinzipiell im Handelsrecht; sie ist jedoch in der Praxis nur sehr selten vorzufinden. Voraussetzung für die Anwendung der progressiven Abschreibung ist, dass die Anlagen erst langsam in ihre volle Nutzung hineinwachsen.[137] Anwendung findet diese Abschreibungsmethode deshalb z.B. nur bei Großkraftwerken oder Erdgasleitungen.

Bei der progressiven Abschreibung wird unterstellt, dass das Anlagegut in den ersten Jahren der Nutzungsdauer weniger und in späteren Jahren mehr genutzt – und somit entwertet – wird.

Die leistungsabhängige Abschreibung

Bei Anlagegütern, deren Leistung erheblich schwankt, weist der periodische Verschleiß wesentliche Unterschiede auf. Deshalb kann die Abschreibung auch nach

137 Vgl. ADS, § 253 HGB, Rz. 401.

Maßgabe der Inanspruchnahme/Leistung (z. B. Kilometer, Stunden) vorgenommen werden. Die Abschreibung ist in § 7 Abs. 1 S. 6 EStG wie folgt geregelt:

> **§ 7 Abs. 1 S. 6 EstG**
> *Bei beweglichen Wirtschaftsgütern des Anlagevermögens, bei denen es wirtschaftlich begründet ist, die Absetzung für Abnutzung nach Maßgabe der Leistung des Wirtschaftsguts vorzunehmen, kann der Steuerpflichtige dieses Verfahren statt der Absetzung für Abnutzung in gleichen Jahresbeträgen anwenden, wenn er den auf das einzelne Jahr entfallenden Umfang der Leistung nachweist.*

Die leistungsabhängige Abschreibung kann steuerrechtlich nur bei beweglichen Anlagevermögensgegenständen angewandt und alternativ zur linearen Abschreibung vorgenommen werden. Das ist gegeben, wenn die Leistung erheblich schwankt und sich ihr Verschleiß deshalb von Jahr zu Jahr wesentlich unterscheidet (R 7.4 Abs. 5 S. 2 EStR).

Die Leistungsabschreibung darf gem. § 7 Abs. 6 EStG auch bei Bergbauunternehmen, Steinbrüchen und anderen Betrieben, die einen Verbrauch der Substanz mit sich bringen, genutzt werden; sie wird in diesen Fällen als Absetzungen nach Maßgabe des Substanzverzehrs (Absetzung für Substanzverringerung) bezeichnet.

In der Steuerbilanz darf die Leistungsabschreibung nur genutzt werden, wenn sie auch in der Handelsbilanz angewandt wird. Die folgenden steuerrechtlichen Voraussetzungen bestehen für eine leistungsabhängige Abschreibung:

- bewegliches Anlagevermögen,
- Leistungsabschreibung kann wirtschaftlich begründet werden,
- Nachweis des auf das einzelne Jahr entfallenden Umfangs der Leistung sowie
- gleichlautende Abschreibung in der Handelsbilanz.

Die leistungsabhängige Abschreibungsmethode erfordert für die Aufstellung des Abschreibungsplans neben den Anschaffungs- oder Herstellungskosten als Ausgangsbasis eine Planung der Leistungsbeanspruchung für die Nutzungsdauer über die Gesamtleistung des Vermögensgegenstandes des Anlagevermögens sowie die Leistung der Anlage im einzelnen Geschäftsjahr. Während die Gesamtleistung der Anlage anhand der betrieblichen oder branchenspezifischen Erfahrungen zu ermitteln bzw. notfalls zu schätzen ist, ist die Anlagenleistung im Geschäftsjahr nachzuweisen (z. B. durch ein die Anzahl der Arbeitsvorgänge registrierendes Zählwerk oder bei Kraftfahrzeugen durch den Kilometerzähler).

Beispiel

Die Anschaffungskosten für einen betrieblich genutzten Pkw betragen 30.000 EUR.

Die voraussichtliche Gesamtfahrleistung wird auf 150.000 km geschätzt. Die Periodenleistung verteilt sich wie folgt auf die einzelnen Jahre:

Jahr 1: 50.000 km

Jahr 2: 30.000 km

Jahr 3: 70.000 km

Der Abschreibungsbetrag a_t wird mit Hilfe der folgenden Formel ermittelt:

$$a_t = \left((AHK - R_N) \times l_t\right):L$$

mit

AHK = Anschaffungs- oder Herstellungskosten

R_N = Restwert nach N Jahren

l_t = Leistungsmenge in t

L = Gesamtleistungsmenge

Bezogen auf das Beispiel ergeben sich die folgenden jährlichen Abschreibungsbeträge:

Jahr 1: (30.000 EUR x 50.000 km) : 150.000 km = 10.000 EUR

Jahr 2: (30.000 EUR x 30.000 km) : 150.000 km = 6.000 EUR

Jahr 3: (30.000 EUR x 70.000 km) : 150.000 km = 14.000 EUR

Ein Vorteil der leistungsabhängigen Abschreibung ist, dass die Höhe der periodischen Abschreibung von der periodischen Inanspruchnahme bestimmt wird und die Anschaffungsausgabe somit verursachungsgerecht über die Perioden der Nutzung verteilt wird.

Änderungen des Abschreibungsplans

In den Folgejahren kann sich herausstellen, dass der Abschreibungsplan nicht mehr mit dem Wertminderungsverlauf übereinstimmt, sodass eine Korrektur des Abschreibungsplanes erforderlich ist. Diese nachträgliche Korrektur kann sich auf die folgenden drei Größen beziehen:

- Änderung des Abschreibungsausgangswerts durch nachträgliche Herstellungskosten,
- Änderung der Abschreibungsmethode,
- Änderung der Nutzungsdauer.

Nachträgliche Anschaffungs- oder Herstellungskosten führen zu einer **Änderung des Abschreibungsausgangswerts**. Diese Kosten sind ab dem Jahr ihres Anfalles im Abschreibungsplan zu berücksichtigen. Sie sind zusammen mit den fortgeführten Anschaffungs- oder Herstellungskosten auf die Restnutzungsdauer zu verteilen. Eine Korrektur des Abschreibungswerts ist auch notwendig, wenn eine außerplanmäßige Abschreibung oder eine Zuschreibung vorgenommen wird.

Ebenso kann es bei Vorliegen sachlicher Gründe notwendig sein, den Abschreibungsplan während der Nutzungsdauer zu verändern. Die Änderung hat unverzüglich zu erfolgen, wenn die bisher angesetzte Nutzungsdauer aus folgenden Gründen nicht mehr als realistisch erscheint:

- technische Gründe (z. B. zunächst Einsatz im Mehrschichtbetrieb, später im Einschichtbetrieb),
- wirtschaftliche Gründe (z. B. veränderte Nutzung durch Produktionsumstellung) oder
- rechtliche Gründe (z. B. Änderung von Umweltbestimmungen).

Stellt sich in späteren Jahren der Nutzung heraus, dass die bisher angewandte Abschreibungsmethode dauerhaft zu einer Überbewertung des Anlagebestandes führen würde, ist die **Abschreibungsmethode zu ändern**. So kann beispielsweise ein Wechsel von der progressiven Abschreibung auf die lineare oder degressive Abschreibung sinnvoll sein.[138]

Bei einer **Fehleinschätzung der Nutzungsdauer** ist entsprechend des Imparitätsprinzips die Änderung einer zu kurz geschätzten Nutzungsdauer zulässig, wohingegen bei einer zu lang geschätzten Nutzungsdauer eine Änderung des Abschreibungsplanes zwingend notwendig ist. Geboten ist eine Änderung des Abschreibungsplanes auch dann, wenn die tatsächliche Nutzungsdauer wesentlich von der geschätzten Nutzungsdauer abweicht.

138 Vgl. ADS, § 252 HGB, Rz. 427.

Es bestehen unterschiedliche Möglichkeiten, den Abschreibungsplan bei einer zu kurz geschätzten Nutzungsdauer zu korrigieren. Sie werden hier anhand eines Beispiels erläutert.[139]

Beispiel

Die Anschaffungskosten einer Anlage betragen 120.000 EUR; die Nutzungsdauer beträgt 10 Jahre. Es erfolgt eine planmäßige Abschreibung in Höhe von 12.000 EUR. Nach fünf Jahren stellt sich heraus, dass die Nutzungsdauer tatsächlich 15 Jahre betragen wird.

Bei der **ersten Möglichkeit** wird so weiter verfahren wie bisher. Nach 10 Jahren steht die Anlage nur noch mit einem Erinnerungswert von 1 EUR in der Bilanz. Ab dem fünften Jahr hätte die Anlage mit einem geringeren Betrag abgeschrieben werden müssen.

Wird der Abschreibungsbetrag auf 15 Jahre bemessen, wären nur 8.000 EUR (120.000 EUR : 15 Jahre) abzuschreiben. Demnach wird das Jahresergebnis in den Jahren 6 – 10 zu niedrig und in den Jahren 11 – 15 zu hoch ausgewiesen. Eine Beibehaltung des Abschreibungsplans ist immer dann möglich, wenn dennoch der Jahresabschluss ein den tatsächlichen Verhältnissen entsprechendes Bild liefert.

Die **zweite Möglichkeit** sieht vor, den am Ende des fünften Jahres verbleibenden Restbuchwert in Höhe von 60.000 (= 120.000 EUR -5 Jahre x 12.000 EUR) linear auf die nunmehr verbleibenden 10 Jahre zu verteilen. Es werden also jährlich 6.000 EUR abgeschrieben. Im Vergleich zur ersten Möglichkeit erfolgt hier ein tendenziell besserer Ausweis der Vermögens- und Erfolgslage; dennoch werden auch hier Vermögen und Erfolg nicht richtig ausgewiesen.

Bei der **dritten Möglichkeit** wird nach dem fünften Jahr der Restbuchwert um den Abschreibungsbetrag gemindert, der sich aus dem ursprünglichen Anschaffungswert und aus der tatsächlichen Nutzungsdauer ergibt. In unserem Beispiel ergibt sich eine Minderung des Abschreibungsbetrags um 8.000 EUR (= 120.000 EUR : 15 Jahre). Ebenso wie bei der ersten Möglichkeit ist auch in diesem Fall der Vermögensgegenstand vor Ende der Nutzungsdauer voll abgeschrieben. Im 13. Jahr kann nur noch der Restbuchwert in Höhe von 4.000 EUR abgeschrieben werden. In den letzten beiden Jahren kann keine Abschreibung mehr berücksichtigt werden.

139 Vgl. im Folgenden Baetge/Kirsch/Thiele, Bilanzen, S. 274 ff.

Nach der **vierten Möglichkeit** werden – analog zur dritten Möglichkeit – 8.000 EUR abgeschrieben. Allerdings wird zuvor eine Zuschreibung vorgenommen, um den Restbuchwert in der Höhe auszuweisen, der sich ergeben hätte, wenn von Anfang an 8.000 EUR pro Jahr abgeschrieben worden wären. Diese Vorgehensweise führt zwar ab dem sechsten Jahr zu einem richtigen Vermögens- und Erfolgsausweis, der Ausweis ist aber im fünften Jahr erheblich verzerrt. Die Vorgehensweise ist handelsrechtlich umstritten. Sie dürfte handelsrechtlich nicht zulässig sein, weil das Handelsrecht eine Zuschreibung bei planmäßiger Abschreibung »bei zweckgerechter Auslegung der Zuschreibungspflicht des § 253 Abs. 5 HGB untersagt.«[140]

4.3.2 Außerplanmäßige Abschreibung

Außerplanmäßige Abschreibungen sind Korrekturen der fortgeführten Anschaffungs- oder Herstellungskosten, die das Handelsrecht immer dann vorsieht, wenn der Wert zum Bilanzstichtag unter den fortgeführten Anschaffungswert sinkt. Diese sog. **Niederstwertvorschriften** sind in § 253 Abs. 3 u. 4 HGB geregelt und unterscheiden sich hinsichtlich der Strenge des Niederstwertprinzips für das Anlage- und Umlaufvermögen.

> **§ 253 Abs. 3 S. 5 HGB**
> *Ohne Rücksicht darauf, ob ihre Nutzung zeitlich begrenzt ist, sind bei Vermögensgegenständen des Anlagevermögens bei voraussichtlich dauernden Wertminderungen außerplanmäßige Abschreibungen vorzunehmen, um diese mit dem niedrigeren Wert anzusetzen, der ihnen am Abschlussstichtag beizulegen ist.*

Nur **Finanzanlagen** dürfen gem. § 253 Abs. 3 S. 6 HGB bei voraussichtlich vorübergehender Wertminderung auf den niedrigeren beizulegenden Wert abschrieben werden (Abschreibungswahlrecht).

Der **niedrigere beizulegende Wert** kommt in Betracht, wenn der Buchwert höher ist als der als tatsächlich anzusehende Wert. Der Buchwert ergibt sich bei abnutzbarem Anlagevermögen aus den Anschaffungs- oder Herstellungskosten vermindert um planmäßige sowie in früheren Jahren vorgenommene außerplanmäßige Abschreibungen. Bei nicht abnutzbarem Anlagevermögen ist der Buchwert analog ohne die planmäßigen Abschreibungen zu berechnen. Für die Bemessung der außerplanmäßigen Abschreibung ist zunächst der Buchwert aus der Schlussbilanz des Vorjahres um die planmäßigen Abschreibungen des laufenden Geschäftsjahres zu kürzen, bevor außerplanmäßig abzuschreiben ist.[141]

140 Baetge/Kirsch/Thiele, Bilanzen, S. 277.
141 Vgl. ADS, § 253 HGB, Rz. 453.

Für das **Anlagevermögen** gilt das **gemilderte Niederstwertprinzip**, weil eine außerplanmäßige Abschreibung auf den niedrigeren beizulegenden Wert nur vorzunehmen ist (Abwertungspflicht), wenn die Wertminderung voraussichtlich von Dauer ist. Ist die Wertminderung voraussichtlich nur vorübergehend, besteht rechtsformunabhängig ein Wertminderungswahlrecht für Finanzanlagen und ein Wertminderungsverbot für Sach- und Immaterialanlagen. Begründet wird das Abwertungsverbot damit, dass ein drohender Verlust bei einer vorübergehenden Wertminderung eher unwahrscheinlich ist, weil das Anlagevermögen dauernd dem Betrieb dient und mit einer Werterholung noch während der Nutzungsdauer zu rechnen ist.

Anders als beim Anlagevermögen gilt für das **Umlaufvermögen** das **strenge Niederstwertprinzip**, weil unabhängig von der Dauer der voraussichtlichen Wertminderung im Falle eines unter den Anschaffungs- oder Herstellungskosten liegenden Stichtagswerts eine außerplanmäßige Wertminderung zu berücksichtigen ist. Konkret heißt es in § 253 Abs. 4 S. 1 – 2 HGB:

> **§ 253 Abs. 4 S. 1 – 2 HGB**
> *Bei Vermögensgegenständen des Umlaufvermögens sind Abschreibungen vorzunehmen, um diese mit einem niedrigeren Wert anzusetzen, der sich aus einem Börsen- oder Marktpreis am Abschlussstichtag ergibt. Ist ein Börsen- oder Marktpreis nicht festzustellen und übersteigen die Anschaffungs- oder Herstellungskosten den Wert, der den Vermögensgegenständen am Abschlussstichtag beizulegen ist, so ist auf diesen Wert abzuschreiben.*

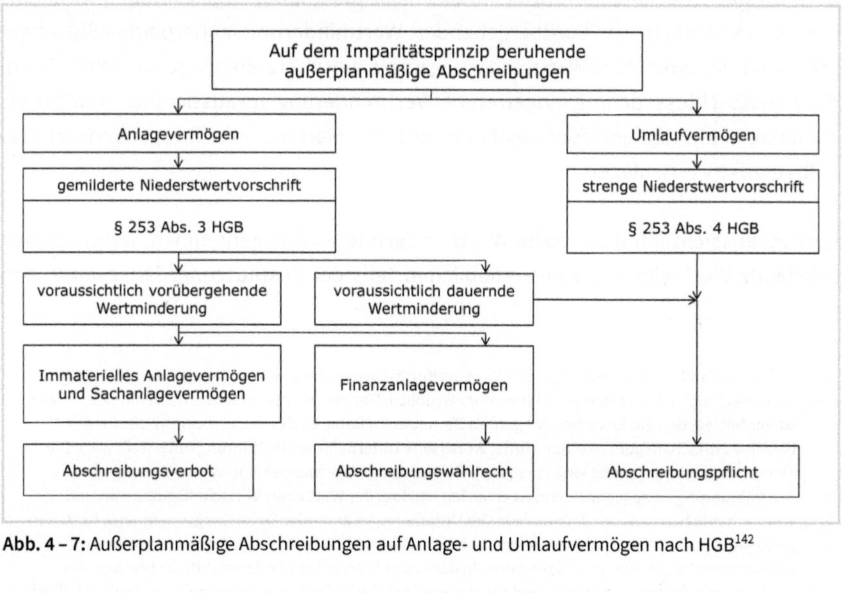

Abb. 4 – 7: Außerplanmäßige Abschreibungen auf Anlage- und Umlaufvermögen nach HGB[142]

142 Leicht verändert übernommen von Baetge/Kirsch/Thiele, Bilanzen, S. 213.

Für die außerplanmäßige Abschreibung auf das Anlage- und Umlaufvermögen sind handelsrechtlich grundsätzlich zwei Wertbegriffe maßgeblich: der **niedrigere beizulegende Wert**[143] und der sich aus dem **Börsen- und Marktpreis** ergebende Wert.[144]

4.3.3 Kriterium »voraussichtlich dauernde Wertminderung« beim Anlagevermögen

Das entscheidende Kriterium für das Wahlrecht bzw. die Pflicht zur Vornahme einer außerplanmäßigen Abschreibung auf das Anlagevermögen ist die **Einschätzung eines »vorübergehenden« und »voraussichtlich dauernden« Zeitraums**. Dieser Maßstab ist gesetzlich nicht definiert und deshalb durch Auslegung zu ermitteln.

Die Anschaffungs- oder Herstellungskosten des **abnutzbaren Anlagevermögens** werden während der Nutzungsdauer laufend durch planmäßige Abschreibungen im Wertansatz gemindert. Deshalb weicht ihr Stichtagswert während der Dauer ihrer Betriebszugehörigkeit nicht wesentlich vom tatsächlichen Wert – verstanden als internen Nutzwert – ab. Aus diesem Grunde sollen Unternehmen bei voraussichtlich kurzfristigen Unterschreitungen (nicht voraussichtliche Wertminderung bzw. **nur vorübergehende Wertminderung**) der sich bei der planmäßigen Abschreibung ergebenden Buchwerte nicht gezwungen werden, den Abschreibungsplan zu korrigieren. Für Sachanlagevermögen und immaterielles Anlagevermögen besteht bei voraussichtlich nur vorübergehender Wertminderung rechtsformunabhängig ein Abschreibungsverbot. Nur das Finanzanlagevermögen, das nicht planmäßig abgeschrieben wird, darf bei voraussichtlich nur vorübergehender Wertminderung außerplanmäßig abgeschrieben werden.[145] Eine Wertminderung ist als »vorübergehend« zu verstehen, wenn die zum Abschlussstichtag eingetretene Wertminderung voraussichtlich weniger als die halbe Restnutzungsdauer bestehen wird. Das Merkmal »vorübergehend« ist deshalb restriktiv auszulegen.[146]

Eine **voraussichtlich dauerhafte Wertminderung** wird angenommen, wenn der beizulegende Wert während eines erheblichen Teils der Restnutzungsdauer unter dem

143 Siehe das Kapitel 4.3.4 »Beizulegender Wert als Korrekturwert für das Anlage- und Umlaufvermögen«.

144 Steuerrechtlich ist der niedrigere Teilwert maßgeblich. Der nur im Steuerrecht anzuwendende Teilwert ist der Betrag, den ein Erwerber des ganzen Betriebes im Rahmen des Gesamtkaufpreises für das einzelne Wirtschaftsgut ansetzen würde, wobei eine Unternehmensfortführung unterstellt wird. Die Teilwertabschreibung setzt eine voraussichtlich dauernde Wertminderung voraus. Eine dauernde Wertminderung ist gegeben, wenn zu erwarten ist, dass der Wert eines Wirtschaftsgutes während eines erheblichen Teils der Verweildauer im Unternehmen unter der Bewertungsobergrenze liegt. Ein geringerer Teilwert ist in jedem Jahr neu zu begründen, sodass beim Wegfall eines wertmindernden Faktors eine Zuschreibung erfolgen muss. In der Praxis führen das handelsrechtliche Konzept des niedrigeren beizulegenden Werts und die steuerrechtliche Teilwertabschreibung zu weitgehend gleichen Ergebnissen.

145 Siehe hierzu das Kapitel 5.4 »Finanzanlagevermögen«.

146 Vgl. Schubert/Andrejewski/Roscher, in: Beck'scher Bilanzkommentar, § 253 HGB, Rz. 312.

Wert liegt, der sich bei planmäßiger Abschreibung ergibt.[147] Bei voraussichtlich dauernder Wertminderung ist eine Abschreibung geboten.

Beispiel

Die Anschaffung eines abnutzbaren Vermögensgegenstandes des Anlagevermögens erfolgt am 2. Januar t1. Die Anschaffungskosten betragen 50.000 EUR; der Vermögensposten wird linear über die Nutzungsdauer von 10 Jahren abgeschrieben. Aufgrund eines Ereignisses im Dezember t2 wird der Wert des Anlagevermögens um 10.000 EUR gemindert.

Nach vorgenommener außerplanmäßiger Abschreibung beträgt der Buchwert 30.000 EUR (= 50.000 EUR - 2 x 5.000 EUR - 10.000 EUR). Bei linearer Abschreibung würde dieser Wert erst am Ende von t4 erreicht werden. Da die Restnutzungsdauer von t2 bis t10 acht Jahre beträgt, wird der Wert aufgrund der außerplanmäßigen Abschreibung bei planmäßiger Abschreibung erst zwei Jahre später, d.h. bei einem Viertel der Restnutzungsdauer erreicht. Damit wäre die Wertminderung vorübergehend und es bestünde ein Abwertungsverbot, weil ein Viertel der Restnutzungsdauer nicht als erheblicher Teil der Restnutzungsdauer angesehen wird.

Hätte die Wertminderung 25.000 EUR betragen, wäre der Wert bei planmäßiger Abschreibung erst Ende t7 erreicht. In diesem Fall beträgt der Zeitraum, in dem der sich aus planmäßigen Abschreibungen ergebende Wert den niedrigeren Wert aufgrund außerplanmäßiger Abschreibung erreicht, fünf Jahre, d.h. 5/8 der Restnutzungsdauer. Im überwiegenden Teil der Restnutzungsdauer wäre damit der Buchwert des Anlagevermögens zu hoch ausgewiesen, sodass die Wertminderung nicht mehr als »vorübergehend« eingestuft werden kann.

Demgegenüber ist bei **Wertminderungen von nicht abnutzbarem Anlagevermögen** i.d.R. von einer voraussichtlich dauernden Wertminderung auszugehen. Die Nutzungsdauer ist in diesem Falle gerade nicht begrenzt. Deshalb würde der sich aus der außerplanmäßigen Abschreibung ergebende Wert – anders als beim abnutzbaren Anlagevermögen – in den Folgejahren nicht durch planmäßige Abschreibungen erreicht. Die auf dem Ereignis beruhende Wertminderung bestünde deshalb während der gesamten Dauer der Zugehörigkeit des Anlagevermögens zum Betriebsvermögen.

In der Literatur wird die Auffassung vertreten, dass von einer dauernden Wertminderung auszugehen ist, »wenn für eine Werterhöhung innerhalb der nächsten fünf Jahre bzw. innerhalb der Restnutzungsdauer, falls diese kürzer als fünf Jahre ist, keine konkreten Anzeichen vorliegen.«[148] Nach einer Entscheidung des BFH gelten Teilwertab-

147 Vgl. ADS, § 253 HGB, Rz. 477.
148 Baetge/Kirsch/Thiele, Bilanzen, S. 281.

schreibungen bei börsennotierten Wertpapieren des Finanzanlagevermögens schon dann als voraussichtlich dauerhaft, wenn der Börsenwert zum Bilanzstichtag unter die Anschaffungskosten gesunken ist und zum Zeitpunkt der Bilanzerstellung keine konkreten Anhaltspunkte für eine alsbaldige Wertaufholung vorliegen.[149]

Praxishinweis:

Eine **voraussichtlich dauerhafte Wertminderung** wird durch den IDW Versicherungsfachausschuss (VFA) bspw. für **Aktien des Finanzanlagevermögens** anhand folgender Aufgreifkriterien konkretisiert (IDW RS VFA 2, Tz. 19):[150]

- Der Börsenkurs der Aktie liegt in den dem Bilanzstichtag vorangehenden sechs Monaten permanent um mehr als 20% unter dem Buchwert.
- Für den Fall, dass der Börsenkurs länger als ein Geschäftsjahr unter dem Buchwert liegt: Der Durchschnittswert der täglichen Börsenkurse der Aktie liegt in den letzten zwölf Monaten um mehr als 10% unter dem Buchwert.

4.3.4 Beizulegender Wert als Korrekturwert für das Anlage- und Umlaufvermögen

Das Handelsrecht schreibt für **Vermögensgegenstände des Anlagevermögens** eine Abschreibung auf den niedrigeren am Abschlussstichtag beizulegenden Wert vor (§ 253 Abs. 3 S. 5 HGB). Beim Anlagevermögen ist eine solche Abschreibung bei voraussichtlich dauernder Wertminderung geboten; bei einer voraussichtlich nur vorübergehenden Wertminderung darf nur beim Finanzanlagevermögen eine Abschreibung vorgenommen werden.

Beim **Umlaufvermögen** besteht unabhängig davon, ob eine dauernde oder vorübergehende Wertminderung vorliegt, eine Abwertungspflicht auf den niedrigeren beizulegenden Zeitwert (**strenge Niederstwertvorschrift**), wenn kein Börsen- oder Marktpreis feststellbar ist (§ 253 Abs. 4 S. 2 HGB).

Der **beizulegende Wert** stellt einen Oberbegriff für alle marktnahen Wertansätze dar und entspricht dem »fair value« z. B. nach IFRS (International Reporting Financial Standards). Als beizulegender Wert können die folgenden Vergleichswerte herangezogen werden:

- Einzelveräußerungspreis (absatzmarktorientiert),
- Wiederbeschaffungswert (beschaffungsmarktorientiert),
- Ertragswert.

149 BFH-Urteil vom 26. September 2007 I R 58/06.

150 Vgl. IDW RS VFA 2, Tz. 19 i. V. m. der Berichterstattung über die 149. VFA-Sitzung, abrufbar unter: https://www.idw.de/IDW/Medien/Arbeitshilfen-oeffentlich/Fachliche-Hinweise-oeffentlich/Downloads-Ukraine/Down-Ukraine-IDW-FachlHinw-VFA.pdf.

Der Gesetzgeber trennt den beizulegenden Wert vom **beizulegenden Zeitwert**, der nicht im Rahmen von Wertminderungen zum Einsatz kommt. Konkret kommt der beizulegende Zeitwert im HGB nur für die folgenden drei Anwendungsfälle im Jahresabschluss vor:

- Vermögensgegenstände, die dem Zugriff aller übrigen Gläubiger entzogen sind und ausschließlich der Erfüllung von Schulden aus Altersversorgungsverpflichtungen oder vergleichbaren langfristig fälligen Verpflichtungen dienen (sog. Deckungsvermögen), sind zu ihrem beizulegenden Zeitwert anzusetzen (§ 246 Abs. 2 S. 2 HGB i. V. m. § 253 Abs. 1 S. 4 HGB);
- Rückstellungen für Altersversorgungsverpflichtungen, deren Höhe sich nach dem beizulegenden Zeitwert von Wertpapieren i. S. d. § 266 Abs. 2 A. III. 5. HGB bestimmt, sind zum beizulegenden Zeitwert dieser Wertpapiere anzusetzen, soweit dieser einen ggf. garantierten Mindestbetrag übersteigt (§ 253 Abs. 1 S. 3 HGB);
- Finanzinstrumente des Handelsbestands von Kredit- und Finanzdienstleistungsinstituten sind zum beizulegenden Zeitwert abzgl. eines Risikoabschlags zu bewerten (§ 340e Abs. 3 S. 1 HGB).

Bedeutendere Anwendungsfälle ergeben sich im Rahmen der Konzernabschlusserstellung.

Kleinstkapitalgesellschaften dürfen nach § 253 Abs. 1 S. 5 HGB keine Bewertung zum beizulegenden Zeitwert in diesem Sinne vornehmen, wenn sie die Erleichterungen in Anspruch nehmen wollen. Das gilt jedoch nur für den ersten genannten Fall, wo das Planvermögen dann zu Anschaffungskosten zu verrechnen wäre. Im zweiten Fall entspricht der beizulegende Zeitwert dem Erfüllungsbetrag und der letzte Fall gilt nur für Banken, die stets als große Kapitalgesellschaften zu behandeln sind.

Die Berechnung des beizulegenden Zeitwerts kann auf den beizulegenden Wert übertragen werden.

Sofern **kein aktiver Markt** (und damit kein verlässlicher Preis) existiert, ist der beizulegende Zeitwert ein **Ertragswert**, der mithilfe allgemein anerkannter Bewertungsmethoden zu bestimmen ist. Ist auch das nicht möglich, sind die Anschaffungs- und Herstellungskosten fortzuführen (§ 255 Abs. 4 HGB).

Während beim Anlagevermögen grundsätzlich der Beschaffungsmarkt und somit der Wiederbeschaffungswert zum Tragen kommen, es sei denn, dass das Anlagevermögen zum Verkauf steht oder kein Beschaffungsmarkt vorliegt und daher der Reproduktionswert in Betracht kommt, finden beim Umlaufvermögen sowohl absatzmarktorientierte Werte (Börsen- oder Marktpreis)[151] als auch Wiederbeschaffungswerte Anwendung.

151 Siehe hierzu Kapitel 4.3.5 »Börsen- oder Marktpreis als Korrekturwert für das Umlaufvermögen«.

Der **absatzmarktorientierte Einzelveräußerungspreis** ist als Vergleichswert für Erzeugnisse heranzuziehen, wenn die Absatzmarktpreise sinken und wenn zu erwarten ist, dass aus den auf Lager befindlichen, zu Anschaffungs- oder Herstellungskosten bewerteten Erzeugnissen negative Erfolgsbeiträge resultieren. In diesem Fall sind die Anschaffungs- oder Herstellungskosten mit dem Absatzmarktpreis abzüglich der noch anfallenden Kosten zu vergleichen. Unterschreitet der Betrag aus dem Absatzmarktpreis abzüglich der noch anfallenden Kosten die Anschaffungswerte, ist eine Abschreibung auf den niedrigeren Wert vorzunehmen.

Handelsrechtlich werden vor allem die Vorräte nach dem Grundsatz der **verlustfreien Bewertung** angesetzt. Hiernach soll beim Verkauf der Vermögensgegenstände nach dem Abschlussstichtag kein Verlust mehr ausgewiesen werden. Voraussichtlich beim Verkauf entstehende Verluste werden in der abgeschlossenen Periode vorweggenommen.

Bei der sog. Verlustfreien Bewertung werden fertige Erzeugnisse und Waren wie folgt retrograd bewertet:

Beispiel: Retrograde Bewertung

Verkaufserlös abzüglich folgender noch anfallender anteiliger Kosten:
- Erlösschmälerungen,
- Verpackungskosten und Ausgangsfrachten,
- Allgemeine Vertriebskosten,
- Verwaltungskosten,
- Kapitalmarktkosten.

Demgegenüber sind für Roh-, Hilfs- und Betriebsstoffe und für Waren die Absatzmarktpreise des zu erstellenden Endproduktes von Bedeutung. Wegen Problemen bei der Zurechnung von möglichen negativen Erfolgsbeiträgen auf die Einsatzfaktoren kommen bei der Bewertung von Roh-, Hilfs- und Betriebsstoffen die **Wiederbeschaffungskosten** zum Einsatz.[152]

Beim **Anlagevermögen** kommt i.d.R. ein **niedrigerer Beschaffungsmarktpreis** als Vergleichswert für eine außerplanmäßige Abschreibung zum Tragen. Das wird damit begründet, dass gesunkene Beschaffungsmarktpreise bewirken, dass die Konkurrenz vergleichbare Maschinen oder Anlagen günstiger beschaffen kann als das bilanzierende Unternehmen und dass damit Kostenvorteile erreicht werden können, die an den Absatzmarkt weitergegeben werden. Der Kostenvorteil kann sich in der Folgeperiode auf den Absatzmarktpreis der hergestellten Erzeugnisse niederschlagen.

152 Vgl. Baetge/Kirsch/Thiele, Bilanzen, S. 377.

Lässt sich ein Wiederbeschaffungszeitwert ermitteln (z. B. bei gebrauchten Pkws anhand von Gebrauchtwagenlisten), ist dieser Wert als Höchstwert heranzuziehen. Andernfalls muss vom Wiederbeschaffungsneuwert ausgegangen werden, der zeitadäquat abzuschreiben ist.

Beispiel

Eine Maschine wurde am 03.02.t1 für 20.000 EUR angeschafft. Die voraussichtliche Nutzungsdauer beträgt 5 Jahre. Am 31.12.t3 kostet die gleiche Maschine nur noch 15.000 EUR.

Wie hoch ist der niedrigere beizulegende Wert (Bemessungsgrundlage: Wiederbeschaffungsneuwert)?

Lösung

	in EUR
Anschaffungskosten:	20.000
abzüglich Abschr. für die Jahre 1–3	12.000
Buchwert am 31.12.t3	8.000

	in EUR
Wiederbeschaffungsneuwert am 31.12.t3:	15.000
abzüglich Abschr. für die Jahre 1–3	9.000
Wiederbeschaffungswert = niedrigerer Wert:	6.000

Während der Wiederbeschaffungswert als Höchstwert fungiert, wird der Einzelveräußerungswert als Tiefstwert herangezogen. Der Einzelveräußerungspreis kommt als niedrigerer Wert beim Anlagevermögen nur in Betracht, wenn die baldige Veräußerung beabsichtigt ist oder eine Anlage stillliegt und in absehbarer Zeit nicht mit einer Inbetriebnahme zu rechnen ist. Der niedrigere Wert entspricht in diesem Fall dem geschätzten Verkaufserlös abzüglich der Ausbau-, Abbruch- und Demontagekosten.[153]

Falls weder Absatz- noch Beschaffungsmarktpreise zuverlässig ermittelt werden können, können Vergleichswerte von gehandelten, vergleichbaren Vermögensgegenständen herangezogen werden. Wenn auch dies nicht möglich ist, kommen **anerkannte mathematische Bewertungsmodelle** zum Einsatz (mark-to-modell), wie z. B. Discounted-Cashflow-Verfahren. Dieser Wert entspricht dem sog. Nutzungswert nach IFRS. Problematisch ist die Anwendung von DCF-Verfahren insofern, als zahlreiche Parameter in die Bewertung einfließen (z. B. Prognose der Einzahlungsüberschüsse, Zinssatz, Risikofaktor, Wachstumsrate) und somit Einschätzungsspielräume eröffnet werden. Dies widerspricht grundsätzlich der handelsrechtlich geforderten vorsichti-

153 Vgl. ADS, § 253 HGB, Rz. 460 ff.

gen Bewertung. Zur Einschränkung des Problems sind daher die grundlegenden Annahmen im Anhang offenzulegen (§ 285 Nr. 25 i.V.m. § 285 Nr. 20 HGB). DCF-Modelle oder Ertragswertverfahren werden z.B. bei Patenten, Beteiligungen oder ähnlichen Rechten verwendet, weil hier i.d.R. kein Marktpreis existiert.

4.3.5 Börsen- oder Marktpreis als Korrekturwert für das Umlaufvermögen

Zur Folgebewertung des Umlaufvermögens kommen nach § 253 Abs. 4 HGB zum Vergleich mit den Anschaffungs- oder Herstellungskosten drei Wertmaßstäbe als Kontrollwerte in Betracht: Der sich aus dem Börsenpreis oder aus dem Marktpreis ergebende Wert und der beizulegende Wert. Diese Wertmaßstäbe sind in der angegebenen Reihenfolge der Bewertung zugrunde zu legen.[154] Dementsprechend ist zunächst zu untersuchen, ob der Gegenstand an einer Börse gehandelt wird. Falls nicht, ist zu prüfen, ob ein Marktpreis zu ermitteln ist. Wenn kein Marktpreis festgestellt werden kann, kommt der beizulegende Wert als Wertmaßstab zum Einsatz.

Ist der Kontrollwert niedriger als die Anschaffungs- oder Herstellungskosten, ist nach dem strengen Niederstwertprinzip gemäß § 253 Abs. 4 S. 2 HGB grundsätzlich der beizulegende Wert anzusetzen. Allerdings ist nicht immer direkt auf den Börsen- oder Marktpreis, sondern auf einen sich daraus ergebenden Wert abzuschreiben. Das bedeutet, dass vom Absatzmarktpreis noch die beim Verkauf des Fertigerzeugnisses anfallenden Vertriebs-, Verpackungs- und Transportkosten in Abzug zu bringen sind (siehe Kapitel 4.3.4, Beispiel »Retrograde Bewertung«).

Der **Börsenpreis** ist der an einer amtlich anerkannten Börse festgestellte Preis. Es muss sich nicht um einen an einer deutschen Börse festgestellten Preis handeln; es kann auch der Börsenpreis einer ausländischen Börse sein. Kommt der Börsenpreis einer ausländischen Börse zum Einsatz, ist eine Umrechnung am Bilanzstichtag nach § 256a HGB mit dem Devisenkassamittelkurs erforderlich.

Bestimmte **Rohstoffe** (wie z.B. Kupfer, Aluminium oder Zink) werden an Börsen gehandelt. Dementsprechend existieren für diese Vorräte Börsenkurse.

Der **Marktpreis** ist der Preis, der an einem Handelsplatz oder in einem Handelsbezirk für Vorräte einer bestimmten Gattung von durchschnittlicher Art und Güte zu einem bestimmten Zeitpunkt oder in einem bestimmten Zeitabschnitt im Durchschnitt gezahlt wird. Voraussetzung für die Nutzung eines Börsen- oder Marktpreises ist, dass tatsächlich Umsätze stattgefunden haben. Ein reiner Geld- oder Briefkurs genügt nicht.[155]

154 Vgl. Thiele/Prigge, in: Baetge/Kirsch/Thiele: Bilanzrecht-Kommentar, § 253 HGB, Rz. 502 f. (Nov. 2020).
155 Vgl. ADS, § 253 HGB, Rz. 509.

Bei stärkeren Schwankungen der Kurse ist nach dem Vorsichtsprinzip der **Stichtagskurs** anzusetzen, wenn dieser niedriger ist als der Durchschnittswert. Ist der Stichtagskurs höher, muss i. d. R. der Durchschnittswert verwendet werden.[156] Bei währungsabhängigen Vermögensgegenständen mit einer Restlaufzeit von unter einem Jahr erlaubt § 256a HGB, vom Niederstwerttest zu abstrahieren und die Umrechnung zum Devisenkassamittelkurs am Abschlussstichtag vorzunehmen. Ob bei den Börsen- oder Marktpreisen der Beschaffungs- oder Absatzmarkt betrachtet wird, hängt von der Art des Vermögensgegenstandes ab; in Zweifelsfällen erfolgt die parallele Betrachtung beider Märkte, wobei der niedrigere Wert anzuwenden ist.

Für **Roh-, Hilfs- und Betriebsstoffe** und für **Waren** existieren Marktpreise. Für sie sind i. d. R. die Verhältnisse auf dem Beschaffungsmarkt maßgebend. Für Waren sind zudem die Verhältnisse auf dem Absatzmarkt wertbestimmend, d. h. für Waren gilt die sog. **doppelte Maßgeblichkeit** von Absatz- und Beschaffungsmarkt: Der niedrigere Preis von Absatz- und Beschaffungsmarkt ist der mit den Anschaffungs- oder Herstellungskosten zu vergleichende Wertmaßstab.[157]

Für **Erzeugnisse** existiert kein Börsenpreis. Gleichartige Massenerzeugnisse haben allenfalls einen Marktpreis. Dabei ist von den **Verhältnissen des Absatzmarktes** auszugehen.

beizulegender Zeitwert			
Beschaffungsmarkt		**Absatzmarkt**	
Börsen- oder Marktpreis	**Wiederbeschaffungszeitwert**	**Börsen- oder Marktpreis**	**retrograde Bewertung**
• Roh-, Hilfs- und Betriebsstoffe • Waren • Wertpapiere	• sonstiges Umlaufvermögen	• Waren • Wertpapiere • gleichartige Massenerzeugnisse	• Erzeugnisse • Waren

Abb. 4 – 8: Wertbestimmung bei Vorräten

Beispiel: Ermittlung des Niederstwerts bei unfertigen Erzeugnissen

Absatzmarktpreis des Endprodukts abzgl. Erlösschmälerungen
- bis zur Fertigstellung anfallende Herstellungskosten
- Veräußerungskosten
- Niederstwert

156 Vgl. Schubert/Roscher, in: Beck'scher Bilanzkommentar, § 253 HGB, Rz. 514.
157 Vgl. IDW (Hrsg.), WP Handbuch, Abschnitt F, Rz. 188.

	Produkt A in EUR	Produkt B in EUR	Produkt C in EUR
Buchwert	**380.000**	**380.000**	**410.000**
Absatzmarktpreis	400.000	450.000	600.000
Kosten für Endmontage	-40.000	-40.000	-50.000
Kosten für Verpackung	-15.000	-15.000	-20.000
Kosten für Transport zum Kunden	-8.000	-10.000	-15.000
Niederstwert	**337.000**	**385.000**	**515.000**
Bilanzansatz	**337.000**	**380.000**	**410.000**
	Korrektur auf Niederstwert	keine Abschreibung, da Buchwert < Niederstwert	

4.3.6 Zuschreibung

Wenn der Abschreibungsgrund nach erfolgter außerplanmäßiger Abschreibung in späteren Jahren wieder entfallen ist, besteht gem. § 253 Abs. 5 HGB – mit Ausnahme des Geschäfts- oder Firmenwerts – eine Zuschreibungspflicht. Diese **Zuschreibungspflicht** bezieht sich nur auf zuvor vorgenommene außerplanmäßige Abschreibungen nach § 253 Abs. 3 S. 5 und 6 sowie Abs. 4 HGB. Es ist deshalb nicht auf planmäßige Abschreibungen anzuwenden. Die Obergrenze für die Zuschreibung bilden die fortgeführten Anschaffungs- oder Herstellungskosten. Es ist nur auf den Betrag zuzuschreiben, der sich ohne eine außerplanmäßige Abschreibung ergeben hätte.[158]

Beispiel

Ausgangsdaten:

- Die Krux GmbH kauft eine Maschine zum Anschaffungswert in Höhe von 60.000 EUR;
- die Nutzungsdauer beträgt 6 Jahre; es wird linear abgeschrieben;
- im zweiten Jahr ist zusätzlich eine außerordentliche Abschreibung (16.000 EUR) vorzunehmen und
- im vierten Jahr stellt sich heraus, dass der Grund der Wertminderung entfallen ist.

Bitte vervollständigen Sie die Daten in der folgenden Tabelle unter Berücksichtigung der vorzunehmenden außerplanmäßigen Abschreibung und der Zuschreibung.

158 Vgl. Meyer/Theile, Bilanzierung nach Handels- und Steuerrecht, S. 179.

Lösung

Beschreibung	in EUR
AK	60.000
Abschr.: 1. Jahr	10.000
Buchwert	50.000
Abschr.: 2. Jahr	10.000
AO-Abschr.	16.000
Buchwert	24.000
Abschr.: 3. Jahr	6.000
Buchwert	18.000
Abschr.: 4. Jahr Zuschreibung	6.000 8.000
Buchwert	20.000
Abschr.: 5. Jahr	10.000
Buchwert	10.000
Abschr.: 6. Jahr	9.999
Buchwert	1

4.3.7 Geringwertige Wirtschaftsgüter

Vor dem Hintergrund des Wirtschaftlichkeitsgrundsatzes ergibt sich, dass es für einige Vermögensgegenstände fraglich ist, den Aufwand einer Abschreibungsplanerstellung und später die entsprechenden jährlichen Buchungen vorzunehmen. Aus diesem Grund hat der Steuergesetzgeber konkrete Regelungen für geringwertige Wirtschaftsgüter erlassen. Nach § 6 Abs. 2 EStG müssen selbstständig nutzbare Wirtschaftsgüter bis 800 EUR gar nicht angesetzt werden. Sie können sofort abgeschrieben werden. Alternativ können nach § 6 Abs. 2a EStG Wirtschaftsgüter bis 250 EUR sofort abgeschrieben und Wirtschaftsgüter von mehr als 250 EUR bis 1.000 EUR in einen Pool, der über fünf Jahre gleichmäßig abzuschreiben ist, eingebracht werden.

Anschaffungskosten	1. Variante Abschreibung (§ 6 Abs. 2 EStG)	2. Variante Abschreibung (§ 6 Abs. 2a EStG)	3. Variante Wahlmöglichkeit: Anstelle der 1. Variante
bis 250 EUR	sofort	sofort	Abschreibung nach der betriebsgewöhnlichen Nutzungsdauer
mehr als 250 EUR bis 800 EUR	sofort	Poolabschreibung über 5 Jahre	Abschreibung nach der betriebsgewöhnlichen Nutzungsdauer
mehr als 800 EUR bis 1.000 EUR	Abschreibung nach der betriebsgewöhnlichen Nutzungsdauer	Poolabschreibung über 5 Jahre	Abschreibung nach der betriebsgewöhnlichen Nutzungsdauer
über 1.000 EUR	Abschreibung nach der betriebsgewöhnlichen Nutzungsdauer	Abschreibung nach der betriebsgewöhnlichen Nutzungsdauer	Abschreibung nach der betriebsgewöhnlichen Nutzungsdauer

Abb. 4 – 9: Abschreibungsverfahren geringwertiger Wirtschaftsgüter

Handelsrechtlich existieren keine entsprechenden Regelungen. Über die GoB kann jedoch eine Übernahme dieser Werte auch in die Handelsbilanz erfolgen. Gleichwohl ist dies freiwillig und es sind ggf. andere Grenzen möglich.

4.4 Bewertung von Schulden zum Erfüllungsbetrag

Schulden sind gegenwärtige Verpflichtungen, die mit zukünftigen Auszahlungen verbunden sind bzw. sein können. Nach § 253 Abs. 1 S. 2 HGB sind **Verbindlichkeiten** zu ihrem Erfüllungsbetrag und Rückstellungen in Höhe des nach vernünftiger kaufmännischer Beurteilung notwendigen Erfüllungsbetrages anzusetzen. Als **Erfüllungsbetrag** gilt der Betrag, den der Schuldner zur Begleichung der Verbindlichkeit oder Rückstellungen aufbringen muss. Erfüllungsbetrag in diesem Sinne ist bei Verpflichtungen in Geldleistungen grundsätzlich der Nennbetrag, bei Verpflichtungen zu Sach- oder Dienstleistungen der voraussichtlich aufzuwendende Geldbetrag. In der Regel ist der Erfüllungsbetrag bei Verbindlichkeiten in einer Rechnung oder in dem zugrunde liegenden Vertrag fixiert. Bei Fremdwährungsverbindlichkeiten kommt der Devisenkassamittelkurs am Abschlussstichtag zum Tragen.[159] Für die Bemessung des Erfüllungsbetrags für Rückstellungen sind Schätzungen notwendig.

159 Vgl. das Kapitel 7.1 »Verbindlichkeiten«, Abschnitt »Bewertung von Verbindlichkeiten«.

Zudem sind **Rückstellungen** mit einer Restlaufzeit von über einem Jahr generell abgezinst anzusetzen.[160] Die Diskontierung erfolgt gemäß § 253 Abs. 2 HGB im Falle sonstiger Rückstellungen mit einem der Laufzeit entsprechenden und von der Deutschen Bundesbank veröffentlichten Durchschnittsmarktzinssatz der vergangenen sieben Geschäftsjahre.

Auch Verpflichtungen im Zusammenhang mit Pensionen oder Anwartschaften auf Pensionen sind mit einem von der Bundesbank vorgegebenen Marktzinssatz abzuzinsen. Nach § 253 Abs. 2 HGB besteht hier ein Wahlrecht: Es kann entweder mit den geltenden Zinssätzen gerechnet werden, die sich bei Laufzeiten über einem Jahr unter Berücksichtigung der Restlaufzeiten der Rückstellungen bzw. der zugrunde liegenden Verpflichtungen als durchschnittliche Marktzinssätze der letzten zehn Jahre ergeben (abweichend von dem für Rückstellungen grundsätzlich geltenden Durchschnittsmarktzinssatz der vergangenen sieben Geschäftsjahre), oder es wird pauschal mit dem durchschnittlichen Marktzinssatz, der sich bei einer angenommenen Laufzeit von 15 Jahren ergibt, gerechnet.

Der **Erfüllungsbetrag** ist so zu bemessen, dass alle künftig anfallenden Ausgaben erfasst werden, die notwendig sind, um die Verpflichtung zu begleichen. Verbindlichkeiten in Form von Sach- und Dienstleistungsverpflichtungen sowie alle Rückstellungen sind demnach mit den **Vollkosten**, d.h. grundsätzlich mit allen Kostenarten einschließlich der Einzelkosten sowie den notwendigen Gemeinkosten, anzusetzen.

Künftige **Kosten- und Preissteigerungen** sind bei der Bewertung von Rückstellungen handelsrechtlich einzubeziehen. Dies betrifft insbesondere die Bilanzierung von Pensionsrückstellungen.[161]

Eine **Abzinsung von Verbindlichkeiten** kommt weder für normal-verzinsliche Verbindlichkeiten noch für unverzinsliche oder niedrig verzinsliche Verbindlichkeiten in Betracht, weil mit einer Vorwegnahme künftiger Erträge ein Verstoß gegen das Realisationsprinzip vorliegt. Eine Abzinsung ist für Verbindlichkeiten nur dann geboten, wenn die zugrunde liegenden Verbindlichkeiten einen Zinsanteil enthalten.

Bei **ungewissen Verbindlichkeiten** (Rückstellungen) vermutet der Gesetzgeber überwiegend einen enthaltenen verdeckten Zins (wie z.B. grundsätzlich bei ungewissen Sachleistungsverpflichtungen, Verpflichtungen aus Bürgschaften oder Schadensersatzleistungen, Rekultivierungsverpflichtungen, Gewährleistungsverpflichtungen,

160 Vgl. das Kapitel 7.2 »Rückstellungen«.

161 Vgl. das Kapitel 7.2 »Rückstellungen«, Abschnitt »Rückstellungen für Gewährleistungsverpflichtungen und Kulanz – Pensionsrückstellungen«.

Umweltschutzverpflichtungen oder Rückstellungen für Steuern vom Einkommen und Ertrag), solange die vermutete Auszahlung erst nach mindestens einem Jahr erfolgt.

Beispiel

Das Unternehmen passiviert zum 31.12.t1 eine Rückstellung in Höhe von 100.000 EUR. Die Laufzeit beträgt voraussichtlich noch zwei Jahre.

Der Rückstellungsbetrag wird durch die Abzinsung der 100.000 EUR über 2 Jahre mit dem Abzinsungssatz von 5,5% ermittelt.

Für das Beispiel ergibt sich somit der folgende Barwert:

$$K_0 = K_n \frac{1}{(1 + i)^2}$$

$$K_0 = \frac{100.000 \text{ EUR} \times 1}{(1 + 0,55)^2} = 89.845 \text{ EUR}$$

Es ergibt sich ein Abzinsungsbetrag in Höhe von 10.155 EUR, der als Ertrag zu buchen ist.

Rückstellung in EUR	10.155	an Zinsertrag	10.155

Alternativ kann ein Vervielfältiger als Abzinsungsfaktor für die Abzinsung einer unverzinslichen Schuld nach § 12 Abs. 3 BewG herangezogen werden. Bei einer Laufzeit von 2 Jahren lautet dieser 0,898 [= (1 + 0,55)-2]. Es ergibt sich ein Barwert in Höhe von 89.000 EUR. Die bestehende Differenz von 845 EUR ist auf die Abrundung beim Abzinsungsfaktor zurückzuführen.

Eine **Saldierung mit Rückgriffsansprüchen** ist unter bestimmten Voraussetzungen geboten. Das betrifft beispielsweise Rückgriffsansprüche gegenüber Lieferanten bei Gewährleistungsansprüchen. Wenngleich Rückgriffsansprüche als bedingte Forderungen nicht aktivierungsfähig sind, ist ihre Saldierung mit dem ursprünglichen Erfüllungsbetrag zulässig. Voraussetzungen sind:

- ein unmittelbarer Zusammenhang zwischen Rückgriffsanspruch und drohender Inanspruchnahme,
- eine zwangsläufige Folge der Rückgriffsansprüche auf die Entstehung oder Erfüllung der Verbindlichkeit in rechtlich verbindlicher Weise und
- eine vollwertige Rückgriffsinanspruchnahme (der Rückgriffsschuldner verfügt über eine zweifelsfreie Bonität und bestreitet den Anspruch nicht).

Ein Saldierungsgebot besteht demnach nur, wenn die Ansprüche nahezu sicher sind.

In den **Folgejahren** sind bei der Bewertung von Schulden die Bewertungsgrundsätze des § 252 Abs. 1 HGB zu beachten. Aus dem Imparitätsprinzip gem. § 252 Abs. 1 Nr. 4 2. HS HGB folgt zusammen mit dem Stichtagsprinzip gem. § 252 Abs. 1 Nr. 3 HGB das **Höchstwertprinzip** für die Bewertung von Schulden. Danach sind Schulden zum Bilanzstichtag mit einem höheren Wert anzusetzen, falls die Belastung am Bilanzstichtag höher bemessen wird als der ursprüngliche Erfüllungsbetrag. Ein unter dem ursprünglichen Einbuchungsbetrag liegender Wertansatz ist bei Änderung der Bewertungsparameter denkbar.

Zudem gilt für kurzfristige Verbindlichkeiten auch eine Stichtagsbetrachtung ohne Höchstwerttest (§ 256a HGB).

Beispiel: Währungsverbindlichkeiten

Von der US-amerikanischen Forro Corp. erhielten wir im November eine Maschine; die Fakturierung erfolgt auf Dollar-Basis. Die Rechnung lautet über 20.000 US-Dollar; am Tage der Lieferung liegt der Kurs bei 1,5 EUR. Als Zahlungsziel konnten wir 2 Jahre heraushandeln, was vollständig ausgenutzt wird. In welcher Höhe ist die Verbindlichkeit am folgenden Abschlussstichtag zu buchen, wenn der Kurs am 31.12. auf

- 1,5 EUR,
- 1,6 EUR,
- 1,4 EUR lautet?

Lösung

Bei einem Devisenkassamittelkurs von 1,5 EUR ergeben sich keine Veränderungen, sodass der Einbuchungswert von 30.000 EUR bestehen bleibt.

Der Kurs von 1,6 EUR bedeutet, dass der Stichtagskurs höher ist als der Anschaffungskurs. Dies führt zu einer ergebnismindernden Zuschreibung der Verbindlichkeit (sonstiger betrieblicher Aufwand an Verbindlichkeiten 2.000 EUR). Der Bilanzansatz liegt dann beim höheren Rückzahlungsbetrag/Tageskurs von 32.000 EUR.

Bei einem Kurs von 1,4 EUR liegt der Stichtagskurs unter dem Anschaffungskurs, sodass ein schwebender Gewinn vorliegt, der nach dem Imparitätsprinzip nicht abgebildet werden darf. Daher erfolgt der Bilanzansatz weiter zum Anschaffungswert/Anschaffungskurs von 30.000 EUR.

Hätte die Verbindlichkeit eine Restlaufzeit von weniger als einem Jahr, würde die Stichtagsbewertung mit dem Devisenkassamittelkurs ohne Höchstwertberücksichtigung in Höhe von 28.000 EUR erfolgen.

4.5 Bewertungseinheiten

Nachdem die Grundsätze ordnungsmäßiger Buchführung seit einiger Zeit die Anwendung von Bewertungseinheiten trotz des Einzelbewertungsgrundsatzes zulassen, folgte der Gesetzgeber dieser überaus sinnvollen Vorgehensweise und regelt sie in § 254 HGB. Konkret geht es um das Problem, dass zusammengehörende Geschäfte (wie etwa eine Fremdwährungsforderung und ein korrespondierendes Devisentermingeschäft) nicht isoliert, sondern – bei Erfüllung bestimmter Voraussetzungen – zusammen zu bewerten sind. Die strenge Auslegung des Einzelbewertungsgrundsatzes hatte in Verbindung mit dem Imparitätsprinzip zur Folge, dass schwebende Verluste erfasst werden mussten, während schwebende Gewinne nicht erfasst werden durften. Damit wäre es möglich, dass trotz Vorliegen eines Absicherungsgeschäftes immer ein Verlust auszuweisen wäre.

Das kann nun verhindert werden, wobei auch hinter dieser vergleichsweise kurzen Regelung noch ein hoher Ausgestaltungsbedarf – mit hoher Wahrscheinlichkeit wieder unter Rückgriff auf die IFRS – besteht. So bedarf insbesondere die Antizipation der schwebenden Geschäfte und der »erwarteten Transaktionen« einer Klärung.[162]

4.6 Aufgaben und Lösungen

4.6.1 Aufgaben

Aufgabe 1: Herstellungskosten

Die folgenden Kostenwerte (pro Stück) der im Lager befindlichen MP3-Player sind bekannt. Ermitteln Sie die Herstellungskosten:

162 Vgl. ausführlicher das Kapitel 8.3 »Derivative Finanzinstrumente«.

Kostenwerte	in EUR
Lohnkosten der Herstellung	15,00
anteilige Kosten Lizenzabgabe für Produktion des MP3-Players	0,15
umgelegte Körperschaftssteuer	0,05
Platine mit Steuerelektronik	1,10
Umlage von Vertriebsgemeinkosten	0,75
Energiekosten	0,50
Gewinnaufschlag	2,20
Spezialaufsatz für eine Fräsmaschine, der nur zur Produktion des MP3-Players genutzt werden kann	0,20
Rohling des Plastikgehäuses	0,45
Sondereinzelkosten des Vertriebs für Verpackungsmaterial	0,75
Anteil Zinsen auf Eigenkapital	0,10
Vertriebskosten für die Werbekampagne zur Markteinführung des MP3-Players	1,10
Umlage Materialgemeinkosten	0,25
anteilige Kosten des Personalbüros und des Rechnungswesens	1,30
Gemeinkosten der Fertigung	0,80

Aufgabe 2: Bewertung Umlaufvermögen

Das Unternehmen besitzt ein Aktienpaket, das zur Weiterveräußerung bestimmt ist. Der Kurs der Aktie beim Kauf betrug 4,50 EUR. Es befinden sich 1.500 Aktien im Bestand. Die Gebühren beim Kauf betrugen 150,00 EUR.

Mit welchem Wert werden die Aktien in den folgenden Fällen in der Bilanz angesetzt?

1. Kurswert der Aktie am Bilanzstichtag 6,00 EUR
2. Kurswert der Aktie am Bilanzstichtag 4,50 EUR

4.6.2 Lösungen

Lösung zu Aufgabe 1

Werte in EUR	Verbot	Pflicht	Wahlrecht
Lohnkosten		15,00	
Lizenz		0,15	
Körperschaftsteuer	X		
Platine		1,10	
Vertriebsgemeinkosten	X		
Energie		0,50	
Gewinn	X		
Spezialaufsatz		0,20	
Rohling		0,45	
Sondereinzelkosten Vertrieb	X		
Zinsen auf EK	X		
Vertriebskosten Kampagne	X		
Materialgemeinkosten		0,25	
Personalbüro/ReWe			1,30
Gemeinkosten der Fertigung		0,80	
SUMME		**18,45**	**1,30**

Lösung zu Aufgabe 2

Anschaffungskosten des Aktienpaketes:

	Kurswert Aktien	(1.500 Stück x 4,50 EUR/Stück =)	6.750 EUR
+	Nebenkosten		150 EUR
=	Anschaffungskosten		6.900 EUR
	AK je Aktie	**(6.900 EUR/1.500 Stück =)**	**4,60 EUR/Stück**

1. Kurswert der Aktien am Bilanzstichtag 6,00 EUR/Stück
   Der aktuelle Ansatz in Höhe der Anschaffungskosten (4,60 EUR/Stück) liegt unter dem aktuellen Kurswert der Aktie. Da jedoch noch die Anschaffungskostenobergrenze für die Bewertung gilt, erfolgt der Ansatz von 4,60 EUR/Stück x 1.500 Stück = 6.900 EUR

2. Kurswert der Aktien am Bilanzstichtag: 4,50 EUR/Stück
   Der Kurswert der Aktie liegt unter dem Wertansatz in der Bilanz. Gemäß § 253 Abs. 4 HGB (strenges Niederstwertprinzip) besteht eine Abwertungspflicht: 4,50 EUR/Stück x 1.500 Stück = 6.750,00 EUR

Hinweis

Diese und weitere Aufgaben samt Lösungen finden Sie online bei den digitalen Extras.

DIGITALE EXTRAS

4.7 Lernkontrolle

Geben Sie bitte an, ob die folgenden Aussagen richtig (R) oder falsch (F) sind. (Die Lösung finden Sie in Kapitel »Lösungen zu den Lernkontrollen«.)

Nr.	Aussage	Antwort
1	Wertaufhellende Tatsachen sind bei der Bewertung zum vorangegangenen Stichtag zu berücksichtigen. Wertbegründende Tatsachen sind hingegen nicht zu berücksichtigen, da diese erst nach dem Bilanzstichtag verursacht worden sind.	
2	Eine Zugangsbewertung erfolgt zu marktmäßig realisierten und nachweisbaren Werten.	
3	Anders als Rabatte zählen Skonti nicht zu den Anschaffungspreisminderungen.	
4	Im Rahmen der Zugangsbewertung ist für die Fremdwährungsumrechnung jener Eurokurs heranzuziehen, der sich im Durchschnitt der vergangenen drei Monate ergeben hat.	
5	Herstellungskosten und Anschaffungskosten sind synonyme Begriffe.	
6	Für soziale Aufwendungen existiert handelsrechtlich ein Einbeziehungswahlrecht in die Herstellungskosten.	
7	Bei der degressiven Abschreibung werden die Anschaffungs-/Herstellungskosten gleichmäßig auf die Nutzungsdauer verteilt und als Aufwand erfasst.	
8	Eine voraussichtlich dauerhafte Wertminderung liegt vor, wenn der beizulegende Wert während der Restnutzungsdauer unter jenem Wert liegt, der sich durch den Anfangswert abzüglich planmäßiger Abschreibungen ergibt.	
9	Eine Abzinsung von Verbindlichkeiten ist stets zu beachten.	
10	Anders als beim Anlagevermögen gilt im Umlaufvermögen das strenge Niederstwertprinzip.	
11	Zuschreibungen auf zuvor vorgenommene außerplanmäßige Abschreibungen stellen nach allgemeiner Auffassung ein Wahlrecht dar.	
12	Für Waren gilt die doppelte Maßgeblichkeit von Absatz- und Beschaffungsmarkt, d. h., der höhere Preis von Absatz- und Beschaffungsmarkt ist Vergleichsmaßstab.	

5 Bilanzierung des Anlagevermögens

Nach Durcharbeiten dieses Kapitels

- kennen Sie die Strukturierung des Anlagevermögens.
- können Sie Anlage- und Umlaufvermögen voneinander unterscheiden.
- wissen Sie, welche Kriterien bei der Bilanzierung und Bewertung selbst erstellter immaterieller Vermögensgegenstände zu prüfen sind.
- sind Sie mit dem derivativen Geschäfts- oder Firmenwert und dessen Folgebewertung vertraut.
- können Sie das Sachanlagevermögen bilanziell bewerten.
- kennen Sie verschiedene Positionen des Finanzanlagevermögens.
- wissen Sie, welche Unterschiede bei der Bewertung des Anlagevermögens bestehen.
- kennen die Ausweisvorschriften des Anlagevermögens und den Aufbau des Anlagenspiegels.

5.1 Strukturierung des Anlagevermögens

Unter der Position Anlagevermögen sind alle Vermögensgegenstände auszuweisen, die dazu bestimmt sind, dauernd dem Geschäftsbetrieb zu dienen (§ 247 Abs. 2 HGB). Ob Vermögensgegenstände im Anlagevermögen dargestellt werden, hängt deshalb konkret davon ab, ob die erstellen Vermögensgegenstände für den Verkauf an Kunden oder für die Eigennutzung im Unternehmen vorgesehen sind.

Die **handelsrechtliche Gliederungsvorschrift** des § 266 HGB unterscheidet drei Arten des Anlagevermögens:

- immaterielle Vermögensgegenstände,
- Sachanlagen,
- Finanzanlagen.

Eine Strukturierung des Anlagevermögens kann wie folgt vorgenommen werden:

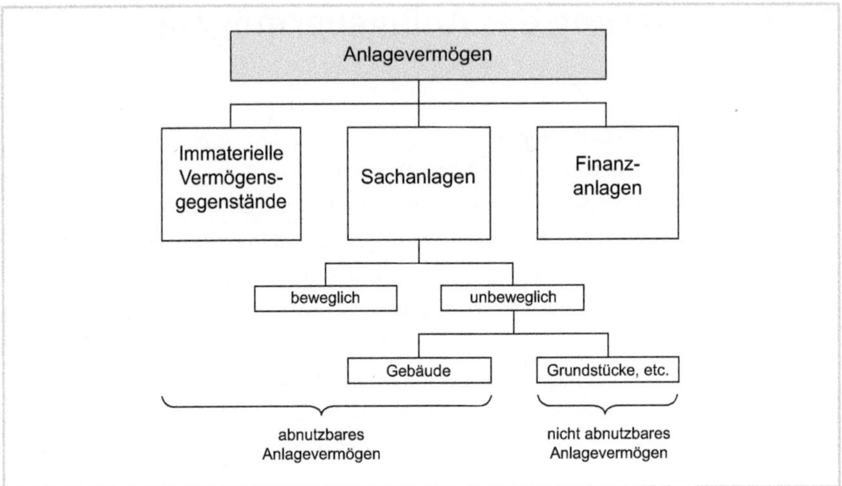

Abb. 5 – 1: Strukturierung des Anlagevermögens[163]

Im Folgenden werden neben den Abgrenzungsfragen Anlage- versus Umlaufvermögen, bewegliches versus unbewegliches Anlagevermögen sowie abnutzbares versus nicht abnutzbares Anlagevermögen für die immateriellen Anlagen, Sachanlagen und Finanzanlagen jeweils die Begrifflichkeiten und handelsrechtlichen Unterteilungen betrachtet. Zusätzlich zu speziellen Ansatzentscheidungen werden die verschiedenen möglichen **Wertansätze** je Kategorie des Anlagevermögens dargestellt:

- Zugangsbewertung:
  - Anschaffungs- oder Herstellungskosten (AHK);
- Folgebewertung/Wertfortschreibung:
  - planmäßige und/oder außerplanmäßige Abschreibung aufgrund handelsrechtlicher Bestimmungen,
  - Zuschreibungen.

5.1.1 Abgrenzung von Anlage- und Umlaufvermögen

Die Vermögensgegenstände werden in der Bilanz in die zwei Hauptgruppen Anlage- und Umlaufvermögen unterteilt (Komplementärbegriffe). Nach § 247 Abs. 2 HGB gelten nur jene Gegenstände als **Anlagevermögen**, die dazu bestimmt sind, dauernd dem Geschäftsbetrieb zu dienen. Das Kriterium »dauernd« ist entscheidend für die Abgrenzung zwischen Anlage- und Umlaufvermögen. Maßgeblich ist hierbei die Häufigkeit der Nutzung über eine gewisse Zeit – i.d.R. mehr als ein Jahr. Während Anlagevermögen mehrmals im Betrieb genutzt werden kann, dient das Umlaufvermögen

163 Vgl. Coenenberg/Haller/Mattner/Schultze, Rechnungswesen, S. 355.

dem Betrieb nur einmal, indem es veräußert, verbraucht oder verwertet wird.[164] Erstere (AV) werden daher als Gebrauchs-, letztere (UV) als Verbrauchsgüter bezeichnet.

Nur selten ergibt sich die Zugehörigkeit zum Anlage- oder Umlaufvermögen erst aus dem betrieblichen Zweck. In Abhängigkeit vom betrieblichen Verwendungszweck können Vermögensgegenstände zunächst als Anlage- und später als Umlaufvermögen gelten. Das gilt beispielsweise für Vorführungs- bzw. Vorstellungsstücke, die zuerst dem Anlagevermögen und bei Verkauf dem Umlaufvermögen zuzurechnen sind.

Entscheidend für die Zuordnung ist die **Zweckbestimmung**. Dienen Vermögensgegenstände zuerst dazu, den Kunden das Verkaufsprogramm vorzuführen und sie erst später zu verkaufen, sind sie während der Zeit der Verkaufsförderung dem Anlagevermögen zuzuordnen.[165]

Beispiel

Hanna Rasant betreibt eine Fahrschule und handelt mit Pkws. Sie kauft 10 neue Fahrzeuge. Zwei will sie nur als Fahrschulwagen verwenden, die Übrigen sollen weiterverkauft werden. Die zwei Fahrschulwagen werden von einer Werkstatt für Fahrschulzwecke umgerüstet.

Sind die Fahrzeuge dem Anlage- oder dem Umlaufvermögen zuzuordnen?

Lösung
Die zwei für Fahrschulzwecke bestimmten Fahrzeuge sind dem Anlagevermögen zuzuordnen. Sie werden durch Gebrauch im Unternehmen mehrmals genutzt; ihnen wird eine bestimmte Funktion im Unternehmen zugewiesen. Das objektive Merkmal der Umrüstung für Fahrschulzwecke ist zudem für die Zurechnung ursächlich.

Dagegen werden die zum Verkauf bestimmten Fahrzeuge nur einmal für betriebliche Zwecke durch Veräußerung genutzt. Sie sind deshalb dem Umlaufvermögen zuzuordnen.

Darüber hinaus ist das Kriterium »dauerhaft« nur zu Beginn der Nutzung entscheidend. Ein nahendes Ende der Nutzungsdauer führt nicht zu einer Umklassifikation.

164 Vgl. BFH, Urt. vom 13.01.1972 V R 47/71, BStBl 1972 II, S. 744.
165 Vgl. BFH, Urt. vom 17.11.1981 VIII R 86/78, BStBl 1982 II, S. 344.

5.1.2 Abgrenzung bewegliches und unbewegliches Anlagevermögen

Eine Unterteilung in bewegliches und unbewegliches Anlagevermögen kommt nur für Sachanlagen in Betracht. Immaterielle Wirtschaftsgüter werden als unbeweglich angesehen (H 7.1 EStH); Finanzanlagen gelten demgegenüber grundsätzlich als beweglich.

Als Beispiele für **bewegliche Sachanlagen** (Mobilien) sind zu nennen:
- Maschinen, maschinelle Anlagen und sonstige Betriebsvorrichtungen,
- Geschäftseinrichtungsgegenstände,
- Werkzeuge,
- Schiffe.

Zu den **unbeweglichen Sachanlagen** (Immobilien) gehören z. B.
- Gebäude,
- selbstständig bewertbare Gebäudeteile (Ausnahme: Betriebsvorrichtungen),
- abnutzbare Bestandteile des Grunds und Bodens.

Bewegliche Sachanlagen sind materielle Anlagen, die nicht im Nutzungs- oder Funktionszusammenhang mit Grund und Boden, Gebäuden, selbstständigen Gebäudeteilen oder Außenanlagen stehen.

5.1.3 Abgrenzung abnutzbares und nicht abnutzbares Anlagevermögen

Im Handelsrecht werden die Anlagevermögensgegenstände unterschieden in
- Vermögensgegenstände, deren Nutzung zeitlich begrenzt ist (§ 253 Abs. 3 S. 1 HGB) und
- Vermögensgegenstände, deren Nutzung nicht zeitlich begrenzt ist (§ 253 Abs. 3 S. 5 HGB).

Die Unterteilung des Anlagevermögens im Handelsrecht in **abnutzbare und nicht abnutzbare Anlagen** entspricht dem Abgrenzungskriterium der zeitlichen Nutzungsbeschränkung. Die Zeitdauer der Nutzung (Nutzungsdauer) wird vom technischen Verschleiß (materielles Anlagevermögen) oder von der wirtschaftlichen Abnutzung (materielles und immaterielles Anlagevermögen) bestimmt.

Die zeitliche Beschränkung besteht von vornherein, sodass die Nutzungsdauer bestimmbar ist. Die Bestimmung der Nutzungsdauer erfolgt durch Schätzung (z. B. auf der Basis betrieblicher Erfahrungen). Sollte im Ausnahmefall eine Schätzung der Nutzungsdauer nicht verlässlich möglich sein, wird für selbst geschaffene immaterielle Vermögensgegenstände des Anlagevermögens sowie für den Geschäfts- oder Firmenwert eine pauschale Nutzungsdauer von zehn Jahren unterstellt (§ 253 Abs. 3 Satz 3 und 4 HGB).

Für **Finanzanlagen** ist diese Unterteilung nicht relevant, da sie nicht abnutzbar sind. In der Regel ist die Nutzung von immateriellen Anlagen auch zeitlich begrenzt. In einigen Fällen kann jedoch davon ausgegangen werden, dass formal zeitlich begrenzte Rechte immer wieder auf unbegrenzte Zeit verlängert werden, sodass faktisch eine Nicht-Abnutzbarkeit gegeben ist. Abnutzbarkeit und Nicht-Abnutzbarkeit können demnach bei materiellen und immateriellen Anlagen vorliegen.

Beispiel

- abnutzbares Anlagevermögen:
  - materielle Anlagen: Gebäude, Maschinen und Kraftfahrzeuge,
  - immaterielle Anlagen: Software und Patente;
- nicht abnutzbares Anlagevermögen:
  - materielle Anlagen: Grund und Boden (es sei denn, es handelt sich um abnutzbare Grundstücke, z. B. Kiesgruben),
  - immaterielle Anlagen: Verkehrs- und Transportkonzessionen.

5.2 Immaterielles Anlagevermögen

5.2.1 Abgrenzung materielles und immaterielles Anlagevermögen

Die Abgrenzung der materiellen von den immateriellen Vermögensgegenständen ist in bestimmten Fällen schwierig. Dieses Problem ergibt sich vor allem, weil viele Vermögensgegenstände aus körperlicher und körperloser Substanz bestehen und häufig immaterielle Komponenten in materielle Vermögenswerte integriert sind (**funktionale Einheit**) – so z. B. die Steuerungssoftware von Maschinen oder das Betriebssystem eines Computers. Für die Zuordnung ist, wenn ein Gut beide Merkmale erfüllt, vor allem die Wertrelation ausschlaggebend. Falls die immaterielle Komponente ein integraler, unverzichtbarer Bestandteil eines materiellen Vermögenswerts ist – z. B. die Softwarekomponenten von Maschinen (Systemsteuerungssoftware) oder EDV-Anlagen (Betriebssoftware) –, handelt es sich um Sachanlagen, es sei denn, die Softwarekomponenten sind beliebig austauschbar. Bei Austauschbarkeit liegt ein separater immaterieller Vermögensgegenstand vor.

Die Zuordnung zu den immateriellen Vermögensgegenständen oder Sachanlagen erfolgt einzelfallbezogen. Eine Pauschalzuordnung als materiell oder immateriell ist nicht immer möglich, da mit dem Vermögensgegenstand unterschiedliche wirtschaftliche Ziele und Interessen verbunden sein können. Die Identifizierung der Komponente mit der Hauptbedeutung und dementsprechender Zuordnung als materielles oder immaterielles Vermögen erfolgt daher unternehmensindividuell (DRS 24.13 f.).

Grundsätzlich sind Vermögensgegenstände, die zugleich aus immateriellen und materiellen Komponenten bestehen, immer dann den immateriellen Gütern zuzuordnen, wenn die materiellen Komponenten eine untergeordnete Bedeutung aufweisen und vornehmlich Transport-, Dokumentations-, Speicherungs- und Lagerungszwecken dienen. Das ist etwa bei Mastertonträgern und Masterfilmen, die nicht für den massenhaften Vertrieb bestimmt sind, der Fall. Auch bei Computersoftware überwiegt i. d. R. der Programminhalt gegenüber dem Materialwert des Programmträgers, sodass es sich hierbei i. d. R. um immaterielle Güter handelt, obwohl sie auf einem Datenträger gespeichert und somit physisch greifbar sind. Allerdings sind Güter für den allgemeinen Vertrieb von Filmkopien oder Tonträgerkopien ebenso wie andere Trägermedien mit Datenbeständen, die allgemein bekannt und jedermann zugänglich sind, als materielle Güter zu qualifizieren.

Beispiel (DRS 24.12)

»Beispielsweise ist ein Patent, das auf Papier niedergeschrieben ist, als immaterieller Vermögensgegenstand anzusehen, da das Papier nur ein Trägermedium darstellt und von untergeordneter Bedeutung ist. Ebenso ist eine Buchhaltungssoftware, die auf einem Datenträger gespeichert ist, den immateriellen Vermögensgegenständen zuzuordnen, da die materielle Komponente, der Datenträger, nur Dokumentations-/Sicherungszwecke erfüllt und von untergeordneter Bedeutung ist, während das wirtschaftliche Interesse an der immateriellen Komponente besteht. Dagegen ist die Steuerungssoftware, die die Elementarfunktionen einer Maschine steuert, ohne die diese nicht funktionsfähig ist, und die von der Maschine auch nicht (wertmäßig) separierbar ist, integraler Bestandteil der Maschine und daher zusammen mit dieser als ein materieller Vermögensgegenstand anzusehen« (DRS 24.12). Gleiches gilt für Betriebssoftware von EDV-Anlagen.[166]

Darüber hinaus werden Ausgaben für immaterielle Komponenten getätigt, die in **unmittelbarem Zusammenhang mit der Herstellung bzw. Beschaffung und der nachfolgenden Nutzung einer bestimmten Sachanlage** stehen. Hierbei handelt es sich um Herstellungskosten oder Anschaffungsnebenkosten, die als Sachanlagevermögen zu aktivieren sind. Beispiele sind Lizenzen und Konzessionen zum Betrieb einer Anlage, kommunale Beiträge oder Baugenehmigungen.[167]

166 Zur Bilanzierung von Software vgl. z. B. Wulf, DStZ 2022, S. 14 f.; Zwirner/Zieglmaier/Heyd, StuB 2019, S. 1 ff.

167 Vgl. Wulf, Immaterielle Vermögenswerte, S. 21 f.

Außerdem stehen bestimmte, vom Charakter her immaterielle Rechte oder Werte (wie z. B. das Erbbaurecht oder das wirtschaftliche Eigentum an Sachen) **in einem engen Bezug zum Sachanlagevermögen**. Diese immateriellen Rechte oder Werte sind dem Sachanlagevermögen zuzuordnen. Das geht auch aus dem Titel der Gliederungsvorschrift des § 266 Abs. 2 A. II. 1 HGB. »Grundstücke, grundstücksgleiche Rechte und Bauten ...« hervor.[168]

Beispiel für grundstücksgleiche Rechte: Erbbaurecht

Bei einem Erbbaurecht handelt es sich um ein dingliches Recht mit zeitlicher Befristung (charakterlich ein immaterieller Vermögenswert), ein Grundstück umfassend zu nutzen und auf oder unter der Oberfläche des Grundstücks ein Bauwerk zu haben (§ 1 ErbbauVO). Der Erbbauberechtigte geht hierbei ein schuldrechtliches Nutzungsverhältnis – ähnlich einer laufenden Miete/Pacht – ein, das bilanziell nach den Grundsätzen schwebender Geschäfte behandelt wird. Einmalige Aufwendungen für Erwerb des Erbbaurechts, z. B. Notarkosten, Grunderwerbssteuer oder die Grundbucheintragung, stellen jedoch Anschaffungskosten dar, die nicht innerhalb der immateriellen Vermögensgegenstände, sondern als grundstücksgleiches Recht den Sachanlagen zuzuordnen sind.

5.2.2 Begriff und Unterteilung des immateriellen Anlagevermögens

Zu den immateriellen Vermögensgegenständen zählen alle Vermögensgegenstände, die keine physische Substanz haben und auch nicht monetär sind. Immaterielle Vermögensgegenstände gelten in Abgrenzung zu materiellen Anlagen als substanzlos und räumlich nicht abgrenzbar. Sie sind deshalb schwer fassbar. Im Unterschied zu Finanzanlagen sind immaterielle Anlagen obendrein nicht monetär. Eine Definition wird z. B. in DRS 24 vorgenommen. DRS 24 definiert einen immateriellen Vermögensgegenstand als nichtfinanziellen Vermögensgegenstand ohne bedeutende physische Substanz (DRS 24.8). Ein immaterieller Vermögensgegenstand zählt dann zum Anlagevermögen, wenn er dazu bestimmt ist, dem Betrieb auf Dauer zu dienen (§ 247 Abs. 2 HGB).

Entsprechend dem Gliederungsschema des § 266 Abs. 2 A. I. HGB wird handelsrechtlich zwischen vier Arten immaterieller Anlagen unterschieden:

- selbst geschaffene gewerbliche Schutzrechte und ähnliche Rechte und Werte;
- entgeltlich erworbene Konzessionen, gewerbliche Schutzrechte und ähnliche Rechte und Werte sowie Lizenzen an solchen Rechten und Werten;
- Geschäfts- oder Firmenwerte,
- geleistete Anzahlungen.

168 Vgl. Schubert/Huber, in: Beck'scher Bilanzkommentar, § 247 HGB, Rz. 457.

Für **selbst geschaffene gewerbliche Schutzrechte und ähnliche Rechte und Pflichten** ist handelsrechtlich in § 248 Abs. 2 S. 1 HGB ein Aktivierungswahlrecht verankert, das durch die explizite Benennung von Bilanzierungsverboten eingeschränkt wurde. **Ansatzverboten sind neben den in § 248 Abs. 1 HGB genannten** Aufwendungen für die Gründung eines Unternehmens, für die Beschaffung des Eigenkapitals und für den Abschluss von Versicherungsverträgen auch die in § 248 Abs. 2 S. 2 HGB genannten nicht entgeltlich erworbene Marken, Drucktitel, Verlagsrechte, Kundenlisten oder vergleichbare immaterielle Vermögensgegenstände des Anlagevermögens.

Konzessionen sind befristete Genehmigungen einer öffentlichen Behörde zur Ausübung einer wirtschaftlichen Tätigkeit. Dazu zählen u.a. Betriebs- und Versorgungsrechte von Energieversorgungsunternehmen, Fischereirechte, Wege- und Wassernutzungsrechte, Lkw- und Taxi-Konzessionen, Güterfernverkehrsgenehmigungen sowie Schankkonzessionen.

Unter **gewerblichen Schutzrechten** versteht man Rechte, die die technisch verwertbare geistige Leistung rechtlich schützen (z.B. Patente, Marken, Warenzeichen, Gebrauchsmuster, Geschmacksmuster sowie Urheber- und Verlagsrechte).

Ähnliche Rechte sind die Rechte, die weder unter Konzessionen noch unter gewerblichen Schutzrechten subsumiert werden können. Beispiele sind Bezugsrechte und Nießbrauchrechte wie auch Transferentschädigungen von Fußballspielern.

Wirtschaftliche Werte gelten ebenso wie Rechte als identifizierbare Vermögenswerte; sie sind jedoch abgrenzbar sowie grundsätzlich einzeln verwertbar und können deshalb Gegenstände von Rechtsgeschäften sein. Wirtschaftliche Werte sind aber weder rechtlich noch vertraglich geschützt. Dazu zählen beispielsweise ungeschützte Erfindungen, geheime Produktionsverfahren, Rezepte, ungeschützte Prototypen oder ungeschützte Computersoftware.[169]

Eine **Lizenz** ist eine Berechtigung, das Recht eines anderen gegen Entgelt auf vertraglicher Basis zu nutzen. In aller Regel werden Lizenzverträge über Patente und gewerbliche Schutzrechte abgeschlossen; möglich sind Lizenzverträge aber auch bei ähnlichen Rechten und Werten.

Der **Geschäfts- oder Firmenwert** stellt ein Wertekonglomerat dar, das zahlreiche wirtschaftliche Wertkomponenten enthält (z.B. Know-how der Mitarbeiter, Kundenstamm, Wettbewerbsvorteile, Managementqualität oder Forschungs- und Entwicklungsaktivitäten). Während der originäre Geschäfts- oder Firmenwert im Laufe der Unternehmenstätigkeit durch unternehmensinterne Maßnahmen zum Aufbau der zu-

169 Vgl. Baetge/Kirsch/Thiele, Bilanzen, S. 245 f.

vor genannten Wertkomponenten entsteht, ergibt sich der derivative Geschäfts- oder Firmenwert aus dem Unterschiedsbetrag zwischen dem Kaufpreis eines Unternehmens oder von Unternehmensteilen und dem Wert seines Nettovermögens (Vermögensgegenstände abzüglich Schulden oder Eigenkapital). Lediglich der derivative Geschäfts- oder Firmenwert ist ansatzpflichtig und innerhalb des immateriellen Anlagevermögens auszuweisen.

Als **geleistete Anzahlungen** werden erfolgte Zahlungen des Unternehmens ausgewiesen, die aus abgeschlossenen Verträgen resultieren. Ausgenommen hiervon sind Zahlungen, die sich auf immaterielle Vermögensgegenstände beziehen (z. B. Zahlungen auf Basis von Lizenzverträgen).

Handelsrechtlich besteht gemäß dem Vollständigkeitsgebot des § 246 Abs. 1 HGB eine Aktivierungspflicht für alle Vermögensgegenstände. Dieses Vollständigkeitsgebot wird für immaterielles Anlagevermögen eingeschränkt. **Ansatzpflichtig** sind nur alle **entgeltlich erworbenen** immateriellen Anlagen. Für selbst geschaffene immaterielle Vermögensgegenstände des Anlagevermögens besteht ein **Aktivierungswahlrecht**, sofern bestimmte Voraussetzungen, bspw. die Vermögensgegenstandseigenschaft, erfüllt sind.

5.2.3 Selbst erstelltes immaterielles Anlagevermögen

Die Problematik im Umgang mit selbst geschaffenen immateriellen Vermögensgegenständen des Anlagevermögens beruht auf der Annahme, dass diesen häufig nur schwierig ein objektiver, intersubjektiv nachprüfbarer Wert beigemessen werden kann und das Handelsrecht stark vom Vorsichtsprinzip geprägt ist. Aufgrund der steigenden Bedeutung selbst geschaffener immaterieller Vermögensgegenstände im heutigen Wissens-, Technologie- und digitalen Zeitalter wurde aus dem ehemaligen Ansatzverbot ein Ansatzwahlrecht. Die Verzerrung des den tatsächlichen Verhältnissen entsprechenden Bildes der Vermögens-, Finanz- und Ertragslage von Unternehmen kann so zumindest gemildert werden.[170]

Abgrenzung zwischen erworbenen und selbst geschaffenen immateriellen Vermögensgegenständen (DRS 24.26 f.)

- Erwerb eines immateriellen Vermögensgegenstands erfolgt durch eine Transaktion mit einem Dritten, durch die das Unternehmen das wirtschaftliche Eigentum erlangt.

170 Vgl. Coenenberg/Haller/Mattner/Schultze, Rechnungswesen, S. 361.

- Ein immaterieller Vermögensgegenstand wird selbst erstellt, wenn das Unternehmen auf eigenes Risiko den Vermögensgegenstand entwickelt bzw. herstellt oder entwickeln bzw. herstellen lässt, wobei das Risiko, ob der Entwicklungs- bzw. Herstellungsprozess zu einem einzeln verwertbaren immateriellen Vermögensgegenstand führt, stets durch das Unternehmen getragen wird.

Als Voraussetzung für eine Aktivierung immaterieller Vermögensgegenstände muss zum einen die Erfüllung der Vermögensgegenstandseigenschaft vorliegen, die i.d.R. durch eine selbstständige Verkehrsfähigkeit des Vermögensgegenstandes gegeben ist. Zum anderen darf kein in § 248 Abs. 1 und Abs. 2 S. 2 HGB genannter Ausschlussgrund vorliegen. Unstrittig ist die Aktivierung bei einem **entgeltlichen Erwerb**. Unter Erwerb ist die Übertragung des wirtschaftlichen Eigentums an einem immateriellen Vermögensgegenstand von einem Dritten auf das erwerbende Unternehmen zu verstehen. Die Übertragung kann als Kauf, Tausch, Werkvertrag, im Rahmen eines gesellschaftsrechtlichen Einlagerungsvorganges oder durch Schenkung erfolgen. Ein Erwerb liegt auch vor, wenn der immaterielle Vermögensgegenstand erst mit der Übertragung entsteht (z.B. bei der Einräumung von Rechten).[171]

Ein **entgeltlicher Erwerb** liegt vor, wenn sich die Gegenleistung für eine erworbene Immaterialanlage direkt auf die Immaterialanlage bezieht und einen objektiv feststellbaren Wert hat, der den Wertvorstellungen der betroffenen Geschäftspartner entspricht. Das Entgelt muss einmalig gezahlt werden, weil es sich andernfalls um ein Miet- oder ein Pachtverhältnis handeln würde.

Bei einem **Kauf** ist grundsätzlich von einem entgeltlichen Erwerb auszugehen. Es muss aber ein Erwerb von einem Dritten vorliegen. Bei einem Erwerb von einem verbundenen Unternehmen werden besondere Anforderungen an die Objektivität gestellt. Eine Aktivierung ist nur geboten, wenn das verkaufende verbundene Unternehmen das immaterielle Anlagegut entgeltlich von einem Konzernfremden erworben hat.

Bei einem **Tausch** wird ein anderer Vermögensgegenstand als Gegenleistung hingegeben. Eine Aktivierung ist bei der Hingabe von Sachanlagen geboten. Wird ein anderer selbst erstellter immaterieller Vermögensgegenstand hingegeben, ist eine Bewertung problematisch. Dennoch ist eine Aktivierung geboten, weil die Werthaltigkeit mit dem Tauschgeschäft nachgewiesen wurde.

Entsteht ein immaterieller Vermögensgegenstand über einen **Werkvertrag**, liegt ein entgeltlicher Erwerb vor und es besteht eine Ansatzpflicht. Das betrifft z.B. das Erstellen einer Software per Werkvertrag.

171 Vgl. Förschle/Usinger, in: Beck'scher Bilanzkommentar, § 248 HGB, Rz. 11–20.

Immaterielles Anlagevermögen kann von den Gesellschaftern auch offen als **Sacheinlage** in die Gesellschaft gegen die Gewährung von Gesellschaftsanteilen eingebracht werden. Handelsrechtlich liegt ein entgeltlicher Erwerb aus Vorsichtsgründen vor, wenn im Rahmen des Einbringungsvorgangs ein Wert für die eingebrachten immateriellen Anlagegüter festgesetzt wurde.[172]

Bei einer **Schenkung** handelt es sich nicht um einen entgeltlichen Erwerb, weil keine objektiv feststellbare Gegenleistung erbracht wird. Nur für den Fall, dass eine zweckgebundene Schenkung erfolgt, kann von einem entgeltlichen Erwerb ausgegangen werden. Das ist der Fall, wenn ein Dritter dem Begünstigten zweckgebunden ein Entgelt für den Erwerb eines bestimmten immateriellen Vermögensgegenstandes geschenkt hat.[173]

Beispiel

Ein Mitarbeiter der Entwicklungsabteilung eines Unternehmens hat eine Erfindung gemacht. Hierfür zahlt ihm das Unternehmen nach dem Gesetz über Arbeitnehmererfindungen vom 25.07.1957 (BGBl I, S. 756) eine angemessene Vergütung. Das Unternehmen trägt zur Erlangung des Patents die Kosten für den Patentanwalt und die Patentgebühren.

Können die Zahlungen an den Arbeitnehmer und die Zahlungen zur Erlangung des Patents als Entgelt für den Erwerb eines immateriellen Anlagevermögens aktiviert werden?

Lösung

Die Zahlung an den Arbeitnehmer als Erfindervergütung ist ein Entgelt für den Erwerb eines immateriellen Anlagevermögens. Da unterstellt wird, dass die Vergütung vom Wert der Erfindung für das Unternehmen abhängt, liegt ein entgeltlicher Erwerb vor.

Die Zahlung der Honorare an Patentanwälte und die zu entrichtenden Patentgebühren dürfen als Entwicklungskosten aktiviert werden. Zu den Herstellungskosten des selbst geschaffenen immateriellen Vermögensgegenstandes des Anlagevermögens zählen im Falle einer Aktivierung auch die gezahlten Honorare an Patentanwälte und Patentgebühren.

Selbst geschaffene gewerbliche Schutzrechte und ähnliche Rechte und Pflichten sind ansatzfähig, wobei gemäß § 248 Abs. 2 S. 2 HGB bestimmte Vermögensgegenstände

172 Vgl. Schubert/Huber, F. in: Beck'scher Bilanzkommentar, § 247 HGB, Rz. 394.
173 Vgl. Baetge/Kirsch/Thiele, Bilanzen, S. 250.

mit einem Aktivierungsverbot belegt sind. Durch eine Konkretisierung in der Bewertungsvorschrift des § 255 Abs. 2a HGB macht der Gesetzgeber zudem deutlich, dass **Entwicklungskosten** in die Herstellungskosten einzubeziehen sind, wenn das Aktivierungswahlrecht genutzt wird, wohingegen Forschungskosten nicht einbezogen und somit nicht aktiviert werden dürfen.

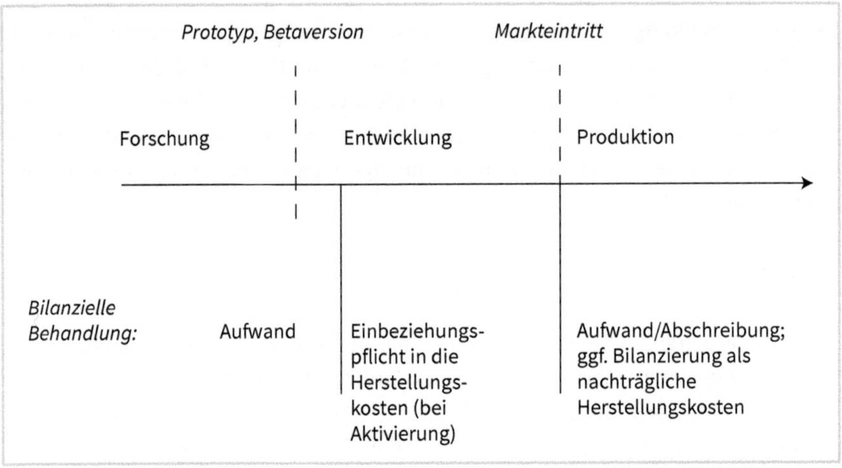

Abb. 5 – 2: Abgrenzung von Forschung und Entwicklung bei selbst erstellten immateriellen Vermögensgegenständen

Als Entwicklung gilt in Anlehnung an die IFRS die Anwendung von Forschungsergebnissen oder die Weiterentwicklung von Gütern oder Verfahren mittels wesentlicher Änderungen. Dagegen ist Forschung eine eigenständige und planmäßige Suche nach neuen wissenschaftlichen oder technischen Erkenntnissen oder Erfahrungen allgemeiner Art, über deren technische Verwertbarkeit und wirtschaftliche Erfolgsaussichten grundsätzlich keine Aussagen gemacht werden können.[174]

Voraussetzungen zur Aktivierung selbst geschaffener immaterieller Vermögensgegenstände des Anlagevermögens

Folgende Voraussetzungen müssen für ein in der Entwicklung befindliches immaterielles Gut (Anlagevermögen) kumulativ erfüllt sein (DRS 24.45):

- Das zu aktivierende Gut befindet sich in der Entwicklung.
- Unterteilung in Forschungs- und Entwicklungsprozess:
  - Forschungsprozess: Bilanzierungsverbot (Sofortaufwand),
  - Entwicklungsprozess: grundsätzlich Bilanzierungswahlrecht.
- Das zu aktivierende Gut erfüllt die Vermögensgegenstandseigenschaften.

174 Vgl. Baetge/Kirsch/Thiele, Bilanzen, S. 255 f.

- Mit hoher Wahrscheinlichkeit entsteht der angestrebte immaterielle Vermögensgegenstand (Realisierbarkeit).
- Die Entwicklungskosten können dem zu aktivierenden immateriellen Vermögensgegenstand verlässlich zugerechnet werden.
- Für den angestrebten immateriellen Vermögensgegenstand besteht kein Aktivierungsverbot gemäß § 248 Abs. 2 Satz 2 HGB.

Eine Abgrenzung Forschungs- und Entwicklungsprozess ist teilweise nicht trennscharf möglich. Ist eine Unterteilung in Forschungs- und Entwicklungsprozess nicht möglich, gilt in Folge des Vorsichtsprinzips ein Bilanzierungsverbot (Sofortaufwand).

Beispiel

Am 01.03.t1 entscheidet sich das Unternehmen zur Erforschung und Entwicklung neuartiger Produktideen »Visual Laser Technology«. Der Vorstand geht dabei von wesentlichen Umsatzsteigerungen in der Zukunft aus. Wahlrechte werden genutzt.

Lösung

Sachverhalt	Zeitraum	Betrag in EUR	Aufwand in EUR	Ansatz
Entwurf grundlegender, neuartiger Produktideen im Bereich der Unterhaltungs-elektronik	01.03.–15.07.t1	250.000	250.000	
Beratschlagung über die möglichen Alternativen in einer internen Experten-runde: endgültige Auswahl zur Ausgestaltung der erfolgver-sprechendsten Produktidee »Visual Laser Technology«	16.07.–18.07.t1	15.000	15.000	
Die technische Realisierbar-keit ist erreicht und hat weitere 20.000 EUR verursacht. Für die Verbesserung des Prototyps sind weitere zurechnungsfähige Aufwendungen für Material, Personal und Dienstleistungen angefallen.	19.07.–30.09.t1 Entwicklungs-phase	500.000	20.000	480.000
Es entstehen in diesem Zusammenhang weitere Aufwendungen für Personal und Materialien.	01.10.t1	32.000		32.000
Durchführung weiterer Testläufe	01.11.–30.11.t1	300.000		300.000
Registrierungsgebühren eines Rechtsanspruches auf das fertig entwickelte Produkt	01.12.t1	4.000		4.000
Erstellung von Spezialwerk-zeugen zur Fertigung	02.12.–11.12.t1	12.000		12.000
Schulung der Vertriebsabteilung	12.12.–13.12.t1	2.000	2.000	
anfänglich Ausstoß vor Produktionsbeginn	14.12.–21.12.t1	6.500	6.500	
	Summe:		293.500	828.000

Mit der Anlehnung dieser Regelung an die IFRS kann die Abbildung des Unternehmens auch nach dem HGB zutreffender ausgestaltet werden, da der stetig zunehmenden Bedeutung immaterieller Vermögenswerte Rechnung getragen wird. Zudem ist der Zugang zum Unternehmen auch bei anderen Vermögensgegenständen (wie etwa Maschinen) für den Bilanzansatz nicht entscheidend. Dennoch geht eine Aktivierung selbst geschaffener immaterieller Anlagen aufgrund der damit verbundenen Ungewissheit grundsätzlich zulasten der Verlässlichkeit der Unternehmensabbildung im Jahresabschluss, weil hier im Unterschied zu den erworbenen Vermögenswerten größere Einschätzungsspielräume angenommen werden können. Allerdings sorgen das Ansatzwahlrecht und die spezifischen Ansatzkriterien, die sich, wenngleich am handelsrechtlichen Vermögensbegriff und damit an der Einzelverwertbarkeit festgehalten wird, stark an IAS 38 orientieren[175], dafür, dass nicht in großem Umfang selbst geschaffenes immaterielles Vermögen aktiviert wird. So ergibt eine empirische Untersuchung deutscher IFRS-Konzernabschlüsse, dass lediglich 65% der DAX-Unternehmen und 33% der MDAX- und SDAX-Unternehmen explizit selbst erstellte immaterielle Vermögenswerte (i. d. R. Entwicklungskosten und Software) ansetzen.[176] Dagegen können etwa die forschungsintensiven Pharmaunternehmen aufgrund der strengen Kriterien nur in sehr geringem Maße Entwicklungskosten ansetzen. Insgesamt wird das handelsrechtliche Aktivierungswahlrecht nur selten in Anspruch genommen.[177]

Die nachfolgende Abbildung veranschaulicht die Ansatzvorschriften immaterieller Vermögensgegenstände nach Zugangsarten:

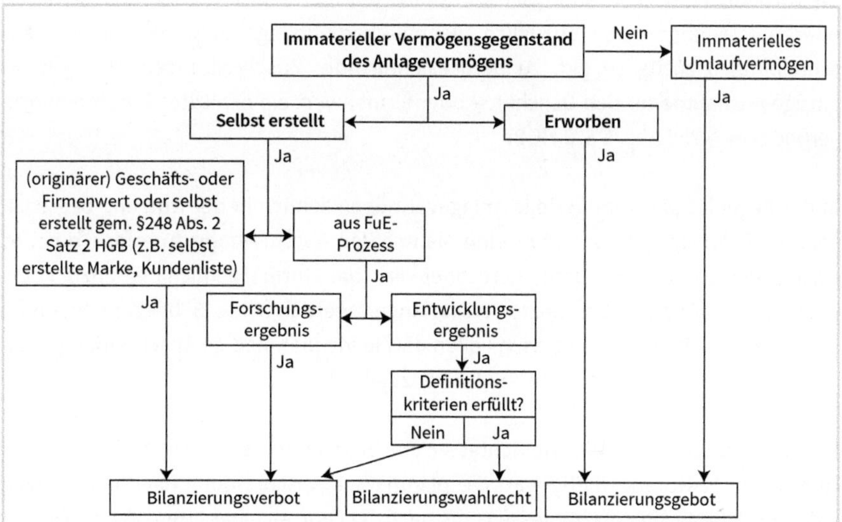

Abb. 5 - 3: Zusammenfassung: Ansatzvorschriften immaterieller Vermögensgegenstände nach Zugangsarten (selbst erstellt oder erworben)

Durch die Aktivierung selbst geschaffener immaterieller Vermögensgegenstände des Anlagevermögens wird das HGB-Jahresergebnis höher ausgewiesen als bei der

175 Vgl. z. B. Empfehlungen des AK, Immaterielle Werte der SG, S. 989–992.

176 Vgl. Wulf, Immaterielle Vermögenswerte, IBP 2, S. 143.

177 Vgl. z. B. von Keitz, DB 2011, S. 2448 sowie Lange/Müller, Erfahrungsbericht BilMoG – Erkenntnisse für Abschlusserstellung und Abschlussadressaten, 2012, Rz. 161; Philipps, StuB 2011, S. 206.

Aufwandsverrechnung. Um die aus der Aktivierung resultierenden Erträge vor der Ausschüttung zu bewahren, wurde aus Gründen des Gläubigerschutzes eine **Ausschüttungssperre** geschaffen. Gemäß § 268 Abs. 8 HGB dürfen Ausschüttungen nur durchgeführt werden, wenn nach der Ausschüttung eine jederzeit auflösbare Gewinnrücklage verbleibt, die nach Verrechnung mit den Gewinn- oder Verlustvorträgen und unter Beachtung der gebildeten passiven latenten Steuern mindestens die angesetzten selbst geschaffenen Vermögenswerte, aktiven latenten Steuern und Buchgewinne aktivierter Überhänge aus Pensionsverpflichtungen deckt.

5.2.4 Bewertung des immateriellen Anlagevermögens

Als **Zugangsbewertung** kommen für das immaterielle Anlagevermögen gemäß § 253 Abs. 1 S. 1 HGB Anschaffungs- oder Herstellungskosten in Betracht.

Bei der **Folgebewertung** ist das immaterielle Anlagevermögen zum Geschäftsjahresschluss mit den fortgeführten Anschaffungs- oder Herstellungskosten zu bewerten. Die fortgeführten Anschaffungskosten umfassen die ursprünglichen Anschaffungs- oder Herstellungskosten abzüglich planmäßiger und ggf. außerplanmäßiger Abschreibungen zuzüglich ggf. zu berücksichtigender Zuschreibungen. Hier gilt als einzige Ausnahme für den Geschäfts- oder Firmenwert ein explizites Zuschreibungsverbot gem. § 253 Abs. 5 S. 2 HGB.

In der Regel ist das immaterielle Anlagevermögen zeitlich in der Nutzung begrenzt, sodass die Wertminderung über eine planmäßige Abschreibung zu erfassen ist. Es existieren Fälle, in denen damit gerechnet wird, dass formal zeitlich begrenzte Rechte immer wieder auf unbegrenzte Zeit verlängert werden (wie z. B. bei Verkehrs- oder Transportkonzessionen). In diesen Fällen darf keine planmäßige Abschreibung erfolgen, weil ihre Nutzung als zeitlich unbegrenzt gilt.[178]

Die **planmäßige Abschreibung** richtet sich insbesondere nach wirtschaftlichen oder rechtlichen Faktoren. Häufig wird die planmäßige Abschreibung nach der Laufzeit eines erworbenen Rechts bemessen (z. B. nach der Laufzeit eines Lizenzvertrages oder dem Nutzungszeitraum eines Patents). So erlischt ein Design- oder Geschmacksmusterrecht nach drei oder höchstens 25 Jahren (§ 27 DesignG) bzw. ein Patent 20 Jahre nach der Anmeldung (§ 16 PatG). Tatsächlich kann die wirtschaftliche Nutzungsdauer erheblich kürzer sein als die gesetzlichen Fristen. Das ist vor allem bei Patenten in Bereichen schnell fortschreitender Entwicklungen der Fall. In diesen Fällen bestimmt die kürzere wirtschaftliche Nutzungsdauer die relevante Abschreibungsdauer. Für Patente kann in manchen Fällen eine Nutzungsdauer von drei bis fünf Jahren sachgerecht

178 Vgl. Baetge/Kirsch/Thiele, Bilanzen, S. 259.

sein.[179] Für Software beträgt in der Regel die Nutzungsdauer von Standardsoftware drei und die von Individual- und ERP-Software fünf Jahre.[180] Grundsätzlich ist die wirtschaftliche Nutzungsdauer aufgrund der Unsicherheit des künftigen Nutzenzuflusses vorsichtig zu schätzen.

Die ggf. auf Basis von § 248 Abs. 2 S. 1 HGB aktivierten Entwicklungskosten sind verteilt über die Nutzungsdauer des entwickelten Produktes abzuschreiben.

Als **Abschreibungsmethode** kommen i.d.R. die lineare Abschreibung und ggf. die leistungsabhängige oder degressive Abschreibung zur Anwendung. Die degressive Abschreibung ist z.B. bei Filmrechten, die einer schnellen zeitlichen Entwertung unterliegen, handelsrechtlich sinnvoll. Die Abschreibung erfolgt zeitanteilig auf Monatsbasis.

Die **Sofortabschreibung** geringwertiger Wirtschaftsgüter darf gem. § 6 Abs. 2 und § 6 Abs. 2a EStG auf immaterielles Anlagevermögen grundsätzlich nicht angewendet werden, weil die geforderten Merkmale – bewegliches abnutzbares Anlagevermögen, das einer selbstständigen Nutzung fähig ist – i.d.R. nicht zutreffen.[181] Dennoch darf eine Sofortabschreibung z.B. auf Computerprogramme vorgenommen werden, deren Anschaffungskosten maximal 800 EUR betragen (§ 6 Abs. 2 EStG), weil diese steuerrechtlich als abnutzbare, bewegliche und selbstständig nutzbare Wirtschaftsgüter des Anlagevermögens angesehen werden, sog. Trivialsoftware (R 5.5 Abs. 1 S. 3 EStR). Aus Vereinfachungsgründen kann über Anwendung der GoB entsprechend der steuerrechtlichen Regelung im Handelsrecht verfahren werden (IDW RS HFA 11 n.F., Tz. 8).

Mit **Schreiben des BMF vom 22.02.2022 bzw. 26.02.2021** wurde die in § 7 Abs. 1 EStG anzusetzende Nutzungsdauer für Betriebs- und Anwendungssoftware von grundsätzlich drei Jahren auf **ein Jahr** gekürzt, die für nach dem 31.12.2020 beginnende Wirtschaftsjahre Berücksichtigung finden darf.[182] Demnach können die Anschaffungskosten, ungeachtet der Wertgrenzen von geringwertigen Wirtschaftsgütern (GWG), de facto sofort abgeschrieben werden, sodass eine Wertminderungsprüfung praktisch entfällt. Eine Übernahme für das Handelsrecht kommt nicht in Betracht, da abnutzbares Anlagevermögen planmäßig abzuschreiben ist.[183]

Zusätzlich können **außerplanmäßige Abschreibungen** auf immaterielle Anlagen notwendig werden. Eine außerplanmäßige Abschreibung ist vorzunehmen, wenn z.B.

179 Vgl. Schubert/Andrejewski/Roscher, in: Beck, Bilanz-Kommentar, § 253 HGB, Rz. 381.

180 Vgl. Zwirner/Zieglmaier/Heyd, StuB 2019, 9 sowie BMF vom 18.11.2005, IV B 2 – S. 2172, BStBl I 2005, 1025, Rz. 22 (letztmals anzuwenden für Wj., die vor dem 01.01.2021 enden; siehe BMF vom 26.2.2021, IV C 3 – S. 2190/21/10002 :013, BStBl . I 2021, S. 298).

181 Vgl. Schubert/Andrejewski/Roscher, in: Beck, Bilanz-Kommentar, § 253 HGB, Rz. 382 ff.

182 Vgl. BMF vom 26.02.2021, IV C 3 – S 2190/21/10002 :013, BStBl I 2021, 298, Rz. 1, 6; vgl. hierzu Schiffers, DStZ 2021, S. 280.

183 Vgl. Meyer/Theile, Bilanzierung nach Handels- und Steuerrecht, S. 186.

innovativere Neuprodukte durch Konkurrenten eingeführt werden und aktivierte Lizenzen somit an Wert verlieren, eine Exploration bei entgeltlich erworbenen Bohrkonzessionen fehlgeschlagen ist oder neuere Softwaretrends wie Data Analytics sehr kurzlebig sind.[184]

Für immaterielle Anlagen gilt gem. § 253 Abs. 3 S. 5 HGB das gemilderte Niederstwertprinzip, das Abschreibungen nur bei einer voraussichtlich dauerhaften Wertminderung fordert. Eine voraussichtlich dauernde Wertminderung kann generell angenommen werden, wenn die Wertminderung über mehr als die Hälfte der Restnutzungsdauer oder über mehr als fünf Jahre bestehen bleibt (DRS. 24.113). Bei vorübergehender Wertminderung darf keine außerplanmäßige Abschreibung vorgenommen werden (Abwertungsverbot). Beim Wegfall des Grundes für die außerplanmäßige Abschreibung ist eine Zuschreibung erforderlich (Ausnahme: Geschäfts- oder Firmenwert).

Handelsrechtliche **Bewertungsvereinfachungsverfahren** kommen bei immateriellen Anlagen nicht zur Anwendung.

5.2.5 Derivativer Geschäfts- oder Firmenwert

Als Geschäfts- oder Firmenwert (GoF, Goodwill) ist nach § 246 Abs. 1 S. 4 HGB »der Unterschiedsbetrag, um den die für die Übernahme des Unternehmens bewirkte Gegenleistung den Wert der einzelnen Vermögensgegenstände des Unternehmens abzüglich der Schulden im Zeitpunkt der Übernahme übersteigt«, anzusetzen. Der Geschäfts- oder Firmenwert ergibt sich folglich aus dem **positiven Differenzbetrag** zwischen der höheren Gegenleistung und dem Wert des neubewerteten Eigenkapitals. Es ist zu unterscheiden zwischen dem entgeltlich **erworbenen Geschäfts- oder Firmenwert**, der als derivativ bezeichnet wird, und einem originären, selbst geschaffenen Geschäfts- oder Firmenwert, für den ein Aktivierungsverbot besteht.

Der Geschäfts- oder Firmenwert entspricht den **Gewinnaussichten**, die in geschäftswertbildenden Faktoren verkörpert sind. Er drückt einerseits die im Rahmen des Unternehmenszusammenschlusses nicht bilanzierungsfähigen Werte (wie z. B. die Güte der Organisation, des Kundenstamms, das Know-how der Mitarbeiter oder die Managementqualität) aus. Andererseits enthält er synergetische Wertbestandteile, die den Kaufpreis beeinflusst haben. Probleme können sich bei der Abgrenzung zwischen dem derivativen Geschäfts- oder Firmenwert und dem übernommenen zu aktivierenden immateriellen Anlagevermögen ergeben. Als Entscheidungskriterium für eine selbstständige Aktivierung einzelner immaterieller Anlagen gilt die selbstständige Verwertbarkeit. Der entgeltlich erworbene **Geschäfts- oder Firmenwert** nach § 246

184 Vgl. Coenenberg/Haller/Mattner/Schultze, Rechnungswesen, S. 364; Wulf, DStZ 2022, S. 20.

Abs. 1 S. 2 HGB wird, obwohl er somit aus Werten besteht, die isoliert betrachtet nicht bilanzierungsfähig sind, dennoch als zeitlich begrenzt nutzbarer Vermögensgegenstand angesehen. Der derivative Geschäfts- und Firmenwert wird vielmehr durch »gesetzliche Fiktion zum Vermögensgegenstand erklärt« (DRS 24.B15).

Der Geschäfts- oder Firmenwert ist gem. § 253 Abs. 3 S. 4 HGB **planmäßig** über die voraussichtliche Nutzungsdauer abzuschreiben (i. d. R. lineare Abschreibung). Der Plan muss die Anschaffungskosten des Geschäfts- oder Firmenwerts auf die Geschäftsjahre verteilen, in denen er voraussichtlich genutzt wird. Sollte im Ausnahmefall die Nutzungsdauer nicht verlässlich bestimmbar sein, ist der GoF pauschal über zehn Jahre abzuschreiben (§ 253 Abs. 3 S. 4 HGB). Als weitere Besonderheit ist außerdem gem. § 285 Nr. 13 HGB die angenommene Nutzungsdauer zu erläutern. Zuschreibungen sind nach vorgenommener **außerplanmäßiger Abschreibung** verboten,[185] um die Aktivierung originärer Geschäftswerte zu verhindern.

Beispiel

Die Contest KG zahlt einen Gesamtpreis für die Übernahme eines Unternehmens. Ein Teilbetrag des Kaufvertrages entfällt auf ein Wettbewerbsverbot.

1. Es ist davon auszugehen, dass der Veräußerer nicht mehr unternehmerisch tätig sein wird.
2. Der Veräußerer hat die Möglichkeit, ein gleiches Unternehmen wieder zu gründen. Das Wettbewerbsverbot ist
   - befristet,
   - unbefristet.
3. Die Contest KG hat das Unternehmen erworben, um es sofort stillzulegen. Es ist nicht damit zu rechnen, dass der Veräußerer wieder unternehmerisch tätig sein wird.

Wie ist das Entgelt für das Wettbewerbsverbot bilanziell zu behandeln?

Lösung

zu 1)
Nach der Übernahme des Unternehmens durch die Contest KG ist das Unternehmen für die Contest KG kein Konkurrent mehr. Die Verpflichtung des Veräußerers im Kaufvertrag, auf weiteren Wettbewerb zu verzichten, bedeutet nicht mehr, als sich ohnehin aus der Übertragung ergibt. Das Wettbewerbsverbot gilt als ge-

185 Anhaltspunkte zur Beurteilung der Frage, ob eine voraussichtlich dauernde Wertminderung des Geschäfts- oder Firmenwerts vorliegt, finden sich u. a. in DRS 23.126.

schäftswertbildender Faktor; es ist nicht als eigenständiger immaterieller Vermögensgegenstand zu aktivieren und geht im Geschäfts- oder Firmenwert unter.

zu 2)
Wenn der Veräußerer die Möglichkeit hat, ein gleiches Unternehmen wieder zu gründen, und so wieder mit der Contest KG in Wettbewerb treten kann, kommt dem vereinbarten Wettbewerbsverbot eine wirtschaftliche Bedeutung zu. Das Wettbewerbsverbot ist als immaterieller Vermögensgegenstand des Anlagevermögens zu aktivieren (BFH, Urt. vom 26.07.1972 I R 146/70, BStBl 1972 II, S. 937). Bei einer Befristung ist eine Abschreibung über die vereinbarte Frist vorzunehmen (BFH, Urt. vom 14.02.1973 IR 89/71, BStBl 1973 II, S. 580). Erfolgt keine Befristung, erlischt das Wettbewerbsverbot im Zweifel mit dem Tod des Verpflichteten und muss deshalb auf seine geschätzte Lebensdauer abgeschrieben werden (BFH, Urt. vom 25.01.1979 IV R 21/75, BStBl 1979 II, S. 369).

zu 3)
Ist eine sofortige Stilllegung des übernommenen Unternehmens geplant und führt die Contest KG diese Absicht auch aus, kann die Zahlung des Mehrwerts nicht für einen Einzelvermögensgegenstand und auch nicht für einen Geschäfts- oder Firmenwert erfolgt sein. Letztlich wird nur der Geschäfts- oder Firmenwert der Contest KG verbessert. Dieser Wertbetrag ist nicht als Geschäfts- oder Firmenwert aktivierbar; vielmehr handelt es sich um Aufwendungen zur Verbesserung des eigenen (originären) Geschäfts- oder Firmenwerts.

Aus Sicht der Unternehmensbewertung stellt der Geschäfts- oder Firmenwert (Goodwill) die positive Differenz aus Ertrags- und Substanzwert dar.[186] Rechnerisch wird der derivative Geschäfts- oder Firmenwert wie folgt ermittelt:

Kaufpreis für das Unternehmen	
-	(Summe der Zeitwerte aller zu aktivierenden Vermögensgegenstände - Summe der Zeitwerte aller zu passivierenden Schulden)
=	derivativer Geschäfts- oder Firmenwert

Abb. 5 - 4: Ermittlung des derivativen Geschäfts- oder Firmenwerts

Ein Geschäfts- oder Firmenwert ist nur beim Unternehmenserwerb zu aktivieren. Durch die mit dem Erwerb »bewirkte Gegenleistung« wird der ansonsten schwierig zu quantifizierende Geschäfts- oder Firmenwert objektiviert. Ein selbst geschaffener (originärer) Geschäfts- oder Firmenwert darf im Sinne des § 248 Abs. 2 S. 2 HGB nicht aktiviert werden, da für dessen Inhalt ein Ansatzverbot besteht.

186 Vgl. Ballwieser, Unternehmensbewertung, S. 184.

Beispiel

- Die M GmbH erwirbt die A GmbH über einen Asset-Deal für 15 GE.
- Die neubewertete Handelsbilanz weist bei Erwerb ein Vermögen von 20 GE, eine Rückstellung von 12 GE und somit ein Eigenkapital von 8 GE aus. Daraus folgt ein handelsrechtlicher Geschäfts- oder Firmenwert von 7 GE.

Handelsrechtlich weitgehend ungeklärt ist die Frage, wie mit einem **negativen Geschäfts- oder Firmenwert** umzugehen ist. Handelsrechtlich finden sich in der Literatur Vorschläge, die von der **Abstockung** der Vermögensgegenstände über die Bildung eines **Sonderpostens** für diesen Unterschiedsbetrag auf der Passivseite (analog zur Konzernbilanzierung nach DRS 23) bis hin zu einer erfolgswirksamen **Vereinnahmung** als Ertrag (analog zu den IFRS) reichen.[187] Die Abstockung der Zeitwerte der übernommenen Aktiva – mit Ausnahme von Posten mit Liquiditätsbezug (z. B. liquide Mittel) – erscheint dabei unumgänglich. Erst ein dann noch verbleibender Betrag kann auf der Passivseite der Bilanz abgegrenzt werden, bis der erwartete Verlust eingetreten ist bzw. dieser als Gewinn realisiert werden kann.

Steuerrechtlich ist der Geschäfts- oder Firmenwert nach § 7 Abs. 1 S. 3 EStG linear über die betriebsgewöhnliche Nutzungsdauer abzuschreiben, wobei i. d. R. 15 Jahre unterstellt werden.

5.3 Sachanlagevermögen

5.3.1 Begriff und Unterteilung der Sachanlagen

Sachanlagen sind alle Vermögensgegenstände, die körperlich fassbar sind (materiell). Sachanlagen können beweglich oder unbeweglich sein; zudem lassen sie sich in abnutzbare und nicht abnutzbare Sachanlagen unterteilen. Entsprechend dem Vollständigkeitsgebot sind alle Vermögensgegenstände des Sachanlagevermögens zu aktivieren. Für das Sachanlagevermögen muss ein Bestandsverzeichnis geführt werden; Veränderungen während des Geschäftsjahres sind im Anlagenspiegel festzuhalten.[188]

Nach der **Gliederungsvorschrift** des § 266 Abs. 2 A. II. HGB müssen Kapitalgesellschaften – abgesehen von größenabhängigen Erleichterungen – für das Sachanlagevermögen die folgenden Unterpositionen ausweisen:

187 Vgl. Philippsen/Sultana, StuB 2021, S. 725 ff. m. w. N; IDW (Hrsg.): WP Handbuch, Abschnitt F, Rz. 754 ff. Steuerrechtlich behilft sich die Rechtsprechung mit der Bildung eines Sonderpostens auf der Passivseite, um den Vorgang erfolgsneutral zu halten. Vgl. BFH vom 26.04.2006, BFH/NV 2006, S. 1566.

188 Vgl. das Kapitel 5.6 »Ausweis des Anlagevermögens«.

- Grundstücke, grundstücksgleiche Rechte und Bauten einschließlich der Bauten auf fremden Grundstücken und Gebäude,
- technische Anlagen und Maschinen,
- andere Anlagen, Betriebs- und Geschäftsausstattung,
- geleistete Anzahlungen und Anlagen im Bau.

Grundstücke sind rechtlich durch Vermessung abgegrenzte Teile der Erdoberfläche, die im Grundbuch jeweils als selbstständige Grundstücke notiert sind. **Grundstücksgleiche Rechte** (wie z. B. Erbbaurechte, bestimmte dauernde Wohnungs- und Nutzungsrechte sowie Bergwerkseigentum) sind dingliche Rechte, die bilanzrechtlich wie Grundstücke behandelt werden und unabhängig von ihrer Bebauung zusammen mit Grundstücken in einem Sammelposten ausgewiesen werden.

Bauten sind Gebäude (z. B. Fabrik- und Geschäftsbauten und andere selbstständige Bauten). Letztere dienen nicht unmittelbar der betrieblichen Leistungserstellung (wie z. B. Parkplätze oder Schachtanlagen). **Bauten auf fremden Grundstücken** sind zumeist Gebäude und andere selbstständige Bauten auf gepachteten Grundstücken. Für den Bilanzausweis ist es unerheblich, ob das Gebäude gem. den §§ 93 ff. BGB als wesentlicher Bestandteil des Grunds und Bodens in das rechtliche Eigentum des Verpächters übergeht. Sie werden wirtschaftlich dem bilanzierenden Unternehmen zugeordnet. Dies trifft auch auf Mietereinbauten zu, die dann unter den Bauten zu subsumieren sind, wenn sie in einem unterschiedlichen Nutzungs- und Funktionszusammenhang zum gemieteten Gebäude stehen.

Grundstücke und Gebäude bilden bei bebauten Grundstücken häufig eine rechtliche Einheit. Dennoch sind sie bilanzrechtlich getrennt zu behandeln. Zu den Gebäuden zählen auch alle der Benutzung dienenden Einrichtungen (z. B. Heizungs- und Beleuchtungsanlagen sowie Aufzüge). Für die Abgrenzung zu den technischen Anlagen und Maschinen ist die Zweckbestimmung entscheidend.

Die **technischen Anlagen und Maschinen** umfassen alle Betriebsvorrichtungen, die direkt der Fabrikation dienen. Beispiele für Maschinen sind Bagger, Arbeitsbühnen und Transformatoren; zu den technischen Anlagen zählen z. B. Krananlagen, Rohrleitungen, Förderbänder, chemische Produktionsanlagen, Kokereien und Hochöfen.

Es kommt nicht darauf an, ob es sich um bewegliche Vermögensgegenstände handelt oder um solche, die fest mit dem Gebäude oder dem Grundstück verbunden und somit rechtlicher Bestandteil des Grundstücks sind (§ 94 BGB). Vielmehr ist die **wirtschaftliche Zugehörigkeit** entscheidend. Unter dieser Position sind auch jene technischen Anlagen und Maschinen auszuweisen, die wesentliche Bestandteile eines fremden Grundstücks, sicherungsübereignet oder unter Eigentumsvorbehalt geliefert, aber dem rechtlichen Eigentum eines Dritten zuzurechnen sind. Ebenso werden unter dieser Position Anlagen ausgewiesen, bei denen Gebäude und technische Vorrichtungen eine Einheit bilden. Dies entspricht im Kern dem Komponentenansatz nach den IFRS, nach denen Vermögenswerte in Bestandteile zu unterteilen sind, deren Nutzungsdauern sich wesentlich voneinander unterscheiden, wie etwa die Heizungsanlage eines Gebäudes und die Gebäudehülle. Da dieses Vorgehen zu einer verursachungsgerechteren Periodisierung des Aufwands aus der Nutzung des Vermögensgegenstandes führt, ist der Komponentenansatz in diesem Sinne nach HGB zulässig (IDW RH HFA 1.016, Rz. 4).

Unter dem sog. **Komponentenansatz** wird eine Methode verstanden, bei der ein abnutzbarer Vermögensgegenstand des Sachanlagevermögens in seine wesentlichen Komponenten unterschiedlicher Nutzungsdauern aufgespalten wird. Anstelle einer pauschalen Gesamtnutzungsdauer werden die jeweiligen wirtschaftlichen Nutzungsdauern der einzelnen Komponenten im Zuge der planmäßigen Abschreibung berücksichtig (mittels separater Abschreibungspläne). Die physisch separierbaren und separat austauschbaren Komponenten müssen dabei in Relation zum gesamten Sachanlagevermögensgegenstand wesentlich sein, d. h. keine »Atomarisierung« des Vermögengegenstandes (IDW RH HFA 1.016, Rz. 4 f.). Als Beispiele lassen sich

- im Falle eines Gebäudes die separate Abschreibung des Daches (Nutzungsdauer 20 Jahre) und des restlichen Gebäudes (Nutzungsdauer 60 Jahre) anführen oder
- im Falle eines Verkehrsflugzeugs bspw. Die separate Abschreibung der Triebwerke nennen.

Bei **anderen Anlagen, Betriebs- und Geschäftsausstattungen** handelt es sich um Vermögensposten, die nicht unmittelbar der betrieblichen Leistungserstellung dienen. Zu den anderen Anlagen zählen z. B. Gleisanlagen und Verteilungsanlagen, aber auch Zuzahlungen an die Verkehrsbetriebe für den Bau von U-Bahnausgängen oder an die Stadt für die Gestaltung von Bürgersteigen, z. B. vor einem Kaufhaus; Beispiele für die Betriebs- und Geschäftsausstattung sind die Einrichtung der Werkstatt, der Labore, der Kantinen sowie der Fuhrpark, Werkzeuge und die Büroausstattung. Letztere dienen – wie auch die Verwaltung und der Vertrieb – eher dem allgemeinen Unternehmensbereich.

Unter die **geleisteten Anzahlungen und Anlagen im Bau** fallen alle Investitionen in Gegenstände des Anlagevermögens, die am Bilanzstichtag noch nicht fertig gestellt sind. Eine separate Aktivierung unter diesen Posten bewirkt eine Neutralisation von Aufwendungen für selbst erstellte Anlagen. Darüber hinaus werden dem Anlagevermögen Ausgaben für Eigen- und Fremdleistungen ebenso wie Anzahlungen auf Anlagen bereits in der ersten Phase der Investition zugeordnet. Nach Fertigstellung erfolgt eine Umgliederung in den betreffenden Posten des Sachanlagevermögens und der Beginn der planmäßigen Abschreibung.[189]

5.3.2 Bewertung der Sachanlagen

Sachanlagen sind bei **Zugang** mit ihren Anschaffungs- oder Herstellungskosten zu bewerten (§ 253 Abs. 1 HGB).[190] Besonderheiten gelten für die Anschaffungskosten von Grundstücken, grundstücksgleichen Rechten und Gebäuden; hier zählen zu den Anschaffungsnebenkosten auch die Kosten für die Grundstücksherrichtung (wie z. B. die Kosten für die Entwässerung und Parzellierung, die Grundbuch- und Notargebühren, die Maklerprovisionen und die Grunderwerbsteuer). Die **Gesamtkaufpreisaufteilung** für ein bebautes Grundstück zur Bestimmung der jeweiligen Anschaffungskosten (Grund und Boden, Gebäude) ist anhand objektiver Umstände vorzunehmen, im Zweifel nach dem Verhältnis der Zeitwerte.

Ebenfalls muss bei Personengesellschaften eine Aufteilung von gemischt genutzten Immobilien in die Bestandteile eigenbetrieblich, vermietet und privat vorgenommen werden, wobei es hier primär um die Berechnung der jeweilig zurechenbaren Teil-Abschreibungsbeträge geht.

Bei der **Folgebewertung** sind nur bei abnutzbarem Sachanlagevermögen planmäßige Abschreibungen zu berücksichtigen. Ein Grundstück und ein darauf befindliches Gebäude sind getrennt voneinander abzuschreiben. Während das Gebäude über die Nutzungsdauer planmäßig im Wert zu mindern ist, muss bei Grundstücken nur außerplanmäßig abgeschrieben werden (Ausnahme: abnutzbare Grundstücke wie Kiesgruben, Steinbrüche oder andere Rohstoffvorkommen). Beispiele für außerplanmäßige Abschreibungen von Grundstücken sind öffentlich-rechtliche oder privatrechtliche Baubeschränkungen oder Kontaminierungen. Grundstücke und Gebäude werden trotz unterschiedlicher Behandlung in der Folgebewertung in der Bilanz bzw. im Anlagenspiegel in einer Position ausgewiesen.

Die Bestimmung von nachträglichen Gebäudeherstellungskosten gestaltet sich häufig als schwierig, da neben Erweiterungen im Sinne des § 255 Abs. 2 S. 1 HGB zwischen **aktivierungspflichtigen Herstellungskosten** und aufwandswirksam zu erfassenden **Erhaltungsaufwendungen** zu unterscheiden ist. Das wesentliche Kriterium bei der Abgrenzung ist die Frage der wesentlichen Verbesserung. Von einer wesentlichen Verbesserung kann nicht ausgegangen werden, wenn es sich um den Ersatz einzelner Teile des Gebäudes handelt, eine regelmäßige Wiederkehr in etwa gleicher Höhe vorliegt,

---

189 Vgl. Coenenberg/Haller/Mattner/Schultze, Rechnungswesen, S. 366.

190 Vgl. das Kapitel 4.2 »Zugangsbewertung von Vermögensgegenständen«.

die bisherigen Verwendungs- und Nutzungspotenziale unverändert bleiben oder die Erhaltung dem ordnungsgemäßen Zustand des Gebäudes geschuldet ist. In diesen Fällen sind entsprechende Aufwendungen als Erhaltungsaufwand in der GuV zu erfassen. Ansonsten kommt es zu nachträglichen Herstellungskosten, die zu aktivieren und abzuschreiben sind. Eine über den ursprünglichen Zustand hinaus **wesentliche Verbesserung** liegt vor, wenn der Vermögensgegenstand in seiner Verwendungs- und Nutzungsmöglichkeit deutlich geändert wird.

Für **Abbruchkosten** bei einem Grundstück ist die Erfassung abhängig von dem verfolgten Zweck. Aus der Fülle an Rechtsprechung und Auslegungshinweisen hierzu kann grob als Orientierung gegeben werden, dass immer dann, wenn der Abbruch mit dem Ziel erfolgt, einen Neubau zu starten, die anfallenden Aufwendungen als Herstellungskosten des Neubaus zu erfassen sind. Soll das Grundstück nur frei gemacht werden, ohne dass eine konkrete Neubauabsicht besteht, sind die Aufwendungen als nachträgliche Anschaffungskosten des Grund und Bodens zu klassifizieren.

Hiervon zu differenzieren sind Abbruchkosten von Gebäuden, die bereits dauerhaft dem Betrieb dienten. Diese stellen laufende Aufwendungen dar, und zwar auch dann, wenn der Abbruch im Zusammenhang mit der Errichtung eines Neubaus erfolgt.[191]

Bei **Mietereinbauten** ist zu unterteilen in Scheinbestandteile, Betriebsvorrichtungen oder selbstständige Gebäudeteile. Letztere wären nach den Gebäudegrundsätzen zu behandeln, während die ersten beiden Aspekte für eine getrennte Aktivierung und Abschreibung als bewegliches abnutzbares Anlagevermögen sprechen. Als Besonderheit wird die Nutzungsdauer nicht nur durch die betriebsgewöhnliche Nutzung, sondern u. U. auch durch die (kürzere) Laufzeit des Mietvertrags determiniert.

Vom Grundsatz der Einzelbewertung darf aus Vereinfachungsgründen abgewichen werden, wenn wie bei Massengütern (z. B. Werkzeugen oder Hotelgeschirr) die Voraussetzungen des **Festwertverfahrens** nach § 240 Abs. 3 HGB erfüllt sind.[192]

Für Sachanlagen gilt das **gemilderte Niederstwertprinzip.** Es besteht eine Abschreibungspflicht nur bei voraussichtlich dauernder Wertminderung. Dagegen ist bei voraussichtlich vorübergehenden Wertminderungen eine Abschreibung nicht vorzunehmen. Vom Gesetz werden die Gegensatzpaare »voraussichtlich dauernde Wertminderung« im Zusammenhang mit allen Vermögensgegenständen des Anlagevermögens und »voraussichtlich nicht dauernde Wertminderung« im Zusammenhang mit Finanzanlagen verwendet.[193]

191 Vgl. IDW (Hrsg.), WP Handbuch, Abschnitt F, Rz. 339.

192 Vgl. das Kapitel 2.2 »Inventur und Inventar«.

193 Vgl. die Kapitel 4.3 »Folgebewertung von Vermögensgegenständen« und 5.4 »Finanzanlagevermögen«.

Falls die Gründe der außerplanmäßigen Abschreibung nicht mehr bestehen, sind **Zuschreibungen** vorzunehmen.

Abnutzbare bewegliche Wirtschaftsgüter des Anlagevermögens, die zu einer selbstständigen Nutzung fähig sind (§ 6 Abs. 1, Abs. 2 u. 2a EstG,) können als **geringwertige Wirtschaftsgüter** mit folgenden beiden Methoden unter Bezugnahme der steuerrechtlichen Vorschriften behandelt werden:

- Anschaffungs- oder Herstellungskosten bis zu 800 EUR netto: Sofortabschreibung oder Abschreibung über die Nutzungsdauer (Abs. 2).
- Anschaffungs- oder Herstellungskosten bis zu 250 EUR netto: Sofortabschreibung oder Abschreibung über die Nutzungsdauer.
- Anschaffungs- oder Herstellungskosten, die höher sind als 250 EUR, aber 1.000 EUR nicht überschreiten: Sammelposten mit Pool-Abschreibung über fünf Jahre oder Abschreibung über die Nutzungsdauer.

Bei der Pool-Abschreibung über fünf Jahre spielt die betriebsübliche Nutzungsdauer ebenso wenig eine Rolle wie die Veräußerung oder Wertminderung der einzelnen Wirtschaftsgüter.

Handelsrechtlich existieren keine konkreten Regelungen. In der Regel kommt es in der Praxis zu einer Übernahme der steuerlichen Werte. Dabei scheint die Pool-Abschreibung nicht mit den handelsrechtlichen Grundsätzen vereinbar zu sein und kann nur vor dem Hintergrund der Wesentlichkeit gerechtfertigt werden. Alternativ können aber auch eigene Wesentlichkeitsgrenzen definiert werden.

5.4 Finanzanlagevermögen

5.4.1 Begriff und Unterteilung der Finanzanlagen

In Abgrenzung zu den Sachanlagen sind Finanzanlagen monetär und i. d. R. ohne physische Substanz. Finanzanlagen entstehen durch dauerhafte Kapitalüberlassung an andere Unternehmen. Aus ihnen sollen Zinsen oder Gewinnbeteiligungen erzielt werden. Dem Vollständigkeitsgebot entsprechend sind alle Finanzanlagen aktivierungspflichtig, die zum wirtschaftlichen Eigentum des Unternehmens zählen.

Die **Gliederungsstruktur** nach § 266 Abs. 2 A. III HGB fordert für Kapitalgesellschaften grundsätzlich den separaten Ausweis der folgenden Positionen in der Bilanz und im Anlagenspiegel:

1. Anteile an verbundenen Unternehmen,
2. Ausleihungen an verbundene Unternehmen,
3. Beteiligungen,

4. Ausleihungen an Unternehmen, mit denen ein Beteiligungsverhältnis besteht,
5. Wertpapiere des Anlagevermögens,
6. sonstige Ausleihungen.

Der differenzierte Ausweis von verschiedenen **Anteilen als Daueranlagen** macht die **Möglichkeit bzw. den Grad der Einflussnahme** des Unternehmens auf die Beteiligungsengagements deutlich. Grundsätzlich handelt es sich um Anteile bzw. Beteiligungen am Eigenkapital des anderen Unternehmens (Finanzinvestitionen). Als Daueranlagen kommen Anteile an verbundenen Unternehmen sowie Beteiligungen und Wertpapiere des Anlagevermögens in Betracht, die sich hinsichtlich der Möglichkeit der Einflussnahme unterscheiden. Während bei verbundenen Unternehmen eine hohe Möglichkeit der Einflussnahme gegeben ist, besteht bei Wertpapieren des Anlagevermögens keine Möglichkeit der Einflussnahme.

Der differenzierte Ausweis der Ausleihungen zeigt das **Ausmaß der finanziellen Verflechtung**. Ausleihungen sind Forderungen (Finanzforderungen), die für das schuldende Unternehmen Fremdkapital darstellen.[194]

Beteiligungen sind gem. § 271 Abs. 1 HGB Anteile an anderen Unternehmen, die dazu bestimmt sind, dem eigenen Geschäftsbetrieb durch die Herstellung einer dauerhaften Verbindung zu dienen (wie z. B. GmbH-Anteile oder Komplementär- oder Kommanditanteile an einer KG). Entscheidend ist die Beteiligungsabsicht und nicht die Beteiligungshöhe. Mögliche Indizien für eine Beteiligungsabsicht sind personelle Verflechtungen oder gemeinsame Forschungs- und Entwicklungsaktivitäten. Im Zweifel liegt eine Beteiligung vor, wenn ein maßgeblicher Einfluss ausgeübt wird. Ein solcher Einfluss wird ab einer Beteiligungsquote von 20 % widerlegbar vermutet. Wenn keine Beteiligungsabsicht besteht, sind die Anteile als Wertpapiere des Anlagevermögens auszuweisen. Bei einem Ausweis von Wertpapieren des Anlagevermögens ist eine Umgliederung in das Umlaufvermögen vorzunehmen, wenn die Annahme der Daueranlage nicht mehr besteht bzw. widerlegt werden kann. Im Bestandsverzeichnis ist das Beteiligungsunternehmen mit der Rechtsform, der prozentualen und nominalen Beteiligungshöhe, den Anschaffungskosten der Beteiligung und dem letzten Buchwert aufzuführen.

Als **verbundene Unternehmen** werden gem. § 271 Abs. 2 HGB solche Unternehmen bezeichnet, die nach § 290 HGB aufgrund einer Beherrschungsmöglichkeit als Mutter- oder Tochterunternehmen in einen Konzernabschluss einzubeziehen sind.[195] Qualitatives Kriterium für ein Mutter- oder Tochterunternehmen ist ein **beherrschender**

194 Vgl. Coenenberg/Haller/Mattner/Schultze, Rechnungswesen, S. 370.
195 Vgl. das Kapitel 11.2 »Pflicht zur Aufstellung eines Konzernabschlusses«.

Einfluss eines Unternehmens auf ein anderes Unternehmen. Nach § 290 Abs. 2 HGB ist stets von einer Beherrschungsmöglichkeit auszugehen, wenn

- die Mehrheit der Stimmrechte gehalten wird (da in Deutschland Stimmrechte und Kapitalanteile häufig übereinstimmen, ist somit die Beteiligungshöhe ein Indiz),
- dem Mutterunternehmen das Recht zusteht, die Mehrheit der Mitglieder des die Finanz- und Geschäftspolitik bestimmenden Verwaltungs-, Leitungs- oder Aufsichtsorgans zu bestellen oder abzuberufen, und es gleichzeitig Gesellschafter ist,
- das Recht besteht, die Finanz- und Geschäftspolitik aufgrund eines mit einem anderen Unternehmen geschlossenen Beherrschungsvertrages oder aufgrund einer Bestimmung in der Satzung des anderen Unternehmens zu bestimmen oder
- bei wirtschaftlicher Betrachtung das Mutterunternehmen die Mehrheit der Risiken und Chancen eines Unternehmens trägt, das zur Erreichung eines eng begrenzten und genau definierten Ziels des Mutterunternehmens dient (Zweckgesellschaft).

Es ist nicht von Bedeutung, ob die Unternehmen tatsächlich in einen Konzernabschluss einbezogen werden. So steht die Nutzung des Wahlrechts zur Konsolidierung gem. § 296 HGB oder eine Befreiung von der Konzernrechnungslegungspflicht einem Ausweis als verbundenes Unternehmen im Einzelabschluss des Mutterunternehmens nicht entgegen.

Kann die Annahme der **dauerhaften Beteiligung** durch eine bestehende Verkaufsabsicht widerlegt werden, sind die Anteile als »Anteile an verbundenen Unternehmen« im Umlaufvermögen auszuweisen.

Wertpapiere des Anlagevermögens sind dauerhaft gehaltene Wertpapiere, bei denen keine Beteiligungsabsicht/-vermutung nach § 271 Abs. 1 S. 3 HGB gegeben ist. Die Wertpapiere des Anlagevermögens umfassen sowohl Eigenkapitalanteile als auch verbriefte Fremdkapitalforderungen. Deshalb sind unter diesem Posten vor allem Kapitalmarktanteile wie Aktien, Investmentanteile und festverzinsliche Wertpapiere (z. B. Obligationen oder Pfandbriefe) oder wertpapierähnliche Rechte (wie z. B. Bundesschatzbriefe) zu subsumieren.[196]

Bei **Ausleihungen** handelt es sich um langfristiges Gläubigerkapital aus Finanzgeschäften, d. h. um langfristige Finanzforderungen, die dazu bestimmt sind, dem Geschäftsbetrieb dauernd zu dienen. Dazu zählen u. a. Hypotheken, Grund- und Rentenforderungen sowie langfristige Darlehen. Für einen Ausweis der Ausleihungen innerhalb der Finanzanlagen ist keine Mindestlaufzeit benannt. Als Anhaltspunkt für das Dienen auf Dauer gilt i. d. R. eine Mindestlaufzeit von vier Jahren als Abgrenzung gegenüber Forderungen des Umlaufvermögens. Bei Laufzeiten von mehr als einem Jahr und weniger als vier Jahren ist indes die subjektive Absicht des bilanzierenden

196 Vgl. Baetge/Kirsch/Thiele, Bilanzen, S. 326 ff.

Unternehmens maßgebend, wobei eine längere Verweildauer im Betriebsvermögen regelmäßig auf das Vorliegen einer Daueranlage hinweist. Waren- oder Leistungsforderungen sind unabhängig von der Laufzeit innerhalb des Umlaufvermögens auszuweisen.

Beispiel

Die Platin AG hält 70 % der Anteile am Eigenkapital der Gold GmbH. Die gehaltenen Aktien werden mit 2.000.000 EUR bewertet. Außerdem ist die Platin AG zu 20 % an der Silber AG beteiligt, deren Beteiligungswert sich auf 900.000 EUR beläuft. Die Platin AG besitzt Obligationen der Kupfer AG in Höhe von 300.000 EUR. Im Finanzanlagenbestand der Platin AG befinden sich zudem langfristige Finanzforderungen gegenüber der Silber AG in Höhe von 500.000 EUR.[197]

Lösung

Die Finanzanlagen sind wie folgt im Jahresabschluss der Platin AG in EUR auszuweisen:

1.	Anteile an verbundenen Unternehmen	2.000.000
2.	Ausleihungen an Unternehmen, mit denen ein Beteiligungsverhältnis besteht	500.000
3.	Beteiligungen	900.000
4.	Wertpapiere des Anlagevermögens	300.000
	Finanzanlagen	3.700.000

Für die **Abgrenzung des Finanzanlagevermögens vom Finanzumlaufvermögen** ist der Verwendungszweck maßgeblich. Wird das Kapital zur Nutzung überlassen und ist eine nachhaltige Erzielung von Zinserträgen, Gewinnbeteiligungen oder längerfristigen geschäftlichen Verbindungen zu anderen Unternehmen gegeben, handelt es sich um Finanzanlagevermögen. Eine Zuordnung zum Umlaufvermögen erfolgt, wenn die Verwertung und Veräußerung der Finanzposition und nicht die Erzielung von Zinserträgen oder einer Gewinnbeteiligung eigentlicher Zweck ist.

5.4.2 Bewertung der Finanzanlagen

Die **Zugangsbewertung der Finanzanlagen** erfolgt zu den Anschaffungskosten. Als Anschaffungsnebenkosten können bei Anteils- oder Beteiligungserwerben z. B. Notargebühren, Provisionen oder Spesen entstehen. Bei Beteiligungen über Einlagen in das Beteiligungsunternehmen ist zwischen Geld- und Sacheinlagen zu unterscheiden. Bei Geldeinlagen bestehen die Anschaffungskosten aus der Höhe des hinterlegten Geld-

197 Vgl. Coenenberg/Haller/Mattner/Schultze, Rechnungswesen, S. 371.

betrages. Bei Sacheinlagen kann in der Handelsbilanz zwischen dem Buchwert und dem Zeitwert der eingebrachten Vermögensgegenstände gewählt werden.

Grundsätzlich ist eine Einzelbewertung eines jeden Postens der Finanzanlagen vorzunehmen. Werden Wertpapiere des gleichen Unternehmens zu unterschiedlichen Zeitpunkten und Kursen gekauft, erfolgt eine Bewertung zu den Durchschnittsanschaffungskosten. Handelsrechtlich kann aber auch eine Einzelbewertung erfolgen, wenn die individuellen Anschaffungskosten anhand der Wertpapiernummer nachgewiesen werden können.

Beispiel

Die Klaton AG besitzt festverzinsliche Wertpapiere der Tilan AG. Die Anschaffungskosten betrugen insgesamt 50.000 EUR. Die Wertpapiere haben eine Restlaufzeit von drei Jahren. Wegen eines Anstiegs des Zinsniveaus ist der Wert der Papiere auf 47.500 EUR gesunken. Die Klaton AG wird die Wertpapiere bis zur Endfälligkeit halten.

Lösung

Die Wertpapiere sind im Anlagevermögen auszuweisen. Für die Bewertung ist das gemilderte Niederstwertprinzip zu beachten. Es liegt keine dauerhafte Wertminderung vor, weil die Rückzahlung der Wertpapiere zum vollen Nennwert erfolgt. Dementsprechend besteht ein Abwertungswahlrecht. Die Klaton AG kann den Buchwert von 50.000 EUR beibehalten oder eine Abschreibung auf 47.500 EUR vornehmen. Es darf auch ein Wert zwischen 50.000 EUR und 47.500 EUR angesetzt werden.

In der **Folgebewertung** sind bei Beteiligungen an Personengesellschaften die Anschaffungskosten um die Gewinne bzw. Verluste und um die Einlagen und Entnahmen zu erhöhen bzw. zu vermindern. Eine Einbeziehung des Ergebnisses sowie der Einlagen und Entnahmen ist notwendig, weil das Jahresergebnis den Gesellschaftern unmittelbar zur Verwendung zusteht und die Verteilungsschlüssel i.d.R. feststehen. Das Ergebnis wirkt sich unmittelbar auf die Höhe der Kapitalanteile der Gesellschafter aus. Gleichwohl dürfen die ursprünglichen Anschaffungskosten auch hier nicht überschritten werden.

Demgegenüber führen **thesaurierte Gewinne** von Beteiligungen an Kapitalgesellschaften nicht zu einer Erhöhung des Beteiligungsbuchwerts. Anders als bei Personengesellschaften steht die Ergebnisverteilung nicht fest, sondern erfolgt erst durch den Beschluss der Organe im Rahmen der Gewinnverwendung. Bei Personenhandelsgesellschaften ist der Anteil am Gewinn als Forderung bilanzierungspflichtig, wenn ein Rechtsanspruch auf den Gewinn besteht. Bei Kapitalgesellschaften dürfen dagegen im Einzelabschluss thesaurierte Gewinne nicht zu einer Erhöhung des Beteiligungsbuchwerts führen (Ausnahme: Rückgängigmachen einer Abschreibung aus Vorjahren). Eine ähnliche Bewertung stellt die Equity-Methode dar, die im Konzernabschluss bei Beteiligungen an assoziierten Unternehmen zur Anwendung kommt. Im Einzelabschluss bildet für Anteile an Unternehmen jedoch der Beteiligungsbuchwert die Wertobergrenze.[198]

Besonderheiten sind bei der Bewertung von **Ausleihungen** zu beachten. Die Anschaffungskosten entsprechen den aufgewendeten Beträgen, d.h. i.d.R. dem Auszahlungsbetrag an den Darlehensnehmer. Wenn der **Auszahlungsbetrag unter dem Rückzahlungsbetrag** liegt, ist der Unterschiedsbetrag zusätzlich als Zinsertrag (Disagio) über die Laufzeit der Ausleihung zu vereinnahmen. Der Buchwert der Ausleihung erhöht sich durch den Zuschreibungsbetrag. Das betrifft beispielsweise sog. **Null-Kupon-Anleihen** (Zero-Bonds). Hierbei handelt es sich um festverzinsliche Anleihen, die keine nominelle Verzinsung haben. Hier erfolgt die implizite Zinszahlung durch einen über den Ausgabebetrag liegenden Rückzahlungsbetrag. Ein Zero-Bond wird mit dem niedrigeren Ausgabebetrag aktiviert, und es erfolgt jährlich eine Zuschreibung um den Zinsanteil. Der Zinsanteil resultiert aus der **Effektivzinsberechnung**.

Beispiel

Die Klaton AG besitzt Zero-Bonds mit einer Laufzeit von drei Jahren. Der Rücknahmebetrag beläuft sich auf 1.000 EUR, der Ausgabebetrag betrug 751,31 EUR. Als Effektivzins ergibt sich somit:[199]

Effektivzins: dritte Wurzel aus 1.000 : 751,31 – 1 = 10 %

Die Zuschreibungsbeträge und Buchwerte ergeben sich danach wie folgt:

		in EUR
Buchwert bei Ausgabe	in t = 0:	751,31
Zuschreibung (10 %)	in t = 1:	75,13
Buchwert	in t = 1:	826,44
Zuschreibung (10 %) in t = 2:		82,64
Buchwert	in t = 2:	909,09
Zuschreibung (10 %)	in t = 3:	90,91
Buchwert	in t = 3:	1.000,00

Bei der Bewertung von Finanzanlagen ist handelsrechtlich das **gemilderte Niederstwertprinzip** zu beachten: Bei einer vorübergehenden Wertminderung besteht ein

198 Vgl. Coenenberg/Haller/Schultze, Jahresabschluss und Jahresabschlussanalyse, S. 262.
199 Entnommen aus: Coenenberg/Haller/Mattner/Schultze, Rechnungswesen, S. 375.

Wahlrecht zur Vornahme einer außerplanmäßigen Abschreibung auf den niedrigeren beizulegenden Wert, während bei einer voraussichtlich dauerhaften Wertminderung ein Abschreibungsgebot besteht. Diese Regelung gilt für Personen- und Kapitalgesellschaften gleichermaßen (§ 253 Abs. 3 S. 6 HGB).[200]

Für schuldrechtliche Finanzanlagen stellen die Anschaffungskosten den Regelfall dar. Ein **Disagio** ist pflichtgemäß zu passivieren und der Nennwert der Ausleihung zu aktivieren. Un- oder unterverzinsliche Ausleihungen können zu einem niedrigeren Teilwert führen. Allerdings ist vor eine Abschreibung auf den abgezinsten Betrag zu prüfen, ob ggf. ein kompensierendes Geschäft Vorteile verspricht, die den Nachteil ausgleichen.

Gründe für eine Wertminderung sind sinkende Kurse bei Ausleihungen in **Fremdwährungen**. Kursverluste können bzw. müssen gemäß dem gemilderten Niederstwertprinzip berücksichtigt werden; Kursgewinne dürfen dagegen aufgrund des Realisationsprinzips erst mit der Begleichung der Forderung gebucht werden. Außerdem können – wie auch bei konkreten Hinweisen auf Forderungsrisiken wegen unzureichender Zahlungsfähigkeit des Schuldners – Wertminderungen bei Unverzinslichkeit oder Mindestverzinslichkeit von Ausleihungen eintreten.

Für **Beteiligungen** ergeben sich Wertminderungen aufgrund negativer Ergebniseinflüsse; bei Beteiligungen an börsennotierten Unternehmen können Zinserhöhungen einen Kursrückgang auslösen. Ob die daraus resultierenden Wertminderungen von Dauer sind, ist im Einzelfall zu entscheiden. So gelten Wertminderungen bei börsennotierten Wertpapieren des Anlagevermögens dann als voraussichtlich dauerhaft, wenn der Börsenwert zum Bilanzstichtag unter die Anschaffungskosten gesunken ist und zum Zeitpunkt der Bilanzerstellung keine konkreten Anhaltspunkte für eine alsbaldige Wertaufholung vorliegen.[201]

5.5 Bewertung des Anlagevermögens im Überblick

Die folgende Abbildung zeigt die Bewertung des Anlagevermögens hinsichtlich der Zugangs- und Folgebewertung mit den bestehenden Wertminderungs- und Zuschreibungspflichten/-wahlrechten differenziert nach Personengesellschaften, Kapitalgesellschaften und haftungsbeschränkten Personengesellschaften:

200 Zur voraussichtlich dauernden Wertminderung siehe Kapitel 4.3.3 »Kriterium ›voraussichtlich dauernde Wertminderung‹ beim Anlagevermögen«.

201 Vgl. BFH (I R 58/06).

	Handelsbilanz
Basiswert und Wertobergrenze	(fortgeführte)Anschaffungs- bzw. Herstellkosten (§ 253 Abs. 1 HGB)
dauernde Wertminderung	Abwertungspflicht (strenges Niederstwertprinzip, § 253 Abs. 3 S. 5 HGB)
vorübergehende Wertminderung	Abwertungswahlrecht (gemildertes Niederstwertprinzip, § 253 Abs. 3 S. 6 HGB) für Finanzanlagen; Abwertungsverbot für immaterielle Anlagen und Sachanlagen
Wertsteigerungen	Zuschreibungsgebot (Ausnahme Geschäfts- oder Firmenwert) (§ 253 Abs. 5 HGB)

Abb. 5 – 5: Überblick über die Bewertungsvorschriften für das Anlagevermögen

5.6 Ausweis des Anlagevermögens

Für den Ausweis des Anlagevermögens in der Bilanz ist das Gliederungsschema in § 266 Abs. 2 A HGB zu beachten, das für kleine, mittelgroße und große Gesellschaften unterschiedlich ist. Für kleine Gesellschaften ist es gemäß § 266 Abs. 1 S. 3 HGB ausreichend, wenn nur die mit Buchstaben und römischen Ziffern gekennzeichneten Posten gesondert ausgewiesen werden. Mittelgroße und große Kapitalgesellschaften sind verpflichtet, Unternennungen auszuweisen. Die folgende Abbildung zeigt den differenzierten Ausweis der Bilanzpositionen in der gemäß § 325 i. V. m. § 327 HGB offenzulegenden Bilanz.[202]

kleine Gesellschaften	mittelgroße Gesellschaften	große Gesellschaften
I. Immaterielle Vermögensgegenstände	**I. Immaterielle Vermögensgegenstände** 1. selbst geschaffene gewerbliche Schutzrechte und ähnliche Rechte und Werte 2. Geschäfts- oder Firmenwert 3. sonstige immaterielle Vermögensgegenstände	**I. Immaterielle Vermögensgegenstände** 1. selbst geschaffene gewerbliche Schutzrechte und ähnliche Rechte und Werte 2. entgeltlich erworbene Konzessionen, gewerbliche Schutzrechte und ähnliche Rechte und Werte sowie Lizenzen an solchen Rechten und Werten 3. Geschäfts- oder Firmenwert 4. geleistete Anzahlungen

202 Vgl. Baetge/Kirsch/Thiele: Bilanzen, S. 285 u. 329.

<table>
<tr><th>kleine Gesellschaften</th><th>mittelgroße Gesellschaften</th><th>große Gesellschaften</th></tr>
<tr><td>II. Sachanlagen</td><td colspan="2">II. Sachanlagen
1. Grundstücke, grundstücksgleiche Rechte und Bauten einschließlich der Bauten auf fremden Grundstücken
2. technische Anlagen und Maschinen
3. andere Anlagen, Betriebs- und Geschäftsausstattung
4. geleistete Anzahlungen und Anlagen im Bau</td></tr>
<tr><td>III. Finanzanlagen</td><td>III. Finanzanlagen
1. Anteile an verbundenen Unternehmen
2. Ausleihungen an verbundene Unternehmen
3. Beteiligungen
4. Ausleihungen an Unternehmen, mit denen ein Beteiligungsverhältnis besteht
5. sonstige Finanzanlagen</td><td>III. Finanzanlagen
1. Anteile an verbundenen Unternehmen
2. Ausleihungen an verbundene Unternehmen
3. Beteiligungen
4. Ausleihungen an Unternehmen, mit denen ein Beteiligungsverhältnis besteht
5. Wertpapiere des Anlagevermögens
6. sonstige Finanzanlagen</td></tr>
</table>

Abb. 5 – 6: Gliederungsschemata für das Anlagevermögen von Kapitalgesellschaften

Kleinstkapitalgesellschaften i. S. v. § 267a HGB dürfen das Anlagevermögen als eine Position ausweisen.

Gemäß § 284 Abs. 3 HGB müssen Kapitalgesellschaften und haftungsbeschränkte Personenhandelsgesellschaften die Entwicklung der einzelnen Posten im Anhang darstellen. Das geschieht mit dem sog. **Anlagenspiegel**, auch Anlagengitter genannt.[203] Der Anlagenspiegel zeigt nach den historischen Anschaffungs- oder Herstellungskosten Zu- und Abgänge, Umbuchungen und Zuschreibungen des Geschäftsjahres sowie die Entwicklung aller bis zum Abschlussstichtag angefallenen Abschreibungen und leitet somit zum Restbuchwert am Ende des Geschäftsjahres über. Die Abschreibungen des Geschäftsjahres sind wie bisher zu berücksichtigen. Darüber hinaus schreibt § 284 Abs. 3 HGB die Angabe des Gesamtbetrags der Abschreibungen (kumulierte Abschreibungen) zum Geschäftsjahresbeginn und zum Geschäftsjahresende vor sowie Änderungen der Gesamtabschreibungen (kumulierten Abschreibungen), die aus Zu- und Abgängen sowie Umbuchungen resultieren.

Es ist nicht explizit gefordert, die differenzierten Angaben zu Abschreibungen als Teil des Anlagenspiegels zu machen, da der Gesetzeswortlaut nur eine gesonderte Angabe fordert, d. h., dass die Angaben auch verbal als Erläuterungen oder als Davon-Vermerke zu den jeweiligen Posten des Anlagenspiegels gemacht werden könnten. Dennoch

203 Vgl. Baetge/Kirsch/Thiele, Bilanzen, S. 286.

ist aus Gründen der Klarheit und Übersichtlichkeit eine Aufnahme in den Anlagenspiegel zu empfehlen. Die Angaben können in Form eines Anlagenspiegels als sog. »Zwölf-Spalten-Darstellung«[204] präsentiert werden (fünf Spalten zu den AHK-Werten, sieben Spalten zur Veränderung der kumulierten Abschreibungen; da die Angabe der historischen AK/HK zum 31.12. freiwillig ist, reicht eine Elf-Spalten-Darstellung aus).[205] Aufgrund der Vielzahl an Spalten bietet sich anstelle einer horizontalen eine vertikale Gliederung an, die folgendermaßen aussehen könnte:

Historische Anschaffungs- oder Herstellungskosten	
AHK (Stand 01.01.t1)	
+	Zugänge des Geschäftsjahres
+/-	Umbuchungen des Geschäftsjahres
-	Abgänge des Geschäftsjahres
=	Stand 31.12.t1 (als freiwillige Zusatzinformation)
Kumulierte Abschreibungen	
Stand 01.01.t1 (kumulierte Abschreibungen)	
+	Abschreibungen des Geschäftsjahres in t1
+	Zugänge (kum. Abschreibungen auf bestimmte Zugänge)
-	Abgänge (kum. Abschreibungen auf Abgänge)
+/-	Umbuchungen (kum. Abschreibungen auf Umbuchungen)
-	Zuschreibungen des Geschäftsjahres
=	Stand 31.12.t1 (kumulierte Abschreibungen)
Buchwert zum 31.12.t0	
Buchwert zum 31.12.t1	

Abb. 5 – 7: Beispiel für einen erweiterten Bruttoanlagenspiegel[206]

Zu Beginn werden die **historischen Anschaffungs- oder Herstellungskosten** aller am Anfang des Geschäftsjahres vorhandenen Vermögensgegenstände ausgewiesen. Weiterhin werden die Veränderungen des Geschäftsjahres durch **Zugänge** in Form von Bruttoinvestitionen sowie **Abgänge** und **Umbuchungen** in Form von historischen Anschaffungs- oder Herstellungskosten ausgewiesen. Umbuchungen betreffen vor allem die Positionen »geleistete Anzahlungen« und »Anlagen im Bau«.

204 Vgl. Oser/Orth/Wirtz, DB 2015, S. 200.
205 Vgl. Fink/Theile, DB 2015, S. 757.
206 Entnommen aus: Wulf, DStZ 2015, S. 828.

Achtung

Mengenmäßige Erhöhungen des Anlagevermögens im abzuschließenden Geschäftsjahr werden im Anlagengitter mit ihren historischen AK/HK als »Zugänge« gezeigt, nicht als »Historische AK/HK«. Erst im Folgejahr werden diese Beträge in die »Historische AK/HK (Stand zum 01.01.)« umgebucht.

Die Berechnung der Herstellungskosten für das laufende Geschäftsjahr (d.h.: 01.01. eines neuen Geschäftsjahres) funktioniert folgendermaßen:

Historische AK/HK zum 01.01. des Vorjahres	
+	Zugänge des Vorjahres
-	Abgänge des Vorjahres
-/+	Umbuchungen des Vorjahres
=	Historische AK/HK zum 01.01. des neuen Geschäftsjahres

Die Entwicklung der kumulierten Abschreibungen sind im Anlagenspiegel zu verdeutlichen. Dazu sind zunächst die **kumulierten Abschreibungen zu Beginn des Geschäftsjahres** zu benennen. Es folgen die **Abschreibungen des Geschäftsjahres.** Darüber hinaus können **weitere Änderungen der kumulierten Abschreibungen** ausgewiesen werden, nämlich kumulierte Abschreibungen auf Zu- und Abgänge sowie Umbuchungen des laufenden Geschäftsjahres. Die zu erfassenden **Zuschreibungen** sind Wertkorrekturen auf in Vorjahren vorgenommene außerplanmäßige Abschreibungen. Aus Gründen der Klarheit und der Übersichtlichkeit dürfen die Zuschreibungen nicht mit den Abschreibungen des Geschäftsjahres saldiert werden. Die Zuschreibungen des laufenden Geschäftsjahres gehen in die kumulierten Abschreibungen ein, da keine zusätzliche Spalte mit kumulierten Zuschreibungen ausgewiesen wird. Dementsprechend ergeben sich die **kumulierten Abschreibungen** am Jahresende aus den kumulierten Abschreibungen zum Jahresanfang erhöht um die Abschreibungen des Geschäftsjahres, vermindert um die Zuschreibungen und unter Berücksichtigung der weiteren Änderungen kumulierter Abschreibungen. Sie stellen die bis zum Stichtag aufgelaufenen Abschreibungen auf alle am Ende des Geschäftsjahres vorhandenen Vermögensgegenstände dar.

Achtung

Ist ein Vermögensgegenstand im Laufe des Geschäftsjahres durch Abgang oder Umbuchung aus seiner bisherigen Position im Anlagenspiegel ausgeschieden, sind die kumulierten Abschreibungen dieses Vermögensgegenstandes, die bis zum Anfang des Geschäftsjahres aufgelaufen sind, als kumulierte Abschreibungen auf Abgänge auszuweisen, was als Abzugsbetrag der kumulierten Abschreibungen zu verstehen ist. Die Geschäftsjahresabschreibungen werden im Jahr des Abgangs dagegen dennoch unter der alten Position (Abschreibungen des Geschäftsjahres) gezeigt.

Der **Buchwert zum Geschäftsjahresende** wird wie folgt berechnet:

	Historische AK/HK zum 01.01.
+	Zugänge des Geschäftsjahres
-	Abgänge des Geschäftsjahres
-/+	Umbuchungen des Geschäftsjahres
-	kumulierte Abschreibungen zum Geschäftsjahresende
=	Buchwert am 31.12.

Der **Buchwert des Vorjahres** wird aus dem Jahresabschluss des Vorjahres übernommen. Diese Angabe ist nicht vorgeschrieben, in der Praxis aber üblich (§ 265 Abs. 2 HGB).

Die **Darstellung des Anlagenspiegels** kann grundsätzlich auch in einer anderen Form erfolgen. Es ist bspw. denkbar, die Entwicklung der Anschaffungs- und Herstellungskosten sowie der kumulierten Abschreibungen in zwei getrennten Tabellen vorzunehmen und den Buchwert dann durch Subtraktion der kumulierten Abschreibungen am Jahresende von den Anschaffungs- und Herstellungskosten am Jahresende zu ermitteln.

Eine gesonderte Behandlung besteht für **geringwertige Wirtschaftsgüter** (§ 6 Abs. 2 u. 2a EStG). Bei beweglichen abnutzbaren Wirtschaftsgütern des Anlagevermögens bis einschließlich 250 EUR kann gewählt werden zwischen einer Sofortabschreibung oder Abschreibung über die Nutzungsdauer. Wird die Abschreibung bei einem Zugangswert bis einschließlich 250 EUR über die Nutzungsdauer gewählt, muss das Wirtschaftsgut nicht im Anlagenspiegel erfasst werden. Eine Aufzeichnungspflicht besteht allerdings für Anschaffungskosten ab 250 EUR, sofern diese Angaben nicht aus der Buchführung ersichtlich sind (§ 6 Abs. 2 EStG). Ferner können Wirtschaftsgüter von mehr als 250 EUR bis 1.000 EUR Euro pro Wirtschaftsjahr in einem Pool zusammengefasst und über fünf Jahre abgeschrieben werden.[207]

207 Siehe das Kapitel 5.3.2 »Bewertung der Sachanlagen«.

5.7 Aufgaben und Lösungen

5.7.1 Aufgaben

Aufgabe 1: Anlagenspiegel

Nachfolgend finden Sie den verkürzten Anlagenspiegel der Clever AG zum 31.12.t-1 als Ausgangsbasis:

	AHK	Zugänge	Abgänge	Umbuchungen	Zuschreibungen	Abschreibungen (kumuliert) zum Ende des GJ	Buchwert 31.12.t-1
	in Mio. EUR						
Grundstücke, grundstücksgleiche Rechte u. Bauten	5,50	0,80	-	-	-	0,70	5,60
techn. Anlagen u. Maschinen	2,00	-				1,00	1,00
andere Anlagen, Betriebs- u. Geschäftsausstattung (BGA)	0,50	0,50	-	-	-	0,50	0,50
geleistete Anzahlungen u. Anlagen im Bau	0	0,20	-	-	-	-	0,20
Beteiligungen	3,60	0,20	-	-	-	-	3,80
Ausleihungen	0	-	-	-	-	-	0

Im Jahr t0 sind die folgenden Sachverhalte zu berücksichtigen:

a) Die gesamten planmäßigen und außerplanmäßigen Abschreibungen des Geschäftsjahres betragen bei
   - Gebäuden 0,20 Mio. EUR,
   - technischen Anlagen u. Maschinen 0,05 Mio. EUR,
   - anderen Anlagen und Maschinen 0,20 Mio. EUR.

b) Anschaffung von 400 Monitoren (Stückpreis 500 EUR), die als geringwertige Wirtschaftsgüter abgeschrieben wurden. Diese Abschreibung ist nicht in der oben genannten Abschreibung des Geschäftsjahres enthalten (Wahl der Poolabschreibung nach § 6 Abs. 2a EStG).

c) Fertigstellung eines Geschäftsgebäudes zum 30.12.t0, Herstellungskosten in t-1: 200.000 EUR, in t0: 600.000 EUR.

d) Verkauf eines Lkws zum 02.01.t0, Anschaffungskosten 100.000 EUR, Buchwert zum 31.12.t-1 50.000 EUR, Verkaufspreis 80.000 EUR netto.
e) Zuschreibung auf Beteiligungen in Höhe von 100.000 EUR.
f) Verkauf einer Hochdruckpresse, Anschaffungskosten 200.000 EUR, Buchwert zum 31.12.t-1: 1 EUR, Verkaufspreis 10.000 EUR netto.
g) Ausleihungen: Zugang 300.000 EUR, Abgang 100.000 EUR.
h) Erstellen Sie den vollständigen Anlagenspiegel zum 31.12.t0!

Aufgabe 2: Bewertung Anlagevermögen

Die Anschaffungskosten einer Maschine betragen 120.000 EUR. Vermindert um die Abschreibungen über die bisherige Nutzungsdauer ist die Maschine mit 75.000 EUR in der Bilanz angesetzt. Erläutern Sie die möglichen Wertansätze in der Bilanz des Unternehmens für die folgenden Sachverhalte:

1. Der Wert der Maschine steigt durch die erhöhte Nachfrage nach gebrauchten Produktionsanlagen aus Fernost um 25.000 EUR.
2. Der Wert der Maschine verringert sich durch einen irreparablen Schaden dauerhaft um 15.000 EUR.

5.7.2 Lösungen

Lösung zu Aufgabe 1

in T EUR	historische AK	Zugänge +	Abgänge -	Umbuchungen +/-	Zuschreibungen +	Summe Abschreibungen zu Beginn des GJ	Abschreibungen im Laufe des GJ	Änderung kum. Abschreibung (durch Zu-/Abgänge im Laufe des GJ)	Abschreibung zum Ende des GJ	Buchwert 31.12.t0	Buchwert 31.12.t-1
Grundstücke und Gebäude	6,30	c) 0,60		c) +0,20		0,70	a) 0,20		0,90	6,20	5,60
techn. Anlagen und Maschinen	2,00		f) 0,20			1,00	a) 0,05	f) -0,20	0,85	0,95	1,00
andere Anlagen und BGA	1,00	b) 0,20	d) 0,10			0,5	a) 0,20	b) 0,04	0,69	0,41	0,50
								d) -0,05			
geleistete Anzahlungen, Anlagen im Bau	0,20			c) -0,20						0	0,20
Beteiligungen	3,80				e) 0,10					3,90	3,80
Ausleihungen	0	g) 0,30	g) 0,10							0,20	0
Summe	13,3	1,10	0,40	0	0,10	2,2	0,45	-0,21	2,44	11,66	11,10

Anmerkungen zur Lösung

a) Monitore (GWG)
Die Monitore werden als geringwertige Wirtschaftsgüter im Pool »geringwertige Wirtschaftsgüter Jahr t0« geführt und über eine (fiktive) Nutzungsdauer von 5 Jahren linear abgeschrieben (20 % p. a.). Somit ergibt sich für das Jahr t0 ein Abschreibungsbetrag auf den zugehörigen GWG-Pool in Höhe von (es wurden keine weiteren GWGs angeschafft):
0,2 Mio. EUR x 0,2 = 0,04 Mio. EUR

b) Verkauf des LKW
Die kumulierte Abschreibung für den verkauften Lkw ermittelt sich wie folgt:

Anschaffungskosten in EUR	-	Restbuchwert in EUR
100.000	-	50.000
	=	**50.000 (0,05 Mio.)**

c) Verkauf der Hochdruckpresse
Die Anschaffungskosten der Hochdruckpresse sind im Zeitpunkt des Verkaufes bereits voll abgeschrieben (Erinnerungswert 1 EUR), insofern beträgt die kumulierte Abschreibung 200.000 EUR (0,2 Mio. EUR).

Lösung zu Aufgabe 2

Es handelt sich bei der Maschine um einen abnutzbaren Gegenstand des Anlagevermögens. Der Ansatz in der Bilanz erfolgt zu den Anschaffungskosten vermindert um die Abschreibungen. Der beizulegende Zeitwert wird in Form des Wiederbeschaffungszeitwerts ermittelt.

1. Es besteht ein Zuschreibungsverbot. Die Zuschreibungspflicht des § 253 Abs. 5 HGB darf nur Anwendung finden, wenn zuvor eine außerplanmäßige Abschreibung erfolgt ist.
2. Beim irreparablen Schaden liegt eine voraussichtlich dauerhafte Wertminderung vor. Daher besteht eine Abwertungspflicht (Niederstwertprinzip, § 253 Abs. 3 S. 5 HGB). Der Ansatz in der Bilanz verringert sich um 15.000 EUR.

Hinweis

Diese und weitere Aufgaben samt Lösungen finden Sie online bei den digitalen Extras.

DIGITALE EXTRAS

5.8 Lernkontrolle

Geben Sie bitte an, ob die folgenden Aussagen richtig (R) oder falsch (F) sind. (Die Lösung finden Sie in Kapitel »Lösungen zu den Lernkontrollen«.)

Nr.	Aussage	Antwort
1	Das Anlagevermögen ist auf der Passivseite der Bilanz auszuweisen.	
2	Anlagevermögen ist dazu bestimmt, dem Geschäftsbetrieb nur vorübergehend zu dienen.	
3	Eine objektive Bewertung selbst geschaffener immaterieller Vermögensgegenstände ist zum Teil nur erschwert möglich.	
4	Ein originärer Geschäfts- oder Firmenwert darf bei Erfüllung bestimmter Kriterien aktiviert werden.	
5	Software ist, unabhängig eines bestehenden Funktionszusammenhangs, stets als immaterielles Anlagevermögen zu erfassen.	
6	Für Sachanlagevermögen ist das gemilderte Niederstwertprinzip anzuwenden.	
7	Beteiligungen an einem anderen Unternehmen sind nur dann in der Bilanz auszuweisen, sofern mindestens 50 % an diesem gehalten werden.	
8	Im Falle einer dauernden Wertminderung können gemäß Handelsrecht Wahlrechte in Anspruch genommen werden.	
9	Das Gliederungsschema des § 266 Abs. 2 HGB unterscheidet sich für kleine, mittelgroße und große Gesellschaften.	
10	Bei selbst erstellten immateriellen Vermögensgegenständen können sowohl Forschungs- als auch Entwicklungskosten in die Herstellungskosten einbezogen werden.	
11	Der Geschäfts- oder Firmenwert ist handelsrechtlich nur außerplanmäßig abzuschreiben, wenn eine voraussichtliche Nutzungsdauer nicht bestimmt werden kann.	
12	Unter Anwendung des Komponentenansatzes wird ein abnutzbarer Vermögensgegenstand des Sachanlagevermögens in seine wesentlichen Komponenten unterschiedlicher Nutzungsdauern aufgespalten, die getrennt abgeschrieben werden.	

6 Bilanzierung des Umlaufvermögens

Nach Durcharbeiten dieses Kapitels
- erhalten Sie ein Verständnis dafür, inwiefern das Umlaufvermögen vom Anlagevermögen abzugrenzen ist und welche Hauptposten gemäß HGB zu beachten sind.
- besitzen Sie die Kompetenz, zwischen dem gemilderten und dem strengen Niederstwertprinzip zu differenzieren.
- wissen Sie, in welchen Fällen das strenge Niederstwertprinzip anzuwenden ist.
- kennen Sie die Bewertungsvereinfachungen beim Vorratsvermögen.
- entwickeln Sie ein tiefergreifendes Verständnis hinsichtlich des Realisationsprinzips und wissen, dass dies bei der Bewertung langfristiger Fertigungsaufträge von Bedeutung ist.
- wissen Sie, wie Forderungen auf der Aktivseite der Bilanz ausgewiesen werden.
- erkennen Sie, dass bei der Bewertung von Wertpapieren die Zuordnung im Anlage- oder Umlaufvermögen entscheidend ist.
- wissen Sie, welche Positionen als liquide Mittel gelten.

6.1 Ausweis und Bewertung des Umlaufvermögens

In das Umlaufvermögen sind alle Vermögensgegenstände aufzunehmen, die nicht dem Anlagevermögen zuzurechnen sind. Innerhalb des Umlaufvermögens sind gem. § 266 Abs. 2 B. I–IV HGB die folgenden vier Hauptposten auszuweisen:
1. Vorräte,
2. Forderungen und sonstige Vermögensgegenstände,
3. Wertpapiere,
4. liquide Mittel.

Diese Liste entspricht gleichzeitig der Mindestgliederung für kleine Kapitalgesellschaften (§ 266 Abs. 1 S. 3 HGB). **Kleinstkapitalgesellschaften** i. S. d. § 267a HGB dürfen das Umlaufvermögen als eine Position ausweisen. Demgegenüber müssen **mittelgroße und große Kapitalgesellschaften** die volle Aufgliederung dieser vier Hauptposten entsprechend den Untergliederungspunkten gem. § 266 Abs. 2 HGB vornehmen.

Im Gegensatz zu den gesonderten **Ansatzvorschriften**, die Wahlrechte und Verbote betreffen, besteht für das Umlaufvermögen stets ein **Ansatzgebot**. Das gilt auch für selbst erstelltes immaterielles Umlaufvermögen (z. B. Software oder Filme, die zum Verkauf bestimmt sind).

Die **Zugangsbewertung** erfolgt zu den Anschaffungs- oder Herstellungskosten, die gleichzeitig die Wertobergrenze markieren. Bei der **Folgebewertung** ist handelsrechtlich das **strenge Niederstwertprinzip** zu beachten. Außerplanmäßige Abschreibungen sind folglich unabhängig von der Dauer der voraussichtlichen Wertminderung vorzunehmen. Als Korrekturwert ist der Börsen- oder Marktpreis oder der niedrigere beizulegende Wert heranzuziehen.

In den Folgejahren ist bei Wegfall des Grundes für die außerplanmäßige Abschreibung eine Zuschreibung vorzunehmen. Darüber hinaus existieren bei der Bewertung von Vorräten spezielle Bewertungsverfahren, die vom Einzelbewertungsgrundsatz abweichen. Neben der Gruppen-, Sammel- oder Festbewertung zählen hierzu auch sog. Verbrauchsfolgefiktionen.

6.2 Vorräte

6.2.1 Begriff und Unterteilung

Vorräte dienen dem eigentlichen Geschäftszweck des Unternehmens, also unmittelbar der Produktion oder dem Handel. Sie sind gem. § 266 Abs. 2 B. I. HGB in die folgenden Unterposten aufzugliedern:
1. Roh-, Hilfs- und Betriebsstoffe,
2. unfertige Erzeugnisse, unfertige Leistungen,
3. fertige Erzeugnisse und Waren,
4. geleistete Anzahlungen.

Rohstoffe gehen als Hauptbestandteile, **Hilfsstoffe** als Nebenbestandteile unmittelbar in das Erzeugnis ein, während **Betriebsstoffe** bei der Herstellung verbraucht werden. Im Unterschied zu den Roh-, Hilfs- und Betriebsstoffen werden **Waren** nicht zu Erzeugnissen verarbeitet, sondern selbstständig (Handelsware) oder als Zubehör zu eigenen Erzeugnissen weiterveräußert.

Zu den **unfertigen Erzeugnissen und Leistungen** gehören alle noch nicht verkaufsfähigen Produkte, für die im Unternehmen durch Be- oder Verarbeitung bereits Aufwendungen entstanden sind. Langfristige Fertigungsaufträge[208] werden bis zur Abnahme durch den Kunden und die Ausstellung der Endabrechnung auch unter den unfertigen Erzeugnissen erfasst. Unter **fertigen Erzeugnissen und Waren** werden alle selbst gefertigten oder zugekauften Vorräte ausgewiesen, die verkaufsfähig sind.

Geleistete Anzahlungen sind Vorleistungen des Unternehmens für die Leistung des zur Lieferung oder Leistung von Waren, Dienstleistungen u. Ä. verpflichteten Vertragspartners. Unter dieser Position werden Zahlungen des Unternehmens an Dritte er-

208 Vgl. das Kapitel 6.3 »Langfristige Fertigungsaufträge«.

fasst, die sich auf das Vorratsvermögen beziehen und aus abgeschlossenen Verträgen resultieren, deren Lieferung oder Leistung noch offen ist. Dementsprechend liegen Forderungen des Unternehmens gegenüber dem Lieferanten aus der Erbringung der vereinbarten Leistung vor.

Bei **erhaltenen Anzahlungen** handelt es sich um Zahlungen, die das Unternehmen von Kunden für noch zu erbringende Leistungen erhalten hat. Da das Unternehmen die Leistungsschuld inne hat, liegt eine Verbindlichkeit vor. Für diese Verbindlichkeiten besteht ein Ausweiswahlrecht: Sie können innerhalb der Verbindlichkeiten auf der Passivseite ausgewiesen oder offen von den Vorräten abgesetzt werden (§ 268 Abs. 5 S. 2 HGB).[209]

Bei den Vorräten ist einerseits die Frage nach dem **wirtschaftlichen und rechtlichen Eigentum** und andererseits der Zeitpunkt der Buchung relevant. Für die Ein- bzw. Ausbuchung der erhaltenen bzw. gelieferten Ware ist nach dem **Realisationszeitpunkt** jener Zeitpunkt entscheidend, zu dem die Gefahr des zufälligen Untergangs der Ware von einem Vertragspartner auf den anderen übergeht. Maßgeblich sind hier die Vertragsklauseln. Wenn der **Gefahrenübergang** auf den Kunden bereits bei Verlassen der Ware vom Werkhof des Lieferanten erfolgt, muss der Lieferant die Ware aus- und einen Umsatzerlös einbuchen; der Kunde muss die Ware einbuchen.[210] Unterwegs befindliche Waren können folglich beim wirtschaftlichen Eigentümer erfasst werden. In diesem Zusammenhang finden neben einzelvertraglichen Regelungen oftmals anerkannte Handelsklauseln (sog. Incoterms: International Commercial Terms) Anwendung. Wird als Lieferbedingung bspw. »FOB – Free on Board« vereinbart, liefert der Verkäufer die Ware an das vom Auftraggeber benannte Schiff. Der Gefahrenübergang findet statt, wenn die Ware an Bord des Schiffes ist. Die unterwegs auf See befindliche Ware wird folglich beim Kunden erfasst.

Exkurs

Bilanzierung von Zertifikaten nach dem Brennstoffemissionshandelsgesetz und bilanzielle Behandlung der Rückgabe- bzw. Ausgleichsverpflichtung:

Um die Ziele des Klimaschutzpakets 2030 zu erreichen, wurde u. a. das Brennstoffemissionshandelsgesetz (BEHG) verabschiedet und eine CO_2-Bepreisung eingeführt. Betroffene Unternehmen sind verpflichtet, eine entsprechende Menge an Emissionsberechtigungen in Höhe der Brennstoffemissionen vorzuhalten und im Folgejahr einzulösen (§ 8 BEHG).

209 Vgl. Schubert/Krämer, in: Beck'scher Bilanzkommentar, § 266 HGB, Rz. 90–111.
210 Vgl. Coenenberg/Haller/Schultze, Jahresabschluss und Jahresabschlussanalyse, S. 239 ff.

Emissionsberechtigungen – Bilanzierung von Zertifikaten nach dem Brennstoffemissionshandelsgesetz:

Zum 01.01.2021 wurde in Deutschland ein nationales Emissionshandelssystem für Zertifikate eingeführt. Grundlage hierfür ist das Brennstoffemissionshandelsgesetz (BEHG). IDW RS HFA 15 regelt die bilanzielle Behandlung von Emissionsberechtigungen. Erworbene Emissionszertifikate zählen zu den immateriellen Vermögensgegenständen des Umlaufvermögens und sind in aller Regel innerhalb der Vorräte auszuweisen (IDW RS HFA 15, Tz. 4 ff.). Die Bewertung erfolgt in Höhe der angefallenen Anschaffungskosten und in der Folge nach den allgemeinen Grundsätzen für die Bilanzierung und Bewertung von Vermögensgegenständen des Umlaufvermögens.

Abgabeverpflichtung – Bilanzielle Behandlung der Rückgabe- bzw. Ausgleichsverpflichtung:

Aufgrund der Verpflichtung nach § 8 und § 2 Abs. 2 BEHG muss der Inverkehrbringer für die gelieferten Brennstoffmengen jährlich zum 30.9. des Folgejahres eine entsprechende Anzahl von Emissionszertifikaten an das Umweltbundesamt abgeben. Für die Verpflichtung zur Abgabe sind Rückstellungen für ungewisse Verbindlichkeiten gemäß § 249 Abs. 1 Satz 1 HGB für bis zum Abschlussstichtag verursachte Emissionen zu bilden. Die Rückstellungsbewertung richtet sich nach § 253 Abs. 1 Satz 1 HGB und ist der Höhe nach mit dem Buchwert der im Bestand befindlichen Zertifikate sowie – soweit der Bestand an Zertifikaten die Emissionsmenge nicht deckt (Unterdeckung) – mit dem Zeitwert der benötigten Anzahl an noch zu erwerbenden Zertifikaten zu bewerten. Zu bilanzieren ist insofern die gesamte Sachleistungsverpflichtung (»Bruttobilanzierung«) und nicht nur der Teil der Unterdeckung (»Nettobilanzierung«) (IDW RS HFA 15, Tz. 18).

6.2.2 Spezielle Bewertungsvorschriften

Nach dem Grundsatz der Einzelbewertung sind alle Vorratspositionen einzeln zu bewerten. Das ist im Falle schwankender Einkaufspreise beim Vorratsvermögen mit Schwierigkeiten verbunden, weil teilweise Vermischungen auftreten (z. B. bei Schüttgütern oder Flüssigkeiten). Deshalb dürfen bei gleichartigen und gleichwertigen Vorratsgegenständen aus Wirtschaftlichkeitsgründen Sammelbewertungen, sog. **Bewertungsvereinfachungen** vorgenommen werden. Erlaubt sind

- das Festwertverfahren[211] (§ 240 Abs. 3 HGB),

211 Siehe das Kapitel 2.2 »Inventur und Inventar«.

- die Gruppenbewertung nach dem Durchschnittsverfahren[212] (§ 240 Abs. 4 HGB) und
- die Verbrauchsfolgeverfahren (§ 256 HGB).

Nach § 256 HGB kann das Vorratsvermögen nach zeitlichen Verbrauchsfolgefiktionen bewertet werden. Konkret zählen hierzu die LiFo- und die FiFo-Methode.

Bei einer Verbrauchsfolge nach der **LiFo-Methode** (Last in/First out) wird unterstellt, dass die zuletzt gekauften Vorräte zuerst verbraucht werden. Der Bestand besteht immer aus den ältesten Lieferungen und dem Lageranfangsbestand. Der Wareneinsatz wird dagegen mit den jüngsten Lieferungen bewertet. Diese Lagerlogik entspricht gestapelten oder geschichteten Vorräten (z. B. Kohle, Schüttgüter).

Bei der **FiFo-Methode** (First in/First out) wird unterstellt, dass die zuerst gekauften Vorräte zuerst verbraucht werden (wie z. B. Getreide aus dem Silo). Der Bestand wird immer mit den jüngsten Lieferungen bewertet. Der Wareneinsatz wird mit den ältesten Lieferungen bewertet.

Kostenorientierte Verbrauchsfolgefiktionen wie die HiFo-(Highest in/First out) und die LoFo-Methode (Lowest in/First out) **sind hingegen unzulässig**.

Die Sammelbewertungsverfahren dürfen wie folgt in der Handelsbilanz angewandt werden:

Methode	Rechtsgrundlage
Festwert	§ 240 Abs. 3 HGB: Festbewertung für RHB-Stoffe, sofern regelmäßig ersetzt und Gesamtwert unwesentlich
gewogener Durchschnitt	§ 240 Abs. 4 HGB: Gruppenbewertung nach dem gewogenem Durchschnittsverfahren für gleichartiges Vorratsvermögen
FiFo	§ 256 HGB: Verbrauchsfolgefiktionenverfahren für Vorratsvermögen
LiFo	

Abb. 6 – 1: Zulässigkeit von Sammelbewertungsverfahren für Vorratsvermögen

Rechentechnisch kann bei den Verbrauchsfolgeverfahren jeweils zwischen der permanenten Methode und der Periodenmethode unterschieden werden. Bei der **permanenten Methode** wird jeder Zu- oder Abgang in chronologischer Reihenfolge

212 Ebd.

berücksichtigt.[213] Dieses Verfahren setzt bei der Erfassung der verbrauchten Materialmengen die Fortschreibungs- bzw. Skontrationsmethode voraus. Rechentechnisch ist das Verfahren sehr aufwendig; es ist deshalb nicht sehr verbreitet.[214] Das folgende Beispiel bezieht sich deshalb auf das **Periodenverfahren.**

Bei Anwendung eines Bewertungsvereinfachungsverfahrens besteht eine **Angabepflicht** der Methode und des gegen den Marktpreis gerechneten Unterschiedsbetrages gem. § 284 Abs. 2 Nr. 3 HGB.

Die beschriebenen Bewertungsmethoden dienen lediglich der Ermittlung der Buchwerte für das Vorratsvermögen. Zusätzlich ist das **strenge Niederstwertprinzip** zu beachten. Das Niederstwertprinzip verbietet eine Bewertung zu Preisen, die über dem Marktpreis liegen. Deshalb sind ggf. Wertabschläge zu berücksichtigen. Bei der Umsetzung des strengen Niederstwertprinzips orientiert sich die Bewertung entweder am Beschaffungsmarkt, am Absatzmarkt oder an beiden Märkten.[215]

Beispiel

Die Sail GmbH hat zu Beginn des Jahres t0 insgesamt 2 t Stahl auf Lager, die je Tonne zu 1.200 EUR bewertet sind. Aus den Unterlagen der Buchhaltung konnten die folgenden Lagerzugänge während der vergangenen Periode ermittelt werden:

Datum	Tonnen	pro Tonne in EUR	Kaufpreis in EUR
30.04.	4	900	3.600
20.07.	3	700	2.100
05.09.	3	1.100	3.300

Am Ende der Periode beträgt der Lagerbestand 5 t Stahl.

Der Wert des Endbestandes, der sich gemäß der gewogenen Durchschnittsmethode, FiFo- und LiFo-Methode ergibt, ist wie folgt zu ermitteln:

213 Beispiele finden sich etwa bei Coenenberg/Haller/Schultze, Jahresabschluss und Jahresabschlussanalyse, S. 250 f.

214 Vgl. Baetge/Kirsch/Thiele, Bilanzen, S. 369.

215 Siehe das Kapitel 4.3.4 »Beizulegender Wert als Korrekturwert für das Anlage- und Umlaufvermögen«.

Menge in t	Preis je Tonne in EUR (EUR/t)	Gesamtpreis in EUR
gewogener Durchschnitt		
2	1.200	2.400
4	900	3.600
3	700	2.100
3	1.100	3.300
12		11.400
5		4.750
FiFo-Methode		
3	1.100	3.300
2	700	1.400
5		4.700
LiFo-Methode		
3	1.200	2.400
2	900	2.700
5		5.100

Beträgt der Wiederbeschaffungspreis am Markt am 31.12.t0 760 EUR/t, kommt es zum folgenden Bilanzansatz:

Bei einem Marktpreis von 760 EUR/t ergibt sich für den Bestand von 5 t ein Wertansatz in Höhe von 3.800 EUR.

Da der Marktpreis unter den Anschaffungskosten der zuvor errechneten Werte der Vereinfachungsverfahren liegt, muss gem. § 253 Abs. 4 S. 1 HGB der niedrigere Marktwert für den Wertansatz verwendet werden (strenges Niederstwertprinzip). Deshalb sind die Stahlvorräte mit 3.800 EUR zu bewerten.

Die Anwendung der Verbrauchsfolgeverfahren hat **Auswirkungen auf die Darstellung der Vermögens- und Ertragslage** von Unternehmen. In Zeiten sinkender Preise kann es grundsätzlich zu Überbewertungen kommen, weil die in früheren Jahren zu höheren Preisen erworbenen Vermögensgegenstände annahmegemäß im Lager liegen. Allerdings ist zusätzlich zu prüfen, ob eine Abschreibung auf den niedrigeren Börsen- oder Marktpreis oder auf den niedrigeren beizulegenden Wert erforderlich ist. Bei sinkenden Preisen stellt das strenge Niederstwertprinzip folglich sicher, dass keine Überbewertung des Vorratsvermögens erfolgt.

Demgegenüber werden mit dem LiFo-Verfahren bei steigenden Preisen ggf. stille Reserven gelegt; der Einblick in die Vermögens- und Ertragslage wird verzerrt. Bei Anwendung des FiFo-Verfahrens werden dagegen bei steigenden Preisen höhere Gewinne ausgewiesen, da der Abgang der Vorräte mit den niedrigeren Werten erfolgt. Die Durchschnittsbewertung führt bei steigenden Preisen ebenfalls zur Bildung stiller Reserven, allerdings in geringerem Umfang als beim LiFo-Verfahren. Um dem Abschlussadressaten die Auswirkungen der Bewertungsvereinfachung zu verdeutlichen, hat der Gesetzgeber in § 284 Abs. 2 Nr. 3 HGB eine **Angabepflicht** für den Unterschiedsbetrag zumindest bei erheblichen Abweichungen von der Bewertung zum letzten vor dem Abschlussstichtag bekannten Börsenkurs oder Marktpreis gefordert.

Für bestimmte Branchen sind als weitere Bewertungsbesonderheit nach repräsentativen, nachprüfbaren Unterlagen auch pauschale **Gängigkeitsabschläge** auf Lagerpositionen zulässig (bspw. mittels sog. Reichweitenverfahren).[216] Allein eine lange Lagerdauer reicht als Indiz dafür aber nicht aus.[217]

6.3 Langfristige Fertigungsaufträge

Langfristige Fertigungsaufträge erstrecken sich über mindestens einen Bilanzstichtag (wie z.B. der mehrjährige Bau einer Brücke oder einer Großanlage). Wegen der Beachtung des Realisationsprinzips kann sowohl die bereits erbrachte als auch die noch zu erbringende Leistung üblicherweise erst bei Fertigstellung und Endabnahme als Umsatz gebucht werden. Der Gewinn entsteht handelsrechtlich buchhalterisch auch erst zu diesem Zeitpunkt. Die Gewinnrealisierung erfolgt somit erst, wenn die Lieferung bzw. Leistung des Fertigungsauftrags vollständig erbracht ist (**Completed-Contract-Methode**). Während der Fertigstellungsphase sind die damit verbunden Aufwendungen innerhalb der Vorräte als unfertige Leistungen zu Herstellungskosten zu aktivieren.

Grundsätzlich dürfen nur die Bestandteile in die **Herstellungskosten** eingerechnet werden, die aktivierbar sind, d.h. maximal zur Obergrenze der Herstellungskosten. So dürfen Vertriebskosten nicht eingerechnet werden. Eine Aktivierung zu Selbstkosten, d.h. zu den Herstellungskosten inkl. der Vertriebskosten, ist bei langfristigen Fertigungsaufträgen umstritten. Mit einer Aktivierung auch dieser Kosten werden sog. Auftragszwischenverluste vermieden, die daraus resultieren, dass die handelsrechtlich zulässige Obergrenze der Herstellungskosten maßgebend ist und eine Aktivierung zu Selbstkosten regelmäßig ausscheidet.

Da der **Gewinn** erst am Ende des Fertigungszeitraums ausgewiesen werden darf, wird der Gesamtauftrag in der Praxis in technisch und wirtschaftlich **abgrenzbare Teilleistungen** zerlegt, die einzeln vom Kunden abgenommen werden. Da mit den vertraglich vereinbarten Teilabnahmen jeweils der Gefahrenübergang erfolgt, handelt es sich um selbstständig abgrenzbare und in sich geschlossene und folglich realisierte

216 Vgl. IDW (Hrsg.), WP Handbuch, Abschnitt F, Rz. 188.

217 BFH vom 24.02.1994, BStBl 1994 II, S. 514.

Teilleistungen. In der Periode der Abnahme einer Teilleistung wird entsprechend der Gesamtumsatzerlöse proportional ein Teilerlös gebucht und die Herstellungskosten der Teilleistung werden aus dem Vorratsposten ausgebucht. In Höhe der Differenz zwischen Teilerlös und anteiligen Herstellungskosten wird ein Teilgewinn während der Fertigungslaufzeit realisiert. Dieses Verfahren führt zu einem gleichmäßigeren Gewinnausweis über die Fertigungszeit, während es bei vollständiger Gewinnerfassung erst am Ende der Fertigungslaufzeit zu Gewinnausschlägen kommen würde. Die Teilgewinnrealisation ist nur zulässig, wenn sich die Auftragsleistung auch in einzelne Funktionseinheiten zerlegen lässt und für den Lieferanten letztlich kein Funktionsrisiko im Hinblick auf die Gesamtleistung entsteht.[218]

Entsprechend dem Vorsichtsprinzip sind handelsrechtlich Rückstellungen für **drohende Verluste aus schwebenden Geschäften** zu buchen, wenn absehbar ist, dass die Gesamtkosten nicht durch die Gesamterlöse des Auftrags gedeckt werden.

Beispiel

Ein Unternehmen hat in t1 einen Auftrag für ein vierjähriges Bauprojekt erhalten. Der vertraglich fixierte Nettofestpreis beträgt 100 Mio. EUR. In der Kalkulation werden Gesamtkosten in Höhe von 80 Mio. EUR geplant, die sich gleichmäßig über die vier Jahre verteilen. Der Gesamtgewinn beläuft sich auf insgesamt 20 Mio. EUR.

Annahme 1: Eine Teilgewinnrealisation darf nicht gebucht werden.

Lösung

Bilanz in Mio. EUR	t1	t2	t3	t4
Vorräte	20	40	60	
Forderungen				100

GuV	t1	t2	t3	t4
Umsatzerlöse				100
Herstellungskosten des Umsatzes				80
Gewinn v. St.				20

218 Vgl. Coenenberg/Haller/Mattner/Schultze, Rechnungswesen, S. 384 f.

Annahme 2: Eine Teilgewinnrealisation darf gebucht werden.

Lösung

Bilanz	t1	t2	t3	t4
Vorräte	25	50	75	
Forderungen				100

GuV	t1	t2	t3	t4
Umsatzerlöse	25	25	25	25
Herstellungskosten des Umsatzes	20	20	20	20
Gewinn v. St.	5	5	5	5

Die Ergebnisse zeigen deutlich die unterschiedlichen Wirkungen auf die Höhe der Vermögensposition und die Höhe des Gewinns während der Laufzeit des langfristigen Fertigungsauftrages.

Inwiefern **Teilgewinnrealisierungen ohne vertraglich vereinbarte Teilabnahmen** vor dem Hintergrund des Realisationsprinzips zulässig sind, ist höchst strittig. Im begründeten **Ausnahmenfall** kann gem. § 252 Abs. 2 HGB unter sehr restriktiven Voraussetzungen eine Durchbrechung des § 252 Abs. 1 Nr. 4 HGB (Realisationsprinzip) infrage kommen. Zu den kumulativ zu erfüllenden Anwendungsvoraussetzungen einer dann als faktisches Bewertungswahlrecht zu interpretierenden und im Anhang gemäß § 284 Abs. 2 Nr. 1 HGB zu erläuternden Teilgewinnrealisierung gehört, dass

- die Fertigung über mindestens einen Bilanzstichtag hinausgeht (langfristige Fertigung) und für die Unternehmenstätigkeit wesentlich ist,
- eine Gewinnrealisierung erst nach Auftragsabschluss zu einem verzerrten Einblick in die Ertragslage führt,
- eine zuverlässige Bewertbarkeit des erwarteten Gewinns sichergestellt ist und keine
  Risiken erkennbar sind, die dem entgegenstehen,
- eine ausreichende Berücksichtigung für unvorhersehbare Garantieleistungen und Nachbesserungen stattfindet,
- die Gesamtleistung kalkulatorisch aufgespalten werden kann und die Teilgewinnrealisierung dann nur anteilig für entsprechende Teilleistungen erfolgt,
- keine Teilgewinnrealisierung vorgenommen wird, wenn die tatsächlichen Kosten der Teilleistungen wesentlich über der Kalkulation liegen und nicht davon ausgegangen werden kann, dass die Erlöse die noch anfallenden Kosten decken und
- ausgeschlossen werden kann, dass Einwendungen des Abnehmers vorliegen, die negative Auswirkungen auf das Gesamtergebnis bewirken werden.[219]

219 Vgl. IDW (Hrsg.), WP Handbuch, Abschnitt F, Rz. 1371 f.

6.4 Forderungen und sonstige Vermögensgegenstände

6.4.1 Ausweis und Unterteilung

Gemäß § 266 Abs. 2 B. II. HGB werden Forderungen in folgende Unterposten gegliedert:

1. Forderungen aus Lieferungen und Leistungen,
2. Forderungen gegen verbundene Unternehmen,
3. Forderungen gegen Unternehmen, mit denen ein Beteiligungsverhältnis besteht,
4. sonstige Vermögensgegenstände.

Forderungen aus Lieferungen und Leistungen entstehen aus Geschäften mit Lieferungs- und Leistungsaustausch, die für die Unternehmenstätigkeit typisch sind. Den Lieferungen und Leistungen liegen gegenseitige Verträge zugrunde (z. B. Lieferungs-, Werks- oder Dienstverträge), die seitens des bilanzierenden Unternehmens bereits durch Lieferung oder Leistung erfüllt wurden, deren Erfüllung durch den Schuldner in Form einer Bezahlung am Bilanzstichtag jedoch noch offen steht.

Solange beide Partner nichts geleistet haben, stehen Anspruch und Verpflichtung in der Schwebe und bilden ein **schwebendes Geschäft**. Der zur Lieferung oder sonstigen Leistung Verpflichtete darf den Erfolg aus dem Geschäft entsprechend dem Realisationsprinzip noch nicht ausweisen und die Forderung aus Lieferung und Leistung deshalb noch nicht bilanzieren.

Wird eine Forderung abgetreten (**Zession**), muss der Sicherungsgeber (**Zedent**) die Forderung weiterhin bilanzieren, weil er gegenüber dem Sicherungsnehmer (**Zessionar**) für einen Forderungsausfall haftet und somit der wirtschaftliche Eigentümer ist. Demgegenüber geht das wirtschaftliche Eigentum bei einem Forderungsverkauf (**Factoring**) auf den Käufer der Forderung über (**echtes Factoring**), wenn der Käufer das Forderungsrisiko (Delkredererisiko bezüglich des Zahlungsausfalls des Schuldners) trägt. Wenn aber der Verkäufer weiterhin das Ausfallrisiko trägt, muss er die Forderung unter den Haftungsverhältnissen gem. § 251 HGB ausweisen. Wird mit einem Forderungsausfall gerechnet, ist eine Rückstellung für ungewisse Verbindlichkeiten zu bilden.

Forderungen gegen verbundene Unternehmen und Forderungen gegen Beteiligungsunternehmen sind – wie Ausleihungen, die unter Finanzanlagen auszuweisen sind – aus Transparenzgründen gesondert zu erfassen, um die finanziellen Verflechtungen mit beteiligten Unternehmen offenzulegen. Diese Posten umfassen alle Forderungen einschließlich der Forderungen aus Lieferungen und Leistungen. Für den Ausweis ist maßgeblich, dass es sich bei dem Schuldner um ein verbundenes Unternehmen (Forderungen gegen verbundene Unternehmen) oder Beteiligungsunternehmen (Forderungen gegen Unternehmen, mit denen ein Beteiligungsverhältnis besteht) handelt.

Unter den **sonstigen Vermögensgegenständen** werden als Sammelposten von Ansprüchen unterschiedlichster Art alle Positionen erfasst, die keinem anderen Posten des Umlaufvermögens zugeordnet werden können. Dazu zählen verallgemeinernd Forderungen aus Geschäften, die für die Unternehmenstätigkeit nicht typisch sind. Beispielhaft sind u.a. Kautionen, Umsatzprämien und Provisionen, Schadensersatzansprüche sowie GmbH- und Genossenschaftsanteile ohne Beteiligungs- oder Daueranlageabsicht zu nennen. Ebenso sind die zu den sonstigen Forderungen zählenden antizipativen aktiven Rechnungsabgrenzungsposten hierunter zu subsumieren. Sie ergeben sich aus dem Realisationsprinzips, nach dem Erträge, die vor dem Bilanzstichtag liegen, deren Einzahlung jedoch erst nach dem Bilanzstichtag erfolgt, buchungstechnisch als sonstige Forderungen zu berücksichtigen sind, um eine periodengerechte Gewinnermittlung zu ermöglichen.[220]

Unter dem Posten »sonstige Vermögensgegenstände« innerhalb des Umlaufvermögens sind auch aus Wertpapieren resultierende Zins- und Dividendenforderungen auszuweisen. Der Ansatz von **Dividendenforderungen** hängt vom rechtlichen Entstehungszeitpunkt ab. Dividendenforderungen entstehen rechtlich erst, wenn die Hauptversammlung des Beteiligungsunternehmens den Beschluss über die Gewinnverwendung gem. § 174 AktG gefasst und einen Ausschüttungsbetrag festgelegt hat. Das führt zu einer phasenverschobenen Gewinnvereinnahmung. Der Gewinn des Beteiligungsunternehmens wird beim beteiligten Unternehmen erst im Folgejahr erfolgswirksam erfasst. Nur unter bestimmten Voraussetzungen ist gemäß EuGH[221] und BGH[222] handelsrechtlich eine phasengleiche Gewinnvereinnahmung geboten.[223]

6.4.2 Spezielle Bewertungsvorschriften

Die Bewertung von Forderungen erfolgt nach § 253 Abs. 1 u. 4 HGB zu den **Anschaffungskosten**, d.h. zum Nennbetrag, wobei hier anders als etwa im Anlagevermögen die Umsatzsteuer mit auszuweisen ist, da diese vom Kunden an das Unternehmen zu leisten ist. Eine Bewertung über die Anschaffungskosten hinaus ist grundsätzlich verboten, eine Ausnahme besteht bei kurzfristigen Fremdwährungsforderungen, die zum Stichtag ohne Niederstwerttest mit dem Devisenkassamittelkurs umgerechnet werden müssen.

220 Vgl. Coenenberg/Haller/Schultze, Jahresabschluss und Jahresabschlussanalyse, S. 281 f.

221 Vgl. EuGH, Urteil vom 27.06.1996 – Rs. C-234/94, S. 1400, berichtigt durch das EuGH, Beschluss vom 10.07.1997 – Rs. C-234/94, S. 1513.

222 Vgl. BGH, Urteil vom 12.01.1998 – II ZR 82/93, S. 567.

223 Vgl. Baetge/Kirsch/Thiele, Bilanzen, S. 331.

Häufig wird den Kunden in Rechnungen ein Abzug von **Skonto** erlaubt. Der Skontobetrag stellt einen Zins für einen gewährten Kredit für die Laufzeit zwischen Skontierfrist und Zahlungsziel dar. Für die Behandlung kann zunächst der Rechnungsbetrag inkl. Skonto eingebucht werden; bei Fälligkeit ist neben dem Zahlungsbetrag des Kunden ein Zinsaufwand zu berücksichtigen. Da die Gewährung des Zahlungsziels ein Kreditgeschäft darstellt, ist eine Trennung in ein Güter- und ein Kreditgeschäft sinnvoll. Bei voraussichtlichen Skontoabzügen sind die Forderungen direkt um den Skontoabzug zu kürzen (aktivische Absetzung).[224]

Unverzinsliche oder niedrig verzinsliche Forderungen sind handelsrechtlich zum niedrigeren Barwert zu bewerten; sie werden mit einem fristadäquaten Zinssatz abgezinst. Obwohl nicht explizit vorgeschrieben, bietet es sich an, hierbei auf die Zinssätze für die Rückstellungsbewertung zurückzugreifen, die monatlich von der Bundesbank laufzeitspezifisch veröffentlicht werden. Aus Vereinfachungsgründen müssen kurzfristig fällige Forderungen nicht abgezinst werden. Forderungen, die zum Barwert angesetzt werden, enthalten einen verdeckten Zinsanteil, weil ein höherer Kaufpreis als der angesetzte Barwert der Forderung vereinbart wurde. Dieser Zinsanteil darf nicht bei Entstehung der Forderung realisiert werden. Er ist nach dem Realisationsprinzip erst während der Laufzeit zu berücksichtigen. Die Ertragsrealisation erfolgt während der Laufzeit durch Aufzinsung des Barwerts.

Beispiel

Die Kedila GmbH gewährt der Geno GmbH im Dezember t1 ein zinsloses Darlehen über 200.000 EUR für 2 Jahre. Der Marktzins liegt bei 6 %. Im Jahresabschluss t1 weist die Kedila GmbH die Forderung gegen die Geno GmbH mit dem Barwert in Höhe von 178.000 EUR aus. In den folgenden Jahren ist eine Aufzinsung der Forderung um jeweils 6 % vorzunehmen:

- Wertansatz der Forderung in t2: 188.680 EUR,
- Wertansatz der Forderung in t3: 200.000 EUR.

Eine **außerplanmäßige Abschreibung** bzw. eine Wertberichtigung auf Forderungen kann erforderlich sein, wenn

- Wechselkursminderungen (Fremdwährungsforderungen) und
- Ausfallrisiken wegen Zahlungsunfähigkeit bzw. Insolvenz des Schuldners

vorliegen.

Fremdwährungsforderungen (Valutaforderungen) sind am Tag der Forderungsentstehung gem. § 256a HGB zum Devisenkassamittelkurs anzusetzen. Ist der Devisenkassamittelkurs am Bilanzstichtag niedriger, ist die Forderung auf den niedrigeren

224 Vgl. IDW (Hrsg.), WP Handbuch, Band I, Abschnitt E, Rz. 146.

Kurs abzuwerten. Bei höheren Umrechnungskursen dürfen Zuschreibungen nur erfolgen, wenn die Restlaufzeit unter einem Jahr liegt.

Beispiel

Die Kiwo AG liefert im Dezember Waren an einen Kunden in den USA; die Rechnungsstellung erfolgt taggleich. Der Rechnungsbetrag beläuft sich auf 18.000 USD bei einem Briefkurs von 1,60 EUR/USD. Zum Bilanzstichtag sinkt der Kurs auf 1,50 EUR/USD.

Lösung
Im Dezember ist zunächst eine Forderung in Höhe von 28.800 EUR zu buchen. Aufgrund des gesunkenen Kurses ist die Forderung zum Bilanzstichtag auf 27.000 EUR abzuschreiben.

Zweifelhafte Forderungen (Dubiose) sind handelsrechtlich mit dem wahrscheinlichen Wert anzusetzen. Der wahrscheinliche Wert ist unter Beachtung des Vorsichtsprinzips auf Basis der Höhe der nach vernünftiger kaufmännischer Beurteilung zu erwartenden Ausfälle abzuschätzen. Als Orientierung kann die Insolvenz- bzw. die Vergleichsquote gelten. Uneinbringliche Forderungen sind vollständig abzuschreiben.

Nach dem Niederstwertprinzip sind Forderungen bei bestehenden Risiken außerplanmäßig abzuschreiben. Diese außerplanmäßigen Abschreibungen werden als Wertberichtigungen bezeichnet. Nach dem Einzelbewertungsgrundsatz sind bei Vorliegen spezieller Einzelrisiken eines Kunden Abschreibungen auf die bestehenden Forderungen vorzunehmen. Bei diesen **Einzelwertberichtigungen** erfolgt die Abschreibung direkt mit einem Prozentsatz vom Nennbetrag der jeweiligen Forderungen.

Darüber hinaus dürfen aus Gründen der Wirtschaftlichkeit bei größeren Forderungsbeständen mit vielen kleinen Forderungsbeträgen spezielle Risiken pauschal berücksichtigt werden. Konkret kann handelsrechtlich für das allgemeine Kreditrisiko eine pauschale Abschreibung auf den gesamten Forderungsbestand erforderlich werden (**Pauschalwertberichtigung**). Bemessungsgrundlage ist der gesamte Nettoforderungsbestand abzüglich der Forderungen, auf die bereits eine Einzelwertberichtigung vorgenommen wurde. Bei Kapitalgesellschaften darf kein passivischer Ausweis einer Wertberichtigung vorgenommen werden, sodass der Wertberichtigungsbetrag mit dem Forderungsbestand zu saldieren ist. Die Umsatzsteuer darf sowohl bei Einzel- als auch bei Pauschalwertberichtigungen nicht bei der Berechnung berücksichtigt werden, weil es sich hierbei um einen »durchlaufenden Posten« handelt und weil Einzel- und Pauschalwertberichtigungen keinen Forderungsrisiken unterliegen.[225] Eine Korrektur der geleisteten Umsatzsteuer ist deshalb erst dann möglich, wenn ein

225 Vgl. Coenenberg/Haller/Mattner/Schultze, Rechnungswesen, S. 388 f.

Forderungsausfall so gut wie sicher ist. In der Praxis wird eine Korrekturbuchung erst dann vorgenommen, wenn die Forderung (vermindert) eingeht und der Restbetrag ausgebucht wird.

6.5 Wertpapiere des Umlaufvermögens

Als Wertpapiere des Umlaufvermögens sind diejenigen Wertpapiere anzusetzen, die nicht im Anlagevermögen erfasst sind. Zu den Wertpapieren des Umlaufvermögens zählen gem. § 266 Abs. 2 B. III. HGB

1. Anteile an verbundenen Unternehmen,
2. sonstige Wertpapiere.

Analog zum Finanzanlagevermögen handelt es sich bei **Anteilen an verbundenen Unternehmen** um verbriefte oder unverbriefte Anteile an verbundenen Unternehmen. Innerhalb des Umlaufvermögens sind nur jene Anteile ohne dauerhafte Besitzabsicht auszuweisen (bspw. zur Veräußerung bestimmte Anteile).

Als **sonstige Wertpapiere** werden alle Wertpapiere ausgewiesen, die der vorübergehenden Geldanlage von flüssigen Mitteln dienen und keine Anteile an verbundenen Unternehmen darstellen. Hierzu zählen z. B. Aktien, Pfandbriefe, Industrieobligationen oder öffentliche Anleihen.[226]

Als **Anschaffungsnebenkosten** sind Maklergebühren, Händlerprovisionen, Bankspesen u. Ä. zu verstehen, nicht aber gezahlte Stückzinsen. Sowohl die Gruppenbewertung als auch die Sammelbewertung wird für die Bewertung von Wertpapieren als zulässig erachtet.[227] Bei der Folgebewertung ist das strenge Niederstwertprinzip handelsrechtlich zu beachten. Zuschreibungen sind jeweils obligatorisch.

Beispiel

Die Clorix AG hält 80 festverzinsliche Wertpapiere der Krumm AG, um überschüssige Liquidität für ein halbes Jahr ertragreich anzulegen. Die Papiere haben eine Restlaufzeit von 4 Jahren und einen Nominalzins von 6%. Die Anschaffung erfolgte zum Ausgabekurs (Nominalwert) von 1.000 EUR. Der Buchwert beträgt 80.000 EUR. Wegen eines Anstiegs des Zinsniveaus ist der Kurs der Papiere gefallen. Er beträgt nun nur noch 96%. Der Kurswert der Papiere beträgt deshalb nur noch 76.800 EUR. Es besteht keine Absicht, die Papiere bis zur Fälligkeit zu halten.[228]

---

226 Zu den Voraussetzungen der Zuordnung von Wertpapieren zum Anlage- oder Umlaufvermögen siehe Kapitel 5.1.1 »Abgrenzung von Anlage- und Umlaufvermögen«.

227 Vgl. Karrenbauer/Döring/Buchholz, in: Küting/Pfitzer/Weber, HdR-E, § 253 HGB, Rn. 68.

228 Beispiel entnommen aus: Coenenberg/Haller/Mattner/Schultze, Rechnungswesen, S. 391.

Lösung
Die Papiere sind Bestandteile des Umlaufvermögens. Für sie gilt das strenge Niederstwertprinzip. Sie müssen handelsrechtlich auf 76.800 EUR abgeschrieben werden.

Für Kreditinstitute und Finanzdienstleister besteht eine Besonderheit bei der Bewertung von **Finanzinstrumenten des Handelsbestandes**. Zu Handelszwecken erworbene Finanzinstrumente sind zum beizulegenden Zeitwert abzüglich eines Risikoabschlags anzusetzen; auftretende Wertänderungen sind sofort erfolgswirksam zu behandeln, d.h. Wertänderungen beeinflussen die Gewinn- und Verlustrechnung sowohl positiv als auch negativ. Diese zu Zeitwerten bilanzierten Vermögensgegenstände sind gem. § 340e Abs. 3 u. 4 HGB jeweils als solche zu kennzeichnen. Hinsichtlich der Bewertung sind die im HGB für Abwertungen gängigen Methoden heranzuziehen, sodass nicht nur Marktzeitwerte, sondern auch über anerkannte Bewertungsmodelle hergeleitete Zeitwerte in Betracht kommen (§ 255 Abs. 4 HGB).

Für alle Unternehmen relevant ist die Behandlung von **Derivaten**. Ein Derivat ist ein Finanzinstrument oder ein anderer Vertrag, der alle drei nachstehenden Merkmale aufweist:

1. Seine Wertentwicklung ist an einen bestimmten Zinssatz, den Preis eines Finanzinstruments, einen Rohstoffpreis, Wechselkurs, Preis- oder Zinsindex, ein Bonitätsrating, einen Kreditindex oder eine ähnliche Variable gekoppelt, sofern bei einer nichtfinanziellen Variablen diese nicht spezifisch für eine der Vertragsparteien ist (auch »Basis« genannt).
2. Es erfordert keine Anfangsauszahlung oder eine, die im Vergleich zu anderen Vertragsformen, die in ähnlicher Weise auf Änderungen der Marktbedingungen reagieren, geringer ist.
3. Es wird zu einem späteren Zeitpunkt beglichen.

Ein Derivat ist aufgrund seiner Anschaffungsnebenkosten zunächst als sonstiges Wertpapier auszuweisen. Sollte ein schwebender Verlust zum Abschlussstichtag festgestellt werden, ist handelsrechtlich eine Drohverlustrückstellung zu bilden, ein schwebender Gewinn bleibt aufgrund des Realisationsprinzips außer Betracht. Eine andere Handhabung erfolgt jedoch für Derivate, die zu Absicherungszwecken erworben wurden und die in eine **Bewertungseinheit** einbezogen sind. Diese sind zusammen mit dem Grundgeschäft zum Anschaffungskostenbetrag anzusetzen, sofern die beiden Geschäfte zusammengefasst wurden (§ 254 HGB).[229]

Eigene Anteile sind handelsrechtlich mit dem Eigenkapital zu verrechnen (§ 272 Abs. 1a HGB).

229 Vgl. das Kapitel 8.3 »Derivative Finanzinstrumente«.

6.6 Liquide Mittel

Als **liquide Mittel** gelten frei verfügbare Zahlungsmittel bzw. als Zahlungsmittel gehaltene Wertpapierbestände. Beispiele sind vor allem Kassen- und Bankbestände, Briefmarken und Schecks. Der Begriff liquide Mittel wird im Handelsrecht nicht explizit genutzt. Nach der Mindestgliederung gem. § 266 Abs. 2 B. IV. HGB sind der Kassenbestand, Bundesbankguthaben, Guthaben bei Kreditinstituten und Schecks in einer Bilanzposition zusammenzufassen.

Im Kassenbestand werden in- und ausländisches Bargeld und z. B. Briefmarken ausgewiesen. Zum Guthaben bei Kreditinstituten gehören alle Forderungen gegenüber in- und ausländischen Kreditinstituten. Es sind sowohl täglich fällige Guthaben als auch kurzfristige Festgelder auszuweisen. Nicht disponible Guthaben sind hingegen den sonstigen Vermögensgegenständen zuzuordnen. Bspw. sind Festgelder hinsichtlich der Dispositionsfähigkeit dahingehend zu differenzieren, ob gegen Zahlung einer Vorfälligkeitsentschädigung eine jederzeitige Verfügbarkeit besteht. Sofern dies der Fall ist, erfolgt ein Ausweis unter den liquiden Mitteln. Eine geteilte Auffassung besteht für Bausparguthaben. Gleichwohl Bausparkassen als Kreditinstitute definiert sind, werden Guthaben nicht immer den liquiden Mitteln zugerechnet, sondern teilweise ein Ausweis unter den sonstigen Vermögensgegenständen für legitim erachtet.

6.7 Ausweis und Bewertung des Umlaufvermögens im Überblick

Für den Ausweis des Umlaufvermögens bildet § 266 HGB die zentrale Vorschrift. Die Gliederungstiefe ist abhängig davon, ob es sich um eine kleine, mittelgroße oder große Kapitalgesellschaft oder um eine haftungsbeschränkte Personengesellschaft handelt. Gem. § 268 Abs. 3 S. 1 HGB sind bei allen Forderungspositionen zusätzlich Restlaufzeiten von mehr als einem Jahr gesondert betragsmäßig anzugeben, um die Liquiditätslage besser einschätzen zu können.

Nach § 246 Abs. 2 HGB besteht ein Saldierungsverbot von Posten der Aktiv- mit Posten der Passivseite. Wenn gleichartige Positionen mit etwa gleicher Fälligkeit vorliegen, darf in Ausnahmefällen eine Verrechnung vorgenommen werden (§ 387 BGB). So dürfen beispielsweise gleichartige Guthaben und Verbindlichkeiten analoger Fristigkeit gegenüber demselben Kreditinstitut saldiert werden.

Die folgende Abbildung 6 – 2 zeigt zunächst die zentralen Gliederungsvorschriften für das Umlaufvermögen (mit Offenlegungserleichterungen für mittelgroße Unternehmen nach § 327 HGB), wobei **Kleinstkapitalgesellschaften** i. S. d. § 267a HGB das Umlaufvermögen als eine Position ausweisen dürfen. Die Abbildung 6 – 3 zeigt die Bewertungsvorschriften für das Umlaufvermögen im Überblick:

Umlaufvermögen		
kleine Gesellschaften	**mittelgroße Gesellschaften**	**große Gesellschaften**
I. Vorräte	**I. Vorräte**	**I. Vorräte** 1. Roh-, Hilfs-, und Betriebsstoffe 2. unfertige Erzeugnisse, unfertige Leistungen 3. fertige Erzeugnisse und Waren 4. geleistete Anzahlungen
II. Forderungen und sonstige Vermögensgegenstände • davon mit Restlaufzeit von mehr als 1 Jahr	**II. Forderungen und sonstige Vermögensgegenstände** 1. Forderungen gegen verbundene Unternehmen – davon mit Restlaufzeit von mehr als 1 Jahr 2. Forderungen gegen Unternehmen, mit denen ein Beteiligungsverhältnis besteht – davon mit Restlaufzeit von mehr als 1 Jahr 3. übrige Forderungen und sonstige Vermögensgegenstände – davon mit Restlaufzeit von mehr als 1 Jahr	**II. Forderungen und sonstige Vermögensgegenstände** 1. Forderungen aus Lieferungen und Leistungen – davon mit Restlaufzeit von mehr als 1 Jahr 2. Forderungen gegen verbundene Unternehmen – davon mit Restlaufzeit von mehr als 1 Jahr 3. Forderungen gegen Unternehmen, mit denen ein Beteiligungsverhältnis besteht 4. sonstige Vermögensgegenstände – davon mit Restlaufzeit von mehr als 1 Jahr
III. Wertpapiere	**III. Wertpapiere** 1. Anteile an verbundenen Unternehmen 2. sonstige Wertpapiere	**III. Wertpapiere** 1. Anteile an verbundenen Unternehmen 2. sonstige Wertpapiere
IV. Kassenbestand, Bundesbankguthaben, Guthaben bei Kreditinstituten und Schecks	**IV. Kassenbestand, Bundesbankguthaben, Guthaben bei Kreditinstituten und Schecks**	**IV. Kassenbestand, Bundesbankguthaben, Guthaben bei Kreditinstituten und Schecks**

Abb. 6 – 2: Gliederungsschema für das Umlaufvermögen[230]

230 Leicht verändert übernommen von Baetge/Kirsch/Thiele, S. 400.

	Handelsbilanz
Basiswert und Wertobergrenze	Anschaffungs- oder Herstellungskosten (§ 253 Abs. 1 HGB)
Wertminderung dauernde und vorübergehende	Abwertungspflicht: strenges Niederstwertprinzip, § 253 Abs. 4 HGB • Börsen- oder Marktpreis • beizulegender Wert
Wertsteigerungen	Zuschreibungspflicht (sog. Wertaufholungsgebot, § 253 Abs. 5 HGB)
Vorratsvermögen	Wahlrecht zur Anwendung von Bewertungsvereinfachungen, z. B. LiFo, FiFo etc. (§ 256 i. V. m. § 240 Abs. 3 u. 4 HGB)

Abb. 6 – 3: Überblick der Bewertungsvorschriften für das Umlaufvermögen

6.8 Aufgaben und Lösungen

6.8.1 Aufgaben

Aufgabe 1: Zweifelhafte Forderungen

Kunde Meyer hat am 10.11.t0 das Insolvenzverfahren beantragt. Unsere Forderung beträgt 4.760 EUR. Am Ende des Verfahrens (15.12.t0) erfahren wir, dass unsere Ausfallquote 50 % beträgt. Die Zahlung erfolgt noch am gleichen Tag per Banküberweisung.

Aufgabe 2: Bewertung Umlaufvermögen

Der Bestand an Plastikgranulat des Typs Glasklar für die Herstellung von Getränkeflaschen weist im Jahresverlauf die folgenden Bewegungen auf:

Anfangsbestand	6 t	à	180,00 EUR
Zugang 01	4 t	à	230,00 EUR
Zugang 02	3 t	à	200,00 EUR
Abgang 01	8 t		
Zugang 03	2 t	à	215,00 EUR
Endbestand	7 t		

Bewerten Sie den Bestand am Jahresende nach dem folgenden Verfahren:

1. Perioden-Durchschnittsmethode,
2. FiFo-Methode,
3. LiFo-Methode.

6.8.2 Lösungen

Lösung zu Aufgabe 1

Mit der Erkenntnis über die Beantragung der Insolvenz durch Meyer ist der Zahlungseingang aus der Forderung unsicher geworden. Ein teilweiser oder kompletter Forderungsausfall ist zu erwarten. Deshalb wird der Forderungsbetrag fortan als zweifelhafte Forderung geführt:

zweifelhafte Forderungen	4.760 EUR	an Forderungen	4.760 EUR

Die Forderung gegenüber Meyer bleibt bis zur Mitteilung über die Höhe der Ausfallquote nach Abschluss des Insolvenzverfahrens zweifelhaft. Der uneinbringliche Teil der Forderung wird nach Bekanntwerden der Ausfallquote sofort in voller Höhe abgeschrieben. Der auf den uneinbringlichen Forderungsbetrag entfallende Umsatzsteueranteil wird korrigiert:

Bank	2.380 EUR		
Abschreibungen auf Forderungen	2.000 EUR		
Umsatzsteuer	380 EUR	an zweifelhafte Forderungen	4.760 EUR

Lösung zu Aufgabe 2

a) Perioden-Durchschnittsmethode

Menge (t)		Preis (EUR/t)		AK (EUR)
6	à	180,00	=	1.080,00
4	à	230,00	=	920,00
3	à	200,00	=	600,00
2	à	215,00	=	430,00
15			=	3.030,00
1	à	202,00		
7	à	202,00	=	1.414,00

b) FiFo-Methode

Menge (t)		Preis (EUR/t)		AK (EUR)
2	à	215,00	=	430,00
+3	à	200,00	=	600,00
+2	à	230,00	=	460,00
= 7	à	212,86	=	1.490,00

c) LiFo-Methode

Menge (t)		Preis (EUR/t)		AK (EUR)
6	à	180,00	=	1.080,00
+1	à	230,00	=	230,00
= 7	à	187,14	=	1.310,00

Hinweis

Diese und weitere Aufgaben samt Lösungen finden Sie online bei den digitalen Extras.

DIGITALE EXTRAS

6.9 Lernkontrolle

Geben Sie bitte an, ob die folgenden Aussagen richtig (R) oder falsch (F) sind. (Die Lösung finden Sie in »Lösungen zu den Lernkontrollen«.)

Nr.	Aussage	Antwort
1	Bei der Bewertung von Forderungen existiert kein Niederstwertprinzip.	
2	Eine Wertberichtigung auf Forderungen kann erforderlich sein, z. B. bei Auftreten eines Ausfallrisiken wegen Zahlungsunfähigkeit bzw. bei Insolvenz des Schuldners.	
3	Bei der Bilanzierung von Vorräten sind außerplanmäßige Abschreibungen in Abhängigkeit von der Dauer der Wertminderung durchzuführen.	
4	Bei Wegfall des Grundes für eine außerplanmäßige Abschreibung auf Vorräte ist eine Zuschreibung maximal bis zur Höhe der historischen Kosten vorzunehmen.	
5	Bei der Bewertung von langfristigen Fertigungsaufträgen gilt das Imparitätsprinzip, d. h., Gewinne sind sofort zu realisieren; Verluste hingegen erst dann, wenn die Lieferung bzw. Leistung des Fertigungsauftrags vollständig erbracht ist.	
6	Bei langfristigen Fertigungsaufträgen ist ein zeitanteiliger Gewinnausweis ohne weiteres möglich (jederzeit ausübbares Wahlrecht).	
7	Besteht am Abschlussstichtag ein schwebender Verlust aus einem Derivat, ist eine Drohverlustrückstellung zu bilden, ein schwebender Gewinn bleibt aufgrund des Realisationsprinzips außer Betracht.	
8	Aufgrund des homogenen Charakters von Wertpapieren des Umlaufvermögens kann auf die Einzelbewertung generell verzichtet werden.	
9	Bei der Bewertung von Wertpapieren des Umlaufvermögens stellen die historischen Kosten die Wertuntergrenze dar.	
10	Das gemilderte Niederstwertprinzip wird bei der Folgebewertung von Vorräten verwendet.	
11	Sonstige Vermögensgegenstände gelten als liquide Mittel.	
12	Für Wertpapiere des Umlaufvermögens gilt wahlweise das gemilderte Niederstwertprinzip.	

7 Bilanzierung der Passiva

Nach Durcharbeiten dieses Kapitels

- wissen Sie, dass bei der Bilanzierung von Verbindlichkeiten das Vorsichtsprinzip, genauer das Höchstwertprinzip zu berücksichtigen ist und Verbindlichkeiten somit grundsätzlich nicht unter dem Einbuchungskurs anzusetzen sind.
- kennen Sie die Ausweisvorschriften für Verbindlichkeiten sowie Sinn und Zweck eines Verbindlichkeitenspiegels.
- besitzen Sie ein Verständnis für die Ansatzvorschriften von Rückstellungen.
- können Sie die abstrakten und konkreten Passivierungskriterien für gegebene Beispiele anwenden.
- verstehen Sie, dass bei der Bewertung von Rückstellungen das Vorsichtsprinzip einen starken Einfluss besitzt (Höchstwertprinzip), aber dennoch zu prüfen ist, ob das »Bild den tatsächlichen Verhältnissen entspricht«.
- können Sie zwischen Rückstellungen aufgrund einer Innen- und Außenverpflichtung differenzieren.
- können Sie anhand von Beispielen einen Rückstellungsspiegel erstellen und zwischen Inanspruchnahme und Auflösung von Rückstellungen unterscheiden.
- besitzen Sie ein Verständnis für die Barwertermittlung langfristiger Rückstellungen.
- können Sie die verschiedenen Komponenten des Eigenkapitals trennscharf voneinander abgrenzen.

7.1 Verbindlichkeiten

7.1.1 Begriff und Unterteilung von Verbindlichkeiten

Verbindlichkeiten sind Verpflichtungen eines Unternehmens, die am Bilanzstichtag dem Grunde und der Höhe nach feststehen. Kennzeichnend für Verbindlichkeiten ist, dass sie mit juristischen Mitteln erzwingbar sind, dass ihr Wert eindeutig bestimmbar ist und dass sie eine wirtschaftliche Belastung für das Unternehmen darstellen.

Verbindlichkeiten sind **passivierungspflichtig**. Sie sind zu dem Zeitpunkt anzusetzen, zu dem die Voraussetzungen des Passivierungsgrundsatzes erfüllt sind. Hier ist zwischen Verbindlichkeiten ohne und Verbindlichkeiten mit Gegenleistung zu unterscheiden. Verbindlichkeiten ohne Gegenleistung entstehen erst mit der Verwirklichung des maßgebenden Sachverhalts. So ist eine Verbindlichkeit für einen Schadensersatz bei Vertragsverletzung in der Periode zu bilanzieren, in der die Vertragsverletzung vorliegt; nur bei Unsicherheit hinsichtlich der Höhe der Verpflichtung ist eine Rückstellung zu bilden. Verbindlichkeiten mit Gegenleistung beruhen i. d. R. auf einem Vertrag und entstehen mit Vertragsabschluss.[231] Aufgrund des Vollständigkeitsgebots gem. § 246 Abs. 2 HGB ist eine Saldierung mit Forderungen grundsätzlich verboten.

Für die **Unterteilung** der Verbindlichkeiten sind der Grundsatz der Klarheit und der Grundsatz der Stetigkeit maßgeblich. Mittelgroße und große Kapitalgesellschaften sowie haftungsbeschränkte Personengesellschaften müssen die Gliederungsstruktur gem. § 266 Abs. 3 C. HGB beachten, die primär nach Gläubigergruppen strukturiert ist. Danach ist die folgende Gliederung vorzunehmen:[232]

1. **Anleihen** -davon konvertibel
   Anleihen entstehen durch die Inanspruchnahme des öffentlichen Kapitalmarktes und stellen eine Möglichkeit der Fremdkapitalbeschaffung dar. Die Finanzierungsform steht i. d. R. nur Aktiengesellschaften oder größeren Gesellschaften anderer Rechtsformen offen, die über ausreichend Bonität verfügen. Beispiele für Anleihen sind Teilschuldverschreibungen, Wandelschuldverschreibungen und Optionsanleihen. Konvertible Anleihen sind gesondert auszuweisen. Diese Anleihen enthalten ein Umtausch- bzw. Umwandlungsrecht. Wenn ein Unternehmen nur Anleihen am Kapitalmarkt begeben hat, gilt es als kapitalmarktorientiert, auch wenn keine Eigenkapitaltitel an der Börse gehandelt werden.
2. **Verbindlichkeiten gegenüber Kreditinstituten**
   Sie entstehen nur in Höhe des tatsächlich in Anspruch genommenen Betrages. Hierzu zählen auch Schuldverschreibungen gegenüber Kreditinstituten und Verbindlichkeiten gegenüber Bausparkassen.
3. **Erhaltene Anzahlungen auf Bestellungen**
   Erhaltene Anzahlungen dienen der Vorfinanzierung von Aufträgen und stellen eine Sicherheitsleistung dar. Beziehen sich erhaltene Anzahlungen auf bestimmte Vorratsgüter (z. B. auf Güter aus langfristiger Auftragsfertigung), besteht das Wahlrecht, Anzahlungen offen von den Vorräten abzusetzen (§ 268 Abs. 5 S. 2 HGB).
4. **Verbindlichkeiten aus Lieferungen und Leistungen**
   Sie entstehen in Zusammenhang mit der betrieblichen Tätigkeit des Unternehmens. Konkret handelt es sich um Verpflichtungen aus erhaltenen bzw. in Anspruch genommenen Lieferungen und Leistungen, für die das Unternehmen noch keine Gegenleistung erbracht hat.
5. **Verbindlichkeiten aus der Annahme gezogener Wechsel und der Ausstellung eigener Wechsel**
   Dieser Posten umfasst zum einen die auf das bilanzierende Unternehmen gezogenen und von ihm akzeptierten und zum anderen vom Unternehmen selbst ausgestellte Wechsel (sog. Solawechsel). Die Verbindlichkeit, die der Wechselschuld zugrunde liegt, darf nur einmal ausgewiesen werden. Deshalb ist bei Wechselakzept ggf. eine Umbuchung vorzunehmen.

231 Vgl. Baetge/Kirsch/Thiele, Bilanzen, S. 399.
232 Vgl. Coenenberg/Haller/Mattner/Schultze, Rechnungswesen, S. 415 ff.

6. **Verbindlichkeiten gegenüber verbundenen Unternehmen**
Diese Angabe dient der besseren Transparenz über die wirtschaftliche Verflechtung mit verbundenen Unternehmen. Unter diesen Posten sind sowohl Verbindlichkeiten aus dem Geschäftsverkehr als auch Finanzierungsschulden auszuweisen.
7. **Verbindlichkeiten gegenüber Unternehmen, mit denen ein Beteiligungsverhältnis besteht**
Es handelt sich um Verbindlichkeiten gegenüber Unternehmen, an denen das Unternehmen beteiligt ist, sowie um Verbindlichkeiten gegenüber Unternehmen, die an dem bilanzierenden Unternehmen beteiligt sind. Offengelegt werden damit alle bestehenden wechselseitigen Verpflichtungen zwischen Beteiligungsunternehmen.
8. **Sonstige Verbindlichkeiten**
Sonstige Verbindlichkeiten stellen einen Sammelposten für alle Verbindlichkeiten dar, die keiner der oben genannten Positionen zugeordnet werden können. Explizit sind bestehende Verbindlichkeiten aus Steuern und bestehende Verbindlichkeiten im Rahmen der sozialen Sicherheit gesondert auszuweisen. Dazu gehören beispielsweise
   - Steuerschulden des Unternehmens (z.B. Körperschaftssteuer und Umsatzsteuer),
   - einbehaltene und noch abzuführende Steuern (z.B. Lohnsteuer und Kapitalertragsteuer),
   - rückständige Löhne, Gehälter, Tantiemen, Gratifikationen und Auslagenerstattungen,
   - einbehaltene und noch nicht abzuführende vom Unternehmen selbst zu tragende Sozialabgaben und Versicherungsprämien,
   - Verbindlichkeiten aus Zusagen im Rahmen der betrieblichen Altersversorgung gegenüber Arbeitnehmern und Pensionären sowie gegenüber betrieblichen Unterstützungseinrichtungen, die keine verbundenen Unternehmen sind, einschließlich Darlehen von Unterstützungseinrichtungen.[233]

   Innerhalb der sonstigen Verbindlichkeiten sind auch die antizipativen passiven Rechnungsabgrenzungsposten auszuweisen. Hierbei handelt es sich um Aufwendungen, die dem abzuschließenden Geschäftsjahr zuzuordnen sind, aber erst im folgenden Geschäftsjahr zu Auszahlungen führen (z.B. Zinsaufwendungen, die aufgrund vertraglicher Vereinbarungen nachschüssig in der nächsten Rechnungsperiode zu zahlen sind).[234]

Kleinstkapitalgesellschaften i.S.d. § 267a HGB dürfen die Verbindlichkeiten als eine Position ohne weitere Zusatzinformationen ausweisen.

233 Vgl. Schubert/Krämer, in: Beck'scher Bilanz-Kommentar, § 266 HGB, Rz. 246.
234 Vgl. das Kapitel 8.1 »Bilanzierungshilfen und Rechnungsabgrenzungen«.

7.1.2 Bewertung von Verbindlichkeiten

Für die Bewertung von Verbindlichkeiten sind die in Kapitel 4.4 »Bewertung von Schulden zum Erfüllungsbetrag« beschriebenen grundlegenden Bewertungsmaßstäbe relevant. Grundsätzlich erfolgt eine Bewertung von Verbindlichkeiten zum **Erfüllungsbetrag,** der i. d. R. dem Rückzahlungsbetrag entspricht.

Eine **Abzinsung** kommt handelsrechtlich im Prinzip nicht in Betracht, da durch eine entsprechende Vorwegnahme künftiger Erträge ansonsten gegen das Realisationsprinzip verstoßen würde.

Bei **Fremdwährungsverbindlichkeiten** (Valutaverbindlichkeiten) ist das Höchstwertprinzip zu beachten. In § 256a HGB wird die Währungsumrechnung isoliert von den allgemeinen Bewertungsregeln verpflichtend vorgeschrieben. Es sind alle auf ausländische Währungen lautende Schulden mit dem Devisenkassamittelkurs umzurechnen. Allerdings sind bei der Umrechnung von Schulden mit einer Restlaufzeit von über einem Jahr das Realisations- und Imparitätsprinzip (§ 252 Abs. 1 Nr. 4 HGB) sowie das Anschaffungskostenprinzip (§ 253 Abs. 1 HGB) zu beachten – es gibt somit einen Höchstwerttest. Nach den Ausführungen in der Gesetzesbegründung soll sich die Regelung für kurzfristige Fremdwährungssachverhalte – trotz fehlender Vorgaben – weiter an der bisher angewandten GoB-Auslegung orientieren, die die Umrechnung für diese Werte auch ohne Niederst- und Höchstwerttest vorsieht.[235]

Verbindlichkeiten von Lieferungen und Leistungen stellen eine Zahlungsverpflichtung dar. Wird **Skonto** gewährt, ist in Abhängigkeit davon, ob eine Inanspruchnahme beabsichtigt ist oder nicht, ein Ansatz der Verbindlichkeit in Höhe des Barpreises (ohne Skonto) oder ein Wertansatz in Höhe des Rechnungsbetrages (einschließlich Skonto) vorzunehmen (Erfüllungsbetrag).[236] Analog zu den Forderungen wird häufig zwischen einem Gütergeschäft und einem Kreditgeschäft unterschieden, weil i. d. R. davon auszugehen ist, dass die Skontoabzugsmöglichkeit aufgrund des hohen Jahreszinssatzes genutzt wird. Deshalb wird der niedrigere Erfüllungsbetrag als Verbindlichkeit passiviert.

Unverzinsliche oder zu niedrig verzinsliche Verbindlichkeiten dürfen nach dem Handelsrecht unabhängig von der Laufzeit nicht abgezinst werden. **Zinspapiere ohne laufende Zinszahlungen (Zero-Bonds)** sind mit dem niedrigeren Ausgabekurs zu bilanzieren. Die Zuschreibung der Verbindlichkeit um den Zinsanteil erfolgt jährlich mit der Effektivzinsberechnung.[237]

235 RegE-BilMoG vom 21.05.2008, S. 136.
236 Vgl. ADS, § 253 HGB, Rz. 159.
237 Vgl. Thiele/Kahling, in: Baetge/Kirsch/Thiele, Bilanzrecht-Kommentar, § 253 HGB, Rz. 97 (Nov. 2020).

Beispiel

Unternehmen Schufiko hat am 1. Januar t1 ein Zero-Bond mit einer Laufzeit von vier Jahren vereinbart, der in Höhe von 12.000 EUR ausgezahlt wurde. Der Zinssatz beträgt 7%.

Lösung

Periode (t)	Verbindlichkeit zum 01.01. in EUR	Zins und Zinseszins in EUR	Verbindlichkeit zum 31.12. in EUR (gesamt)	davon Zinsverbindlichkeit (kumuliert) in EUR
1	12.000	840	12.840	840
2	12.840	899	13.739	1.739
3	13.739	962	14.701	2.701
4	14.701	1.029	15.730	3.730

Ist der **Auszahlungsbetrag einer Verbindlichkeit kleiner** als der Rückzahlungsbetrag, kann es sich bei dem Unterschiedsbetrag um ein Rückzahlungsagio oder ein (Auszahlungs-)**Disagio** handeln. Im ersten Fall lauten der Auszahlungskurs auf 100%, der Rückzahlungskurs auf bspw. 102%; beim Disagio beträgt der Auszahlungskurs hingegen z.B. nur 98%, der Rückzahlungskurs 100%. Entsprechend dem Grundsatz der periodengerechten Erfolgsermittlung ist eine Aktivierung des Unterschiedsbetrages als Rechnungsabgrenzungsposten sowie eine erfolgswirksame Auflösung über die Laufzeit sachgemäß. Allerdings besteht mit § 250 Abs. 3 HGB ein Aktivierungswahlrecht.

Ist hingegen der **Auszahlungsbetrag einer Verbindlichkeit größer** als der Rückzahlungsbetrag, liegt ein (Auszahlungs-)**Agio** vor. Bei dieser einmaligen Vorabzinserstattung handelt es sich um im Auszahlungszeitpunkt unrealisierte Gewinne, sodass keine sofortige erfolgswirksame Verrechnung vorgenommen werden darf. In Höhe des Agios ist ein passiver Rechnungsabgrenzungsposten zu bilden, der über die Laufzeit des Darlehens aufzulösen ist.

7.1.3 Ausweis von Verbindlichkeiten

Für die Berichterstattung über Verbindlichkeiten existieren mit den §§ 265 f. und 285 HGB für Kapitalgesellschaften und haftungsbeschränkte Personenhandelsgesellschaften detaillierte Ausweis- und Erläuterungspflichten. Für Kleinstkapitalgesellschaften und die anderen Unternehmen ist es ausreichend, wenn alle Verbindlichkeiten in einer Position zusammengefasst werden.

In Abhängigkeit von der Größe der Kapitalgesellschaft ändert sich die Tiefe der Gliederungsstruktur, wie die folgende Abbildung zeigt:

Verbindlichkeiten		
Kleine Gesellschaften	**Kleine Gesellschaften**	**Kleine Gesellschaften**
- davon mit Restlaufzeit bis zu 1 Jahr - davon mit einer Restlaufzeit von mehr als 1 Jahr	1. Anleihen – davon konvertibel; – davon mit Restlaufzeit bis zu 1 Jahr – davon mit einer Restlaufzeit von mehr als 1 Jahr 2. Verbindlichkeiten gegenüber Kreditinstituten – davon mit Restlaufzeit bis zu 1 Jahr – davon mit einer Restlaufzeit von mehr als 1 Jahr 3. Verbindlichkeiten gegenüber verbundenen Unternehmen – davon mit Restlaufzeit bis zu 1 Jahr – davon mit einer Restlaufzeit von mehr als 1 Jahr 4. Verbindlichkeiten gegenüber Unternehmen, mit denen ein Beteiligungsverhältnis besteht – davon mit Restlaufzeit bis zu 1 Jahr – davon mit einer Restlaufzeit von mehr als 1 Jahr 5. sonstige Verbindlichkeiten – davon mit Restlaufzeit bis zu 1 Jahr – davon mit einer Restlaufzeit von mehr als 1 Jahr	1. Anleihen – davon konvertibel; – davon mit Restlaufzeit bis zu 1 Jahr – davon mit einer Restlaufzeit von mehr als 1 Jahr 2. Verbindlichkeiten gegenüber Kreditinstituten – davon mit Restlaufzeit bis zu 1 Jahr – davon mit einer Restlaufzeit von mehr als 1 Jahr 3. erhaltene Anzahlungen auf Bestellungen – davon mit Restlaufzeit bis zu 1 Jahr – davon mit einer Restlaufzeit von mehr als 1 Jahr 4. Verbindlichkeiten aus Lieferungen und Leistungen – davon mit Restlaufzeit bis zu 1 Jahr – davon mit einer Restlaufzeit von mehr als 1 Jahr 5. Verbindlichkeiten aus der Annahme gezogener Wechsel und der Ausstellung eigener Wechsel – davon mit Restlaufzeit bis zu 1 Jahr – davon mit einer Restlaufzeit von mehr als 1 Jahr 6. Verbindlichkeiten gegenüber verbundenen Unternehmen – davon mit Restlaufzeit bis zu 1 Jahr – davon mit einer Restlaufzeit von mehr als 1 Jahr 7. Verbindlichkeiten gegenüber Unternehmen, mit denen ein Beteiligungsverhältnis besteht – davon mit Restlaufzeit bis zu 1 Jahr – davon mit einer Restlaufzeit von mehr als 1 Jahr 8. sonstige Verbindlichkeiten – davon aus Steuern; – davon im Rahmen der sozialen Sicherheit; – davon mit Restlaufzeit bis zu 1 Jahr – davon mit einer Restlaufzeit von mehr als 1 Jahr

Abb. 7 – 1: Gliederungsschema für Verbindlichkeiten[238]

238 Entnommen aus Baetge/Kirsch/Thiele, Bilanzen, S. 410.

Anzugeben ist neben dem Gesamtbetrag für das abgelaufene Geschäftsjahr auch der Vorjahresbetrag. Die Angabe von Beträgen für das vorhergehende Geschäftsjahr bezieht sich auch auf die »Davon«-Vermerke.

Verbindlichkeiten mit einer Restlaufzeit von bis zu einem Jahr sind gem. § 268 Abs. 5 S. 1 HGB für jeden Verbindlichkeitsposten in der Bilanz aufzuzeigen. Gemäß § 268 Abs. 5 S. 1 HGB ist darüber hinaus der Betrag von Verbindlichkeiten mit einer **Restlaufzeit von mehr als einem Jahr** zu vermerken. Diese Angaben können nach § 265 Abs. 7 Nr. 2 HGB entsprechend dem Grundsatz der Klarheit auch im Anhang erfolgen. Zudem ist nach § 285 S. 1 Nr. 1 HGB der Gesamtbetrag der Verbindlichkeiten mit einer **Restlaufzeit von mehr als fünf Jahren** (§ 285 S. 1 Nr. 1 a HGB) im Anhang anzugeben. Ergänzend fordert § 285 S. 1 Nr. 1 HGB eine **Aufgliederung der Angaben zu den Restlaufzeiten** für jeden nach § 266 Abs. 3 C Nr. 1 – 8 HGB einzeln in der Bilanz auszuweisenden Verbindlichkeitsposten. Die Angaben können wahlweise direkt in der Bilanz bei den betreffenden Posten gemacht werden. Kleine Gesellschaften müssen diese Aufgliederung nicht vornehmen.

Darüber hinaus ist der Gesamtbetrag der Verbindlichkeiten anzugeben, die durch **Pfandrechte oder ähnliche Rechte** gesichert sind (§ 285 S. 1 Nr. 1 b HGB). Beispiele für angabepflichtige Sicherheiten sind Grundpfandrechte (Hypothek, Grundschuld und Rentenschuld), Pfandrechte an Rechten und beweglichen Sachen, Sicherungsübereignungen sowie Sicherungsabtretungen.

Diese Vorschrift dient zusammen mit den Angabepflichten in § 285 S. 1 Nr. 2 HGB der **Verbesserung der Darstellung der Finanzlage** von Unternehmen. Zusammen mit den Forderungsrestlaufzeiten wird ein besserer Einblick in die Fristenkongruenz von zukünftigen Zahlungsverpflichtungen – und damit in die zukünftige Liquiditätslage des Unternehmens – gewährt.

Zusätzlich fordert § 285 Nr. 3a HGB Angaben zu **sonstigen finanziellen Verpflichtungen,** sofern diese für die Beurteilung der Finanzlage von Bedeutung sind. Die Anhangangaben sind enger gefasst als die unter § 285 Nr. 3 HGB geforderten Angaben zu Risiken aus außerbilanziellen Geschäften. Bei einer finanziellen Verpflichtung muss im Regelfall ein Ressourcenabfluss folgen, während das Risiko bei außerbilanziellen Geschäften auch unwahrscheinliche Ressourcenabflüsse zu berücksichtigen hat. Da der Gesetzgeber zudem Doppelangaben unterbinden möchte, kann § 285 Nr. 3a HGB als Auffangtatbestand – etwa für zwangsläufige Folgeinvestitionen bereits begonnener Baumaßnahmen – verstanden werden.

Beispiel: Sonstige finanzielle Verpflichtungen[239]

Aus Investitionsmaßnahmen, die planmäßig im nächsten Geschäftsjahr abgeschlossen werden, resultieren sonstige finanzielle Verpflichtungen von 191 TEUR.

Eventualverpflichtungen, d.h. Risiken, die aufgrund einer zu geringen Eintrittswahrscheinlichkeit nicht als Rückstellungen zu bilanzieren sind, sind zwar nach IAS 37.86, nicht jedoch nach Handelsrecht anzugeben, da § 251 HGB bezüglich der Haftungsverhältnisse abschließend formuliert ist und es sich auch nicht um außerbilanzielle Geschäfte handelt. Somit käme nach HGB ein Ausweis nur im Risikobericht innerhalb des Lageberichts in Betracht.

Die differenzierten Angaben der Verbindlichkeiten zu Restlaufzeiten und Besicherungen können aus Gründen der Klarheit und der Übersichtlichkeit in Form eines **Verbindlichkeitenspiegels** dargestellt werden. Die folgende Tabelle zeigt eine beispielhafte Darstellung des Verbindlichkeitenspiegels:

Kleinstkapitalgesellschaften i.S.d. § 267a HGB dürfen die Verbindlichkeiten als eine Position ohne weitere Zusatzinformationen ausweisen.

239 Entnommen aus SHF AG, JA 2010, S. 25.

Art der Verbindlichkeit	Gesamtbetrag	davon mit einer Restlaufzeit von			Gesicherte Beträge	Art der Sicherheit
		bis 1 Jahr	1 bis 5 Jahre	über 5 Jahre		
	EUR	EUR	EUR	EUR	EUR	
• gegenüber Kreditinstituten	60.000	35.000	5.000	20.000	25.000	Grundpfandrechte
• aus Lieferungen und Leistungen	40.000	35.000	5.000		---	---
• gegenüber verbundenen Unternehmen	20.000	10.000	10.000		10.000	Sicherungsabtretung
• gegenüber Gesellschaftern	15.000		15.000		15.000	Grundpfandrechte
• sonstige Verbindlichkeiten	15.000	15.000			---	---
Summe	150.000	95.000	35.000	20.000		
Angaben aus dem Anhang oder der Bilanz			durch Saldierung zu ermitteln	Angaben aus dem Anhang oder der Bilanz		
			Bei kleinen und mittelgroßen Kapitalgesellschaften sind diese Angaben nur für den Gesamtbetrag der Verbindlichkeiten erforderlich			

Abb. 7 - 2: Beispiel für einen Verbindlichkeitenspiegel

7.2 Rückstellungen

7.2.1 Begriff und Unterteilung von Rückstellungen

Rückstellungen unterscheiden sich von Verbindlichkeiten durch die **noch bestehende Ungewissheit**, ob und ggf. in welcher Höhe das Unternehmen zur Zahlung verpflichtet ist. Rückstellungen sind Verpflichtungen für künftige Ausgaben, die dem Grunde und/oder der Höhe nach ungewiss sind. Rückstellungen sind von den Rücklagen abzugrenzen. Rücklagen – wie etwa die Kapital- oder Gewinnrücklage – sind Teile des Eigenkapitals.[240] Während Rückstellungen aufwandswirksam gebildet werden und erfolgsmindernd wirken, werden z. B. Gewinnrücklagen nach der Ergebnisermittlung zur Ergebnisverwendung gebildet.

240 Vgl. das Kapitel 7.4 »Eigenkapital«.

Abzugrenzen sind Rückstellungen auch von den sog. **Eventualverbindlichkeiten.** Bei Eventualverbindlichkeiten (Haftungsverhältnisse) besteht die rechtliche Grundlage für die Verpflichtung bereits zum Bilanzstichtag, jedoch ist die Bedingung hierfür noch nicht eingetreten. Eventualverpflichtungen sind deshalb nur unter der Bilanz bzw. im Anhang zu vermerken, wobei das HGB hier lediglich Haftungsverhältnisse gemäß § 251 HGB sowie nicht in der Bilanz enthaltene Geschäfte und sonstige finanzielle Verpflichtungen nach § 285 Nr. 3 u. 3a HGB kennt.[241]

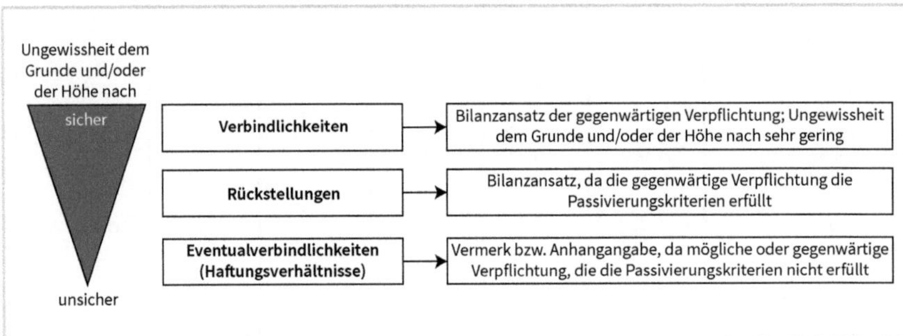

Abb. 7 – 3: Abgrenzung von Rückstellungen

Im Handelsrecht werden in § 249 HGB die folgenden **Rückstellungssachverhalte** benannt:

- Rückstellungen für ungewisse Verbindlichkeiten (§ 249 Abs. 1 Satz 1 HGB)
- Rückstellungen für drohende Verluste aus schwebenden Geschäften (§ 249 Abs. 1 Satz 1 HGB)
- Rückstellungen für Gewährleistungen, die ohne rechtliche Verpflichtung erbrachtwerden (§ 249 Abs. 1 Satz 2 Nr. 2 HGB)
- Rückstellungen für unterlassene Aufwendungen für Instandhaltung, die innerhalb von 3 Monaten im neuen GJ, sowie unterlassene Abraumbeseitigung, die im nächsten GJ nachgeholt werden (§ 249 Abs. 1 Satz 2 Nr. 1 HGB)

→ Ansatzpflicht: i.d.R. Wahrscheinlichkeit > 50%

Abb. 7 – 4: Rückstellungssachverhalte nach § 249 HGB

241 Vgl. das Kapitel 8.5 »Haftungsverhältnisse, außerbilanzielle Geschäfte«.

Die in § 249 HGB abschließend aufgelisteten Rückstellungen lassen sich in Außen- und Innenverpflichtungen unterteilen.

Bei **Außenverpflichtungen** liegt eine Leistungsverpflichtung gegenüber Dritten vor. Eine solche Verpflichtung kann auf der Basis der Abgrenzungsgrundsätze (Rückstellungen für ungewisse Verbindlichkeiten) oder auf der Basis des Imparitätsprinzips (Rückstellungen für drohende Verluste) erforderlich sein. Rückstellungen für ungewisse Verbindlichkeiten können auf rechtlichen Verpflichtungen (wie z. B. Steuern, Pensionsverpflichtungen, Garantien oder der Entsorgung von Altlasten) oder faktischen bzw. wirtschaftlichen Verpflichtungen (z. B. Kulanzen) beruhen.

Innenverpflichtungen basieren nicht auf Verpflichtungen gegenüber Dritten, sondern auf unternehmensinternen wirtschaftlichen Verpflichtungen (sog. Aufwandsrückstellungen). Diese Rückstellungen werden mit dem Prinzip der sachlichen Abgrenzung zur periodengerechten Erfolgsermittlung begründet, um (künftige) Ausgaben aufwandswirksam der Periode zuzurechnen, in der die zugehörigen Erträge gebucht werden. Ein Beispiel ist eine Rückstellung für eine unterlassene Instandsetzung, die innerhalb der nächsten Wochen nach dem Abschlussstichtag nachgeholt wird. Rückstellungen für Innenverpflichtungen sind nur eingeschränkt zugelassen und werden z. T. auch kritisch betrachtet.

Für alle in § 249 HGB benannten Rückstellungen besteht eine **Passivierungspflicht**. Die einzigen Ausnahmen stellen die Pensionsverpflichtungen aus Altzusagen und die mittelbaren Pensionsverpflichtungen nach Art 28 Abs. 1 EGHGB dar, für die ein Ansatzwahlrecht besteht. Ein Passivierungsverbot gilt für alle nicht in § 249 HGB aufgelisteten Rückstellungssachverhalte.

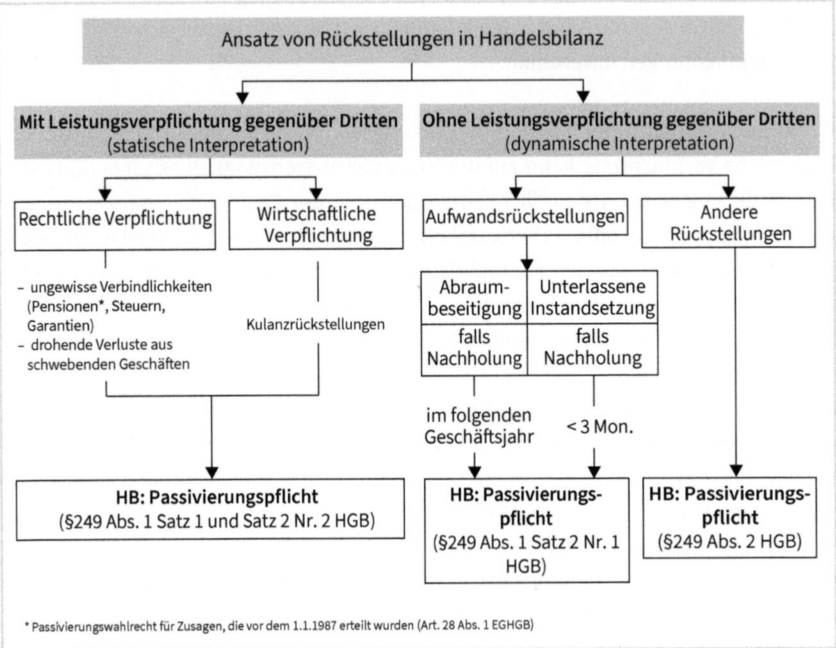

Abb. 7 – 5: Bilanzansatz von Rückstellungen[242]

7.2.2 Rückstellungen aufgrund einer Außenverpflichtung

Bei Rückstellungen aufgrund einer Außenverpflichtung handelt es sich stets um Rückstellungen mit einer Verpflichtung gegenüber Dritten. Begründet werden diese Rückstellungsarten mit der statischen Bilanztheorie, nach der es das zentrale Ziel der Bilanzaufstellung ist, das Reinvermögen zum jeweiligen Stichtag korrekt darzustellen. Gleichzeitig wird aber auch versucht, den korrekten Gewinn im Sinne der dynamischen Bilanztheorie auszuweisen, da die Belastungen in den Perioden zu erfassen sind, in denen sie entstanden sind.

Darüber hinaus existieren weitere Rückstellungen aufgrund einer Außenverpflichtung (z. B. Provisionsrückstellungen, Rückstellungen für Jahresabschluss- und Prüfkosten, Rückstellungen für Prozessrisiken, Rückstellungen für Sozialplanverpflichtungen, Rückstellungen für Restrukturierungsmaßnahmen usw.).

Steuerrückstellungen

Steuerrückstellungen sind für Abgaben und Steuern zu bilden, die zum Ende des Geschäftsjahres dem Grunde nach sicher sind, deren Höhe aber noch nicht exakt be-

242 Entnommen aus: Coenenberg/Haller/Mattner/Schultze, Rechnungswesen, S. 420.

stimmt werden kann. Beispiele sind veranlagte Steuern wie z. B. Körperschafts- oder Gewerbesteuern, Grundsteuern sowie Verbrauchsteuern (z. B. Stromsteuer, Mineralölsteuer).[243] Steuerrückstellungen sind in Höhe der zu erwartenden Steuerschuld zu bilden.

Unter Steuerrückstellungen sind nur dann auch **passive latente Steuern** einzubeziehen, wenn das Unternehmen als Personengesellschaft oder kleine Kapitalgesellschaft von der Anwendung des § 274 HGB befreit ist und es sich um Verbindlichkeitsrückstellungen handelt. Andere Kapitalgesellschaften oder ihnen gleichgestellte Personengesellschaften gem. § 264 a HGB müssen nach § 274 HGB latente Steuern berechnen und in einem gesonderten Bilanzposten ausweisen. Passive latente Steuern entstehen, wenn die Aktiva in der Handelsbilanz höher bzw. die Passiva niedriger als in der Steuerbilanz ausgewiesen werden und sich diese Unterschiede im Zeitverlauf wieder abbauen.[244]

Rückstellungen für Gewährleistungsverpflichtungen und Kulanz

Bei **Gewährleistungen** handelt es sich um ungewisse Verbindlichkeiten, für die nach § 249 Abs. 1 S. 1 HGB eine Rückstellung zu bilden ist. Gewährleistungen resultieren aus den gesetzlichen Vorschriften (z. B. den §§ 434 – 442 BGB oder den §§ 633 – 638 BGB) oder einzelvertraglichen Verpflichtungen (Garantien). Gewährleistungen sind kostenlose Nacharbeiten, Ersatzlieferungen, Minderungen oder Schadensersatzleistungen wegen Nichterfüllung. Gewährleistungsverpflichtungen sind erwartete, am Abschlussstichtag noch nicht geltend gemachte Ansprüche, die einen vom Unternehmen ausgeführten Umsatz betreffen.

Gemäß § 249 Abs. 1 S. 2 Nr. 2 HGB sind auch Rückstellungen für Gewährleistungen zu bilden, die ohne rechtliche Verpflichtung erbracht werden (**Kulanzrückstellungen**). Ohne rechtliche Verpflichtung bedeutet, dass die Garantieleistungen über das gesetzliche Maß hinaus oder nach Ablauf der Garantiefrist erbracht werden. Kulanzrückstellungen sind zu bilden, wenn sich das Unternehmen aus wirtschaftlichen Gründen nicht der Verpflichtung entziehen kann, obwohl keine rechtliche Verpflichtung besteht. Kulanzleistungen dienen dem Erhalt der Kundenbeziehung. Voraussetzung für die Bildung von Kulanzrückstellungen ist ein direkter Zusammenhang zwischen dem Mangel, der Kulanzleistung und der wirtschaftlichen Verpflichtung zur Kulanzleistung.[245] Beispiele für solche wirtschaftlichen Verpflichtungen können z. B. sein, dass der Kunde bei Konkurrenten eine Kulanzleistung erhält oder dass die Leistung vom Kunden erwartet wird, weil es in der Vergangenheit immer so gemacht wurde.

---

243 Vgl. Schubert, in: Beck'scher Bilanzkommentar, § 266 HGB, Rz. 201 f.

244 Vgl. das Kapitel 8.4 »Latente Steuern«.

245 Vgl. Schubert, in: Beck'scher Bilanzkommentar, § 249 HGB, Rz. 112–115.

Beispiel

Garantierückstellungen: Kostenlose Reparatur- oder Ersatzleistungen wegen Material- und Funktionsfehlern der erbrachten Leistungen.

Kulanzrückstellungen: Nachbesserungsarbeiten nach Ablauf der Garantiefrist aus Kulanz.

Keine Garantie-/Kulanzrückstellung: Übernahme von zukünftigen Reinigungs- und Instandhaltungsarbeiten im Zusammenhang mit dem Erwerb eines Wirtschaftsgutes.

Je nachdem, ob sich Gewährleistungen oder Kulanzleistungen auf ein einzelnes Produkt bzw. eine einzelne Leistung oder auf eine Gruppe gleichartiger Produkte beziehen, ist zwischen Einzel- und Pauschalrückstellungen zu unterscheiden. Die Höhe von **Einzelrückstellungen** orientiert sich an den zu erwartenden Gewährleistungsaufwendungen. Die Bemessung erfolgt jedoch i. d. R. pauschal. **Pauschalrückstellungen** setzten die Gleichartigkeit und eine Vielzahl erwarteter Gewährleistungsrisiken (wie z. B. Mängel bei Serienprodukten) voraus. Die Bewertung erfolgt mithilfe statistischer Methoden; beispielsweise basierend auf Erfahrungswerten bei Garantierückstellungen.[246] So kann aus durchschnittlichen Vergangenheitsdaten über die Relation zwischen Gewährleistungsaufwand und Umsatz unter Berücksichtigung spezifischer Einflussfaktoren (z. B. Steigerung der Produktqualität) die Rückstellungshöhe abgeleitet werden.

Rückstellungen sind **handelsrechtlich zum Erfüllungsbetrag** anzusetzen (§ 253 Abs. 1 HGB). Als Erfüllungsbetrag ist der Betrag anzusehen, den ein Schuldner aller Voraussicht nach aufzubringen hat, um die bestehende (ggf. ungewisse) Verpflichtung zu erfüllen. Die Klarstellung, dass es sich nach vernünftiger kaufmännischer Beurteilung um den notwendigen Erfüllungsbetrag handelt, sowie die Ausführungen in der Gesetzesbegründung[247] machen deutlich, dass der Gesetzgeber auf eine **zukunftsorientierte Verpflichtungsbewertung** abzielt. Zur Ermittlung ist demnach das im Zeitpunkt der Erfüllung geltende (zukünftige) Preis- und Kostenniveau zugrunde zu legen, wobei der dann errechnete Betrag allerdings bei Rückstellungen mit einer Laufzeit über einem Jahr gem. § 253 Abs. 2 HGB mit einem der Laufzeit entsprechenden und von der Deutschen Bundesbank veröffentlichten Durchschnittsmarktzinssatz der vergangenen sieben Geschäftsjahre abzuzinsen ist. Zudem sind Rückstellungen gem. § 255 Abs. 2 HGB zu Vollkosten zu bewerten. Konkret sind bei der Bewertung von Rückstellungen sowohl **Preis- und Kostenänderungen** als auch eine **Abzinsung** zu berück-

246 Vgl. Grottel/Rhiel, in: Beck'scher Bilanzkommentar, § 249 HGB, Rz. 162.
247 Vgl. Begründung des BilMoG-Regierungsentwurfs, BT-Drucksache 16/10067, S. 52.

sichtigen. Die **Aufzinsung** der Rückstellung in den Folgejahren (Annäherung an den Erfüllungszeitpunkt) ist als Zinsaufwand zu erfassen.

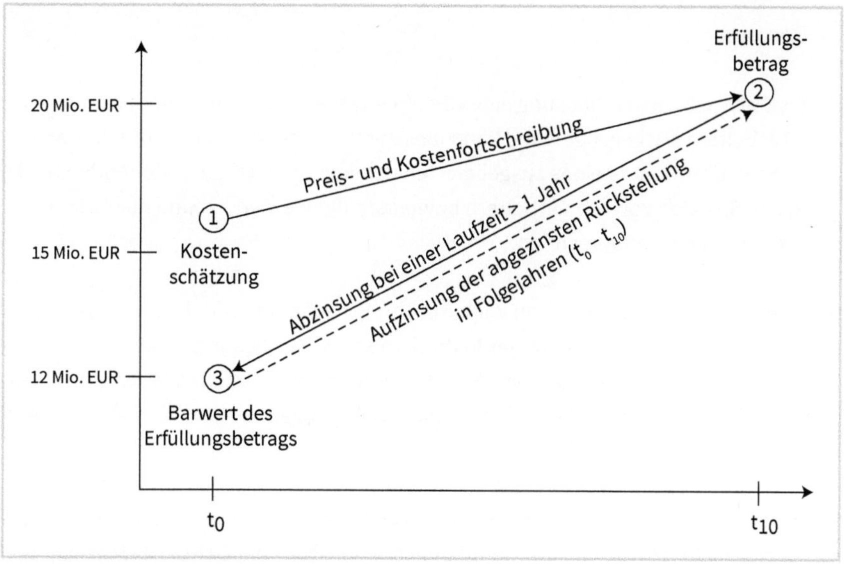

Abb. 7 - 6: Barwert des Erfüllungsbetrags

Beispiel: Abzinsung einer Rückstellung

Ein Unternehmen schätzt den Erfüllungsbetrag nach Preis und- Kostenschätzungen zum 31.12.t1 für eine passivierungspflichtige Rückstellung auf 100.000 EUR. Die Laufzeit beträgt voraussichtlich zwei Jahre, sodass nach dem HGB eine Abzinsung vorzunehmen ist. Der von der Bundesbank ermittelte Zinssatz beträgt 1,91%. Im Folgejahr ist eine Aufzinsung der Rückstellung vorzunehmen (Annäherung an den Erfüllungszeitpunkt), die zu einer Erhöhung des Wertansatzes der Rückstellung führt. Wie hoch ist der Wertansatz zum 31.12.t1 und 31.12.t2?

Abzinsung: $(1 + i)^{-t}$ hier: i= 1,91% bzw. 0,191; t=2

31.12.t1 (Abzinsung): 100.000 EUR × $1{,}0191^{-2}$ = 96.286,72 EUR (Barwert der Rückstellung)

31.12.t2 (Aufzinsung, Annahme Zinssatz unverändert): 96.286,72 EUR × 0,019 1 = 1.839,08 (Erhöhung der Rückstellung per Zinsaufwand an Rückstellung um 1.839,08 EUR auf 98.125,80 EUR

Da die gesamte handelsrechtliche Rückstellungsbewertung **zukunftsorientiert** auszurichten ist, sind neben den Preis- und Kostenentwicklungen ggf. auch Anpassungen im Mengengerüst notwendig. So ist die Verfügbarkeit neuer Verfahren und Technologien sowie Lernkurven betragsmindernd zu berücksichtigen.

> **Beispiel**
>
> Wird etwa für die Eindockung eines Schiffes aktuell von sechs Stunden und 20 Arbeitern ausgegangen und kann dies durch ein neues, zum Zeitpunkt der drohenden Überholung eines ausgelieferten Schiffes zur Verfügung stehenden Docks in vier Stunden von zehn Arbeitern bewerkstelligt werden, so sind nur 40 statt 120 Stunden einzuberechnen.

Die Grenze zur Verhinderung von willkürlichen Berechnungen zieht der Gesetzgeber mit dem Zusatz »nach vernünftiger kaufmännischer Beurteilung«. Diese wird in der Gesetzesbegründung dahingehend konkretisiert, dass ausreichende objektive Hinweise vorliegen müssen, die auf den Eintritt der künftigen Preis- und Kostenentwicklungen schließen lassen.

So dürfte die Annahme über Lohnsteigerungen bei der Ermittlung der Pensionsrückstellungen nicht abweichen von den Lohnsteigerungen, die bei der Ermittlung von Gewährleistungsrückstellungen einbezogen werden. Bei Materialkosten dürfte eine Dokumentation von beobachtbaren Kostentrends mit einer entsprechenden Fortschreibung in die Zukunft sinnvoll sein. Gleichwohl zeigen die starken Rohstoffpreisschwankungen der letzten Jahre, dass sich hier aufgrund der Ungewissheit erhebliche Einschätzungsspielräume ergeben können; jährliche Anpassungen der Rückstellungsbeträge sind vorzunehmen. Diese sind wie bisher erfolgswirksam mit entsprechender Erhöhung oder Verminderung der Rückstellungen in der Gewinn- und Verlustrechnung zu berücksichtigen. Die Wertanpassungen der Rückstellungen, werden durch die Zukunftsorientierung deutlich mehr Volatilität verursachen.

Pensionsrückstellungen
Bei Pensionsrückstellungen handelt es sich um der Höhe und Fälligkeit nach ungewissen Verbindlichkeiten gemäß § 249 Abs. 1 HGB. Handelsrechtlich besteht für Pensionsrückstellungen ein Passivierungsgebot bzw. für konkrete Einzelfälle auch ein Passivierungswahlrecht. Versorgungsleistungen an Arbeitnehmer für Alters-, Invaliden- oder Hinterbliebenenversorgung können entweder mittelbar über Dritte oder unmittelbar durch das Unternehmen erfolgen.

Bei **mittelbaren Versorgungszusagen** ist zu unterscheiden, ob das Unternehmen kein Leistungsrisiko trägt (beitragsorientierte Pensionszusagen) oder ob das Unternehmen bei unterdotierten Plänen ggf. nachschusspflichtig ist (leistungsorientierte Pensionszusage). **Beitragsorientierte Zusagen** werden über einen rechtlich selbstständigen Versicherungsfonds (z. B. eine Direktversicherung) abgewickelt. Das Unternehmen zahlt lediglich die Beiträge, was mit einer Aufwandsbuchung für die Altersversorgung verbunden ist. Eine Rückstellungsbildung entfällt. **Mittelbare leistungsorientierte Zusagen** werden über Pensions- bzw. Unterstützungskassen abgewickelt.

Bei einer **mittelbaren Versorgungszusage** kommt eine Rückstellung in Betracht, wenn die Verpflichtung durch den selbstständigen Versorgungsträger im Falle einer leistungsorientierten Pensionszusage nicht erfüllt wird. Aufgrund des Wahlrechts nach Art. 28 Abs. 1 Satz 2 EGHGB kann für die Einstandspflicht aus der Subsidiärhaftung nach § 1 Abs. 1 Satz 3 BetrAVG eine mittelbare Pensionsverpflichtung gebildet werden. Wird keine Rückstellung für die Unterdeckung gebildet, ist der Fehlbetrag nach Art. 28 Abs. 2 bzw. Art. 48 Abs. 6 EGHGB im Anhang anzugeben, um das Haftungsrisiko kenntlich zu machen.

Während das Unternehmen bei mittelbaren leistungsorientierten Zusagen lediglich bei einer Fondsunterdeckung zur Leistung verpflichtet ist, trägt das Unternehmen bei **unmittelbaren leistungsorientierten Zusagen** das volle Leistungsrisiko. Hier muss das Unternehmen die für die zukünftigen Pensionszahlungen notwendigen Mittel im Unternehmen ansammeln. Da das Unternehmen das volle Leistungsrisiko trägt, muss eine Pensionsrückstellung aufwandswirksam gebildet werden. Dabei umfassen die Pensionsverpflichtungen sowohl die Pensionen als auch die pensionsähnlichen Verpflichtungen (wie z.B. Überbrückungsgelder oder Vorruhestandsverpflichtungen).

Für **unmittelbare Pensionsaltzusagen**, die bis zum 31.12.1986 gewährt wurden, und für mittelbare Pensionsverpflichtungen besteht ein handelsrechtliches Passivierungswahlrecht gem. Art. 28 Abs. 1 S. 2 EGHGB. Um einen Einblick in das tatsächliche Schuldendeckungspotenzial eines Unternehmens zu erhalten, ist eine evtl. bestehende Deckungslücke im Anhang zahlenmäßig zu benennen.

Nach § 253 Abs. 1 S. 3 HGB sind Altersversorgungsverpflichtungen, deren Höhe sich ausschließlich aus dem beizulegenden Zeitwert von bestimmten Wertpapieren ergibt, auch zu diesem Wert in der Bilanz anzusetzen, soweit er einen garantierten Mindestwert übersteigt.

Den **allgemeinen Bewertungsgrundsätzen** folgend ist eine Pensionsrückstellung ratierlich anzusammeln, sodass die Rückstellung im Jahr des Pensionseintritts dem Barwert der zu erwartenden Pensionsleistungen entspricht. Für die Ermittlung der jährlich einzustellenden Beträge wird für die Handelsbilanz in der Regel in Übereinstimmung mit IDW RS HFA 30 nach dem ratierlichen **Anwartschaftsbarwertverfahren** i.S.v. IAS 19 verfahren (IDW, HFA 30, Rz. 60 f.).[248]

248 Vgl. Meyer/Theile, Bilanzierung nach Handels- und Steuerrecht, S. 237.

Die **Rückstellungshöhe** zum Bilanzstichtag ergibt sich aus der Differenz zwischen dem auf den Bilanzstichtag errechneten Barwert der künftigen Pensionsleistung und dem auf den Bilanzstichtag abgezinsten Barwert der noch ausstehenden Gegenleistungen, die auf den Zeitraum zwischen dem Bilanzstichtag und dem Rentenbeginn entfällt. Beim **Anwartschaftsbarwertverfahren** wird der Zeitraum von der Pensionszusage bis zum Renteneintritt berücksichtigt. Hierbei erfolgt die Zuordnung künftiger Leistungen im Verhältnis der bereits zurückgelegten zu der bis zum Eintritt des jeweiligen Versorgungsfalles möglichen Dienstzeit.[249]

Für die **Berechnung des Barwerts** ist handelsrechtlich mit einem von der Bundesbank vorgegebenen Marktzinssatz abzuzinsen. Nach § 253 Abs. 2 HGB besteht hier ein Wahlrecht: Entweder wird mit den geltenden Zinssätzen gerechnet, die bei Laufzeiten über einem Jahr unter Berücksichtigung der Restlaufzeiten der Rückstellungen bzw. der zugrunde liegenden Pensionsverpflichtungen die durchschnittlichen **laufzeitadäquaten Marktzinssätze der vergangenen zehn Jahre** verlangen (Diskontierungssatz auf Basis eines Durchschnittsmarktzinssatz der vergangenen zehn Geschäftsjahre), oder es wird pauschal mit dem durchschnittlichen Marktzinssatz gerechnet, der sich bei einer angenommenen Laufzeit von 15 Jahren ergibt. Gemäß § 253 Abs. 6 HGB ist zudem eine Bewertung mit einem Rechnungszins auf Basis eines **7-Jahres-Durchschnitts** vorzunehmen. Der **Unterschiedsbetrag** ist im Anhang anzugeben oder unter der Bilanz darzustellen. Aufgrund der Niedrigzinsphase wurde zur Bewertung von Altersversorgungsverpflichtungen der Betrachtungszeitraum bei der Ermittlung des durchschnittlichen Rechnungszinses von sieben auf zehn Geschäftsjahre angehoben. Bei allen sonstigen Rückstellungen gilt hingegen der laufzeitadäquate Durchschnittsmarktzinssatz der vergangenen sieben Geschäftsjahre. Mit der Bildung der Durchschnittszinssätze über die letzten sieben bzw. für Altersversorgungsverpflichtungen zehn Jahre soll eine Glättung der Zinsentwicklung erfolgen, sodass Änderungen, die erfolgswirksam als Zinsertrag oder als Zinsaufwand im Finanzergebnis auszuweisen sind, keine zu große GuV-Wirkung entfalten sollen.

Die **Berechnung der Pensionsrückstellungen** basiert auf Versicherungsmathematik. In die Berechnung fließen statistische Untersuchungen über die Lebenserwartung der Menschen ein, die in den Richttafeln (z.B. nach Heubeck »Heubeck-Richttafeln 2018 G«) erfasst werden. Pensionsrückstellung sind handelsrechtlich nach Maßgabe des notwendigen Erfüllungsbetrages zu ermitteln, folglich sind Lohn- und Gehaltssteigerungen sowie Rententrends zu berücksichtigen. Konkret wird in § 253 HGB vorgeschrieben, eine zukunftsgerichtete Rückstellungsbewertung vorzunehmen. In die Modelle für die Berechnung der Pensionsverpflichtungen sind somit Fluktuations- und Pensionierungswahrscheinlichkeiten und biometrische Rechnungsgrundlagen (z.B. Arbeitnehmerfluktuation und Sterbewahrscheinlichkeit) sowie weitere finanzielle Va-

249 Vgl. Coenenberg/Haller/Schultze, Jahresabschluss und Jahresabschlussanalyse, S. 468 ff.

riablen (z. B. künftige Gehaltssteigerungen oder Rententrends) einzubeziehen. Hierfür hat der Gesetzgeber zwar eine Angabepflicht im Anhang verankert (§ 285 Nr. 24 HGB), doch ist keine Konkretisierung der Herleitung der Daten expliziert.

Beispiel: Anhangangabe

Pensionsrückstellungen werden zum notwendigen Erfüllungsbetrag im Hinblick auf eine zukunftsorientierte Verpflichtungsbewertung nach versicherungsmathematischen Grundsätzen unter Verwendung der sog. Projected-Unit-Credit-Methode (PUC-Methode) mit ihrem Anwartschaftsbarwert bilanziert. Als biometrische Rechnungsgrundlagen werden die »Richttafeln 2018 G« von Heubeck verwendet. Der Berechnung liegen ein Rechnungszinssatz in Höhe von 1,87 % (10-Jahres-Durchschnitt bei einer angenommenen Restlaufzeit von 15 Jahren) sowie ein Rententrend in Höhe von 2,00 % p. a. zugrunde. Der sich aus der unterschiedlichen Bewertung auf Basis eines durchschnittlichen Marktzinssatzes aus den vergangenen zehn Geschäftsjahren und dem Ansatz der Rückstellungen nach Maßgabe eines durchschnittlichen Zinssatzes aus den vergangenen sieben Geschäftsjahren ergebene Unterschiedsbetrag beträgt 500.000 EUR (Vorjahr 450.000 EUR). Dieser Betrag unterliegt der Ausschüttungssperre gemäß § 253 Abs. 6 HGB.

Da die Veränderung der Wertansätze der Pensionsrückstellungen erfolgswirksam zu behandeln ist, bedeuten schwankende Werte auch einen ggf. großen Einfluss auf die Aufwendungen und Erträge der Gewinn- und Verlustrechnung und damit auf die auszuweisenden Jahresergebnisse.[250]

Beispiel

Vereinfachend wird angenommen, dass eine Auszahlung für Pensionsverpflichtungen in 25 Jahren von nominal 100 GE erfolgen soll. Dieser Betrag ist um die Trendannahmen zu erhöhen, da die Verpflichtung mit dem Lohn- und Gehaltsniveau ansteigt. Zudem hat eine Abzinsung zu erfolgen.

Im Vorjahr war ein Wert für die Lohn- und Gehaltssteigerung von 2 % p. a. angenommen worden. Der von der Bundesbank vorgegebene durchschnittliche Marktzins lag bei 4,5 %, sodass sich ein Wertansatz von 53,28 GE ergab (= $(100 \times 1{,}02^{26}) / 1{,}045^{26} = 53{,}28$).

Im aktuellen Jahr ist die Inflationsrate stark angestiegen, sodass auch die Lohn- und Gehaltsforderungen angesprungen sind. Nun erscheinen 4 % realistisch.

250 Vgl. Müller, in: BetrAV 4/2009, S. 306.

Der Durchschnittszinssatz reagiert auf den scharfen Zinsanstieg jedoch gebremst, sodass mit 5% abzuzinsen ist. Es ergibt sich ein Wertansatz von 78,72 GE (= (100 x $1{,}04^{25}$) / $1{,}05^{25}$ = 78,72), was eine erfolgswirksame Zuführung von 25,44 GE (= 78,72 – 53,28) erfordert, die das Jahresergebnis belastet. Würde das Unternehmen nun lediglich 3,5% Lohn- und Gehaltssteigerung annehmen, so würde die notwendige Zuführung auf 16,5 GE oder um 35% fallen.

Es bleibt somit bei den allgemeinen handelsrechtlichen Grundlagen, dass die Ermittlung **objektivierbar und willkürfrei** zu erfolgen hat. Dennoch schließt dies Einschätzungsspielräume nicht aus. Um diese Problematik einzudämmen, hätte vergleichbar mit dem Vorgehen beim Zinssatz ebenfalls eine gesetzliche Objektivierung in der Weise vorgenommen werden können, dass auch Entgelt- und Rententrends zentral vorgegeben werden oder dass diese zumindest unternehmensindividuell vergangenheitsorientiert als Durchschnittswert ebenfalls über sieben Jahre hätten ermittelt werden müssen. Es bleibt abzuwarten, ob sich die GoB in diese Richtung entwickeln werden.

Zudem schreibt § 246 Abs. 2 HGB eine **Saldierung** bestimmter Vermögensgegenstände mit Pensionsverpflichtungen vor. Konkret sind Vermögensgegenstände, die ausschließlich der Erfüllung von Altersversorgungsverpflichtungen und vergleichbaren langfristigen Verpflichtungen dienen, die gegenüber Arbeitnehmern eingegangen wurden, mit diesen Schulden zu verrechnen. Gleiches gilt für die zugehörigen Aufwendungen und Erträge. Die zu verrechnenden Vermögensgegenstände sind mit ihrem beizulegenden Zeitwert anzusetzen; der Wertansatz ist nicht auf den Erfüllungsbetrag der Schulden begrenzt. Damit kann es möglich sein, dass ein Aktivposten aus der Überdeckung von Pensionsverpflichtungen gem. § 266 HGB gesondert als »aktiver Unterschiedsbetrag aus der Vermögensverrechnung« in der Bilanz auszuweisen ist. **Kleinstkapitalgesellschaften** dürfen eine Bewertung zum beizulegenden Zeitwert nicht vornehmen, wenn sie die Erleichterungen nutzen möchten. Daher ist bei ihnen nach § 253 Abs. 1 HGB eine Saldierung des höchstens zu Anschaffungskosten bewerteten Vermögens notwendig.

Beispiel

Der Geschäftsführer der Freiburg GmbH hat zum 1. Januar t0 im Alter von 40 Jahren eine Pensionszusage erhalten, die bisher noch nicht in der Bilanz berücksichtigt wurde. Bei Eintritt in den Ruhestand mit 65 Jahren soll der Geschäftsführer eine Einmalabfindung in Höhe von drei Jahresgehältern erhalten, falls er bis dahin ununterbrochen bei der Europa GmbH tätig ist. Sein derzeitiges Jahresgehalt beträgt 65.000 EUR. Es kann mit einer jährlichen Gehaltssteigerungsrate von 3 bis 5% gerechnet werden. Unter Berücksichtigung von Fluktuation und Sterblichkeit bis zum Erreichen des Pensionsalters wird angenommen, dass der Geschäftsführer mit einer Wahrscheinlichkeit von 75% pensionsberechtigt wird. Ein versicherungsmathematisches Gutachten führt am 31.12.t0 zu einem steuerlich maximal zulässigen Wert von 1.445 EUR.

Für die Erstellung des Jahresabschlusses ist mit einem von der Bundesbank vorgegebenen Durchschnittszinssatz von 4,5% zu rechnen.

Der Wertansatz der Pensionsrückstellung in der Handelsbilanz hat zum Erfüllungsbetrag zu erfolgen. Es sind also Bemessungsgrundlagen zu verwenden, die für die Erfüllung erwartet werden. Deshalb sind Gehaltssteigerungen zu berücksichtigen (4%). Für die Berechnung des Wertansatzes am 31.12.t0 ist zunächst der Gesamtbetrag der Pensionsverpflichtung bei Renteneintritt zu ermitteln. Er beträgt 389.878,6 EUR (= 65.000 EUR x 3 x 0,75 x $1{,}04^{25}$). Der im ersten Jahr erworbene Anspruch beläuft sich auf 15.595,1 EUR (= 389.878,6 EUR : 25). Nach Abzinsung mit einem Zinssatz von 4,5% über 24 Jahre ergibt sich ein Wertansatz in Höhe von 5.422,5 EUR. Bei Verwendung von 3% (5%) Lohn- und Gehaltssteigerungen ergeben sich 4.258,9 EUR (6.888,1 EUR).

Alle drei Jahre ist eine **Anpassung** der laufenden Leistungen der betrieblichen Altersversorgung zu prüfen (§ 16 BetrAVG). Soweit sich Unterschiedsbeträge aus veränderten biometrischen Rechnungsgrundlagen ergeben, muss eine erfolgswirksame Anpassung der Rückstellung erfolgen.

Nach den in Art. 67 Abs. 1 EGHGB geregelten **Übergangsvorschriften** ist es erlaubt, die aufgrund der geänderten Bewertung der laufenden Pensionsrückstellungen erforderlichen Zuführungen zu den Rückstellungen, statt in einem Betrag, über maximal 15 Jahre zu strecken. In jedem folgenden Geschäftsjahr ist dabei mindestens ein Fünfzehntel zuzuführen. Kapitalgesellschaften und ihnen gleichgestellte Personengesellschaften (§ 264a HGB) müssen die noch nicht berücksichtigten Beträge als Deckungslücke im Anhang angeben.[251] Die Übergangsvorschrift für das sog. **Verteilungswahlrecht** ist relevant, wenn noch ein nicht verteilter Unterschiedsbetrag aus der Umstellung auf BilMoG vorliegt. Bei der erstmaligen Anwendung des BilMoG wurde bei einer unterdotierten Pensionsrückstellung gestattet, die Differenz bis zum 31.12.2024 zuzuführen.

251 Vgl. ausführlich Aufsatz »Gestaltungsüberlegungen im Rahmen der Erstanwendung der modernisierten handelsrechtlichen Regelungen« (Accounting 5/2009, S. 12–15), online abrufbar über die digitalen Extras.

Drohverlustrückstellungen

Nach § 249 Abs. 1 S. 1 HGB sind handelsrechtlich entsprechend des Imparitätsprinzips Rückstellungen für drohende Verluste aus schwebenden Geschäften zu bilden. Bei einem schwebenden Geschäft handelt es sich um einen Vertrag, der zweiseitig verpflichtend ist, sich auf einen Leistungsaustausch gem. den §§ 320 ff. BGB bezieht und der noch von keiner Vertragspartei vollständig erfüllt wurde. **Drohverlustrückstellungen** sind zu bilden, wenn konkrete Anzeichen dafür vorliegen, dass aus dem schwebenden Geschäft wahrscheinlich ein Verlust resultiert (Passivierungsgebot); sie zählen zu den ungewissen Verbindlichkeiten.

Schwebende Geschäfte können sich auf einmalige Schuldverhältnisse und auf Dauerschuldverhältnisse beziehen. Bei Dauerschuldverhältnissen hängt der Umfang der Gesamtleistung vom Zeitraum ab, in dem die Leistung erbracht werden soll (z. B. Miete oder Pacht). Bei beiden ist zwischen Beschaffungs- und Absatzgeschäften zu unterscheiden.[252]

Drohverlustrückstellungen für **Beschaffungsgeschäfte** können das Anlage- und Umlaufvermögen betreffen. Sie sind zu bilden, wenn der vertraglich vereinbarte Kaufpreis (z. B. für Rohstoffkäufe) aufgrund eines Preisrückgangs zum Geschäftsjahresende sinkt. Die Höhe der Drohverlustrückstellungen ergibt sich aus der Differenz zwischen dem vertraglich festgelegten Preis und den gesunkenen Wiederbeschaffungskosten zum Zeitpunkt der Vertragserfüllung, wobei ggf. eine Abzinsung zu berücksichtigen ist.

Beispiel

Die Kaufein GmbH hat einen Vertrag zur Lieferung von 3 t Rohstoffen am 15.01.t2 abgeschlossen. Der Festpreis beträgt 10.000 EUR/t. Zum Bilanzstichtag stellt die Kaufein GmbH fest, dass der Marktpreis der Rohstoffe unter 10.000 EUR gefallen ist und nur noch bei 9.100 EUR/t liegt.

Die ursprüngliche Verbindlichkeit aus dem Kaufvertrag und somit auch der Warenwert würde 30.000 EUR betragen. Durch den Preisrückgang liegen die Wiederbeschaffungskosten nur noch bei insgesamt 27.300 EUR.

Die Kaufein GmbH muss im Jahresabschluss t1 eine Rückstellung für drohende Verluste in Höhe von 2.700 EUR bilanzieren.

Verlustrisiken aus einem schwebenden **Absatzgeschäft** liegen vor, wenn zum Bilanzstichtag festgestellt wird, dass Aufwendungen zur Erfüllung einer Lieferungs- oder Leistungsverpflichtung hingenommen werden müssen, die nicht mehr durch die Erlöse gedeckt werden. Entstehen können Drohverluste aus Absatzgeschäften z. B. bei

252 Vgl. Schubert, in: Beck'scher Bilanzkommentar, § 249 HGB, Rz. 52 ff.

falsch kalkulierten Kosten oder bei einer Wertminderung der Gegenleistung. Die Höhe der Verpflichtung entspricht bei Vorliegen einer Geldforderung dem Nennbetrag. Bei Sach- oder Dienstleistungsverpflichtungen ergibt sich die Höhe der Drohverlustrückstellung aus den erwarteten Erträgen aus dem Absatzgeschäft abzüglich der noch anfallenden Aufwendungen und bereits aktivierten Anschaffungs- oder Herstellungskosten. Wird der Vertrag erst nach einem Jahr erfüllt, ist eine Abzinsung mit einem von der Bundesbank vorgegebenen laufzeitadäquaten Zinssatz vorzunehmen.

Beispiel

Die Allkauft GmbH hat mit einem Kunden einen Vertrag zur Lieferung von Waren in Höhe von 15.000 EUR abgeschlossen. Die Lieferung soll am 20.01.t2 erfolgen. Laut den Kalkulationsunterlagen der Allkauft GmbH betragen die Selbstkosten 12.000 EUR. Gegen Ende des Geschäftsjahres steigen die Preise für die Rohstoffe, die für die Herstellung des Produktes benötigt werden, so stark, dass die Selbstkosten nunmehr auf 18.000 EUR geschätzt werden.

Da die Selbstkosten damit den vereinbarten Verkaufspreis um 3.000 EUR übersteigen, ist zum Bilanzstichtag mit einem Verlust aus dem Vertrag zu rechnen. Die Allkauft GmbH muss eine Rückstellung für drohende Verluste aus schwebenden Geschäften in Höhe von 3.000 EUR buchen.

Rückstellungen für Umweltrisiken

Umweltrisiken können z. B. verursacht werden durch:

- Abfall (Restmüll, Giftmüll),
- Chemikalien,
- Gase,
- Rohmaterial,
- Öl,
- Luftverschmutzung,
- Boden- und Gewässerverschmutzung oder
- Produkte.

Verpflichtungen, die aus Umweltschutzmaßnahmen resultieren, können Unternehmen – durch die zunehmende Sensibilisierung der Öffentlichkeit und durch die hohen Kosten der Beseitigung – wirtschaftlich in erheblichem Maße belasten. Für Verpflichtungen im Zusammenhang mit dem Umweltschutz sind neben Vorschriften des Zivilrechts und des Strafrechts insbesondere Vorschriften des öffentlichen Rechts zu beachten. Rückstellungen für Umweltrisiken entstehen, wenn ein Unternehmer feststellt, dass durch seine betrieblichen Tätigkeiten in der Vergangenheit Luft, Wasser, Boden oder Räume verunreinigt oder verseucht wurden und mit einer öffentlich-rechtlichen bzw. haftungsrechtlichen Inanspruchnahme zu rechnen ist.

Beispiele für Umweltschutzverpflichtungen sind Verpflichtungen für Bergschäden, Gruben- und Schachtversätze, Altlastensanierungen und Rekultivierungen, Wiederaufforstungskosten sowie Kosten für die Entsorgung von bestrahlten Brennelementen. Zudem können Umweltschutzverpflichtungen auch im Rahmen der Produktverantwortung (z. B. Rücknahmeverpflichtungen von Altautos, Altbatterien oder Leergut) entstehen.

Die Höhe der Rückstellungen für Umweltrisiken bemisst sich nach der Höhe der wahrscheinlich entstehenden Aufwendungen (Erfüllungsbetrag), wobei eine Abzinsung mit von der Bundesbank vorgegebenen laufzeitadäquaten Zinssätzen (Diskontierungssatz auf Basis eines Durchschnittsmarktzinssatz der vergangenen sieben Geschäftsjahre) zu erfolgen hat. In Anlehnung an § 6 Abs. 1 Nr. 3 a Buchst. d S. 1 EStG sind Rückstellungen für Verpflichtungen, für deren Entstehen im wirtschaftlichen Sinne der laufende Betrieb ursächlich ist (sukzessive Verursachung in künftigen Geschäftsjahren), zeitanteilig in gleichen Raten anzusammeln (sog. **Ansammlungsrückstellungen**).[253]

Das Handelsrecht schreibt eine Abzinsung dieser Rückstellungen vor.[254]

Beispiel

Die Rohrgos AG startet im Jahr t1 mit der Förderung von Rohöl; die Förderung soll bis Ende t11 laufen. Am Ende der Förderperiode muss die Rohrgos AG das Bohrloch verfüllen.

Schätzungen zufolge beläuft sich die Gesamtfördermenge auf 100 Mio. bbl. Rohöl, davon werden in t1 6 Mio. bbl. Rohöl und in t2 9 Mio. bbl. Rohöl gefördert. Die Gesamtkosten für eine Bohrlochverfüllung werden am Ende von t1 auf 20 Mio. EUR geschätzt.

Lösung
Nach Berücksichtigung der Preissteigerungen würde sich die Rückstellungshöhe demnach wie folgt ergeben:

- Erwartete Kosten der Bohrlochverfüllung: 20 Mio. EUR.
- Bei anteiliger Erfassung ergeben sich die folgenden Aufwandsbuchungen und Wertansätze:
  - in t1: 6 : 100 x 20 Mio. EUR = 1,2 Mio. EUR, Bilanzansatz: 1,2 Mio. EUR
  - in t2: 9 : 100 x 20 Mio. EUR = 1,8 Mio. EUR; Bilanzansatz: 3,0 Mio. EUR

253 Vgl. Zülch/Willms, Rückstellung für Entsorgungs-, Wiederherstellungs- und ähnliche Verpflichtungen: Umstellung von HGB auf IFRS, S. 1178 ff.

254 Vgl. das Kapitel 4.4 »Bewertung von Schulden zum Erfüllungsbetrag«.

Bei Berücksichtigung der Abzinsung ergeben sich die folgenden Änderungen (Zinssatz: 5,5 %):

- Barwert der erwarteten Kosten der Bohrlochverfüllung
  = 20 Mio. EUR x $1{,}055^{-10}$ = 11,71 Mio. EUR
- Wertansatz und Aufwandsbuchung am 31.12.t1
  = 6 : 100 x 11,71 Mio. EUR = 0,7 Mio. EUR
- Wertansatz der Rückstellung am 31.12.t2
  = 15 : 100 x 12,35 Mio. EUR [= 20 Mio. EUR x $1{,}055^{-9}$] = 1,85 Mio. EUR, davon Aufwand in t2:
  1,15 Mio. EUR
  (Zinsaufwand: 0,04 [= 0,7 x 0,055],
  Zuführung: 1,11 [= 9 : 100 x 12,35])

Die Erfassung der Risiken aus Umweltschäden kann alternativ zur Rückstellungsbildung ggf. auch über eine außerplanmäßige Abschreibung der betroffenen Vermögensgegenstände erfolgen.[255]

Weitere Rückstellungen
Die weitgreifende Produzentenhaftung macht ggf. Rückstellungen für diesen Bereich notwendig. Die Problematik entspringt dabei der Tatsache, dass diese einerseits sehr lange bestehen (z. T. 30 Jahre), gleichzeitig das Risiko aber insgesamt eher gering ist. Somit ist stets zu prüfen, ob konkrete Risiken bestehen, die dann etwa zu Rückrufaktionen führen könnten.[256] Ebenso sind gerichtsanhängige Verfahren auf die Wahrscheinlichkeit des Eintritts einer Inanspruchnahme zu prüfen und dafür Rückstellungen zu bilden.[257]

7.2.3 Rückstellungen aufgrund einer Innenverpflichtung

Merkmal von Rückstellungen für Innenverpflichtungen ist die fehlende Verpflichtung gegenüber Dritten. Der Zweck der Aufwandsrückstellungen besteht darin, eine periodengerechte Erfolgsermittlung zu erreichen, indem zukünftige Auszahlungen aufwandswirksam in der Periode ihrer wirtschaftlichen Verursachung erfasst werden. Diese sog. Aufwandsrückstellungen werden konzeptionell aus der dynamischen Bilanztheorie erklärt, der zufolge der Bilanz die zentrale Aufgabe der Periodenabgrenzung von Zahlungs- und Erfolgsströmen zukommt.

255 Vgl. Coenenberg/Haller/Mattner/Schultze, Rechnungswesen, S. 424.
256 Vgl. Funk/Müller: Produzenten- und Produkthaftungsrisiken, in BB 2010, S. 2163 ff.
257 Umfassende »Rückstellungs-ABC« finden sich z. B. bei Bertram, in: Bertram/Kessler/Müller (Hsrg.), Haufe-HGB-Kommentar, § 249, Rz. 193 ff.

Rückstellungen aufgrund einer Innenverpflichtung dürfen nur sehr restriktiv gebildet werden; explizit erlaubt das Handelsrecht sowie wegen fehlender abweichender Regelung auch das Steuerrecht zwei Arten solcher Rückstellungen:

- Rückstellungen für unterlassene Instandhaltungen und
- Rückstellungen für unterlassene Abraumbeseitigungen.

Rückstellungen für unterlassene Aufwendungen zur Instandhaltung und für unterlassene Abraumbeseitigungen

Instandhaltungsrückstellungen müssen für unterlassene Aufwendungen, für fällige Reparatur- und Wartungsmaßnahmen gebildet werden, die erst in den ersten drei Monaten der Folgeperiode durchgeführt werden. Während die finanzielle Ausgabe auf das nächste Geschäftsjahr verschoben wird, muss der eingetretene Verschleiß im ablaufenden Geschäftsjahr berücksichtigt werden.[258] Eine Rückstellungspflicht besteht nach § 249 Abs. 1 Nr. 1 HGB nur für Rückstellungen, die innerhalb der ersten drei Monate des neuen Geschäftsjahr nachgeholt werden.

Als **Voraussetzung** für die Bildung einer Instandhaltungsrückstellung müssen die folgenden Punkte erfüllt sein:[259]

- Das Vorliegen einer im Geschäftsjahr unterlassenen Aufwendung (d. h., dass aus betriebswirtschaftlicher Sicht Aufwendungen für die Maßnahme notwendig gewesen wären, die Maßnahme aber (noch) nicht durchgeführt wurde).
- Es dürfen keine Rückstellungen für einen künftigen Reparaturaufwand gebildet werden (es muss sich um bereits eingetretenen Verschleiß in der Berichtsperiode handeln, die finanzielle Ausgabe wird auf einen späteren Zeitpunkt verschoben).
- Im Wesentlichen muss die Instandhaltungsmaßnahme innerhalb der vorgegebenen Frist von drei Monaten beendet sein.
- Es darf keine Verpflichtung gegenüber Dritten und keine öffentlich-rechtliche Verpflichtung bestehen (sollte das der Fall sein, handelt es sich um ungewisse Verbindlichkeiten).

Wird die Instandhaltung erst **nach dem dritten Monat** des neuen Geschäftsjahres nachgeholt, besteht keine Passivierungsmöglichkeit.

Beispiel

Die Strobuk AG ist im Hoch- und Tiefbau tätig und führt fast ausschließlich Aufträge vom Bund und von den Ländern aus. Witterungsbedingt wird mit den Arbeiten erst im Frühling begonnen. Deshalb wird Ende t1 geplant, dringend

258 Vgl. ADS, § 249 HGB, 6. Auf., Rz. 178.

259 Vgl. Coenenberg/Haller/Mattner/Schultze, Rechnungswesen, S. 425.

erforderliche Wartungsarbeiten an Baumaschinen aufzuschieben und im neuen Geschäftsjahr nachzuholen.

Muss bzw. kann eine Rückstellung gebildet werden? Und wenn ja: In welchem Umfang?

Lösung
Rückstellungen für Instandhaltungen sind zu bilden, wenn die Reparaturmaßnahmen im Wesentlichen bis Ende März abgeschlossen sind; es darf kein laufender Erhaltungsaufwand vorliegen.

Instandhaltungsrückstellungen sind nicht zu bilden, wenn die Maßnahmen nach dem dritten Monat im neuen Geschäftsjahr nachgeholt werden.

Bei **Rückstellungen für unterlassene Abraumbeseitigung** handelt es sich um einen branchenspezifischen Sachverhalt. Diese Rückstellung ist für Unternehmen von Bedeutung, die im Tagebau Bodenschätze fördern. Hierbei müssen bei der Förderung zunächst darüber liegende Erd- und Gesteinsschichten abgeräumt werden, die nach dem Rohstoffabbau wieder aufgetragen werden müssen (sog. Rekultivierungsmaßnahmen). Die Beseitigung des Abraums kann aufgrund der Bodenbeschaffenheiten und Abbautechniken in spätere Perioden fallen, während die entsprechenden Erträge aus den gewonnenen Bodenschätzen schon realisiert werden.[260] Fallen die Kosten der Abraumbeseitigung innerhalb des nächsten Geschäftsjahres an, muss nach § 249 Abs. 1 Nr. 1 HGB eine Rückstellung für unterlassene Abraumbeseitigung gebildet werden.

Die **Höhe** der Rückstellungen für unterlassene Instandhaltung und unterlassene Abraumbeseitigung ist nach den zu erwartenden Kosten zu bemessen.

Aufwandsrückstellungen

Nach § 249 Abs. 2 HGB a. F. konnten nur handelsrechtlich Rückstellungen für »ihrer Eigenart nach genau umschriebene, dem Geschäftsjahr oder einem früheren Geschäftsjahr zuzuordnende Aufwendungen gebildet werden, die am Abschlussstichtag wahrscheinlich oder sicher, aber hinsichtlich ihrer Höhe oder des Zeitpunkts ihres Eintritts unbestimmt sind.«

Nach dem BilMoG ist die Neubildung von diesen **Aufwandsrückstellungen verboten**. Nach Art. 67 Abs. 3 EGHGB durften aber vor dem Inkrafttreten des BilMoG gebildete Aufwandsrückstellungen beibehalten werden.

260 Vgl. Coenenberg/Haller/Schultze, Jahresabschluss und Jahresabschlussanalyse, S. 479 f.

Typische Beispiele für Aufwandsrückstellungen waren geplante Großreparaturen (z. B. bei Flugzeugen). Ziel der Aufwandsrückstellung war es, Ausgaben auf mehrere Perioden zu verteilen, weil der zugrunde liegende Aufwand in zurückliegenden Perioden verursacht wurde. Aufwandsrückstellungen sind von den Rückstellungen für unterlassene Instandhaltung abzugrenzen. Während Aufwandsrückstellungen künftige Aufwendungen darstellen, die dem Geschäftsjahr oder früheren Geschäftsjahren zuzuordnen sind, beschränken sich die Instandhaltungsrückstellungen auf bereits geleistete Aufwendungen.

Nach dem HGB ist es mangels physischen Austauschs wesentlicher separierbarer Komponenten nicht möglich, Aufwendungen für Großreparaturen und Großinspektionen als nachträgliche Anschaffungs- oder Herstellungskosten entsprechend IAS 16 zu aktivieren, um den Gesamtaufwand verursachungsgerecht auf die künftigen Geschäftsjahre zu verteilen (IDW RH HFA 1.016, Rz. 7). Gleichwohl könnten außerplanmäßige Abschreibungen in Betracht kommen, die den Wert des Vermögensgegenstandes vor der Überholung entsprechend reduzieren. Wird die Überholung dann vorgenommen, kann der anfallende Aufwand durch die notwendige Zuschreibung in der Erfolgsrechnung zumindest teilweise kompensiert werden.

7.2.4 Auflösung, Inanspruchnahme und Ausweis von Rückstellungen

Rückstellungen dürfen nur aufgelöst werden, soweit der Grund für die Rückstellung entfallen ist (§ 249 Abs. 2 HGB). Das gilt auch für Rückstellungen, die aufgrund eines Passivierungswahlrechts gebildet wurden. Bei einer **Inanspruchnahme** ist die Rückstellung **erfolgsneutral umzubuchen**, wenn die bisher ungewisse Verpflichtung dem Grunde und der Höhe nach gewiss geworden ist. Es erfolgt eine Umbuchung als Verbindlichkeit oder es ist bei Eintreten des Verpflichtungsgrundes ein Abgang liquider Mittel zu buchen.

Ist der Rückstellungsgrund entfallen oder wurde der Rückstellungsbetrag nicht bzw. nicht in voller Höhe benötigt, ist der (Rest-)Betrag vollständig **erfolgswirksam** innerhalb der sonstigen betrieblichen Erträge **aufzulösen**.

Ausweis- und Erläuterungspflichten bestehen für Kapitalgesellschaften und haftungsbeschränkte Gesellschaften. § 266 Abs. 3 B. HGB fordert für große und mittelgroße Gesellschaften eine Unterteilung der Rückstellungen in der Bilanz, die folgendermaßen gegliedert ist:

- Rückstellungen für Pensionen und ähnliche Verpflichtungen,
- Steuerrückstellungen und
- sonstige Rückstellungen.

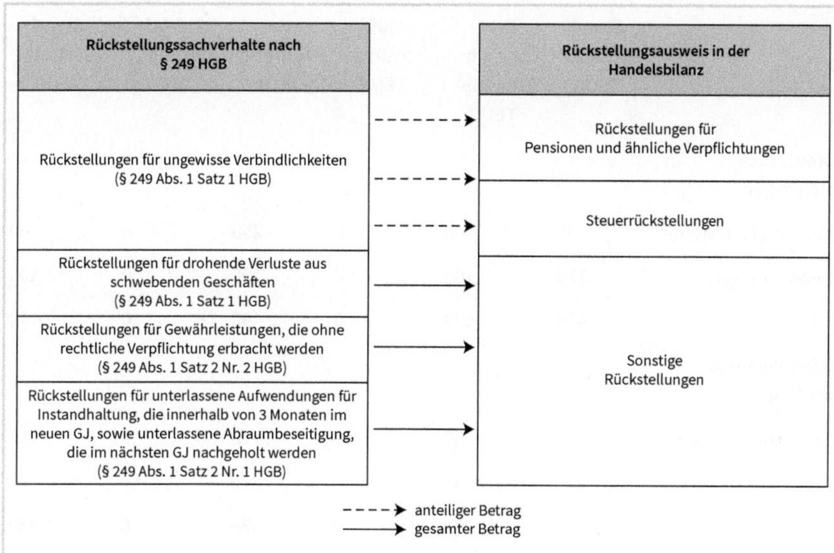

Abb. 7 – 7: Rückstellungssachverhalte nach § 249 HGB und Ausweis in der Bilanz

Anzugeben sind gem. § 265 Abs. 2 HGB auch die Beträge des Vorjahres.

Nach § 285 Nr. 12 HGB sind die in einem Sammelposten ausgewiesenen sonstigen Rückstellungen pflichtgemäß im Anhang zu erläutern, wenn sie einen nicht unerheblichen Umfang haben. Kleine Gesellschaften dürfen die Rückstellungen – ohne weitere Erläuterung – in einem Posten zusammenfassen (§ 266 Abs. 1 S. 3 HGB).

Für eine übersichtliche Darstellung der Veränderungen der einzelnen Rückstellungsarten bietet sich ein **Rückstellungsspiegel** an. **Kleinstkapitalgesellschaften** i. S. d. § 267a HGB dürfen die Rückstellungen als eine Position ohne weitere Zusatzinformationen ausweisen.

	Stand 01.01.t1 TEUR	Inanspruchnahme TEUR	Auflösung TEUR	Zuführung TEUR	Auf-/Abzinsung (-) TEUR	Stand 31.12.t1 TEUR
Rückstellungen für Pensionen und ähnliche Verpflichtungen						
Pensionsverpflichtung	4.500	500	0	600	250	4.850
./. Deckungsvermögen	– 1.000	– 250	0	– 450	0	– 1.200
Unterdeckung mittelbare Zusage	600	150	55	0	0	395
	4.100	**400**	**55**	**150**	**250**	**4.045**

	Stand 01.01.t1 TEUR	Inanspruchnahme TEUR	Auflösung TEUR	Zuführung TEUR	Auf-/Abzinsung (-) TEUR	Stand 31.12.t1 TEUR
Steuerrückstellungen						
Körperschaftssteuer	240	240	0	250	0	250
Gewerbesteuer	180	180	0	190	0	190
	420	**420**	**0**	**440**	**0**	**440**
Sonstige Rückstellungen						
Gewährleistungen	300	50	10	70	0	310
Abfindungen	100	95	5	70	0	70
ausstehender Urlaub	1.297	1.297	0	1.438	0	1.438
Überstunden	2.286	2.286	0	2.039	0	2.039
Archivierung	200	100	0	70	40	210
Dienstjubiläen	500	85	15	85	55	540
Einmalzahlungen	352	104	248	400	0	400
Vergleich/Rechtsstreit	100	50	50	250	0	250
Jahresabschlussprüfung	100	92	8	105	0	105
ausstehende Rechnungen	350	320	30	300	0	300
Berufsgenossenschaftsbeitrag	150	146	4	162	0	162
unterlassene Instandhaltung	568	568	0	632	0	632
Drohverlust Einkaufsgeschäft	555	500	55	900	0	900
	6.858	**5.693**	**425**	**6.521**	**95**	**7.356**
	11.378	**6.513**	**480**	**7.111**	**345**	**11.841**

Abb. 7 – 8: Rückstellungsspiegel mit Unterteilung der Rückstellungen

7.3 Sonderposten mit Rücklageanteil

Der Sonderposten mit Rücklageanteil resultierte aus der **Anwendung steuerrechtlicher Vorschriften** in der Handelsbilanz und darf seit dem BilMoG durch die Streichung der umgekehrten Maßgeblichkeit nicht mehr in der HGB-Bilanz gebildet werden. Nach den Übergangsvorschriften ist es möglich, dass bislang gebildete Werte beibehalten und planmäßig aufgelöst werden. Im Sonderposten mit Rücklageanteil können nur steuerfreie Rücklagen, die aufgrund steuerrechtlicher Vorschriften den steuerpflichtigen Gewinn mindern und erst bei Auflösung versteuert werden, erfasst werden.

Steuerfreie Rücklagen dürfen für die folgenden Sachverhalte gebildet werden:

- Übertragung stiller Reserven bei Ersatzbeschaffung (R 6.6 EStR),
- Rücklagen für Veräußerungsgewinne nach § 6 b EStG.

Die Auflösung des Sonderpostens mit Rücklageanteil erfolgt durch die Übertragung der stillen Reserven auf die Ersatzbeschaffung, indem eine Sonderabschreibung vorgenommen wird.

Die Übertragung von Veräußerungsgewinnen ist an bestimmte Voraussetzungen geknüpft und muss innerhalb bestimmter Fristen erfolgen. Das folgende Beispiel verdeutlicht die Wirkung auf das Bilanzbild in Abhängigkeit davon, ob die Übertragung stiller Reserven genutzt wird oder nicht.

Beispiel

Eine Fertigungsanlage der Steub GmbH musste nach einem Brandschaden ersetzt werden. Der Buchwert der Fertigungsanlage betrug 50.000 EUR. Die Versicherung des Unternehmens hat den Schaden ersetzt und den Neuwert in Höhe von 86.000 EUR bezahlt. Die Ersatzbeschaffung wird im nächsten Geschäftsjahr vorgenommen.

Lösung

Das Unternehmen kann die Versicherungsentschädigung erfolgswirksam vereinnahmen und für den Differenzbetrag in Höhe von 36.000 EUR aufwandswirksam eine steuerfreie Rücklage nach R 6.6 EStR in den Sonderposten mit Rücklageanteil einstellen. Im neuen Geschäftsjahr kann die stille Reserve auf die neu angeschaffte Fertigungsanlage übertragen werden. Bei einem Nettokaufpreis der Fertigungsanlage in Höhe von 120.000 EUR ergeben sich die folgenden Unterschiede in der Wertentwicklung der Anlage, je nachdem, ob eine Übertragung der stillen Reserven vorgenommen wurde oder nicht:

ohne Übertragung stiller Reserven in EUR			mit Übertragung stiller Reserven in EUR	
AK	120.000		AK	120.000
AfA: 1. Jahr	20.000		Sonder-AfA	36.000
			AK (neu)	84.000
			AfA: 1. Jahr	14.000
Buchwert	100.000		Buchwert	70.000
AfA: 2. Jahr	20.000		AfA: 2. Jahr	14.000
Buchwert	80.000		Buchwert	56.000
AfA: 3. Jahr	20.000		AfA: 3. Jahr	14.000
Buchwert	60.000		Buchwert	42.000
AfA: 4. Jahr	20.000		AfA: 4. Jahr	14.000
Buchwert	40.000		Buchwert	28.000
AfA: 5. Jahr	20.000		AfA: 5. Jahr	14.000
Buchwert	20.000		Buchwert	14.000
AfA: 6. Jahr	19.999		AfA: 6. Jahr	13.999
Buchwert	1		Buchwert	1

Bei beiden Vorgehensweisen werden in den Jahren der Nutzungsdauer insgesamt 119.999 EUR abgeschrieben. Durch die Sonderabschreibung bei der Übertragung der stillen Reserven wird die »zusätzliche« Steuerbelastung auf die Jahre der Nutzungsdauer verteilt. Für das Unternehmen ergeben sich durch die im ersten Abschreibungsjahr geringeren Steuerzahlungen eine Steuerstundung, ein Zinseffekt und eine (vorübergehende) Liquiditätserhöhung.

Steuerrechtliche Sonderabschreibungen dürfen handelsrechtlich nicht mehr vorgenommen werden. Steuerrechtlich sind sie in Form direkter Absetzungen vorzunehmen.

Ebenso wie bei der steuerfreien Rücklage wird auch im Falle der steuerrechtlichen Sonderabschreibung erreicht, dass das Unternehmen aufgrund der im ersten Nutzungsjahr durchgeführten hohen Abschreibung mit Einstellung in den Sonderposten eine Steuerstundung hat.

Mit dem BilMoG ist der **Ausweis** des steuerrechtlich begründeten Sonderpostens mit Rücklageanteil ab 2010 **verboten** (Streichung des § 247 Abs. 3 HGB a.F.). Im Ergebnis führt das zum Ende der Einheitsbilanz, wobei allerdings auch schon bislang einige unüberbrückbare Unterschiede zwischen der Bilanz und der GuV nach Steuer- und

Handelsrecht bestanden. Diese Unterschiede werden mit dem BilMoG nun aber noch deutlich ausgeweitet. In der Konsequenz ist es für die Ausübung steuerlicher Wahlrechte in Zukunft notwendig, dass die Wirtschaftsgüter, die nicht mit den handelsrechtlich maßgeblichen Werten in die steuerliche Gewinnermittlung aufgenommen werden, in besondere, laufend zu führende Verzeichnisse aufgenommen werden. In den Verzeichnissen sind der Tag der Anschaffung oder Herstellung, die Anschaffungs- oder Herstellungskosten, die Vorschriften des ausgeübten steuerlichen Wahlrechts und die vorgenommenen Abschreibungen nachzuweisen (§ 5 Abs. 1 EStG).

Dennoch können auch weiterhin Sonderposten aufgrund von Investitionszulagen in der Handels- und Steuerbilanz auszuweisen sein (R 6.5 Abs. 4 EStR), wenn diese passivisch dargestellt werden.[261]

7.4 Eigenkapital

Das Eigenkapital umfasst die finanziellen Mittel, die einem Unternehmen von den Eigentümern ohne zeitliche Begrenzung zur Verfügung gestellt werden. Eigenkapital sind von außen zugeführte oder durch Gewinneinbehaltung (sog. Thesaurierung) von innen zugeflossene Mittel. Ansatz- und Bewertungsregeln sind – anders als bei Vermögens- und Fremdkapitalpositionen – beim Eigenkapital nicht anzuwenden. Das Eigenkapital gilt als rechnerische Restgröße aus Vermögensposten abzüglich des Fremdkapitals. »Somit bestimmen der Ansatz und die Bewertung des Vermögens und des Fremdkapitals indirekt die Höhe des Eigenkapitals.«[262]

Die Darstellung des Eigenkapitals in der Bilanz hängt von der Rechtsform des Unternehmens ab, weil die Strukturierung des Eigenkapitals von den spezifischen Bestimmungen des Gesellschaftsrechts geprägt ist. Das Eigenkapitalkonto eines Unternehmens kann konstant oder variabel sein.

Das **konstante Eigenkapitalkonto** betrifft Kapitalgesellschaften – zum Teil aber auch andere haftungsbeschränkte Rechtsformen (Kommanditgesellschaft, stille Gesellschaft und Genossenschaft). Es stellt das Haftungsvermögen gem. Gesellschaftsvertrag dar, das die Summe der Nennbeträge der ausgegebenen Gesellschaftsanteile umfasst. Das ist bei Aktiengesellschaften das Grundkapital und bei der GmbH das Stammkapital. Das Grund- bzw. Stammkapital ändert sich nur durch Kapitalerhöhungen oder -herabsetzungen. Darüber hinaus umfasst das Eigenkapital von Kapitalgesellschaften weitere Bestandteile, wie die Kapitalrücklage und Gewinnrücklagen, die im Folgenden betrachtet werden.

261 Vgl. das Kapitel 4.2 »Zugangsbewertung von Vermögensgegenständen«.
262 Coenenberg/Haller/Mattner/Schultze, Rechnungswesen, S. 393.

Das **variable Eigenkapitalkonto** ändert sich höhenmäßig von Jahr zu Jahr, wie etwa durch Einlagen oder Entnahmen bei Einzelkaufleuten und Personengesellschaften.

Bei **Kapitalgesellschaften** besteht das Eigenkapital nach § 266 Abs. 3 HGB aus den folgenden Komponenten:
- gezeichnetes Kapital,
- Kapitalrücklage,
- Gewinnrücklagen,
- Gewinnvortrag bzw. Verlustvortrag,
- Jahresüberschuss bzw. Jahresfehlbetrag.

Kleinstkapitalgesellschaften i. S. d. § 267a HGB dürfen das Eigenkapital als eine Position ohne weitere Zusatzinformationen ausweisen.

Die **Gliederung** des Eigenkapitals umfasst in den beiden ersten Unterposten das von außen zur Verfügung gestellte Kapital. Die Gewinnrücklagen stellen die einbehaltenen Gewinne dar. Nur das gezeichnete Kapital ist – abgesehen von Kapitalherabsetzungen/-heraufsetzungen – konstant; es wird auch als Nominalkapital bezeichnet. Die gesondert auszuweisenden Rücklagen sind – wie auch die weiteren genannten Unterposten – variable Eigenkapitalposten. Alle genannten Unterposten bilden das rechnerische Eigenkapital. Vom effektiven Eigenkapital, auch bereinigtes Eigenkapital genannt, wird gesprochen, wenn stille Reserven in die Eigenkapitalermittlung einbezogen werden.[263] Stille Reserven entstehen durch die Ausnutzung von Wahlrechten und Einschätzungsspielräumen bei Ansatz- und Bewertungsentscheidungen, wenn Vermögensposten unter bzw. Fremdkapitalposten über den als tatsächlich anzusehenden Wert angesetzt werden (z. B. aus der Überdotierung von Rückstellungen aufgrund einer vorsichtigen Bewertung). Stille Reserven, die aus der Bilanz nicht unmittelbar ersichtlich sind, sind von den offenen Rücklagen (Kapital- und Gewinnrücklage) abzugrenzen.

7.4.1 Gezeichnetes Kapital

Nach § 272 Abs. 1 S. 1 HGB ist das **gezeichnete Kapital** »das Kapital, auf das die Haftung der Gesellschafter für die Verbindlichkeiten der Kapitalgesellschaft gegenüber den Gläubigern beschränkt ist.« Das gezeichnete Kapital einer Aktiengesellschaft (Grundkapital) beträgt mindestens 50.000 EUR; das gezeichnete Kapital einer GmbH (Stammkapital) beträgt mindestens 25.000 EUR. Mit dem Gesetz zur Modernisierung des GmbH-Rechts und zur Bekämpfung von Missbräuchen (MoMiG) ist seit November 2008 aber auch die Gründung einer Unternehmergesellschaft (haftungsbeschränkt)

263 Vgl. Coenenberg/Haller/Schultze, Jahresabschluss und Jahresabschlussanalyse, S. 341 f.

möglich, deren Mindesteigenkapital nur 1 EUR betragen muss. Das gezeichnete Kapital ist zum Nennbetrag anzusetzen. Da das gezeichnete Kapital nicht zwangsläufig eingezahlt sein muss, ist es notwendig, den nicht einbezahlten Betrag gesondert auszuweisen. Die nicht einbezahlten und noch ausstehenden Teile des gezeichneten Kapitals werden ausstehende Einlagen genannt.

Die nicht eingeforderten ausstehenden Einlagen sind nach § 272 Abs. 1 HGB vom gezeichneten Kapital offen abzusetzen (**Nettomethode**). Das hat zur Folge, dass das eingeforderte Kapital im Eigenkapital ausgewiesen wird. Dagegen ist das eingeforderte, noch nicht eingezahlte Kapital im Eigenkapital und innerhalb der Forderungen auszuweisen (§ 272 Abs. 1 S. 3 HGB).

Beispiel

Das gezeichnete Kapital der Eikos AG beträgt 100 Mio. EUR. Davon sind 75 Mio. EUR einbezahlt.

Die ausstehenden Einlagen belaufen sich auf 25 Mio. EUR, wovon 10 Mio. EUR eingefordert sind.

Das nicht eingeforderte Kapital beträgt 15 Mio. EUR.

Nettomethode	Aktiva		Passiva	
	B. Umlaufvermögen		A. Eigenkapital	
	II. Forderungen u. sonst. Vermögen		I. gezeichnetes Kapital	100
			abzüglich nicht eingeforderte ausstehende Einlagen	15
	4. Eingefordertes nicht gezahltes Kapital	10	Eingefordertes Kapital	85

Der Ausweis eigener Anteile wird in § 272 HGB geregelt. Während § 272 Abs. 1a HGB den Ausweis zurückgekaufter eigener Anteile regelt, befasst sich § 272 Abs. 1b HGB mit der handelsbilanziellen Abbildung der **Wiederveräußerung** eigener Anteile. Eigene Anteile können nur bei Kapitalgesellschaften auftreten. Dies rührt letztlich aus der unterschiedlichen Vorstellung, die der Gesetzgeber im Gegensatz zur Personengesellschaft an eine Kapitalgesellschaft knüpft. Personengesellschaften sind an den jeweiligen Gesellschafterbestand gebunden und die Gesellschafter grundsätzlich nicht auswechselbar. Schon der »Wegfall« nur eines Gesellschafters führt zur Auflösung der Personengesellschaft. Daher ist ein Rechtsinstitut »**Eigene Anteile**« für die Personengesellschaften nicht erforderlich,

Demgegenüber ist die **Rechtslage bei Kapitalgesellschaften** anders. Hier ist eine vom Bestand der Gesellschafter unabhängige eigene Rechtspersönlichkeit der Anteile gegeben. Die Existenz der Anteile hängt von der Existenz der Kapitalgesellschaft selbst ab. Demgemäß entstehen Anteile an einer Kapitalgesellschaft im Rahmen des formalisierten Verfahrens der Gründung oder Kapitalerhöhung. Die Aktiengesellschaft kann Anteile in Form von Aktien an der Börse zurückerwerben.

Nach § 272 Abs. 1a S. 1 HGB ist der **Nennbetrag** oder, falls ein solcher nicht vorhanden ist (z. B. bei nennwertlosen Stückaktien), der rechnerische Wert von erworbenen eigenen Anteilen in der Vorspalte **offen von dem Posten »Gezeichnetes Kapital« abzusetzen.** Der **Unterschiedsbetrag** zwischen dem Nennbetrag oder dem rechnerischen Wert und den Anschaffungskosten der eigenen Anteile ist handelsrechtlich mit den **frei verfügbaren Rücklagen zu verrechnen** (§ 272 Abs. 1a S. 2 HGB). Für die Verrechnung des Unterschiedsbetrages ergibt sich die folgende **Verrechnungsreihenfolge**:

1. Verrechnung mit anderen Gewinnrücklagen oder – soweit möglich – satzungsmäßigen Rücklagen und gleichrangig mit der Kapitalrücklage nach § 272 Abs. 2 Nr. 4 HGB;
2. Verrechnung mit dem Teil des Jahresergebnisses, der ausweislich des Gesetzes und der Satzung in die anderen Gewinnrücklagen einzustellen ist (§ 58 Abs. 1 AktG) oder eingestellt werden darf (§ 58 Abs. 2 AktG);
3. Verrechnung mit dem Teil des Jahresergebnisses, der in die alleinige Dispositionsbefugnis der Aktionäre fällt; gegebenenfalls unter Inkaufnahme oder Vertiefung eines Bilanzverlustes.

In § 272 Abs. 1b HGB wird die handelsbilanzielle Behandlung der tatsächlichen Veräußerung eigener Anteile bestimmt. § 272 Abs. 1b S. 1 HGB stellt klar, dass der Ausweis eigener Anteile nach § 272 Abs. 1a S. 1 HGB – also der offene Ausweis der eigenen Anteile in der Vorspalte des Postens »Gezeichnetes Kapital« – nach der Veräußerung entfällt. Die Vorschrift schreibt vor, dass der den Nennbetrag oder den rechnerischen Wert übersteigende Differenzbetrag aus dem Veräußerungserlös wieder den Posten zuzuführen ist, mit denen bei Erwerb der eigenen Anteile eine Verrechnung erfolgte. Eine erfolgswirksame Erfassung des Veräußerungsgewinns oder -verlustes kommt nicht in Betracht. Bei der Veräußerung eigener Anteile handelt es sich – ebenso wie bei deren Erwerb – um erfolgsneutral zu bilanzierende Transaktionen mit Gesellschaftern.

7.4.2 Kapitalrücklage

Die **Kapitalrücklage** umfasst die Beträge, die den Nennwert bei der Ausgabe von Anteilen – einschließlich der Bezugsanteile – übersteigen (Agio, Aufgeld), und die Beträge, die bei der Ausgabe von Schuldverschreibungen für Wandlungsrechte und Optionsrechte zum Erwerb von Anteilen (nach § 221 AktG) erzielt werden. Außerdem enthält die Kapitalrücklage Zuzahlungen, die von den Teilhabern für Vorzugsanteile geleistet werden (wie z.B. Vorzugsaktien oder Vorzugsdividenden). Hinzu kommen andere Zuzahlungen in das Eigenkapital, die z.B. bei der GmbH das eingeforderte Nachschusskapital oder bei einer Aktiengesellschaft die Beträge, die bei einer vereinfachten Kapitalherabsetzung oder bei einer Kapitalherabsetzung durch Einziehung von Aktien frei geworden sind, betreffen. Nach § 272 Abs. 2 HGB sind als Kapitalrücklagen die folgenden Posten auszuweisen:

- Der Betrag, der bei der Ausgabe von Anteilen einschließlich von Bezugsanteilen über den Nennbetrag oder – falls ein Nennbetrag nicht vorhanden ist – über den rechnerischen Wert hinaus erzielt wird.
- Der Betrag, der bei der Ausgabe von Schuldverschreibungen für Wandlungsrechte und Optionsrechte zum Erwerb von Anteilen erzielt wird.
- Der Betrag von Zuzahlungen, die Gesellschafter gegen Gewährung eines Vorzugs für ihre Anteile leisten.
- Der Betrag von anderen Zuzahlungen, die Gesellschafter in das Eigenkapital leisten.

Einstellungen in die Kapitalrücklage und Auflösungen sind bei der Bilanzaufstellung vorzunehmen (§ 270 Abs. 1 S. 1 HGB).

7.4.3 Gewinnrücklagen

Nach § 272 Abs. 3 S. 1 HGB umfassen die **Gewinnrücklagen** die Beträge, »die im Geschäftsjahr oder in einem früheren Geschäftsjahr aus dem Ergebnis gebildet worden sind.«

Die folgenden Arten von Gewinnrücklagen sind zu unterscheiden bzw. können sich aus anderen gesetzlichen Vorschriften ergeben:

- **Gesetzliche Rücklagen**: Aktiengesellschaften sind gem. § 150 Abs. 1 u. 2 AktG verpflichtet, eine Dotierung mit 5% des um einen ggf. vorhandenen Verlustvortrag aus dem Vorjahr geminderten Jahresüberschusses vorzunehmen, bis die gesetzliche Rücklage zusammen mit den Kapitalrücklagen mindestens 10% des Grundkapitals erreicht hat.
- **Rücklagen für eigene Anteile an einem herrschenden oder mehrheitlich beteiligten Unternehmen** sind zu bilden für eine sog. **Rückbeteiligung** und sind im Zusammenhang mit eigenen Anteilen zu sehen. Eigene Anteile, die die Gesellschaft zurückkauft oder unentgeltlich erhält, sind direkt vom Eigenkapital abzuziehen. Die Überlegungen, die die Bildung einer Rücklage für eigene Anteile bei der emittierenden Gesellschaft betrafen, galten und gelten auch für die Bildung einer Rücklage für Anteile an einem herrschenden oder mit Mehrheit beteiligten Unter-

nehmen.[264] Mit der Vorschrift sollte und soll eine Lücke geschlossen werden. Aus der Sicht des herrschenden oder mehrheitlich beteiligten Unternehmens macht es keinen Unterschied, ob es die eigenen Anteile selbst hält oder sie von einem abhängigen oder im Mehrheitsbesitz stehenden Unternehmen gehalten werden, denn zumindest die in ihrer Bilanz ausgewiesene Beteiligung an dem abhängigen oder im Mehrheitsbesitz stehenden Unternehmen repräsentiert wirtschaftlich auch die von diesem gehaltenen eigenen Anteile. Insofern rechtfertigt sich auch eine Ausschüttungssperre, denn etwaige Verluste des herrschenden oder mehrheitlich beteiligten Unternehmens schlagen auf die Wertansatz der Anteile bei dem abhängigen oder im Mehrheitsbesitz stehenden Unternehmen durch, was sich auf Ebene des herrschenden oder mehrheitlich beteiligten Unternehmens wiederum auf den Beteiligungsansatz auswirkt. Es besteht damit für das herrschende oder mehrheitlich beteiligte Unternehmen die **Gefahr der Verlustdoppelung** auch dann, wenn die eigenen Anteile bei dem abhängigen oder im Mehrheitsbesitz stehenden Unternehmen liegen.

- **Satzungsgemäße Rücklagen** umfassen nach § 272 Abs. 3 S. 2 HGB die aus dem Ergebnis zu bildenden gesetzlichen oder auf Gesellschaftsvertrag oder Satzung beruhenden Rücklagen (wie z. B. Substanzerhaltungsrücklagen).
- **Ausschüttungsgesperrte Rücklage:** Nach § 268 Abs. 8 HGB müssen beim Ausweis von selbst geschaffenen immateriellen Vermögensgegenständen des Anlagevermögens in der Bilanz »Gewinne nur ausgeschüttet werden, wenn die nach der Ausschüttung verbleibenden frei verfügbaren Rücklagen zuzüglich eines Gewinnvortrags und abzüglich eines Verlustvortrags mindestens den insgesamt angesetzten Beträgen abzüglich der hierfür gebildeten passiven latenten Steuern entsprechen. Werden aktive latente Steuern in der Bilanz ausgewiesen, ist [dies auch] auf den Betrag anzuwenden, um den die aktiven latenten Steuern die passiven latenten Steuern übersteigen« (§ 268 Abs. 2 S. 1 und 2). Auf der Aktivseite ausgewiesene Vermögensgegenstände aus der Vermögensverrechnung i. S. d. § 246 Abs. 2 S. 2 HGB wird dies ebenfalls abzüglich der hierfür gebildeten passiven latenten Steuern übertragen. Somit ist ggf. eine Rücklage zu bilden, um die Ausschüttung zu verhindern. Eine Ausweispflicht besteht allerdings nicht.
- **Rücklage für bestimmte phasengleich vereinnahmte Gewinne:** § 272 Abs. 5 HGB fordert, den Unterschiedsbetrag aus dem auf eine Beteiligung entfallenden Teil des Jahresüberschusses in der Gewinn- und Verlustrechnung und, den als Dividenden oder Gewinnanteile eingegangen Beträgen oder Beträgen, auf die ein Anspruch auf Zahlung besteht, in eine Rücklage einzustellen. Damit soll eine Ausschüttung vorenthalten werden. Diese Regelung führt de facto zu keiner Änderung bei der Pflicht zur phasengleichen Vereinnahmung von Gewinnen, da mit der Akti-

---

264 Die Beantwortung der Frage, ob ein Unternehmen herrschend oder mehrheitlich beteiligt ist, bestimmt sich nach den §§ 16, 17 AktG. Es gilt der aktienrechtliche Unternehmensbegriff; vgl. auch ADS, 6. Aufl., § 272 HGB, Rz. 204.

vierung eines Dividendenanspruchs eine Gewinnrealisierung verbunden ist.[265] Die Regelung läuft daher ins Leere.[266]

- **Andere Rücklagen:** Sammelposition für alle aus dem Jahresüberschuss in die Gewinnrücklagen eingestellten Beträge, die keine Bestandteile der oben genannten Positionen sind.[267]

7.4.4 Verwendung des Jahresergebnisses

Die Einbehaltung oder Ausschüttung des Jahresergebnisses wird als **Ergebnisverwendung** bezeichnet. Es gibt drei mögliche Ergebnispositionen innerhalb des Eigenkapitals:

- Jahresüberschuss/-fehlbetrag: Ergebnis des aktuellen Geschäftsjahres.
- Gewinn-/Verlustvortrag: unverwendete Ergebnisanteile von Vorperioden.
- Bilanzgewinn/-verlust: zur Ausschüttung vorgeschlagene Ergebnisanteile.

In Abhängigkeit davon, ob der Jahresabschluss vor vollständiger, nach teilweiser oder nach vollständiger Gewinnverwendung aufgestellt wird, ergeben sich unterschiedliche Formen des Ergebnisausweises.[268] Gewinnanteile, die ausgeschüttet werden sollen, werden im Eigenkapital ausgewiesen, bis eine Gewinnverwendungsentscheidung getroffen wird. Erst nach der Gewinnverwendungsentscheidung erfolgt ein Ausweis innerhalb der Verbindlichkeiten.

Die folgende Abbildung verdeutlicht die unterschiedlichen Ausweisformen des Eigenkapitals in Abhängigkeit von der Gewinnverwendung:

265 Vgl. Oser/Orth/Wirtz, DB 2015, S. 199; Wulf, § 275 HGB, Rz. 159.
266 Vgl. Lüdenbach/Freiberg, StuB 2015, S. 570; Müller/Mühlbauer, StuB, 2015, S. 691–697.
267 Vgl. Meyer/Theile, Bilanzierung nach Handels- und Steuerrecht, S. 217.
268 Vgl. Meyer/Theile, Bilanzierung nach Handels- und Steuerrecht, S. 218.

(1) ohne Berücksichtigung der Verwendung des Jahresergebnisses	A. Eigenkapital I. Gezeichnetes Kapital II. Kapitalrücklage III. Gewinnrücklagen IV. Gewinnvortrag/Verlustvortrag (Vorjahr) V. Jahresüberschuss/-fehlbetrag (laufendes Jahr)
(2) Unter Berücksichtigung der teilweisen Verwendung des Jahresergebnisses	A. Eigenkapital I. Gezeichnetes Kapital II. Kapitalrücklage III. Gewinnrücklagen IV. Bilanzgewinn/Bilanzverlust
(3) Unter Berücksichtigung der vollständigen Verwendung des Jahresergebnisses	A. Eigenkapital I. Gezeichnetes Kapital II. Kapitalrücklage III. Gewinnrücklagen (Bei zum Zeitpunkt der Bilanzaufstellung beschlossener Ausschüttung → Erhöhung der sonstigen Verbindlichkeiten)

Abb. 7 – 9: Eigenkapitalausweis in Abhängigkeit von der Gewinnverwendung

Unabhängig von der Ausweisform müssen Aktiengesellschaften nach § 158 Abs. 1 AktG eine Gewinnverwendungsrechnung in der Gewinn- und Verlustrechnung oder im Anhang wie folgt aufstellen.

1. Gewinnvortrag/Verlustvortrag aus dem Vorjahr
2. Entnahmen aus der Kapitalrücklage
3. Entnahmen aus Gewinnrücklagen
   a) aus der gesetzlichen Rücklage
   b) aus der Rücklage für Anteile an einem herrschenden oder mehrheitlich beteiligten Unternehmen
   c) aus satzungsmäßigen Rücklagen
   d) aus anderen Gewinnrücklagen
4. Einstellungen in Gewinnrücklagen
   a) in die gesetzliche Rücklage
   b) in die Rücklage für Anteile an einem herrschenden oder mehrheitlich beteiligten Unternehmen
   c) in satzungsmäßige Rücklagen
   d) in andere Gewinnrücklagen
5. Bilanzgewinn/Bilanzverlust

Abb. 7 – 10: Verlängerungsrechnung zur GuV gem. § 158 Abs. 1 AktG

Gleichwohl für die GmbH keine Verpflichtung besteht, die Gewinn- und Verlustrechnung analog § 158 Abs. 1 AktG zu erweitern, ist aus Gründen der Klarheit ein Ausweis in Anlehnung an den aktienrechtlichen Vorschriften zu empfehlen.

Beispiel

Das Eigenkapital der RP AG umfasst zum 01.01.t1 folgende Posten:

- gezeichnetes Kapital 400.000 EUR,
- Kapitalrücklage 60.000 EUR,
- gesetzliche Rücklage 100.000 EUR,
- satzungsmäßige Rücklagen 22.000 EUR,
- andere Gewinnrücklagen 190.000 EUR,
- Gewinnvortrag 48.000 EUR.

Im Geschäftsjahr t1 wird ein Jahresüberschuss von 200.000 EUR erzielt.

Wie erfolgt der Eigenkapitalausweis bei der Aufstellung des Jahresabschlusses zum 31.12.t1

1. vor Ergebnisverwendung?
2. nach teilweiser Ergebnisverwendung bei Rücklagendotierung durch den Vorstand gemäß einer Satzungsbefugnis in Höhe von 25% des Jahresüberschusses, einer Zuführung in die anderen Gewinnrücklagen von 48.750 EUR sowie einer Erhöhung der gesetzlichen Rücklage in Höhe von 5% des Jahresüberschusses?
3. nach vollständiger Ergebnisverwendung (Annahme: 40 EUR pro Aktie bei einem gezeichneten Kapital von 400.000 EUR = 10.000 Aktien)?

1. Lösung bei Aufstellung der Bilanz zum 31.12.t1 vor Ergebnisverwendung:

Passivseite der Bilanz in EUR zum 31.12.t1		
A.	Eigenkapital	
I.	gezeichnetes Kapital	400.000
II.	Kapitalrücklage	60.000
III.	Gewinnrücklagen	
1.	gesetzliche Rücklage	100.000
2.	satzungsmäßige Rücklagen	22.000
3.	andere Gewinnrücklagen	190.000
IV.	Gewinnvortrag	48.000
V.	Jahresüberschuss	200.000
		1.020.000

2. Lösung bei Aufstellung der Bilanz zum 31.12.t1 nach teilweiser Ergebnisverwendung:

Passivseite der Bilanz in EUR zum 31.12.t1		
A.	Eigenkapital	
I.	gezeichnetes Kapital	400.000
II.	Kapitalrücklage	60.000
III.	Gewinnrücklagen	
1.	gesetzliche Rücklage	110.000
2.	satzungsmäßige Rücklagen	72.000
3.	andere Gewinnrücklagen	238.750
IV.	Bilanzgewinn	139.250
		1.020.000

Erweiterung der Gewinn- und Verlustrechnung in EUR für den Zeitraum vom 01.01.t1 bis 31.12.t1 nach § 158 Abs. 1 AktG um die Gewinnverwendungsrechnung		
16.	**Jahresüberschuss**	**200.000**
1.	Gewinnvortrag aus dem Vorjahr	48.000
2.	Einstellungen in Gewinnrücklagen	
a)	in die gesetzliche Rücklage	10.000
b)	in satzungsmäßige Rücklagen	50.000
c)	in andere Gewinnrücklagen	48.750
3.	**Bilanzgewinn**	**139.250**

3. Lösung bei Aufstellung der Bilanz zum 31.12.t1 nach vollständiger Ergebnisverwendung:

Dividende pro Aktie: 139.250 (Bilanzgewinn) ÷ 10.000 (Anzahl Aktien) = 13,925 EUR pro Aktie
Ausschüttbare Dividende: Ausschüttbar sind 13,92 EUR pro Aktie = 10.000 × 13,92 = 139.200 EUR
Verbleibender Gewinnvortrag: 139.250 (Bilanzgewinn) – 139.200 (Dividende) = 50 EUR

Passivseite der Bilanz in EUR zum 31.12.t1		
A.	Eigenkapital	
I.	gezeichnetes Kapital	400.000
II.	Kapitalrücklage	60.000
III.	Gewinnrücklagen	
1.	gesetzliche Rücklage	110.000
2.	satzungsmäßige Rücklagen	72.000
3.	andere Gewinnrücklagen	238.750
IV.	Gewinnvortrag	50
		880.800
B.	Verbindlichkeiten	
1.	sonstige Verbindlichkeiten (Dividende)	139.200
		1.020.000

7.4.5 Nicht durch Eigenkapital gedeckter Fehlbetrag

Übersteigt der Jahresfehlbetrag zuzüglich eines möglichen Verlustvortrages das gesamte Eigenkapital einer Kapitalgesellschaft, ist der Differenzbetrag als »nicht durch Eigenkapital gedeckter Fehlbetrag« auf der Aktivseite als letzter Bilanzposten auszuweisen.

Diese **buchmäßige Überschuldung** ist nicht mit der Überschuldung im Sinne einer Insolvenz gleichzusetzen, weil für die Überschuldungsberechnung nach dem Insolvenzrecht nicht die handelsrechtlichen Bewertungsregeln maßgeblich sind. Für die Ermittlung der Überschuldung nach dem Insolvenzrecht werden Zeitwerte herangezogen, d.h., es werden stille Reserven aufgedeckt.[269]

7.5 Aufgaben und Lösungen

7.5.1 Aufgaben

Aufgabe 1: Rückstellungen (Drohverlust)

Im Laufe des laufenden Jahres wurde ein Vertrag über die Lieferung eines Hubschraubers im März des Folgejahres zu einem Preis von 250.000 EUR geschlossen. Durch die hohe Nachfrage nach Triebwerken am Weltmarkt steigt der Preis für das zugekaufte Triebwerk von kalkulierten 25.000 EUR auf 45.000 EUR. Der ursprünglich für den Auftrag kalkulierte Gewinn liegt bei 5.000 EUR. Welche Höhe hat die zu bildende Rückstellung?

Aufgabe 2: Rückstellungen (Gewährleistung)

Der Anteil der Kosten für Kulanzleistungen betrug in der Vergangenheit erfahrungsgemäß ca. 0,75% gemessen am Umsatz. Durch die Verlegung der Produktion wird mit einem Anstieg der Kulanzfälle gerechnet. Der Schätzwert liegt bei ca. 1% des Umsatzes. Wie hoch ist der Ansatz der Rückstellung in der Bilanz, wenn der Umsatz 800.000 EUR beträgt?

269 Vgl. Coenenberg/Haller/Mattner/Schultze, Rechnungswesen, S. 408.

7.5.2 Lösungen

Lösung zu Aufgabe 1

Die höheren Kosten für das Triebwerk übersteigen den kalkulierten Gewinn aus dem Auftrag und führen zu einem Verlust:

	Kostendifferenz Triebwerk	20.000 EUR
-	kalkulierter Gewinn	5.000 EUR
=	drohender Verlust	15.000 EUR

Die Rückstellung für den drohenden Verlust wird mit einem Betrag von 15.000 EUR bewertet.

Lösung zu Aufgabe 2

Bei »vernünftiger kaufmännischer Beurteilung« (vgl. § 253 Abs. 1 HGB) fließt der erwartete Anstieg der Kulanzfälle in die Bewertung der Rückstellung ein und es ergibt sich eine Rückstellung in Höhe von:

800.000 EUR x 1% = 8.000 EUR.

DIGITALE EXTRAS

Hinweis

Diese und weitere Aufgaben samt Lösungen finden Sie online bei den digitalen Extras.

7.6 Lernkontrolle

Geben Sie bitte an, ob die folgenden Aussagen richtig (R) oder falsch (F) sind. (Die Lösung finden Sie in Kapitel »Lösungen zu den Lernkontrollen«.)

Nr.	Aussage	Antwort
1	Verbindlichkeiten sind zum höheren Stichtagswert anzusetzen, sofern der Erfüllungsbetrag am Bilanzstichtag niedriger als der bisher erwartete Erfüllungsbetrag ist.	
2	Rückstellungen sind Verpflichtungen für zukünftige Ausgaben, die hinsichtlich der Fälligkeit und/oder der Höhe ungewiss sind.	
3	Ein in der Bilanz ausgewiesener Sammelposten für sonstige Rückstellungen ist im Anhang zu erläutern, sofern wesentlich.	
4	Die Bewertung einer Verbindlichkeit erfolgt grundsätzlich zum Erfüllungsbetrag.	
5	Um nach Handelsrecht eine Rückstellung ansetzen zu können, muss lediglich geprüft werden, ob eine Verpflichtung des Unternehmens gegenüber Dritten vorliegt und ob aus dieser Verpflichtung eine wirtschaftliche Belastung für das Unternehmen folgt.	
6	Die Begriffe Inanspruchnahme und Auflösung von Rückstellen sind stets synonym zu verwenden.	
7	Rückstellungen für im Folgejahr nachgeholte Abraumbeseitigung sind nicht passivierungsfähig, da sie nicht die Kriterien der abstrakten Passivierungsfähigkeit erfüllen.	
8	Die Begriffe Rücklagen und Rückstellungen werden in der Rechnungslegung in der Regel synonym verwendet.	
9	Die Abzinsung von Pensionsverpflichtungen darf pauschal mit dem durchschnittlichen Marktzinssatz, der sich bei einer angenommenen Laufzeit von 15 Jahren ergibt, vorgenommen werden.	
10	Rückstellungen für unterlassende Instandhaltungen sind passivierungspflichtig, wenn sie innerhalb der ersten drei bis vier Monate des neuen Geschäftsjahres nachgeholt werden.	
11	Zu den Komponenten des Eigenkapitals bei Kapitalgesellschaften gehören z. B. Gewinn-, Liquiditäts- und Kapitalrücklagen.	
12	Gezeichnetes Kapital ist das Kapital, auf das die Haftung der Gesellschafter gegenüber ihren Gläubigern beschränkt ist.	
13	Kapitalrücklagen umfassen Beiträge, die im Geschäftsjahr oder in einem früheren Geschäftsjahr aus dem Ergebnis gebildet worden sind.	
14	Wird die Bilanz nach teilweiser Gewinnverwendung aufgestellt, wird im Eigenkapital nach dem Bilanzgewinn lediglich der anteilige Jahresüberschuss ausgewiesen.	

8 Spezielle Sachverhalte der Rechnungslegung

Nach Durcharbeiten dieses Kapitels

- kennen Sie die Bedeutung von Bilanzierungshilfen.
- können Sie zwischen transitorischer und antizipativer Rechnungsabgrenzung unterscheiden.
- besitzen Sie bilanziell ein Verständnis für den Begriff Leasing und sind in der Lage, zwischen Operating-Leasing (Mietverhältnis) und Finanzierungsleasing zu differenzieren.
- verstehen Sie die Unterschiede zwischen Voll- und Teilamortisationsverträgen.
- wissen Sie, welche Kriterien für eine Zurechnung des Leasinggegenstands zum Leasinggeber oder zum Leasingnehmer entscheiden.
- kennen Sie die Grundzüge zur Bilanzierung derivativer Finanzinstrumente.
- verstehen Sie die bilanzielle Notwendigkeit von Bewertungseinheiten und die damit einhergehenden Rechtsfolgen.
- können Sie eine Aussage über den Verpflichtungscharakter des § 254 HGB treffen.
- besitzen Sie ein Verständnis für die Buchungstechnik nach der Einfrierungs- oder Durchbuchungsmethode und können diese anhand von Beispielen anwenden.
- verstehen Sie die Konzeption zur Abgrenzung latenter Steuern in der Handelsbilanz.
- ist Ihnen das Temporary-Konzept bekannt und Sie wissen, wie im Rahmen des Temporary-Konzepts latente Steuern zu bilden sind und welche Arten von Differenzen unterschieden werden.
- besitzen Sie ein Verständnis von Haftungsverhältnissen und außerbilanziellen Geschäften.

8.1 Bilanzierungshilfen und Rechnungsabgrenzungen

Bilanzierungshilfen sind Aktivposten, die aufgrund fehlender Einzelveräußerbarkeit nicht als Vermögensgegenstände im Sinne des Handelsrechts angesehen werden können. Zweck der Bilanzierungshilfen ist – entsprechend des Grundsatzes der sachlichen Abgrenzung – die Periodisierung der Ausgaben. Abgrenzungsposten stellen Bilanzierungshilfen dar.

Abgrenzungsposten entstehen immer dann, wenn Zahlungs- und Erfolgswirkung von Geschäftsvorfällen in unterschiedlichen Perioden anfallen. Entsprechend dem Prinzip der zeitlichen Abgrenzung sind alle Erfolgsvorgänge, die streng zeitraumbezogen sind (wie z. B. Mieten oder Zinsen), unabhängig von ihrem zeitlichen Anfall in der Periode ihrer Verursachung zu berücksichtigen. Je nachdem, ob der Zahlungsvorgang der Erfolgswirkung vor- oder nachgelagert ist, werden transitorische und antizipative Rechnungsabgrenzungen unterschieden, wie die folgende Abbildung verdeutlicht:

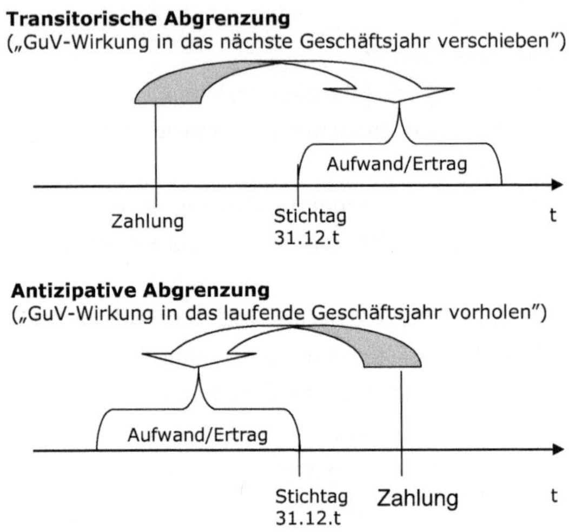

Abb. 8 – 1: Transitorische und antizipative Rechnungsabgrenzungen

Merkmal der **transitorischen Rechnungsabgrenzung** ist, dass der Zahlungsvorgang der Erfolgswirkung vorgelagert ist. Bei aktiven Rechnungsabgrenzungsposten handelt es sich um Auszahlungen, die einen Aufwand für eine bestimmte Zeit nach dem Bilanzstichtag darstellen (z. B. Miet- oder Zinsvorauszahlungen). Analog liegen passive Rechnungsabgrenzungsposten für Einzahlungen vor, deren Ertrag erst der nächsten Rechnungsperiode zuzuordnen ist. Rechnungsabgrenzungsposten werden nach § 266 Abs. 2 u. 3 HGB neben den bereits behandelten Anlage- und Umlaufvermögenspositionen bzw. Eigen- und Fremdkapitalpositionen als gesonderter Gliederungsposten auf der Aktiv- bzw. Passivseite aufgelistet. Das entspricht der Trennung der Aktiva und Passiva in Vermögensgegenstände bzw. Schulden und Rechnungsabgrenzungsposten gemäß § 246 Abs. 1 S. 1 HGB.

Demgegenüber liegen **antizipative Rechnungsabgrenzungsposten** vor, wenn Aufwendungen bzw. Erträge der Rechnungsperiode erst nach dem Bilanzstichtag zu Aus- bzw. Einzahlungen führen (z. B. nachschüssig zu zahlende Zinsen). Die antizipativen Rechnungsabgrenzungsposten werden anders als die transitorischen als »sonstige Verbindlichkeiten« (zukünftige Auszahlungen) bzw. »sonstige Forderungen« (zukünftige Einzahlungen) ausgewiesen. Nach § 268 Abs. 4 u. 5 HGB müssen Kapitalgesellschaften und haftungsbeschränkte Personengesellschaften innerhalb der Verbindlichkeiten und Forderungen ausgewiesene antizipative Abgrenzungsposten im Anhang angeben und erläutern, wenn es sich um wesentliche Beträge handelt.

	aktive Abgrenzung (Gewinnerhöhung in der abzurechnenden Periode)	passive Abgrenzung (Gewinnminderung in der abzurechnenden Periode)
transitorische (durchgeleitete) Posten: Zahlungsvorgang vor Abschlussstichtag	Auszahlung vor Abschlusszeitpunkt, Aufwand im neuen Geschäftsjahr Auszahlung vor Erfolgswirkung *z. B. im Voraus bezahlte Versicherungsprämie* »**Aktiver RAP**«	Einzahlung vor dem Abschlusszeitpunkt, Ertrag im neuen GJ Einzahlung vor Erfolgswirkung *z. B. im Voraus erhaltene Lizenzgebühren* »**Passiver RAP**«
antizipative (vorweggenommene) Posten: Zahlungsvorgang nach Abschlussstichtag	Einzahlung nach dem Abschlusszeitpunkt, Ertrag im laufenden GJ Einzahlung nach Erfolgswirkung *z. B. noch zu erhaltende Miete* »**Sonstige Forderungen**«	Auszahlung nach dem Abschlusszeitpunkt, Aufwand im laufenden GJ Auszahlung nach Erfolgswirkung *z. B. nachschüssig zu zahlende Zinsen* »**Sonstige Verbindlichkeiten**«

Abb. 8 – 2: Wirkungen transitorischer und antizipativer Rechnungsabgrenzungen

Die handelsrechtlich notwendigen Abgrenzungsposten stellen keine Vermögensgegenstände bzw. Schulden dar und sind daher nicht zu bewerten, weil der **Wertansatz** nach den abzugrenzenden Einzahlungen und Ausgaben erfolgt.

Als Rechnungsabgrenzungsposten »besonderer Art« gilt das **Disagio**. Für diesen Abgrenzungsposten besteht handelsrechtlich ein Ansatzwahlrecht.[270]

270 Vgl. das Kapitel 3.2.3 »Aktivierungswahlrechte«.

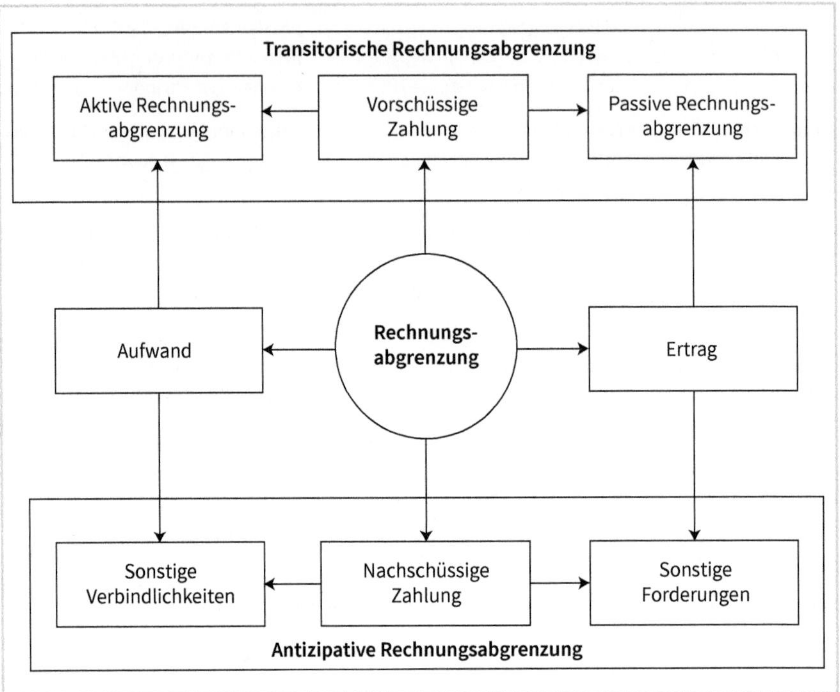

Abb. 8 – 3: Übersicht über das System der transitorischen und antizipativen Rechnungsabgrenzung

8.2 Leasing

Sachanlagen werden in der Praxis häufig auf der Basis von Leasingverträgen übertragen und genutzt. Der vieldeutig verwendete **Begriff »Leasing«** steht zum einen für die Ausgestaltung eines Leasingvertrages in Form eines klassischen Miet- oder Pachtvertrags, zum anderen sind auch Ausgestaltungen in Form von Ratenkaufverträgen anzutreffen. Charakteristisch für Leasing ist, dass der Leasinggeber dem Leasingnehmer die temporäre Nutzungsmöglichkeit an einem bestimmten Wirtschaftsgut gegen Entgelt einräumt.[271] Wesentliches Kennzeichen für Leasing ist eine Trennung von rechtlichem Eigentum und wirtschaftlicher Nutzung. Der Leasinggeber bleibt also rechtlich Eigentümer des Leasingobjektes. Der Leasingnehmer wird lediglich Besitzer des Leasingobjektes, wobei ihm jedoch vielfach ein Optionsrecht auf den Kauf des Objektes nach Ablauf der Grundmietzeit oder ein Recht auf Verlängerung des Leasingvertrages eingeräumt wird. Aus betriebswirtschaftlicher Sicht stellt Leasing generell ein spezifisches Leistungsbündel dar, »das unter anderem Aspekte wie Schonung des Eigenkapitals, Verbesserung der Liquidität, Erhaltung des Kreditspielraums, Erhaltung der

271 Vgl. IDW (Hrsg.), WP Handbuch, Abschnitt E, Rz. 1346.

unternehmerischen Unabhängigkeit, Wahrung der Bilanzrelationen und Zugrundelegung eines festen Kalkulationszinsfußes umfasst«.[272]

Die Bilanzierung von Leasinggeschäften wird von der **Zurechnung der Leasinggegenstände zum Leasinggeber oder zum Leasingnehmer** bestimmt. Für die Zurechnung des Leasinggegenstandes und deren Bilanzierungsfolgen sind aufgrund fehlender handelsrechtlicher Vorschriften die von Länderministern und dem Bundesminister herausgegebenen steuerrechtlichen Leasingerlasse sowie Richtersprüche heranzuziehen, da diese als zu den GoB gehörend angesehen werden. In Anlehnung an § 39 AO hat der **wirtschaftliche Eigentümer** den Leasinggegenstand zu aktivieren, weil er die damit verbundenen Chancen und Risiken trägt. In Abhängigkeit von dem zu tragenden Investitionsrisiko wird zwischen einem Mietverhältnis (Operating-Leasing), bei dem der Leasinggeber das Risiko trägt, und einem Finanzierungsgeschäft (Finanzierungsleasing), bei dem der Leasingnehmer das Risiko trägt, unterschieden.

Operating Leasing liegt bei einem jederzeit kündbaren Leasingvertrag vor, wenn der Leasinggeber auch die Pflege, Wartung und Reparatur des Leasinggegenstandes übernimmt. Operating-Leasing wird aus Sicht des Leasingnehmers zur Abdeckung von Risiken abgeschlossen (z.B. die vorschnelle wirtschaftliche Veralterung in der EDV-Branche). In diesem Fall bleibt der **Leasinggeber wirtschaftlicher Eigentümer** und hat den **Leasinggegenstand in seiner Bilanz anzusetzen** und abzuschreiben und die Leasingraten erfolgswirksam zu erfassen. Beim **Leasingnehmer** sind lediglich die Leasingraten erfolgswirksam zu buchen.

Finanzierungsleasing ist durch eine Unkündbarkeit des Vertragsverhältnisses während der Grundmietzeit sowie eine Deckung der Anschaffungskosten und aller Finanzierungs- und Nebenkosten durch die zu zahlenden Gebühren gekennzeichnet.[273] Je nachdem, ob die Summe der Zahlungen über die Vertragslaufzeit die Anschaffungs- oder Herstellungskosten einschließlich aller Nebenkosten bereits während der Grundmietzeit vollständig deckt oder nicht, ist zwischen Voll- und Teilamortisation zu unterscheiden.

Zur Klärung der Zurechnungsfrage von Leasingobjekten bei Finanzierungsleasing im Falle einer **Vollamortisation** wird in der ersten Stufe auf das Verhältnis von Grundmietzeit und betriebsgewöhnlicher Nutzungsdauer abgestellt; in einer zweiten Beurteilungsstufe sind die Konditionen zum Ende der Grundmietzeit relevant. Die folgende

272 Büschgen, Grundlagen des Leasing, in: Büschgen, (Hrsg.), Praxishandbuch Leasing, § 1, Rn 5.

273 Vgl. Mobilien-Leasing-Vollamortisationserlaß vom 19.04.1971 (BStBl I 1971, S. 264); Immobilien-Leasing-Vollamortisationserlaß vom 21.03.1972 (BStBl I 1972, S. 188); Mobilien-Leasing-Teilamortisationserlaß vom 22.12.1975; Immobilien-Leasing-Teilamortisationserlaß vom 23.12.1991 (BStBl I 1992, S. 13 ff.).

Abbildung macht Details dieses Entscheidungsprozesses für das Finanzierungsleasing unter der Prämisse der Vollamortisation deutlich:[274]

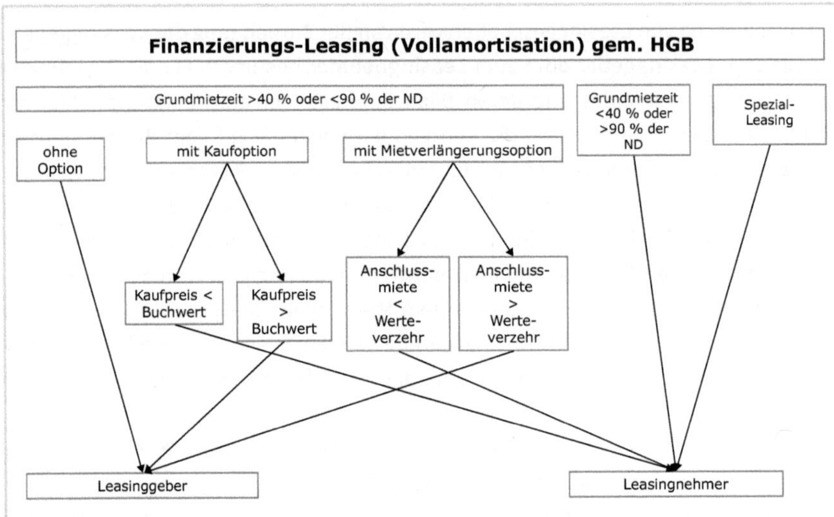

Abb. 8 – 4: Zuordnung von Leasinggeschäften bei Finanzierungsleasing (Vollamortisation)

Für die Zuordnungsfrage sind beim Finanzierungsleasing im Falle einer Vollamortisation weitgehend quantitative Kriterien entscheidend. So wird ein Leasinggegenstand immer dann dem Leasingnehmer als wirtschaftlichen Eigentümer zugerechnet, wenn der Leasinggegenstand aller Voraussicht nach über die (annähernd) gesamte Nutzungsdauer hinweg vom Leasingnehmer genutzt wird und somit der verbleibende Herausgabeanspruch des Leasinggebers wertlos bzw. unbedeutend ist. Das ist insbesondere bei Spezialleasingverträgen, Leasingverträgen mit einer Grundmietzeit von mehr als 90% der Nutzungsdauer und Leasingverträgen mit Kauf- bzw. Verlängerungsoptionen der Fall, wenn die Ausübung der Optionen durch den Leasingnehmer aufgrund der vereinbarten Konditionen zu erwarten ist. Eine Zuordnung zum Leasingnehmer ist auch dann vorzunehmen, wenn die Grundmietzeit weniger als 40% der betriebsgewöhnlichen Nutzungsdauer beträgt; in diesem Fall wird von einem verdeckten Ratenkaufvertrag ausgegangen.

Im Gegensatz zu Vollamortisationsverträgen decken die Leasingraten bei **Teilamortisationsverträgen** während der Grundmietzeit nicht die Anschaffungskosten einschließlich der Finanzierungs- und Nebenkosten ab. Allerdings kann es durch besondere Vertragsklauseln letztlich doch zu einer vollen Amortisation kommen, weil nach Ablauf der normalerweise 40% bis 90% der Nutzungsdauer umfassenden Grundmietzeit die Frage des Restwerts geklärt ist. Für die Bilanzierung von Teilamor-

274 Vgl. Coenenberg/Haller/Schultze, Jahresabschluss und Jahresabschlussanalyse, S. 204 ff.

tisationsverträgen ist die Verteilung der Chancen und Risiken aus der Verwertung des Leasinggegenstandes nach Ablauf der Mietzeit ausschlaggebend. Handelt es sich um einen Vertrag mit Andienungsrecht, einen Vertrag mit Mehr- oder Mindererlösbeteiligung oder einen durch den Leasingnehmer kündbaren Vertrag, wird die Aktivierung des Leasingobjektes gemäß dem Teilamortisationserlass von 1975 beim Leasinggeber gefordert. Aus dem Erlass lässt sich darüber hinaus schließen, dass bei einer Grundmietzeit von über 90 % bzw. von unter 40 % der betriebsgewöhnlichen Nutzungsdauer eine Aktivierung beim Leasingnehmer geboten erscheint.

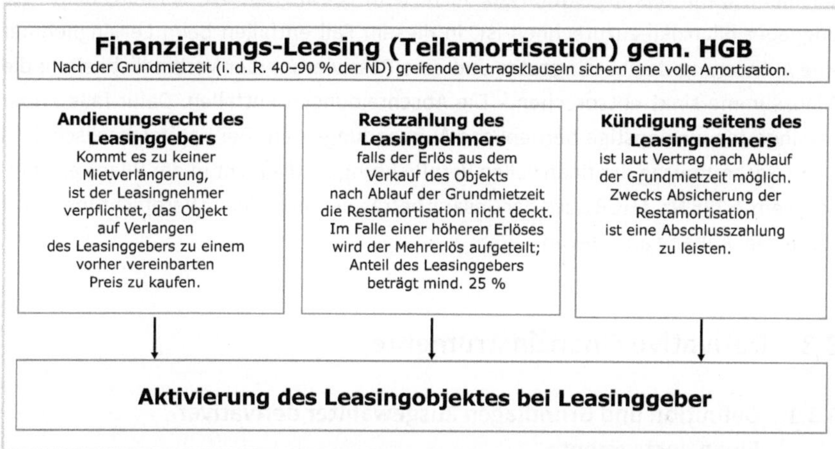

Abb. 8 – 5: Zuordnung von Leasinggeschäften bei Finanzierungsleasing (Teilamortisation)

Trägt der **Leasingnehmer** die wirtschaftlichen Chancen und Risiken des Leasinggegenstandes, muss er den Gegenstand **als wirtschaftlicher Eigentümer** zum Zeitwert oder zum niedrigeren Barwert der zukünftigen Mindestleasingraten **aktivieren** und eine Leasingverbindlichkeit in entsprechender Höhe passivieren. Die zu zahlenden Leasingraten sind in einen Zins- und einen Tilgungsanteil aufzuteilen, womit die Leasingverbindlichkeit beglichen wird. Der **Leasinggeber** bucht den Umsatz bei Wirksamwerden des Leasinggeschäfts in Höhe des Barwerts der Leasingraten unter Verwendung des internen Zinsfußes sowie Forderungen gegen den Leasingnehmer in dieser Höhe; gleichzeitig ist der Abgang des Objektes erfolgswirksam unter den Umsatzkosten zu buchen. Die Zahlung der eingehenden Leasingraten ist in einen erfolgswirksamen Finanz-/Zinsertrags- und einen erfolgsneutralen (Forderungs-)Tilgungsanteil zu spalten.

Eine Sonderform beim Leasing stellen **Sale-and-Lease-Back-Verträge** dar. In diesen Fällen überträgt der Leasingnehmer sein Eigentum an dem Leasinggegenstand an den Leasinggeber (Sale), wobei u. U. beträchtliche stille Reserven aufgedeckt werden, und verschafft sich im Gegenzug die Nutzungsrechte (Lease-Back) durch den Abschluss eines Leasingvertrages. Verkaufspreis und Leasingraten stehen dabei meistens im Zusammenhang, weil sie gemeinsam festgelegt werden. Die nachträgliche Finanzierung bereits im Betriebsvermögen des Investors befindlicher und von ihm wirtschaftlich genutzter Gegenstände durch Sale-and-lease-back-Verträge zielt vor allem auf eine Bilanzverkürzung sowie Liquiditäts- und Rentabilitätsverbesserung ab.

Leasing hat u. U. erhebliche **bilanzpolitische Bedeutung**, weil mit Leasingentscheidungen spürbare Auswirkungen auf den Bilanzinhalt und die Bilanzstruktur verursacht werden können. Das gilt (abweichend von den normalen Kauffällen) allerdings nur dann, wenn das Investitionsgut nicht dem Leasingnehmer, sondern dem Leasinggeber bilanziell zuzurechnen ist. In diesem Fall entfallen beim Leasingnehmer eine Aktivierung des Leasinggutes und eine Passivierung der Verbindlichkeiten; die Bilanzsumme sinkt entsprechend. Die Abschreibungen entfallen. Dafür fallen aber Leasingraten als sonstige betriebliche Aufwendungen an. Bei Kapitalgesellschaften ist im Gesamtbetrag der finanziellen Verpflichtungen, die nicht in der Bilanz erscheinen, gem. § 285 Nr. 3 HGB auch der Gesamtbetrag der finanziellen Verpflichtungen aus Leasing im Anhang anzugeben.

8.3 Derivative Finanzinstrumente

8.3.1 Definition und Grundlagen ausgewählter derivativer Finanzinstrumente

Speziell bei global operierenden Unternehmen spielt die Absicherung von Grundgeschäften eine immer wichtigere Rolle, um sich gegen Risiken aus Schwankungen der Warenpreise, Währungskurse, Zinssätze oder Aktienkurse zu schützen. Daher schließen Unternehmen zu einer vorhandenen oder antizipierten Position (Grundgeschäft) immer häufiger ein entgegengesetztes Geschäft (Sicherungsgeschäft) ab, sodass sich Gewinne und Verluste im Falle von Marktpreisänderungen – je nach Absicherung teilweise oder (annähernd) vollständig – ausgleichen.

Bei derivativen Finanzinstrumenten, auch **Derivate** genannt, handelt es sich um Instrumente, deren Wert von einem zugrunde liegenden Basiswert (Grundgeschäft, international: *Underlying*) beeinflusst wird. Derivative Finanzinstrumente zeichnen sich dadurch aus, dass sie nur einer geringen Basisinvestition bedürfen, um von den Marktwertänderungen des zugrunde liegenden Grundgeschäftes zu partizipieren. Außerdem ist ihre Laufzeit begrenzt. Als Derivate sind insbesondere Forward-Kontrakte, Futures, Optionen und Swaps zu nennen.[275]

---

275 Vgl. ausführlicher Scharpf/Luz, Finanzderivate, S. 279–509; Pollmann, Ablösung des General Hedge Accountings nach IAS 39 durch IFRS 9, S. 50 ff.

- **Forward**: Vereinbarung zwischen zwei Parteien, zu einem vereinbarten Termin eine bestimmte Menge eines Basisobjektes zu den zuvor festgelegten Bedingungen zu kaufen bzw. zu verkaufen, wobei Zahlung und Lieferung zu einem späteren Zeitpunkt erfolgen. Forwards werden im Over-the-Counter-Handel abgeschlossen. Beispiele für das Basisobjekt: Getreide, Aktien und Wolle.
- **Futures**: Standardisierte Terminkontrakte auf ein bestimmtes Objekt, die wie Forwards zu den unbedingten Termingeschäften gehören, jedoch an der Börse gehandelt werden. Der Handel erfolgt über eine Clearing-Stelle. Beim Kauf ist eine sog. Initial Margin zu zahlen; die Wertschwankungen des Futures werden als sog. Variation Margin erfasst. Bei Wertsteigerungen erfolgt eine Gutschrift, bei Wertminderungen sind ggf. Nachschüsse zu leisten.
- **Optionen**: Zweiseitiger Vertrag über das Recht, einen Vermögenswert, meistens eine Ware, unter bestimmten Bedingungen zu kaufen (Call) oder zu verkaufen (Put). Es handelt sich um bedingte Termingeschäfte, weil der Käufer mit der Option das Recht, aber nicht die Pflicht, zum Kauf oder Verkauf hat. Der Wert der Option setzt sich aus dem inneren Wert (Differenz zwischen dem aktuellen Kurs des Basiswerts und dem Basispreis) und dem Zeitwert (Differenz zwischen Marktwert und innerem Wert) zusammen.
- **Swaps**: Tausch von Zahlungsverpflichtungen, um relative Vorteile zu erzielen. Zu unterscheiden sind Zins- und Währungsswaps.
- **Zinsswaps**: Vereinbarung zum Tausch von Zinsverbindlichkeiten, wobei variable und feste Zinsverpflichtungen auf meist identische und währungskongruente Kapitalbeträge ausgetauscht werden.
- **Währungsswaps**: Tausch von Verbindlichkeiten in verschiedenen Währungen.

Hinsichtlich des abzusichernden Risikos kann der Einsatz von Finanzinstrumenten zum einen der Absicherung risikobehafteter Grundgeschäfte (**Sicherungszweck**) dienen (z. B. der Absicherung gegen Wechselkurs-, Preis- und Zinsrisiken). Zum anderen werden diese Instrumente auch aus **Handelsmotiven** eingesetzt (wie z. B. der gezielten Spekulation oder Abschöpfung von Arbitragegewinnen).[276]

Zur Nutzung des Sicherungszwecks von Finanzinstrumenten kann eine Risikokompensation grundsätzlich durch das Eingehen ökonomischer **Sicherungsbeziehungen** erzielt werden. Hierunter ist die ganzheitliche oder partielle Absicherung des Wertänderungs- oder Zahlungsstromänderungsrisikos eines oder mehrerer Grundgeschäfte (Risikopositionen, z. B. Wechselkurs-, Preis- und Zinsrisiken) durch das Eingehen eines oder mehrerer wertmäßig gegenläufiger Sicherungsinstrumente (i. d. R. Derivate) zu verstehen. Durch die Sicherungsbeziehungen können negative Wertentwicklungen

276 Vgl. Baetge/Kirsch/Thiele, Bilanzen, S. 343; Pollmann, Ablösung des General Hedge Accountings nach IAS 39 durch IFRS 9, S. 47 f.

auf der einen Seite durch positive Wertänderungen der anderen Seite ausgeglichen werden.

8.3.2 Bilanzierung derivativer Finanzinstrumente

Abgesehen von Sondervorschriften für Kreditinstitute existieren im Handelsrecht derzeit keine speziellen Vorschriften für die isolierte Bilanzierung von Finanzinstrumenten, sodass die allgemeinen **Grundsätze** der Rechnungslegung heranzuziehen sind. Dazu zählen

- das Vollständigkeitsprinzip (§§ 239 Abs. 2 u. 246 Abs. 1 HGB),
- das Anschaffungskostenprinzip (§ 255 Abs. 1 HGB),
- das Einzelbewertungsprinzip (§ 252 Abs. 1 Nr. 3 HGB),
- das Vorsichtsprinzip einschließlich des Realisationsprinzips (§ 252 Abs. 1 Nr. 4 HGB) und des Imparitätsprinzips (§ 252 Abs. 1 Nr. 4 HGB),
- außerplanmäßige Abschreibungen nach § 253 Abs. 5 u. 6 HGB sowie
- ggf. die Möglichkeit zur Bildung von Bewertungseinheiten (§ 254 HGB).

Werden **Derivate zu Handelszwecken** gehalten, ist eine Einzelbewertung vorzunehmen.

Werden die derivativen Finanzinstrumente aber als **Sicherungsgeschäfte** verwendet und mit dem Grundgeschäft zusammengefasst (**Bewertungseinheit**), sind u.a. das Einzelbewertungsprinzip, das Anschaffungskostenprinzip und das Vorsichtsprinzip nicht zu beachten (§ 254 HGB).

Es ist zu empfehlen, eine Bewertungseinheit nach **Maßgabe des betrieblichen Risikomanagements** vorzunehmen, da entsprechend dem Zweck des Gläubigerschutzes durch Selbstinformation eine Abweichung der Abbildung im Jahresabschluss von der internen Vorgehensweise abzulehnen ist, es sei denn, die handelsrechtlichen Grundsätze erzwingen ein anderes Vorgehen. Der IDW-HFA empfiehlt »die Bildung von Bewertungseinheiten in Übereinstimmung mit dem praktizierten Risikomanagement« (IDW RS HFA 35, Rz. 12). Eine bewusste Zusammenfassung von Grund- und Sicherungsgeschäft ist für die Anwendung des § 254 HGB notwendig. Ein Gleichlauf zum Risikomanagement ist zu befürworten, dennoch ist fraglich, ob bereits die Entscheidung zur Bildung einer Sicherungsbeziehung für Risikomanagementzwecke parallel für das Handelsrecht gilt oder ob diese losgelöst vom Risikomanagement (ggf. auch abweichend) für bilanzielle Zwecke getroffen werden darf.

Entsprechend dem Wortlaut des Gesetzes ist von einem Gebot zur Bildung von Bewertungseinheiten auszugehen, wenn die in § 254 HGB genannten Voraussetzungen erfüllt sind.[277] Allerdings ist die Zusammenfassung von Grund- und Sicherungsgeschäft zum Ausgleich gegenläufiger Wert- und Zahlungsstromänderungen eine (subjektive) Zuordnungsentscheidung des bilanzierenden Unternehmens.[278] Die damit verbundene bilanzpolitische Dimension ist der Bilanzierung von Bewertungseinheiten vorgelagert, sodass von einem **faktischen Ansatzwahlrecht** ausgegangen wird.[279] Dagegen geht der IDW-HFA von einem (uneingeschränkten) Wahlrecht aus. Dem steht jedoch entgegen, dass der Gesetzeswortlaut »sind« und nicht »dürfen« oder »können« verwendet.[280] Gegen ein (uneingeschränktes) Wahlrecht spricht zudem der Entstehungszusammenhang des § 254 HGB im Zuge des BilMoG, dessen Ziel es war, die Informationsfunktion des handelsrechtlichen Jahresabschlusses zu stärken, d. h., die Schaffung eines zusätzlichen Wahlrechts würde diesem Ziel widersprechen. Dementsprechend besteht dann eine **Pflicht zur Bildung einer handelsrechtlichen Bewertungseinheit, sofern** für Zwecke des internen Risikomanagements eine Absicherung vorgenommen und dokumentiert wird und zudem die Voraussetzungen ihrer Bildung erfüllt sind. Die handelsrechtliche Abbildung der Bewertungseinheit hat daher dem ökonomischen Risikomanagement zu folgen.[281] Insofern ist eine unterschiedliche Ausübung des Wahlrechts auch im Falle gleichartiger Sachverhalte zulässig.[282]

Bei **Forwards und Futures** liegen schwebende Geschäfte vor, die bis zu ihrer Glattstellung oder Lieferung bilanziell nicht erfasst werden. Lediglich bei eintretenden negativen Erfolgsbeiträgen ist eine Drohverlustrückstellung zu bilden. Die zu leistende Initial Margin ist als Forderung (gegen die Clearing-Stelle) anzusetzen und innerhalb der sonstigen Vermögensgegenstände auszuweisen. Bei Wertsteigerungen des Futures ist die erhaltene Variation Margin bei den liquiden Mitteln zu vereinnahmen und eine Gegenbuchung als Verbindlichkeit (gegenüber der Clearing-Stelle) zu erfassen. Im Falle von Wertminderungen des Futures ist die zu leistende Variation Margin als Geldabgang gegen sonstige Vermögensgegenstände zu buchen; Nachschüsse können erfolgswirksam gebucht werden. Wenn der Börsenkurs des Futures unter dem Kaufpreis liegt, ist eine Drohverlustrückstellung zu bilanzieren. **Optionen** sind selbstständig verwertbar, weil sie verkauft oder glattgestellt werden können. Sie sind deshalb zu aktivieren und bei Zugang in Höhe der Optionsprämie zu bewerten. Abschreibungen sind vorzunehmen, wenn der Optionswert unter die Anschaffungskosten fällt. Dagegen dürfen Wertsteigerungen über die Anschaffungskosten hinaus nicht berücksichtigt werden. Bei der Ausübung einer Option wird die Optionsprämie Teil der

277 Vgl. Glaser/Hachmeister, BB 2011, S. 556–557, m. w. N.
278 Vgl. Hoffmann/Lüdenbach, NWB Kommentar Bilanzierung, § 254 HGB, Rz. 39 (01.10.2022).
279 Vgl. Göllert, DB 2008, S. 1167.
280 Vgl. Scharpf, DB 2012, S. 358.
281 Vgl. Glaser/Hachmeister, BB 2011, S. 555 ff.; Patek, ekomm ab 01.01.2016, § 293 HGB Rz. 10 (10.05.2022); Scharpf, DB 2012, S. 357 f.
282 Vgl. Kümpel/Pollmann, Verpflichtungsgrad und Rechtsfolgen handelsrechtlicher Bewertungseinheiten nach BilMoG, DStR 2011, S. 1581; Pollmann, Handelsrechtliche Bilanzierung von Bewertungseinheiten – Grundlagen und Buchungstechnik der Darstellungsmöglichkeiten, BC 2018, S. 548.

Anschaffungskosten des erworbenen Grundgeschäftes. Wenn eine Verkaufsoption ausgeübt wird, verringern sich die Erlöse um die Optionsprämie.[283]

Bei derivativen **Finanzinstrumenten, die Sicherungszwecken dienen**, sollen Wertminderungen des Grundgeschäftes mit Wertsteigerungen des Sicherungsgeschäftes ausgeglichen werden. Bei einer strikten Anwendung des Einzelbewertungsgrundsatzes wären Grund- und Sicherungsgeschäft unter Beachtung des Imparitätsprinzips separat zu bewerten. Folglich wäre stets ein Verlustausweis zu berücksichtigen, weil entweder eine Abschreibung auf das Grundgeschäft vorzunehmen oder eine Rückstellung für drohende Verluste aus schwebenden Geschäften zu bilden ist.[284] Bei Realisierung des Grund- und Sicherungsgeschäftes würde der Erfolgsbeitrag vollständig ausgewiesen, weil die Verluste bereits antizipiert wurden. Eine asymmetrische Berücksichtigung nur der fiktiven Vermögensminderung (unrealisierte Verluste) ohne Betrachtung der fiktiven Vermögenssteigerungen (unrealisierte Gewinne) würde zu einem unbefriedigenden Ergebnis führen und wäre mit einer Beeinträchtigung der Aussagefähigkeit des Jahresabschlusses verbunden.

Deshalb wurde eine strenge Einhaltung des Einzelbewertungsgrundsatzes in Verbindung mit dem Imparitätsprinzip vor dem Hintergrund der Generalnorm der Grundsätze ordnungsmäßiger Buchführung und Bilanzierung abgelehnt und gemäß § 252 Abs. 2 HGB als zulässige Abweichung vom Einzelbewertbarkeitsgrundsatz gesehen, die eine Bildung von **Bewertungseinheiten** rechtfertigt. Mit § 254 HGB ist die Folge einer Bildung von Bewertungseinheiten geregelt. Demnach sind § 249 Abs. 1, § 252 Abs. 1 Nr. 3 u. 4, § 253 Abs. 1 S. 1 und § 256a HGB nicht anzuwenden, wenn Vermögensgegenstände, Schulden, schwebende Geschäfte oder mit hoher Wahrscheinlichkeit erwartete Transaktionen zum Ausgleich gegenläufiger Wertänderungen oder Zahlungsströme aus dem Eintritt vergleichbarer Risiken mit Finanzinstrumenten zusammengefasst werden, solange hinsichtlich Umfang und Zeitraum der Eintritt der abgesicherten Risiken ausgeschlossen ist. Während bei **schwebenden Geschäften** bereits ein Kauf-/Verkaufsvertrag abgeschlossen, aber noch nicht erfüllt wurde (z. B. Rohstoffkauf in Fremdwährung mit einem Terminverkaufsgeschäft), handelt es sich bei **erwarteten Transaktionen** (sog. antizipative Grundgeschäfte) um Geschäfte, die rechtlich noch nicht abgeschlossen, aber schon geplant sind (z. B. Absicherung eines geplanten Rohstoffkaufs durch ein Termingeschäft). Bei erwarteten Transaktionen muss eine hohe Wahrscheinlichkeit für den tatsächlichen Abschluss des Rechtsgeschäfts bestehen, er muss mithin »so gut wie sicher« sein. Davon ist auszugehen, wenn dem Abschluss »allenfalls noch außergewöhnliche Umstände entgegenstehen, die außerhalb des Einflussbereichs des Unternehmens liegen«[285].

283 Vgl. Baetge/Kirsch/Thiele, Bilanzen, S. 342 f.
284 Vgl. Baetge/Kirsch/Thiele, Bilanzen, S. 691 f.
285 Vgl. z. B. RegE BilMoG, S. 125; Petersen/Zwirner/Froschhammer, StuB 2009, S. 450.

Durch Bildung einer Bewertungseinheit verzichtet § 254 HGB unter Einschränkung des Einzelbewertungsgrundsatzes sowie des Realisations- und Imparitätsprinzips auf den Ausweis der in diesem Zeitpunkt nur theoretisch denkbaren Verluste. Hierbei werden die damit zusammenhängenden Bilanzierungsvorschriften (z. B. Niederstwertprinzip oder Bildung von Rückstellungen) partiell außer Kraft gesetzt. Die Nichtanwendung bewirkt, dass die aus dem abgesicherten Risiko resultierenden unrealisierten Verluste der zugrunde gelegten Grund- und Sicherungsgeschäfte bilanziell unberücksichtigt bleiben, soweit ihnen in gleicher Höhe unrealisierte Gewinne gegenüberstehen. Grundsätzlich ist im Sinne des § 254 Satz 1 HGB zwischen einem effektiven und ineffektiven Teil zu differenzieren, da sich Umfang und Zeitraum der Bewertungseinheit auf den Ausgleich der gegenläufigen Wertänderungen oder Zahlungsströme beziehen. Der **effektive Teil** entspricht dem Umfang der sich ausgleichenden Wert- oder Zahlungsstromänderungen im Rahmen des abgesicherten Risikos. Die hier anfallenden Aufwendungen und Erträge sind kompensatorisch zu erfassen. Der **ineffektive Teil** entspricht dem Wert der sich nicht ausgleichenden Wert- oder Zahlungsstromänderungen des abgesicherten Risikos. Im Vergleich zum effektiven Teil erfolgt die Erfassung imparitätisch. Der **nicht gesicherte Teil** ist grundsätzlich nach allgemeinen Grundsätzen, d. h. einzeln und imparitätisch zu bilanzieren, ggf. unter dem Ansatz einer Drohverlustrückstellung gemäß § 249 Abs. 1 HGB.

Beispiel: Effektivität und Ineffektivität

Das als Grundgeschäft bestimmte Wertpapier weist eine negative Wertänderung von 50 Mio. EUR auf, während das eingesetzte Sicherungsinstrument eine positive Wertveränderung von 60 Mio. EUR verzeichnet. Im Rahmen der Bewertungseinheit wird der effektive Teil in Bezug auf das abgesicherte Risiko in Höhe von 50 Mio. EUR berücksichtigt. Der ineffektive Teil in Höhe von 10 Mio. EUR unterliegt dem Realisations- und Imparitätsprinzip.

Wert- oder Zahlungsstromänderungen von Grund- oder Sicherungsgeschäft, die aus **nicht gesicherten Risiken** resultieren sind unsaldiert unter Beachtung der imparitätischen Einzelbewertung abzubilden.[286]

Es besteht aber weiterhin kein Zwang zur Bildung einer Bewertungseinheit, da Sachverhaltsgestaltung und Einschätzungsspielräume im Zusammenhang mit Anwendungsvoraussetzungen genutzt werden können. Bewertungseinheiten kommen in Betracht, wenn insbesondere folgende **Voraussetzungen** erfüllt sind:

- Der einheitliche **Nutzungs- und Funktionszusammenhang** ist für Grund- und Sicherungsgeschäfte objektiv gegeben. Dies schließt einen Nachweis der Wirksamkeit der Sicherungsbeziehung ein.

286 Vgl. Pollmann, Handelsrechtliche Bilanzierung von Bewertungseinheiten – Grundlagen und Buchungstechnik der Darstellungsmöglichkeiten, BC 2018, S. 547 ff.

- **Durchhalteabsicht** des Bilanzierenden über den Bilanzstichtag hinaus.
- Der **Wille des Bilanzierenden** kommt vor dem Stichtag durch eine vorgenommene Zuordnung nachprüfbar zum Ausdruck.[287]

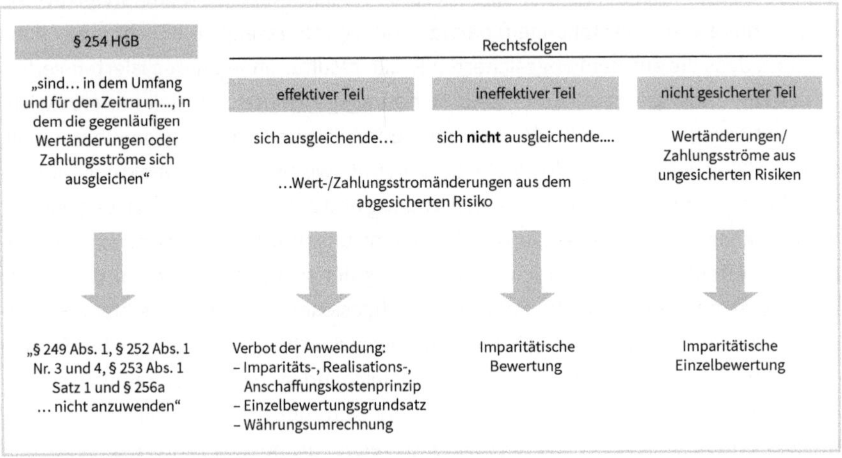

Abb. 8 – 6: Rechtsfolgen durch Anwendung des § 254 HGB[288]

Eine **Dokumentation** der Sicherungsbeziehung ergibt sich indirekt aus § 254 HGB i.V.m. der Buchführungspflicht gem. §§ 238 f. HGB.

Der geforderte einheitliche Nutzungs- und Funktionszusammenhang wird über die Wahrscheinlichkeit eines Ausgleichs von Risiken und Chancen definiert (**Nachweis der Wirksamkeit**) und ist anzunehmen, wenn bei Grund- und Sicherungsgeschäften das gleiche Risiko zugrunde liegt, die Geschäfte hoch negativ korrelieren, eine Betragsgleichheit gegeben ist und der Basiswert der Geschäfte identisch ist. Neben dieser qualitativen Beurteilung kann die Wirksamkeit über statistische Methoden (z.B. Regressionsanalysen), Sensitivitätsanalysen oder die sog. Dollar-Offset-Methode gemessen werden.[289]

Bewertungseinheiten werden gem. ihrem Umfang unterteilt in Micro-, Macro- und Portfolio-Hedges.

Merkmal von **Micro-Hedges** ist, dass jeweils ein Grundgeschäft durch ein Sicherungsgeschäft abgedeckt ist (wie z.B. bei der Absicherung von Währungsrisiken aus Fremdwährungsforderungen mit einem Devisentermingeschäft). Bei Micro-Hedges ist davon auszugehen, dass der Nutzungs- und Funktionszusammenhang gegeben

287 Vgl. Steiner/Tebroke/Wallmeier, Finanzderivate, S. 535.

288 Modifiziert entnommen aus Kümpel/Pollmann, Verpflichtungsgrad und Rechtsfolgen handelsrechtlicher Bewertungseinheiten nach BilMoG, DStR 2011, S. 1581.

289 Vgl. z.B. Kopatschek/Struffert/Wolfgarten, KoR 2010, S. 273.

und eine sog. kompensatorische Bewertung anwendbar ist.[290] In der Literatur wird – mit Hinweis auf § 252 Abs. 2 HGB – von einem faktischen Wahlrecht zur Bildung von Bewertungseinheiten ausgegangen, was auch nach § 254 HGB so bestehen bleibt.[291] Dementsprechend gleichen sich bspw. Verluste des Grundgeschäftes mit Wertsteigerungen des Sicherungsgeschäftes aus. Erfolgt keine 100 %ige Absicherung, kann auch nur der Teil als Bewertungseinheit betrachtet werden, der abgesichert wurde. Der nicht abgesicherte Betrag ist als offene Position zu behandeln und bei einer Wertminderung abzuschreiben.

Bei **Macro-Hedges** wird das Nettorisiko aller Unternehmensposten auf Gesamtunternehmensebene mit einem oder mehreren Sicherungsinstrumenten abgesichert. Bei Macro-Hedges ist eine genaue Zuordnung eines Sicherungsgeschäfts zu einem Grundgeschäft nicht möglich.

Demgegenüber wird das Nettorisiko eines Portfolios beim **Portfolio-Hedge** von einzelnen Posten abgesichert, womit eine Risikoreduktion des geführten Portfolios erreicht werden soll. Bei Macro- und Portfolio-Hedges ist beim Vorliegen bestimmter Voraussetzungen auch eine Bilanzierung als Bewertungseinheit möglich. Zu den Voraussetzungen gehören beispielsweise ein implementiertes Risikomanagement sowie zusätzliche Dokumentationsanforderungen.[292]

Die **bilanzielle Erfassung** von Grundgeschäft und Sicherungsinstrument ist im Gesetz nicht explizit geregelt. Der Gesetzgeber stellt es den Unternehmen frei, eine Bewertungseinheit entweder nach der Einfrierungs- oder nach der Durchbuchungsmethode zu bilanzieren.

Merkmal der **Einfrierungsmethode** (auch globale Festbilanzierung genannt) ist es, die Wertänderungen von Grund- und Sicherungsgeschäft in Bilanz und Gewinn- und Verlustrechnung so weit unberücksichtigt zu lassen, wie sie sich wertgleich gegenüberstehen. Ein ineffektiver Teil der Sicherungsbeziehung ist nach den einschlägigen Vorschriften zu behandeln. Kann somit von einem Ausgleich zwischen positiven und negativen Erfolgsbeiträgen innerhalb der Einheit ausgegangen werden, sind Grund- und Sicherungsgeschäft entsprechend der globalen Festbilanzierung mit den Zugangswerten zu bilanzieren. In den Folgejahren sind nicht gesicherte negative Überhänge zu ermitteln und in Form eines Rückstellungs- oder Abschreibungsbedarfs

---

290 Vgl. ADS, § 253, Rz. 105.

291 Vgl. Kessler, in: Bertram/Kessler/Müller (Hrsg.), Haufe HGB-Kommentar, § 254, Rz. 7.

292 Vgl. Kessler, in: Bertram/Kessler/Müller (Hrsg.), Haufe HGB-Kommentar, § 254, Rz. 8 f. Zur Differenzierung von Micro-, Macro- und Portfolio-Hedges sowie zu Grundsätzen und Techniken des ökonomischen Hedgings siehe ausführlich Pollmann, Ablösung des General Hedge Accountings nach IAS 39 durch IFRS 9, S. 29 ff.

zu berücksichtigen; Zuschreibungen sind bis zur Höhe der Anschaffungskosten vorzunehmen.

> **Hinweis**
>
> Die Anwendung der Einfrierungsmethode wird mit wenigen Ausnahmen empfohlen (insbesondere Bewertung des Grundgeschäfts zum Zeitwert, wie im Falle wertpapiergebundener Altersversorgungsverpflichtungen). Die Durchbuchungsmethode darf nicht bei antizipativen Absicherungen gegen Zahlungsstromrisiken verwendet werden, da gegen § 246 Abs. 1 Satz 1 HGB verstoßen wird (IDW RS HFA 35, Tz. 76 f.).
>
> Beide Methoden unterscheiden sich in der Darstellung des effektiven Teils der Sicherungsbeziehung in der Bilanz und in der Gewinn- und Verlustrechnung. Die Ergebnisauswirkungen sind identisch; gleiches gilt für sowie die bilanziellen Effekte der ineffektiven und nicht gesicherten Teile.

Die **Durchbuchungsmethode** (auch eingeschränkte globale Marktbewertung genannt) findet im IFRS-Regelwerk auf Fair-Value-Hedges und auf die Absicherung des beizulegenden Zeitwerts gegen das Zinsänderungsrisiko eines Portfolioanteils, der aus finanziellen Vermögenswerten oder finanziellen Verbindlichkeiten besteht, Anwendung. Die »deutsche Durchbuchungsmethode« berücksichtigt die Wertänderungen von Grund- und Sicherungsgeschäft nur in dem Maß erfolgswirksam, wie die Sicherungsbeziehung effektiv ist. Für den ineffektiven Teil der Sicherungsbeziehung sind im handelsrechtlichen Jahresabschluss die einschlägigen Vorschriften zu beachten: Realisations- und Imparitätsprinzip. Bei der Durchbuchungsmethode wird für den effektiven Teil insbesondere § 253 Abs. 1 Satz 1 HGB nicht angewandt und es erfolgt eine Bruttodarstellung von Grund- und Sicherungsgeschäft. Insofern werden die effektiven Wertänderungen durch entsprechende Buchwertanpassungen berücksichtigt. Soweit die Sicherungsbeziehung zu 100% effektiv ist, lassen sich keine Auswirkungen auf das Ergebnis ausmachen, da sich die Wertänderungen von Grund- und Sicherungsgeschäft gegenseitig kompensieren. Die Höhe des handelsrechtlichen Jahresüberschusses ist damit unabhängig von der gewählten Methode.

Die Durchbuchungsmethode führt bei **bilanzunwirksamen festen Verpflichtungen** zu Schwierigkeiten: Hier zwingt die Durchbuchungsmethode den Bilanzierenden, die kumulierte Änderung des beizulegenden Zeitwerts der festen Verpflichtung, die auf das abgesicherte Risiko zurückzuführen ist, als Vermögensgegenstand oder Verbindlichkeit in der Bilanz anzusetzen. Die kumulierten Wertänderungen des Sicherungsinstruments stehen den Wertänderungen des Grundgeschäfts gegenüber. Auf (mit hoher Wahrscheinlichkeit) erwartete Transaktionen ist die Durchbuchungsmethode nicht anwendbar. Würden Bewertungseinheiten, die das Risiko aus einem antizipativen Grundgeschäft absichern, durchgebucht, müssten die Fair-Value-Änderungen des Grundgeschäfts in der Bilanz angesetzt werden, obwohl weder ein Vermögensgegenstand noch eine Schuld vorliegt. Daher ist in diesem Fall die Einfriermethode vorzuziehen.[293]

Das folgende Beispiel zeigt die unterschiedlichen Vorgehensweisen der Einfrierungs- und Durchbuchungsmethode.[294]

Beispiel

Die U GmbH hat für eine bilanzierte Festzinsanleihe in Höhe von 250 TEUR (Grundgeschäft) ein Zinsswap als Sicherungsgeschäft abgeschlossen, um sich gegen Marktwertschwankungen in Folge von Zinsänderungen vollständig abzusichern. Zum Abschlusszeitpunkt des Sicherungsgeschäftes lautet der Wertansatz für das Sicherungsgeschäft annahmegemäß auf Null. Die Konditionen von Grund- und Sicherungsgeschäft stimmen im Beispielfall überein. Zum Geschäftsjahresende werden zwei Szenarien unterstellt:

- Zum einen sinkt der Wert des Grundgeschäftes stärker als das Sicherungsgeschäft (Fall a),
- zum anderen steigt der Wert des Grundgeschäftes überproportional zum Sicherungsgeschäft (Fall b).

Der Wert für Grund- und Sicherungsgeschäft lauten zum Geschäftsjahresende wie folgt:

Angaben in TEUR (Ausnahme: Effektivität)		Grundgeschäft in TEUR	Zinsswap in TEUR
a)	beizulegender Wert am Stichtag	230	18
	Wertänderung wg. Zinsänderung	-20	18
	Effektivität	-1,111	
b)	beizulegender Wert am Stichtag	259	-8
	Wertänderung wg. Zinsänderung	9	-8
	Effektivität	-1,125	

Abb. 8 – 7: Wert für Grund- und Sicherungsgeschäft sowie Effektivität (U GmbH)

Eine hohe Effektivität ist in beiden Fällen gegeben, sodass – unter der Annahme, dass auch alle anderen Voraussetzungen erfüllt sind – die Sicherungsbeziehung als Bilanzierungseinheit abzubilden ist. Wertänderungen von Grund- und Siche-

293 Vgl. Kessler, in: Bertram/Kessler/Müller (Hrsg.), Haufe HGB-Kommentar, § 254, Rz. 58 ff.
294 Entnommen aus: Wulf, DStZ 2012, S. 541–542.

rungsgeschäft gleichen sich in Höhe von 18 TEUR aus. Dieser effektive Teil der Sicherungsbeziehung bleibt nach der **Einfrierungsmethode** unberücksichtigt. Nur der abgesicherte, aber ineffektive Teil der Sicherungsbeziehung wirkt sich auf den Jahresabschluss aus, der imparitätisch zu erfassen ist. Dieser beträgt in Fall a) 2 TEUR und stellt einen unrealisierten Verlust dar, der als Abschreibung der bilanzierten Festzinsanleihe zu buchen ist. In der Folge mindert sich der Wertansatz der Anleihe auf 248 TEUR. In Fall b) liegt in Höhe von 1 TEUR ein unrealisierter Gewinn vor, der nicht im Jahresabschluss erfasst werden darf, sodass keine Wertänderung gebucht werden darf.

Bilanz in TEUR		**Fall a)**	**Fall b)**
Wertpapier (Anleihe)	250	248	250
GuV in TEUR			
Gewinn/Verlust		-2	

Abb. 8 – 8: Lösung der Sicherungsbeziehung (U GmbH) nach der Einfrierungsmethode

Anzumerken ist, dass eine Abschreibung nur vorzunehmen ist, wenn es sich um Umlaufvermögen handelt. Für Finanzanlagen gilt ein Abwertungswahlrecht. Im Beispielfall soll es sich bei der Festzinsanleihe um Anlagevermögen handeln, wobei vom Abwertungswahlrecht Gebrauch gemacht wurde.[295]

Bei Anwendung der **Durchbuchungsmethode** erfolgt eine Bruttodarstellung, sodass Grund- und Sicherungsgeschäft bilanziell zu erfassen sind. In Fall a) ist der positive Zeitwert mit dem effektiven Teil in Höhe von 18 TEUR als sonstiger Vermögensgegenstand zu erfassen. Korrespondierend ist die Wertminderung des Grundgeschäfts um 20 TEUR auf 230 TEUR vollständig durchzubuchen. Im Ergebnis bleibt nach Gegenüberstellung von Abschreibungsaufwand (-20 TEUR) und Ertrag aus Einbuchung des Sicherungsgeschäfts (+18 TEUR) in Höhe des ineffektiven Teils ein Verlust in Höhe von -zwei TEUR. Da bei der Bilanzierung von Bewertungseinheiten das Anschaffungskostenprinzip nicht zu beachten ist, erfolgt in Fall b) eine Werterhöhung des Grundgeschäfts um acht TEUR und in selbiger Höhe die Buchung einer Rückstellung als Verlust aus dem Sicherungsgeschäft. Der abgesicherte, nicht effektive Teil in Höhe von ein TEUR darf – wie bei der Einfrierungsmethode – nicht gebucht werden.

295 Vgl. Scharpf, in Küting/Pfitzer/Weber, HdR, § 254 Rn. 328 (Feb. 2012).

Bilanz in TEUR		Fall a)	Fall b)
Wertpapier (Anleihe)	250	230	258
sonstige Vermögensgegenstände (Zinsswap)	0	18	
Rückstellung			8
GuV in TEUR			
Gewinn/Verlust		-2	

Abb. 8 – 9: Lösung der Sicherungsbeziehung (U-GmbH) nach der Durchbuchungsmethode

Ein Nachteil der Durchbuchungsmethode ist – neben dem höheren Aufwand – der nicht nachvollziehbare Wertansatz, weil die Wertansatzhöhe weder den Anschaffungskosten noch den tatsächlichen Marktwerten entspricht.

Für Unternehmen, die Bewertungseinheiten bilden, entstehen nicht nur Bilanzierungskonsequenzen, sie sind auch zu **umfangreichen Angaben im Anhang und im Lagebericht** verpflichtet. Über die Bildung von **Bewertungseinheiten** ist unter § 285 Nr. 23 HGB auch im **Anhang** zu berichten. Konkret ist anzugeben, welche Arten von Bewertungseinheiten zur Absicherung welcher Risiken gebildet wurden und inwieweit der Eintritt der Risiken ausgeschlossen ist. Allerdings kann die Berichterstattung auch in den Lagebericht verschoben werden.

Beispiel: Anhangangabe

Im Geschäftsjahr wurde ein Derivat (Zinsswap) zur Absicherung eines variabel verzinslichen Darlehens verwendet. Dem Zinsswap liegt ein Grundgeschäft mit vergleichbarem, gegenläufigem Risiko zu Grunde (Micro-Hedge). Das gesicherte Kreditvolumen beträgt zum Bilanzstichtag zehn Mio. EUR. Die Regelungen zur Bildung einer Bewertungseinheit zur kompensatorischen Bewertung der Sicherungsbeziehung nach § 254 HGB werden angewandt. Aufgrund der Betragsidentität und der Kongruenz der Laufzeiten, Zinssätze, Zinsanpassungs- bzw. Zins- und Tilgungstermine gleichen sich die gegenläufigen Zahlungsströme während der Laufzeit von Grund- und Sicherungsgeschäft aus (Perfect-Hedge). Die Höhe der abgesicherten Risiken beträgt zum Bilanzstichtag 2,5 Mio. EUR (negativer Marktwert des Zinsswaps).

8.4 Latente Steuern

Eine unterschiedliche Bilanzierung in Handelsbilanz und Steuerbilanz kann dazu führen, dass der steuerliche Gewinn geringer oder größer ist als das Jahresergebnis vor Steuern vom Einkommen und vom Ertrag in der Handelsbilanz. Der tatsächlich zu entrichtende Steueraufwand (effektiver Steueraufwand), der sich aus der Steuerbilanz ableitet, kann sich daher von dem »fiktiven Steueraufwand«, der sich theoretisch bei Besteuerung des handelsbilanziellen Gewinns ergeben würde, unterscheiden. Die **Abgrenzung latenter Steuern** beruht auf dem Gedanken, dass sich der »richtige« Steueraufwand ergibt, wenn dem handelsbilanziellen Ergebnis eine korrespondierende Ertragsteueranpassung zugeordnet wird.

Anders als in Deutschland hat das Konzept der Steuerabgrenzung in der angelsächsischen Bilanzierungspraxis eine lange Tradition. Ursache hierfür ist der Umstand, dass die angelsächsischen Staaten keinen Grundsatz der Maßgeblichkeit kennen. In Deutschland wurden gesetzliche Regelungen zur Erfassung **latenter Steuern** mit den §§ 274, 306 HGB erstmals durch das BiRiLiG vom 19.12.1985 eingeführt, die durch die Maßgeblichkeit und deren Umkehrung jedoch wenig Wirkung zeigte.[296] Außerdem ergibt sich nach einer Saldierung der aktiven und der passiven latenten Steuern regelmäßig ein Überhang der aktiven latenten Steuern, deren Aktivierung als Wahlrecht ausgestaltet ist und somit unterbleiben kann, was üblicherweise praktiziert wird.

Durch die zunehmende Durchbrechung der Maßgeblichkeit[297] kam es in den vergangenen Jahren zu einer Bedeutungszunahme latenter Steuern. Das BilMoG steigerte die Bedeutung der Bilanzierung latenter Steuern nochmals. Durch den Wechsel vom Timing- zum Temporary-Konzept sind seither nicht nur temporäre, sondern auch quasipermanente Differenzen in die Bilanzierung latenter Steuern zu berücksichtigen, was mit einem Anstieg der Anwendungsfälle einhergeht. Außerdem erhöht die Aufhebung der umgekehrten Maßgeblichkeit die Bildung von Steuerlatenzen.[298]

8.4.1 Konzept der Abbildung von Steuerlatenzen

Ziel des **Temporary-Konzepts** ist es, **die Vermögenslage** des bilanzierenden Unternehmens zutreffend(er) darzustellen. Anders als das Timing-Konzept orientiert sich das Temporary-Konzept nicht an der Gewinn- und Verlustrechnung, sondern an der Bilanz, konkret an dem Ansatz und der Bewertung der Vermögensgegenstände und der Schulden. Ausgangspunkt der Steuerabgrenzung sind Abweichungen zwischen

296 Vgl. Coenenberg/Haller/Schultze, Jahresabschluss und Jahresabschlussanalyse, S. 508 ff.
297 Vgl. das Kapitel 1.1 »Funktionen der Rechnungslegung«.
298 Vgl. auch im Folgenden Bertram, in: Bertram/Kessler/Müller (Hsrg.), Haufe-HGB-Kommentar, § 274, Rz. 17.

Wertansätzen der Handels- und der Steuerbilanz. Durch die Steuerabgrenzung werden zum einen zukünftige Steuermehrzahlungen (der tatsächliche Steueraufwand wird in der Periode der Umkehrung größer sein als bei Zugrundelegung des handelsrechtlichen Ergebnisses) und zum anderen zukünftige Steuerminderzahlungen (der tatsächliche Steueraufwand wird in der Periode der Umkehrung kleiner sein als bei Zugrundelegung des handelsrechtlichen Ergebnisses) erfasst. Die zukünftigen Steuermehrzahlungen haben **Schuldcharakter**. Sie stellen eine Verbindlichkeit gegenüber dem Fiskus dar. Die zukünftigen Steuerminderzahlungen haben den Charakter **einer ungewissen Forderung** gegenüber dem Fiskus.

Trotz der Orientierung an der Bilanz wirkt sich das Temporary-Konzept auch auf die Gewinn- und Verlustrechnung aus. Der tatsächliche Steueraufwand wird so modifiziert, dass sich der resultierende **fiktive handelsrechtliche Steueraufwand** am handelsrechtlichen Ergebnis orientiert. Im Ergebnis umfasst das Temporary-Konzept alle Anwendungsfälle des Timing-Konzepts.

Die **methodische Umsetzung** des Temporary-Konzepts erfolgt mit Hilfe der **Verbindlichkeitenmethode** (Liability-Method).[299]

Da Steuerabgrenzungen aufgrund von zukünftigen Steuerminder- oder Steuermehrzahlungen vorgenommen werden, erfolgt die Bewertung unter Verwendung der **Steuersätze** der Periode, in der sich die bilanzielle Abweichung zwischen Handels- und Steuerbilanz aufhebt.[300]

Durch den Bezug auf die **Wertansätze** von Bilanzpositionen in § 274 Abs. 1 HGB führt **jeder Ansatz- oder Bewertungsunterschied zwischen** der Handels- und der Steuerbilanz zur Entstehung latenter Steuern. Daher führen nicht nur erfolgswirksam entstandene Abweichungen zur Bildung latenter Steuern, sondern **auch erfolgsneutral entstandene Abweichungen.** Dies hat im Einzelabschluss grundsätzlich keine Bedeutung, da eine erfolgsneutrale Erfassung handelsrechtlich nur bei ergebnisneutralen Anschaffungsvorgängen mit Steuerrelevanz in Betracht kommt, wie z. B. bei der Investitionszulage (ergebniswirksame Erfassung in der Steuerbilanz und Bildung eines Sonderpostens in der Handelsbilanz). Im Konzernabschluss kommen erfolgsneutral verrechnete Differenzen aus der Währungsumrechnung und der Konsolidierung in Betracht.

Im Rahmen des Temporary-Konzepts sind latente Steuern zu bilden, wenn es zu temporären Abweichungen in der Bilanzierung von Vermögensgegenständen/Schulden/

---

299 Vgl. Coenenberg/Haller/Schultze, Jahresabschluss und Jahresabschlussanalyse, S. 513.

300 Vgl. Herzig, Steuerlatenz im Einzel- und im Konzernabschluss, in: Erfolgsabgrenzungen in Handels- und Steuerbilanz, 2001, S. 118.

RAP in Handels- und Steuerbilanz kommt (**Ansatz- und/oder Bewertungsdifferenzen**). Abweichungen sind dann temporär, wenn sie aus unterschiedlichen Wertansätzen resultieren, **die sich zukünftig** steuerbelastend oder steuerentlastend erfolgswirksam **aufheben**.

Das Temporary-Konzept unterscheidet zwischen zwei **Arten von Differenzen**:

- **zeitlich unbegrenzte, permanente Unterschiede**, sog. Permanent Differences (bspw. verursacht durch nicht abzugsfähige Betriebsausgaben, durch steuerfreie Erträge oder durch besondere steuerliche Hinzurechnungen/Kürzungen),
- **temporäre Differenzen**, die sich weiter unterteilen in:
  - zeitlich quasi unbegrenzte, quasi-permanente Unterschiede, sog. quasi Permanent Differences (bspw. bei Grundstücken und Beteiligungen und sowie bei außerplanmäßigen Abschreibungen in nur einem Rechenwerk) und
  - zeitlich begrenzte Unterschiede, sog. Timing Differences (bspw. verursacht durch unterschiedliche Abschreibungsmethoden, Vornahme steuerlicher Sonderabschreibungen, Abweichungen bei Rückstellungsbeträgen, Ansatz von selbst geschaffenen immateriellen Vermögensgegenständen des Anlagevermögens).

Beispiel

Eine GmbH hat im laufenden Geschäftsjahr einen abnutzbaren selbst erstellten immateriellen Vermögensgegenstand aktiviert. Der Buchwert beträgt zum 31.12. t1 120.000 EUR, der relevante Ertragsteuersatz 30 %. In der Steuerbilanz ist der Vermögensgegenstand nicht aktivierungsfähig. Da es sich um eine **temporäre Differenz** handelt, sind latente Steuern abzugrenzen (hier: passive latente Steuern in Höhe von 36.000 EUR).

Die GmbH hält außerdem im Finanzanlagevermögen eine Beteiligung an einer GmbH (Anschaffungskosten: 100.000 EUR). Aufgrund einer voraussichtlich nicht dauernden Wertminderung wird in der Handelsbilanz eine außerplanmäßige Abschreibung in Höhe von 50.000 EUR vorgenommen. In der Steuerbilanz ist diese Abschreibung nicht zulässig. Es handelt sich zwar um eine quasi-permanente Differenz, die aber gem. § 8 b Abs. 3 S. 3 KStG nicht steuerwirksam ist. Daher liegt eine **permanente Differenz** vor, für die keine Steuerabgrenzung erfolgt.

Da es im Hinblick auf die Aufhebung der Differenz unerheblich ist, wann die Aufhebung erfolgt, kommen auch Aufhebungen in Frage, die nicht automatisch erfolgen, sondern das Handeln des Bilanzierenden erfordern (**quasi-permanente Differenzen**). Entscheidend ist nur, ob sich die Unterschiede zukünftig wieder ausgleichen **können**. Damit schließt die Bildung von latenten Steuern im Temporary-Konzept **auch die qua-**

si-permanenten Differenzen mit ein, für die im Timing-Konzept keine Abgrenzungen vorzunehmen sind.

Beispiel

Ein Betriebsgrundstück, auf dem sich das Verwaltungsgebäude befindet, wird in der Handelsbilanz mit 100.000 EUR und in der Steuerbilanz mit 80.000 EUR ausgewiesen (relevanter Ertragsteuersatz: 30 %). Diese Differenz wird sich in Zukunft nicht automatisch umkehren. Die Differenz wird nur ausgeglichen, wenn das Unternehmen das Grundstück in Zukunft veräußert oder liquidiert. Dennoch ist eine Steuerabgrenzung vorzunehmen, da es sich um eine **quasi-permanente Differenz** handelt, die sich zukünftig steuerbelastend auswirken kann (passive latente Steuern in 6.000 EUR).

Den **Umfang der latenten Steuern** gemäß dem Temporary-Konzept stellt zusammenfassend die folgende Abbildung dar.

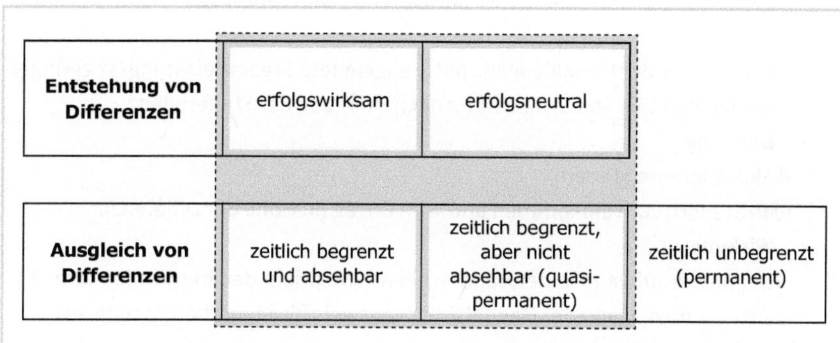

Abb. 8 – 10: Umfang der latenten Steuern gem. Temporary-Konzept/Verbindlichkeitenmethode[301]

Als latente Steuern lassen sich **passive und aktive latente Steuern** unterscheiden, die sich wie folgt ergeben können:

	Bilanzansatz	
	HB < StB	**HB > StB**
Vermögensgegenstände und RAP	**aktive** latente Steuern	**passive** latente Steuern
Schulden und RAP	**passive** latente Steuern	**aktive** latente Steuern

301 In Anlehnung an Küting/Seel, Latente Steuern, in: Das neue deutsche Bilanzrecht, 2008, S. 493.

8.4.2 Ansatz und Ausweis

Wenn der Handelsbilanzausweis niedriger ist als der Steuerbilanzausweis, ist der aus der Steuerbilanz abgeleitete Steueraufwand in Bezug auf die Darstellung in der Handelsbilanz zu hoch. Es ist eine Anpassung über die Einbuchung eines (fiktiven) latenten Steuerertrags mit Gegenbuchung eines Postens »**Aktive latente Steuern**« erforderlich. Da es sich bei diesem Aktivposten nicht um einen Vermögensgegenstand, sondern um einen Sonderposten eigener Art handelt, besteht ein Aktivierungswahlrecht (§ 274 Abs. 1 HGB); der Ausweis erfolgt gesondert als Position »D. Aktive latente Steuern« auf der Aktivseite der Bilanz. In Höhe des Postens besteht eine Ausschüttungssperre (§ 268 Abs. 8 HGB).

Aktive latente Steuern

- **Bildung**
  Der Handelsbilanzausweis ist niedriger als der Steuerbilanzausweis aufgrund zeitlich begrenzter oder quasi-permanenter Differenzen.
- **Folge**
  Die sich aus der Handelsbilanz fiktiv abgeleitete Steuerbelastung ist geringer als die effektive Steuerbelastung nach Maßgabe der Steuerbilanz.
- **Buchung**
  Aktive latente Steuern
  an Steuern vom Einkommen und vom Ertrag (in Höhe der Differenz).
- **Wirkung**
  Der Steueraufwand in der Handelsbilanz entspricht den fiktiven Steuern, die sich ergäben, wenn der Handelsbilanzausweis für Steuerbemessung ausschlaggebend wäre.

Aktive und passive latente Steuern **können unsaldiert ausgewiesen** werden (Bruttoausweis, § 274 Abs. 1 S. 3 HGB). Der Gesetzgeber hat die Gesamtdifferenzenbetrachtung alternativ zum Bruttoausweis zugelassen. Demnach können aktive und passive Steuerlatenzen saldiert werden (Nettoausweis). Im Falle eines saldierten Ausweises ist nur der Überhang auszuweisen, wobei für einen Aktivüberhang das Aktivierungswahlrecht greift; ein Passivüberhang ist ansatzpflichtig. Das Ansatzwahlrecht für aktive latente Steuern bezieht sich nach herrschender Meinung – unabhängig vom Netto- oder Bruttoausweis – nur auf den Aktivüberhangbetrag.[302]

Passive latente Steuern sind zu bilden, wenn der Handelsbilanzausweis höher ist als der Steuerbilanzausweis, weil z. B. Aufwendungen später bzw. Erträge früher in der Handelsbilanz berücksichtigt werden, als es in der Steuerbilanz geboten ist. In die-

302 Vgl. Bertram, in: Bertram/Kessler/Müller (Hrsg.): Haufe-HGB-Kommentar, § 274, Rz. 35 m. w. N.

sem Fall ist der tatsächlich gebuchte Steueraufwand im Verhältnis zur handelsrechtlichen Darstellung zu niedrig, sodass ein passiver latenter Steueraufwand gebucht und eine Abgrenzung für passive latente Steuern in entsprechender Höhe gebildet werden muss. Für passive latente Steuern besteht ein Ansatzgebot (§ 274 Abs. 1 HGB); sie ist in einem gesonderten Posten im Gliederungsschema der Bilanz auszuweisen. In der GuV ist ein gesonderter Ausweis als Unterposten der Steuern vom Einkommen und Ertrag gefordert.

Passive latente Steuern

- **Bildung**
  Der Handelsbilanzausweis ist höher als der Steuerbilanzausweis aufgrund zeitlich begrenzter oder quasi-permanenter Differenzen.
- **Folge**
  Die sich aus der Handelsbilanz fiktiv abgeleitete Steuerbelastung ist höher als die effektive Steuerbelastung nach Maßgabe der Steuerbilanz.
- **Buchung**
  Steuern vom Einkommen und vom Ertrag
  an passive latente Steuern (in Höhe der Differenz).
- **Wirkung**
  Der Steueraufwand in der Handelsbilanz entspricht den fiktiven Steuern, die sich ergäben, wenn der Handelsbilanzausweis für Steuerbemessung ausschlaggebend wäre.

Die Bildung aktiver latenter Steuern aus **Verlustvorträgen** ist nach dem HGB explizit auf die Höhe der innerhalb der nächsten fünf Jahre zu erwartenden Verlustverrechnungen begrenzt (§ 274 Abs. 1 S. 3 HGB).

8.4.3 Bewertung

Für die Bewertung latenter Steuern müssen die **unternehmensindividuellen Steuersätze** zum Zeitpunkt der Umkehrung der Differenz verwendet werden. Bei der Steuersatzermittlung werden (bei Kapitalgesellschaften) die Körperschaftsteuer und die Gewerbesteuer berücksichtigt. Eine Diskontierung latenter Steuern wird abgelehnt.

Die Unterschiede zwischen Handels- und Steuerabschluss führen auch zur Einführung einer getrennten »**steuerlichen Buchführung**«. Konkret ist für die Ausübung steuerlicher Wahlrechte nunmehr Voraussetzung, dass die Wirtschaftsgüter, die nicht mit den handelsrechtlich maßgeblichen Werten in die steuerliche Gewinnermittlung aufgenommen werden, in besondere, laufend zu führende Verzeichnisse aufgenommen werden. In den Verzeichnissen sind der Tag der Anschaffung oder Herstellung, die Anschaffungs- oder Herstellungskosten, die Vorschriften des ausgeübten steuerlichen Wahlrechts und die vorgenommenen Abschreibungen nachzuweisen (§ 5 Abs. 1 EStG).

8.4.4 Angaben

Über die latenten Steuern haben große Kapitalgesellschaften im **Anhang** nach § 285 Nr. 29 HGB zu berichten, wobei der Umfang unterschiedlich gehandhabt wird. Die Interpretation reicht von einem IAS 12 vergleichbaren Bericht mit Überleitungsrechnungen vom theoretischen zum effektiven Steuersatz bzw. der Ertragsteuerzahlungen bis hin zu einer rein verbalen knappen Beschreibung. Gegen die ausführliche Beschreibung spricht, dass dann das Ansatzwahlrecht für aktive latente Steuern ins Leere laufen würde und auch der Gesetzgeber die noch im Referentenentwurf geforderte Überleitungsrechnung bei der Verabschiedung wieder gestrichen hat.[303] Während nach § 285 Nr. 29 HGB im Anhang anzugeben sind, »auf welchen Differenzen oder steuerlichen Verlustvorträgen die latenten Steuern beruhen und mit welchen Steuersätzen die Bewertung erfolgt ist«, werden die **Angaben zu latenten Steuern** mit § 285 Nr. 30 HGB klarstellend ausgeweitet. Notwendig sind demnach quantitative Angaben zu den latenten Steuersalden und ihren Bewegungen im Geschäftsjahr, was insbesondere den Auf- oder Abbau einschließt.[304] Eine Beschränkung der Angabepflicht auf latente Steuerschulden im bilanzrechtlichen Sinne ist nicht sachlogisch begründbar. Die Angaben greifen immer dann, wenn gem. Konzeption des § 274 HGB passive latente Steuern entstehen. Auch die Angabe der Nr. 29 ist unabhängig von der Inanspruchnahme des Saldierungswahlrechts zu machen. Überdies impliziert der Plural »Steuersalden« die **Berücksichtigung aller aktiven und passiven latenten Steuern** und deren Veränderungen. Im Falle eines unsaldierten Ausweises können die Salden und deren Veränderungen aus der Bilanz abgeleitet werden, sind aber dennoch zu machen. Die geforderten quantitativen Angaben **erhöhen daher insbesondere bei saldiertem Ausweis den Informationswert.**[305]

Kleine Kapitalgesellschaften sind von den Erläuterungspflichten des § 285 Nr. 29 und 30 HGB wie bisher befreit, was auch dann gilt, wenn sie freiwillig das Konzept der latenten Steuern nach § 274 HGB anwenden. Mittelgroße Kapitalgesellschaften sind weiterhin von den Erläuterungspflichten des § 285 Nr. 29 HGB befreit, müssen aber § 285 Nr. 30 HGB anwenden.

303 Vgl. Wulf, in: Baetge/Kirsch/Thiele, Bilanzkommentar, § 285 HGB, Rz. 415 ff.
304 Für ein Beispiel zur Ausgestaltung vgl. Kirsch, BBK 2015, S. 327.
305 Vgl. Rimmelspacher/Meyer DB 2015, 27; Wulf, DStZ 2015, S. 833.

8.5 Haftungsverhältnisse, außerbilanzielle Geschäfte

Bei **Haftungsverhältnissen** handelt es sich um mögliche Verpflichtungen aus Verträgen, deren finanzielle Inanspruchnahme im Gegensatz zu finanziellen Verpflichtungen (§ 285 S. 1 Nr. 3a HGB) ungewiss ist. Demnach handelt es sich um mögliche, eher unwahrscheinliche Risiken. Bestehende Haftungsverhältnisse (Eventualverbindlichkeiten) sind nicht ansatzpflichtig, weil es sich um Risiken handelt, mit deren Eintritt nicht gerechnet wird, und diese nur möglicherweise eine Belastung für das Unternehmen darstellen.

Unter der Bilanz sind gem. § 251 HGB die folgenden Haftungsverhältnisse zu vermerken:

- Verbindlichkeiten aus der Begebung und Übertragung von Wechseln (Wechselobligo),
- Verbindlichkeiten aus Bürgschaften, Wechsel- und Scheckbürgschaften,
- Verbindlichkeiten aus Gewährleistungsverträgen,
- Haftungsverhältnisse aus der Bestellung von Sicherheiten für fremde Verbindlichkeiten.

Nach § 268 Abs. 7 HGB haben Kapitalgesellschaften und ihnen gleichgestellte Personenhandelsgesellschaften nach § 264a HGB die Angaben zu nicht auf der Passivseite auszuweisenden Verbindlichkeiten und Haftungsverhältnissen im Anhang zu machen, wobei die Haftungsverhältnisse jeweils gesondert unter Angabe der gewährten Pfandrechte und sonstigen Sicherheiten anzugeben und dabei Verpflichtungen betreffend die Altersversorgung und Verpflichtungen gegenüber verbundenen oder assoziierten Unternehmen jeweils gesondert zu vermerken sind. Haftungsverhältnisse sind auch dann anzugeben, wenn ihnen gleichwertige Rückgriffsforderungen gegenüberstehen. Ihre Angabe soll auf mögliche Risiken für die Vermögens-, Finanz- und Ertragslage hinweisen, auch wenn der Eintritt der Risiken eher unwahrscheinlich ist.

Gem. § 251 S. 1 HS 1 HGB sind Haftungsverhältnisse **unter der Bilanz zu vermerken**, sofern sie nicht auf der Passivseite ausgewiesen sind.[306] Allerdings fordert § 268 Abs. 7 HGB für Kapitalgesellschaften und ihnen gleichgestellte Personenhandelsgesellschaften nach § 264a HGB explizit eine Anhangangabe.

Zusätzlich zur Angabe der Haftungsverhältnisse gemäß § 251 HGB in § 285 Nr. 3 HGB ist die **Angabe der für die Beurteilung der Finanzlage notwendigen außerbilanziellen Geschäfte** sowie in § 285 Nr. 3a HGB die Angabe der **sonstigen finanziellen Verpflichtungen** geboten. Diese gestuften Angabepflichten werden von den Unternehmen in den Jahresabschlüssen sehr häufig vermengt dargestellt, sodass ein Abschlussadres-

306 Vgl. Baetge/Kirsch/Thiele, Bilanzen, S. 578 f.

sat die Unterschiede selbst herausarbeiten muss, soweit dafür die nötigen Informationen überhaupt vorliegen. Zudem gibt es größenabhängige Befreiungen; gemäß § 288 Abs. 1 HGB sind kleine Gesellschaften von den Anhangangaben zu außerbilanziellen Geschäften und zu sonstigen finanziellen Verpflichtungen entbunden.

Außerbilanzielle Geschäfte nach § 285 Nr. 3 HGB, die für die Beurteilung der Finanzlage notwendig sind, stellen Transaktionen oder Vereinbarungen dar, die von vornherein nicht in der Bilanz erscheinen. Hierfür sind insbesondere Leasing-, Miet- und Factoringverträge als Beispiele zu nennen. Anzugeben sind die Art und der Zweck sowie die Risiken, Vorteile und finanziellen Auswirkungen dieser Geschäfte, soweit die Risiken und Vorteile wesentlich sind und die Offenlegung für die Beurteilung der Finanzlage des Unternehmens erforderlich ist. Im Gegensatz dazu sind sonstige finanzielle Verpflichtungen (§ 285 Nr. 3a HGB) enger gefasst als Risiken aus außerbilanziellen Geschäften. Bei einer finanziellen Verpflichtung muss im Regelfall ein Ressourcenabfluss folgen, während das Risiko bei außerbilanziellen Geschäften auch unwahrscheinliche Ressourcenabflüsse zu berücksichtigen hat. Da der Gesetzgeber zudem Doppelangaben unterbinden möchte, kann § 285 Nr. 3a HGB als reiner Auffangtatbestand – etwa für zwangsläufige Folgeinvestitionen bereits begonnener Baumaßnahmen – verstanden werden.

8.6 Aufgaben und Lösungen

8.6.1 Aufgaben

Aufgabe 1: Leasing

Ein Auto soll über drei Jahre geleast werden. Die jährlichen Leasingraten werden mit 6.000 EUR vereinbart. Nach den drei Jahren bleibt ein Restwert von 12.015 EUR, zu dem im Leasingvertrag folgender Passus formuliert wurde:

»Andienungsrecht, Rückgabe des Fahrzeuges, Ausgleichzahlung: Werden die Parteien sich nicht über eine Verlängerung des Leasingvertrages einig, so ist der Leasingnehmer auf Verlangen des Leasinggebers verpflichtet, das Fahrzeug am Ende der Leasingzeit zu dem kalkulierten Restwert unter Ausschluss jeglicher Gewährleistungsansprüche zu kaufen (Andienungsrecht des Leasinggebers).«

Der Nettovertragswert beläuft sich auf 25.000 EUR, was auch dem Wert des Fahrzeuges entspricht. Aus diesen Angaben kann ein interner Zinsfuß von 8 % errechnet werden.

Es ergibt sich folgende Entwicklung der abgezinsten Leasingraten:

1 Periode	2 AB Forderung (in EUR)	3 Einzahlung (in EUR)	4 Finanzertrag in der GuV (in EUR)	5 EB Forderung (2 – 3+4) (in EUR)
t1	25.000	6.000	2.000	21.000
t2	21.000	6.000	1.680	16.680
t3	16.680	6.000	1.335	12.015
Summe		18.000	5.015	

Es wird angenommen, dass nach HGB die Voraussetzungen zum Ausweis des Leasinggeschäftes als Finanzleasing nicht erfüllt seien und die Abschreibung linear über fünf Jahre erfolgen soll.

Bilden Sie das Leasinggeschäft in der Bilanz und der GuV des Leasinggebers und des Leasingnehmers für das Jahr t1 ab. Zeigen Sie die Auswirkungen auf die Bilanz- und GuV-Positionen.

Aufgabe 2: Latente Steuern

Eine Kapitalgesellschaft hatte im Jahr t3 Aufwendungen für selbst geschaffene immaterielle Vermögensgegenstände in Höhe von 40.000 EUR aktiviert.

In der Handelsbilanz wird das Aktivierungswahlrecht nach § 248 Abs. 2 HGB genutzt. Die Nutzungsdauer wird auf vier Jahre geschätzt. Damit werden die entsprechenden Aufwendungen erst in den folgenden Jahren (t4-t7) durch Abschreibung der in t3 aktivierten Beträge erfolgswirksam. Das Unternehmen beabsichtigt gleichmäßige Abschreibungen in den folgenden vier Jahren.

In der Steuerbilanz müssen die entsprechenden Aufwendungen bereits in t3 in voller Höhe gewinnmindernd berücksichtigt werden. Der Ertragsteuersatz beträgt 40 %.

Berechnen Sie das Ergebnis nach Steuern. Nehmen Sie sowohl die steuerliche Gewinnermittlung als auch die handelsrechtliche Ergebnisrechnung für die Jahre t3–t7 vor. Es wird angenommen, dass das Jahresergebnis vor Steuern und etwaigen diesbezüglichen Abschreibungen 90.000 EUR beträgt.

8.6.2 Lösungen

Lösung zu Aufgabe 1

Leasinggeber:			
	Position in TEUR	**S HGB**	**H**
Bilanz	Fuhrpark	25	5
	Forderung		
	liquide Mittel	6	
	übriges Vermögen		
	Eigenkapital		
	übriges Kapital		
GuV	Umsatz		6
	Herstellungskosten		
	Abschreibungen	5	
	Finanzertrag		
	übrige Erträge und Aufwendungen		
	Jahresergebnis		

Leasingnehmer:			
	Position in TEUR	**S HGB**	**H**
Bilanz	Fuhrpark		
	liquide Mittel		6
	übriges Vermögen		
	Eigenkapital		
	Verbindlichkeiten		
	übriges Kapital		
GuV	Abschreibungen	6	
	Finanzaufwand		
	übrige Erträge und Aufwendungen		
	Jahresergebnis		

Lösung zu Aufgabe 2

	Jahr t3 in EUR	steuerliche Gewinnermittlung	handelsrechtliche Ergebnisrechnung
		90.000	90.000
	Minderung der Entwicklungskosten	0	+40.000
=	Ergebnis vor Steuern	= 90.000	= 130.000
-	zu zahlende Ertragsteuern	-36.000	-36.000
-	passive latente Steuern		-16.000
=	Ergebnis nach Steuern	= 54.000	= 78.000

- zu zahlende Ertragsteuern: 90.000 EUR x 0,40 = 36.000 EUR
- passive latente Steuern:
  Ergebnis vor Steuern x Steuersatz – Ertragsteuern =
  130.000 EUR x 0,40 – 36.000 EUR = 16.000 EUR

	Jahre t4–t7 in EUR	steuerliche Gewinnermittlung	handelsrechtliche Ergebnisrechnung
		90.000	90.000
	Abschreibung des selbst geschaffenen immateriellen Vermögensgegenstands	0	-10.000
=	Ergebnis vor Steuern	= 90.000	= 80.000
-	zu zahlende Ertragsteuern	-36.000	-36.000
+	Minderung der passiven latenten Steuern		+4.000
=	Ergebnis nach Steuern	54.000	48.000

- Abschreibung des Vermögensgegenstands
  = 40.000 EUR : 4 = 10.000 EUR
- Auflösung der passiven latenten Steuern
  = 16.000 EUR : 4 = 4.000 EUR

Hinweis

Diese und weitere Aufgaben samt Lösungen finden Sie online bei den digitalen Extras.

DIGITALE EXTRAS

8.7 Lernkontrolle

Geben Sie bitte an, ob die folgenden Aussagen richtig (R) oder falsch (F) sind. (Die Lösung finden Sie in Kapitel »Lösungen zu den Lernkontrollen«.)

Nr.	Aussage	Antwort
1	Abgrenzungsposten entstehen, wenn Zahlungs- und Erfolgswirkung von Geschäftsvorfällen unterschiedliche Perioden betreffen.	
2	Antizipative Rechnungsabgrenzungsposten sind handelsrechtlich nicht zu berücksichtigen, da entsprechende Aus- bzw. Einzahlungen erst nach dem Bilanzstichtag erfolgen.	
3	Merkmal der transitorischen Rechnungsabgrenzung ist es, dass der Zahlungsvorgang der Erfolgswirkung vorgelagert ist.	
4	Bei Teilamortisationsverträgen decken die Leasingraten während der Grundmietzeit nicht die Anschaffungskosten einschließlich der Finanzierungs- und Nebenkosten ab.	
5	Beim Operating-Leasing bleibt in aller Regel der Leasingnehmer wirtschaftlicher Eigentümer und hat den Leasinggegenstand in seiner Bilanz anzusetzen und abzuschreiben.	
6	Handelt es sich beim Finanzierungsleasing im Falle eines Teilamortisationsvertrags um einen Vertrag mit Andienungsrecht, einen Vertrag mit Mehr- oder Mindererlösbeteiligung oder einen durch den Leasingnehmer kündbaren Vertrag, wird die Aktivierung des Leasingobjektes regelmäßig beim Leasinggeber gesehen.	
7	Beim Finanzierungsleasing im Zuge einer Vollamortisation wird ein Leasinggegenstand immer dann dem Leasingnehmer als wirtschaftlichem Eigentümer zugerechnet, wenn der Leasinggegenstand aller Voraussicht nach über die (annähernd) gesamte Nutzungsdauer hinweg vom Leasingnehmer genutzt wird und somit der verbleibende Herausgabeanspruch des Leasinggebers wertlos bzw. unbedeutend ist.	
8	Werden derivative Finanzinstrumente als Sicherungsgeschäfte eingesetzt und mit einem Grundgeschäft zu einer Bewertungseinheit zusammengefasst, ist das Going-Concern-Prinzip außer Acht zu lassen.	
9	Der effektive Teil einer Bewertungseinheit entspricht dem Umfang der sich ausgleichenden Wert- oder Zahlungsstromänderungen im Rahmen des abgesicherten Risikos. Die hier anfallenden Aufwendungen und Erträge sind kompensatorisch zu erfassen.	
10	Bei Micro-Hedges wird das Nettorisiko aller Unternehmensposten auf Gesamtunternehmensebene mit einem oder mehreren Sicherungsinstrumenten abgesichert.	

Nr.	Aussage	Antwort
11	Einfrierungs- und Durchbuchungsmethode unterscheiden sich sowohl hinsichtlich der Ergebnisauswirkungen als auch hinsichtlich der bilanziellen Effekte von Ineffektivitäten. Zudem findet ein abweichender Umgang mit nicht gesicherten Teilen statt.	
12	Die Einfrierungsmethode ist dadurch gekennzeichnet, dass die effektiven Wertänderungen von Grund- und Sicherungsgeschäft in Bilanz und Gewinn- und Verlustrechnung unberücksichtigt bleiben.	
13	Sonstige finanzielle Verpflichtungen sind nicht im Anhang von großen Kapitalgesellschaften anzugeben.	
14	Kapitalgesellschaften müssen Haftungsverhältnisse in Form einer Anhangangabe angeben.	

9 Bestandteile der Rechnungslegung

Nach Durcharbeiten dieses Kapitels

- können Sie die Bestandteile eines HGB-Abschlusses benennen und erläutern.
- kennen Sie die Zusammensetzung des Jahresergebnisses und können das Betriebs- und Finanzergebnis voneinander abgrenzen.
- können Sie Erfolgskomponenten hinsichtlich ihres ordentlichen und außergewöhnlichen Charakters beurteilen.
- wissen Sie, welche Unternehmen einen Anhang erstellen müssen.
- erschließt sich Ihnen die Aussagekraft und Bedeutung der Segmentberichterstattung.
- kennen Sie den Zweck der Kapitalflussrechnung und deren groben Aufbau.
- verstehen Sie die Bedeutung des Lageberichts und kennen dessen Bestandteile.
- wissen Sie, dass im Lagebericht auch über Nachhaltigkeit und über immaterielle Ressourcen zu berichten ist.

9.1 Bilanz

In der Bilanz werden die im **Inventar** verzeichneten Vermögensgegenstände im Aktiva und Schulden im Passiva zusammengefasst gegenübergestellt und das Eigenkapital im Passiva ergänzt. Nach § 247 Abs. 1 HGB wird hinsichtlich der Gliederung gefordert, dass in der Bilanz das Anlage- und das Umlaufvermögen, das Eigenkapital, die Schulden sowie die Rechnungsabgrenzungsposten gesondert auszuweisen und hinreichend aufzugliedern sind. Des Weiteren sind der Grundsatz der Vollständigkeit und der Grundsatz der Klarheit und Übersichtlichkeit zu beachten.

Eine **Aufgliederung der Vermögens- und Kapitalpositionen** ist in § 266 HGB als Gliederungsschema für die Bilanz lediglich für Kapitalgesellschaften unmittelbar wiedergegeben; diese Gliederung gilt jedoch allgemein als Grundsatz ordnungsmäßiger Bilanzierung. Gemäß § 265 HGB können Zusammenfassungen und Erweiterungen vorgenommen werden. Zudem gibt es für die Aufstellung bzw. Offenlegung Erleichterungswahlrechte für Kleinst-, kleine und mittelgroße Kapitalgesellschaften (§ 266 Abs. 1 bzw. §§ 326 u. 327 HGB).

Der Zweck einer gesetzlich geregelten Bilanzgliederung ist ganz allgemein in der Erleichterung der Bilanzierung für den Bilanzersteller und der Sicherung eines Mindestmaßes an Informationen für die Interessenten der Rechnungslegung zu sehen.

Das gem. § 266 HGB gültige **Schema der Bilanzgliederung** findet sich auf der folgenden Seite.

Aktivseite

A. Anlagevermögen

I. Immaterielle Vermögensgegenstände
1. Selbst geschaffene gewerbliche Schutzrechte und ähnliche Rechte und Werte
2. entgeltlich erworbene Konzessionen, gewerbliche Schutzrechte und ähnliche Rechte und Werte sowie Lizenzen an solchen Rechten und Werten
3. Geschäfts- oder Firmenwert
4. geleistete Anzahlungen

II. Sachanlagen
1. Grundstücke, grundstücksgleiche Rechte und Bauten einschließlich der Bauten auf fremden Grundstücken
2. technische Anlagen und Maschinen
3. andere Anlagen, Betriebs- und Geschäftsausstattung
4. geleistete Anzahlungen und Anlagen im Bau

III. Finanzanlagen
1. Anteile an verbundenen Unternehmen
2. Ausleihungen an verbundene Unternehmen
3. Beteiligungen
4. Ausleihungen an Unternehmen, mit denen ein Beteiligungsverhältnis besteht
5. Wertpapiere des Anlagevermögens
6. sonstige Ausleihungen
   von den Ausleihungen aus Nummer 2, 4 und 6 sind durch Grundpfandrechte besichert:

B. Umlaufvermögen

I. Vorräte
1. Roh-, Hilfs- und Betriebsstoffe
2. unfertige Erzeugnisse, unfertige Leistungen
3. fertige Erzeugnisse und Waren
4. geleistete Anzahlungen

II. Forderungen und sonstige Vermögensgegenstände
1. Forderungen aus Lieferungen und Leistungen
   - davon Restlaufzeit von mehr als 1 Jahr
2. Forderungen gegen verbundene Unternehmen
   - davon Restlaufzeit von mehr als 1 Jahr
3. Forderungen gegen Unternehmen, mit denen ein Beteiligungsverhältnis besteht
   - davon Restlaufzeit von mehr als 1 Jahr
4. sonstige Vermögensgegenstände
   - davon Restlaufzeit von mehr als 1 Jahr
5. Eingeforderte Einlagen

III. Wertpapiere
1. Anteile an verbundenen Unternehmen
2. sonstige Wertpapiere

IV. Kassenbestand, Bundesbankguthaben, Guthaben bei Kreditinstituten und Schecks

C. Rechnungsabgrenzungsposten

I. Abgrenzungsposten für latente Steuern
II. sonstige Rechnungsabgrenzungsposten

D. Aktive latente Steuern

E. Aktiver Unterschiedsbetrag aus der Vermögensverrechnung

Passivseite

A. Eigenkapital

I. Gezeichnetes Kapital
II. Kapitalrücklage
III. Gewinnrücklage
1. Gesetzliche Rücklagen
2. Rücklagen für Anteile an einem herrschenden oder mehrheitlich beteiligten Unternehmen
3. Satzungsmäßige Rücklagen
4. Andere Gewinnrücklagen

IV. Gewinnvortrag/Verlustvortrag
V. Jahresüberschuss/Jahresfehlbetrag

B. Rückstellungen

1. Rückstellungen für Pensionen und ähnliche Verpflichtungen
2. Steuerrückstellungen
3. Sonstige Rückstellungen

C. Verbindlichkeiten

1. Anleihen
   - davon konvertibel
   - davon Restlaufzeit bis zu 1 Jahr
2. Verbindlichkeiten gegenüber Kreditinstituten
   - davon Restlaufzeit bis zu 1 Jahr
3. erhaltene Anzahlungen auf Bestellungen
   - davon Restlaufzeit bis zu 1 Jahr
4. Verbindlichkeiten aus Lieferungen und Leistungen
   - davon Restlaufzeit bis zu 1 Jahr
5. Verbindlichkeiten aus der Annahme und gezogener Wechsel und der Ausstellung eigener Wechsel
   - davon Restlaufzeit bis zu 1 Jahr
6. Verbindlichkeiten gegenüber verbundenen Unternehmen
   - davon Restlaufzeit bis zu 1 Jahr
7. Verbindlichkeiten gegenüber Unternehmen, mit denen ein Beteiligungsverhältnis besteht
   - davon Restlaufzeit bis zu 1 Jahr
8. Sonstige Verbindlichkeiten
   - davon aus Steuern
   - davon im Rahmen der sozialen Sicherheit
   - davon Restlaufzeit bis zu 1 Jahr

D. Rechnungsabgrenzungsposten

E. Passive latente Steuern

Dieses Gliederungsschema entspricht § 266 II und III HGB mit Erweiterungen, die das Gesetz an anderen Stellen verlangt.
Ausweiswahlrechte für die Bilanz und der Anhang wurden nicht berücksichtigt.

Abb. 9 – 1: Gliederungsschema der Bilanz gemäß § 266 HGB

Die Bilanzgliederung ist vor allem durch die folgenden **Merkmale** gekennzeichnet:

- Dreiteilung des Anlagevermögens in immaterielles Anlagevermögen und in Sach- und Finanzanlagevermögen.
- relativ knappe Unterteilung des immateriellen Vermögens und des Sachanlagevermögens.
- Vertiefte Darstellung des Finanzanlagevermögens.

- Vierteilung des Umlaufvermögens in die Großgruppen Vorräte, Forderungen, Wertpapiere und liquide Mittel (mit relativ weit gehenden Unterteilungen je Gruppe).
- Unterteilung des Eigenkapitals in gezeichnetes Kapital, Kapitalrücklagen und Gewinnrücklagen.
- untergliederte Darstellung der Verbindlichkeiten nach Arten von Verbindlichkeiten und Restlaufzeiten mit einer Fristenunterteilung im Verbindlichkeitenspiegel (bis zu einem Jahr, 1 bis 5 Jahre und mehr als 5 Jahre Restlaufzeit).

Die Gliederung der Bilanz gemäß § 266 HGB dient den folgenden **Zwecken**:

1. Kenntlichmachen der **Sach- und Rechtsnatur** der Werteausstattung des Unternehmens:
   - Vermögensseite: Unterteilung in immaterielle Anlagevermögenswerte, Sachanlagevermögen, Finanzanlagevermögen und Umlaufvermögen.
   - Kapitalseite: Unterteilung in Eigenkapital, Sonderposten mit Rücklageanteil, Verbindlichkeiten sowie Rückstellungen.
2. Kenntlichmachen der **Finanz- und Liquiditätslage** des Unternehmens:
   Zur Kenntlichmachung der Finanz- und Liquiditätsgegebenheiten sind die Posten der Vermögens- und Kapitalseite in den Aspekt der Bindungsdauer bei Vermögen und der Fälligkeit bei Kapital aufgegliedert. Das Vermögen wird in Anlagevermögen und Umlaufvermögen unterteilt, wobei Anlagevermögen nach § 247 Abs. 2 HGB als dauernd dem Unternehmen dienendes Vermögen definiert ist, Umlaufvermögen dagegen im permanenten Umschlagprozess (in der Regel unterhalb eines Jahres) wieder zu Geld wird. Innerhalb des Vermögens erfolgt im Hinblick auf die Liquiditätsnähe eine tiefere Unterteilung nach dem Geldnähezustand (Sachanlagen, Finanzanlagen) bzw. in Vorräte, Forderungen, Wertpapiere und liquide Mittel. Auf der Kapitalseite wird die Liquiditätsbeurteilung durch eine Unterteilung der Verbindlichkeiten nach Restlaufzeiten vertieft.
3. Kenntlichmachen der **Stellung der Vermögensteile** im betrieblichen Produktionsprozess:
   Nach der Stellung der Vermögensgüter im betrieblichen Ablauf wird sowohl beim Anlagevermögen als auch beim Umlaufvermögen zwischen Sach- und Finanzvermögen unterschieden. Darüber hinaus werden innerhalb der beiden Gruppen detailliertere Postenunterteilungen (wie etwa die Aufteilung in Vorräte, Forderungen und liquide Mittel) vorgenommen, um den Durchlauf der Werte durch das Unternehmen transparent zu machen.
4. Kenntlichmachen der **Investitionstätigkeit** des Unternehmens:
   Eine vertiefte Darstellung der Investitionstätigkeit des Unternehmens erfolgt durch die Aufbereitung der Anlagevermögensentwicklung im sog. Anlagenspiegel. Mithilfe dieser Informationen ist der Alterungs- und Abgeschriebenheitszustand des Anlagevermögens zu beurteilen.

9.2 Gewinn- und Verlustrechnung

9.2.1 Gliederungsschemata der GuV

Ähnlich wie bei der gesetzlichen Vorgabe eines Schemas zur Gliederung der Bilanz geht es auch bei der Vorgabe der GuV-Gliederungsschemata gemäß § 275 HGB um die Sicherung der Information im zwischenbetrieblichen Vergleich. Das dient der Sicherung eines gewissen Mindeststandards an Informationen über die Erfolgsentstehung im Unternehmen und liefert eine Leitlinie zur Darstellung der Erfolgslage für die rechnungslegenden Unternehmen. Gleichwohl hat der Gesetzgeber in § 276 HGB für kleine und mittelgroße Kapitalgesellschaften **Erleichterungswahlrechte** formuliert, die insbesondere die Zusammenfassung der ersten Positionen zu einem »Rohergebnis« betreffen. Kleinstkapitalgesellschaften können nach § 275 Abs. 5 HGB die GuV auf die Positionen Umsatzerlöse, sonstige Erträge, Materialaufwand, Personalaufwand, Abschreibungen, sonstige Aufwendungen, Steuern und Jahresüberschuss/Jahresfehlbetrag verkürzen, dürfen allerdings nicht von der Zusammenfassung von Positionen zum Rohergebnis Gebrauch machen. Zudem dürfen kleine Gesellschaften die größenabhängigen Erleichterungen zur Befreiung der Offenlegung von Angaben zu GuV-Posten nutzen (§ 326 Abs. 1 Satz 2 HGB); gleiches gilt für Kleinstgesellschaften (§ 326 Abs. 2 Satz 2 HGB).

Der handelsrechtlichen GuV-Gliederung liegen gemäß § 275 HGB insbesondere die folgenden **Prinzipien** zugrunde:

1. Gliederung der betrieblichen Aufwendungen und Erträge nach Aufwands- und Ertragsarten (Gesamtkostenverfahren) bzw. Gliederung der betrieblichen Aufwendungen nach Kostenbereichen (Umsatzkostenverfahren).
2. Gliederung der Aufwendungen und Erträge nach betrieblicher und betriebsfremder (finanzieller) Verursachung.
3. Aufdeckung der Verbundbeziehungen in der Erfolgsentstehung des Unternehmens.

Erträge und Aufwendungen aus der Ab- und Aufzinsung von Rückstellungen sind gem. § 277 Abs. 5 HGB gesondert unter dem Posten »Sonstige Zinsen und ähnliche Erträge« und »Sonstige Zinsen und ähnliche Aufwendungen« sowie Erträge und Aufwendungen aus der Währungsumrechnung gesondert als »Sonstige betriebliche Erträge« und »Sonstige betriebliche Aufwendungen« auszuweisen.

Die Gliederung nach dem **Gesamtkostenverfahren** (GKV), auch Produktionsrechnung genannt, gestaltet sich wie folgt:

1. Umsatzerlöse
2. Erhöhung oder Verminderung des Bestands an fertigen und unfertigen Erzeugnissen
3. andere aktivierte Eigenleistungen
4. sonstige betriebliche Erträge
5. Materialaufwand
   a. Aufwendungen für Roh-, Hilfs- und Betriebsstoffe und für bezogene Waren
   b. Aufwendungen für bezogene Leistungen
6. Personalaufwand
   a. Löhne und Gehälter
   b. Soziale Abgaben und Aufwendungen für Altersversorgung und für Unterstützung (davon Altersversorgung)
7. Abschreibungen
   a. auf immaterielle Vermögensgegenstände des Anlagevermögens oder Sachanlagen
   b. auf Vermögensgegenstände des Umlaufvermögens, soweit diese in der Kapitalgesellschaft übliche Abschreibungen überschreiten
8. sonstige betriebliche Aufwendungen
9. Erträge aus Beteiligungen (davon aus verbundenen Unternehmen)
10. Erträge aus anderen Wertpapieren und Ausleihungen des Finanzvermögens (davon aus verbundenen Unternehmen)
11. sonstige Zinsen und ähnliche Erträge (davon aus verbundenen Unternehmen)
12. Abschreibungen auf Finanzanlagen und auf Wertpapiere des Umlaufvermögens
13. Zinsen und ähnliche Aufwendungen (davon an verbundenen Unternehmen)
14. Steuern vom Einkommen und Ertrag (davon latente Steuern)
15. Ergebnis nach Steuern
16. sonstige Steuern
17. **Jahresüberschuss bzw. Jahresfehlbetrag**

Betriebsertrag (1.–4.) · Betriebsaufwand (5.–8.) · Finanzertrag (9.–11.) · Finanzaufwand (12.–13.) · Finanzergebnis (9.–13.) · Steueraufwand (14.–16.) · Periodenergebnis (1.–17.)

Abb. 9 – 2: Gliederung der GuV nach dem Gesamtkostenverfahren gem. § 275 Abs. 2 HGB

Die Aufgliederung der betrieblichen Aufwendungen und Erträge nach **Aufwands- und Ertragsarten** vermittelt einen Eindruck der Erfolgsquellen. Mithilfe dieser Darstellung werden Ertrags- und Aufwandsstruktur, Abhängigkeiten des Unternehmens sowie Anfälligkeiten und Besonderheiten im zeitlichen und im zwischenbetrieblichen Vergleich verdeutlicht.

Anstelle der Gliederung nach Aufwands- und Ertragsarten kann die GuV bei der Ermittlung des Betriebsergebnisses auch **nach Kostenbereichen bzw. betrieblichen Funktionen** gegliedert werden. Das **Umsatzkostenverfahren** (UKV), auch Absatzerfolgsrechnung genannt, gem. § 275 Abs. 3 HGB erlaubt statt des Ausweises der Positionen Materialaufwand, Personalaufwand und Abschreibungen eine Darstellung der betrieblichen Aufwendungen (gegliedert nach Kostenbereichen) in

- Herstellungskosten des Umsatzes,
- Vertriebskosten und
- allgemeine Verwaltungskosten.

Die folgende Abbildung zeigt die Gliederung nach dem UKV:

1. Umsatzerlöse
2. Herstellungskosten der zur Erzielung der Umsatzerlöse erbrachten Leistungen
3. **Bruttoergebnis vom Umsatz**
4. Vertriebskosten
5. allgemeine Verwaltungskosten
6. sonstige betriebliche Erträge
7. sonstige betriebliche Aufwendungen
8. Erträge aus Beteiligungen (davon aus verbundenen Unternehmen)
9. Erträge aus anderen Wertpapieren und Ausleihungen des Finanzanlagevermögens (davon aus verbundenen Unternehmen)
10. sonstige Zinsen und ähnliche Erträge (davon aus verbundenen Unternehmen)
11. Abschreibungen auf Finanzanlagen und auf Wertpapiere des Umlaufvermögens
12. sonstige Zinsen und ähnliche Aufwendungen (davon an verbundene Unternehmen)
13. Steuern vom Einkommen und Ertrag (davon latente Steuern)
14. Ergebnis nach Steuern
15. sonstige Steuern
16. **Jahresüberschuss bzw. Jahresfehlbetrag**

Umsatzergebnis (1.–7.); Finanzertrag (8.–10.); Finanzaufwand (11.–12.); Steueraufwand (13.–16.); Finanzergebnis (8.–13.); Periodenergebnis (1.–16.)

Abb. 9 – 3: Gliederung der GuV nach dem Umsatzkostenverfahren gem. § 275 Abs. 3 HGB

Die Gliederung nach dem UKV ermöglicht einen Einblick in die innerbetriebliche Kostenstruktur. Da bei Anwendung des Umsatzkostenverfahrens gem. § 285 Nr. 8 HGB Materialaufwand und Personalaufwand als Anhangangaben in der Form geboten werden müssen, wie es nach dem Gesamtkostenverfahren nötig wäre, sind die Grundstrukturen der Kostenarten auch bei Anwendung des UKV weiter bekannt. Zudem ist die Höhe der Abschreibungen im Anlagenspiegel anzugeben (§ 284 Abs. 3 HGB).

Die Ermittlung des Jahresergebnisses nach dem Gesamtkosten- oder nach dem Umsatzkostenverfahren führen bei einer einheitlichen Bewertung der Bestände an fertigen und unfertigen Erzeugnissen immer zum **gleichen Ergebnis**. Das zeigt die folgende Abbildung:[307]

Abb. 9 – 4: Vergleich von Umsatzkosten- und Gesamtkostenverfahren

307 Vgl. Coenenberg/Haller/Schultze, Jahresabschluss und Jahresabschlussanalyse, S. 549.

9.2.2 Definition der Umsatzerlöse

Der Begriff der Umsatzerlöse ist in § 277 Abs. 1 HGB definiert. Der Umsatzdefinition kommt eine große Bedeutung zu, weil diese Größe **eine wichtige Information bei der Beurteilung der Ertragslage** von Unternehmen darstellt und zudem für die **Abgrenzung der Größenklassen** in §§ 267, 293 HGB und in §§ 1, 11 PublG benutzt wird. Als Umsatzerlöse sind gem. § 277 Abs. 1 HGB die Erlöse aus dem Verkauf und der Vermietung oder der Verpachtung von Produkten sowie aus der Erbringung von Dienstleistungen nach Abzug von Erlösschmälerungen (z. B. Rabatte, Skonti, Boni, Gutschriften), Umsatzsteuer und sonstigen direkt mit dem Umsatz verbundenen Steuern (z. B. Mineralölsteuer, Stromsteuer, Tabaksteuer, Biersteuer, Sektsteuer) auszuweisen. Die Umsatzerlöse müssen für einen Dritten erbracht worden sein und das Unternehmen muss eine Gegenleistung erhalten. Demnach liegt bei Umsatzerlösen eine **Tauschbeziehung** vor.[308] Während im Einzelabschluss auch Leistungen an Konzernunternehmen zu den Umsatzerlösen gehören, sind konzerninterne Umsätze im Konzernabschluss durch Konsolidierungsmaßnahmen zu eliminieren.[309]

Für den Ausweis als Umsatz ist lediglich entscheidend, dass es sich um Erlöse aus dem unternehmerischen **Leistungsangebot** handelt. Es erfolgt keine Beschränkung auf Umsatzerlöse, die mit dem Geschäftszweck des Unternehmens korrespondieren. Zu den Umsatzerlösen gehören daher nicht nur die Erlöse aus der Veräußerung bzw. dem Tausch selbst hergestellter Erzeugnisse, aus Handelswaren oder aus Dienstleistungen, sondern auch Erlöse aus anderen Aktivitäten, wie etwa Verkäufe von Material, Schrottverkäufe, Erträge aus Vermittlungs- und Kommissionsgeschäften, aus Kantinenverkäufen, aus Patenten und Lizenzen sowie aus der Vermietung von Werkswohnungen.

Die Umsatzerlöse beziehen sich ferner auf Produkte des **Umlaufvermögens**. Fehlt es an einem Bezug zum Umlaufvermögen, wie z. B. bei Erträgen aus Anlageverkäufen, sind die Erträge als »sonstige betriebliche Erträge« zu erfassen. Gleiches gilt bei fehlender Austauschbeziehung, wie bspw. Zuschreibungen oder Erträge aus der Auflösung von Rückstellungen aus dem Umlaufvermögen.[310]

308 Vgl. Baetge/Kirsch/Thiele, Bilanzen, S. 619.
309 Vgl. Wulf, in: Kirsch, BilR – ekomm, § 277 HGB, Rz. 5 (Stand: 27.09.2022).
310 Vgl. Baetge/Kirsch/Thiele, Bilanzen, S. 620.

9.2.3 Gliederung der Aufwendungen und Erträge nach betrieblicher und betriebsfremder (finanzieller) Verursachung

Die Gliederung der Aufwendungen und Erträge nach betrieblichem und finanziellem (betriebsfremdem) Aufwand soll Informationen darüber liefern, inwieweit das Ergebnis aus der eigentlichen betrieblichen Leistungserstellung und Leistungsverwertung stammt oder ob das Jahresergebnis des Unternehmens primär aus finanziellen Investitionen und Kapitalanlageprozessen gewonnen wird.

Um eine Aufspaltung in **Betriebs- und Finanzergebnis** zu erreichen, kann die Grundstruktur der GuV z. B. gemäß § 275 Abs. 2 HGB (GKV) wie folgt unterteilt werden:

Posten 1–8:	Betriebsergebnis
Posten 9–13:	Finanzergebnis
Posten 14:	Steuern vom Einkommen und vom Ertrag, davon latente Steuern
Posten 15:	Ergebnis nach Steuern
Posten 16:	sonstige Steuern
Posten 17:	Jahresergebnis (Jahresüberschuss/Jahresfehlbetrag)

Die Aufgliederung der GuV in Erfolgsschichten gemäß § 275 Abs. 3 HGB (UKV) lässt sich analog durchführen. Die GuV-Gliederung erlaubt somit einen Einblick in die Entstehung des Gesamtergebnisses aus Betriebs- und Finanzvorgängen, lässt jedoch keine Unterscheidung in ein ordentliches bzw. nachhaltiges und ein außerordentliches bzw. nicht nachhaltiges Ergebnis erkennen.

9.2.4 Aufdeckung der Verbundbeziehungen in der Erfolgsentstehung

Bei wachsender Konzernverbundenheit der Unternehmen ist der Darlegung der Verbundbeziehungen von Unternehmen ein großes Gewicht beizumessen. In diesem Sinne wird zum einen gem. § 277 Abs. 3 HGB der getrennte Ausweis der folgenden Positionen verlangt, aus denen sich das **Verbundergebnis** errechnen lässt:

- Erträge aus Gewinngemeinschaften,
- Erträge aus der Verlustübernahme,
- Aufwendungen aus der Verlustübernahme,
- Aufwendungen aus Gewinngemeinschaften.

Zum anderen ist für kapitalfundierte Finanzerträge und -aufwendungen anzugeben, wie viel davon jeweils auf verbundene Unternehmen entfällt.

Nach § 158 AktG müssen Aktiengesellschaften – mit Ausnahme der Kleinstgesellschaften – in der Gewinn- und Verlustrechnung nach dem Jahresüberschuss die folgenden weiteren Posten ausweisen (**Ergebnisverwendung**):

- Gewinn-/Verlustvortrag,
- Entnahme aus der Kapitalrücklage,
- Entnahmen aus den Gewinnrücklagen,
- Einstellungen in die Gewinnrücklagen,
- Bilanzgewinn/Bilanzverlust.

Das Ergebnis der Gewinnverwendungsrechnung ist der Bilanzgewinn/-verlust. Der **Bilanzgewinn** ist jener Betrag, der der Hauptversammlung im Rahmen des festgestellten Jahresabschlusses nach § 174 Abs. 1 AktG für die Gewinnverwendung zur Verfügung steht (§ 58 AktG). Die Gewinnverwendung ist von der Gewinnermittlung abzugrenzen. Während bei der Gewinnermittlung durch die Auflistung der Ertrags- und Aufwandsposten das Jahresergebnis abgeleitet wird, knüpft die Gewinnverwendung an die rechnerische Ermittlung des Jahresergebnisses an:

	Jahresüberschuss/Jahresfehlbetrag
-	Entnahme aus der Kapital- und aus den Gewinnrücklagen
+	Einstellungen in die Gewinnrücklagen
-/+	Verlust-/Gewinnvortrag
=	Bilanzgewinn/-verlust

Nach § 152 Abs. 2 u. 3 AktG müssen Aktiengesellschaften – mit Ausnahme der Kleinstgesellschaften – auch für die Rücklagenbestandteile jeweils einen gesonderten Nachweis ihrer Veränderung erbringen. Dieser Nachweis kann – vergleichbar zum Anlagenspiegel – in Form eines Rücklagenspiegels dargestellt werden.[311]

9.2.5 Einordnung der Aufwendungen und Erträge nach ordentlichem und außerordentlichem Charakter

Die handelsrechtliche Erfolgsrechnung erlaubt keinen separaten Ausweis von Erfolgskomponenten mit außerordentlichem Charakter. Stattdessen besteht nach § 285 Nr. 31 HGB eine Angabepflicht von außergewöhnlichen Erfolgsbeiträge, mit der eine Abspaltung von den ordentlichen Erfolgskomponenten erreicht werden kann. Konkret sind **Erträge und Aufwendungen von außergewöhnlicher Größenordnung oder Bedeutung** im Anhang anzugeben, wobei eine Angabe von Betrag und Art dieser Erträge

311 Vgl. Coenenberg/Haller/Mattner/Schultze, Rechnungswesen, S. 457 f.

und Aufwendungen gefordert ist, soweit sie nicht von untergeordneter Bedeutung sind. Bei Erträgen und Aufwendungen von außergewöhnlicher Bedeutung können die Kriterien Ungewöhnlichkeit der Art nach und Seltenheit im zeitlichen Vorkommen herangezogen werden (z. B. Erfolgsbeiträge im Kontext der Schließung von Sparten oder Teilbetrieben, Sanierungsmaßnahmen) gilt eine enge Abgrenzung der Außerordentlichkeit. Zudem ist für Beträge von außergewöhnlicher Größenordnung in aller Regel die betragsmäßige Wesentlichkeit relevant.

Dabei ist die Größenordnung im Hinblick auf die das Unternehmen weiteren bestimmenden Größenordnungen zu bewerten. Möglich sind dabei sowohl deutliche Ausreißer nach oben wie auch nach unten. Es ist daher zu beurteilen, ob der einzelne Ertrag oder die einzelne Aufwendung aus den sonstigen betrieblichen Erträgen oder Aufwendungen aufgrund der Größenordnung oder aufgrund der Bedeutung so deutlich hervortritt, dass eine gesonderte Nennung notwendig erscheint.[312]

Beispiele für außergewöhnliche Erfolgsbeiträge

Beispiel sind unter anderem

- durch Währungseffekte stark gestiegene wie auch stark gesunkene Aufwendungen,
- stark gestiegene Umsätze aufgrund des Erwerbs einer größeren Betriebsstätte,
- stark gestiegene Zinsaufwendungen aufgrund der Veränderung des Abzinsungssatzes für die Rückstellungen,
- Umsatzschub durch den modebedingten starken Anstieg des Absatzes eines Produktes.

Nach § 285 Nr. 32 HGB ist zudem eine entsprechende Angabe für Aufwendungen und Erträge notwendig, die periodenfremd und nicht von untergeordneter Bedeutung sind, z. B. Gewinne/Verluste aus dem Abgang von Anlagevermögen, Zuschreibungen, Erträge aus der Auflösung von Rückstellungen, Eingänge von in Vorjahren abgeschriebenen Forderungen, Steuernachzahlungen und -erstattungen für Vorjahre. Die Erläuterung **periodenfremder Erträge und Aufwendungen** ist wichtig, um ein zutreffendes Bild von der Vermögens-, Finanz- und Ertragslage in einem bestimmten Geschäftsjahr zu erhalten. Die Erläuterung dient somit der Vergleichbarkeit von Jahresabschlüssen aufeinanderfolgender Geschäftsjahre.

Nach **bilanzanalytischer Interpretation** sind die ordentlichen Komponenten durch eine gewisse Regelmäßigkeit und Nachhaltigkeit gekennzeichnet. Nicht als ordent-

312 Vgl. Wobbe, in Bertram/Brinkmann/Kessler/Müller, § 277 HGB, Rz 26 ff. (Stand: 27.03.2015); Wulf, DStZ 2015, S. 739–742.

lich bzw. nicht nachhaltig gelten Erfolgskomponenten periodenfremder und außergewöhnlicher Natur. Dieser Interpretation folgt das HGB somit in der GuV-Gliederung nicht. Vielmehr muss die Abgrenzung der nicht nachhaltigen Erfolgsquellen und die Bestimmung der ordentlichen bzw. nachhaltigen Erfolgsquellen über Bereinigungsrechnungen unter Einbeziehung von Anhangangaben erfolgen.[313] Im Zuge einer sog. **Erfolgsquellenanalyse** werden einmalige und aperiodische Erfolgsbestandteile, die das Jahresergebnis zur Ermittlung einer nachhaltigen und konstanten Erfolgsgröße beeinflussen, identifiziert und das Ergebnis für Analysezwecke um diese Größen gezielt bereinigt.

9.3 Anhang

Der Anhang ist gemäß § 264 Abs. 1 HGB ein Bestandteil des Jahresabschlusses von Kapitalgesellschaften und gibt Informationen zu den quantitativen Rechenwerken, insbesondere zur Bilanz und GuV. Die zentralen Einzelheiten bezüglich der Anhangangaben sind in den §§ 284 – 288 HGB verankert. Diese Angaben werden ergänzt um eine Fülle von Einzelvorschriften mit Anhangsbezug in verschiedensten Paragrafen des HGB, z. B. § 268 HGB, § 277 HGB.

Kleinstkapitalgesellschaften können nach § 264 Abs. 1 HGB auf die Aufstellung eines Anhangs verzichten, sofern Angaben zu/über

- Haftungsverhältnissen i. S. d. § 268 Abs. 7 HGB,
- Vorschüssen/Krediten an Mitglieder der Verwaltungs-, Geschäftsführungs- oder Aufsichtsorgane i. S. d. § 285 Nr. 9 Buchstabe c und
- Transaktionen eigener Aktien i. S. d. § 160 Abs. 1 S. 1 Nr. 2 AktG

unter der Bilanz ausgewiesen werden.

Der Anhang ist neben den Rechenwerken Bilanz und GuV der dritte Teil des Jahresabschlusses von Kapitalgesellschaften. Zusammen mit den Angaben des Anhangs besteht die Aufgabe der Bilanz und GuV darin, unter Beachtung der Grundsätze ordnungsmäßiger Bilanzierung ein den tatsächlichen Verhältnissen entsprechendes Bild der Vermögens-, Finanz- und Ertragslage zu vermitteln. Dem Anhang können verschiedene Funktionen zugewiesen werden, nämlich Erläuterungs-, Ergänzungs-, Entlastungs- und – in Ausnahmefällen – Korrekturfunktion.

- **Erläuterungsfunktion:** Der Anhang enthält zum einen Informationen, die sich unmittelbar auf die Posten der Bilanz und der GuV beziehen und diese kommentieren oder interpretieren, wie z. B. Angaben über die angewandten Bilanzierungs- und Bewertungsmethoden gem. § 284 Abs. 2 Nr. 1 HGB. Die Erläuterungen bezwecken zum anderen eine Relativierung der dargestellten Unternehmensabbildung im

313 Vgl. Wulf, Jahresabschlussanalyse, in: Kirsch (Hrsg.): Rechnungslegung Kommentar, Band 4, Querschnittsthema, Rz. 83 ff. (Stand: Okt. 2017).

Jahresabschluss, wie z. B. der Darstellung des Einflusses der Abweichungen von Bilanzierungs- und Bewertungsmethoden auf die Vermögens-, Finanz- und Ertragslage (§ 284 Abs. 2 Nr. 2 HGB) und die Angaben zu den außergewöhnlichen und aperiodischen Erträgen und Aufwendungen (§ 285 Nr. 31 und 32 HGB).

- **Ergänzungsfunktion**: Der Anhang enthält zusätzlich Informationen, die keinen unmittelbaren Bezug zur Bilanz oder GuV haben, sondern diese beiden Abschlussbestandteile lediglich ergänzen. Es handelt sich um Informationen, die aufgrund der anzuwendenden Rechnungslegungskonventionen nicht aus der Bilanz und der GuV ersichtlich sind. Hierunter sind z. B. wesentliche finanzielle Verpflichtungen (§ 285 S. 1 Nr. 3a HGB) und Kredite an Organmitglieder (§ 285 S. 1 Nr. 9 Buchst. C HGB), aber auch ergänzende Angaben über nicht bilanzierungsfähige Sachverhalte, die zu einer ergänzenden Beurteilung der wirtschaftlichen Unternehmenslage beitragen, zu subsumieren.
- **Korrekturfunktion**: Die Korrekturfunktion beruht auf § 264 Abs. 2 Satz 2 HGB. Hiernach sind im Anhang zusätzliche Angaben zu machen, wenn besondere Umstände dazu führen, dass der Jahresabschluss ein den tatsächlichen Verhältnissen entsprechendes Bild der Vermögens-, Finanz- und Ertragslage des Unternehmens nicht vermittelt. Eine Korrekturfunktion kommt dem Anhang nur in Ausnahmefällen zur Erfüllung der Generalnorm zu. Hieraus lässt sich aber keine allgemeine Korrekturfunktion ableiten.
- **Entlastungsfunktion**: Bilanz und GuV können dadurch entlastet werden, dass Informationen – ohne Informationsverlust – anstatt in die Bilanz oder die GuV wahlweise in den Anhang aufgenommen werden, wie z. B. in § 265 Abs. 3 S. 1 HGB. Hierdurch sollen Bilanz oder GuV klarer und übersichtlicher gestaltet werden.

Als dritter Teil des Jahresabschlusses kann der Anhang nur zusammen mit der Bilanz und der GuV das **von der Generalnorm gem. § 264 HGB geforderte tatsachengemäße Bild der Unternehmenslage** vermitteln. Die Bilanz und die GuV auf der einen und der Anhang auf der anderen Seite stehen in enger Wechselbeziehung, weil das Ziel der Informationsvermittlung entsprechend der Generalnorm des § 264 Abs. 2 HGB durch die Bilanz und die GuV allein nicht erfüllt werden kann. Beide Rechenwerke müssen zwar entsprechend den gesetzlichen Vorschriften erstellt werden, ihre Aussagefähigkeit ist aber begrenzt. Erst zusammen mit den Zusatzinformationen aus dem Anhang kann dem True-and-fair-view-Grundsatz entsprochen werden. Beispielsweise entspricht eine Bewertung nach dem LiFo-Verfahren gem. § 256 S. 1 HGB den gesetzlichen Vorschriften. Das gemäß der Generalnorm geforderte Bild ist aber erst mit der in § 284 Abs. 2 Nr. 3 HGB verlangten Angabe des Unterschiedsbetrags im Anhang verwirklicht. In diesem Sinne sind die Angaben im Anhang insbesondere für die externe Unternehmensanalyse von Bedeutung. Das gilt vor allem bei der Inanspruchnahme von Wahlrechten. Wird z. B. für Pensionsrückstellung der nicht passivierte Betrag aus sog. Altzusagen nach Art. 28 EGHGB nur im Anhang angegeben, hat das weder Einfluss auf die Bilanz noch auf das Jahresergebnis. Zur Beurteilung der tatsächlichen Unternehmenslage ist es aber erforderlich, den Passivposten Pensionsrückstellungen etwa im Rahmen einer Bereinigungsrechnung entsprechend zu erhöhen und das Eigenkapital unter Beachtung passiver latenter Steuern entsprechend zu mindern, während die periodischen Verwerfungen bei der Bereinigung des Jahresergebnisses zu berücksichtigen sind. Der Anhang spielt somit im Zusammenhang mit der Aufdeckung stiller Reserven bzw. Lasten in Vermögens- und Schuldpositionen eine große Rolle.

Für den Anhang liegt eine **Gliederungsnormierung** nur insoweit vor, als die Angaben zur Bilanz und GuV in der Reihenfolge der Postenbenennung in der Bilanz und GuV zu erfolgen haben. Aus Gründen der Übersichtlichkeit erscheint es aber geboten, dennoch sinnvolle Zusammenfassungen vorzunehmen, wie etwa die aktiven und die passiven latenten Steuern zusammen zu erläutern. Darüber hinaus können vielfältige Ausgestaltungen der Rechnungslegung durch die wahlweise Platzierung der Angaben in den Rechenwerken oder im Anhang vorgenommen werden. Für Wahlpflichtangaben besteht somit nur bezüglich des Ortes der Angabe ein Wahlrecht, sodass eine Nennung alternativ auch im Rahmen der Bilanz oder der GuV erfolgen kann. Eine konkrete Ausgestaltungsempfehlung kann nur insoweit erfolgen, als stets auf die Klarheit und Übersichtlichkeit der Darstellung verwiesen wird. Dabei kann die Nutzung von Ausweiswahlrechten auch Folgen im Rahmen der größenabhängigen Befreiungen haben, sodass bestimmte Informationen nicht offengelegt werden müssen.

Bezüglich der **Ausgestaltung der Informationen** unterscheidet der Gesetzgeber verschiedene qualitativ differierende Berichterstattungskategorien. Für den Anhang können dabei zunächst Angaben, Begründungen und Darstellungen benannt werden. Angaben sind dabei als grundlegende Anforderungen an die Berichterstattung im Sinne von »Angabe aufnehmen« zu verstehen und können mit der ebenfalls verwendeten Formulierung »Hinweis« gleichgesetzt werden. Begründungen bedingen über die bloße Angabe hinaus weitere Informationen (wie z. B. bei Abweichungen von bisher angewandten Bilanzierungs- oder Bewertungsmethoden). Auch bei der Forderung nach Darstellungen und Erläuterungen sind zusätzlich zu den Angaben weitere Informationen in den Rechenwerken notwendig, wobei beide Begriffe letztlich in etwa gleichbedeutend sind.

Der Anhang ist als solcher deutlich zu kennzeichnen und von den übrigen Teilen des Geschäftsberichts zu separieren. Eine Platzierung von Informationen außerhalb des Anhangs ist lediglich für bestimmte Angaben zu Positionen der Bilanz und der GuV möglich. So kann im Fall von **Ausweiswahlrechten** gewählt werden, ob die Angaben im Anhang oder in Bilanz bzw. GuV erfolgen, wie z. B für die Eigenkapitaldarstellung in der Bilanz vor oder nach vollständiger/teilweiser Verwendung des Jahresergebnisses (§ 268 Abs. 1 HGB) oder für außerplanmäßige Abschreibungen (§ 277 Abs. 3 HGB). Als Ausweiswahlrechte mit betragsmäßiger Auswirkungen auf die Vermögens-, Finanz- und Ertragslage ist der aktivische Abzug der erhaltenen Anzahlungen auf Bestellungen von Vorräten oder die Passivierung unter den Verbindlichkeiten zu nennen (§ 268 Abs. 5 S. 2 HGB).

Eine Vermischung von Abschnitten des Anhangs mit Teilen des Lageberichts oder freiwilligen Berichtsteilen ist zu unterlassen, weil die differierenden Aufgaben dann ebenso wenig ersichtlich werden wie die geprüften Informationen. Eine Ausnahme stellen die Angaben zu Bewertungseinheiten nach § 285 Nr. 23 HGB dar, die nur im Anhang zu platzieren sind, sofern diese nicht im Lagebericht gemacht werden. Ein Hinweis auf den Ort der Veröffentlichung der Wahlpflichtangaben in den übrigen Rechenwerken ist im Anhang vorzunehmen. Bei einer Verlagerung von Informationen aus der Bilanz und der GuV in den Anhang ist geboten, die Nachvollziehbarkeit durch das Einfügen von Verweisnummern in den Rechenwerken zu gewährleisten, wie z. B. bei der Angabe von außerplanmäßigen Abschreibungen im Anhang anstatt in der GuV (§ 277 Abs. 3 HGB). Auf den Hinweis von Fehlanzeigen ist zu verzichten. Das impliziert jedoch hohe Anforderungen an die Vollständigkeit der einzelnen Angabenotwendigkeiten, weil der Abschlussadressat jede fehlende Angabe im Sinne von »trifft nicht zu« oder »liegt nicht vor« interpretieren wird.

Zudem sind mit Blick auf die Ausweisvorschriften auch die **Rechnungslegungserleichterungen** – ebenso wie die Offenlegungserleichterungen (§§ 326 f. HGB) – für Kleinstkapitalgesellschaften, kleine und mittelgroße Kapitalgesellschaften betreffend Bilanz, GuV und Anhang (§ 264 Abs. 1, § 266 Abs. 1, § 276 und § 288 HGB) zu berücksichtigen.

Nicht zwingend im Anhang, sondern auch an anderer Stelle des Jahresabschlusses sind zudem **allgemeinen Angaben** zur Identifikation des Unternehmens anzugeben. Dazu zählen Angaben über die Firma, den Sitz, das Registergericht und die Nummer, unter der die Gesellschaft in das Handelsregister eingetragen ist. Befindet sich die Gesellschaft in Liquidation oder Abwicklung, ist auch diese Tatsache anzugeben (§ 264 Abs. 1a HGB).

9.4 Segmentberichterstattung, Kapitalflussrechnung und Eigenkapitalspiegel

Kapitalmarktorientierte Unternehmen, die keinen Konzernabschluss erstellen, haben gem. § 264 Abs. 1 HGB ihren Jahresabschluss um eine Kapitalflussrechnung und einen Eigenkapitalspiegel zu erweitern. Eine Segmentberichterstattung darf ergänzt werden.

Bilanz, GuV und Anhang lassen eine adäquate Beurteilung der Finanzlage nur begrenzt zu. Die **Kapitalflussrechnung** ist ein zusätzliches Informationsinstrument zur Dokumentation von Entwicklung, Herkunft und Verwendung der Finanzmittel (liquide Mittel). Während die Bilanz ein Stichtagsbild des Vermögens und Kapitals und die

Gewinn- und Verlustrechnung eine Zeitraumrechnung der Erträge und Aufwendungen liefert, bildet die Kapitalflussrechnung als Zeitraumrechnung alle Ein- und Auszahlungen der Periode ab. In Deutschland ist die Kapitalflussrechnung seit 1998 gem. § 297 Abs. 1 S. 1 ein Pflichtbestandteil des Konzernabschlusses – zunächst nur für börsennotierte Gesellschaften, mit der Verabschiedung des BilReG seit 2004 für sämtliche Mutterunternehmen. Die Kapitalflussrechnung besteht aus dem Cashflow aus operativer Tätigkeit, aus Investitionstätigkeit und aus Finanzierungstätigkeit. Für die Ausgestaltung kann DRS 21 herangezogen werden, dessen Anwendung für den Einzelabschluss empfohlen ist.

Zusätzlich haben kapitalmarktorientierte Unternehmen, die keinen Konzernabschluss aufstellen, einen **Eigenkapitalspiegel** zu erstellen, wobei der DRS 22[314] als Orientierung dienen kann. Zweck des Eigenkapitalspiegels, auch Eigenkapitalveränderungsrechnung genannt, ist es, einen tieferen Einblick in die Veränderungen der einzelnen Komponenten des Eigenkapitals zwischen zwei Bilanzstichtagen zu erhalten.

Mit einer nach dem HGB **freiwillig zu erstellenden Segmentberichterstattung** wird der Informationswert des Abschlusses für Kapitalgeber und Management erhöht. Die Segmentberichterstattung bietet Informationen zur Vermögens-, Finanz- und Ertragslage sowie zu Chancen und Risiken einzelner Unternehmensbereiche. Die Segmentberichterstattung dient dabei insbesondere der Strategiebewertung. So kann das Management nach außen kommunizieren, wie es das Unternehmen in aussichtsreichen Geschäftsfeldern positioniert, wertorientierte Unternehmenspolitik betreibt und welche Renditen in bestimmten Geschäftsfeldern angestrebt und erreicht wurden.[315] Die Ausgestaltung der Segmentberichterstattung ist in DRS 28 konkretisiert; eine Anwendung für den Einzelabschluss ist empfohlen.

Hinweis

Weitere Informationen zu diesen Rechenwerken finden Sie online bei den digitalen Extras.

DIGITALE EXTRAS

9.5 Lagebericht

9.5.1 Funktion und Bedeutung des Lageberichts

Der Lagebericht ist ein **eigenständiges Berichtsinstrument** und gilt als zweite Säule der Finanzberichterstattung. Er ist pflichtmäßig nur von mittelgroßen und großen Kapitalgesellschaften zu erstellen.[316] Mit dem Lagebericht sollen die Informationsfunk-

314 Zum Eigenkapitalausweis der übrigen Unternehmen vgl. Freidank, Eigenkapitalausweis, 2000, S. 2–39.
315 Vgl. Baetge/Kirsch/Thiele, Konzernbilanzen, S. 589.
316 Vgl. Paetzmann, in: Bertram/Brinkmann/Kessler/Müller (Hrsg.), Haufe HGB-Kommentar, § 289, Rz. 1.

tion der Rechnungslegung in Ergänzung zu den Jahresabschlussteilen Bilanz, GuV und Anhang unterstützt und bestehende Informationsasymmetrien zwischen der Unternehmensführung und den Adressaten reduziert werden. Der Lagebericht erweitert den vergangenheitsorientierten Abschluss zum einen in sachlicher Hinsicht, bspw. Informationen zum wirtschaftlichen Umfeld des Unternehmens, zu Risiken und Chancen, zu nicht ansatzfähigen immateriellen Werten, und erläutert besondere Einflüsse auf die Zahlenwerke. In zeitlicher Hinsicht bietet der Lagebericht mit Prognose über die Entwicklung des Unternehmens zukunftsorientierte Informationen. Dem Lagebericht kommt eine Informations- (Ergänzungs-, Komplementär-, Beurteilungs- und Verdichtungsfunktion) und Rechenschaftsfunktion zu.

Für die Lageberichterstattung existiert keine Normierung für eine Gliederungsstruktur. Seit 2013 ist DRS 20 (Konzernlagebericht) für die Erstellung des Lageberichts bei der Konzernrechnungslegung zu beachten (DRS 20.1); eine Anwendung ist für den Einzelabschluss empfohlen (DRS 20.2). Außerdem sind die Grundsätze ordnungsmäßiger Lageberichterstattung zu beachten. Dazu zählen der Grundsatz der Vollständigkeit, Verlässlichkeit und Ausgewogenheit, Klarheit und Übersichtlichkeit, Vermittlung der Sicht der Konzernleitung, Wesentlichkeit und Informationsabstufung (DRS 20.12 – 35).

Der Lagebericht hat seit etwa 2004 stetig an Bedeutung zugenommen. Als zentrale Treiber für den **Bedeutungszuwachs** sind zum einen die zunehmende Forderung nach Kontrolle und Transparenz angesichts der Unternehmensskandale bereits in den 1990er Jahren (1996: Bremer Vulkan; 2000: FlowTex; 2020: Wirecard), der gestiegene Anteil an immateriellen Werten am Börsen- bzw. Unternehmenswert sowie die zunehmende Forderung nach gesellschaftlicher Verantwortung der Unternehmen insbesondere als Folge von Umweltskandalen, Kinderarbeit, Klimawandel zu nennen. Die handelsrechtlichen Vorschriften erstrecken sich auf die §§ 289–289 f. HGB.

9.5.2 Mindestbestandteile des Lageberichts

Unabhängig von der Rechtsform und der Inanspruchnahme des Kapitalmarkts umfasst der Lagebericht die folgenden **Bestandteile**:

- Wirtschaftsbericht (§ 289 Abs. 1 Satz 1–3 HGB, Abs. 3) einschl. Angaben zu nichtfinanziellen Leistungsindikatoren, soweit bedeutsam (§ 289 Abs. 3 HGB),
- Prognosebericht mit Chancen und Risiken (§ 289 Abs. 1 Satz 4 HGB),
- Risikobericht über Finanzinstrumente, sog. Finanzrisikobericht (§ 289 Abs. 2 Nr. 1 HGB),
- Bericht über Forschung und Entwicklung (§ 289 Abs. 2 Nr. 2 HGB),
- Bericht über bestehende Zweigniederlassungen (nur Einzelabschluss, § 289 Abs. 2 Nr. 3 HGB).

Im Rahmen des **Wirtschaftsberichts** fordert § 289 Abs. 1 HGB eine Darstellung des Geschäftsverlaufs einschließlich Geschäftsergebnis und Lage des Unternehmens. Zudem hat der Lagebericht eine ausgewogene und umfassende Analyse von Geschäftsverlauf und Lage des Unternehmens unter Einbeziehung von finanziellen Leistungsindikatoren zu enthalten; große Kapitalgesellschaften haben außerdem nicht-finanzielle Leistungsindikatoren (ökologische und soziale Effekte der Unternehmenstätigkeit, Humankapital, Kundenstamm etc.), die bedeutsam für die wirtschaftliche Lage von Unternehmen sind (sog. finanzielle Wesentlichkeit), einzubeziehen (§ 289 Abs. 3 HGB). Darüber hinaus ist im Lagebericht die voraussichtliche Entwicklung des Unternehmens mit ihren wesentlichen Chancen und Risiken (Verlustrisiken aus Preis-, Wechselkurs- und Zinsentwicklungen) zu beurteilen und zu erläutern (Prognose-, Risiko- und Chancenbericht). Unternehmen sind freigestellt, die zuvor genannten drei Teilberichte jeweils als separate Abschnitte oder zusammengefasst, auch in Form von zwei Abschnitten (Prognosebericht sowie Risiko- und Chancenbericht), zu erstellen.

Im **Finanzrisikobericht** werden alle wesentlichen Sicherungsgeschäfte, bei denen Finanzinstrumente verwendet werden, anhand der Ziele und Methoden des Risikomanagements dargestellt und die Vorgehensweise zur Absicherung von Preisänderungs-, Ausfall-, Liquiditäts- und Cashflow-Schwankungen aufgezeigt.

Der **Forschungs- und Entwicklungsbericht** gibt einen allgemeinen Überblick über die Aktivitäten und Intensitäten der Forschungs- und Entwicklungstätigkeiten.

Der **Zweigniederlassungsbericht** gewährt einen Einblick in die Niederlassungen, die von der Hauptniederlassung getrennt sind und selbstständig am Geschäftsverkehr teilnehmen. Anzugeben sind Angaben zu Umsätzen, wesentlichen Investitionen sowie die Beschäftigtenzahl.

9.5.3 Zusätzliche Bestandteile des Lageberichts

Zusätzlich zu diesen Mindestbestandteilen ist der Lagebericht **je nach Rechtsform oder Kapitalmarktorientierung** um die folgenden **Bestandteile zu erweitern**:

- Angaben zu nichtfinanziellen Leistungsindikatoren (nur große Gesellschaften),
- Lageberichtseid (nur für kapitalmarktorientierte Kapitalgesellschaften, § 289 Abs. 1 Satz 5 HGB),
- Bericht über das interne Kontroll- und Risikomanagementsystem im Hinblick auf die Rechnungslegung (nur für kapitalmarktorientierte Kapitalgesellschaften, § 289 Abs. 4 HGB),
- für Übernahmen relevante Angaben, sog. Bericht zur Übernahmesituation (nur für bestimmte börsennotierte Unternehmen in der Rechtsform der AG und KgaA, § 289a HGB),

- nichtfinanzielle Erklärung für bestimmte große kapitalmarktorientierte Kapitalgesellschaften (§§ 289b bis e HGB), die zukünftig mit erweitertem Anwendungsbereich (auch für große nicht kapitalmarktorientierte Unternehmen) durch den Nachhaltigkeitsbericht ersetzt wird,[317]
- Erklärung zur Unternehmensführung im Lagebericht oder auf der Internetseite mit entsprechendem Verweis im Lagebericht (nur für börsennotierte AG und KGaA, § 289f HGB),
- Bericht über die Beziehungen zu verbunden Unternehmen, sog. Ergänzungsbericht für Aktiengesellschaften (§ 312 AktG).

Des Weiteren haben kapitalmarktorientierte Unternehmen die wesentlichen Merkmale des internen Kontroll- und Risikomanagementsystems im Hinblick auf die Rechnungslegung zu beschreiben (§ 289 Abs. 4 HGB). Zudem sind nach § 289a HGB von kapitalmarktorientierten Unternehmen Angaben zum Eigenkapital im Lagebericht gefordert, sofern diese nicht im Anhang ausgewiesen sind.

Außerdem haben kapitalmarktorientierte Unternehmen und börsennotierte Aktiengesellschaften nach § 289f HGB eine **Erklärung zur Unternehmensführung** abzugeben, die folgende Inhalte umfasst:
- Erklärung zum Deutschen Corporate Governance Kodex gem. § 161 AktG (§ 289f Abs. 2 Nr. 1 HGB),
- Bezugnahme auf den Vergütungsbericht (§ 289f Abs. 2 Nr. 1a HGB),
- relevante Angaben zu Unternehmensführungspraktiken, die über die gesetzlichen Anforderungen hinaus angewandt werden (§ 289f Abs. 2 Nr. 2 HGB),
- eine Beschreibung der Arbeitsweise von Vorstand und Aufsichtsrat sowie die Zusammensetzung und die Arbeitsweise von deren Ausschüssen (§ 289f Abs. 2 Nr. 3 HGB),
- Angaben über die gleichberechtigte Teilhabe von Frauen und Männern, u. a. Zielgrößen für den Frauenanteil mit Fristenangabe, Angaben zur Einhaltung des Mindestanteils von Frauen und Männern, Angaben zur Einhaltung der Vorgaben von mindestens einer Frau und mindestens einem Mann als Vorstandsmitglied (§ 289f Abs. 2 Nr. 4, 5, 5a HGB),
- Beschreibung des Diversitätskonzepts (Abs. 2 Nr. 6 HGB), Erläuterung bei Nichtvorliegen eines Diversitätskonzepts (§ 289f Abs. 5 HGB).

Angaben zu Zielgröße und Fristen zur Erhöhung des Frauenanteils (§ 289f Abs. 2 Nr. 4 HGB) gelten auch für Unternehmen, deren Organe nach gesetzlichen Vorgaben verpflichtet sind, Zielgrößen festzulegen, wie mitbestimmte GmbH, GmbH mit Aufsichtsrat, Versicherungsunternehmen (§ 289f Abs. 4 HGB). Dieser Bericht kann als gesonderter Abschnitt im Lagebericht aufgenommen oder alternativ auf der Internet-

317 Vgl. das Kapitel 10 »Nachhaltigkeitsberichterstattung«.

seite der Gesellschaft veröffentlicht werden. Im letzteren Fall ist im Lagebericht lediglich auf die genaue Internetadresse zu verweisen.

Kapitalmarktorientierte Unternehmen haben im Lagebericht insgesamt deutlich erweiterte Angabepflichten. So haben kapitalmarktorientierte Unternehmen – analog zum Jahresabschluss – auch den Lagebericht um einen **Lageberichtseid** nach § 289 Abs. 1 HGB zu ergänzen. Dieser Eid soll nochmals das Bemühen des Managements unterstreichen, dass der Konzernlagebericht frei von unrichtigen Angaben ist und ein den tatsächlichen Verhältnissen entsprechendes Bild vermittelt.

> **Beispiel**
>
> DRS 20.K308 schlägt für den Eid bezogen auf den Lagebericht folgende Fassung vor: »Wir versichern nach bestem Wissen, dass [...] im Konzernlagebericht der Geschäftsverlauf einschließlich des Geschäftsergebnisses und die Lage des Konzerns so dargestellt sind, dass ein den tatsächlichen Verhältnissen entsprechendes Bild vermittelt wird, sowie die wesentlichen Chancen und Risiken der voraussichtlichen Entwicklung des Konzerns beschrieben sind.«

Rechtlich bedeutet ein Verstoß gegen den Bilanzeid, dass auch explizit gegen andere Vorschriften, insbesondere gegen § 289 Abs. 1 S. 1 HGB, verstoßen wurde. Hier greifen die strafrechtlichen Vorschriften des § 331 HGB, die für einen Verstoß eine Geldstrafe oder Freiheitsstrafe von bis zu drei Jahren vorsehen. Weitere rechtliche Konsequenzen aufgrund eines Verstoßes gegen den Bilanzeid sind dagegen fraglich.

Darüber hinaus werden insbesondere große haftungsbeschränkte Unternehmen sowie kapitalmarktorientierte KMU (Ausnahme: Kleinstunternehmen) zukünftig dazu verpflichtet sein, über die »wichtigsten **immateriellen Ressourcen**« des Unternehmens zu berichten (Art. 19 Abs. 1 Unterabs. 4 Bilanz-RL n. F.). Bei diesen handelt es sich um »Ressourcen ohne physische Substanz, von denen das Geschäftsmodell des Unternehmens grundlegend abhängt und die eine Wertschöpfungsquelle für das Unternehmen darstellen« (Art. 2 Nr. 19 Bilanz-RL n. F.).[318]

9.5.4 Nachhaltigkeitsbezogene Berichterstattung

Nachhaltigkeitsbezogene Informationen sind bereits ansatzweise mit den geforderten Angaben zu nichtfinanziellen Leistungsindikatoren (§ 289 Abs. 3 HGB) verpflichtet. Weiter forciert wurde die nichtfinanzielle Berichterstattung mit der Non

318 Zum Verständnis des Begriffs »immaterieller Ressourcen« sowie zum Wertschöpfungsverständnis vgl. Liening/von Keitz/Wulf, KoR 2023, S. 296 ff.

Financial Reporting Directive[319] (NFRD), die in Deutschland durch das **CSR-Richtlinie-Umsetzungsgesetz**[320] mit den §§ 289b bis e HGB umgesetzt wurde und seit 2017 von bestimmten großen kapitalmarktorientierten Kapitalgesellschaften mit mehr als 500 Mitarbeitern sowie großen Kreditinstituten und Versicherungen mit mehr als 500 Mitarbeitern anzuwenden ist.[321] Diese nachhaltigkeitsbezogenen Informationen mussten nicht zwingend im Lagebericht verortet sein, sondern konnten auch außerhalb des Lageberichts im Geschäftsbericht, in einem anderen Unternehmensberichte (insbesondere Nachhaltigkeitsbericht) oder als separater Bericht offengelegt werden.[322]

Neue Berichtspflichten für den Lagebericht resultieren aus der **Corporate Social Responsibility-Directive**[323] (CSRD), die am 05.01.2023 in Kraft getreten ist und inhaltlich vor allem die Richtlinie 2013/34/EU (sog. Bilanz-Richtlinie) ändert. Die Mitgliedstaaten müssen die neue Richtlinie spätestens bis zum 06.07.2024 in nationales Recht umsetzen (Art. 5 Abs. 1 CSRD). Als eine zentrale Änderung wird zukünftig mit gestaffelter Erstanwendung ein **Nachhaltigkeitsbericht** als separater Abschnitt im Lagebericht verpflichtend.[324]

9.5.5 Weitere Berichtswerke außerhalb des Lageberichts

Des Weiteren sind Berichte teils abseits des Lageberichts offenzulegen. Dazu zählen insbesondere der

- **Zahlungsbericht** nach §§ 341q–341y HGB, der von bestimmten Unternehmen des Rohstoffsektors als separater Bericht über Zahlungen an staatliche Stellen (sog. Country-by-Country Reporting) zu erstellen ist.
- **Bericht zur Gleichstellung und Entgeltgleichheit** nach § 21 Abs. 1 Satz 1 EntgTranspG, der von lageberichtspflichtigen Kapitalgesellschaften mit in der Regel mehr als 500 Beschäftigten aufzustellen ist.
- **Vergütungsbericht** nach § 162 Abs. 1 AktG, der von börsennotierten Gesellschaften offenzulegen ist.
- **Bericht über die Erfüllung der Sorgfaltspflichten gem. Lieferkettensorgfaltspflichtengesetz** (LkSG), der gestaffelt ab 01.01.2023 insbesondere von in Deutschland ansässigen Unternehmen mit mind. 3.000 Arbeitnehmern und ab

319 Richtlinie 2014/95/EU (CSR-Richtlinie) vom 22.10.2014, ABl.EU Nr. L 330/1 vom 15.11.2014.

320 Gesetz zur Stärkung der nichtfinanziellen Berichterstattung der Unternehmen in ihren Lage- und Konzernlageberichten (CSR-Richtlinie-Umsetzungsgesetz) vom 18.04.2017, BGBl Teil I, Nr. 20, 802 ff.

321 Die nichtfinanzielle Berichterstattung wird ab 2024 durch den EU-Nachhaltigkeitsbericht stufenweise mit erweitertem Anwendungsbereich abgelöst; vgl. das Kapitel 10 »Nachhaltigkeitsberichterstattung«.

322 Vgl. Schmotz/Schwedler/Barckow, DB 2021, S. 798; Behncke/Wulf, KoR 2019, S. 2–23.

323 Vgl. Richtlinie 2022/2464/EU des Europäischen Parlaments und des Rates vom 14.12.2022 zur Änderung der Verordnung (EU) Nr. 537/2014 und der RL 2004/109/EG, 2006/43/EG und 2013/34/EU hinsichtlich der Nachhaltigkeitsberichterstattung von Unternehmen, ABlEU Nr. L 322 vom 16.12.2022, S. 15.

324 Vgl. ausführlich das Kapitel 10 »Nachhaltigkeitsberichterstattung«.

01.01.2023 mit mind. 1.000 Arbeitnehmern auf der Internetseite des Unternehmens öffentlich zugänglich zu machen ist.

- **Ertragsteuerinformationsbericht**[325], der für nach dem 21.06.2024 beginnende Geschäftsjahre von bestimmten umsatzstarken multinationalen Unternehmen offenzulegen ist. Die Berichterstattung umfasst grundsätzlich länderbezogene Informationen wie insbesondere Erträge, Vorsteuerergebnis, einbehaltene Gewinne, zu zahlende und gezahlte Ertragsteuer des Berichtszeitraums (Public Country-by-Country Reporting).

Freiwillige Zusatzberichte (z. B. Angaben zu Zielen und Strategien nach DRS 20.39–44, Angaben zum Steuerungssystem nach DRS 20.K45–K47) können publiziert werden. Ein Strategiebericht und Angaben zum Steuerungssystem werden von börsennotierten Konzernen in aller Regel offengelegt. Ferner kann freiwillig eine Wertschöpfungsrechnung erstellt werden.

9.6 Aufgaben und Lösungen

9.6.1 Aufgaben

Aufgabe 1: Bilanz

Unter welchen Bilanzposten werden die folgenden Vermögensgegenstände und Schulden bilanziert?

Lesen Sie hierzu § 266 Abs. 2 u. 3 HGB.

1. Ein Bauunternehmer erhält für ein Großprojekt eine Anzahlung von seinem Kunden.
2. Ein Spediteur erwirbt einen LKW zur langfristigen Nutzung.
3. Ein Einzelhändler kauft einen Tresen und Regale für die Präsentation seiner Ware.
4. Der Spediteur mietet eine Lagerhalle für die Zwischenlagerung von Ware.
5. Die ABC GmbH gewährt ein langfristiges Darlehen.
6. Ein Großbetrieb hat liquide Mittel, die kurzfristig in Aktien angelegt werden.
7. Unter welchem Posten muss die Bilanzierung im Fall 5 erfolgen, falls die Geldanlage für zwei Jahre geplant ist?

325 Gesetz zur Umsetzung der Richtlinie (EU) 2021/2101 im Hinblick auf die Offenlegung von Ertragsteuerinformationen durch bestimmte Unternehmen und Zweigniederlassungen sowie zur Änderung des Verbraucherstreitbeilegungsgesetzes und des Pflichtversicherungsgesetzes vom 19.06.2023, BGBl . I Nr. 154 vom 21.06.2023.

Aufgabe 2: GuV

Erstellen Sie aus den folgenden Angaben für die Müller Reisen AG (Angaben in EUR) eine GuV-Rechnung des kalenderjahrgleichen Geschäftsjahres t1 nach § 275 Abs. 2 HGB (GKV) unter Angabe von Gesamtleistung, Ergebnis vor Steuern und Jahresergebnis.

Beschreibung	in EUR
Umsatzerlöse	11.400.000
aktivierte Eigenleistungen	150.000
Abschreibungen	120.000
Erträge aus Beteiligungen	90.000
Zinsen und ähnliche Aufwendungen	15.000
Steuern vom Einkommen und vom Ertrag	50 %
Bestandsveränderungen Erzeugnisse	250.000
sonstige betriebliche Erträge	480.000
Materialaufwand	7.900.000
sonstige betriebliche Aufwendungen	2.600.000
sonstige Zinsen und ähnliche Erträge	160.000
Personalaufwand	3.100.000

9.6.2 Lösungen

Lösung zu Aufgabe 1

1.	erhaltene Anzahlungen auf Bestellung	Passiva C. 3.
2.	BGA (ggf. gesondert Fuhrpark)	Aktiva A. II. 3.
3.	BGA	Aktiva A. II. 3.
4.	kein Ausweis (muss zum Betriebsvermögen gehören)	---
5.	sonstige Ausleihungen	Aktiva A. III. 6.
6.	sonstige Wertpapiere	Aktiva B. III. 3.
7.	Wertpapiere des AV	Aktiva A. III. 5.

Lösung zu Aufgabe 2

GuV nach § 275 Abs. 2 HGB (Gesamtkostenverfahren) mit freiwilliger Erweiterung um den Ausweis der Gesamtleistung sowie mit reduzierten Posten des Finanzergebnisses

GuV 01.01.t1–31.12.t1 in EUR	
Umsatzerlöse	11.400.000
Bestandsveränderungen	250.000
aktivierte Eigenleistung	150.000
Gesamtleistung	*= 11.800.000*
sonstige betriebliche Erträge	1.680.000
Materialaufwand	7.900.000
Personalaufwand	3.100.000
Abschreibungen	120.000
sonstiger betrieblicher Aufwand	2.600.000
Erträge aus Beteiligungen	190.000
sonstige Zinsen und ähnliche Erträge	160.000
Zinsen und ähnliche Aufwendungen	15.000
Ergebnis vor Steuern vom Einkommen und vom Ertrag	*= 95.000*
Steuern vom Einkommen und vom Ertrag	-47.500
Jahresergebnis	= 47.500

Hinweis

Diese und weitere Aufgaben samt Lösungen finden Sie online bei den digitalen Extras.

DIGITALE EXTRAS

9.7 Lernkontrolle

Geben Sie bitte an, ob die folgenden Aussagen richtig (R) oder falsch (F) sind. (Die Lösung finden Sie in Kapitel »Lösungen zu den Lernkontrollen«.)

Nr.	Aussage	Antwort
1	Der Lagebericht gehört zum HGB-Jahresabschluss.	
2	Nach HGB zeigt die Bilanz als Bestandsrechnung im Zeitvergleich neben der Gesamtveränderung der Position »Liquide Mittel« auch die Ursachen der Änderung auf.	
3	Die Kapitalflussrechnung ermöglicht eine fundierte Aussage über die Finanzkraft bzw. Zahlungsfähigkeit eines Unternehmens.	
4	Ein zentrales Ziel der Segmentberichterstattung ist u. a., Informationen über wesentliche Geschäftsfelder zu geben.	
5	Eine Verbesserung der Einschätzung der Chancen und Risiken einzelner Geschäftsfelder soll mittels Kapitalflussrechnung ermöglicht werden.	
6	Der Lagebericht ist ein zusätzliches Berichtsinstrument und pflichtmäßig nur von großen Kapitalgesellschaften zu erstellen.	
7	Neben Bilanz und GuV ist der Anhang nach HGB das dritte Element des Jahresabschlusses von Kapitalgesellschaften.	
8	Pflichtbestandteile des Segmentberichts sind u. a. der Wirtschaftsbericht, der Prognosebericht mit Chancen und Risiken und der Bilanzeid.	
9	Der Eigenkapitalspiegel stellt die Veränderungen des Eigenkapitals in einem Berichtsjahr dar.	
10	Der Anhang dient primär der Rechenschaftsfunktion eines HGB-Abschlusses.	

10 Nachhaltigkeitsberichterstattung

Nach Durcharbeiten dieses Kapitels
- kennen Sie bedeutsame Regulierungen zur nachhaltigen Unternehmensentwicklung.
- verstehen Sie das Zusammenspiel von Regulierungen zur Nachhaltigkeitsberichterstattung und zur nachhaltigen Finanzierung.
- wissen Sie, welche Unternehmen den CSRD-Nachhaltigkeitsbericht erstellen müssen und dass es einen gestaffelten Zeitplan für die Erstanwendung gibt.
- ist Ihnen die Verortung des Nachhaltigkeitsberichts als Abschnitt Lagebericht bekannt,
- kennen Sie die Vorgaben für die elektronische Erstellung sowie für die Offenlegung des Nachhaltigkeitsberichts.
- wissen Sie um die Prüfungspflicht des Nachhaltigkeitsberichts mit begrenzter Sicherheit.
- verstehen Sie, warum europäische Standards zur Nachhaltigkeitsberichterstattung anzuwenden sind und kennen den Aufbau dieser Standards.
- können Sie Beispiele für Umweltfaktoren, Sozial- und Menschenrechtsfaktoren sowie Governance-Faktoren benennen.
- sind Sie mit dem Konzept der doppelten Wesentlichkeit vertraut.
- wissen Sie, welche Berichtsinhalte in den Nachhaltigkeitsbericht aufzunehmen sind.

10.1 Entwicklungsetappen zur europäischen Nachhaltigkeitsberichterstattung

10.1.1 Meilensteine auf dem Weg zur nichtfinanziellen Erklärung

Bereits 2001 formulierte die EU mit dem Grünbuch[326] Rahmenbedingungen für die soziale Verantwortung von Unternehmen. 2011 forcierte die EU, u. a. als Folge der UN-Leitprinzipien für Wirtschaft und Menschenrechte (2011) wie auch der OECD-Leitsätze für multinationale Unternehmen (2011), ihre **Strategie zu einer umwelt-, wirtschafts- und sozialpolitisch nachhaltigen Entwicklung** und strebte eine stärkere Verantwortung von Unternehmen für deren Auswirkungen auf die Gesellschaft (Corporate Social Responsibility, CSR) an. Zu ihrem Aktionsplan für den Zeitraum 2011– 2014 zählte u. a., die Offenlegung von sozialen und ökologischen Informationen durch die Unterneh-

326 EG-Kommission, Grünbuch. Europäische Rahmenbedingungen für die soziale Verantwortung von Unternehmen, KOM(2001) 366 vom 18.07.2001.

men zu verbessern.[327] Die bereits 2010 angekündigte Rechtsvorschrift über die Transparenz der sozialen und ökologischen Informationen wurde mit der Non-Financial Reporting Directive[328] (NFRD) 2014 realisiert, die die Offenlegung einer nichtfinanziellen Erklärung für bestimmte große Unternehmen von öffentlichem Interesse fordert und **in Deutschland durch das CSR-Richtlinie-Umsetzungsgesetz**[329] (CSR-RUG) umgesetzt wurde. Ergänzend hat die EU-Kommission im Juli 2017 unverbindliche Leitlinien zur Berichterstattung über nichtfinanzielle Informationen[330] und im Juni 2019 einen Nachtrag zu klimabezogenen Informationen[331] veröffentlicht.

Die handelsrechtliche Verankerung erfolgte in den §§ 289b bis 289e HGB. Danach müssen bestimmte große kapitalmarktorientierte Unternehmen mit mehr als 500 Arbeitnehmern differenzierte Angaben nach 289c Abs. 3 HGB zu den fünf Mindestbelangen – Umwelt-, Sozial- und Arbeitnehmerbelange sowie Achtung der Menschenrechte und Korruptionsbekämpfung – offenlegen.[332] Für die Erstellung der **nichtfinanziellen Erklärung** dürfen anerkannte nationale, europäische oder internationale Rahmenwerke verwendet werden (§ 289d HGB). Eine inhaltliche Prüfung der nichtfinanziellen Erklärung ist nicht verpflichtend. Die Prüfung durch den Abschlussprüfer bezieht sich lediglich auf das Vorliegen der nichtfinanziellen Erklärung (§ 317 Abs. 2 Satz 4 – 5 HGB). Allerdings ist eine Prüfung durch den Aufsichtsrat verpflichtend (§§ 170 Abs. 1 und 171 Abs. 1 AktG; § 52 Abs. 1 GmbHG i. V. m. §§ 170 f AktG sowie § 38 Abs. 1b GnG). Die nichtfinanzielle Erklärung kann sowohl im Lagebericht (integriert oder als Abschnitt), in einem anderen Bericht (z. B. integriert oder als Abschnitt im Nachhaltigkeitsbericht), als gesonderter Bericht oder außerhalb des Lageberichts im Geschäftsbericht offengelegt werden.[333]

---

327 EU-Kommission, Mitteilung der EU-Kommission, Eine neue EU-Strategie (2011-14) für die soziale Verantwortung der Unternehmen, KOM(2011) 681 vom 25.10.2011.

328 Richtlinie 2014/95/EU vom 22.10.2014, ABl. EU Nr. L 330/1 vom 15.11.2014.

329 Gesetz zur Stärkung der nichtfinanziellen Berichterstattung der Unternehmen in ihren Lage- und Konzernlageberichten (CSR-Richtlinie-Umsetzungsgesetz) vom 18.04.2017, BGBl Teil I, Nr. 20, S. 802 ff.

330 EU-Kommission, Leitlinien für die Berichterstattung über nichtfinanzielle Informationen (Methode zur Berichterstattung über nichtfinanzielle Informationen), ABl. EU Nr. C 215/1 vom 05.07.2017, S. 4.

331 EU-Kommission, Leitlinien für die Berichterstattung über nichtfinanzielle Informationen: Nachtrag zur klimabezogenen Berichterstattung, Abl. EU Nr. C209/1 vom 20.06.2019.

332 Dies gilt auch für große kapitalmarktorientierte haftungsbeschränkte PersGes. (§ 289b HGB i. V. m. § 264a Abs. 1 HGB) und Genossenschaften (§ 336 Abs. 2 Nr. 2 HGB) mit jeweils mehr als 500 Arbeitnehmern sowie analog für Konzerne. Gleiches gilt für große Kreditinstitute und Versicherungsunternehmen mit mehr als 500 Arbeitnehmern (§ 340a Abs. 1a HGB, § 341a Abs. 1a HGB).

333 Vgl. Schmotz/Schwedler/Barckow, DB 2021, S. 798; Behncke/Wulf, KoR 2019, S- 22–23.

10.1.2 Meilensteine auf dem Weg zum europäischen Nachhaltigkeitsbericht

Die europäischen Nachhaltigkeitsstrategie hat weiteren Auftrieb erfahren, nachdem die Agenda 2030 für nachhaltige Entwicklung[334] mit den darin enthaltenden 17 Zielen für eine nachhaltige Entwicklung (Sustainable Development Goals[335], SDG) am 25.09.2015 von den Vereinten Nationen verabschiedet sowie das Pariser Klimaschutzübereinkommen[336] am 12.12.2015 vereinbart wurde. Ein zentraler Punkt des Übereinkommens war neben der Begrenzung der Erderwärmung auf möglichst 1,5 Grad Celsius, maximal auf 2 Grad Celsius im Vergleich zum vorindustriellen Niveau, die Ausrichtung der Finanzströme an eine treibhausgasarme und klimaresiliente Entwicklung.[337] Vor diesem Hintergrund hat eine von der EU-Kommission am 22.12.2016 beauftragte Expertengruppe (High-Level Expert Group on Sustainable Finance, HLEG) **Empfehlungen für ein nachhaltiges Finanzsystem** erarbeitet, die am 31.01.2018 in den Abschlussbericht »Financing a sustainable European Economy« mündeten.[338] Daraufhin hat die EU-Kommission am 08.03.2018 den Aktionsplan »Finanzierung nachhaltigen Wachstums« vorgelegt, der zehn Maßnahmen umfasst und drei Ziele formuliert. Neben der Lenkung von Kapitalströmen und der Integration von Nachhaltigkeitsrisiken in das Risikomanagement von Unternehmen ist das dritte Ziel die Förderung von **Transparenz und Nachhaltigkeit in der gesamten Finanz- und Wirtschaftstätigkeit**. Für letzteres Ziel sind Maßnahme 9 »Stärkung der Vorschriften zur Offenlegung von Nachhaltigkeitsinformationen und zur Rechnungslegung« und Maßnahme 10 »Förderung einer nachhaltigen Unternehmensführung und Abbau von kurzfristigem Denken auf den Kapitalmärkten« relevant.[339] In der Folge hat das von der EU-Kommission am 13.06.2018 eingesetzte Beratungsgremium, die Technical Expert Group (TEG) on Sustainable Finance, am 10.01.2019 Empfehlungen zu klimabezogenen Angaben erarbeitet,[340] die sich an den Empfehlungen der Task Force on Climate-related Financial Disclosures (TCFD) orientieren und in den EU-Nachtrag zur klimabezogenen Berichterstattung eingeflossen sind.[341]

---

334 Vgl. UN-Resolution A/RES/70/1 »Transformation unserer Welt: die Agenda 2030 für nachhaltige Entwicklung; abrufbar unter: https://www.un.org/Depts/german/gv-70/band1/ar70001.pdf (Abruf: 22.08.2023).

335 Siehe ausführlich: https://sustainabledevelopment.un.org/post2015/transformingourworld (Abruf: 22.08.2023).

336 Vgl. Decision 1/COP.21 »Adoption of the Paris Agreement«, abrufbar unter: https://unfccc.int/resource/docs/2015/cop21/eng/10a01.pdf#page=2 (Abruf: 22.08.2023).

337 Bundesministerium für Umwelt, Naturschutz, Bau und Reaktorsicherheit: Klimaschutz in Zahlen. Fakten, Trends und Impulse deutscher Klimapolitik. Ausgabe 2017, S. 14–15.

338 Vgl. zum Zwischenbericht Schmidt/Schmotz, DB 2017, S. 2883; zum Abschlussbericht HLEG, Financing a Sustainable European Economy – final report 2018, abrufbar unter: https://ec.europa.eu/info/sites/default/files/180131-sustainable-finance-final-report_en.pdf (Abruf: 22.08.2023).

339 Vgl. EU-Kommission, Aktionsplan: Finanzierung nachhaltigen Wachstums, KOM(2018) 97 final, vom 08.03.2018 (sog. Aktionsplan), S. 2 f.; 5 ff.

340 Vgl. TEG on Sustainable Finance, Report on Climate-related Disclosures, 2019.

341 Vgl. Behncke/Wulf, ZCG 2019, S. 231–232.

Angesichts der zunehmenden Klimadebatten folgte Ende 2019 der **European Green Deal**, mit dem das übergeordnete Ziel verfolgt wird, eine Reduzierung der Nettotreibhausgasemissionen um mindestens 55% gegenüber 1990 bis 2030 (Fit for 55) zu erreichen, diese bis 2050 auf Null zu senken und somit klimaneutral zu werden.[342] Zur Erreichung dieses Ziels erfolgten verschiedene regulatorische Maßnahmen auch im Bereich der Wirtschaft, die nachhaltige bzw. grüne Investition fördern und – anstelle von Selbstverpflichtungen – eine nachhaltige Unternehmensentwicklung forcieren sollen.[343]

Hinweis

Die aus dem European Green Deal resultierenden Regulierungen zur nachhaltigen Unternehmensentwicklung betreffen Vorgaben

- zur nachhaltigen Finanzierung (Sustainable Finance),
- zur nachhaltigkeitsorientierten Berichterstattung (Sustainability Reporting) sowie
- zur nachhaltigen Unternehmensführung und -kontrolle (Sustainable Corporate Governance).

Während die Sustainable-Finance-Regulierungen die Einbeziehung von Nachhaltigkeitsaspekten in Investitions- und Finanzierungsentscheidungen und die Sustainable-Governance-Regulierungen die Einbeziehung von Nachhaltigkeitsaspekten in die Aufgabenbereiche von Leitungs- und Kontrollorganen einschließlich nachhaltigkeitsbasierter Vergütung erfordern, soll mit der nachhaltigkeitsorientieren Berichterstattung eine Lenkungswirkung zur Verbesserung der CSR-Performance von Unternehmen erreicht werden. Die beiden zuerst genannten Regulierungen sind auch, wenngleich nicht primär, mit Berichtspflichten verbunden.

Mit Blick auf die nachhaltigkeitsorientierte Berichterstattung ist anzumerken, dass die nichtfinanzielle Erklärung als Kompromisslösung galt. Bereits Art. 3 der NFRD hat eine Überprüfung ebendieser Richtlinie u. a. im Hinblick auf den Anwendungsbereich und die Berichtspraxis vorgesehen. Für die Vorgaben der nichtfinanziellen Erklärung nach der NFRD zeichnete sich bereits als Ergebnis des sog. Fitness-Checks[344] eine Reformbedürftigkeit ab. Nachdem die EU-Kommission die Überarbeitung der NFRD in 2019 angekündigt hat, veröffentlichte sie Anfang 2020 eine Folgenabschätzung und führte eine Konsultation zur Überprüfung der NFRD durch. Als Ergebnis der Konsulta-

342 EU-Kommission, Mitteilung der EU-Kommission, Der europäische Grüne Deal, KOM(2019) 640 vom 11.12.2019, 2.

343 Vgl. z. B. Behncke/Wulf, ZCG 2019, S. 231.

344 Vgl. https://ec.europa.eu/info/consultations/finance-2018-companies-public-reporting_de (Abruf (13.07.2021).

tionen zeichnete sich dringender Reformbedarf ab.[345] Daraufhin hat die Europäische Kommission am 21.04.2021 einen Vorschlag für Anpassungen der NFRD vorgelegt. Schließlich wurde die **neue Richtlinie zur Nachhaltigkeitsberichterstattung** (Corporate Sustainability Reporting Directive[346], CSRD) am 16.12.2022 veröffentlicht. Mit der **CSRD**, die die derzeitigen Vorgaben zur nichtfinanziellen Erklärung vollständig ersetzt, wird die europäische Nachhaltigkeitsberichterstattung rechtlich reguliert. Die Richtlinie ist in den Mitgliedstaaten spätestens bis zum 06.07.2024 in nationales Recht umsetzen (Art. 5 Abs. 1 CSRD).

10.1.3 Bedeutung von Sustainable Finance und Sustainable Governance im Kontext der CSRD

Als **Regulierungen zur nachhaltigen Finanzierung (Sustainable Finance)** mit Blick auf die Berichterstattung sind die im Juni 2020 in Kraft getretene EU-Taxonomie-VO sowie die seit März 2021 stufenweise anzuwendende OffenlegungsVO von Bedeutung. Zudem werden die Sustainable-Finance-Regulierungen mit Instrumenten für Unternehmen, Marktteilnehmer und Finanzintermediäre flankiert, um die Entwicklung nachhaltiger Investitionslösungen zu fördern. Dazu zählen die Kapitaladäquanz-Verordnung[347] und der geplante European Green Bond Standard,[348] mit dem mehr Transparenz und Einheitlichkeit bei grünen Anleihen sichergestellt werden soll. Weiterhin werden mit der Benchmark-Verordnung[349], auch EU-Referenzwerte-VO genannt, Standards, Normen und Referenzwerte für Sustainable-Finance-Instrumente festgelegt, um Greenwashing zu vermeiden sowie Transparenz und Vergleichbarkeit zu erhöhen.

Die sog. **Offenlegungs-VO** harmonisiert die Transparenzanforderungen bezüglich Nachhaltigkeitsaspekten in Investitionsentscheidungs-, Anlageberatungs- und Versicherungsberatungsprozessen für Finanzmarktteilnehmer und Finanzberater. Offenzulegen sind auf Unternehmensebene von Finanzmarktteilnehmern, die Anlageprodukte anbieten, und Finanzberatern insbesondere Nachhaltigkeitsrisiken sowie die wichtigsten negativen Auswirkungen (Principal Adverse Impacts, PAIs) von Inves-

---

345 Vgl. EU-Kommission, Summary Report of the Public Consultation on the Review of the Non-Financial Reporting Directive; abrufbar unter: https://ec.europa.eu/info/law/better-regulation/have-your-say/initiatives/12129-Revision-of-Non-Financial-Reporting-Directive/public-consultation_de (Abruf: 29.03.2023).

346 Richtlinie (EU) 2022/2464 vom 14.12.2022 zur Änderung der Verordnung (EU) Nr. 537/2014 und der Richtlinien 2004/109/EG, 2006/43/EG und 2013/34/EU hinsichtlich der Nachhaltigkeitsberichterstattung von Unternehmen, ABlEU Nr. L 322 vom 16.12.2022, S. 15 ff.; im Folgenden zitiert als CSRD; die Zitation mit Bezug auf die Artikel im Fließtext erfolgt als Bilanz-RL n. F.

347 Verordnung 2019/876/EU, ABl. EU Nr. L150/1 vom 07.06.2019.

348 Zum Vorschlag vgl. https://eur-lex.europa.eu/resource.html?uri=cellar:e77212e8-df07-11eb-895a-01aa75ed71a1.0024.02/DOC_1&format=PDF (Abruf: 29.03.2023). Eine vorläufige Vereinbarung liegt vor, die noch vom EU-Rat und EU-Parlament bestätigt und angenommen werden muss; vgl. https://ec.europa.eu/commission/presscorner/detail/en/mex_23_1301 (Abruf: 29.03.2023).

349 Verordnung 2019/2089/EU, ABl. EU Nr. L 317/17 vom 09.12.2019.

titionsentscheidungen auf Nachhaltigkeitsfaktoren (Art. 3 – 5); auf Produktebene ist die Einteilung in Kategorien, z. B. grüne (erfüllen ESG-Anforderungen) und rote (erfüllen ESG-Anforderungen nicht) Produkte, offenzulegen (Art. 6 – 8).[350] Durch die Offenlegungs-VO kommt Finanzunternehmen damit eine besondere Stellung auf dem Weg der nachhaltigen Unternehmensentwicklung zu.

Die **EU-Taxonomie-VO** gilt als Herzstück der europäischen Nachhaltigkeitsbestrebungen im Finanzwesen, da diese EU-weit ökologisch nachhaltige Wirtschaftsaktivitäten und Investitionen klassifiziert. Unternehmen, die eine nichtfinanzielle Erklärung, zukünftig den EU-Nachhaltigkeitsbericht, erstellen müssen, sind nach Art. 8 Abs. 2 EU-Taxonomie-VO verpflichtet, über **drei grüne Taxonomie-Quoten**, nämlich ökologisch nachhaltiger Anteil der Umsätze, der Investitionsausgaben (CapEx) und der Betriebsausgaben (OpEx), zu berichten (Art. 8 Taxonomie-VO).[351]

Die im Februar 2022 von der EU-Kommission **vorgeschlagene europäische Sorgfaltspflichten-Richtlinie** (Corporate Sustainability Due Diligence Directive (CSDDD), sog. EU-Lieferkettenrichtlinie) stellt die zentrale **europarechtliche Regulierung zur nachhaltigen Unternehmensführung und -überwachung** (Sustainable Governance) dar. Mit dieser Richtlinie wird die Verantwortung der Leitungs- und Kontrollorgane von Unternehmen für die Auswirkungen ihrer Wirtschaftsaktivitäten entlang der gesamten Wertschöpfungskette forciert, die insbesondere verbindliche Menschenrechts- und Umweltsorgfaltspflichten entlang der Lieferkette fordert.[352] Die Sorgfaltspflichten umfassen u. a. die Analyse von Risiken im Hinblick auf Menschenrechte und Umweltschutz, Steuerung dieser Risiken durch Präventions- und Abhilfemaßnahmen, Überprüfung der Wirksamkeit der Strategien und Maßnahmen, Einrichtung eines Beschwerdeverfahrens sowie diesbezügliche Berichterstattung (Art. 6 – 11 CSDDD-Vorschlag). Die Sorgfaltspflichten erstrecken sich nicht nur auf die Geschäftstätigkeit des Unternehmens und der einbezogenen Tochterunternehmen, sondern auf die gesamte Wertschöpfungskette. Entsprechend dem CSDDD-Vorschlag müssen Unternehmen die Sorgfaltspflichten in ihren Geschäftsprozessen verankern und überwachen; auch ist eine Integration in die Unternehmensstrategie erforderlich (Art. 5 CSDDD-Vorschlag). Zudem sind die Pläne festzulegen, wie der Übergang zu einer nachhaltigen Wirtschaft und der Einklang mit dem 1,5-Grad-Ziel des Pariser Klimaabkommens erreicht werden soll (Art. 15 Abs. 1 CSDDD-Vorschlag). Der CSDDD-Vorschlag definiert zudem den in Art. 18 EU-Taxonomie-VO festgelegten Mindestschutz für Verfahren u. a.

350 Zur Bedeutung von ESG für Banken, Finanzdienstleister und Versicherungsunternehmen vgl. Winter/van Meegen, DB 2021, S. 59.

351 Vgl. ausführlich Kirsch, DStZ 2022, 842 ff. sowie zur Erstanwendung Kirste/Harms/Wulf, WPg 2023, S. 23–31.

352 Vgl. https://commission.europa.eu/publications/proposal-directive-corporate-sustainability-due-diligence-and-annex_en (Abruf: 29.03.2023). Die Zustimmung des Europäischen Parlaments erfolgte am 01.06.2023; vgl. https://www.bmz.de/de/aktuelles/aktuelle-meldungen/schulze-eu-parlament-geplantes-eu-ieferkettengesetz-155168 (Abruf: 23.08.2023).

im Zusammenhang mit den UN-Leitprinzipien für Wirtschaft und Menschenrechte. Darüber hinaus bestehen Überschneidungen mit der Corporate Sustainability Reporting Directive[353] (CSRD), z. B. Angaben zu Due-Diligence-Prozessen, zu Informationen über Arbeitsbedingungen und Menschenrechte, insbesondere betreffend ESRS S2[354] (Arbeitnehmer in der Wertschöpfungskette).[355] Die Anforderungen der CSDDD gehen über die des **deutschen Lieferkettensorgfaltspflichtengesetzes**[356] (LkSG) hinaus,[357] z. B. Ausweitung der Sorgfaltspflichten auf die gesamte Wertschöpfungskette, sodass nach Verabschiedung der CSDDD Nachjustierungen am deutschen LkSG erforderlich sein werden.

Das Zusammenspiel von CSRD, EU-Taxonomie-VO und Offenlegungs-VO zeigt die folgende Abbildung.[358]

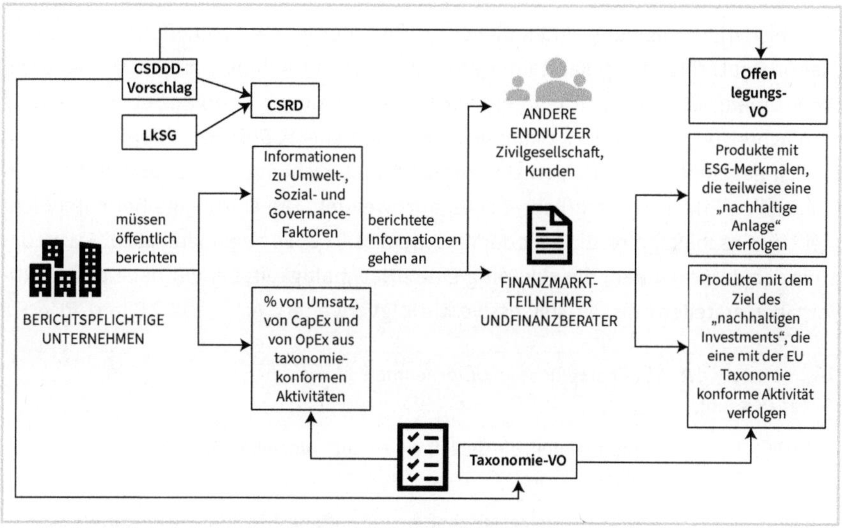

Abb. 10 – 1: Zusammenspiel von CSRD, EU-Taxonomie- und Offenlegungs-VO

Zwischen den drei Regelwerken CSRD, EU-Taxonomie-VO und Offenlegungs-VO gibt es zum Teil inhaltliche Überschneidungen. Die Regulierungen der EU-Taxonomie-VO mit einem festgelegten Klassifizierungssystem für nachhaltige Wirtschaftstätigkeiten

353 Richtlinie (EU) 2022/2464 vom 14.12.2022 zur Änderung der Verordnung (EU) Nr. 537/2014 und der Richtlinien 2004/109/EG, 2006/43/EG und 2013/34/EU hinsichtlich der Nachhaltigkeitsberichterstattung von Unternehmen, ABlEU Nr. L 322 vom 16.12.2022, S. 15 ff.

354 Zu den ESRS (European Sustainability Reporting Standards) siehe die Ausführungen in Kapitel 10.3 »Verwendung europäischer Standards zur Nachhaltigkeitsberichterstattung«.

355 Vgl. Baumüller/Needham/Scheid, DB 2022, S. 1401 ff.

356 Gesetz über die unternehmerischen Sorgfaltspflichten in Lieferketten vom 16.07.2021, BGBl . I 2021, S. 2959 ff.

357 Vgl. Wulf, DStZ 2022, S. 477 ff.

358 Vgl. https://commission.europa.eu/system/files/2021-04/sustainable-finance-taxonomy-factsheet_en.pdf (Abruf: 29.03.2023).

und den angabepflichtigen drei grünen Kennzahlen werden im Rahmen der CSRD und der Offenlegungs-VO angewendet und sind quasi als Klammer zu sehen. So ergänzt bspw. die Taxonomie-VO die Offenlegungs-VO, da diese die Definition für nachhaltiges Wirtschaften umfasst. ESRS E1[359] schreibt als Konkretisierung der CSRD Vorgaben mit Bezug auf die EU-Taxonomie, z. B. ESRS E1.16 (c) und (e), vor. Die folgenden Ausführungen konzentrieren sich auf die Anforderungen der CSRD.

10.2 Berichtspflichtige Unternehmen, Verortung, Offenlegung und Prüfung

10.2.1 CSRD-berichtspflichtige Unternehmen

Nach bisheriger Regelung sind lediglich große Unternehmen von öffentlichem Interesse (in Deutschland sog. kapitalmarktorientierte Unternehmen) mit im Jahresdurchschnitt mehr als 500 Arbeitnehmern zur Erstellung einer nichtfinanziellen Erklärung verpflichtet (Art. 19a Abs. 1 Bilanz-RL a.F.). Die neuen CSRD-Berichtspflichten sind zeitlich gestaffelt zunächst von Unternehmen, die bisher zur Erstellung einer nichtfinanziellen Erklärung verpflichtet sind, anzuwenden. Die erstmalige Berichtspflicht greift für Geschäftsjahre, die am oder nach dem 01.01.2024 beginnen. Ab 2025 wird der Kreis der Unternehmen, die zukünftig einen Nachhaltigkeitsbericht nach den CSRD-Vorgaben erstellen müssen, sukzessive wie folgt erweitert (Art. 5 Abs. 2 Bilanz-RL n. F.):

Geschäftsjahr der Erstanwendung	berichtspflichtige Unternehmen
ab 2024	Unternehmen, die **derzeit eine nichtfinanzielle Erklärung** erstellen müssen
ab 2025	**große Kapitalgesellschaften und haftungsbeschränkte Personengesellschaften** i. S. d. § 264a HGB, d. h. Unternehmen, die mindestens zwei der folgenden Merkmale erfüllen (§ 267 Abs. 3 HGB): mehr als 250 Arbeitnehmer, mind. 40 Mio. € Umsatz und mind. 20 Mio. € Bilanzsumme ebenso Mutterunternehmen großer Gesellschaften, die einen Konzernabschluss erstellen große **Versicherungsunternehmen** im Anwendungsbereich der Versicherungs-Bilanz-RL 91/674/EWG sowie große **Kreditinstitute** im Anwendungsbereich der Bankbilanz-RL 86/635/EWG; für beide Unternehmensgruppen ist in Art. 2 Nr. 5 Bilanz-RL n. F. der Begriff der Nettoumsatzerlöse an deren spezifischen Eigenarten angepasst worden

359 Zu den ESRS (European Sustainability Reporting Standards) siehe die Ausführungen in Kapitel 10.3 »Verwendung europäischer Standards zur Nachhaltigkeitsberichterstattung«.

Geschäftsjahr der Erstanwendung	berichtspflichtige Unternehmen
ab 2026	**kapitalmarktorientierte KMU** (Ausnahme: Kleinstunternehmen) sowie kleine und nicht komplexe Institute i. S. d. Kapitaladäquanz-VO 575/2013/EU, firmeneigene Versicherungsunternehmen und Rückversicherungsunternehmen i. S. d. Solvabilitäts-RL 2009/138/EG, sofern diese die Bilanz-RL zu beachten haben, mit der Möglichkeit, Erleichterungen in Anspruch nehmen zu können. Es besteht eine sog. Opt-out-Möglichkeit für einen zweijährigen Übergangszeitraum, also erstmalige Berichtspflicht für das Geschäftsjahr 2028 (Art. 19a Abs. 76 – 7Bilanz-RL n. F.)

Abb. 10 – 2: Erstanwendung der CSRD

Darüber hinaus sind Unternehmen mit Sitz außerhalb der EU, sog. **Drittstaatenunternehmen**, von der Pflicht zur Nachhaltigkeitsberichterstattung ab dem Geschäftsjahr 2028 betroffen, sofern in den letzten beiden Jahren ein Nettoumsatz von mehr als 150 Mio. EUR in der EU erzielt wurde und mindestens ein in der EU niedergelassenes großes Tochterunternehmen bzw. ein kleines oder mittelgroßes kapitalmarktorientiertes Tochterunternehmen vorliegt. Die Berichtspflicht für ein Drittstaaten(mutter-)unternehmen greift auch, wenn dieses mindestens eine in der EU ansässige Zweigniederlassung mit mehr als 40 Mio. EUR Nettoumsatzerlös besitzt (Art. 40a Bilanz-RL n. F.).[360] Auch Drittstaatenemittenten, deren Wertpapiere zum Handel an einem geregelten Markt in der EU zugelassen sind, müssen zukünftig in ihren (Konzern-)Lagebericht einen Nachhaltigkeitsbericht aufnehmen, wenn sie in den Anwendungsbereich von Art. 4 Abs. 5 Transparenz-RL 2004/109/EG n. F. fallen.

Ausweitung des Anwenderkreises nach der CSRD

Der Kreis der CSRD-berichtspflichtigen Unternehmen, die zukünftig einen Nachhaltigkeitsbericht erstellen müssen, wird im Vergleich zum Anwendungsbereich der nichtfinanziellen Erklärung nach CSR-RUG deutlich ansteigen. Die Absenkung der Arbeitnehmerzahl von 500 auf – übereinstimmend mit den Größenkriterien des § 267 HGB – 250 wie auch der Einbezug aller großen Unternehmen, unabhängig von der Kapitalmarktorientierung, führt EU-weit zu einer in etwa Vervierfachung der berichtspflichtigen Unternehmen von 11.600 auf ca. 49.000 Unternehmen. Von der Ausweitung des Anwenderkreises werden deutsche Unternehmen vergleichsweise stark betroffen sein. So wird Schätzungen einer aktuellen DRSC-Studie zufolge die Anzahl der berichtspflichtigen Unternehmen in Deutschland um das 30-Fache von derzeit etwa 500 auf zukünftig etwa 15 000 ansteigen.[361]

360 Vgl. ausführlich Fink/Schmidt, KoR 2023, S. 106.

361 Vgl. DRSC, CSR-Studie. Abschlussbericht zur vom BMJV beauftragten Horizontalstudie sowie zu Handlungsempfehlungen für die Überarbeitung der CSR-Richtlinie, Januar 2021, S. 90.

Hinzu kommen **Folgewirkungen** für weitere Berichtspflichten der betroffenen Unternehmen. Zum einen müssen alle Unternehmen, die einen Nachhaltigkeitsbericht zu erstellen haben, die Vorgaben der EU-Taxonomie-VO befolgen. In der Folge steigt der Kreis der Unternehmen, die gem. der EU-Taxonomie-VO über drei grüne Kennzahlen berichten müssen. Zum anderen dürften durch die Ausweitung des Anwenderkreises für Konzerne mehr Konzernunternehmen, auch KMU, nachhaltigkeitsbezogene Angaben an das Mutterunternehmen berichten müssen. Gleiches gilt für Geschäftspartner bzw. Zulieferer von berichtspflichtigen Unternehmen, da Informationen entlang der Lieferkette erforderlich sind.[362]

10.2.2 Verortung des Nachhaltigkeitsberichts

Mit der CSRD ist nicht nur eine begriffliche Änderung von »nichtfinanzieller Erklärung« hin zu »Nachhaltigkeitsbericht« erfolgt. Auch hinsichtlich der Verortung gibt es eine Änderung. Bisher kann die nichtfinanzielle Erklärung sowohl im Lagebericht als auch außerhalb des Lageberichts verortet sein.[363] Die aus § 289b HGB resultierenden sechs verschiedenen Veröffentlichungsvarianten (integriert oder als Abschnitt im Lagebericht, außerhalb des Lageberichts im Geschäftsbericht, integriert oder als Abschnitt im Nachhaltigkeitsbericht oder separater Bericht) werden auf eine Vorgabe reduziert. Der Nachhaltigkeitsbericht ist im Lagebericht als gesonderter Abschnitt zu verorten (Art. 19a Abs. 1 Unterabs. 2 Bilanz-RL n. F.).[364] Die Informationen des Nachhaltigkeitsberichts sind deutlich von den anderen Informationen im Lagebericht abzugrenzen (ESRS 1.110).

Vergleich zur nichtfinanziellen Erklärung nach CSR-RUG

Der EU-Nachhaltigkeitsbericht ist zukünftig zwingend als Abschnitt im Lagebericht zu verankern. Die Möglichkeit eines befreienden separaten Berichts ist nicht mehr eingeräumt worden. Damit wird eine Gleichstellung von finanzieller und nichtfinanzieller Berichterstattung erreicht.

Der **Nachhaltigkeitsbericht** ist in die **vier Abschnitte zu untergliedern**, nämlich: allgemeine Informationen, Umwelt-, Sozial-/Menschenrechts- und Governance-Informationen (ESRS 1.114; ESRS 1.Anhang F mit unverbindlicher Abbildung). Der Abschnitt zu Umweltfaktoren umfasst auch die Angaben nach Art. 8 der EU-Taxonomie-VO einschließlich der drei grünen Kennzahlen (ESRS 1.111).

Eine **Verknüpfung der nachhaltigkeitsbezogenen Angaben** mit anderen Abschnitten des Lageberichts nach § 289 HGB ist unter besonderen Bedingungen vorgesehen.

362 Vgl. Wulf, DStZ 2023, S. 474.
363 Vgl. das Kapitel 10.1.1 »Meilensteine auf dem Weg zur nichtfinanziellen Erklärung«.
364 Vgl. Wulf/Velte, ZCG 2022, S. 230.

Konkret wird ein Verweis bei den erforderlichen nachhaltigkeitsbezogenen Angaben auf andere im Lagebericht aufgenommenen Angaben und zusätzliche Erläuterungen genannt (Art. 19a Abs. 3 Unterabs. 3 Bilanz-RL n.F.); dies kann bspw. Steuerungskennzahlen betreffen. Auch sind ggf. etwaige Verweise auf im Jahresabschluss ausgewiesene Beträge vorgegeben, sofern anwendbar; dies kann bspw. Rückstellungen oder bilanzierte Emissionsrechte betreffen. Neben Verweisen auf andere Abschnitte im Lagebericht und auf den Jahresabschluss sind die Verweise auf den Corporate-Governance-Bericht (sofern nicht Teil des Lageberichts), zum aktienrechtlichen Vergütungsbericht wie auch auf die Pillar-3-Berichterstattung von Kreditinstituten bzw. die Solvency-II-Berichterstattung von Versicherungsunternehmen beschränkt. Die Angaben, auf die verwiesen wird, müssen klar erkennbar sein. Außerdem sind die Prüfungs- und digitalen Offenlegungsanforderungen des Nachhaltigkeitsberichts anzuwenden (ESRS 1.118 – 121 i.V.m. ESRS 1.Anhang G).

10.2.3 Elektronische Erstellung und Offenlegung

Der Lagebericht einschließlich Nachhaltigkeitsbericht ist nach Art. 29d Abs. 1 Bilanz-RL n.F. im **elektronischen Berichtsformat** gemäß ESEF-Verordnung[365] aufzustellen. Die Nachhaltigkeitsberichterstattung einschließlich der drei grünen Kennzahlen gem. Art. 8 der EU-Taxonomie-VO ist entsprechend zu kennzeichnen (Tagging). Für die Kennzeichnung der Informationen ist eine digitale Taxonomie der EU-Standards zur Nachhaltigkeitsberichterstattung erforderlich, damit im Sinne der EU Digital Finance Strategy diese Informationen in einen einheitlichen europäischen Zugangspunkt (European Single Access Point, ESAP)[366] für öffentliche Unternehmensinformationen einfließen können.

Der Nachhaltigkeitsbericht ist als Teil des Lageberichts zukünftig zusammen mit dem Jahresabschluss und dem Lagebericht wie auch dem Bestätigungsvermerk spätestens **12 Monate nach dem Bilanzstichtag in elektronischer Form zu veröffentlichen** (Art. 30 Abs. 1 Unterabs. 1 Bilanz-RL n.F.). Diese Frist gilt auch für das digitale Tagging. Darüber hinaus besteht ein Mitgliedstaatenwahlrecht, CSRD-berichtspflichtige Unternehmen zur kostenlosen Bereitstellung des Lageberichts einschließlich Nachhaltigkeitsbericht auf ihrer Website zu verpflichten (Art. 30 Abs. 1 Unterabs. 2 Bilanz-RL n.F.).

Die zukünftige verpflichtende Verortung im Lagebericht sowie das geforderte elektronische Format gem. ESEF-Verordnung werden zu großen Veränderungen in den

365 Vgl. Delegierte Verordnung (EU) 2019/815, ABl. EU Nr. L 143/1 vom 29.05.2019. Zum Mehrwert einer ESEF-Berichterstattung vgl. Rapp/Pampel, IZR 2021, S. 263–267.

366 Am 25.11.2021 wurde ein Legislativvorschlag veröffentlicht; vgl. EU-Kommission, Vorschlag für eine Verordnung zur Einrichtung eines zentralen europäischen Zugangsportals für den zentralisierten Zugriff auf öffentlich verfügbare, für Finanzdienstleistungen, Kapitalmärkte und Nachhaltigkeit relevante Informationen, COM(2021) 723 final.

Berichtsprozessen der Unternehmen führen. Die Herausforderungen werden umso höher sein, je weniger die Unternehmen bisher mit der Nachhaltigkeitsberichterstattung und dem elektronischen Format vertraut sind.[367]

10.2.4 Prüfung des Nachhaltigkeitsberichts

Während für die nichtfinanzielle Erklärung keine inhaltliche Prüfungspflicht durch einen Abschlussprüfer vorzunehmen ist, besteht für den EU-Nachhaltigkeitsbericht zukünftig eine Pflicht zur Prüfung. Zunächst ist eine **Prüfung mit begrenzter Sicherheit** (limited assurance) vorgeschrieben. Damit hat lediglich eine Negativaussage zu erfolgen, d.h., im Rahmen der Prüfung konnten bei den berichteten Informationen keine Falschaussagen festgestellt werden.[368]

Zudem wird die Verantwortlichkeit für die gesetzlichen Vertreter des Unternehmens durch die CSRD forciert, da auch der neue Nachhaltigkeitsbericht in den sog. Bilanzeid nach Art. 4 Abs. 2 Buchst. c der Transparenz-Richtlinie aufzunehmen ist.

Mittelfristig ist eine **Prüfung mit hinreichender Sicherheit** (reasonable assurance) vorgesehen.

Vergleich zur nichtfinanziellen Erklärung nach CSR-RUG

Mit der CSRD wird für den Nachhaltigkeitsbericht eine Prüfungspflicht mit begrenzter Sicherheit eingeführt. Dagegen unterliegt die bisherige nichtfinanzielle Erklärung nicht einer Prüfung durch den Abschlussprüfer.

10.3 Verwendung europäischer Standards zur Nachhaltigkeitsberichterstattung

Die CSRD-Vorgaben zu den Inhalten des Nachhaltigkeitsberichts folgen – im Einklang mit den anderen Regelungen der Bilanz-RL – einem **prinzipienbasierten Ansatz**. So finden sich in Art. 19a Bilanz-RL n. F. keine Hinweise zu qualitativen und/oder quantitativen Informationen. Auch bleiben mit den Vorgaben von Art. 19a Bilanz-RL n. F. die zeitlichen Anforderungen wenig konkret. Art. 19a Abs. 2 Unterabs. 2 Satz 2. Bilanz-RL n. F. schreibt lediglich vor, dass die Berichtspflichten in zeitlicher Hinsicht ggf. Informationen über kurz-, mittel- und langfristige Zeiträume umfassen. Daher werden u. a. die zukunfts- und vergangenheitsbezogenen, qualitativen und quantitativen In-

367 Vgl. auch Fink/Schmotz, KoR 2021, S. 306 f.

368 Die Prüfung des Nachhaltigkeitsberichts wird in diesem Beitrag nicht thematisiert, vgl. hierzu Fink/Schmidt, KoR 2023, S. 114–116; Wulf/Velte, ZCG 2022, S. 230–232.

formationen, über die ggf. zu berichten ist, in den europäischen Standards zur Nachhaltigkeitsberichterstattung (European Sustainability Reporting Standards, ESRS) spezifiziert. Die regulatorische Einbindung der ESRS erfolgt in Art. 19a Abs. 4 Bilanz-RL n. F. Danach müssen die Pflichten der Nachhaltigkeitsberichterstattung im Einklang mit den in Art. 29b aufgeführten Standards zur europäischen Nachhaltigkeitsberichterstattung stehen. Gem. Art. 29b Abs. 1 Unterabs. 2 Bilanz-RL n. F. werden die ESRS mittels eines delegierten Rechtsakts von der EU-Kommission erlassen, die unmittelbar Rechtskraft entfalten.

Vergleich zur nichtfinanziellen Erklärung nach CSR-RUG

Bei der Erstellung der nichtfinanziellen Erklärung dürfen anerkannte Rahmenwerke Anwendung finden. Dagegen sind bei der Erstellung des CSRD-Nachhaltigkeitsberichts zwingend die europäischen Standards zur Nachhaltigkeitsberichterstattung anzuwenden, um die Vergleichbarkeit zu erhöhen. Die Berichtsvorgaben der ESRS sind sehr detailliert.[369]

Diese Nachhaltigkeitsstandards wurden von der European Financial Reporting Advisory Group (EFRAG) entwickelt, deren erster Satz von 12-Standardentwürfen im November 2022 an die EU-Kommission übersandt wurde. Nach Überarbeitungen hat die Europäische Kommission am 9. Juni 2023 einen Konsultationsentwurf für einen delegierten Rechtsakt veröffentlicht, der weiterhin zwölf Standards umfasst. Nach Rückmeldungen und Überarbeitungen hat die Europäische Kommission die Delegierte Verordnung am 31.07.2023 angenommen. Die Verordnung tritt am Tag nach ihrer Veröffentlichung in Kraft. Von den zwölf Standards zur Nachhaltigkeitsberichterstattung sind zwei themenübergreifend (Allgemeine Anforderungen (ESRS 1) und Allgemeine Angaben (ESRS 2)) und zehn themenspezifisch bezogen auf die drei Themenfelder Umwelt, Soziales und Menschenrechte sowie Unternehmensführung.

Branchenübergreifende, generelle Standards

ESRS 1: Allgemeine Anforderungen | **ESRS 2:** Allgemeine Angaben[1]

Branchenübergreifende, themenbezogene Standards

Umwelt[2]	**Soziales und Menschenrechte**	**Governance**[2]
ESRS E1: Klimawandel	ESRS S1: Eigene Belegschaft	ESRS G1: Unternehmenspolitik
ESRS E2: Umweltverschmutzung	ESRS S2: Arbeitskräfte in der Wertschöpfungskette	
ESRS E3: Wasser- und Meeresressourcen	ESRS S3: Betroffene Gemeinschaften	
ESRS E4: Biologische Vielfalt und Ökosysteme	ESRS S4: Verbraucher und Endnutzer	
ESRS E5: Ressourceneinsatz und Kreislaufwirtschaft		

Branchenspezifische Standards (ESRS SEC) in Ergänzung zu den themenbezogenen Standards[3]

1 Angabepflichten gelten unabhängig von der Wesentlichkeitsbeurteilung (ESRS 1.29)
2 Angabepflichten und Datenpunkte in Bezug auf ESRS 2 IRO-1 gelten in ESRS E1 bis E5 sowie ESRS G1 unabhängig von der Wesentlichkeitsbeurteilung (ESRS 1.29)
3 Branchenspezifische Standards werden noch entwickelt

Abb. 10 – 3: Überblick der europäischen Standards zur Nachhaltigkeitsberichterstattung

369 Vgl. z. B. Lanfermann, WPg 2023, S. 351.

ESRS 1 beschreibt die Vorgaben zum Aufbau der ESRS sowie grundlegende Konzepte und allgemeine Anforderungen an die Erstellung und Darstellung eines Nachhaltigkeitsberichts gem. CSRD. So fordert ESRS 1.2 zunächst allgemein, dass Unternehmen entsprechend der europäischen Berichtsstandards Informationen über alle wesentlichen Auswirkungen (impacts) der Geschäftstätigkeit auf Umwelt und Gesellschaft sowie über ESG-bezogene Risiken und Chancen offenlegen. Des Weiteren finden sich Vorgaben zum Konzept der doppelten Wesentlichkeit[370], zum Prozess der unternehmerischen Sorgfaltspflichten (Due Diligence), zur Wertschöpfungskette und zu Zeithorizonten sowie Vorgaben zur Erstellung und Darstellung von Nachhaltigkeitsinformationen, zur Struktur des Nachhaltigkeitsberichts wie auch zu Verknüpfungen zu anderen Unternehmensberichten sowie Übergangsbestimmungen.

Die grundlegenden Anforderungen des ESRS 1 werden mit dem ebenfalls übergreifend geltenden ESRS 2 ergänzt, der allgemeine Regelungen zur Offenlegung vorschreibt. ESRS 2 umfasst eine Vielzahl von allgemeinen Berichtsanforderungen, die branchenunabhängig für alle Unternehmen und übergreifend für alle Nachhaltigkeitsthemen – unabhängig vom Ergebnis der Wesentlichkeitsprüfung und unabhängig von themenspezifischen und den noch in Entwicklung befindlichen ergänzenden sektorspezifischen Berichtspflichten – gelten.

ESRS 2 sowie die weiteren zehn themenspezifischen Standards zu Umwelt-, Sozial-/ Menschenrechtsfaktoren sowie Governance-Faktoren folgen im Wesentlichen einem einheitlichen Aufbau. Im Einzelnen fordern diese ESRS Angaben zu Governance, Strategie und Geschäftsmodell, Management von Auswirkungen, Risiken und Chancen sowie Leistungskennzahlen und Zielen. ESRS 2 enthält zudem Offenlegungsanforderungen zu den **Grundlagen der Erstellung** des Nachhaltigkeitsberichts, die den zuvor genannten vier Angabebereichen vorangestellt sind. Die Konkretisierungen der ESRS sind **sehr detailliert**.

Hinzu kommen noch zu erarbeitende branchenspezifische Standards, die zusätzlich anzuwenden sind, sowie KMU-spezifische Standards, die als Erleichterung anstelle der ESRS von den (kapitalmarktorientierten) KMU zu berücksichtigen sind.[371]

370 Vgl. das Kapitel 10.4.2 »Wesentlichkeit«.

371 Diese weiteren beiden Sätze an Nachhaltigkeitsstandards sollen von der EU-Kommission laut Plan bis zum 30.06.2024 per delegierter Rechtsakte erlassen werden (Art. 29b Abs. 1 Unterabs. 3, Art. 29c Abs. 1 Bilanz-RL i. d. F. CSRD). Möglicherweise kommt es zu zeitlichen Verschiebungen, vgl. https://www.drsc.de/news/europaeische-kommission-fordert-von-efrag-eine-staerkere-fokussierung-auf-die-implementierung-von-set-1-der-esrs/ (Abruf: 29.03.2023).

10.4 Anforderungen an den Nachhaltigkeitsbericht

10.4.1 Nachhaltigkeitsaspekte

Die Nachhaltigkeitsberichterstattung bezieht sich auf Nachhaltigkeitsaspekte, deren Definition sich am kapitalmarktorientierten ESG-Konzept orientiert. Zu den Nachhaltigkeitsaspekten gehören »Umwelt-, Sozial- und Menschenrechtsfaktoren sowie Governance-Faktoren einschließlich Nachhaltigkeitsfaktoren« (Art. 2 Abs. 17f Bilanz-RL n. F.). Die Nachhaltigkeitsfaktoren umfassen die fünf nichtfinanziellen Belange (Umwelt-, Arbeitnehmer- und Sozialbelange, Achtung der Menschenrechte, Bekämpfung von Korruption und Bestechung), die in der nichtfinanziellen Berichterstattung, die Themenfelder darstellen, und weiterhin in Art. 2 Nr. 24 der Offenlegungsverordnung 2019/2088 aufgeführt sind und nicht als abschließende Aufzählung gelten. Die drei ESG-Faktoren werden in Art. 29b Abs. 2 Unterabs. 2 Bilanz-RL n. F. näher spezifiziert.

Beispiele zu Nachhaltigkeitsfaktoren

Zu den **Umweltfaktoren** zählen bspw. Klimaschutz einschl. THG-Emissionen nach Scope-1 (direkte Emissionen des Unternehmens), Scope-2 (indirekte Emissionen durch bezogenen Strom oder Fernwärme) und ggf. Scope-3 (alle anderen Emissionen durch die Unternehmenstätigkeit, insbesondere gekaufte Güter und Dienstleistungen, Geschäftsreisen) sowie Verschmutzung.

Zu **Sozial- und Menschrechtsfaktoren** gehören u. a. Gleichbehandlung und Chancengleichheit, Arbeitsbedingungen einschl. Existenz von Betriebsräten sowie Achtung der Menschenrechte. Unter Governance-Faktoren werden u. a. die Rolle der Verwaltungs-, Leitungs- und Aufsichtsorgane, Hauptmerkmale der internen Kontroll- und Risikomanagementsysteme, Unternehmensethik einschl. Schutz von Hinweisgebern subsumiert.

Beispiele für Governance-Faktoren sind die Fachkenntnisse und Fähigkeiten von Verwaltungs- Leitungs- und Aufsichtsorganen im Zusammenhang mit Nachhaltigkeitsaspekten, Hauptmerkmale der internen Kontroll- und Risikomanagementsysteme in Bezug auf den Prozess der Nachhaltigkeitsberichterstattung, Unternehmensethik und -kultur einschl. Bekämpfung von Korruption und Bestechung sowie des Schutzes von Hinweisgebern.

Anhand der Beispiele werden Verknüpfungen zur EU-Taxonomie-VO wie auch zum CSDDD-Vorschlag und LkSG deutlich. So beziehen sich die Umweltfaktoren auf die sechs Umweltziele des Art. 9 EU-Taxonomie-VO und die Sozial- und Governance-Faktoren enthalten Elemente aus dem CSDDD-Vorschlag und dem LkSG.[372]

372 Vgl. die Ausführungen in Kapitel 10.1.3 »Bedeutung von Sustainable Finance und Sustainable Governance im Kontext der CSRD«.

Unternehmen haben zunächst von den in Art. 29b Abs. 2 Unterabs. 2 Bilanz-RL n.F. genannten Nachhaltigkeitsfaktoren jene zu identifizieren, die für das Unternehmen grundsätzlich eine Rolle spielen. Im nächsten Schritt ist für die identifizierten ESG-Themen die Wesentlichkeit zu beurteilen.[373] Lediglich für die als wesentlich festgestellten ESG-Themen sind die Berichtspflichten für die Nachhaltigkeitsberichterstattung zu erfüllen.[374]

Vergleich zur nichtfinanziellen Erklärung nach CSR-RUG

In der nichtfinanziellen Erklärung ist über mindestens fünf Belange zu berichten. Dagegen folgt der CSRD-Nachhaltigkeitsbericht dem kapitalmarktorientierten ESG-Konzept. Im Prinzip führt die Änderung lediglich zu einer anderen Gruppierung. Während Umweltbelange zu Umweltfaktoren umbenannt werden, gehören Bekämpfung von Korruption und Bestechung zu den Governance-Faktoren. Arbeitnehmerbelange, Sozialbelange und Achtung der Menschenrechte werden als Sozial- und Menschenrechtsfaktoren zusammengefasst.

10.4.2 Wesentlichkeit

Das Wesentlichkeitsverständnis ist in Art. 19a Abs. 1 Bilanz-RL n.F. festgelegt und begrenzt die Angabepflichten, d.h. die Berichtsrelevanz der Nachhaltigkeitsaspekte. Entsprechend dieser sog. doppelten Wesentlichkeit sind jene Angaben aufzunehmen, die erforderlich sind

- für das Verständnis der Auswirkungen der Unternehmenstätigkeiten und seiner Lieferkette auf Nachhaltigkeitsaspekte, sog. **ökologische und soziale Wesentlichkeit** (Inside-Out-Perspektive, Auswirkungsrelevanz) sowie
- für das Verständnis der Auswirkungen von Nachhaltigkeitsaspekten auf Geschäftsverlauf, Geschäftsergebnis und Lage des Unternehmens, sog. **finanzielle Wesentlichkeit** (Outside-In-Perspektive).

Dieses doppelte Wesentlichkeitsverständnis bedeutet, dass jeder Wesentlichkeitsaspekt eigenständig zu betrachten ist und »sowohl Informationen, die nach beiden Aspekten wesentlich sind, als auch Informationen offenzulegen sind, die nur nach einem Aspekt wesentlich sind«.[375] Im Sinne dieser Oder-Verknüpfung definiert ESRS 1 diese beiden Wesentlichkeitsperspektiven (E-ESRS 1.37–51).

Die Wesentlichkeitsperspektive im Rahmen der nichtfinanziellen Erklärung wurde in Deutschland als Schnittmenge und somit als Und-Verknüpfung von finanzieller Wesentlichkeit (Geschäftsrelevanz, Outside-In-Perspektive) sowie ökologischer und sozialer Wesentlichkeit (Auswirkungsrelevanz; Inside-Out-Perspektive) ausgelegt.[376]

373 Vgl. Kapitel 10.4.2 »Wesentlichkeit«.
374 Vgl. Kapitel 10.4.3 »Berichtspflichten«.
375 CSRD, Erwägungsgrund 19.
376 Vgl. Behncke/Wulf, KoR 2018, S. 574; Schneider/Müllner DK 2020, S. 24–25.

Entsprechend dem doppelten Wesentlichkeitsverständnis nach der CSRD werden aus Sicht deutscher Unternehmen zukünftig mehr Nachhaltigkeitsaspekte als wesentlich und somit als berichtspflichtig einzustufen sein.

Vergleich zur nichtfinanziellen Erklärung nach CSR-RUG

Eine Zunahme der Berichtspflichten wird aus der Klarstellung des Wesentlichkeitsverständnisses resultieren. Zukünftig sind sowohl die Auswirkungen von nichtfinanziellen Aspekten auf das Unternehmen (Outside-In-Perspektive) als auch die Auswirkungen der Unternehmenstätigkeit auf Umwelt- und Sozialfaktoren (Inside-Out-Perspektive) berichtsrelevant. Diese beiden Wesentlichkeitsperspektiven sind bisher nach überwiegender Meinung als Und-Verknüpfung interpretiert worden und es bestand somit eine hohe Wesentlichkeitshürde.[377]

Während die finanzielle Wesentlichkeit in der handelsrechtlichen Lageberichterstattung Berücksichtigung findet, bspw. für die Risikoberichterstattung und für nichtfinanzielle Leistungsindikatoren im Wirtschaftsbericht (§ 289 HGB), ist die ökologische und soziale Wesentlichkeit im Lagebericht bisher fremd. Letztere findet jedoch in der (freiwilligen) Nachhaltigkeitsberichterstattung (z. B. nach GRI oder DNK) Berücksichtigung.[378] Dennoch ist zu berücksichtigen, dass eine Beschränkung auf die finanzielle Wesentlichkeit ggf. zu kurz greifen könnte, da die wesentlichen Nachhaltigkeitsaspekte aus ökologischer und sozialer Perspektive langfristig auch finanziell auf das Unternehmen wirken können, somit für die finanzielle Wesentlichkeit relevant werden, insbesondere die Reputation des Unternehmens, wenn bspw. Arbeitnehmer-, Umwelt- oder Klimaschutzvorschriften oder Menschenrechte nicht eingehalten werden.

Kommt das Unternehmen zu dem Schluss, dass ein Nachhaltigkeitsfaktor nicht wesentlich ist, kann es die Angaben des themenspezifischen Standards auslassen. Abweichend hiervon ist im Fall des ESRS 1 (Klimawandel) eine detaillierte Erläuterung dazu erforderlich, warum Klimawandel nicht wesentlich ist (ESRS 1.32). Unabhängig von der Wesentlichkeitsbeurteilung ist den Offenlegungsanforderungen des ESRS 2 stets nachzukommen (ESRS 1.29). Dagegen dürfen vorgeschriebene **Informationen zu Strategien, Maßnahmen und Zielen unterbleiben**, wenn die entsprechenden Strategien, Maßnahmen und Ziele im Unternehmen nicht umgesetzt sind. Liegt ein solcher Fall vor, hat das Unternehmen diese Tatsache offenzulegen und kann einen Zeitplan angeben, wann es solche Strategien, Maßnahmen oder Ziele haben wird (ESRS 1.33). ESRS 2.62 und 2.72 fordern für den Fall, dass ein Unternehmen die in themenspezifischen Standards geforderten Angaben über Strategien, Maßnahmen und/oder Zielen in Bezug auf den betreffenden Nachhaltigkeitsaspekt mangels Vorliegen nicht erfüllen kann, im Rahmen der Mindestangabepflichten eine begründete Angabe, warum das Unternehmen keine Strategien, Maßnahmen und/oder Ziele angewendet hat.

377 Vgl. Niggemann/Schneider, Der Konzern 2020, S. 91 f.

378 Vgl. Wulf, Wesentlichkeit in der nichtfinanziellen Berichterstattung nach § 289c Abs. 3 HGB und § 315c Abs. 2 HGB 2020, S. 351–352.

Ebenso können Angaben und entsprechende Datenpunkte weggelassen werden, sofern diese nicht wesentlich sind. Für **Parameter** zu wesentlichen Nachhaltigkeitsaspekten brauchen Datenpunkte nicht offengelegt werden, sofern das Unternehmen diese Information als nicht wesentlich einschätzt (ESRS 1.34b).

10.4.3 Berichtspflichten

Die Inhalte der Berichtspflichten zu den wesentlichen ESG-Faktoren sind in Art. 19a Abs. 2 Bilanz-RL n.F. verankert und erstrecken sich auf acht Berichtsfelder. Die Vorschriften der acht Berichtsfelder sind unterschiedlich tief ausgestaltet. Die diesbezüglich geforderten Angaben sind – im Vergleich zu den derzeitigen Einzelangaben nach § 289c Abs. 3 HGB – mit **umfangreicheren Berichtsanforderungen** verbunden, die weiterhin prinzipienbasiert sind. Eine Konkretisierung erfolgt durch die europäischen Standards zur Nachhaltigkeitsberichterstattung.[379]

Zu den genannten Nachhaltigkeitsaspekten sind im Einzelnen die folgenden Angaben gemäß Art. 19a Abs. 2 Bilanz-RL n.F. offenzulegen. Diese Angabepflichten werden in den ESRS sehr detailliert konkretisiert.

Geschäftsmodell und Strategie (Art. 19a Abs. 2 Buchst. a Bilanz-RL n.F.)
Wie in der nichtfinanziellen Erklärung nach § 289c HGB ist auch im CSRD-Nachhaltigkeitsbericht das Geschäftsmodell zu beschreiben, jedoch sind zukünftig auch Angaben zur Strategie mit Blick auf die Nachhaltigkeitsaspekte erforderlich. Bisher sind Angaben zu Geschäftsmodell und Strategie nicht explizit in § 289 HGB enthalten, wohl aber in den Empfehlungen des DRS 20. Folgende Berichtspunkte sind gefordert:

- Widerstandsfähigkeit (Resilienz) des Geschäftsmodells und der Strategie gegenüber Nachhaltigkeitsrisiken,
- Chancen für das Unternehmen im Zusammenhang mit Nachhaltigkeitsaspekten,
- Pläne einschl. Durchführungsmaßnahmen und verbundener Finanz- und Investitionspläne des Unternehmens, um die Vereinbarkeit von Geschäftsmodell und Strategie mit dem Übergang zu einer nachhaltigen Wirtschaft, mit der Begrenzung der globalen Erwärmung auf 1,5° C gemäß dem Pariser Klimaschutzabkommen und mit dem Ziel der Klimaneutralität bis 2050 zu gewährleisten,
- Umgang des Unternehmens mit Berücksichtigung von Stakeholder-Interessen und mit Auswirkungen seiner Tätigkeiten auf Nachhaltigkeitsaspekte,
- Umgang des Unternehmens mit der Umsetzung der Strategie in Bezug auf Nachhaltigkeitsaspekte.

379 Vgl. die Ausführungen in Kapitel 10.3 »Verwendung europäischer Standards zur Nachhaltigkeitsberichterstattung«.

Nachhaltigkeitsziele (Art. 19a Abs. 2 Buchst. b Bilanz-RL n. F.)
Die vom Unternehmen gesetzten zeitgebundenen Nachhaltigkeitsziele sind zu beschreiben; einzubeziehen sind absolute Ziele zur Verringerung der THG-Emissionen mindestens für 2030 und 2050. Zudem ist über die erreichten Fortschritte im Hinblick auf die Erreichung dieser Ziele zu informieren. Ferner ist eine Erklärung darüber erforderlich, ob die umweltbezogenen Ziele auf schlüssigen wissenschaftlichen Beweisen beruhen. Die geforderten Angaben gehen über die Vorgaben der nichtfinanziellen Erklärung hinaus, die für das Handelsrecht in DRS 20.265 und 20.267 konkretisiert sind.[380]

Rolle der Organe des Unternehmens (Art. 19a Abs. 2 Buchst. c Bilanz-RL n. F.)
Im zukünftigen Nachhaltigkeitsbericht sind die Rolle von Verwaltungs-, Leitungs- und Aufsichtsorganen in Bezug auf Nachhaltigkeitsaspekte sowie deren Fachwissen und Fähigkeiten für ihre Rolle oder Zugang zu solchem Fachwissen und Fähigkeiten zu beschreiben. Diese neuen Berichtspflichten finden sich nur ansatzweise in DRS 20.265.[381]

Nachhaltigkeitsstrategie (Art. 19a Abs. 2 Buchst. d Bilanz-RL n. F.)
Die Beschreibung der Nachhaltigkeitsstrategie erfordert Angaben zu den angestrebten nachhaltigkeitsbezogenen Zielen und damit verbundener Maßnahmen. Diese Angabe entspricht § 289 Abs. 3 Nr. 1 HGB und ist in DRS 20.265 – 274 konkretisiert.[382]

Vorhandensein nachhaltigkeitsbezogener Anreizsysteme (Art. 19a Abs. 2 Buchst. e Bilanz-RL n. F.)
Angaben über das Vorhandensein von Anreizsystemen für Mitglieder der Verwaltungs-, Leitungs- und Aufsichtsorgane werden mit der CSRD erstmals bilanzrechtlich verankert. Es ist jedoch nur anzugeben, ob derartige Anreizsysteme vorhanden sind. In erster Linie ist an die anreizbezogenen bzw. leistungsabhängigen Vergütungssysteme zu denken, die im Vergütungsbericht von Aktiengesellschaften detailliert zu beschreiben sind. In Betracht könnten jedoch auch andere Anreizmechanismen kommen, z. B. im Zusammenhang mit Dienstfahrzeugen bei gestaffelter Kostenübernahme in Abhängigkeit von der Klimafreundlichkeit der Fahrzeuge.

Auswirkungsbezogene Angaben betreffend Geschäftstätigkeit und Wertschöpfungskette (Art. 19a Abs. 2 Buchst. f Bilanz-RL n. F.)
Im zukünftigen Nachhaltigkeitsbericht sind zum einen die Due-Diligence-Prozesse in Bezug auf Nachhaltigkeitsaspekte zu beschreiben, d. h. Prozesse zur Erfüllung der Sorgfaltspflichten. Konkret sind Due-Diligence-Prozesse Verfahren, um die wesentlichen tatsächlichen oder potenziellen nachteiligen Auswirkungen des Unternehmens

380 Vgl. Fink/Schmidt, KoR 2023, S. 109.
381 Vgl. Fink/Schmidt, KoR 2023, S. 110.
382 Ebd.

einschl. seiner Wertschöpfungskette auf Umwelt und Gesellschaft zu identifizieren, zu verhindern, zu mindern und zu berücksichtigen (ESRS 1.58 – 61). Zum anderen sind die wichtigsten tatsächlichen oder potenziellen nachteiligen Auswirkungen, die mit der Geschäftstätigkeit des Unternehmens und seiner Wertschöpfungskette einschl. eigener Produkte und Dienstleistungen, Geschäftsbeziehungen des Unternehmens und seiner Lieferkette verbunden sind,[383] zu beschreiben. Darüber hinaus sind alle in diesem Kontext getroffenen Maßnahmen sowie deren Erfolg anzugeben. Die Angaben zu den nachhaltigkeitsbezogenen Due-Diligence-Prozessen decken sich in etwa mit denen des DRS 20.265 ff.; in DRS 20 existieren jedoch keine Angabeerfordernisse zu negativen Auswirkungen der Unternehmenstätigkeit.[384]

Nachhaltigkeitsrisiken (Art. 19a Abs. 2 Buchst. g Bilanz-RL n. F.)

Die wichtigsten Risiken in Bezug auf Nachhaltigkeitsaspekte, denen das Unternehmen ausgesetzt ist, sind zu beschreiben. In die Beschreibung sind Angaben zu den wichtigsten Abhängigkeiten des Unternehmens von diesen Nachhaltigkeitsaspekten einzubeziehen. Außerdem ist die Handhabung dieser Risiken durch das Unternehmen darzustellen; dies zielt auf Angaben zum Risikomanagement. Da die Risiken in der nichtfinanziellen Erklärung gem. § 289c Abs. 3 Nr. 3 und Nr. 4 HGB bisher als Folge der hohen Wesentlichkeitshürde in der Berichtspraxis kaum eine Rolle gespielt haben,[385] dürfte zukünftig die nachhaltigkeitsbezogene Risikoberichterstattung deutlich zunehmen.[386]

Indikatoren

Die relevanten Indikatoren bezogen auf die o. g. sieben Angaben der Buchst. a bis g sind anzugeben. Entsprechend dem Management Approach sollte zu erwarten sein, dass zu diesen Indikatoren zumindest die Steuerungskennzahlen gehören, wie aus DRS 20.284 i. V. m. DRS 20.106 ableitbar.[387] In den ESRS sind vielfach Indikatoren bzw. Parameter vorgegeben. Eine explizite Verknüpfung von nachhaltigkeitsbezogenen Indikatoren zur Managementvergütung erfolgt nicht, da nach Buchst. e) lediglich ein solches Vorhandensein anzugeben ist.

Vergleich zur nichtfinanziellen Erklärung nach CSR-RUG

Die Berichtsanforderungen der CSRD gehen über die der nichtfinanziellen Erklärung hinaus. Dies betrifft insbesondere Angaben zu den Unternehmensorganen und deren Fachkenntnisse, der nachhaltigkeitsbezogenen Risiken wie auch mit der Geschäftstätigkeit verbundenen erwarteten negativen Auswirkungen. Überdies sind unter Berücksichtigung der Konkretisierungen durch die ESRS die Berichtsanforderungen deutlich detaillierter vorgeschrieben.

383 Zur Wertschöpfungskette vgl. ESRS 1.62–72.
384 Vgl. Fink/Schmidt, KoR 2023, S. 110.
385 Vgl. z. B. Behncke/Wulf, KoR 2019, S. 28.
386 Vgl. Fink/Schmotz, KoR 2021, S. 310; Wulf, DStZ 2021, S. 819.
387 So auch ebd.

10.4.4 Berichtsgrenze

Die **Berichtsgrenze** der Nachhaltigkeitsberichterstattung ist weiter gefasst als bei einem Konzernabschluss, der sich auf die Konzernunternehmen beschränkt. Die Grenzen der Nachhaltigkeitsberichterstattung erstrecken sich auf die eigene Geschäftstätigkeit des Unternehmens und, sofern anwendbar, auch auf die **Wertschöpfungskette** einschl. Angaben zu den Produkten und Dienstleistungen des Unternehmens, seinen Geschäftsbeziehungen und seiner Lieferkette.[388] Dazu zählen bspw. Nachhaltigkeitsrisiken aus der Tätigkeit vor- und nachgelagerter Unternehmen. Berichtspflichtige Unternehmen sind somit auf die Unterstützung von Unternehmen der Wertschöpfungskette angewiesen, um die erforderlichen Informationen erheben zu können. Dies betrifft auch **KMU**, die nicht direkt von den Berichtspflichten betroffen sind. Um diese Unternehmen nicht zu überfordern, ist vorgesehen, die Mitwirkungserfordernisse in der Wertschöpfungskette angemessen hinsichtlich der Kapazitäten und Merkmale der Unternehmen sowie bezüglich Umfang und Komplexität ihrer Tätigkeit zu begrenzen. Insofern werden die ESRS keine Informationspflichten für Unternehmen in der Wertschöpfungskette enthalten, die über die Anforderungen des derzeit noch nicht existierenden KMU-spezifischen Standards hinausgehen. Die Angaben zur Wertschöpfungskette stehen in Zusammenhang mit den Vorgaben des LkSG und der vorgeschlagenen CSDDD.[389]

10.4.5 Übergangsbestimmungen bei Erstellung des Nachhaltigkeitsberichts

Den genannten Berichtspflichten ist stets nachzukommen. Es existieren nur wenige **Ausnahmen**, die den umfassenden Berichtskatalog nach Art. 19a Abs. 2 Bilanz-RL n. F. lediglich für einen **begrenzten Übergangszeitraum** einschränken. So können nach Art. 19a Abs. 3 Unterabs. 2 Bilanz-RL n. F. die Informationen zur Wertschöpfungskette für die ersten drei Jahre begründet unterbleiben, wenn diese nicht verfügbar sind. In solchen begründeten Fällen sind Erläuterungen darüber erforderlich, welche Anstrengungen unternommen wurden, um die erforderlichen Informationen zu erhalten; außerdem ist zu begründen, warum nicht alle erforderlichen Informationen eingeholt werden konnten und es sind die Pläne zur künftigen Einholung der erforderlichen Informationen zu erläutern.

Die **Übergangsbestimmungen** sind in Anhang C von ESRS 1 in einer Tabelle zusammengefasst und umfassen eine Reihe an ESRS-Offenlegungspflichten, die nicht im

388 Vgl. hierzu auch ESRS 1.62 ff.

389 Vgl. die Ausführungen in Kapitel 10.1.3., »Bedeutung von Sustainable Finance und Sustainable Governance im Kontext der CSRD«.

ersten Berichtsjahr, sondern schrittweise ab Berichtsjahr 2 oder 3 umzusetzen sind oder in den ersten drei Berichtsjahren nur qualitativ erfolgen brauchen. ESRS1 enthält zusätzlich eine **größenabhängige Erleichterung** für Unternehmen mit weniger als durchschnittlich 750 Mitarbeitern. Danach können die Angabepflichten von ESRS E1 – 6 (Scope-3-Emissionen und Gesamt-THG-Emissionen), ESRS E4, ESRS S2, ESRS S3 und ESRS S4 in den ersten zwei Berichtsjahren entfallen.

Ein Mitgliedstaatenwahlrecht zum **Weglassen nachteiliger Angaben** ist weiterhin in seltenen Ausnahmefällen unter restriktiven Bedingungen gegeben (Art. 19a Abs. 3 Unterabs. 4 Bilanz-RL n. F.).

10.5 Lernkontrolle

Geben Sie bitte an, ob die folgenden Aussagen richtig (R) oder falsch (F) sind. (Die Lösung finden Sie in Kapitel »Lösungen zu den Lernkontrollen«.)

Nr.	Aussage	Antwort
1	Im CSRD-Nachhaltigkeitsbericht sind aus der EU-Taxonomie-VO resultierende Angaben offenzulegen.	
2	In Zukunft müssen mittelgroße und kleine Kapitalgesellschaften unabhängig von der Kapitalmarktorientierung einen Nachhaltigkeitsbericht erstellen.	
3	Unternehmen müssen über alle ihnen bekannten Umweltfaktoren berichten.	
4	Die finanzielle Wesentlichkeit ist im Lagebericht von Bedeutung.	
5	Der CSRD-Nachhaltigkeitsbericht darf in begründeten Ausnahmen alternativ als gesonderter Bericht erstellt werden.	
6	Die Prüfungspflicht für den CSRD-Nachhaltigkeitsbericht greift ausschließlich für kapitalmarktorientierte Unternehmen.	
7	Die europäischen Standards zur Nachhaltigkeitsberichterstattung sind nicht in nationales Recht umzusetzen, da diese unmittelbare Rechtskraft entfalten.	
8	Die doppelte Wesentlichkeit ist als Oder-Verknüpfung von finanzieller Wesentlichkeit sowie ökologischer und sozialer Wesentlichkeit zu sehen.	
9	Im Nachhaltigkeitsbericht ist anzugeben, ob das Unternehmen über nachhaltigkeitsorientierte Anreizsysteme für Organmitglieder verfügt.	
10	Angaben zur Nachhaltigkeitsstrategie müssen sich auch auf Pläne und Maßnahmen des Unternehmens zur Erreichung der Klimaneutralität bis 2050 beziehen.	

11 Grundsachverhalte der Konzernabschlusserstellung

Nach Durcharbeiten dieses Kapitels

- erschließt sich Ihnen die Bedeutung der Notwendigkeit der Konzernrechnungslegung.
- besitzen Sie ein Verständnis dafür, welche Vorschriften zu prüfen sind, um festzustellen, ob ein Konzernabschluss erstellt werden muss (Konzernabschlusserstellungspflicht).
- wissen Sie, dass auch aus dem PublG eine Pflicht zur Konzernabschlusserstellung resultieren kann.
- können Sie zwischen einem Konsolidierungskreis im engeren Sinne (i. e. S.) und im weiteren Sinne (i. w. S.) differenzieren.
- sind Sie in der Lage, die Art der Einbeziehung von Konzernunternehmen mit unterschiedlicher Beteiligungsintensität begründet zu bestimmen.
- wissen Sie, dass die Handelsbilanz an die Ansatz-, Bewertungs- und Ausweisvorschriften der einbezogenen Unternehmen an die Vorgaben des Konzernmutterunternehmens anzupassen sind.
- können Sie die Währungsumrechnung anhand eines Beispiels durchführen.
- kennen Sie den Zweck der vier Konsolidierungsbereiche (Kapitalkonsolidierung, Schuldenkonsolidierung, Zwischenergebniseliminierung, Aufwands- und Ertragskonsolidierung).
- wissen Sie, dass sich im Rahmen der Kapitalkonsolidierung ein Geschäfts- oder Firmenwert oder ein negativer Unterschiedsbetrag ergeben kann und kennen die jeweiligen Bewertungsfolgen.
- kennen Sie die Schritte der Erst- und Folgekonsolidierung und können diese beispielhaft durchführen.
- wissen Sie, wie sich »Anteile anderer Gesellschafter« ergeben und wie diese in der Konzernbilanz abzubilden sind.
- kennen Sie die Einbeziehung von Gemeinschaftsunternehmen in den Konzernabschluss.
- verstehen Sie, wie die Bewertung von assoziierten Unternehmen im Konzernabschluss erfolgt.

11.1 Notwendigkeit der Konzernrechnungslegung

Obwohl der Jahresabschluss einer Kapitalgesellschaft gemäß § 264 Abs. 2 S. 1 HGB unter Beachtung der Grundsätze ordnungsmäßiger Buchführung (GoB) ein den tatsächlichen Verhältnissen entsprechendes Bild der Vermögens-, Finanz- und Ertragslage zu vermitteln hat, reicht er zur Beurteilung der tatsächlichen Lage oftmals nicht aus, wenn es sich um ein **verbundenes Unternehmen** handelt. Die Gründe liegen in

- bewusst verzerrenden Darstellungen der wirtschaftlichen Lage,
- Kapitalverflechtungen, die die Höhe des Eigenkapitals als Verlustpuffer beeinflussen,
- Finanzverflechtungen, die die Vermögens- und Kapitalseite der Bilanz auch ungewollt unverhältnismäßig aufblähen können,
- Liefer- und Leistungsverflechtungen, die aus betriebswirtschaftlicher Sicht noch nicht als realisiert anzusehen, gleichwohl aber im Einzelabschluss als solche auszuweisen sind.

Konkret ist es möglich, die Darstellung der Gewinn-, Vermögens- und Finanzsituation im Rahmen der gesetzlichen Vorschriften zu beeinflussen, wenn das Geschäft von zwei rechtlich zwar selbstständigen, aber betriebswirtschaftlich verbundenen Unternehmen abgewickelt wird. Beispielsweise können zwei verbundene Unternehmen durch den Austausch zwischen ihren Forschungsabteilungen das Aktivierungsverbot für Forschungskosten nach § 248 HGB unterlaufen, weil aus Sicht des Einzelabschlusses käuflich erworbene immaterielle Vermögensgegenstände vorliegen. Demgegenüber liegen aus Sicht des Konzerns selbst erstellte immaterielle Vermögensgegenstände vor, die gem. § 248 Abs. 2 S. 2 HGB einem Ansatzwahlrecht unterliegen. Des Weiteren könnten überhöhte Preise verrechnet werden, was große Auswirkungen auf die in den Einzelabschlüssen dargestellten Erfolgs- und Vermögenslagen hat.

Durch Kapitalverflechtungen, die darauf beruhen, dass ein Unternehmen ein anderes Unternehmen gründet oder kauft, entsteht noch eine weitere Problematik. Das eingesetzte Eigenkapital der gegründeten Tochterunternehmung besteht aus Kapital des auf der übergeordneten Ebene angesiedelten Mutterunternehmens. So kommt es bei einer einfachen Addition des Eigenkapitals beider Unternehmen zu einem Mehrfachausweis von Eigenkapital, durch den z. B. die Funktion des Eigenkapitals als Verlustpuffer untergraben wird, wodurch es – insbesondere bei mehrfach gestuften Konzernen – in einer Krisensituation zu einem Kaskadeneffekt kommen kann.

Finanzielle Verflechtungen entstehen durch das Verleihen und Leihen von Geldbeträgen zwischen verbundenen Unternehmen. Beim verleihenden Unternehmen wäre dementsprechend ein Aktivposten unter den Ausleihungen auszuweisen und beim empfangenden Unternehmen eine Schuldenposition auf der Passivseite der Bilanz. Diese Beträge sind aber im Konzernabschluss gegeneinander aufzurechnen.

Lieferungs- und Leistungsverflechtungen entstehen z. B. durch Warenlieferungen zwischen verbundenen Unternehmen, d. h., die Erträge des liefernden Unternehmens entsprechen den Aufwendungen des empfangenden Unternehmens. Da es sich aus Konzernsicht nicht um Aufwendungen und Erträge handelt, die aus Beziehungen mit konzernfremden Unternehmen resultieren, sind die konzerninternen Aufwendungen und Erträge im Rahmen der Konzernbilanzierung zu eliminieren, um eine Doppelerfassung zu vermeiden.

Die unterschiedlichsten Verflechtungen zwischen verbundenen Unternehmen machen die Erstellung eines Konzernabschlusses notwendig, in dem alle innerkonzernlichen Verflechtungen eliminiert werden.

Dem **Konzernabschluss** kommt somit die Aufgabe zu, Mängel in den Einzelabschlüssen konzernverbundener Unternehmen zu kompensieren, indem die einzelnen Geschäftsvorfälle einer Periode bei der Zusammenfassung der Einzelabschlüsse zum Konzernabschluss aus der Sicht der wirtschaftlichen Einheit »Konzern« neu beurteilt werden. Gemäß § 297 Abs. 2 S. 2 HGB ist dabei unter Beachtung der Grundsätze ordnungsmäßiger Buchführung (GoB) ein den tatsächlichen Verhältnissen entsprechendes Bild der Vermögens-, Finanz- und Ertragslage des Konzerns zu vermitteln. Im Gegensatz zum Einzelabschluss wird mit dem Konzernabschluss jedoch keine Multizielsetzung verfolgt. Vielmehr beschränkt sich der Konzernabschluss im Sinne einer **Monozielsetzung** auf eine **Informationsfunktion.**[390]

11.2 Pflicht zur Aufstellung eines Konzernabschlusses

Deutsche **Mutterunternehmen** sind zur Konzernrechnungslegung verpflichtet, wenn sie die in § 290 HGB oder die in § 11 Abs. 1 PublG genannten Bedingungen erfüllen. Der Begriff Mutterunternehmen drückt dabei aus, dass ein hierarchisches (Über-/Unterordnungs-)Verhältnis zwischen den Unternehmen besteht. Die konkrete Verpflichtung zur Konzernrechnungslegung ist dabei abhängig von der Rechtsform des Mutterunternehmens. Während eine handelsrechtliche Verpflichtung zur Erstellung eines Konzernabschlusses nur für Kapitalgesellschaften und diesen gleichgestellte Personengesellschaften i. S. d. § 264a HGB existiert, ist die Pflicht zur Konzernabschlusserstellung für **Unternehmen anderer Rechtsformen mit Sitz im Inland** in § 11 Abs. 1 PublG geregelt. Die konkreten Voraussetzungen verdeutlicht folgende Abbildung:[391]

Handelsrechtlich existiert für Kapitalgesellschaften und ihnen gleichgestellte Personengesellschaften i. S. d. § 264a HGB gemäß § 290 HGB sowie für alle übrigen Rechtsformen gem. § 11 PublG einheitlich ein Konzept für ein Mutter-Tochter-Verhältnis, mit dem die Pflicht zur Konzernrechnungslegung begründet wird. Abgestellt wird, wie auch nach den IFRS, auf die **Möglichkeit der Beherrschung**, was dem Control-Konzept

390 Vgl. Coenenberg/Haller/Schultze, Jahresabschluss und Jahresabschlussanalyse, S. 645.

391 In Anlehnung an Müller, in: Federmann/Kußmaul/Müller (Hrsg.), HdB-Beitrag Konzernabschluss nach HGB, Rz. 22.

entspricht. Die Definition des beherrschenden Einflusses wird im HGB explizit auch auf sog. **Zweckgesellschaften** ausgedehnt (§ 290 Abs. 2 Nr. 4 HGB), die einbeziehungspflichtige Tochterunternehmen sind. Zweckgesellschaften sind Unternehmen, die im Interesse eines Mutter- oder Tochterunternehmens (sog. Sponsor) tätig sind. Daher gilt regelmäßig, dass sie für den Sponsor zwar Nutzen und Risiken generieren, der gesellschaftsrechtlich fixierte Einfluss des Sponsors aber gering ist. Typische Beispiele für Zweckgesellschaften sind **Leasing-Objektgesellschaften**, **Conduits** und **Spezialfonds**. Die hinter solchen Konstruktionen bestehende Intention liegt i. d. R. in der **Verbesserung von Bilanz- oder Erfolgskennzahlen**, die erreicht wird, indem etwa Aktiva ausgelagert und dadurch Veräußerungsgewinne erzielt oder zukünftige Aufwendungen vermieden werden.

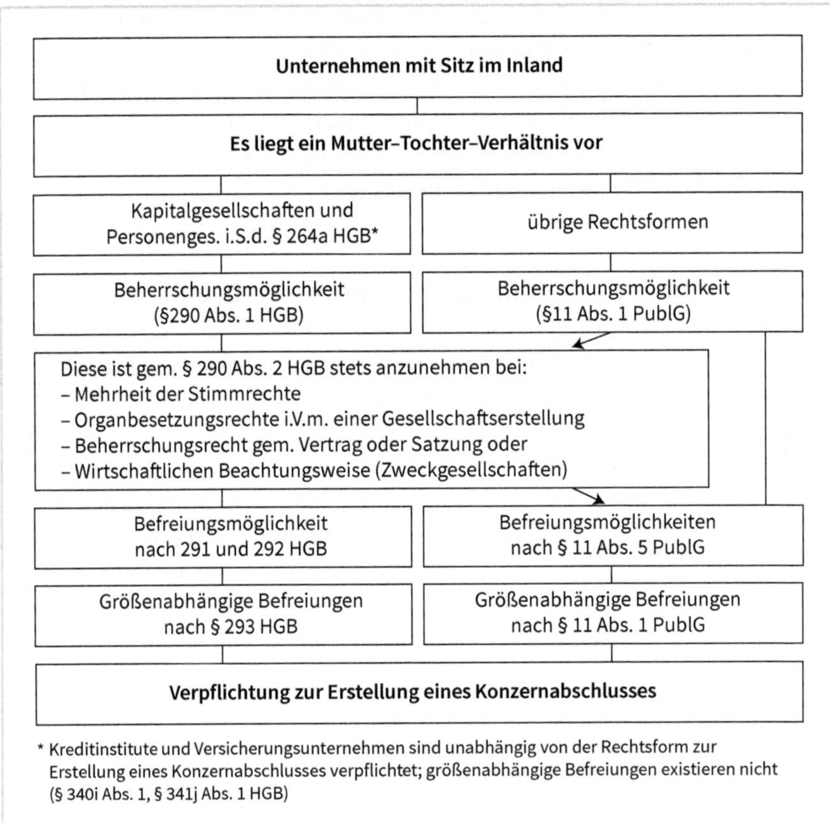

Abb. 11 – 1: Pflicht zur Konzernrechnungslegung sowie mögliche Befreiungen

Im Hinblick auf die **Ausnahmen von der Pflicht zur Konzernrechnungslegung** unterscheidet das HGB zwischen einer **größenunabhängigen Freistellung** aufgrund eines ersatzweisen Einbezugs in einen Konzernabschluss (Vermeidung der Tannenbaumrechnungslegung) durch ein übergeordnetes Mutterunternehmen auf höherer Ebene (§§ 291, 292 HGB) und einer ersatzlosen Freistellung von der Konzernrechnungslegungspflicht durch Unterschreiten bestimmter Größenmerkmale (§ 293 HGB). Diese Zweiteilung liegt im Ergebnis auch nach dem PublG für die übrigen Rechtsformen vor. Darüber hinaus ergibt sich eine Befreiung von der HGB-Konzernrechnungslegung beim Erstellen eines **Konzernabschlusses nach IFRS.** Gemäß § 315e HGB gilt: Kapitalmarktorientierte Mutterunternehmen müssen und alle übrigen Mutterunternehmen können den Konzernabschluss nach den International Financial Reporting Standards (IFRS) aufstellen.

Die **größenabhängige Befreiung** nach § 293 HGB dient als Vereinfachung der Rechnungslegung für alle Konzerne in der Rechtsform der Kapitalgesellschaft, die die genannten Kriterien unterschreiten. Die Befreiungsmöglichkeit gilt jedoch nur, wenn weder das Mutterunternehmen noch ein in den Konzernabschluss einbezogenes Tochterunternehmen kapitalmarktorientiert i. S. d. § 264d HGB ist (§ 293 Abs. 5 HGB). Liegt bei Mutter- und Tochterunternehmen keine Kapitalmarktorientierung vor, ist ein Mutterunternehmen von der Pflicht zur Erstellung eines Konzernabschlusses und -lageberichts befreit, wenn von den drei in § 293 Abs. 1 HGB genannten Größenkriterien (Umsatzerlöse, Bilanzsumme, durchschnittliche Anzahl der Mitarbeiter) am Abschlussstichtag und am vorhergehenden Abschlussstichtag mindestens zwei der drei Kriterien nicht überschritten werden. Zu berücksichtigen ist, dass für Kreditinstitute (§ 340i HGB) und Versicherungsunternehmen einschl. Pensionsfonds (§ 341j HGB) keine größenabhängigen Befreiungen greifen, sobald das Mutterunternehmen oder ein einbezogenes Tochterunternehmen ein Kreditinstitut oder Versicherungsunternehmen ist (§ 293 Abs. 5 HGB).

Zur **Ermittlung der Werte für die drei Größenkriterien** können entweder die Einzelabschlüsse aller in den Konzernabschluss einzubeziehenden Unternehmen addiert (**Bruttomethode** gem. § 293 Abs. 1 Nr. 1 HGB) oder kann ein vollständig konsolidierter Konzernabschluss quasi als Probeabschluss aufgestellt werden (**Nettomethode** gem. § 293 Abs. 1 Nr. 2 HGB). Sowohl bei der Brutto- als auch bei der Nettomethode ist im Hinblick auf die Ermittlung der Größenmerkmale vom Konsolidierungskreis auszugehen, der bei einer Überschreitung der Bezugsgrößen der späteren Konsolidierung zugrunde liegen würde. Im Einzelnen bestehen die in der folgenden Abbildung dargestellten Schwellenwerte.

	Bruttomethode § 293 Abs. 1 Nr. 1 HGB (ab 2024*)	Nettomethode § 293 Abs. 1 Nr. 2 HGB (ab 2024*)
Bilanzsumme in Mio. EUR	24 (25)	20 (25)
Umsatzerlöse in Mio. EUR	48 (50)	40 (50)
Anzahl Mitarbeiter	250	250
* Die seit 2013 europarechtlich unveränderten monetären Grenzwerte werden inflationsbedingt angehoben. Die Europäische Kommission hat am 17.10.2023 einen delegierten Rechtsakt zur Änderung der monetären Schwellenwerte in Art. 3 der Bilanz-RL angenommen. Dieser Rechtsakt ist von den EU-Mitgliedstaaten noch umzusetzen		

Abb. 11 – 2: Schwellenwerte zur Befreiung von der Pflicht zur Konzernrechnungslegung

Es wird deutlich, dass bei der Bruttomethode im Hinblick auf die Bilanzsumme und Umsatzerlöse von Werten ausgegangen wird, die die entsprechenden Werte der Nettomethode um 20 % übersteigen. Auf diese Weise werden bei der Nettomethode die Auswirkungen der Konsolidierung berücksichtigt. Bezüglich der konkreten Anwendung der Befreiungsmöglichkeit ist es zweckmäßig, zunächst mit der einfacher anwendbaren Bruttomethode zu beginnen, sofern mangels bisheriger Aufstellungspflicht eines Konzernabschlusses keine konsolidierten Zahlen ermittelt werden. Wenn sich bei Anwendung der Bruttomethode keine Befreiung ergibt, sollte die Nettomethode zusätzlich angewendet werden. Können mit der Nettomethode mindestens zwei der Kriterien unterschritten werden, ist eine Konzernbilanzierung nicht notwendig. Die Pflicht zur Aufstellung eines Konzernabschlusses ergibt sich letztlich erst, wenn bei beiden Methoden eine Überschreitung zu konstatieren ist. Für das Mutterunternehmen besteht zu jedem Abschlussstichtag das **Wahlrecht**, die Methode zu wählen, deren Ergebnis für das Unternehmen vorteilhafter ist, solange im Vorjahr kein Konzernabschluss aufgestellt wurde und demzufolge das **Stetigkeitsgebot** des § 297 Abs. 3 Satz 2 HGB nicht greift.[392]

Nach dem **Publizitätsgesetz** ist die Abfolge der gesetzlichen Vorschriften eine andere. Während im HGB eine Konzernrechnungslegungspflicht nach § 290 zunächst für alle Mutterunternehmen in der Rechtsform einer Kapitalgesellschaft unterstellt wird und im Anschluss Befreiungsmöglichkeiten zu prüfen sind, greift für Unternehmen aller übrigen Rechtsformen nach dem PublG erst beim Überschreiten erheblich **höherer Grenzwerte** eine Konzernrechnungslegungspflicht. Es kann auch gesagt werden: Beim Unterschreiten der Grenzwerte tritt eine größenabhängige Befreiung zur Erstellung einer Konzernabschlusspflicht ein. Nach § 11 Abs. 1 PublG müssen an drei aufeinander folgenden Konzernabschlussstichtagen jeweils mindestens zwei der drei folgenden Größenkriterien überschritten werden, wobei nur die Nettomethode vorgesehen ist:

- die Bilanzsumme einer auf den Konzernabschlussstichtag aufgestellten Konzernbilanz übersteigt 65 Mio. EUR,

392 Vgl. Wulf, § 293 HGB, in: Kirsch (Hrsg.): Rechnungslegung Kommentar, Rz. 14–16 (Stand: Mai 2023).

- die in einer auf den Konzernabschlussstichtag aufgestellten Konzern-Gewinn- und Verlustrechnung ausgewiesenen Umsatzerlöse übersteigen in den zwölf Monaten vor dem Abschlussstichtag den Betrag von 130 Mio. EUR,
- die Konzernunternehmen mit Sitz im Inland haben in den zwölf Monaten vor dem Konzernabschlussstichtag insgesamt durchschnittlich mehr als 5.000 Arbeitnehmer beschäftigt.

Greifen die Befreiungstatbestände gem. §§ 291, 292 und 293 HGB oder PublG nicht, ist ein **Konzernabschluss und -lagebericht aufzustellen**, der geprüft und offengelegt werden muss. Es können jedoch Wahlrechte bezüglich der Einbeziehung einzelner Tochterunternehmen angewendet werden. Als nächster Schritt ist zu bestimmen, welche Unternehmen in den Konzernabschluss einzubeziehen sind.

11.3 Abgrenzung des Konsolidierungskreises

11.3.1 Unternehmensarten im Konzern

Für die Einbeziehung in den Konzernabschluss unterscheidet das HGB verschiedene Unternehmensarten, wobei auf die Höhe des Kapitalanteils, das Ziel, mit dem die Verbindung eingegangen wurde und die gegebenen bzw. tatsächlich genutzten Einflussmöglichkeiten abgestellt wird.[393] Konkret relevant sind Beteiligungsunternehmen gemäß § 271 Abs. 1 HGB, d. h. Gemeinschaftsunternehmen, assoziierte Unternehmen oder sonstige Beteiligungsunternehmen und Tochterunternehmen.

Tochterunternehmen sind gemäß § 290 HGB gegeben, wenn Unternehmen von einer Kapitalgesellschaft (Mutterunternehmen) mit Sitz im Inland **beherrscht** werden kann. Die Indizien für die Beherrschung ergeben sich aus § 290 Abs. 2 HGB, wobei schon hier zu prüfen ist, ob eine Beherrschungsmöglichkeit gegeben ist. Auf die tatsächliche Ausübung der Beherrschung kommt es nicht an (DRS 19.10). Eine Beherrschungsmöglichkeit wird **unwiderlegbar** angenommen, wenn ein Mutterunternehmen

- die Mehrheit der Stimmrechte der Gesellschafter besitzt (§ 290 Abs. 2 Nr. 1 HGB),
- das Recht hat, die Mehrheit der Mitglieder des die Finanz- und Geschäftspolitik bestimmenden Verwaltungs-, Leitungs- und Aufsichtsratsorgans des Unternehmens zu bestellen bzw. abzuberufen (§ 290 Abs. 2 Nr. 2 HGB),
- das Recht hat, die Finanz- und Geschäftspolitik durch einen entsprechenden Vertrag oder durch die Satzung zu bestimmen (§ 290 Abs. 2 Nr. 3 HGB) oder
- bei wirtschaftlicher Betrachtung die Mehrheit der Risiken und Chancen einer Zweckgesellschaft trägt (§ 290 Abs. 2 Nr. 4 HGB).

393 Vgl. Ammann/Müller, Konzernbilanzierung, S. 95 ff.

Eine **widerlegbare** Vermutung der Beherrschung kann darüber hinaus in anderen Fällen, bspw. bei einer Präsenzmehrheit (faktischer Beherrschungstatbestand), bestehen (DRS 19.69 ff.).

Auch für den Begriff **Gemeinschaftsunternehmen** gibt es im HGB keine ausdrückliche Definition. Aus § 310 Abs. 1 HGB lässt sich ableiten, dass ein Gemeinschaftsunternehmen ein Unternehmen ist, das von einem in den Konzernabschluss einbezogenen Unternehmen (Mutter- oder Tochterunternehmen) gemeinschaftlich mit einem oder mehreren nicht in den Konzernabschluss einbezogenen Unternehmen geführt wird.[394] **Gemeinschaftliche Führung** bedeutet hierbei, dass keine Vorherrschaft eines der Gesellschaftsunternehmen besteht. Dabei muss die Zusammenarbeit der gleichberechtigt agierenden Gesellschaftsunternehmen auf Dauer angelegt sein. Unternehmen, die keine Tochterunternehmen sind, dürfen gemäß § 310 Abs. 1 HGB nur als Gemeinschaftsunternehmen in den Konzernabschluss einbezogen werden, wenn eine gemeinsame Führung mit einem oder mehreren anderen (konzernfremden) Unternehmen tatsächlich ausgeübt wird. Ein Vermutungstatbestand bezüglich einer Beherrschungsmöglichkeit – wie er z. B. bei der Identifikation von Tochterunternehmen verwandt wird – kommt hier nicht in Betracht.

Ein **assoziiertes Unternehmen** ist gemäß § 311 Abs. 1 HGB ein Unternehmen, auf dessen Geschäfts- und Finanzpolitik von einem in den Konzernabschluss einbezogenen Unternehmen ein **maßgeblicher Einfluss** ausgeübt wird und an dem dieses Unternehmen nach § 271 Abs. 1 HGB beteiligt ist. Zur Beurteilung des maßgeblichen Einflusses sind grundsätzlich qualitative Hinweise heranzuziehen. Gemäß § 311 Abs. 1 HGB wird jedoch ab einem Stimmrechtsanteil von 20% stets ein maßgeblicher Einfluss widerlegbar vermutet.

Die schwächste Form der in den Konzernabschluss einzubeziehenden Unternehmensarten sind **Beteiligungen**, die weder Tochter- noch Gemeinschaftsunternehmen sind noch solche Anteile an Unternehmen darstellen, über die ein maßgeblicher Einfluss ausgeübt wird. Sie sind entsprechend der Vorgehensweise im Einzelabschluss als Wertpapiere auszuweisen und mit ihren Anschaffungskosten zu bewerten. Zusätzlich ist zu unterscheiden, ob das Halten einer Beteiligung lediglich kurzfristig (Ausweis unter »Wertpapiere des Umlaufvermögens«) oder auf Dauer (Ausweis unter »Wertpapiere des Anlagevermögens«) geplant ist.

Im HGB wird im Sinne eines **Stufenkonzepts** unterschieden zwischen

- einer Vollkonsolidierung für Mutter- und Tochterunternehmen (§§ 300 – 307 HGB),
- einer anteilsmäßigen Konsolidierung für Gemeinschaftsunternehmen (§ 310 HGB),
- einem Einbezug von assoziierten Unternehmen (§§ 311 f. HGB) nach der Equity-Methode und

394 Vgl. Ebeling, in: Baetge/Kirsch/Thiele (Hrsg.): Bilanzrecht, § 310 HGB, Rz. 5.

- sonstigen Beteiligungsunternehmen, die zu Anschaffungskosten bewertet werden.

Durch diese Abstufung wird erreicht, dass der Konzernabschluss nicht nur die dem Vollkonsolidierungskreis entsprechende wirtschaftliche Einheit darstellt, sondern die gesamte Einflusssphäre des Konzerns in ihren unterschiedlichen Formen und Intensitäten abbildet. Der Vollkonsolidierungskreis wird auch als **Konsolidierungskreis im engeren Sinne** bezeichnet, da für die Konzernrechnungslegung das Vorliegen eines Mutter-Tochter-Verhältnisses ausschlaggebend ist. **Im weiteren Sinne** werden dem Konsolidierungskreis zudem Gemeinschaftsunternehmen und assoziierte Unternehmen zugerechnet.

Im Prinzip sind gemäß § 294 Abs. 1 HGB das Mutterunternehmen und alle Tochterunternehmen in den Konzernabschluss einzubeziehen. Dieses Vollständigkeitsgebot kann durch die in § 296 HGB geregelten Wahlrechte eingeschränkt werden.

11.3.2 Bestimmung des Konsolidierungskreises

Durch die Abgrenzung des Konsolidierungskreises werden wesentliche Entscheidungen bezüglich des Informationsgehalts eines Konzernabschlusses getroffen. Für den Fall wesentlicher **Änderungen des Konsolidierungskreises** schreibt § 294 Abs. 2 S. 1 HGB vor, dass Angaben in den Konzernabschluss aufzunehmen sind, die es ermöglichen, die aufeinander folgenden Konzernabschlüsse sinnvoll zu vergleichen, wobei der Begriff der Wesentlichkeit im Einzelfall auszulegen ist.

Liegen bestimmte in § 296 HGB aufgeführte Sachverhalte vor, müssen Tochterunternehmen wahlweise nicht in den Konzernabschluss einbezogen werden. Zum einen besteht dieses **Einbeziehungswahlrecht**, wenn eine der drei in § 296 Abs. 1 HGB genannten sachlichen Begründungen zutrifft:

- Das Mutterunternehmen hat nur eine eingeschränkte Leitungsbefugnis bezüglich des Konzernunternehmens, d.h., es bestehen erhebliche und andauernde **Beschränkungen bei der Ausübung der Rechte** des Mutterunternehmens in Bezug auf das Vermögen oder die Geschäftsführung des Konzernunternehmens. Da nach § 290 HGB eine Beherrschungsmöglichkeit gegeben sein muss, um überhaupt ein Mutter-Tochter-Verhältnis zu begründen, läuft diese Regelung weitgehend ins Leere. Als zulässige Anwendungsfälle gelten bspw. Tochterunternehmen im Insolvenzverfahren sowie ausländische Tochterunternehmen, bei denen erhebliche Beschränkungen als Folge staatlicher Zwangsmaßnahmen der Wirtschaftslenkung bestehen (z.B. Devisentransferbeschränkung).[395]

395 Vgl. Müller, in: Bertram/Brinkmann/Kessler/Müller (Hsrg.), Haufe-HGB-Kommentar, § 290, Rz. 7; Wulf, § 296 HGB, in: Kirsch (Hrsg.): Rechnungslegung Kommentar, Band 2, Rz. 14 (Stand: Nov. 2018).

- Die für die Aufstellung des Konzernabschlusses erforderlichen Angaben sind nicht ohne **unverhältnismäßig hohe Kosten oder Verzögerungen** zu erhalten.
- Die Anteile am Tochterunternehmen werden ausschließlich zum **Zwecke ihrer Weiterveräußerung** gehalten.

Zum anderen ist gem. § 296 Abs. 2 HGB eine Nichteinbeziehung aufgrund des **Wesentlichkeitsprinzips** möglich. Die Nichteinbeziehung ist im Konzernanhang anzugeben und zu begründen (§ 296 Abs. 3 HGB). Obwohl es im Gesetz nicht ausdrücklich erwähnt wird, ist davon auszugehen, dass Unternehmen, die aufgrund eines Einbeziehungswahlrechtes nicht vollkonsolidiert werden, nach der Equity-Methode in den Konzernabschluss einzubeziehen sind, wenn die Bedingungen des § 311 HGB erfüllt sind. Ansonsten erfolgt eine Bewertung zu den Anschaffungskosten. Für die Einbeziehungswahlrechte gilt zudem der Grundsatz der Stetigkeit.

11.3.3 Bestimmung der einzubeziehenden Unternehmen und der Art der Einbeziehung

Hinsichtlich der Prüfung der Einbeziehungsform eines Unternehmens in einen Konzernabschluss ist im Sinne eines **Stufenkonzeptes** vorzugehen. Erstens ist bei jeder Beteiligung zu analysieren, ob die Kriterien für ein Tochter- oder Gemeinschaftsunternehmen vorliegen oder ob ein maßgeblicher Einfluss gegeben ist. Bei dem erstgenannten Unternehmen (Tochterunternehmen) ist zweitens zu prüfen, ob eines der Einbeziehungswahlrechte gem. § 296 HGB ausgeübt werden soll; wegen des Wahlrechts zwischen Quotenkonsolidierung und Equity-Bewertung erübrigt sich ein Verweis in § 310 HGB auf das Einbeziehungswahlrecht gem. § 296 HGB. Drittens erfolgt dann die Einbeziehung in den Konzernabschluss. Die folgende Abbildung zeigt die Zusammenhänge im Überblick:[396]

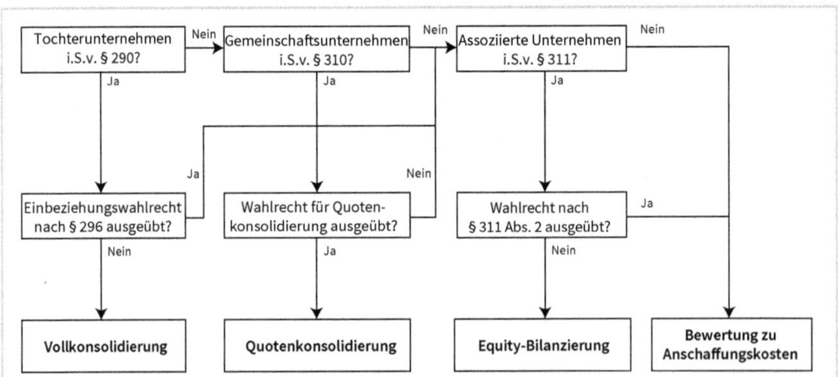

Abb. 11 - 3: Formen der Einbeziehung von Unternehmen in den Konzernabschluss nach dem HGB

396 Vgl. Ammann/Müller, Konzernbilanzierung, S. 105.

Es wird deutlich, dass der Konzernabschluss ein **Wertekonglomerat** darstellt. Aus externer Sicht ergibt sich trotz der im Folgenden zu beschreibenden Vereinheitlichung der in den Konzernabschluss einzubeziehenden Einzelabschlüsse vor allem das Problem, dass aufgrund fehlender Informationen nicht zwischen voll- und quotenkonsolidierten Vermögensgegenständen und Schulden unterschieden werden kann.

Die folgende Abbildung verdeutlicht die Systematik und damit die **konzeptionellen Grundlagen der handelsrechtlichen Konzernrechnungslegung** überblickartig, wobei von den Einzelbilanzen der in diesen Abschluss einzubeziehenden Unternehmen bis zur Konzernbilanz ausgegangen wird:

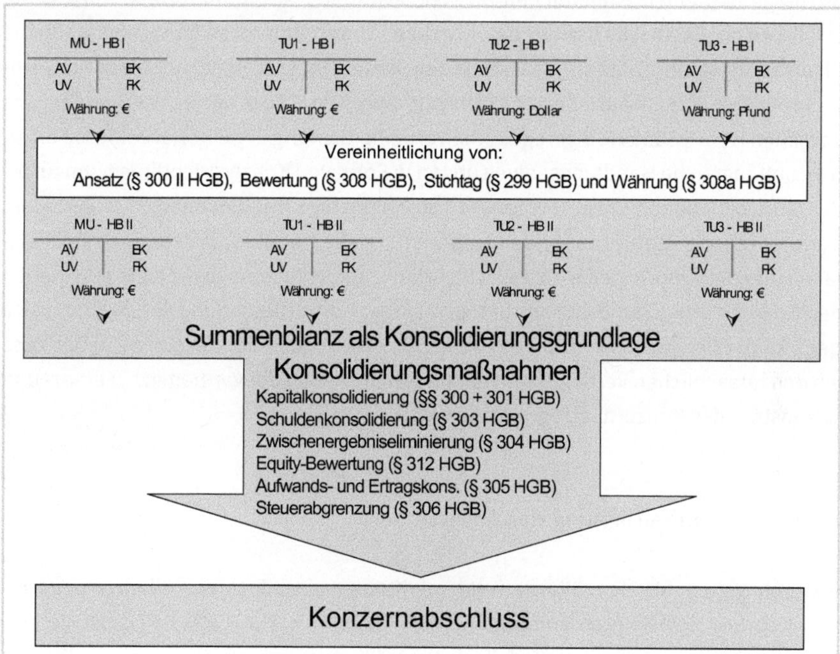

Abb. 11 – 4: Konzeptionelle Grundlagen der Konzernrechnungslegung und -konsolidierung

Nach der Entscheidung, welche Unternehmen in welcher Form in den Konzernabschluss einbezogen werden sollen, und vor Beginn der eigentlichen Konsolidierungsmaßnahmen müssen die **Einzelabschlüsse** der einzubeziehenden Unternehmen (Handelsbilanzen I) nach konzerneinheitlichen Ansatz-, Bewertungs- und Ausweisvorschriften vereinheitlicht werden (Handelsbilanz II), weil ein Konzernabschluss seine Informationsfunktion nur erfüllen kann, wenn ein Mindestmaß an formeller und materieller Einheitlichkeit des darin abgebildeten Zahlenmaterials sichergestellt ist.

11.4 Vereinheitlichung von Ansatz, Bewertung, Ausweis und Stichtag

11.4.1 Grundlagen

Im Vorfeld der Konsolidierung hat eine Rückführung der einzubeziehenden, zum Teil auf unterschiedlichen Rechtssystemen und Handelsbräuchen basierenden in- und ausländischen Einzelabschlüsse auf eine konzerneinheitliche Konzeption zu erfolgen, wobei das auf die deutsche Muttergesellschaft anwendbare Recht die Basis für die Anpassungsmaßnahmen darstellt. Während die **formelle Anpassung** einheitliche Stichtage und einen einheitlichen Ausweis erfordert, ist die **materielle Anpassung** erfüllt, wenn die Abschlüsse der einbezogenen Unternehmen an konzerneinheitliche Bilanzierungsgrundsätze angepasst werden. Zudem müssen Abschlüsse von Konzernunternehmen, die auf ausländische Währung lauten, in Euro umgerechnet werden. Das Vorgehen ist in § 308a HGB geregelt. Die Vereinheitlichung der Einzelabschlüsse erfordert umfangreiche Handlungsanweisungen in Form von Konzernrichtlinien, um für jedes einzubeziehende Unternehmen eine aussagefähige **Handelsbilanz II** zu erstellen. Der theoretische Bezugspunkt der Aufbereitung, die Handlungsrichtlinie in Zweifelsfällen und die Grundlage für zusätzliche Erläuterungspflichten im Anhang sind neben den GoB und GoK (Grundsätze ordnungsmäßiger Konzernrechnungslegung) inklusive der DRS die Generalnorm des § 297 Abs. 2 S. 2 HGB, nach der der Konzernabschluss ein den tatsächlichen Verhältnissen entsprechendes Bild der Vermögens-, Finanz- und Ertragslage des Konzerns zu vermitteln hat.

11.4.2 Vereinheitlichung der Ansätze

Generell gelten für den Bilanzansatz im Konzernabschluss die Bilanzierungsvorschriften des Mutterunternehmens. Gemäß § 300 Abs. 2 S. 1 HGB sind die Vermögensgegenstände, Schulden und Rechnungsabgrenzungsposten sowie die Erträge und Aufwendungen der in den Konzernabschluss einzubeziehenden Unternehmen unabhängig von ihrer Berücksichtigung in den jeweiligen Jahresabschlüssen dieser Unternehmen in den Konzernabschluss aufzunehmen, soweit nach dem Recht des Mutterunternehmens nicht ein Bilanzierungsverbot oder -wahlrecht besteht. Somit kann die Konzernleitung im Konzernabschluss über den Ansatz von Vermögensgegenständen und Schulden losgelöst von deren Ansatz in den zugrunde liegenden Einzelabschlüssen neu entscheiden. Sie muss dabei allein die für das Mutterunternehmen geltenden Vorschriften – also das HGB – beachten.

Die **Ansatzentscheidung** in den Einzelabschlüssen ist für den Konzernabschluss nicht maßgeblich. Insbesondere die gemäß § 300 Abs. 2 S. 2 HGB erlaubte Neuausübung von Ansatzwahlrechten bietet erhebliche Spielräume im Hinblick auf eine eigenständige Konzernbilanzpolitik, zumal sich die Möglichkeit der Neuausübung von Ansatzwahlrechten auch auf das Mutterunternehmen bezieht.

Des Weiteren ist zu beachten, dass § 300 HGB die einheitliche Ausübung von Ansatzwahlrechten nicht explizit fordert. Vielfach wird deshalb argumentiert, dass die Ausübung der Ansatzwahlrechte auch bei gleichartigen Sachverhalten nicht zwingend für alle Konzernunternehmen in gleicher Weise durchgeführt werden muss und darüber hinaus nicht dem Stetigkeitsgebot unterliegt, sodass die Entscheidung für einen wahlweisen Ansatz zu jedem Abschlussstichtag neu getroffen werden kann. Mit Bezug auf die Generalnorm kann jedoch angenommen werden, dass der im HGB verwendete Begriff »Bewertungsmethoden«, deren Beibehaltung gemäß § 298 Abs. 1 HGB i.V.m. § 252 Abs. 1 Nr. 6 HGB explizit gefordert wird, als Oberbegriff aller auf den Jahresabschluss angewendeten Rechnungslegungsmethoden zu verstehen ist, was auch eine Einbeziehung der Ansatzwahlrechte bedeutet. Deshalb ist davon auszugehen, dass die Ansatzentscheidung im Konzernabschluss für gleichartige Sachverhalte einheitlich auszufallen hat und gleiche Sachverhalte im Zeitablauf gleich darzustellen sind; zumal durch das Willkürverbot eine weitere Grenze gesetzt wird.

11.4.3 Vereinheitlichung der Bewertung

Im Gegensatz zur Regelung der Ansatzwahlrechte schreibt § 308 Abs. 1 S. 1 HGB explizit vor, dass die in den Konzernabschluss übernommenen Vermögensgegenstände und Schulden der in den Konzernabschluss einbezogenen Unternehmen gem. § 300 Abs. 2 HGB nach den auf den Jahresabschluss des Mutterunternehmens anwendbaren Bewertungsmethoden einheitlich zu bewerten sind (**Vereinheitlichung der Bewertung**). Für **gleichartige Sachverhalte** ist unter gleichen wertbestimmenden Bedingungen folglich eine unterschiedliche Ausübung von Bewertungswahlrechten unzulässig. Bei der Bewertung sind Sachverhalte als gleichartig anzusehen, wenn art- und funktionsgleiche Vermögensgegenstände oder Schulden unter gleichen wertbestimmenden Bedingungen zu bewerten sind. Daraus folgt im Umkehrschluss, dass unterschiedliche Sachverhalte entsprechend unterschiedlich zu behandeln sind. So können z.B. verschiedene Abschreibungsmethoden und -fristen bei gleichartigen Anlagen gerechtfertigt sein, wenn stark unterschiedliche Nutzungsbedingungen vorliegen.

Für die **gewählten Bewertungsmethoden** gilt in allen Fällen gem. § 298 Abs. 1 HGB i.V.m. § 252 Abs. 1 Nr. 6 HGB das Gebot der Stetigkeit, d.h., die auf den vorhergehenden Jahresabschluss angewandten Bewertungsmethoden sind beizubehalten.

Grundsätzlich geht das Gesetz davon aus, dass die im Einzelabschluss des Mutterunternehmens zulässige bzw. angewendete Bewertung auch im Konzernabschluss als Maßstab gilt. In den Fällen, in denen Bewertungsmethoden für das Mutterunternehmen zwar zulässig sind, von ihm aber nicht angewendet werden, weil es entsprechende Vermögensgegenstände und Schulden nicht besitzt, stehen die Bewertungsmethoden für den Konzernabschluss originär zur Verfügung. Durch die Neuausübung von Bewertungswahlrechten gegenüber der im Mutterunternehmen tatsächlich angewandten Bewertung wird deshalb gem. § 308 Abs. 1 S. 3 HGB eine Angabe und Begründungspflicht im Konzernanhang ausgelöst.

Beispiel

Im Jahresabschluss wird ein möglichst ausschüttungsoptimales Ergebnis dargestellt, während gleichzeitig im Konzernabschluss, der eine reine Informationsfunktion hat, ein möglichst positives Ergebnis gezeigt werden soll, um bspw. den Zugang zu internationalen Kapitalmärkten vorzubereiten bzw. zu erleichtern. Um das zu erreichen, können z. B. Ansatz- und Bewertungswahlrechte im Jahres- und Konzernabschluss unterschiedlich genutzt werden, z. B. beim Ansatz selbst erstellter immaterieller Vermögensgegenstände des Anlagevermögens oder bei der Ermittlung der Herstellungskosten (Voll- oder Teilkostenansatz).

Anpassungsmaßnahmen zur Vereinheitlichung der Bewertung sind einerseits bei der Einbeziehung ausländischer Tochterunternehmen notwendig, deren Rechnungslegung nicht den handelsrechtlichen Grundsätzen ordnungsmäßiger Buchführung für eine große Kapitalgesellschaft, die gemäß § 298 Abs. 1 HGB grundsätzlich für das Mutterunternehmen gelten, entspricht. Andererseits sind auch bei inländischen Tochterunternehmen, die nicht die Form einer Kapitalgesellschaft haben, ggf. Anpassungsmaßnahmen notwendig. Das ist beispielsweise der Fall, wenn einzubeziehende Personengesellschaften die speziellen Vorschriften für Kapitalgesellschaften bei der Aufstellung ihres Jahresabschlusses nicht beachtet haben und etwa eine weniger detaillierte Bilanzgliederung verwenden. Die Unterschiede der Ansatz- und Bewertungsvorschriften zwischen Personen- und Kapitalgesellschaften sind eher gering. Eine gewichtige Ausnahme stellen die latenten Steuern dar, die von Personengesellschaften und von kleinen Kapitalgesellschaften nicht gem. § 274 HGB zu berechnen sind. Dies ist im Rahmen der Konsolidierung ggf. nachzuholen.

Nicht nur aus Wirtschaftlichkeitsgründen, sondern auch zur Vereinfachung der Aufstellung des Konzernabschlusses, erlaubt der Gesetzgeber in § 308 Abs. 2 HGB drei **Ausnahmen vom Grundsatz der einheitlichen Bewertung**:

1. Gemäß Abs. 2 S. 2 dürfen diejenigen Wertansätze beibehalten werden, die aufgrund der Besonderheiten des Geschäftszweiges für **Kreditinstitute oder Versicherungsunternehmen** gelten. Voraussetzung ist, dass im Anhang darauf hingewiesen wird.
2. Außerdem ist ein Verzicht auf eine Vereinheitlichung der Bewertung gem. Abs. 2 S. 3 möglich, wenn die Übernahme abweichender Wertansätze für die

Vermittlung eines den tatsächlichen Verhältnissen entsprechenden Bildes der Vermögens-, Finanz- und Ertragslage des Konzerns nur von untergeordneter Bedeutung ist. Für die Auslegung des Begriffs »untergeordnete Bedeutung« und die Vorgehensweise bei mehrfacher Anwendung dieser Ausnahme dürften die Regelungen hinsichtlich der Möglichkeit einer Nichteinbeziehung wegen untergeordneter Bedeutung in den Konsolidierungskreis analog anzuwenden sein.

3. Auch bei nicht näher definierten Ausnahmefällen darf gemäß Abs. 2 S. 4 von einer einheitlichen Bewertung abgewichen werden, wenn die Abweichung im Anhang angegeben und begründet wird. Als möglicher Ausnahmefall ist z. B. die erstmalige Einbeziehung eines neuerworbenen Tochterunternehmens anzusehen, bei dem eine Bewertungsanpassung an konzerneinheitliche Regelungen eine Verzögerung und damit einen Nichteinbezug gem. § 296 Abs. 1 Nr. 2 HGB zur Folge hätte.

Insgesamt betrachtet bietet die Vereinheitlichung der Bewertung im Konzernabschluss den Vorteil, dass sie einem Wertekonglomerat im Konzernabschluss entgegenwirkt. Andererseits ist zu bedenken, dass sich ein Konzernabschluss trotzdem auf eine Vielfalt von Werten stützt und der nicht operational fassbare Grundsatz der Einheitlichkeit durch wichtige Ausnahmen aufgeweicht wird. Des Weiteren muss berücksichtigt werden, dass die Vereinheitlichung der Bewertung im Konzernabschluss zwar die Möglichkeit einer eigenständigen Konzernbilanzpolitik eröffnet, dass die Fortschreibung und Weiterentwicklung der Differenzen zwischen Einzel- und Konzernabschluss aber zu erheblichen Dokumentationsanforderungen führt, die langfristig nur mithilfe einer eigenständigen Konzernbuchführung lösbar sind. Technisch bedingt die Notwendigkeit zur Vereinheitlichung der Bewertung, aber auch des Ansatzes schon im Vorfeld der Konzernbilanzierung ein für alle einzubeziehenden Unternehmen geltendes Konzernrichtlinienwerk. Dieses Konzernrichtlinienwerk ermöglicht es, bereits die Handelsbilanz I möglichst nah an die Konzernwerte anzupassen oder zumindest die Unterschiede zu dokumentieren, damit das Erstellen der Handelsbilanz II mit möglichst geringem Aufwand gelingt.

11.4.4 Vereinheitlichung des Ausweises

Neben der Vereinheitlichung des Ansatzes und der Bewertung ist vor allem im Hinblick auf den Grundsatz der Klarheit und Übersichtlichkeit eine Einheitlichkeit des Ausweises notwendig. Grundlage sind die für große Kapitalgesellschaften in den §§ 265, 266 u. 275 HGB geregelten allgemeinen Grundsätze für die Gliederung der Bilanz bzw. Gewinn- und Verlustrechnung, die gemäß § 298 Abs. 1 HGB auch für den Konzern Gültigkeit haben. Zu berücksichtigen ist jedoch, dass sich aufgrund der Eigenart des Konzernabschlusses die Notwendigkeit von Abweichungen ergeben kann. Besonders deutlich wird das im Zusammenhang mit **konzernspezifischen Posten** (wie z. B. dem Unterschiedsbetrag aus der Kapitalkonsolidierung, den Anteilen anderer Gesellschafter oder auch den Erträgen aus Beteiligungen an assoziierten Unternehmen). Zu bedenken ist außerdem, dass sich der Inhalt einzelner Positionen trotz gleichartiger Benennung wesentlich unterscheidet. So ist z. B. bei der im Einzel- und Konzernabschluss genannten Position »Geschäfts- oder Firmenwert« eine differenzierte bilanzanalytische Betrachtung schwierig, weil für einen außenstehenden Dritten keine Unterscheidung danach möglich ist, welche Bestandteile des Geschäfts- oder Firmenwerts beispielsweise aus der Kapitalkonsolidierung von Tochterunternehmen und welche aus der Kapitalkonsolidierung von Gemeinschaftsunternehmen stammen.

Neben **konzerninternen Richtlinien** zur Festschreibung von Gliederungs- und Ausweiswahlrechten stellt ein für alle Konzerngesellschaften verbindlich vorgeschriebener, einheitlicher Kontenplan ein wesentliches Hilfsmittel zur Vereinheitlichung des Rechnungswesens und damit zur Erleichterung des einheitlichen Ausweises dar. So ist z. B. hinsichtlich des Wahlrechtes zwischen Gesamt- und Umsatzkostenverfahren, das im Konzernabschluss unabhängig vom Einzelabschluss des Mutterunternehmens und der Tochterunternehmen neu ausgeübt werden kann, zu empfehlen, dass das für den Konzernabschluss gewählte Verfahren auch für die einzubeziehenden Unternehmen verbindlich vorgeschrieben wird. Das schließt jedoch keineswegs aus, dass aus Konzernsicht bei einzelnen Positionen (z. B. im Hinblick auf unterschiedliche Ergebnisschichten) unterschiedliche Zuordnungen im Einzel- und Konzernabschluss notwendig sind oder auch aus konzernbilanzpolitischen Gründen vorgenommen werden. Zudem kann die Konsolidierung von Unternehmen, für die durch eine Formblattverordnung spezielle Gliederungen und Positionen vorgeschrieben sind, zu einer Anpassung bzw. Erweiterung der Konzerngliederung führen. Das gilt explizit gem. § 300 Abs. 2 S. 3 HGB für Kreditinstitute und Versicherungen, die auch dann Ansätze und Ausweise aufgrund bestimmter Sondervorschriften beibehalten können, wenn das den Konzernabschluss erstellende Mutterunternehmen nicht dem Geltungsbereich der Sondervorschriften unterliegt.

11.4.5 Vereinheitlichung des Abschlussstichtages

Neben der Vereinheitlichung des Ansatzes, der Bewertung und des Ausweises ist für den Informationsgehalt eines Konzernabschlusses auch die **Vereinheitlichung der Abschlussstichtage** des Konzerns und der einbezogenen Unternehmen von großer Bedeutung. Gemäß § 299 Abs. 1 HGB ist der **Stichtag des Jahresabschlusses des Mutterunternehmens** für den Konzernabschluss zugrunde zu legen. Im Hinblick auf die Abschlussstichtage der in den Konzernabschluss einbezogenen Unternehmen fordert § 299 Abs. 2 S. 1 HGB, dass diese Abschlüsse auf den Stichtag des Konzernabschlusses aufgestellt werden sollen. Dabei handelt es sich jedoch um eine Sollbestimmung, sodass bei **abweichenden Stichtagen** eine Pflicht zur Aufstellung eines Zwischenabschlusses auf den Konzernabschlussstichtag gem. § 299 Abs. 2 S. 2 HGB nur für solche Unternehmen besteht, deren Abschlussstichtag um mehr als drei Monate vor dem Stichtag des Konzernabschlusses liegt. Da auch Zwischenabschlüsse gem. § 317 Abs. 3 S. 1 HGB zu prüfen sind, hat ein Zwischenabschluss sowohl den GoB und GoK als auch den Bilanzierungs- und Bewertungsmethoden des Konzerns zu entsprechen. Weiterreichende rechtliche Folgen sind mit der Aufstellung eines derartigen Zwischenabschlusses nicht verbunden. Verzichtet ein in den Konzernabschluss einbezogenes Unternehmen, dessen Stichtag bis zu drei Monate vor dem Konzernabschlussstichtag liegt, auf die Aufstellung eines Zwischenabschlusses, sind Vorgänge von besonderer Bedeutung für die Vermögens-, Finanz- und Ertragslage, die zwischen dem Abschlussstichtag des Unternehmens und dem Abschlussstichtag des Konzernabschlusses eingetreten sind, gem. § 299 Abs. 3 HGB in der Konzernbilanz und der Konzern-Gewinn- und Verlustrechnung zu berücksichtigen oder im Konzernanhang anzugeben.

Die mit der Aufstellung eines **Zwischenabschlusses** verbundenen zusätzlichen Kosten und die Unsicherheit darüber, wie dieser Abschluss im Einzelnen auszugestalten ist, haben in der Praxis dazu geführt, dass Konzerne, in denen es unterschiedliche Abschlussstichtage gegeben hat, die Geschäftsjahre weitgehend vereinheitlicht haben. Dennoch bleibt das grundsätzliche Problem, dass die Regelungen des HGB bezüglich der Einheitlichkeit der Abschlussstichtage mit erheblichen Unsicherheiten und Mängeln verbunden sind. Neben dem grundsätzlichen Problem, wann Vorgänge von besonderer Bedeutung vorliegen und eine Berichtspflicht auslösen, ergeben sich Detailfragen vor allem im Zusammenhang mit der Analyse und Konsolidierung von Unternehmen, deren Stichtag vom Konzernabschlussstichtag abweicht, bei denen aber kein Zwischenabschluss erforderlich ist. Schwierigkeiten können auch dann auftreten, wenn ein Zwischenabschluss vorliegt, weil insbesondere die Zuordnung von Steueraufwendungen, Aufwendungen für die Altersversorgung oder Jahresüberschüssen oft nur aufgrund vereinfachender Fiktionen durchgeführt werden kann. Ebenso wie bei der Vereinheitlichung des Ansatzes, der Bewertung und des Ausweises hat ein Mutterunternehmen auch bei der Vereinheitlichung der Abschlussstichtage vielfältige Möglichkeiten, den Inhalt, die Wertansätze und damit die Aussagefähigkeit eines Konzernabschlusses stark zu beeinflussen.

11.5 Währungsumrechnung

Das in § 294 Abs. 1 HGB verankerte Weltabschlussprinzip sieht für inländische Kapitalgesellschaften vor, dass neben dem Mutterunternehmen alle Tochterunternehmen (ohne Rücksicht auf deren Sitz) in den Konzernabschluss einzubeziehen sind. Der Konzernabschluss ist gem. § 298 Abs. 1 i.V.m. § 244 HGB in Euro aufzustellen. Daraus resultiert ein Zwang zur Umrechnung von nicht in Euro aufgestellten Abschlüssen ausländischer Tochterunternehmen. § 308a HGB schreibt die Anwendung der **modifizierten Stichtagskursmethode** vor.

Da nur der Fremdwährungsabschluss eine Auskunft über die Vermögens-, Finanz- und Ertragslage des ausländischen Tochterunternehmens geben kann, soll mithilfe der linearen Transformation sichergestellt werden, dass erstens eine Angleichung an die Berichtswährung erfolgt und zweitens die Struktur des ausländischen Abschlusses in den Konzernabschluss übernommen wird. Bei der auf der lokalen Theorie basierenden modifizierten Stichtagskursmethode werden sämtliche Posten der Aktiv- und Passivseite mit Ausnahme des Eigenkapitals am Bilanzstichtag mit demselben Devisenkassamittelkurs umgerechnet. Sämtliche Positionen der Gewinn- und Verlustrechnung sind zum Durchschnittskurs umzurechnen, sodass sich die Währungsumrechnung als weitgehend lineare Transformation des Fremdwährungsabschlusses darstellt. Hierdurch wird sichergestellt, dass die grundsätzliche Struktur des Fremdwährungsabschlusses auch im umgerechneten Abschluss beibehalten wird und es zu keinen starken Verzerrungen der Bilanzkennzahlen des Auslandsunternehmens kommt.

Um die Umrechnungsdifferenzen transparent zu machen, besteht eine erste notwendige **Modifikation** der reinen Stichtagskursmethode darin, zumindest das **Eigenkapital zu historischen Kursen** zu bewerten. Eine weitere notwendige Modifikation besteht darin, die **GuV** aufgrund des Zeitraumbezuges **mit Durchschnittskursen** umzurechnen, was auch im Konzernanhang anzugeben ist. Zudem sind die aufgelaufenen kumulierten Umrechnungsdifferenzen, die nach dieser Methode erfolgsneutral zu erfassen sind, separat auszuweisen, wobei latente Steuern zu berücksichtigen sind. Dieser Ausweis der erfolgsneutral verrechneten Währungsumrechnungsdifferenz im Konzernabschluss muss offen innerhalb eines Unterpostens des Eigenkapitals nach den Rücklagen erfolgen (§ 308a Satz 1 bis 3 HGB). Die Veränderung dieses Unterpostens im Zeitverlauf muss im Eigenkapitalspiegel dargestellt werden. DRS 22.14 empfiehlt, diesen Betrag zu trennen in den Teil, der auf die Aktionäre des Mutterunternehmens entfällt, und in den Teil, der den Minderheitsaktionären zuzurechnen ist. Erst bei Verkauf des ausländischen Tochterunternehmens sind die aufgelaufenen erfolgsneutralen Beträge erfolgswirksam zu verrechnen (§ 308a Satz 4; DRS 23.181).

Insgesamt stellt die Stichtagskursmethode eine pragmatischere Herangehensweise an das Problem der Währungsumrechnung ausländischer Abschlüsse dar, wobei angesichts der zunehmenden Globalisierung und der volatilen Währungskurse die Größenordnungen der Beeinflussung von Konzernabschlüssen durch die Währungsumrechnung trotz der Einführung des Euro noch erheblich sein können.

Beispiel

Die generelle Vorgehensweise sowie die Auswirkungen sollen an einem stark vereinfachten Beispiel verdeutlicht werden, wobei auf die Bildung latenter Steuern verzichtet wird.

Die M-GmbH gründet am 01.01.t0 das ausländische Tochterunternehmen AT-Corp. Zu diesem Zeitpunkt ist der Umtauschwert 2 EUR = 1 Fremdwährungseinheit (FWE). Die Eröffnungsbilanzen in FWE und in Euro gestalten sich wie folgt:

Bilanz zum 01.01.t0 in TFWE

SAV	200	Eigenkapital	150
FAV	0	Bankschulden	200
Vorräte	0		
Kasse	150		
	350		350

Bilanz zum 01.01.t0 in TEUR (Kurs 2 EUR/FWE)

SAV	400	Eigenkapital	300
FAV	0	Bankschulden	400
Vorräte	0		
Kasse	300		
	700		700

Zum 31.12.t0 wird der folgende Abschluss (Bilanz und GuV) in FWE vorgelegt, wobei der Kurs zum 31.12.t0 unter Schwankungen auf 2,5 EUR = 1 FWE gestiegen ist:

Bilanz zum 31.12.t0 in TFWE

SAV	175	Eigenkapital	100
Vorräte	160	Jahresergebnis	50
Kasse	15	Bankschulden	200
	350		350

GuV für das Jahr t0 in TFWE

Herstellungskosten	400	Umsatzerlöse	550
Zinsaufwand	25		
Abschreibungen (SAV)	25		
Steuern vom Einkommen und vom Ertrag	50		
Jahresergebnis	50		
	550		550

Bei der Stichtagskursmethode werden die GuV-Posten – mit Ausnahme des Jahresergebnisses – mit dem Durchschnittskurs von 2,6 EUR/FWE umgerechnet. Grundsätzlich könnte das Jahresergebnis mit dem Stichtagskurs von 2,5 EUR/FWE umgerechnet werden, um zu verdeutlichen, welche Beträge für Ausschüttungszwecke zur Verfügung stehen. Es ergäben sich 125.000 EUR. Das Jahresergebnis ist nicht umzurechnen, sondern als Differenz aus den umgerechneten Positionen der GuV zu berechnen. Es werden somit die 130.000 EUR ausgewiesen und in die Bilanz übernommen. Das bedeutet aber, dass die Translationsanpassung im Eigenkapital um den vom Stichtagswert des Jahresergebnisses abweichenden Wert anzupassen ist, damit das erhöhte Jahresergebnis ausgewiesen werden kann. Die Posten der Bilanz werden mit Ausnahme des Eigenkapitals und dem aus der GuV übernommenen umgerechneten Jahresergebnis mit dem Stichtagskurs von 2,5 EUR/FWE umgerechnet. Das Eigenkapital ohne das Jahresergebnis wird mit dem historischen Wert von 2 EUR/FWE am 31.12.t0 umgerechnet, sodass hieraus im Eigenkapital eine Translationsanpassung von 45.000 EUR notwendig wird. Hierbei ergeben sich die folgende Bilanz und GuV:

Bilanz zum 31.12.t0 in TEUR (Stichtagskursmethode)

SAV	437,50	Eigenkapital	200,00
Vorräte	400,00	Translationsanp.	45,00
Kasse	37,50	Jahresergebnis	130,00
		Bankschulden	500,00
	875,00		875,00

GuV für das Jahr t0 in TEUR (Stichtagskursmethode)

Herstellungskosten	1.040,00	Umsatzerlöse	1.430,00
Zinsaufwand	65,00		
Abschreibungen (SAV)	65,00		
Steuern vom Einkommen und vom Ertrag	130,00		
Jahresergebnis	130,00		
	1.430,00		1.430,00

Die Stichtagskursmethode führt zu einer **rechnungslegungskonzeptionellen Fehldarstellung**, weil bestimmte Bilanzierungsprinzipien – wie etwa zur Bewertung von Vorräten und Sachanlagen – eklatant verletzt werden. Die Wertobergrenze in Höhe der Anschaffungs- und Herstellungskosten wird im Falle steigender Wechselkurse unter Verweis darauf, dass es sich um eine Translation und keine Bewertung handelt, überschritten. Allerdings wird keine Abbildung zum Fair Value erreicht, weil lediglich die Währungskomponente zeitnah in den Wertansatz einfließt, während die in Landeswährung gebildeten stillen Reserven nicht beachtet werden, weil die einbezogenen Abschlüsse in ausländischer Währung auf den jeweiligen Rechnungslegungskonzeptionen fußen. Somit findet bei der Umrechnung eine Vermischung verschiedener Betrachtungsweisen statt. Aus diesem Grund ist die Stichtagskursmethode für Tochtergesellschaften in Hochinflationsländern nicht dazu geeignet, eine tatsachengetreue Abbildung zu erreichen. Die historischen Anschaffungs- und Herstellungskosten würden ansonsten mit einem aufgrund der hohen Inflation extrem niedrigen Wechselkurs umgerechnet und somit nahe null ausgewiesen werden. Deshalb ist gemäß IAS 29 (Financial Reporting in Hyperinflationary Economies) vor der eigentlichen Währungsumrechnung eine Inflationsbereinigung durchzuführen.[397] DRS 25.43 schreibt auch eine Inflationsbereinigung vor, wofür DRS 25.99 ff. zwei Vorgehensweisen: Zum einen ist die Abschussaufstellung des Fremdwährungsunternehmens in einer Hartwährung möglich, wobei sich die Verwendung der Währung des Mutterunternehmens anbietet; zum anderen kann die Bereinigung der Inflationseffekte durch eine Indexierung erfolgen.[398]

Durch die **Bewertung zu Stichtagskursen** entsteht – wie gezeigt – neben einer eventuell geringen Differenz in der GuV vor allem durch die Umrechnung der Bilanz eine i. d. R. hohe währungsbedingte Umrechnungsdifferenz, die als Gesamtumrechnungsdifferenz im Eigenkapital aufläuft. Nach einheitlicher Empfehlung der deutschen GoB, den IFRS und auch nach § 308a S. 2 HGB wird diese Differenz erfolgsneutral im Eigenkapital belassen und die GuV somit nicht durch diesen Umrechnungsvorgang beeinflusst. Als Begründung hierfür könnte angegeben werden, dass durch die relative Selbstständigkeit des Tochterunternehmens letztlich kein Interesse an den einzelnen Vermögensgegenständen und Schulden des Unternehmens, sondern lediglich an den Gewinnbeiträgen besteht. Außerdem wird unter der Going-Concern-Prämisse davon ausgegangen, dass das Tochterunternehmen dauerhaft im Konzern verbleibt und somit temporäre Wechselkursschwankungen aus Bilanzposten für die Erfolgsdarstellung nicht relevant sind. Für die Unternehmensführung, die letztlich die Entscheidung über den Erwerb des ausländischen Tochterunternehmens getroffen hat, bedeutet dieses Vorgehen, dass der abgebildete Erfolg der Investition ohne eventuelle Währungsverluste ausgewiesen wird. So werden beispielsweise Investitionen deutscher Unternehmen in Schwellenländern mit der Intention der Lohnkostensenkung vermeintlich zunächst als Erfolg aufgrund der Entlastung des Personalaufwandes angesehen, obwohl die getätigte Investition durch einen bei diesen Währungen häufig festzustellenden Trend zu fallenden Wechselkursen quasi entwertet wird.

11.6 Konsolidierungsbereiche

11.6.1 Grundlagen

Um die Gesamtabbildung eines Unternehmensverbundes so darstellen zu können, **als handele es sich um ein einziges Unternehmen**, sind im Anschluss an die Aufbereitung der Einzelabschlüsse die Beziehungen innerhalb eines Konzerns zu eliminieren. Dieser Vorgang wird als **Konsolidierung** bezeichnet und stellt das zentrale Element

397 Siehe hierzu ausführlich Pollmann, DStR 2015, S. 2090 ff.

398 Vgl. z. B. Strickmann, in: Bertram/Brinkmann/Kessler/Müller (Hsrg.), Haufe-HGB-Kommentar, § 308 a, Rz. 41 f.

des Kompensationszweckes der Konzernrechnungslegung dar. Im Einzelnen sind die folgenden Konsolidierungsschritte notwendig[399]:

- Kapitalkonsolidierung,
- Schuldenkonsolidierung,
- Aufwands- und Ertragskonsolidierung sowie
- Zwischenergebniseliminierung.

Bei der Konsolidierung ist grundsätzlich zwischen einer Voll- und einer Quotenkonsolidierung zu unterscheiden. Demgegenüber sind assoziierte Unternehmen im Konzernabschluss nach der Equity-Methode zu bewerten.

Zudem ist in vielen Konsolidierungsfällen eine Steuerabgrenzung (d. h. sowohl der Ansatz aktiver als auch passiver latenter Steuern) Pflicht, obwohl der Konzern selbst nicht Gegenstand der Besteuerung ist. Gegenstand der Besteuerung bleiben die einzelnen Unternehmen, abgebildet durch Einzelabschlüsse, und ggf. zusammengefasst zu einer Organschaft.

11.6.2 Kapitalkonsolidierung

Konsolidierungsmethoden

Eine zutreffende Darstellung der Vermögens-, Finanz- und Ertragslage des Konzerns erfordert, dass Mehrfacherfassungen aufgrund konzerninterner Kapitalverflechtungen beseitigt werden. Deshalb kommt der **Kapitalkonsolidierung**, durch die eine Eliminierung der konzerninternen Beteiligungsverhältnisse erreicht werden soll, eine zentrale Bedeutung zu.

Zur Vollkonsolidierung des Kapitals ist gemäß § 301 HGB die **Erwerbsmethode** vorgesehen. Dieser Methode liegt die Annahme zugrunde, dass ein Mutterunternehmen beim Erwerb einer Beteiligung nicht nur Anteile am Kapital, sondern auch die Vermögensgegenstände und Schulden des betreffenden Unternehmens erworben hat.

Die bis 2009 unter bestimmten Voraussetzungen ebenfalls mögliche Methode der **Interessenzusammenführung** gemäß § 302 HGB a. F., bei der ein Mutterunternehmen die Verrechnung der Anteile auf das gezeichnete Kapital des Tochterunternehmens beschränken darf, zielte dagegen auf fusionsähnliche Vorgänge zwischen quasi gleichberechtigten Unternehmen ab, bei denen der Erwerb der Beteiligung an einem anderen Unternehmen nicht durch Kauf, sondern durch Hergabe eigener Aktien erfolgt. Letztere Methode wurde in Anlehnung an internationale Entwicklungen mit dem

399 Vgl. Baetge/Kirsch/Thiele, Konzernbilanzen, S. 181.

BilMoG aus dem HGB gestrichen, allerdings wurde der Übergang prospektiv geregelt, d.h., Altfälle können beibehalten werden.

Bei der **Erwerbsmethode** nach § 301 Abs. 1 HGB ist ebenso wie nach der Konkretisierung in DRS 23 als Vorgehensweise die Neubewertungsmethode anzuwenden.[400]

Mithilfe des folgenden Beispiels sollen die **Grundzüge der Kapitalkonsolidierung** aufgezeigt werden:

Das Mutterunternehmen M-AG hält 100% der Anteile an der T-GmbH. Da § 290 HGB erfüllt ist, hat die M-AG einen Konzernabschluss aufzustellen. Die komprimierten, nach konzerneinheitlichen Ansatz- und Bewertungsvorschriften erstellten Bilanzen der Unternehmen haben zum 31.12.t0 das folgende Aussehen:

Bilanz der M-GmbH zum 31.12.t0 in Mio. EUR

AV	45	EK	40
Bet. TU	35	Verb.	60
UV	20		
	100		100

Bilanz der T-GmbH zum 31.12.t0 in Mio. EUR

AV	30	EK	30
UV	30	Verb.	30
	60		60

Im ersten Schritt ist die Bilanz des Tochterunternehmens grundsätzlich zum Zeitpunkt des Erwerbs (erstmaliges Vorliegen eines Tochter-Mutter-Verhältnisses) **neu zu bewerten**. Wenn die Anteile sukzessive zu verschiedenen Zeitpunkten erworben wurden, ist ebenso der Zeitpunkt zu berücksichtigen, zu dem das Mutter-Tochter-Verhältnis entstanden ist (§ 301 Abs. 2 Satz 1 HGB, DRS 23.8 f.). Ist erstmals ein Konzernabschluss zu erstellen oder liegt eine erstmalige Einbeziehung eines Tochterunternehmens vor, auf die in den Vorperioden gem. eines Konsolidierungswahlrechts (§ 296 HGB) verzichtet wurde, sind die Wertansätze zum Zeitpunkt der Einbeziehung des Tochterunternehmens in den Konzernabschluss maßgebend (§ 301 Abs. 2 Satz 3 f.). Allerdings besteht in diesen beiden Fällen ein Wahlrecht nach § 301 Abs. 2 Satz 5 HGB, da in Ausnahmefällen auch die Wertansätze zum Zeitpunkt des erstmaligen Vorliegens eines Tochterunternehmens zugrunde gelegt werden dürfen. Wird hiervon Gebrauch gemacht, sind eine Angabe und Begründung im Konzernanhang erforderlich.

Die Neubewertung bezieht sich auf alle angesetzten oder ansatzfähigen Vermögensgegenstände und Schulden. Die Wertänderungen werden erfolgsneutral in das Eigenkapital des Tochterunternehmens gebucht, wobei latente Steuern zu berücksichtigen

400 Bei der Buchwertmethode kam es nur zu einer beteiligungsproportionalen Aufdeckung der stillen Reserven unter Beachtung der Anschaffungskostenobergrenze (§ 301 (1) S. 2 Nr. 1 HGB a.F.). Bei der Neubewertungsmethode werden die stillen Reserven unabhängig von der Beteiligungsquote vollständig aufgedeckt, wobei die Anschaffungskostenrestriktion nicht mehr zu beachten ist. Vgl. Ammann/Müller, Konzernbilanzierung, S. 191–196.

sind. Eine Anschaffungskostenobergrenze ist nicht zu beachten. Im Fall der T-GmbH wurde festgestellt, dass im Sachanlagevermögen bei einer Maschine stille Reserven in Höhe von 10 Mio. EUR enthalten sind. Diese werden in der neubewerteten Bilanz aufgedeckt. Dazu werden auf der Passivseite als Verbindlichkeit passive latente Steuern in Höhe von 5 Mio. EUR (unterstellter Steuersatz 50 %) und eine Eigenkapitalerhöhung von 5 Mio. EUR erfasst.

Die komprimierten Bilanzen der Unternehmen haben nach der Neubewertung zum 31.12.t0 dann das folgende Aussehen:

Bilanz der M-GmbH zum 31.12.t0
'in Mio. EUR

AV	45	EK	40
Bet. TU	35	Verb.	60
UV	20		
	100		100

Bilanz der T-GmbH zum 31.12.t0
in Mio. EUR

AV	40	EK	35
UV	30	Verb.	35
	70		70

In einem zweiten Schritt sind die jeweiligen Aktiva und Passiva der beiden Unternehmen in einer Summenbilanz zusammenzufassen.

Summenbilanz zum 31.12.t0
in Mio. EUR

AV(MU)	45	EK (MU)	40
Bet. TU (MU)	35	EK (TU)	35
AV (TU)	40	Verb. (MU)	60
UV (MU)	20	Verb. (TU)	35
UV (TU)	30		
	170		170

Resultat der Zusammenfassung ist eine aufgeblähte Summenbilanz, in der der Wert des Tochterunternehmens

- durch den aus der Bilanz des Mutterunternehmens übernommenen Beteiligungsbuchwert (Bet. (TU) = 35 Mio. EUR),
- durch das Eigenkapital des Tochterunternehmens (EK (TU) = 35 Mio. EUR) und
- durch die in die Summenbilanz übernommenen Vermögensgegenstände und Schulden des Tochterunternehmens (AV (TU) = 40 Mio. EUR, UV (TU) = 30 Mio. EUR, Verb. (TU) = 35 Mio. EUR)

abgebildet wird.

Da der Konzern als fiktive rechtliche Einheit dargestellt werden soll, sind die Tochterunternehmen als unselbstständige Betriebsabteilungen zu betrachten. Im einheitlichen Unternehmen/Konzern kann es aber weder Beteiligungen an Betriebsabteilungen geben noch können Beteiligungen selbst Eigenkapital ausweisen. Dementsprechend sind die konzerninternen **Beteiligungsbeträge** gegen die auf diese Beteiligungen entfallenden **Beträge des neu bewerteten Eigenkapitals der Tochterunternehmen aufzurechnen** (= zu konsolidieren), sodass der Wert der Tochterunternehmen in der Konzernbilanz ausschließlich durch deren Vermögensgegenstände und Schulden ausgewiesen wird. Für das Beispiel ergibt sich nach der Aufrechnung der entsprechenden Positionen die folgende Konzernbilanz:

Konzernbilanz zum 31.12.t0
in Mio. EUR

AV	85	EK	40
UV	50	Verb.	95
	135		135

Die zentralen **Schritte bei der Kapitalkonsolidierung** sind somit

- die Neubewertung des Tochterunternehmens,
- die Bildung der Summenbilanz aus den vereinheitlichten Einzelbilanzen der zu konsolidierenden Unternehmen und
- die Aufrechnung der Beteiligungsbuchwerte aus der Bilanz des Mutterunternehmens mit den anteiligen, dem Mutterunternehmen zuzurechnenden Eigenkapitalbeträgen der Tochterunternehmen.

Neben dieser deckungsgleichen Verrechnung von Beteiligungsbuchwerten und Eigenkapital können sich in der Praxis Variationen bei der Kapitalkonsolidierung ergeben, weil

- der Beteiligungsbuchwert i.d.R. nicht genau dem anteiligen Eigenkapital entspricht, sodass Unterschiedsbeträge entstehen und
- bei der Konsolidierung nicht immer das gesamte Eigenkapital des Tochterunternehmens extrahiert wird, sodass ein Restbetrag in der Konzernbilanz verbleiben kann.

Unterschiedsbeträge

Bei der Aufrechnung des Beteiligungsbuchwerts mit dem neubewerteten Eigenkapital des Tochterunternehmens ist neben dem Fall, dass beide Beträge sich ausgleichen, auch der Fall möglich, dass der Beteiligungsbuchwert größer oder aber kleiner ist als der Wert des Eigenkapitals.

Ein im Vergleich zum neubewerteten Eigenkapital größerer Beteiligungsbuchwert weist darauf hin, dass es aus der Sicht des Käufers im Tochterunternehmen noch mehr Werte als die in der Bilanz ausgewiesenen Werte gibt. Das können z.B. positive Zukunftsaussichten oder erwartete Synergieeffekte sein, die nicht in die Bilanz aufgenommen werden dürfen. Diese Beträge sind nach dem HGB als »**Geschäfts- oder Firmenwert**« unter den immateriellen Vermögensgegenständen des Anlagevermögens zu bilanzieren. Der Geschäfts- oder Firmenwert gilt nach § 246 Abs. 1 Satz 3 HGB als zeitlich begrenzt abnutzbarer Vermögensgegenstand und ist daher erfolgswirksam über die Nutzungsdauer abzuschreiben. Kann die Nutzungsdauer nicht verlässlich geschätzt werden, ist eine Abschreibung pauschal über zehn Jahre vorzunehmen (§ 309 Abs. 1 i.V.m. § 253 Abs. 3 Satz 3 und 4 HGB). Zusätzlich sind etwaige außerplanmäßige Abschreibungen zu berücksichtigen. Als einziger Unterschied zu den anderen bilanzierten Vermögensgegenständen des Anlage- und Umlaufvermögens ist für den Geschäfts- oder Firmenwert ein Zuschreibungsverbot verankert (§ 253 Abs. 5 Satz 2 HGB), weil ansonsten die Gefahr bestehen würde, auch originäre Vermögensanteile zu aktivieren.

Ein Beteiligungsbuchwert, der kleiner als das neubewertete Eigenkapital ist, kommt in der Praxis weitaus seltener vor. Letztlich bedeutet ein solcher negativer Unterschiedsbetrag, dass entgegen dem handelsrechtlichen Vorsichtsprinzip ein überhöhter Wert ausgewiesen wird, den ein Käufer nicht bereit ist, für das Unternehmen zu bezahlen. Denkbar ist einerseits, dass der Käufer geschickt verhandelt hat und das Tochterunternehmen »unter Wert« erwerben konnte (d.h. eine günstige Kaufgelegenheit). Andererseits können auch negative Zukunftsaussichten, die aber noch nicht zu Rückstellungen oder zu Abschreibungen in der Bilanz führten, zu einem geringeren Preis führen. Diese Beträge sind unter der Position »**passivischer Unterschiedsbetrag aus der Kapitalkonsolidierung**« zwischen dem Konzerneigen- und -fremdkapital aufzuführen und erst erfolgswirksam aufzulösen, wenn dieser realisiert ist (§ 309 Abs. 2 HGB).

In bestimmten Ausnahmefällen kann sich ein passiver Unterschiedsbetrag auch nur aus der Konsolidierungstechnik ergeben (DRS 23.141). Diese sog. **technischen Unterschiedsbeträge** resultieren aus bestimmen Umständen (vgl. DRS 23.147) und sind daher gesondert zu behandeln. In Abhängigkeit von der Entstehungsursache ist entweder eine unmittelbare Einstellung in die Konzerngewinnrücklagen bzw. den Konzernergebnisvortrag geboten oder, unter Berücksichtigung bestimmter Voraussetzungen, eine ertragswirksame Auflösung vorgesehen (DRS 23.148 ff.).

Anteile anderer Gesellschafter (Minderheitenanteile)

Die Konsolidierung von Tochterunternehmen ist eine Vollkonsolidierung. Die gesamten Vermögensgegenstände und Schulden sind also in voller (neu bewerteter) Höhe in die Konzernbilanz zu übernehmen. Sofern keine 100%-ige Beteiligung vorliegt, entfällt jedoch ein Teil des Eigenkapitals des Tochterunternehmens auf andere Eigentümer. Der auf Konzernfremde entfallende Teil des Eigenkapitals wird in der Konzernbilanz als »**Nicht beherrschende Anteile**« gekennzeichnet und als Unterposition des Konzerneigenkapitals neben den Eigenkapitalanteilen der Eigentümer der Konzernmutter gesondert ausgewiesen und fortgeführt (§ 307 HGB). Letzteres bedingt, dass auch das Konzernjahresergebnis aufgeteilt werden muss in einen Anteil, der den

Eigentümern der Konzernmutter zuzurechnen ist und in einen Anteil, der auf die Minderheitsanteilseigner entfällt.

Beispiel: Minderheitsanteile und Unterschiedsbetrag

In Abwandlung des Eingangsbeispiels liegen die folgenden (bei der Tochter neu bewerteten) angepassten Bilanzen vor; der Anteil der M-AG an der T-GmbH beträgt aber nur 60%.

Bilanz der M-AG zum 31.12.t0
in Mio. EUR

AV	45	EK	40
Bet. TU	35	Verb.	60
UV	20		
	100		100

Bilanz der T-GmbH zum 31.12.t0
in Mio. EUR

AV	40	EK	35
UV	30	Verb.	35
	70		70

Damit ist zunächst auch die Summenbilanz identisch:

Summenbilanz zum 31.12.t0
in Mio. EUR

AV(MU)	45	EK (MU)	40
Bet. TU (MU)	35	EK (TU)	35
AV (TU)	40	Verb. (MU)	60
UV (MU)	20	Verb. (TU)	35
UV (TU)	30		
	170		170

Jetzt erfolgt die Aufrechnung des Beteiligungsbuchwerts von 35 Mio. EUR mit dem anteiligen neu bewerteten Eigenkapital der Tochter (35 x 60% = 21 Mio. EUR). Es entsteht ein aktivischer Unterschiedsbetrag von 14 Mio. EUR (= 35 – 21 Mio. EUR), der als Geschäfts- oder Firmenwert auszuweisen ist.

Die verbleibenden 40% des Eigenkapitals der T-GmbH sind in die Position »Anteile anderer Gesellschafter« umzubuchen. Es sind in diesem Beispiel ebenfalls 14 Mio. EUR (=35 Mio. EUR x 40%), sodass sich nach der Aufrechnung der entsprechenden Positionen die folgende Konzernbilanz ergibt:

Konzernbilanz zum 31.12.t0
in Mio. EUR

AV	85	EK	40
Geschäfts- oder Firmenwert	14	Nicht beherrschende Anteile	14
UV	50	Verb.	95
	149		149

Folgekonsolidierung

Da der Konzernabschluss durch die Konsolidierung jedes Jahr neu entsteht und es keinen in sich geschlossenen Buchungskreislauf gibt, ist in den Folgejahren immer die Erstkonsolidierung mit exakt den damaligen Werten zu wiederholen. So ist stets die zum Erwerbszeitpunkt erfolgte Neubewertung, die Aufrechnung von Beteiligungsbuchwert und anteiligem Eigenkapital, die Zuordnung des Unterschiedsbetrags und der Ausweis der Minderheitsanteilseigener vorzunehmen. In den Folgejahren werden die entstandenen Unterschiede dann unter Berücksichtigung von Abschreibungen fortgeschrieben. Für die im Rahmen der Neubewertung aufgedeckten stillen Reserven und stillen Lasten gilt, dass sie das Schicksal der Position teilen, der sie zugeordnet wurden. So sind etwa in der Neubewertungsbilanz vorgenommene Werterhöhungen bei Grundstücken nicht planmäßig zu reduzieren, während Werterhöhungen bei Maschinen über die verbleibende Restnutzungsdauer der Maschine erfolgswirksam mit dem Konzernjahresergebnis verrechnet werden. Höher angesetzte Rückstellungen sind dann aufzulösen, wenn die Erfüllung erfolgt ist. Darüber hinaus ist auch ein Geschäfts- oder Firmenwert gemäß den handelsrechtlichen Vorschriften fortzuschreiben und die Realisation des passivischen Unterschiedsbetrages zu überwachen.

Aus diesen Anforderungen resultiert die Notwendigkeit einer Konzernbilanzierung als »Nebenbuchhaltung«, die zusätzlich zu den Abschlüssen der einzubeziehenden Unternehmen für die Konsolidierung hinzuzuziehen ist, um auch in den Folgejahren einen rechtsnormgemäßen Konzernabschluss erstellen zu können.

Beispiel: Folgekonsolidierung

In Fortführung des Beispiels »Minderheitenanteile und Unterschiedsbetrag« liegen die folgenden angepassten Bilanzen für das Jahr t1 vor; der Anteil der M-AG an der T-GmbH beträgt weiterhin 60 %.

Bilanz der M-AG zum 31.12.t0 in Mio. EUR

AV	45	EK	40
Bet. TU	35	JE	10
		Verb.	60
UV	30		
	110		100

Bilanz der T-GmbH zum 31.12.t0 in Mio. EUR

AV	30	EK	30
UV	40	JE	10
		Verb.	30
	70		70

Im ersten Schritt ist die Neubewertung zu wiederholen. Folglich sind die stillen Reserven in Höhe von 10 Mio. EUR bei der Tochter wieder aufzulösen.

Bilanz der M-AG zum 31.12.t0 in Mio. EUR

AV	45	EK	40
Bet. TU	35	JE	10
		Verb.	60
UV	30		
	110		110

Bilanz der T-GmbH zum 31.12.t0 in Mio. EUR

AV	40	EK	35
UV	40	JE	10
		Verb.	35
	80		80

Dann kann die Summenbilanz erstellt werden:

Summenbilanz zum 31.12.t1 in Mio. EUR

AV (MU)	45	EK (MU)	40
Bet. TU (MU)	35	EK (TU)	35
AV (TU)	40	JE (MU+TU)	20
UV (MU)	30	Verb. (MU)	60
UV (TU)	40	Verb. (TU)	35
	190		190

Im nächsten Schritt sind auch die Aufrechnung des Beteiligungsbuchwerts von 35 Mio. EUR mit dem anteiligen neu bewerteten Eigenkapital der Tochter (35 x 60 % = 21 Mio. EUR) und die Zuordnung des Geschäfts- oder Firmenwerts von 14 Mio. EUR zu wiederholen. Auch die Position »Nicht beherrschende Anteile« ist zunächst mit 14 Mio. EUR (=35 Mio. EUR x 40 %) zu bebuchen.

In einem weiteren Schritt ist dann aber über die Auflösung der stillen Reserven und des Unterschiedsbetrags nachzudenken. Die Auflösung der stillen Reserven wurde bei einer Maschine vorgenommen, deren angenommene Restnutzungsdauer bei fünf Jahren liegt. Somit sind im Konzernabschluss 2 Mio. EUR an Abschreibungen zu berücksichtigen. Ihnen stehen aber auch 1 Mio. EUR aus der Auflösung der passiven latenten Steuern gegenüber, sodass nur der verbleibende Betrag zu 60 % (= 0,6 Mio. EUR) den Anteilseignern des Mutterunternehmens und zu 40 % (= 0,4 Mio. EUR) den nicht beherrschenden Anteilen zuzurechnen ist. Darüber hinaus ist auch der Geschäfts- oder Firmenwert über die Nutzungsdauer zu verteilen. Es wird hier angenommen, die Nutzungsdauer betrage 14 Jahre, sodass Abschreibungen in Höhe von 1 Mio. EUR bei den Anteilseignern des Mutterunternehmens zu verbuchen sind, wobei analog zur Erstkonsolidierung keine latenten Steuern zu berücksichtigen sind. Die nicht beherrschenden Anteile sind bei diesem Vorgang nicht betroffen, weil der Geschäfts- oder Firmenwert nach dem HGB nur aus der Sicht des Mutterunternehmens berechnet wird.

Es ergibt sich somit folgende Konzernbilanz:

Konzernbilanz zum 31.12.t1 in Mio. EUR

AV (45+40 – 2)	83	EK (MU)	40
		JE (Konzern), davon »nicht beherr.	
Geschäfts- oder Firmenwert	13	Anteile«: 3,6	18
UV	70	Nicht beherr. Anteile	14
		Verb. (= 60+35 – 1)	94
	166		166

Besonderheiten bei Gemeinschaftsunternehmen (Quotenkonsolidierung)

Für **Gemeinschaftsunternehmen** besteht gemäß § 310 HGB ein Wahlrecht, sie im Rahmen der **Quotenkonsolidierung** zu berücksichtigen **oder at Equity** zu bewerten. Im Gegensatz zur Vollkonsolidierung werden im Rahmen der Quotenkonsolidierung alle Jahresabschlusspositionen des Gemeinschaftsunternehmens quotal, d.h. lediglich entsprechend der Beteiligungsquote, in den Konzernabschluss aufgenommen, sodass im konsolidierten Abschluss nur die anteiligen Jahresabschlussposten enthalten sind. Das führt dazu, dass gemäß § 310 Abs. 2 HGB i.V.m. § 304 HGB die Zwischenergebniseliminierung auch nur in Höhe des eigenen Anteils am Gemeinschaftsunternehmen durchgeführt werden muss.

Auch wenn die anteilige Einbeziehung die beschränkte Verfügungsmacht des Konzerns zum Ausdruck bringen soll, entspricht diese Abbildung nicht der tatsächlichen Rechtslage, weil unter anderem keine selbstständige Verwertbarkeit der Vermögenswerte gegeben ist. Die Aussagefähigkeit des Konzernabschlusses kann durch die Vermischung von voll- und quotal-konsolidierten Daten beeinträchtigt werden. Die Lage des Konzerns wird dadurch nicht richtig wiedergegeben. Die Quotenkonsolidierung verstößt konzeptionell gegen die Einheitstheorie. Sie ist der Interessentheorie zuzurechnen, bei der der Konzernabschluss als erweiterter Abschluss des Mutterunternehmens zu verstehen ist. Als kritisch wird auch erachtet, dass die konzerninternen Beziehungen und Geschäftsvorfälle nur anteilsmäßig eliminiert werden.

Ein Vorteil der Quotenkonsolidierung ist die umfassende Darstellung des wirtschaftlichen Handelns des Konzerns. Das Gemeinschaftsunternehmen gehört zwar nicht zur wirtschaftlichen Einheit, aber das daran beteiligte Konzernunternehmen beeinflusst die Geschäftsführung aktiv und ist an den Gewinnen und Verlusten operativ beteiligt. Eine unzulässige Erweiterung des Vollkonsolidierungskreises durch ein Partnerschaftsunternehmen erfolgt dadurch jedoch nicht. Außerdem ist zu vermuten, dass die Auswirkungen der Quotenkonsolidierung auf die externe Rechnungslegung des Gesamtkonzerns zu einer intensiveren Betreuung des Rechnungswesens des Gemeinschaftsunternehmens führen.

Besonderheiten bei assoziierten Unternehmen (Equity-Bewertung)
Nach § 312 HGB sind Beteiligungen an assoziierten Unternehmen auf der Basis der Equity-Bewertung einzubeziehen. Im Gegensatz zur Quotenkonsolidierung handelt es sich bei der **Equity-Methode** um keine Konsolidierung. Es erfolgt eine **Wertfortschreibung** der Beteiligung, die sich an der Entwicklung des erworbenen anteiligen Eigenkapitals der Beteiligungsgesellschaft orientiert und somit als modifizierte Zeitwertbilanzierung hinsichtlich des Eigenkapitalwerts der Beteiligungsgesellschaft zu verstehen ist. Nach § 312 Abs. 1 HGB ist bei der Equity-Bewertung die Buchwertmethode anzuwenden, wonach die Differenz zwischen dem Buchwert der Beteiligung und dem anteiligen, zu Stichtagszeitwerten bewerteten Nettovermögen in der Position »Beteiligungen an assoziierten Unternehmen« verbleibt und lediglich bei erstmaliger Anwendung anzugeben ist.

Um eine tatsachengetreue Bewertung der Beteiligung zu gewährleisten, ist der **Beteiligungsansatz** in den Folgejahren um das anteilige adaptierte Jahresergebnis des assoziierten Unternehmens und um erhaltene Dividendenzahlungen sowie Anpassungen aufgrund erfolgsneutraler Eigenkapitaländerungen **fortzuschreiben** (§ 312 Abs. 2 HGB). Das anteilige Jahresergebnis wird in einer Nebenrechnung vermindert um die Abschreibungen auf die im Zuge der Erstkonsolidierung aufgedeckten stillen Reserven bzw. Lasten sowie um Abschreibungen auf den Geschäfts- oder Firmenwert. Die hieraus resultierenden Wertänderungen beeinflussen die Fortschreibung des auszuweisenden Equity-Ansatzes. **Dauerhafte Wertminderungen** sind durch **außerplanmäßige Abschreibungen** zu berücksichtigen. Sofern der Abschreibungsgrund zu einem späteren Zeitpunkt entfällt, besteht eine Zuschreibungspflicht. Während die Wertentwicklung des anteiligen Eigenkapitals im Zeitablauf fortgeschrieben wird, bleibt die Entwicklung des tatsächlichen Unternehmenswerts unberücksichtigt. Aufgrund der Nichtberücksichtigung dieser Wertsteigerungen entstehen im Laufe der Zeit zwangsläufig wieder Abbildungsverzerrungen. Hinsichtlich der Bewertung des Eigenkapitals ist nach HGB eine Anpassung an die konzerneinheitlich genutzten Ansatz- und Bewertungsmethoden nicht zwingend vorzunehmen, weil in § 312 Abs. 5 HGB ein Wahlrecht zur Vereinheitlichung offeriert wird. Diese einfachere Herangehensweise spiegelt sich auch in der Behandlung von Zwischenergebnissen wider, bei der eine Eliminierung auch nur vorzunehmen ist, wenn die maßgeblichen Sachverhalte bekannt und zugänglich sind.

Die Equity-Methode erfordert gegenüber der Quotenkonsolidierung einen wesentlich geringeren Konsolidierungsaufwand. Allerdings sind nach § 312 Abs. 5 S. 3 HGB zumindest Zwischenergebnisse zu eliminieren, soweit die dafür nötigen Informationen bekannt und zugänglich sind. Es wird aber nur ein Nettoausweis in der Konzernbilanz erreicht. Das **Wahlrecht der quotalen Einbeziehung von Gemeinschaftsunternehmen** eröffnet abschlusspolitisches Potenzial, weil durch die Equity-Methode trotz gleichem Eigenkapital in den Konzernbilanzen eine höhere Eigenkapitalquote erreicht wird. Der

Grund hierfür ist, dass in die Berechnung eine geringere Konzernbilanzsumme eingeht, weil eine Übernahme der Vermögensgegenstände und Schulden unterbleibt.

11.6.3 Schuldenkonsolidierung

Theoretisch weniger komplex, dafür in der Praxis aufgrund der Vielzahl an Vorgängen umso aufwendiger, sind die Schulden-, Aufwands- und Ertragskonsolidierung und die Zwischenergebniseliminierung, die jeweils aus der Fiktion des Konzerns als eine Einheit abgeleitet werden können. Konkret sind gemäß § 303 Abs. 1 HGB Ausleihungen und andere Forderungen, Rückstellungen und Verbindlichkeiten zwischen den in den Konzernabschluss einbezogenen Unternehmen sowie entsprechende Rechnungsabgrenzungsposten durch eine **Schuldenkonsolidierung** zu neutralisieren. Zusätzlich sind gemäß § 298 Abs. 1 HGB i.V.m. § 251 HGB sowohl die unter der Bilanz zu nennenden Eventualverbindlichkeiten und Haftungsverhältnisse als auch der gemäß § 314 Abs. 1 Nr. 2 a HGB im Konzernanhang anzugebende Gesamtbetrag der sonstigen finanziellen Verpflichtungen Gegenstände der Schuldenkonsolidierung – vorausgesetzt sie resultieren aus konzerninternen Beziehungen.

Die **Aufrechnung der Positionen** ist problemlos, solange sich die korrespondierenden Forderungen und Schulden in gleicher Höhe gegenüberstehen. Diese Positionen sind entsprechend der gesetzlichen Formulierung des § 303 Abs. 1 HGB einfach wegzulassen. Dabei spielt die Beteiligungshöhe bei der Vollkonsolidierung keine Rolle, sodass auch bei der Existenz von Minderheiten innerkonzernliche Schuldverhältnisse zu 100% zu eliminieren sind. Stehen sich die jeweiligen Positionen nicht in gleicher Höhe gegenüber, kommt es zu **Aufrechnungsdifferenzen**, die entweder auf Buchungsfehlern, zeitlichen Verbuchungsunterschieden oder auf unterschiedlichen Ansatz- und Bewertungsgrundsätzen basieren.

Erstere werden als **unechte Differenzen** bezeichnet und sind in Abhängigkeit von der Art des einzelnen Geschäftsvorfalls durch eine entsprechende erfolgswirksame oder -neutrale Nachbuchung zu korrigieren.[401]

Unterschiedliche Ansatz- und Bewertungsgrundsätze für Aktiva und Passiva (**echte Aufrechnungsdifferenzen**) resultieren unter anderem daraus, dass für eine konzerninterne Forderung aufgrund des für die Aktivseite prinzipiell gültigen Niederstwertprinzips beim Vorhandensein entsprechender Gründe eine Abschreibung vorzunehmen ist, während das für die Passiva prinzipiell gültige Höchstwertprinzip dazu führt, dass die Verbindlichkeit in ihrer Ursprungshöhe bestehen bleibt. Allerdings führen die Regelungen zur Währungsumrechnung nach § 256a HGB dazu, dass

401 Vgl. Pollmann, BC 2016, S. 274.

hier zukünftig Unterschiede seltener werden. Ein weiteres Beispiel stellt die bei einem Unternehmen gebildete Rückstellung für ungewisse Verbindlichkeiten gegenüber einem in den Konsolidierungskreis einbezogenen Unternehmen dar, die bei diesem Unternehmen nicht als ungewisse Forderung bilanziert werden darf.

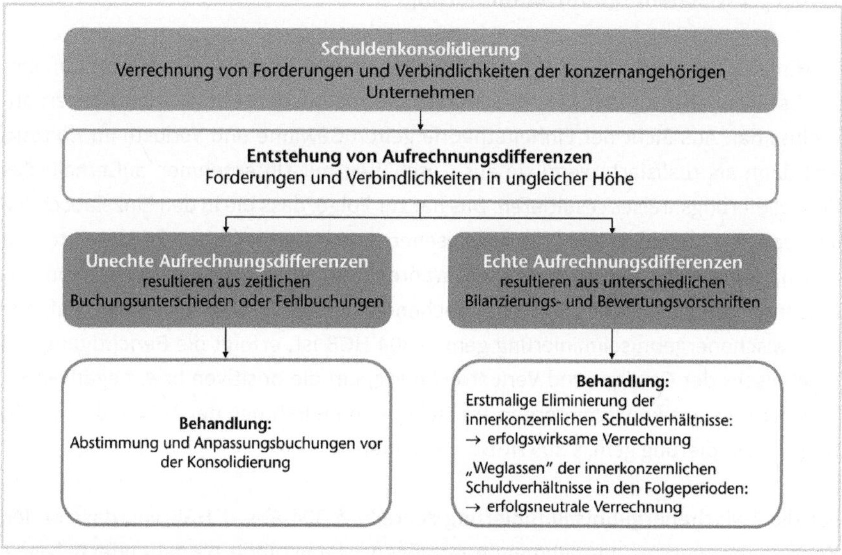

Abb. 11 – 5: Aufrechnungsdifferenzen bei der Schuldenkonsolidierung[402]

Beispiel

Beim Entladen des Lastwagens der L-GmbH am letzten Arbeitstag vor Silvester verletzt ein Gabelstaplerfahrer der A-GmbH den Mitarbeiter der L-GmbH, sodass er mehrere Tage ausfällt, und beschädigt Lastwagen und Ladung. Beide Unternehmen gehören zum K-Konzern.

Im Jahresabschluss der A-GmbH muss für die zu erwartende Schadensersatzleistung eine Rückstellung aufwandswirksam gebucht werden. Bei der L-GmbH kann aber noch keine entsprechende Forderung eingebucht werden, weil die Verpflichtung noch nicht als realisiert anzusehen ist. Im Konzernabschluss ist keine Rückstellung zu bilden, weil der Schaden über die GuV der A-GmbH in den Konzernabschluss einfließt.

Die Verrechnung echter Aufrechnungsdifferenzen erfolgt erfolgswirksam in der Gewinn- und Verlustrechnung, womit die im Geschäftsjahr erstmalig zu hoch oder zu niedrig angefallenen Positionen ausgeglichen werden. Da es sich generell um tempo-

402 Entnommen aus Pollmann, BC 2016, S. 276.

räre Effekte handelt, sind bei diesen erfolgswirksamen Korrekturen die latenten Steuern gemäß § 306 HGB zu beachten.

11.6.4 Zwischenergebniseliminierung

Im Hinblick auf die Behandlung von Gewinnen und Verlusten stellen die für den Einzelabschluss anzuwendenden Vorschriften die rechtliche Basis für den Konzernabschluss dar. Aus Sicht der Einheitstheorie gelten Gewinne und Verluste im Konzern erst dann als realisiert, wenn sie aus Geschäften mit Unternehmen außerhalb des Konsolidierungskreises resultieren. Das hat zur Folge, dass die in den Einzelabschlüssen bzw. Handelsbilanzen II ausgewiesenen Ergebnisanteile aus konzerninternen Geschäften eliminiert werden müssen. Während die Berichtigung des Werts von Vermögensgegenständen und des entsprechenden Ergebnisses in der Bilanz Aufgabe der Zwischenergebniseliminierung gem. § 304 HGB ist, erfolgt die Berichtigung des Ergebnisses der Gewinn- und Verlustrechnung, um die positiven bzw. negativen Erfolgsbeiträge aus konzerninternen Transaktionen im Rahmen der Aufwands- und Ertragskonsolidierung gem. § 305 HGB zu eliminieren.

Für die **Zwischenergebniseliminierung** schreibt § 304 Abs. 1 HGB vor, dass in den Konzernabschluss zu übernehmende Vermögensgegenstände, die ganz oder teilweise auf konzerninternen Lieferungen oder Leistungen beruhen, in der Konzernbilanz mit einem Betrag anzusetzen sind, den der Konzern als fiktives rechtlich selbstständiges Unternehmen dafür ansetzen könnte. Ein **Zwischenergebnis** ist deshalb die Differenz zwischen dem Wertansatz eines konzernintern gelieferten Vermögensgegenstandes im Einzelabschluss (HB II) eines einbezogenen Konzernunternehmens und dem Wert, der diesem Gegenstand aus Konzernsicht gemäß der Einheitstheorie zukommt.

Beispiel

Die Tochterunternehmung liefert unfertige Erzeugnisse für 800.000 EUR an das Mutterunternehmen, das die Erzeugnisse für weitere 200.000 EUR Herstellungskosten fertigstellt und im folgenden Jahr verkaufen will. Deshalb sind sie in der Bilanz im Vorratsvermögen mit 1 Mio. EUR ausgewiesen.

Aus der Sicht des Konzerns darf nur ein Ansatz zu den Herstellungskosten erfolgen. Dieser Grundsatz wurde verletzt, weil das Tochterunternehmen in seinem Verkaufspreis auch Vertriebskosten und Gewinne (jeweils über 50.000 EUR) einbezogen hat. Diese 100.000 EUR dürfen aus Sicht des Konzerns aber nicht den Wertansatz erhöhen und sind deshalb als Zwischenergebnis zu eliminieren. Damit kommt es in der Konzernbilanz zu einem Ausweis von fertigen Erzeugnissen in Höhe von 900.000 EUR und einem verminderten Gewinn, der zudem um latente Steuern zu korrigieren ist.

Wird davon ausgegangen, dass die in früheren Perioden eliminierten Zwischengewinne aus Konzernsicht in der Folgezeit realisiert werden, gleichen sich die in den Einzelabschlüssen und im Konzernabschluss ausgewiesenen Gewinne auf lange Sicht wieder aus. In diesen Fällen ist die Eliminierung der Zwischenergebnisse ein reines Periodisierungsproblem, was wiederum die Beachtung latenter Steuern notwendig macht.

Die erste Voraussetzung für eine Zwischenergebniseliminierung ist, dass aus Innenumsätzen stammende Vermögensgegenstände des Anlage- und/oder Umlaufvermögens, die sich am Konzernbilanzstichtag noch innerhalb eines in den Konzernabschluss einbezogenen Unternehmens befinden, im Abschluss des Konzerns aktivierungsfähig sind. Zweitens muss eine Differenz zwischen den in der Bilanz bzw. Handelsbilanz II des Einzelunternehmens angesetzten oder fortgeführten Anschaffungs- oder Herstellungskosten eines Vermögensgegenstands und den entsprechenden Konzernanschaffungs- oder Konzernherstellungskosten bestehen.

Zur Erleichterung hat der Gesetzgeber jedoch die Wesentlichkeit als Kriterium für ein Wahlrecht formuliert. Die Zwischenergebniseliminierung darf unterbleiben, wenn die Behandlung der Zwischenergebnisse für die Vermittlung eines den tatsächlichen Verhältnissen entsprechenden Bildes der Erfolgs-, Finanz- und Ertragslage nur von untergeordneter Bedeutung ist (§ 304 Abs. 2 HGB). Gleichwohl stellt sie für integriert arbeitende Konzerne aufgrund der Fülle an konzerninternen Geschäften eine hohe Belastung dar.

11.6.5 Aufwands- und Ertragskonsolidierung

Die Darstellung des Konzerns als ein fiktives rechtliches Gebilde erfordert neben den bisher beschriebenen Konsolidierungen die Eliminierung aller konzerninternen Vorgänge, die sich in den Gewinn- und Verlustrechnungen einbezogener Unternehmen niedergeschlagen haben, sodass im Konzernabschluss nur die Auswirkungen aus Geschäften erscheinen, die einbezogene Unternehmen mit nicht in den Konsolidierungskreis einbezogenen Unternehmen oder mit konzernfremden Dritten abgeschlossen haben, nicht jedoch Geschäfte zwischen den Konzernunternehmen. Deshalb sind konzerninterne Aufwendungen und korrespondierende Erträge nach der Addition der Gewinn- und Verlustrechnungen der einbezogenen Unternehmen zu saldieren (§ 305 Abs. 1 HGB). Außerdem müssen Umgliederungen von Positionen erfolgen, die aus Sicht des Konzerns im Vergleich zum Einzelabschluss einen anderen Charakter haben. Nach der Eliminierung und Umgliederung müssen sich die verbleibenden Aufwendungen und Erträge grundsätzlich so darstellen, als wären die einbezogenen Unternehmen ein einziges Unternehmen.

Eine **vollständige Konsolidierung der Aufwendungen und Erträge** setzt voraus, dass unter Beachtung der Besonderheiten des Gesamt- bzw. Umsatzkostenverfahrens grundsätzlich alle Umsatzerlöse und anderen Erträge aus Lieferungen und Leistungen mit den korrespondierenden Aufwendungen beim empfangenden Unternehmen saldiert werden, nachdem eine evtl. notwendige Zwischenergebniseliminierung vorgenommen wurde. Zudem ist eine Konsolidierung von innerkonzernlichen Ergebnisübernahmen durchzuführen, die vom Verfahren der Gewinn- und Verlustrechnung unabhängig ist.

Durch die Aufwands- und Ertragskonsolidierung wird eine Vielzahl unterschiedlicher konzerninterner Geschäftsvorfälle angesprochen, deren Erfassung und Umgliederung vor allem davon abhängt, ob in den Konzernunternehmen des Konsolidierungskreises die Gewinn- und Verlustrechnung sowohl nach dem Gesamt- als auch nach dem Umsatzkostenverfahren erstellt und welches Verfahren für die Konzern-Gewinn- und Verlustrechnung gewählt wird. Bei der Erstellung des Summenabschlusses ist zu gewährleisten, dass die jeweiligen Gewinn- und Verlustrechnungen der zu konsolidierenden Unternehmen in ein einheitliches Verfahren übergeleitet werden, was beim Vorhandensein beider Verfahren mit erheblichem Arbeitsaufwand verbunden ist. Deshalb sollte konzernweit die Methode angewendet werden, die in den meisten bzw. wichtigsten einbezogenen Unternehmen vorzufinden ist. Analog zu anderen Konsolidierungsbereichen gilt auch für die Aufwands- und Ertragskonsolidierung gem. § 305 Abs. 2 HGB der Grundsatz der Wesentlichkeit.

11.6.6 Steuerabgrenzung

Obwohl der Konzernabschluss nicht Steuerbemessungsgrundlage ist, sind aufgrund der Konsolidierung, wie gezeigt, zusätzlich **latente Steuern** zu berücksichtigen, weil die eliminierten Zwischengewinne bzw. -verluste von den Einzelgesellschaften bereits versteuert wurden und die Konzernabbildung ansonsten verzerrt wäre. Gemäß § 306 HGB und DRS 18 liegt für die Konzernrechnungslegung ein Konzept der latenten Steuern zugrunde, das auf den temporären Differenzen zwischen den handels- und steuerrechtlich bilanzierten Vermögens- und Schuldenposten basiert.[403] Wenn sich diese voraussichtlich wieder ausgleichen, ist für aus der Konsolidierung stammende Unterschiede eine aktive (= spätere Steuererstattungsansprüche) bzw. passive (= spätere Steuernachzahlungen) latente Steuer gemäß § 306 HGB anzusetzen. Dabei ist zu beachten, dass diese Verpflichtung sich nur auf Differenzen bezieht, die aus der Konsolidierung entstanden

403 Vgl. das Kapitel 8.4 »Latente Steuern«.

sind. Für alle übrigen Möglichkeiten von temporären Differenzen, insbesondere für die gem. § 308 HGB notwendigen Umbewertungen, gilt § 274 HGB, das – anders als § 306 HGB – ein Wahlrecht zur Aktivierung latenter Steuern vorsieht (DRS 18.14 f.).

11.7 Aufgaben und Lösungen

11.7.1 Aufgaben

Aufgabe 1: Bestimmung Konsolidierungskreis

Welche Konzernabschlüsse müssten im folgenden Verbundsystem erstellt werden? Es liegen keine Befreiungsgründe vor.

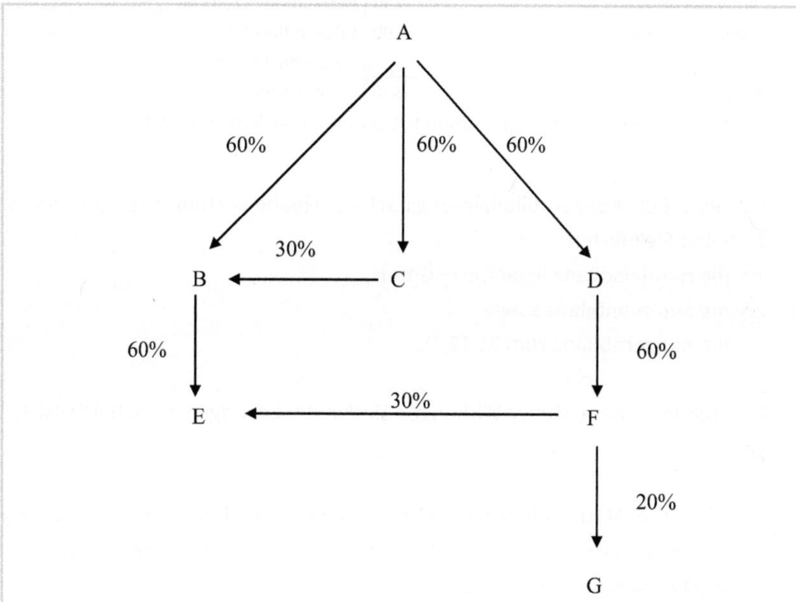

Aufgabe 2: Konzernabschluss

Die Cash AG erwirbt zum 01.02.t1 zu einem Kaufpreis von 200 Mio. EUR 80% der Anteile an der Carry GmbH. Es bestehen keine weiteren Lieferungs-, Leistungs- und Finanzbeziehungen. Vernachlässigen Sie eventuelle Steuerwirkungen.

Die beiden Unternehmen haben zum 31.12.t1 die folgenden Bilanzen aufgestellt (Beträge in Mio. EUR):

Cash AG (Mutterunternehmen)

Bilanz zum 31.12.t1

AKTIVA in Mio. EUR			**PASSIVA in Mio. EUR**
Anteile an verb. Unternehmen	200	gezeichnetes Kapital	150
Anlagevermögen	400	Rückstellungen	250
Umlaufvermögen	200	Verbindlichkeiten	400
Bilanzsumme	800	Bilanzsumme	800

Carry GmbH (Tochterunternehmen)

Bilanz zum 31.12.t1

AKTIVA in Mio. EUR			**PASSIVA in Mio. EUR**
Anlagevermögen	150	gezeichnetes Kapital	100
Umlaufvermögen	200	Rückstellungen	70
		Verbindlichkeiten	180
Bilanzsumme	350	Bilanzsumme	350

*Das Anlagevermögen der Carry GmbH hat aktuell einen Wert von 200 Mio. EUR.

Führen Sie die Konzernbilanzierung nach der Neubewertungsmethode durch und erstellen Sie hierfür

1. die Handelsbilanz II der Carry GmbH,
2. die Summenbilanz sowie
3. die Konzernbilanz zum 31.12.t1.

Eventuelle Latente-Steuer-Wirkungen sind in der Lösung nicht zu berücksichtigen.

Die Carry GmbH ist nach den Vorschriften über die Vollkonsolidierung zu behandeln. Der entstehende Unterschiedsbetrag soll seinem Charakter entsprechend aktiviert oder passiviert werden.

11.7.2 Lösungen

Lösung zu Aufgabe 1

Aufzustellen sind die Konzernabschlüsse von A mit den Töchtern B, C, D, E und F. G wäre ggf. als assoziiertes Unternehmen einzubeziehen.

B hat einen Konzernabschluss mit Tochter E aufzustellen.

D hat einen Konzernabschluss mit Tochter F aufzustellen, E und G wären ggf. als assoziierte Unternehmen einzubeziehen.

C, E, F und G gelten nicht als Mutterunternehmen.

Lösung zu Aufgabe 2

Aufstellen der HB II des Tochterunternehmens (TU)

AKTIVA in Mio. EUR			PASSIVA in Mio. EUR
Anlagevermögen*	200	gezeichnetes Kapital	100
Umlaufvermögen	200	Gewinnrücklagen	50
		Rückstellungen	70
		Verbindlichkeiten	180
Bilanzsumme	400	Bilanzsumme	400

*Im Anlagevermögen wurden die stillen Reserven in Höhe von 50 (Differenz zwischen Bilanzwert 150 und aktuellem Wert 200) aufgedeckt. Auf der Passivseite wurden sie in den Gewinnrücklagen erfasst.

2. Aufstellen der Summenbilanz

→ Hierbei werden die Bilanzpositionen der Mutterbilanz und der HB II des TU aufaddiert.

AKTIVA in Mio. EUR			PASSIVA in Mio. EUR
Anteile an verb. UN	200	Gezeichnetes Kapital	250
Anlagevermögen	600	Gewinnrücklagen	50
Umlaufvermögen	400	Rückstellungen	320
		Verbindlichkeiten	580
Bilanzsumme	1.200	Bilanzsumme	1.200

Aufstellen der Konzernbilanz

a) Ermittlung des Geschäfts-/Firmenwerts (GFW) und der nicht beherrschenden Anteile

Eigenkapital der Carry GmbH (in Mio. EUR):

	Gezeichnetes Kapital	100
+	Rücklagen	50
	Eigenkapital	**150**

Geschäfts- oder Firmenwert (in Mio. EUR):

	Kaufpreis	200
-	anteiliges EK an Carry GmbH (80% von 150)	120
	Geschäfts- oder Firmenwert	**80**

Nicht beherrschende Anteile:

Die Cash GmbH besitzt 80% der Anteile an der Carry GmbH, die restlichen 20% sind im Besitz anderer Gesellschafter. Damit ergibt sich – bezogen auf das oben ermittelte Eigenkapital in Höhe von 150 – ein Wert von 30.

b) Durchführung der Konsolidierung

Notwendige Buchungen (in Mio. EUR):

GFW	80			
EK TU	120	an	Anteile an verbundenen UN	200
EK TU	30	an	nicht beherrschende Anteile	30

Konzernbilanz zum 31.12.t1 in Mio. EUR

AKTIVA			**PASSIVA**
GFW	80	Gezeichnetes Kapital	150
Anlagevermögen	600	Nicht beherr. Anteile	30
Umlaufvermögen	400	Rückstellungen	320
		Verbindlichkeiten	580
Bilanzsumme	1.080	Bilanzsumme	1.080

Hinweis

DIGITALE EXTRAS Diese und weitere Aufgaben samt Lösungen finden Sie online bei den digitalen Extras.

11.8 Lernkontrolle

Geben Sie bitte an, ob die folgenden Aussagen richtig (R) oder falsch (F) sind. (Die Lösung finden Sie in »Lösungen zu den Lernkontrollen«.)

Nr.	Aussage	Antwort
1	Ein Konzern kann als Verbindung von mindestens zwei rechtlich selbstständigen Unternehmen (Mutter- und Tochterunternehmen) zu einer wirtschaftlichen Einheit verstanden werden.	
2	Additiv betrachtete Einzelabschlüsse können einen Konzernabschluss ersetzen, da Umsätze einzeln erfasst werden.	
3	Vermögens-, Finanz- und Erfolgslage eines Konzerns kann anhand eines Konzernabschlusses beurteilt werden.	
4	Alle Mutterunternehmen sind stets verpflichtet, einen Konzernabschluss zu erstellen.	
5	Tochterunternehmen sind in Abhängigkeit von Sitz und Rechtsform im Konsolidierungskreis miteinzubeziehen.	
6	Die Jahresabschlüsse der in den Konzernabschluss einbezogenen Unternehmen können auf den Stichtag des Konzernabschlusses aufgestellt werden.	
7	Die Jahresabschlüsse ausländischer Tochterunternehmen müssen in die einheitliche Konzernberichtswährung umgerechnet werden, bevor ein Summenabschluss erstellt werden kann.	
8	Bei Anwendung der modifizierten Stichtagskursmethode ist das Eigenkapital zu Durchschnittskursen umzurechnen.	
9	Das Zwischenergebnis ist die Differenz zwischen dem Wertansatz eines konzernintern gelieferten Vermögensgegenstands im Einzelabschluss eines einbezogenen Konzernunternehmens und dem Zeitwert zum Stichtag.	
10	Im Rahmen der Konsolidierung können echte Aufrechnungsdifferenzen entstehen, z. B. bei Ausleihungen an ein einbezogenes Tochterunternehmen durch das Mutterunternehmens, die nicht mit der Schuldenkonsolidierung auszugleichen sind.	

12 Grundsachverhalte der IFRS

Nach Durcharbeiten dieses Kapitels
- verstehen Sie die Notwendigkeit für die Schaffung von international harmonisierten Rechnungslegungsstandards.
- wissen Sie, dass auch auf Ebene der IFRS Foundation eine weltweite Standardisierung der Nachhaltigkeitsberichterstattung angestrebt wird.
- können Sie den Stellenwert des Rahmenkonzepts einordnen.
- kennen Sie die primären Adressaten der Rechnungslegung nach IFRS.
- wissen Sie, dass sich die Rechnungslegungsgrundsätze der IFRS in den grundlegenden qualitativen Merkmalen und den ergänzenden qualitativen Merkmalen widerspiegeln.
- verstehen Sie, welchen Stellenwert das Vorsichtsprinzip im Vergleich zur periodengerechten Erfolgsermittlung hat.
- beherrschen Sie die grundlegenden Definitions- und Ansatzkriterien von Vermögenswerten und Schulden nach IFRS und können diese an Beispielen anwenden.
- wissen Sie, dass die glaubwürdige Bewertung ein restriktives Ansatzkriterium ist.
- kennen Sie die grundlegenden Bewertungskategorien nach IFRS.
- sind Ihnen die Bestandteile eines vollständigen IFRS-Abschlusses bekannt und Sie können diese erläutern.
- kennen Sie die Zusammensetzung des Gesamtergebnisses, können Beispiele für Komponenten des sonstigen Ergebnisses benennen und wissen, dass recyclingfähige und nicht recyclingfähige Sachverhalte existieren.
- können Sie zentrale Unterschiede in der Rechnungslegung von HGB und IFRS skizzieren.

12.1 Entwicklung der IFRS und rechtliche Verankerung im HGB

12.1.1 Entwicklung der IFRS

Um eine weltweite Harmonisierung der Rechnungslegung zu erreichen, wurde am 29.06.1973 auf freiwilliger Basis als **privater Zusammenschluss** von nationalen Berufsverbänden der Wirtschaftsprüfer das International Accounting Standards Committee (IASC), das im Jahr 2001 in International Accounting Standards Board (IASB) umbenannt wurde, gegründet. Ziel des IASC war es, weltweit gültige Rechnungslegungsstandards (International Accounting Standards, IAS) bzw. seit 2001 International Financial Reporting Standards (IFRS) zu formulieren und zu veröffentlichen, um eine weltweite Akzeptanz und Einhaltung der Standards zu erreichen. Gleichzeitig sollen die Rechnungslegungsnormen verbessert und harmonisiert werden. Die Arbeit des IASC bzw. IASB zeichnet sich durch folgende markante Entwicklungen aus: Während in der ersten Entwicklungsstufe (1973–1988) 28 Standards mit zahlreichen Wahlrechten entstanden sind, wurde in der zweiten Entwicklungsstufe (1989–1993) die Ausarbeitung des Frameworks und eine Reduzierung von Wahlrechten vorgenommen (Comparability and Improvement Project). Auf dieser Basis sind die wenigen noch bestehenden Optionen auf zwei Alternativen beschränkt: Benchmark Treatment (bevorzugte Methode) und Allowed Alternative Treatment (alternativ zulässige Methode). Die dritte Entwicklungsstufe (1994–2000) war durch die Überarbeitung verschiedener Standards bestimmt, um eine Erfüllung der Anforderungen (Completing the Core Standards) der internationalen Organisation der Börsenaufsichtsbehörden (International Organisation of Securities Commissions, IOSCO) zu erreichen. Nach Überprüfung der überarbeiteten IAS folgte im Mai 2000 die Empfehlung der IOSCO, die IAS/IFRS weltweit als Rechnungslegungsstandards für grenzüberschreitende Notierungen zu akzeptieren.

Seit 2001 erfuhren die IFRS durch die Verordnung (EG) 1606/2002 vom 19.07.2002, mit der die IFRS für den Konzernabschluss kapitalmarktorientierter Mutterunternehmen verpflichtend vorgeschrieben wurden, einen entscheidenden Bedeutungszuwachs. Zur weiteren Verstärkung der internationalen Akzeptanz erfolgte eine Reorganisation, um den dominanten Einfluss des Berufsstands der Wirtschaftsprüfer zu reduzieren. Zudem wurde die Konvergenz der Rechnungslegung weiter vorangetrieben, indem das IASB im Mai 2002 mit dem Improvements Project eine umfangreiche Überarbeitung für eine Vielzahl von Rechnungslegungsstandards startete, um Wahlrechte weiter zu reduzieren und die Qualität der Standards zu verbessern. Im September 2002 vereinbarten IASB und FASB (Financial Accounting Standards Board, der US-amerikanische Standardsetter) im Rahmen des Norwalk Agreement eine enge Zusammenarbeit zur Reduzierung der Unterschiede zwischen IFRS und US-GAAP bis zum Jahr 2005. In der Folge werden für Geschäftsjahre ab 2007 auch IFRS-Abschlüsse von der SEC (Securities and Exchange Commission) akzeptiert (sog. Crossborder Listing), sodass die zusätzlichen IFRS-Überleitungsrechnungen von IFRS nach US-GAAP entfallen sind. Allerdings hat die SEC die IFRS und nicht die EU-endorsed IFRS anerkannt.[404]

Bis zum heutigen Zeitpunkt wurden 41 International Accounting Standards (**IAS**), wobei 29 IAS nicht mehr in Kraft sind, und 17 International Financial Reporting Standards (**IFRS**) verabschiedet, in denen Einzelfragen zur Rechnungslegung normiert sind.[405] Darüber hinaus existieren **Interpretationen**, die insbesondere die einzelnen Standards zum Abbau von Auslegungsspielräumen ergänzen. Bisher wurden 33 SIC (verschiedene SIC sind nicht mehr in Kraft) und 23 IFRIC Interpretationen verabschiedet.

404 Vgl. ausführlich Pellens/Fülbier/Gassen/Sellhorn, Internationale Rechnungslegung, S. 46–54.

405 Eine Auflistung der Standards befindet sich im Anhang.

Neben den IFRS wurde im Juli 2009 der **IFRS for SMEs** verabschiedet, der die Rechnungslegung für nicht kapitalmarktorientierte kleine und mittelgroße Unternehmen regelt.[406] Dieser ist bisher weder europarechtlich noch handelsrechtlich umgesetzt worden und stößt auch auf Kritik. In Deutschland wird besonders die »institutionelle Eignung des IASB zur Verabschiedung mittelstandstauglicher Rechnungslegungsregeln« kritisch gesehen.[407]

Im Jahr 2021 setzte auf Ebene der IFRS Foundation der weltweite Standardisierungsprozess zur **Nachhaltigkeitsberichterstattung** ein.[408] Als organisatorische Verankerung richtete die IFRS Foundation neben dem für die Finanzberichterstattung zuständigen International Accounting Standards Board (IASB) den International Sustainability Standards Board (ISSB) als zweites Gremium zur Entwicklung qualitativ hochwertiger Standards für die Offenlegung von Nachhaltigkeitsinformationen (Sustainability Disclosure Standards, SDS) ein. Die IFRS-SDS sollen zukünftig als globale Basis für die Offenlegung von Informationen über nachhaltigkeitsbezogene Risiken und Chancen dienen, die sich primär an Adressaten der Finanzberichterstattung richten.[409]

12.1.2 Organe des IASB

Den Organen des IASB obliegt die **Erarbeitung der Rechnungslegungsstandards**, wobei dem IASB u. a. die Kompetenz zur Entwicklung und Veröffentlichung von Exposure Drafts sowie zur Verabschiedung, Überarbeitung oder Aufhebung der Standards zukommt. Das IASB nimmt zusammen mit den Trustees/Treuhändern, die insbesondere für die Strategie, Finanzierung und Überwachung verantwortlich sind, eine zentrale Position ein.

Das Board erhält eine fachliche Unterstützung von den weiteren Organen, wozu das IFRS Advisory Council, das Accounting Standards Advisory Forum (ASAF) und die Standing Consultative Groups zählen.[410] Das IFRS Interpretations Committee (IFRIC) erarbeitet im bestehenden Auslegungsbedarf entsprechende Interpretationen. Zudem wurde mit Veröffentlichung des IFRS for SMEs die SME Implementation Group eingerichtet.

406 Siehe hierzu: https://www.ifrs.org/issued-standards/ifrs-for-smes/ (Abruf 16.06.2023).
407 Vgl. ausführlich Pellens/Fülbier/Gassen/Sellhorn, Internationale Rechnungslegung, S. 44.
408 Vgl. Berger/Kiy/Worret, WPg 2022, S. 404–407.
409 Vgl. Schäfer/Schönberger, WPg 2022, S. 798.
410 Vgl. ausführlich Coenenberg/Haller/Schultze, Jahresabschluss und Jahresabschlussanalyse, S. 55–58.

12.1.3 Standardsetzungsverfahren

Die Entwicklung der Standards erfolgt im Rahmen eines komplexen Entwicklungs- und Entscheidungsprozesses (Due Process), in den auch die interessierte Öffentlichkeit eingebunden ist. So können an der Rechnungslegung interessierte Personen oder Gruppen (z. B. Unternehmen, Finanzanalysten oder Aufsichtsbehörden) während der Entwicklungsphase durch ihre Meinungen Einfluss auf die neuen Standards nehmen.[411]

12.1.4 Regelwerk des IASB und Regelhierarchie

Das IASB-Regelwerk besteht aus drei zentralen Elementen: den Einzelstandards, den Interpretationen und dem Rahmenkonzept.

In IAS 8 ist eine Hierarchie vorgegeben, die den Stellenwert der einzelnen Verlautbarungen nach ihrer Bedeutung einstuft. Als Fundament ist die zentrale Aufgabe der Abschlüsse eingestuft, wonach die Vermögens-, Finanz- und Ertragslage sowie die Zahlungsströme eines Unternehmens den tatsächlichen Verhältnissen entsprechend darzustellen sind (Fair Presentation, IAS 1.15).

IAS 8.7 schreibt die Anwendung der Standards und Interpretationen vor, um Bilanzierungsprobleme zu lösen. Die Interpretationen haben die gleiche bindende Wirkung wie einzelne Standards.

Liegen Regelungslücken vor, schreibt IAS 8 folgende Hierarchie von Quellen vor:

- Fallanalogien: Heranziehung bereits bestehender Vorschriften der IFRS, wie Standards oder Interpretationen, die ähnliche Sachverhalte regeln (IAS 8.11a),
- Systemanalogien: Ableitung von Rechnungslegungsmethoden basierend auf dem Framework (IAS 8.11b),
- aktuelle Verlautbarungen anderer Standardsetter oder sonstige Rechnungslegungsverlautbarungen sowie anerkannte Branchenpraktiken, sofern sie nicht in Konflikt mit den Grundsätzen der IFRS stehen (IAS 8.12).

Zusammengefasst gestaltet sich das House of IFRS wie folgt:

411 Vgl. ausführlich Pellens/Fülbier/Gassen/Sellhorn, Internationale Rechnungslegung, S. 61–63.

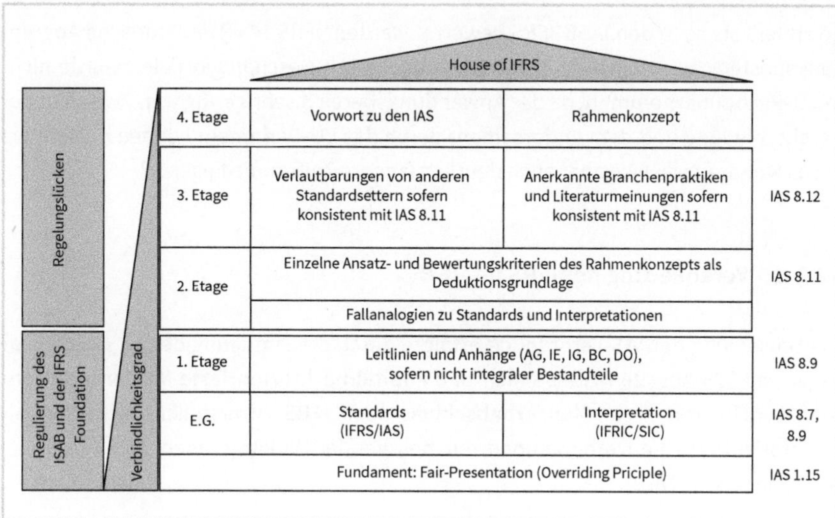

Abb. 12 – 1: House of IFRS[412]

12.2 Durchsetzung der IFRS und Verankerung im HGB

12.2.1 Durchsetzung der IFRS

Bei den vom IASB herausgegebenen Rechnungslegungsstandards handelt es sich ausschließlich um privatwirtschaftliche Empfehlungen ohne legislative Kompetenz (Soft Law). Gleichwohl besitzen die IFRS rechtsrelevanten Charakter, indem zunächst in Deutschland mit Inkrafttreten des Kapitalaufnahmeerleichterungsgesetzes (KapAEG, 1998) durch die Öffnungsklausel des § 292a HGB börsennotierte Unternehmen befristet bis zum 31.12.2004 mit befreiender Wirkung nach international anerkannten Grundsätzen Rechnung legen durften. Seit 2005 greift die sog. IAS-Verordnung (Richtlinie (EG) 1606/2002), sodass die EU die legislative Kompetenz behält. Alle IFRS müssen vor ihrer Umsetzung in europäisches Recht auf Übereinstimmung mit den EU-Richtlinien überprüft werden. Der Ablauf dieses Anerkennungsverfahrens (**Endorsement Mechanism**) wird auf technischer Ebene von der fachlichen Beratung der EU-Kommission durch die European Financial Reporting Advisory Group (EFRAG) sowie auf politischer Ebene über ein vereinfachtes Gesetzgebungsverfahren (Komitologieverfahren) durch das Accounting Regulatory Committee (ARC) unterstützt. Problematisch ist, dass einige Standards bereits vom IASB verabschiedet wurden, die Anerkennung durch die EU aber (noch) nicht erfolgt ist. So wurde bspw. IFRS 17 »Versicherungsverträge« nicht komplett übernommen (sog. **Carve-out**) und abweichend von den IASB-IFRS ein Wahlrecht eingefügt. In der Folge dürfen nach den EU-IFRS Versicherungsverträ-

412 Entnommen aus Pellens/Fülbier/Gassen/Sellhorn, Internationale Rechnungslegung, S. 67.

ge anders als nach den IASB-IFRS bewertet werden. IFRS 14 »Regulatorische Abgrenzungsposten« zur Bilanzierung von preisregulierten Geschäftsvorfällen wurde nicht in EU-Recht übernommen, da der Anwendungsbereich sehr gering war. Zwischen der Verabschiedung und dem Endorsement durch das EU-Parlament können i. d. R. etwa sechs Monate, teilweise aber auch deutlich längere Zeiträume liegen.[413]

12.2.2 Verankerung der IFRS im HGB

Die Umsetzung der IAS-Verordnung erfolgte durch die Einfügung der §§ 315e (zuvor 315a) und 325 Abs. 2a HGB. Danach sind **kapitalmarktorientierte Mutterunternehmen verpflichtet**, ihren **Konzernabschluss nach IFRS** zu erstellen; nicht kapitalmarktorientierte Konzerne können mit befreiender Wirkung einen IFRS-Abschluss erstellen (§ 315e HGB).

Ein Einzelabschluss darf nur für Offenlegungszwecke nach IFRS erstellt werden. Unabhängig davon ist die Aufstellung eines HGB-Einzelabschlusses weiterhin verpflichtend (§ 325 Abs. 2a HGB).

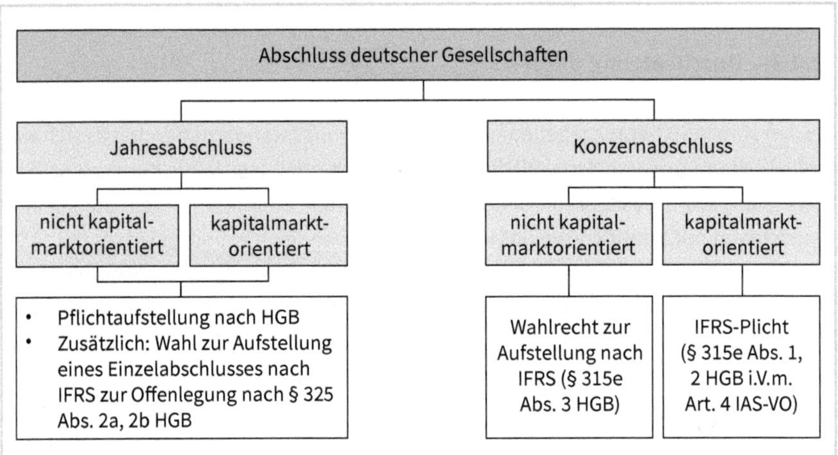

Abb. 12 – 2: Umsetzung der EU-Verordnung in deutsches Recht[414]

413 Vgl. Coenenberg/Haller/Schultze, Jahresabschluss und Jahresabschlussanalyse, S. 59–61.
414 Übernommen aus: Althoff, F., Einführung in die internationale Rechnungslegung, 2012, S. 27.

12.3 Rahmenkonzept der IFRS

12.3.1 Das IFRS-Rahmenkonzept im Überblick

Als konzeptionelle Grundlage der gesamten Rechnungslegung nach IRFS dient das Rahmenkonzept (Conceptual Framework for Financial Reporting (rev. 2018)).[415] Das ursprünglich 1989 verabschiedete Rahmenkonzept wurde teilweise in Kooperation mit dem FASB überarbeitet und 2018 in der überarbeiteten Fassung veröffentlicht.[416] Das Rahmenkonzept dient dem IASB als Basis für die Entwicklung konsistenter Standards und bei der Überarbeitung bestehender Standards. Ferner soll das Rahmenkonzept Erstellern als Ausgangsbasis für eine deduktive Ableitung von Bilanzierungsfragen dienen, die nicht explizit in den Einzelstandards geregelt sind sowie bei der Ausübung von Wahlrechten innerhalb bestehender IFRS unterstützen. Zudem soll es allen Parteien helfen, die IFRS zu verstehen und zu interpretieren (CF.SP1.1).

Das Rahmenkonzept umfasst das Ziele der IFRS-Rechnungslegung wie auch Vorgaben zu qualitativen Anforderungen, allgemeinen Anforderungen an den Abschluss und zu Elementen des Abschlusses sowie zu Ansatz und Bewertung von Jahresabschlussposten. Die folgende Abbildung zeigt die Regelungsbereiche des Rahmenkonzepts im Überblick:

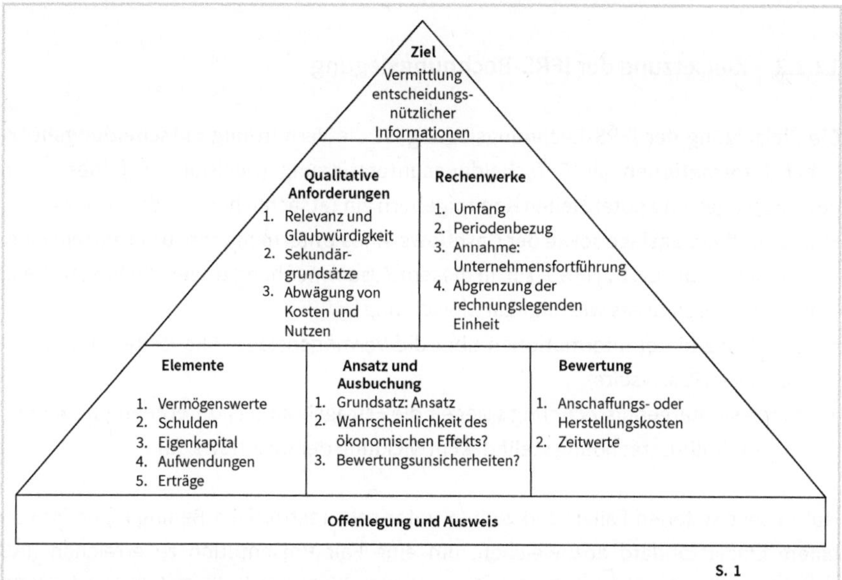

Abb. 12 – 3: Aufbau des Rahmenkonzepts nach IFRS[417]

415 Dieses Rahmenkonzept wird im Folgenden mit CF (Conceptual Framework) abgekürzt.
416 Vgl. https://www.ifrs.org/issued-standards/list-of-standards/conceptual-framework/ (Abruf 16.06.2023).
417 Übernommen aus: Pellens/Fülbier/Gassen/Sellhorn, Internationale Rechnungslegung, S. 91.

Das Rahmenkonzept gehört nicht zu den Standards, hat gegenüber den Standards eine untergeordnete Bedeutung und somit nicht die verbindliche Wirkung eines Standards (CF.SP1.2). Wesentliche Inhalte des Rahmenkonzeptes sind in IAS 1 (Darstellung des Abschlusses) geregelt und über diesen Standard verbindlich anzuwenden.

12.3.2 Adressaten der IFRS-Rechnungslegung

Die Rechnungslegung nach IFRS ist im Prinzip für eine Vielzahl von Adressaten bestimmt. Dazu zählen grundsätzlich alle potenziellen Nutzer (z. B. Anteilseigner, Kreditgeber, Lieferanten, Kunden, Arbeitnehmer, Finanzanalysten, Öffentlichkeit usw.). Aufgrund der zum Teil divergierenden Informationsbedürfnisse der verschiedenen Adressaten, die nicht gleichzeitig erfüllt werden können, orientiert sich die Rechnungslegung nach IFRS primär **an den Informationsbedürfnissen** der gegenwärtigen und potenziellen **Eigen- und Fremdkapitalgeber** einschließlich anderer Gläubiger wie etwa Lieferanten (CF.1.2). Dieses Primat der Kapitalgeberinteressen wird damit begründet, dass diese Adressaten auf die Informationen der IFRS-Rechnungslegung angewiesen sind, da sie nicht direkt Informationen vom Unternehmen fordern können (CF.1.5, IAS 1.7). CF.1.10 formuliert explizit, dass die IFRS-Rechnungslegung nicht primär für andere Adressaten konzipiert ist.[418]

12.3.3 Zielsetzung der IFRS-Rechnungslegung

Die Zielsetzung der IFRS-Rechnungslegung ist die Vermittlung **entscheidungsnützlicher Informationen** als Entscheidungsunterstützung (Decision Usefulness), um gegenwärtigen und potenziellen Kapitalgebern ein tatsächliches Bild der Vermögens-, Finanz- und Ertragslage sowie der Cashflows eines Unternehmens zu vermitteln (sog. Fair Presentation, CF.1.2; IAS 1.15). In diesem Zusammenhang tragen die Bestandteile eines IFRS-Abschlusses wie folgt zur Zielsetzung bei[419]:

- Die Bilanz bietet Informationen über die Vermögenslage (Aktivseite) und die Finanzlage (Passivseite).
- Die Gesamtergebnisrechnung spiegelt die Ertragskraft des Unternehmens wider.
- Die Kapitalflussrechnung stellt die Entwicklung der Cashflows dar.

Nur in sehr seltenen Fällen und zudem unter sehr restriktiven Bedingungen ist von einem Einzelstandard abzuweichen, um eine Fair Presentation zu erreichen (IAS 1.19 f.). In aller Regel wird die Fair Presentation aber durch die Befolgung der IFRS erzielt (IAS 1.17), sodass der Generalnorm im Vergleich zur handelsrechtlichen Rech-

418 Vgl. Baetge/Kirsch/Thiele, Bilanzen, S. 143 f.
419 Vgl. Pellens/Fülbier/Gassen/Sellhorn, Internationale Rechnungslegung, S. 93.

nungslegung ein deutlich höherer Stellenwert beigemessen wird (sehr begrenztes Overriding Principle[420]).

Das Ziel der Vermittlung entscheidungsrelevanter Informationen orientiert sich stark an der Bewertungsfunktion der Rechnungslegung. Dies geht einher mit der starken Orientierung an Kapitalgebern als primäre Adressaten. Sie sollten mithilfe der im Abschluss offengelegten Informationen die zukünftigen Cashflows des Unternehmens besser abschätzen können (CF.1.3). Zugleich sollen die Abschlussadressaten anhand der bereitgestellten Informationen die geleistete Arbeit des Managements in der Berichtsperiode beurteilen können. In diesem Sinne wird im Rahmenkonzept mit dem Begriff »Stewardship« auch die **Rechenschaftsfunktion** angesprochen (CF.1.3, 1.13). Dennoch dominiert die Bewertungsfunktion. Das IASB geht davon aus, dass die Rechenschaft mit der Entscheidungsnützlichkeit ausreichend berücksichtigt ist.[421]

Während die IFRS das Ziel der Vermittlung entscheidungsnützlicher Informationen verfolgen (Monozielsetzung), kommen dem handelsrechtlichen Jahresabschluss eine Zahlungsbemessungs-, eine Informations- und eine Rechenschaftsfunktion (Multizielsetzung) zu, wobei die Ermittlung eines ausschüttungsfähigen Gewinns dominiert. Daher spielen im Handelsrecht Gläubigerschutz und Vorsichtsprinzip eine zentrale Rolle.[422]

Außerdem ist die sog. Generalnorm (tatsachengemäße Darstellung, Fair Presentation) im IFRS-Abschluss eher als ein Overriding Principle zu verstehen als im HGB-Abschluss. Im HGB-Abschluss wird die Generalnorm durch den Zusatz »unter Beachtung der Grundsätze ordnungsmäßiger Buchführung« (§ 264 Abs. 2 HGB) eingeschränkt. Dementsprechend wird die tatsachengemäße Darstellung zum Teil durch das Vorsichtsprinzip eingeschränkt.

12.3.4 Grundsätze der IFRS-Rechnungslegung

Als Grundsätze der Rechnungslegung nach IFRS werden zum einen grundlegende Annahmen und zum anderen qualitative Anforderungen unterschieden. Zu den **grundlegenden Annahmen** des IASB-Framework gehört der Grundsatz der **Unternehmensfortführung** (Going-Concern) (CF.3.9, IAS 1.25). Nach IAS 1.25 hat das Management die Fähigkeit zur Unternehmensfortführung bei der Abschlussaufstellung einzuschätzen. Die Annahme der Unternehmensfortführung ist so lange gegeben, bis

420 Vgl. Baetge/Kirsch/Thiele, Bilanzen, S. 145.

421 Vgl. Coenenberg/Straub, Rechenschaft versus Entscheidungsunterstützung: Harmonie oder Disharmonie der Rechnungszwecke?, S. 17–26 sowie Wagenhofer/Ewert, Externe Unternehmensrechnung, S. 144.

422 Vgl. Hoffmann/Lüdenbach/Freiberg, Kommentar zu § 1 (Rahmenkonzept), Haufe IFRS Kommentar, Rz. 10-12 (März 2023).

das Management beabsichtigt, das Unternehmen aufzulösen, das Geschäft einzustellen oder keine realistische Alternative mehr besteht, als so zu handeln. Die Einschätzung der Unternehmensfortführung hat Informationen für mindestens zwölf Monate nach dem Abschlussstichtag zu berücksichtigen (IAS 1.26). Dieser Grundsatz wird als Begründung für die Bewertung zu fortgeführten Anschaffungs- oder Herstellungskosten herangezogen, weil angenommen wird, dass der erzielbare Nutzen aus dem Vermögenswert nicht unter dessen Wert liegt. Nur wenn keine Unternehmensfortführung mehr gegeben ist, dürfen Liquidationswerte im Abschluss berücksichtigt werden.[423]

Weiterhin ist das Konzept der **Periodenabgrenzung** in IAS 1.27 f. und auch in CF.1.17 f. festgeschrieben. Mit diesem Konzept werden Zuordnungsregeln geschaffen, um eine Periodisierung von Aufwendungen und Erträge – unabhängig von den Zahlungszeitpunkten – nach sachlichen und zeitlichen Kriterien vorzunehmen. So sind Posten dann als Vermögenswerte, Schulden, Aufwendungen und Erträge zu erfassen, wenn diese die Definitions- und Ansatzkriterien erfüllen (IAS 1.28). Das Konzept der Periodenabgrenzung gilt explizit nicht für die Kapitalflussrechnung, da diese auf Ein- und Auszahlungen abstellt (IAS 1.27). In diesem Kontext ist auch das Prinzip der periodisierten Rechnungslegung zu beachten (CF.3.4 – 7).

Darüber hinaus zählen auch die Vorgaben zur **rechnungslegenden Einheit** zu den grundlegenden Annahmen, die primär die Konzernrechnungslegung betreffen. Nach CF.3.8 hat die Rechnungslegung aus Sicht aller Investoren der rechnungslegenden Einheit zu erfolgen (sog. Einheitstheorie).[424]

Neben den grundlegenden Annahmen werden **qualitative Anforderungen** an den IFRS-Abschluss formuliert, die in **Primärgrundsätze** und Sekundärgrundsätze unterteilt werden. Die qualitativen Anforderungen werden unterteilt in fundamentale qualitative (Fundamental Qualitative Characteristics) und ergänzende bzw. fördernde qualitative Anforderungen (Enhancing Qualitative Characteristics) sowie Kosten-Nutzen-Abwägung als Nebenbedingung.

Zu den Grundanforderungen bzw. **fundamentalen qualitativen Anforderungen** zählen gem. CF.2.4 der Grundsatz der Relevanz einschließlich der Wesentlichkeit und die glaubwürdige Darstellung.

Der Grundsatz der **Relevanz** (Relevance, CF.2.6 ff.) einschließlich der Wesentlichkeit steht in engem Zusammenhang zur Zielsetzung der IFRS-Rechnungslegung. Informationen gelten dann als relevant, wenn sie die wirtschaftliche Entscheidung von Ab-

423 Vgl. Pellens/Fülbier/Gassen/Sellhorn, Internationale Rechnungslegung, S. 99 f.

424 Vgl. ausführlich Lüdenbach/Hoffmann/Freiberg, in: Haufe IFRS-Kommentar, § 1 Rahmenkonzept (Conceptual Framework), Rz. 7 (März 2023).

schlussadressaten beeinflussen. Relevante Informationen können dazu beitragen, einen Input bei der Vorhersage künftige Ergebnisse zu geben (Vorhersagekraft) oder eine in der Vergangenheit getroffene Entscheidung zu bestätigen oder zu korrigieren (Bestätigungskraft, CF.2.7 – 9).[425]

Viele Informationen sind für Abschlussadressaten relevant. Dennoch sind nicht alle relevanten Informationen im Jahresabschluss offenzulegen. Eine Einschränkung erfolgt durch den Grundsatz der **Wesentlichkeit** (Materiality, CF.2.11, IAS 8.8; IAS 1.29 ff.). Die Wesentlichkeit von Informationen ist abhängig von ihrer Art und ihrer Auswirkung auf Abschlussgrößen, z. B. das Eigenkapital und den Gewinn oder Verlust, und ist somit im quantitativen wie auch im qualitativen Sinn zu verstehen.[426]

Informationen sind entscheidungsnützlich, wenn sie zusätzlich zum Grundsatz der Relevanz auch die Anforderungen an eine **glaubwürdige Darstellung** (Faithful Representation) erfüllen (CF.2.12). Der Grundsatz der glaubwürdigen Darstellung fordert eine den tatsächlichen wirtschaftlichen Verhältnissen entsprechende Abbildung im IFRS-Abschluss. Da die Abbildung im Abschluss mit Schätzungen verbunden ist (z. B. Schätzung der Nutzungsdauer, Schätzung der Rückstellungshöhe), sind ergänzend die Vollständigkeit, Neutralität und Fehlerfreiheit als Gütekriterien definiert (CF.2.13). Die **Vollständigkeit** (Completeness) fordert die Präsentation sämtlicher Informationen, die zum Verständnis des abgebildeten Sachverhalts notwendig sind (CF.2.14). Entsprechend der **Neutralität** (Neutrality) sollen die im Abschluss gebotenen Informationen frei von Verzerrungen sein, d. h. wertfrei und objektiv (CF.2.15). Der Neutralität ist der Aspekt der Vorsicht (Prudence) zugehörig. Eine vorsichtige Bilanzierung soll eine Überbewertung von Vermögenswerten und eine Unterbewertung von Schulden verhindern, darf jedoch nicht zu einer Bildung stiller Reserven führen (Unterbewertung von Vermögenswerten, Überbewertung von Schulden), da dies mit einer Verletzung des Konzepts der Periodenabgrenzung einhergehen würde (CF.2.16). Dadurch soll das Risiko einer unrealistischen Bewertung bei Entscheidungen unter Unsicherheit vermieden werden (Cautios Prudence). Eine asymmetrische Vorsichtsauslegung (Asymmetric Prudence), wie für das Handelsrecht geltend, ist mit der Zielsetzung der Neutralität nicht vereinbar (CF.2.17). Entsprechend der **Fehlerfreiheit** (Free from Error) müssen die Informationen korrekt hergeleitet werden, d. h., Schätzungen sind klar zu umschreiben, ggf. mit Angabe einer Wahrscheinlichkeitsverteilung (CF.2.18).[427]

Nach CF.2.20 müssen die im Abschluss präsentierten Informationen sowohl die Anforderungen der Relevanz als auch die der glaubwürdigen Darstellung erfüllen. Allerdings sind beide Grundsätze nicht widerspruchsfrei, sodass auf ein ausgewogenes Verhält-

425 Vgl. Baetge/Kirsch/Thiele, Bilanzen, S. 145.
426 Vgl. Pellens/Fülbier/Gassen/Sellhorn, Internationale Rechnungslegung, S. 100 f.
427 Vgl. Pellens/Fülbier/Gassen/Sellhorn, Internationale Rechnungslegung, S. 101.

nis von Relevanz und glaubwürdiger Darstellung zu achten ist.[428] In der praktischen Anwendung ist die Relevanz vor der glaubwürdigen Darstellung zu prüfen (CF.2.21), wie folgende Abbildung zeigt:

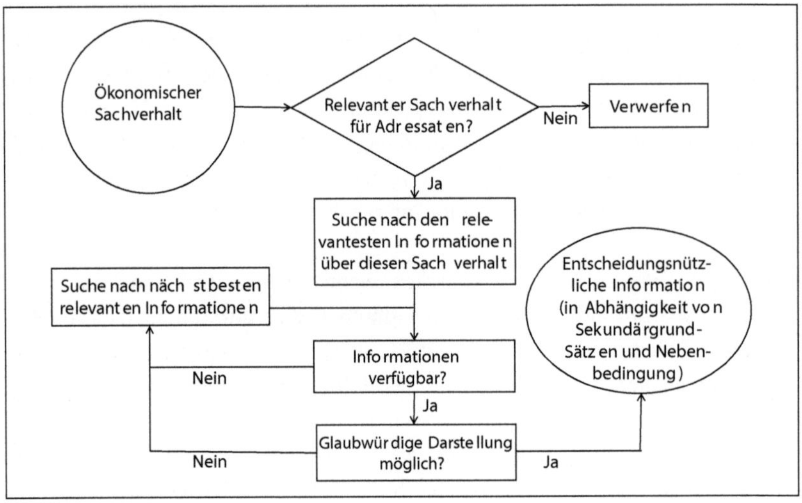

Abb. 12 – 4: Prüfreihenfolge der Grundsätze der Relevanz und der glaubwürdigen Darstellung[429]

Als **ergänzende qualitative Anforderungen** (Enhancing Qualitative Characteristics) sind gemäß CF.2.23 die Grundsätze der Vergleichbarkeit, der Nachprüfbarkeit, der Zeitnähe und der Verständlichkeit zu beachten. Die **Vergleichbarkeit** (Comparability, CF.2.24 ff.) impliziert, dass die angewendeten Ansatz- und Bewertungsmethoden angegeben werden und dass auf Änderungen hingewiesen wird, um eine zeitliche und zwischenbetriebliche Vergleichbarkeit zu gewährleisten. Die Vergleichbarkeit im Zeitablauf setzt die Beachtung der Stetigkeit voraus (IAS 1.45). Außerdem sind gem. IAS 1.38 f. alle quantitativen Vorjahresinformationen anzugeben.[430]

Nachprüfbarkeit (Verifiability) ist als intersubjektive Nachprüfbarkeit zu verstehen und gilt als erfüllt, wenn andere Dritte zum selben Ergebnis kommen würden (CF.2.23). CF.2.31 besagt, dass ein Sachverhalt direkt (z. B. durch körperliche Bestandsaufnahme) oder indirekt (z. B. durch analytische Herangehensweise) nachgeprüft werden kann.[431]

---

428 Vgl. Baetge/Kirsch/Thiele, Bilanzen, S. 145 f.

429 Entnommen aus: Pellens/Fülbier/Gassen/Sellhorn, Internationale Rechnungslegung, S. 102.

430 Vgl. Baetge/Kirsch/Thiele, Bilanzen, S. 147; Pellens/Fülbier/Gassen/Sellhorn, Internationale Rechnungslegung, S. 103.

431 Vgl. Baetge/Kirsch/Thiele, Bilanzen, S. 147.

Zeitnähe (Timeliness) bedeutet, dass Informationen für die Entscheidungsunterstützung zeitnah zur Verfügung zu stellen sind. Eine zeitnahe Berichterstattung ist notwendig, weil der Informationsnutzen abnimmt, je älter die Information ist (CF.2.33). In diesem Sinne ist der Fast-close-Abschluss zur herrschenden Praxis in großen Unternehmen geworden. Die Abwägung zugunsten der schnellen Informationsvermittlung betrifft insbesondere kapitalmarktorientierte Unternehmen, da eine späte Informationsbereitstellung i. d. R. von der Börse abgestraft wird.[432]

Die **Verständlichkeit** (Understandability) fordert eine klare, präzise Systematisierung und Darstellung von Informationen (CF.2.34). Dies bedeutet nicht, dass komplexe Sachverhalte ausgeschlossen sind (CF.2.35). Vielmehr sind die Informationen so aufzubereiten, dass sie für einen fachkundigen Leser verstehbar sind (CF.2.36).

Als **Nebenbedingung** ist eine **Abwägung von Kosten und Nutzen** (Balance between Benefit and Cost) vorzunehmen (CF.2.39 – 43). Hiermit ist der Grenznutzen zusätzlicher Informationen unter Berücksichtigung der Kosten der Informationsbeschaffung angesprochen. Demnach muss der Nutzen der gebotenen Information höher sein als die Kosten ihrer Bereitstellung.

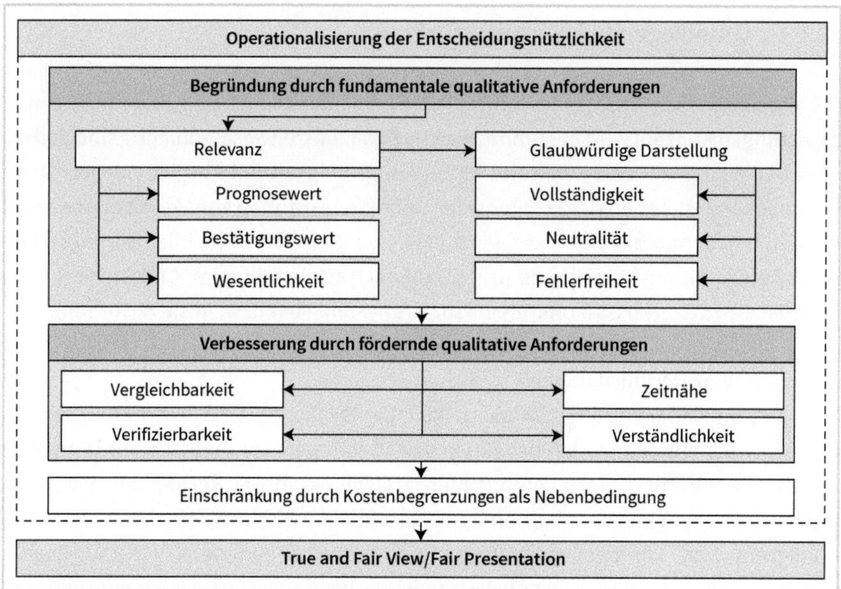

Abb. 12 – 5: Allgemeine Rechnungslegungsgrundsätze nach IFRS[433]

432 Vgl. Hoffmann/Lüdenbach/Freiberg, Kommentar zu § 1 (Rahmenkonzept), Haufe IFRS Kommentar, Rz. 70 (März 2023).

433 Leicht verändert übernommen aus: Pollmann, Ablösung des General Hedge Accounting durch IFRS 9, S. 90.

Die ergänzenden Anforderungen tragen nicht dazu bei, die Entscheidungsnützlichkeit von Informationen herzustellen, sofern die Information nicht relevant ist oder nicht glaubwürdig dargestellt werden kann (CF.2.37). Die Anwendung der ergänzenden qualitativen Anforderungen sollte einem iterativen Prozess folgen (CF.2.38).

Im Vergleich zum HGB spielen im **IFRS-Rahmenkonzept** das **Vorsichts- und Imparitätsprinzip** eine untergeordnete Rolle. Während das Vorsichtsprinzip im ursprünglichen Rahmenkonzept noch als Unterbegriff der Verlässlichkeit berücksichtigt wurde (R.37), findet es im Rahmenkonzept (rev. 2018) innerhalb der glaubwürdigen Darstellung Berücksichtigung, jedoch nicht im Sinne des HGB. Nach IFRS soll das Vorsichtsprinzip nicht dazu genutzt werden, stille Reserven zu legen. Dennoch findet es sich z. B. bei der Bewertung von Vorräten (Lower of Costs or Market) wieder. In der Folge orientiert sich das Realisationsprinzip in der HGB-Rechnungslegung stark am Vorsichtsprinzip, wohingegen nach IFRS die periodengerechte Erfolgsermittlung dominiert.

12.4 Ansatz und Bewertung nach IFRS

12.4.1 Grundlegende Ansatzvorschriften

Die grundlegenden Ansatzvorschriften sind im Rahmenkonzept geregelt. In einem zweistufigen Konzept wird bestimmt, welche Bilanzposten ansatzpflichtig sind, indem zwischen abstrakter und konkreter Aktivierungsfähigkeit unterschieden wird. Dementsprechend ist neben der Erfüllung der Definitionskriterien von **Vermögenswerten** (Assets) und **Schulden** (Liabilities) gem. CF.4.4 bis 4.23 (abstrakte Bilanzierungsfähigkeit bzw. Definitionskriterien) zu prüfen, ob der Sachverhalt gem. CF.4.37 bis 4.46 in der Bilanz anzusetzen ist (konkrete Bilanzierungsfähigkeit bzw. Ansatzkriterien).

Abstrakte Bilanzierungsfähigkeit

Die **abstrakte Bilanzierungsfähigkeit** setzt die Erfüllung von drei Kriterien voraus. Gemäß CF.4.3 handelt es sich bei einem Vermögenswert um eine ökonomische Ressource, die aufgrund eines vergangenen Ereignisses in der Verfügungsmacht des Unternehmens steht. Eine ökonomische Ressource verkörpert ein Recht, mit dem ermöglicht wird, künftigen wirtschaftlichen Nutzen zu generieren (CF.4.4). **Rechte** müssen nicht ausschließlich auf vertraglichen Vereinbarungen basieren, wie beispielsweise bei Spielerlizenzen. Die Lizenzspieler von Fußballvereinen stellen einen Vermögenswert dar, weil die Spieler vertraglich über die Lizenzlaufzeit an den Verein gebunden sind und eine **Kontrollmöglichkeit** gegeben ist. Dennoch ist das rechtliche Eigentum nicht ausschlaggebend. Entscheidend ist vielmehr das wirtschaftliche Eigentum, d. h., ob das Unternehmen aus dem Vermögenswert einen Nutzen ziehen oder andere von der Nutzung ausschließen kann. Dies gilt beispielsweise für die Schaffung von Know-how, das nicht öffentlich zugänglich ist (CF.4.7). Auch die Bilanzierung von Leasinggegenständen beim Leasingnehmer erfolgt nach der wirtschaftlichen Betrachtung.[434]

Der künftige wirtschaftliche **Nutzen** muss nur möglich sein, die Wahrscheinlichkeit des Nutzenzuflusses spielt für das Definitionskriterium keine Rolle (CF.4.15). Ein wirtschaftlicher Nutzen ist gegeben, wenn durch den Verkauf von wirtschaftlichen Ressourcen Cashflow zufließt oder Verbindlichkeiten durch Übertragung von wirtschaftlichen Ressourcen beglichen werden. Gleiches gilt für den Zufluss liquider Mittel oder eine Reduzierung von Abflüssen, bspw. Erstellung von Produkten oder Bereitstellung von Dienstleistungen durch den Einsatz von Produktionsfaktoren wie auch durch Leasing von wirtschaftlichen Ressourcen an Externe (CF.4.16).

Der Vermögensbegriff erfährt somit eine weite Abgrenzung, da dieser nicht an die Einzelveräußerbarkeit, sondern an die Möglichkeit der Erzielung zukünftigen Nutzens geknüpft ist. Entsprechend diesem Begriffsverständnis sind auch Bilanzierungshilfen und Rechnungsabgrenzungsposten unter Vermögenswerte zu subsumieren. Wenngleich viele Vermögenswerte eine physische Substanz aufweisen, ist dies keine notwendige Bedingung. Auch **immaterielle Vermögenswerte** (z. B. Patente oder Copyrights) erfüllen die Definition von Vermögenswerten, wenn ein künftiger wirtschaftlicher Nutzenzufluss möglich ist – die Wahrscheinlichkeit hierfür kann gering sein – und das Unternehmen über die Ressource verfügt (CF.4.15).

Beispiel

Forschungsaktivitäten verkörpern einen Nutzenzufluss. Ebenso sind diese nach HGB selbstständig verwertbar, sodass nach IFRS und HGB die abstrakte Bilanzierungsfähigkeit erfüllt wird. Dennoch dürfen Forschungskosten nach IFRS – wie auch nach HGB – bei Aktivierung des immateriellen Vermögenswerts nicht in die Herstellungskosten einbezogen werden. Außerdem greifen die konkreten Ansatzkriterien für Forschungskosten nicht.

Die Definition von **Schulden** ist erfüllt, wenn das Unternehmen

- eine gegenwärtige Verpflichtung hat, die aus einem vergangenen Ereignis entstanden ist,
- deren Erfüllung mit einem Abfluss von wirtschaftlichen Ressourcen verbunden ist (CF.4.26).

Die Definition umfasst neben Schuldenposten aus rechtlichen (vertraglichen) Verpflichtungen, wie z. B. Verbindlichkeiten und Rückstellungen als rechtliche Ver-

434 Vgl. das Kapitel 12.6 »Zentrale inhaltliche Unterschiede und Unvereinbarkeiten zwischen HGB und IFRS«.

pflichtungen (Garantierückstellungen, Rückbauverpflichtungen), auch solche Verpflichtungen, denen sich das Unternehmen aus wirtschaftlichen Gründen nicht entziehen kann (faktische Verpflichtungen wie z. B. Kulanzrückstellungen). Generell dürfen nur Rückstellungen für Außerverpflichtungen passiviert werden.

Konkrete Bilanzierungsfähigkeit
Die Erfüllung der Definitionskriterien ist eine notwendige, aber keine hinreichende Bedingung für den Bilanzansatz. Ein Bilanzansatz ist vorzunehmen, wenn entsprechend der konkreten Bilanzierungsfähigkeit bzw. den **konkreten Ansatzkriterien**

- die Definitionskriterien hinreichend sicher erfüllt sind (CF 5.14),
- der Zu- bzw. Abfluss von Ressourcen, die einen wirtschaftlichen Nutzen verkörpern, wahrscheinlich (probable) ist (CF 5.12; 5.15 – 17) und
- der Wert sich glaubwürdig bzw. verlässlich (Faithful Representation) ermitteln lässt (CF 5.18 – 23).

Die Ansatzkriterien spiegeln die zentrale Bedeutung **der periodengerechten Erfolgsermittlung** wider, da eine Aktivierung nur zulässig ist, wenn damit die entstandenen Ausgaben neutralisiert und den entsprechenden Erträgen als Aufwendungen in späteren Perioden gegenübergestellt werden. Sind diese Erträge nicht zu erwarten, stellen die entstandenen Ausgaben Aufwendungen der Periode dar.

In Bezug auf die Ansatzkriterien ist festzustellen, dass nach IFRS die Wahrscheinlichkeit des künftigen Nutzenzuflusses nicht näher konkretisiert wird, sondern lediglich bestimmt ist, dass der Unsicherheitsgrad zum Zeitpunkt der Jahresabschlusserstellung zu beurteilen ist. Daher kann die Konkretisierung dieses Begriffes aufgrund einer fehlenden genauen Begriffsbestimmung als ein einzelfallbezogener, subjektiver Entscheidungsprozess betrachtet werden. Ein Ansatz darf nicht vorgenommen werden, wenn eine Schätzung des Wertansatzes nicht möglich ist. Demzufolge verbleibt trotz scheinbar eindeutiger Bilanzansatzvorschriften aufgrund des Interpretationsspielraumes hinsichtlich der Wahrscheinlichkeit des Nutzenzuflusses/-abflusses und der Zuverlässigkeit der Bewertung ein Ansatzeinschätzungsspielraum. Dies gilt vor allem für selbst erstellte immaterielle Vermögensgegenwerte des Anlagevermögens sowie für Rückstellungen. Ein Ansatz von Vermögenswerten und Schulden darf nicht vorgenommen werden, wenn der Nutzenzu- bzw. -abfluss gering ist. In solchen Fällen ist das Ausmaß möglicher Zu- bzw. Abflüsse eine relevante Information. Diesbezügliche Informationen sind im Anhang offenzulegen (CF.5.16).[435]

435 Zur Berichterstattung über immaterielle Werte im Lagebericht vgl. das Kapitel 9.5 »Lagebericht«.

Beispiel: Entwicklungskosten[436]

Die Innova GmbH forscht intensiv im Bereich der Karzinomprophylaxe. Eine patentierte Neuentwicklung gegen Lungenkrebs hat die klinische Testphase erfolgversprechend überschritten. Allerdings sind aus Sicht der Innova GmbH die eigenen Kapazitäten zur Weiterentwicklung erschöpft. Daher verkauft sie das Entwicklungsprodukt mit Patent und Warenzeichen an die Richpharm AG.

Lösung: Die Innova GmbH darf die angefallenen Entwicklungskosten nicht aktivieren, da noch nicht von einer Markteinführung des Produktes ausgegangen werden kann. Dagegen liegt bei der Richpharm AG ein Anschaffungsvorgang vor, sodass eine Aktivierungspflicht besteht.

Beispiel: Rückstellungen

Unternehmen Z setzt in Land X das Fracking als neue Fördermethode zur Gasförderung ein. Hierbei werden neben Wasser auch Chemikalien ins Erdreich gepresst. Die Chemikalien könnten die Umwelt schädigen oder das Grundwasser belasten.[437]

Lösung: Da Schadensausmaß und -höhe nicht verlässlich abschätzbar sind, darf nach IFRS keine Rückstellung bilanziert werden. Nach HGB scheitert der Rückstellungsansatz letztlich an der fehlenden Quantifizierbarkeit.

In der praktischen Anwendung dürften die **Unterschiede bei den Ansatzentscheidungen nach HGB und IFRS** eher gering sein. Unterschiede ergeben sich aber immer dann, wenn die Ansatzwahlrechte nach HGB abweichend zu den nach IFRS vorgeschriebenen Vorgaben genutzt werden, z. B. für selbst erstellte immaterielle Vermögensgegenstände des Anlagevermögens.

12.4.2 Grundlegende Bewertungsvorschriften

Im Rahmenkonzept werden folgende Bewertungskategorien genannt (CF.6.11):

- Anschaffungs- oder Herstellungskosten (Historical Costs),
- beizulegender Zeitwert (Fair Value),
- Nutzungswert (Value in Use) für Vermögenswerte und Erfüllungswert (Fulfillment Value) für Schulden sowie
- Wiederbeschaffungskosten (Current Costs).

436 Vgl. Hoffmann/Lüdenbach, NWB Kommentar Bilanzierung, § 248 HGB, Rz. 9 (Okt. 2022).
437 Vgl. Wulf, Ansatz von Rückstellungen nach HGB und IFRS, S. 82.

Die genannten **Bewertungsmaßstäbe** gelten sowohl für Vermögenswerte als auch für Schulden. Der jeweils anzuwendende Bewertungsmaßstab ergibt sich aus den Vorschriften der jeweiligen Einzelstandards. Darüber hinaus enthalten die einzelnen Standards noch weitere Bewertungsmaßstäbe, z. B. erzielbarer Betrag (Recoverable Amount), Nettoveräußerungswert (Net selling Price).

Die **Anschaffungskosten** umfassen den Kaufpreis sowie Aufwendungen, die der Versetzung in den betriebsbereiten Zustand und der vorgesehenen Verwendung zurechenbar sind.

Die Ermittlung der **Herstellungskosten** erfolgt auf herstellungsbezogener Vollkostenbasis. Bei der Aktivierung von selbst erstellten immateriellen Vermögenswerten sind Entwicklungskosten einbeziehungspflichtig. Während für die Einbeziehung der Fremdkapitalkosten bei qualifizierten Vermögenswerten eine Einbeziehungspflicht besteht, unterliegen die nicht herstellungsbezogenen Verwaltungskosten ebenso wie die Vertriebs- und Forschungskosten einem Einbeziehungsverbot.

	HGB*	**IFRS***
Materialeinzelkosten	Pflicht	Pflicht
Fertigungseinzelkosten	Pflicht	Pflicht
Sondereinzelkosten der Fertigung	Pflicht	Pflicht
Materialgemeinkosten	Pflicht	Pflicht
Fertigungsgemeinkosten	Pflicht	Pflicht
herstellungsbezogene Verwaltungskosten**	Wahlrecht	Pflicht
allgemeine Verwaltungskosten**	Wahlrecht	Verbot
herstellungsbezogene Zinsen	Wahlrecht	Pflicht***
Vertriebskosten	Verbot	Verbot

*einschl. Entwicklungskosten, sofern eine Aktivierung erfolgt ist
**einschl. Aufwendungen für bestimmte soziale Leistungen und betriebliche Altersvorsorge
***Berücksichtigung der Fremdkapitalkosten nur dann, wenn diese unmittelbar dem Erwerb, dem Bau oder der Herstellung eines qualifizierten Vermögenswerts zugeordnet werden können. Ein qualifizierter Vermögenswert ist ein Vermögenswert, für dessen Versetzung in seinen beabsichtigten gebrauchs- oder verkaufsfähigen Zustand ein beträchtlicher Zeitraum erforderlich ist.

Abb. 12 – 6: Umfang der Herstellungskosten

Die Bewertungskonzeption des IASB ist von einem **Mixed Model** geprägt: Neben dem Anschaffungswert und dem am Markt beobachtbaren beizulegenden **Zeitwert** finden auch Zeitwerte auf der Basis von Berechnungsmodellen Berücksichtigung. So wird der **Nutzungswert**, der neben dem Nettoveräußerungspreis (Veräußerungspreis abzüglich noch anfallender Kosten) bei Wertminderungen nach IAS 36 heranzuziehen ist, bei der Bewertung von Vermögenswerten aus dem Barwert der erwarteten Cashflows berechnet (CF.6.17). Für Schulden ist der Erfüllungswert maßgebend. Der Erfüllungswert stellt den diskontierten Betrag dar, der voraussichtlich für die Tilgung von Schulden aufgewendet werden muss (CF.6.17). Die **Wiederbeschaffungskosten** sind jener Betrag, der für die Wiederbeschaffung eines identischen oder zumindest vergleichbaren Vermögenswerts zu erbringen ist. Für Schuldposten entsprechen die Wiederbeschaffungskosten dem undiskontierten Zahlungsbetrag bei einer (fiktiven) aktuellen Begleichung der Verpflichtung (Vereinnahmungsbetrag nach Stichtagsverhältnissen).[438] IFRS 13 »Bemessung des beizulegenden Zeitwerts« regelt detailliert die Ermittlung von beizulegenden Zeitwerten nach folgender Hierarchie: notierte Preise auf aktiven Märkten; (un)mittelbar zu beobachtende, marktbasierte Inputfaktoren (z. B. amtlich notierte Preise); nicht beobachtbare Inputfaktoren (IFRS 13.72 ff.).

Beispiel

Die Alpha AG baut Reinigungsmaschinen für Wasserfahrzeuge. Es ist ihr gelungen, ein neuartiges, besonders wassersparendes Modell zu entwickeln. Für die Herstellung dieses neuartigen Produkts fallen die folgenden Kosten an.[439]

Kostenarten	Kosten in EUR
Material- und Fertigungskosten	15.000
fertigungsbedingte Werteverzehr des AV	300
Verwaltungskosten (produktionsbezogen)	4.000
Vertriebskosten	2.800
Verkaufsprovision	950
zurechenbare Kosten für Grundlagenforschung	3.600
Kosten für die Suche von Alternativen	2.500
Kosten für die Testung von Prototypen	900
Entwicklungskosten	4.300
zurechenbare Fremdkapitalzinsen	200

Wie lautet die Wertuntergrenze und die Wertobergrenze nach HGB und IFRS, wenn angenommen wird, dass die Aktivierungskriterien für Entwicklungskosten nach IFRS erfüllt sind und vom Ansatzwahlrecht nach HGB Gebrauch gemacht wird?

438 Vgl. Hoffmann/Lüdenbach/Freiberg, Kommentar zu § 1 (Rahmenkonzept), Haufe IFRS Kommentar, Rz. 94 f. (März 2023).

439 In Anlehnung an Boecker/Künkele, Forschung und Entwicklung im Fokus, S. 486.

Wie lautet der Wertansatz, wenn das Aktivierungswahlrecht nach HGB nicht genutzt wird?

Lösung:

a)

	HGB	IFRS
Wertuntergrenze in EUR	20.500	24.700
Wertobergrenze in EUR	24.700	24.700

b)

Der Wertansatz für die Wertunter- und -obergrenze sinkt jeweils um 5.200 EUR. Der Wertansatz lautet demnach auf 15.300 EUR bzw. 19.500 EUR. Wird das Aktivierungswahlrecht nicht genutzt, werden die Entwicklungskosten über insgesamt 5.200 EUR sofort als Aufwand verrechnet, sodass das Jahresergebnis entsprechend sinkt.

Da bis auf wenige Ausnahmen, wie z. B. Bewertung von Wertpapieren zum Marktwert, deren Bewertung zu Anschaffungswerten erfolgt, sind die aus dem Wertansatz resultierenden Unterschiede zwischen HGB und IFRS nicht sehr groß.

12.5 Bestandteile des IFRS-Abschlusses

Der vollständige IFRS-Abschluss besteht aus folgenden Bestandteilen (IAS 1.10):

1. **Bilanz** zum Abschlussstichtag,
2. **Gesamtergebnisrechnung**[440] als Darstellung von Gewinn oder Verlust sowie sonstigem Ergebnis der Periode (mit **GuV** als Teilmenge),
3. Eigenkapitalveränderungsrechnung[441] der Periode,
4. Kapitalflussrechnung[442] der Periode,
5. **Anhang**[443] (enthält eine zusammenfassende Darstellung der wesentlichen Rechnungslegungsmethoden und sonstige Erläuterungen sowie ggf. eine **Segmentberichterstattung**),
6. bei rückwirkender Anpassung, Umgliederung von Posten oder rückwirkender Anwendung von geänderten Rechnungslegungsmethoden: **Bilanz zur frühesten Vergleichsperiode**.

---

440 Für Ausführungen zur IFRS-Bilanz und IFRS-Gesamtergebnisrechnung vgl. Blase/Lange/Müller: Gesamtergebnisrechnung, Bilanz und Segmentberichterstattung, IBP 9.

441 Für Ausführungen zur IFRS-Eigenkapitalveränderungsrechnung vgl. Reinke/Nissen-Schmidt: Eigenkapital, IBP 7, S. 79 ff.

442 Ausführlich zur IFRS-Kapitalflussrechnung vgl. Eiselt/Müller: Kapitalflussrechnung, IBP 8.

443 Ausführlich zum IFRS-Anhang vgl. Weber: Anhang, IBP 12.

Die in Geschäftsberichten zu findenden Zusatzberichte, wie Berichte zu den Themen Umwelt oder Mitarbeiter oder Wertschöpfungsrechnungen, sind nicht als Bestandteile der IFRS-Rechnungslegung zu sehen (IAS 1.14). Für die Offenlegung von nachhaltigkeitsbezogenen Informationen hat das International Sustainability Standard Board (ISSB) am 26.06.2023 die ersten Standards herausgegeben: IFRS S1 »General Requirements for Disclosure of Sustainability-related Financial Information« und IFRS S2 »Climate-related Disclosures«.[444]

Eine Ergänzung des IFRS-Abschlusses für deutsche IFRS-Anwender um weitere als die nach IFRS geforderten Informationen findet sich im HGB. So sind Mutterunternehmen, die nach § 315e HGB einen IFRS-Abschluss aufstellen, verpflichtet, einen **Konzernlagebericht nach § 315 HGB** aufzustellen, der den Abschluss ergänzt, sowie weitere handelsrechtliche Angabepflichten (z. B. § 314 Abs. 1 Nr. 4, 6, 8 und 9 sowie Abs. 3) zu erfüllen.

Die **Bilanz** dient auch nach den IFRS der Gegenüberstellung von Vermögen und Kapital zu einem bestimmten Zeitpunkt. Während das deutsche Handelsrecht jedoch in den §§ 265 u 266 HGB sehr detaillierte Vorgaben in Bezug auf Form, Gliederung und auszuweisende Posten der Bilanz macht, herrschen im System der IFRS weite Gestaltungsspielräume vor. Es wird allerdings abweichend zum HGB eine Darstellung unterteilt in kurz- und langfristige Vermögenswerte bzw. Schulden gefordert, wobei begründete Abweichungen von dieser Regel erlaubt sind. In der Regel wird ein Jahr als Abgrenzungskriterium angesetzt.

Größere Unterschiede ergeben sich jedoch bei der **Gesamtergebnisrechnung**, da hier verschiedene Erfolgskategorien unterschieden werden: Ein Gewinn oder Verlust gemäß IFRS-Konzept umfasst alle Aufwands- und Ertragspositionen, die nicht im sonstigen Ergebnis enthalten sind (IAS 1.7). Das sonstige Ergebnis setzt sich aus den im Eigenkapital direkt erfassten Aufwendungen und Erträgen zusammen, sog. erfolgs- bzw. ergebnisneutrale Komponenten. Erfolgsneutral im Eigenkapital erfasst werden unter anderem Wertänderungen aus der Neubewertung von Sachanlagen, aus der Bewertung bestimmter Finanzinstrumente oder aus der Währungsumrechnung. Die in IAS 1.7 zur Definition des sonstigen Ergebnisses aufgezählten Sachverhalte werden auch unter dem Begriff »Other Comprehensive Income« subsumiert. Gewinn oder Verlust und sonstiges Ergebnis stellen in Summe das Gesamtergebnis dar.

444 Zur Nachhaltigkeitsberichterstattung vgl. das Kapitel 10.

Eigenkapitalveränderungen der Periode	
Gesamtergebnis (*Comprehensive Income*)	erfolgsneutrale Transaktionen mit Anteilseignern (*Owner Movements*)
erfolgswirksame Veränderungen der Periode: **Gewinn oder Verlust** *(Profit or Loss)*	erfolgsneutrale Veränderungen der Periode: **sonstiges Ergebnis** *(Other Comprehensive Income)*

Abb. 12 – 7: Komponenten der Eigenkapitalveränderung nach IFRS

Ein Wahlrecht besteht in Bezug auf die Bezeichnungen »sonstiges Ergebnis«, »Gewinn oder Verlust« und »Gesamtergebnis«. Diese können mit anderen Begriffen belegt werden, solange die Bedeutung klar verständlich ist (IAS 1.10A). Hinsichtlich des Ausweises darf anstatt der Gesamtdarstellung der Gesamtergebnisrechnung mit **GuV** und sonstigem Ergebnis auch eine getrennte Darstellung der GuV erfolgen, allerdings nur, wenn direkt danach die (verkürzte) Gesamtergebnisrechnung folgt, die dann mit dem Jahresergebnis (Gewinn oder Verlust) laut GuV beginnt.

Einige Bestandteile des **sonstigen Ergebnisses** werden nur vorübergehend als Rücklage im Eigenkapital »geparkt«. So erfolgt unter anderem die Berücksichtigung von Gewinnen und Verlusten im Rahmen der Fair-Value-Bewertung finanzieller Vermögenswerte, die als zur Veräußerung verfügbar deklariert sind, zunächst erfolgsneutral im Eigenkapital. Bei Ausbuchung sind diese Gewinne und Verluste erfolgswirksam in der GuV gegen die Rücklage zu buchen (*Recycling*). Die Umgliederung ist notwendig, um einen doppelten Ausweis des Ergebnisses aus der Bewertung des Vermögenswerts zu vermeiden. Die umzuschichtenden Beträge werden als **Umgliederungsbeträge** bezeichnet (IAS 1.7).

Während auch nach den IFRS eine Gesamt- und Umsatzkostenrechnung als GuV-Gliederung erfolgen darf, werden **abweichend zum HGB** insbesondere folgende Sachverhalte anders dargestellt:

- gesonderter Ausweis von Ergebnissen von nicht fortzuführenden Unternehmensbereichen,
- gesonderter Ausweis des Ergebnisses anderer Gesellschafter sowie der Ergebnisse pro Aktie.

Während nach IFRS ein Ausweis von außerordentlichen Ergebnissen im gesamten Abschluss nicht erfolgen darf (IAS 1.87), sind nach HGB Angaben zu Erträgen und Aufwendungen von außergewöhnlicher Größenordnung oder außergewöhnlicher Bedeutung erforderlich (§ 314 Abs. 1 Nr. 23 HGB).

Bei den **weiteren Bestandteilen des Abschlusses** bestehen keine wesentlichen konzeptionellen Unterschiede. So entstammen die deutschen Ausgestaltungen von Eigenkapitalveränderungsrechnung, Kapitalflussrechnung und Segmentberichterstattung primär den IFRS. Auch der Anhang erfüllt nach IFRS dieselben Zwecke wie nach HGB. In Abhängigkeit von den abweichenden Rechnungslegungsregeln ergeben sich aber teilweise andere Umfänge von Angabepflichten. Zudem haben deutsche IFRS-Anwender handelsrechtliche Angabepflichten nach § 315e Abs. 1 HGB zu beachten.

12.6 Zentrale inhaltliche Unterschiede und Unvereinbarkeiten zwischen HGB und IFRS

Im Folgenden werden kurz zentrale inhaltliche Unterschiede herausgearbeitet, wobei die Reihenfolge der Nennungen sich an der Bilanzgliederung nach § 266 HGB orientiert. Generell ergeben sich aus dem **prinzipienorientierten Gesetzbuchprinzip des HGB**, das unter Zuhilfenahme der GoB letztlich alle Sachverhalte regelt, und der einzelfallorientierten Standardsetzung einige erhebliche Unterschiede. Viele Details sind in den IFRS klar geregelt, die nach HGB nur in ergänzenden Dokumenten (z.B. Kommentaren) zu finden sind. Ein Beispiel hierfür ist das Leasing, für das es nach IFRS einen eigenen Standard mit konkreten Ansatz- und Bewertungsregelungen sowie Angabepflichten gibt. Dagegen wird Leasing im HGB nicht erwähnt. Andere Beispiele wären u.a. zum Verkauf stehende Gegenstände (IFRS 5) und Versicherungsverträge (IFRS 17).

Bei **immateriellen Vermögenswerten** besteht nach IAS 38.57 für Entwicklungskosten bei Erfüllung bestimmter Kriterien ein Ansatzgebot, nach § 248 Abs. 2 HGB gibt es dagegen ein Ansatzwahlrecht für selbst geschaffene immaterielle Vermögensgegenstände des Anlagevermögens. Ein derivativer Geschäfts- oder Firmenwert ist nach IFRS auf Wertminderung zu prüfen und insofern nur fallweise abzuschreiben. Nach HGB erfolgt hingegen eine planmäßige Abschreibung über die voraussichtliche Nutzungsdauer. Falls in Ausnahmefällen die voraussichtliche Nutzungsdauer nicht geschätzt werden kann, ist pauschal über zehn Jahre abzuschreiben (§ 253 Abs. 3 Satz 3 und 4 HGB).

Im **Sachanlagevermögen** existieren nach IFRS für einige Sachverhalte speziellere Regelungen als nach HGB. So erlaubt IAS 16.31 alternativ zu dem auch nach HGB verwendeten Anschaffungskostenmodell, bei dem die Anschaffungs- oder Herstellungskosten die Wertobergrenze bilden, wahlweise eine Neubewertung als Allowed Alternative Treatment (alternativ zulässige Methode). Die daraus resultierenden Wertänderungen sind erfolgsneutral direkt im Eigenkapital zu erfassen, d.h., Wertsteigerungen oberhalb der Anschaffungs- oder Herstellungskosten werden in der Bilanz bei den Sachanlagen gezeigt und in einer gesonderten Eigenkapitalposition als Gegenbuchung abzüglich der passiven latenten Steuern erfasst. Diese Methode findet bei deutschen IFRS-Anwendern jedoch kaum Anwendung; sie hat ihre Berechtigung insbesondere in Hochinflationsländern, wo das Anschaffungskostenmodell im

Zeitverlauf zu völlig verzerrten Werteausweisen führt. Zudem findet nach IFRS der Komponentenansatz Verwendung, d.h., nach IAS 16.43 ist abweichend zum HGB vorgeschrieben, bei Anlagewerten bedeutsame Teile im Verhältnis zum Gesamtwert als gesonderte Komponente zu betrachten und – soweit es abweichende Nutzungsdauererwartungen gibt – für diese auch gesonderte Abschreibungspläne zu entwickeln.

Darüber hinaus sind als Finanzinvestitionen gehaltene Immobilien mit dem Marktwert anzusetzen, bei Bewertung zu Anschaffungswerten ist der Marktwert im Anhang zu benennen (IAS 40). Zur Veräußerung gehaltene langfristige Vermögenswerte und aufgegebene Geschäftsbereiche sind ebenfalls abweichend zum HGB gesondert zu behandeln. Es hat ein getrennter Ausweis zu erfolgen. Bei der Bewertung ist nicht mehr planmäßig abzuschreiben und die Bewertung erfolgt zum niedrigeren Wert von Buchwert und beizulegendem Zeitwert abzüglich der erwarteten Veräußerungskosten (IFRS 5.15).

Beispiel

Als Beispiel kann ein Gebäude angesehen werden, bei dem die Heizungs- und Belüftungsanlage etwa nur eine realistische wirtschaftliche Lebensdauer von zwölf Jahren hat, das Mauerwerk jedoch 40 Jahre Nutzungsdauer aufweist.

Bei den Abschreibungsmethoden sind die IFRS grundsätzlich ebenso frei wie das HGB, gleichwohl ist beim HGB in der Praxis noch ein deutliches Einstrahlen der steuerrechtlichen Regelungen bezüglich der Bemessung der Nutzungsdauern oder der Behandlung von geringwertigen Wirtschaftsgütern festzustellen. Geringwertige Wirtschaftsgüter kennen die IFRS im Ergebnis auch, jedoch liegt es auch hier im Ermessen des Unternehmens, Schwellenwerte festzulegen. Bezüglich außerplanmäßiger Abschreibungen ergeben sich kaum Unterschiede zum HGB, jedoch wird in IAS 36 explizit gefordert, dass der Buchwert mit dem höheren Wert von Nutz- und Veräußerungswert zu vergleichen ist.

Bei der **Leasingbilanzierung** gibt es für den Leasingnehmer große Unterschiede zwischen IFRS und HGB. So hat der Leasingnehmer nach HGB im Falle von Mietleasingvereinbarungen (Operate Lease) den Leasinggegenstand in der Bilanz zu erfassen, während beim Finanzierungsleasing (Finance Lease) in der Regel kein Vermögensgegenstand zu aktivieren ist.[445] Dagegen muss der Leasingnehmer nach IFRS 16 – unabhängig von der Art der Leasingvereinbarung – stets alle Vermögenswerte und Verbindlichkeiten aus einer Leasingvereinbarung in der Bilanz ansetzen (Ausnahme: Leasingzeitraum beträgt zwölf Monate oder geringwertiger Vermögenswert). Für die Bilanzierung beim Leasinggeber wird sowohl nach HGB als auch nach IFRS zwischen

445 Vgl. das Kapitel 8.2 »Leasing«.

Finanzierungs- oder Mietleasingvereinbarungen (Finance oder Operate Lease) unterschieden.

Bei den **Finanzinstrumenten** ergeben sich die größten Unterschiede zwischen HGB und IFRS. Während das HGB hier lediglich in Anlage- und Umlaufvermögen unterteilt, was als Resultat lediglich zu einem im Anlagevermögen anwendbaren Abschreibungswahlrecht bei vorübergehenden Wertänderungen führt, wendet IFRS 9 ein Konzept mit Kategorisierung und Bewertung von Finanzinstrumenten an. Danach werden Finanzinstrumente in die drei folgenden Bewertungskategorien eingeteilt: Bewertung zu fortgeführten Anschaffungskosten (AC-Kategorie), erfolgsneutrale Bewertung zum beizulegenden Zeitwert mit und ohne Recycling (FVtOCI-Kategorie) und ergebniswirksame Bewertung zum beizulegenden Zeitwert (FVtPL-Kategorie). Für die Zuordnung des finanziellen Vermögenswerts in eine dieser Kategorien ist zu prüfen, ob die Zahlungsstrombedingung oder die Geschäftsmodellbedingung erfüllt ist. Bei der **Zahlungsstrombedingung** liegt das primäre Ziel im Halten des finanziellen Vermögenswerts und der Generierung von vertraglichen Zahlungsströmen, nämlich Zins- und Tilgungszahlungen (sog. Halten). Die **Geschäftsmodellbedingung** ist erfüllt, wenn ein finanzieller Vermögenswert Bestandteil eines Portfolios ist, das vom Unternehmen gehalten wird, und neben der Vereinnahmung vertraglicher Zahlungsströme zusätzlich Erträge aus dem Verkauf des finanziellen Vermögenswerts generiert werden sollen (sog. Halten und Verkaufen). Die Zuordnung der finanziellen Vermögenswerte gestaltet sich wie folgt:

- Anschaffungskosten-Kategorie: finanzielle Vermögenswerte, bei denen nur die Zahlungsstrombedingung erfüllt ist, insbesondere Schuldinstrumente.
- FVtOCI-Kategorie: finanzielle Vermögenswerte, bei denen die Geschäftsmodellbedingung erfüllt ist, insbesondere Schuldinstrumente, bei denen auch Erträge aus dem Verkauf erzielt werden sollen.
- FVtPL-Kategorie dient als Auffangkategorie. Eine Zuordnung in diese Kategorie gilt für Schuldinstrumtente, die keiner der beiden zuvor genannten Kategorien zugeordnet werden kann. Auch Eigenkapitalinstrumente, die zu Handelszwecken gehalten werden, und Derivate sind dieser Kategorie zuzuordnen.

Darüber hinaus existiert eine Fair-Value-Option für Eigenkapitalinstrumente, die entweder erfolgsergebnisneutral zum beizulegenden Zeitwert (ohne Recycling) oder erfolgswirksam zum beizulegenden Wert taxiert werden können. Auch Schuldinstrumente können wahlweise erfolgswirksam zum beizulegenden Wert werden.[446]

Bei den **Vorräten** ist nach IFRS das LiFo-Verfahren nur in Ausnahmefällen zulässig. In die Herstellungskosten sind ohne Einbeziehungswahlrechte alle produktionsbezogenen Einzel- und Gemeinkosten einzubeziehen (Vollkostenansatz). Für qualifizierte

446 Vgl. Baetge/Kirsch/Thiele, Bilanzen, S. 347 f.

Vermögenswerte ist zudem der Einbezug von zurechenbaren, in der Bauphase angefallenen Fremdkapitalzinsen vorzunehmen. Die Werthaltigkeitsprüfung erfolgt ebenso wie nach HGB zum Niederstwertprinzip, allerdings werden nach IFRS die zum Vergleich heranzuziehenden Marktwerte in aller Regel nur absatzorientiert nach Abzug der noch bis zur Veräußerung anfallenden Kosten ermittelt. Ein großer Unterschied ist in diesem Bereich die Behandlung von langfristigen Fertigungsaufträgen, bei denen die Gewinne nach IAS 11 nicht erst wie im HGB mit der Auftragserfüllung als realisiert in der GuV erfasst werden dürfen, sondern i. d. R. fortlaufend in Abhängigkeit vom Baufortschritt (Percentage-of-Completion-Methode). Somit werden Gewinne früher und gleichmäßiger erfasst als nach HGB. Allerdings bestehen für die Anwendung der Methode eine Reihe von Voraussetzungen, die zumeist mit der Verlässlichkeit der Schätzungen in Zusammenhang stehen.

Sicherungsgeschäfte können wie im HGB als Bewertungseinheit zusammengefasst werden (Hedge Accounting), wobei nach IFRS eine Bewertung nach der Durchbuchungsmethode erfolgt, d. h., beide Grund- und Sicherungsgeschäfte werden in der Bilanz mit dem veränderten Wert erfasst. Sollte das Grundgeschäft noch nicht in der Bilanz erfasst sein, erfolgt eine erfolgsneutrale Erfassung von Gewinnen oder Verlusten aus dem abgesicherten Risiko im Eigenkapital. Nach HGB wird explizit keine Methode vorgeschrieben, sodass die Einfrierungs- oder Durchbuchungsmethode Anwendung finden darf.[447] Ein weiterer zentraler Unterschied besteht bei der Betrachtung von Warentermingeschäften. Nach IFRS 9 stellen Warentermingeschäfte – anders als nach HGB – keine Finanzinstrumente i. S. d. Hedge Accounting dar, wenn diese auf eine physische Lieferung abstellen. Zudem stellt die Dokumentation der Sicherungsbeziehung nach IFRS 9 ein Tatbestandsmerkmal für das Vorliegen von Sicherungsbeziehungen dar, nach HGB in dieser Güte nicht. Macro-Hedges fallen nach IFRS nicht unter den primären Anwendungsbereich des General Hedge Accounting nach IFRS 9, hierzu wurde ein separates Projekt entwickelt. Bisher liegt ein Diskussionspapier (DP/2014/1 »Accounting for Dynamic Risk Management: a Portfolio Revaluation Approach to Macro Hedging«) vor.[448]

Zielsetzung des Hedge Accounting besteht nach IFRS 9 darin, die Auswirkungen der Risikomanagementaktivitäten eines Unternehmens bilanziell nachzuzeichnen, sofern das Unternehmen Finanzinstrumente zur Steuerung spezifischer Risiken einsetzt. Die detaillierten Regelungen bezwecken, die zunehmende Bedeutung ökonomischer Absicherungsstrategien durch eine weitreichende Annäherung an das interne Risikomanagement in der IFRS-Rechnungslegung zutreffend widerzuspiegeln.[449]

447 Vgl. das Kapitel 8.3 »Derivative Finanzinstrumente«.

448 Vgl. ausführlich Pollmann, Ablösung des General Hedge Accounting durch IFRS 9, 2022.

449 Vgl. Pollmann, Ablösung des General Hedge Accounting durch IFRS 9, S. 127.

Ein **Disagio** nach § 250 Abs. 3 HGB sowie **aktive latente Steuern** nach § 274 Abs. 1 HGB fallen nach IFRS unter den Vermögenswertbegriff und sind daher stets ansatzpflichtig. Bei latenten Steuern sind nach IFRS Verlustvorträge unabhängig von der Fünfjahresobergrenze für die Bildung aktiver latenter Steuern mit einzubeziehen.

Wie beim HGB ist das **Eigenkapital** nach IFRS definiert als Residualbetrag, der sich nach Abzug aller Schulden von der Summe der Vermögenswerte ergibt (IAS 32.11). Unterschiede bestehen in der Abgrenzung des Eigenkapitals zum Fremdkapital. So liegt nach IFRS Eigenkapital vor, wenn keine Möglichkeit besteht, das überlassene Kapital zurückzufordern, also keine Kündigungsmöglichkeit gegeben ist. Bei Personenhandelsgesellschaften und Genossenschaften besteht jedoch kein Kündigungsrecht (§ 723 BGB bzw. § 65 Abs. 1 GenG). Da dies zu einer verzerrten Abbildung führen würde, gibt es eine Ausnahme, nach der diese Anteile unter bestimmten Voraussetzungen als finanzielle Verbindlichkeiten ausgewiesen werden dürfen (IAS 32.11, IAS 32.16A). Anders als nach HGB darf es nach IFRS keine hybride Finanzierungsform (z. B. Genussrechte) geben, die zwischen Eigen- und Fremdkapital ausgewiesen wird (IAS 32.15). Zudem sind alle Eigenkapitalposten auf der Passivseite der Bilanz auszuweisen; dies gilt auch für eigene Aktien wie auch für nicht eingeforderte ausstehende Einlagen (IAS 32.22). Außerdem ist der Ausweis einer Neubewertungsrücklage im Eigenkapital nach HGB nicht vorgesehen.[450]

Die Bilanzierung von **Aktienoptionsplänen** ist umfassend in IFRS 2 »Anteilsbasierte Vergütung« geregelt. Nach IFRS 2 werden hinsichtlich der Ausgestaltungsformen und Bilanzierungsfolgen drei Arten von anteilsbasierten Vergütungsregelungen unterschieden: anteilsbasierte Vergütung mit Ausgleich durch echte Eigenkapitalinstrumente, anteilsbasierte Vergütung mit Barausgleich (auch virtuelle Eigenkapitalinstrumente genannt) sowie Kombinationsmodelle. Im Gegensatz dazu existieren nach HGB keine expliziten Regelungen. In Literatur und Praxis haben sich für die Bilanzierung von Aktienoptionsplänen drei Auffassungen herausgebildet: Zum einen wird die Ausgabe von Bezugsrechten auf Ebene der Altaktionäre gesehen, deren Anteile verwässert werden; insofern ergeben sich durch die Aktienoptionsgewährung keine Bilanzauswirkungen. Zum anderen wird die Gewährung von Bezugsrechten als Entlohnung für die Arbeitsleistung gesehen. Dementsprechend wird der Gesamtwert der Option ratierlich über den Erdienungszeitraum als Personalaufwand mit Gegenbuchung in die Rückstellung erfasst. Darüber hinaus wird auch eine erfolgswirksame Erfassung im Personalaufwand, jedoch mit Gegenbuchung in die Kapitalrücklage, befürwortet, da es sich um einen Vergütungsbestandteil für künftige Arbeitsleitung handelt.[451] Lediglich die zuletzt angeführte Vorgehensweise führt zu einer zutreffenden Abbildung der Aktienoptionen im Jahresabschluss und stimmt grundsätzlich mit

450 Vgl. Baetge/Kirsch/Thiele, Bilanzen, S. 533 ff.
451 Vgl. Baetge/Kirsch/Thiele, Bilanzen, S. 704 ff.

den IFRS-Vorgaben überein. Im Falle von Aktienoptionsplänen mit Barausgleich (sog. virtuelle Optionen) ist sowohl nach HGB als auch nach IFRS ratierlich über den Erdienungszeitraum eine Rückstellung in Höhe des Gesamtwerts der Option anzusammeln. Nachträgliche Änderungen des beizulegenden Zeitwerts sind – anders als bei echten Aktienoptionen – zum Bilanzstichtag aufwandswirksam zu berücksichtigen.[452] IFRS 2 fordert umfangreiche Anhangangaben (IFRS 2.44 – 52).

Bei **Rückstellungen** werden nach IFRS nur Außenverpflichtungen bilanziert, sodass die handelsrechtlich vorgeschriebenen Rückstellungen für unterlassene Instandhaltungen, die im ersten Quartal des folgenden Geschäftsjahres nachgeholt werden sollen, sowie die Rückstellungen für im nächsten Jahr nachzuholende Abraumbeseitigungen nicht anerkannt werden, da es sich um Innenverpflichtungen handelt. Langfristige Rückstellungen sind anders als nach HGB nicht mit einem vorgegebenen Durchschnittszinssatz, sondern mit dem aktuellen Zinssatz erstklassiger Industrieanleihen abzuzinsen. Bei Pensionsrückstellungen ist die Bewertung inzwischen angenähert. Einen Unterschied gibt es aber bei der Behandlung von versicherungsmathematischen Gewinnen und Verlusten. Während nach HGB diese Auswirkungen von Parameterveränderungen sofort erfolgswirksam zu erfassen sind, ist nach IAS 19 eine sofortige erfolgsneutrale Verrechnung vorgeschrieben.

Neben diesen zentralen Punkten gibt es noch **zahlreiche weitere Unterschiede,** die teilweise branchenabhängig sind. So werden etwa Filmrechte oder Rückbau-/Entfernungsverpflichtungen nach IFRS anders behandelt als nach HGB. Im Ergebnis kann es vorkommen, dass die Umstellung auf IFRS ein im Vergleich zum HGB deutlich verändertes Eigenkapital ergibt. Es hat aber auch Fälle gegeben, in denen nach IFRS ein geringeres Eigenkapital als nach HGB ausgewiesen wurde. Dementsprechend ist die Kenntnis von Rechnungslegungssystemen und deren Anwendung wichtig, die in diesem Buch für den Einzelabschluss nach HGB ausführlich, für den Konzernabschluss nach HGB und für die IFRS jedoch nur als Überblick erfolgt ist und daher bei Bedarf weitergehende Studien erfordert.

12.7 Aufgaben und Lösungen

12.7.1 Aufgaben

Aufgabe 1: Gründe für Rechnungslegung nach IFRS

Herr Unsinn hat gelesen, dass nach der EU-Verordnung Nr. 1606/2002 vom 19. Juli 2002 alle kapitalmarktorientierten Mutterunternehmen mit Sitz in der EU

452 Vgl. Baetge/Kirsch/Thiele, Bilanzen, S. 712.

dazu verpflichtet sind, ihre Konzernabschlüsse nach IFRS aufzustellen. Für die nicht kapitalmarktorientierten Mutterunternehmen räumt die Verordnung den Mitgliedstaaten ein Wahlrecht ein, den Konzernabschluss nach nationalem Recht (HGB) oder nach IFRS zu erstellen.

Herr Unsinn überlegt in diesem Zusammenhang, welche Gründe für die Hinwendung zu den IFRS ursächlich sind. Können Sie ihm das erklären?

Aufgabe 2: Zentrale Unterschiede zwischen HGB und IFRS

Herr Slaw ist ein saudischer Großinvestor und beabsichtigt, entweder 5 Mio. EUR in Aktien der deutschen Volksbubi AG oder in Aktien der englischen Bubble Ltd. zu investieren, die beide der gleichen Branche angehören und auch sonst sehr ähnliche Bedingungen aufweisen.

Zu diesem Zweck hat sich Herr Slaw die letzten fünf Jahresabschlüsse der Kapitalgesellschaften besorgt. Die nach HGB bilanzierende Volksbubi AG weist durchschnittlich einen Jahresüberschuss in Höhe von 60 Mio. EUR sowie ein Eigenkapital von 400 Mio. EUR aus, während die nach IFRS bilanzierende Bubble Ltd. Durchschnittlich 80 Mio. EUR als Jahresüberschuss sowie ein Eigenkapital von 500 Mio. EUR ausweist.

Welchen Rat können Sie Herrn Slaw geben, der sich unschlüssig ist, wo er investieren soll?

Aufgabe 3: Rückbau-/Wiederherstellungsverpflichtungen

Ein Unternehmen betreibt eine Ölbohrinsel in der Nordsee und ist gem. Lizenzvertrag verpflichtet, bei Förderungsende die Bohrinsel zu entfernen und den Meeresboden wiederherzustellen. Die Bohrinsel wurde im ablaufenden Geschäftsjahr bereits aufgestellt, es wurde aber noch kein Erdöl gefördert.[453] Liegt ein Rückstellungssachverhalt nach IFRS vor?

453 Vgl. IAS 37. App. C, Beispiel 3. In diesem Fall greift IAS 16.16(c), wonach die damit verbundenen Kosten zu den Anschaffungs- und Herstellungskosten zählen.

12.7.2 Lösungen

Lösung zu Aufgabe 1

Die Globalisierung der Kapitalmärkte und der erhöhte Informationsnutzen für die Adressaten der Rechnungslegung sind die Hauptgründe für die Hinwendung zu den IFRS.

- Multinational agierende Konzerne haben den Wunsch, sich internationale Kapitalmärkte zur Aufnahme von Eigen- und Fremdkapital zu erschließen.
- Damit ein Kapitalgeber seine Anlageentscheidung fundieren kann, ist er auf vergleichbare Informationen über potenzielle Investitionsalternativen angewiesen.
- Analyse der wirtschaftlichen Lage ausländischer Vertragspartner bei Abschluss langfristiger Absatz- oder Lieferverträge.

Zu diesen Zwecken werden vergleichbare Jahresabschlüsse der Unternehmen benötigt. Um die Unterschiede zwischen nationalen Rechnungslegungsnormen zu eliminieren, bedient man sich des internationalen Standards.

Lösung zu Aufgabe 2

Die Frage lässt sich nicht eindeutig beantworten, denn die Gewinne der Unternehmen sind nicht direkt miteinander vergleichbar, weil sie nach unterschiedlichen nationalen Rechnungslegungsvorschriften ermittelt wurden:

- Das Eigenkapital des deutschen Unternehmens wird wegen des im HGB verankerten Vorsichtsprinzips eher zu niedrig ausgewiesen sein. Im Zuge des BilMoG hat allerdings in Teilen eine deutliche Annäherung an die IFRS stattgefunden. Beim Jahresüberschuss ist nicht klar, ob dieser zu niedrig ist, da nur nach eingehender Analyse geklärt werden kann, ob stille Reserven gebildet oder abgebaut wurden.
- Dagegen werden der Jahresüberschuss und das Eigenkapital des englischen, nach IFRS bilanzierenden Unternehmens nach allgemeiner Ansicht in angemessener Höhe dargestellt (Informationsfunktion). Eine direkte Vergleichbarkeit kann nur erreicht werden, wenn beide Unternehmen nach dem gleichen Standard bilanzieren.
- Außerdem gilt es zu beachten, dass die zugrunde liegenden Annahmen beispielsweise im Anhang des Jahresabschlusses für eine genaue Analyse herangezogen werden müssen. Eine bloße Reduktion der Investitionsentscheidung auf die Gewinngröße stellt kein sinnvolles Vorgehen dar.

Lösung zu Aufgabe 3

Aufgrund der vorgeschriebenen Rückbauverpflichtung im Lizenzvertrag besteht eine rechtliche Verpflichtung. Daher ist sowohl nach IFRS als auch nach HGB das Kriterium der Außenverpflichtung gegeben und ein Abfluss von Ressourcen wahrscheinlich. Eine verlässliche Kostenschätzung ist möglich. Daher ist die Rückstellung ansatzpflichtig.

Hinweis

Diese und weitere Aufgaben samt Lösungen finden Sie online bei den digitalen Extras.

DIGITALE EXTRAS

12.8 Lernkontrolle

Geben Sie bitte an, ob die folgenden Aussagen richtig (R) oder falsch (F) sind. (Die Lösung finden Sie in »Lösungen zu den Lernkontrollen«.)

Nr.	Aussage	Antwort
1	Der Jahresabschluss nach IFRS ist ein wichtiges Steuerungsinstrument.	
2	Kapitalmarktorientierte Mutterunternehmen mit Sitz in der EU sind dazu verpflichtet, ihren Konzernabschluss nach den International Financial Reporting Standard (IFRS) aufzustellen.	
3	Interpretationen der IFRS-Regelungen werden vom DRSC vorgenommen.	
4	Die Standards der IFRS-Rechnungslegung sind quasi der »theoretische Unterbau« der gesamten IFRS-Rechnungslegung.	
5	Ziel der IFRS-Rechnungslegung ist es, den Jahresabschlussadressaten entscheidungsnützliche Informationen bereitzustellen.	
6	Die periodengerechte Erfolgsermittlung hat nach IFRS einen höheren Stellenwert als nach HGB.	
7	Die Relevanz wird nicht als qualitatives Merkmal entscheidungsnützlicher Informationen in der IFRS-Rechnungslegung verstanden.	
8	Die IFRS orientieren sich ausschließlich an den Informationsbedürfnissen gegenwärtiger und zukünftiger Fremdkapitalgeber.	
9	Ein Bilanzansatz eines Vermögenswerts ist abhängig von der Wahrscheinlichkeit des Nutzenzuflusses.	
10	Das Jahresergebnis spielt in der IFRS-Rechnung keine Rolle, da ein sonstiges Ergebnis mit erfolgsneutralen Komponenten auszuweisen ist.	

Lösungen zu den Lernkontrollen

Kapitel 1 – Vorschriften zur Rechnungslegung, Prüfung und Offenlegung

Nr.	Aussage	Antwort
1	Das Rechnungswesen ist die Gesamtheit aller Prozesse im Unternehmen, mit denen alle Geschäftsvorfälle erfasst werden.	R
2	Die Dokumentationsfunktion legt fest, welcher Gewinn entnommen werden darf.	F
3	Architekten sind aufgrund ihrer gewerblichen Tätigkeit zur Buchführung verpflichtet.	F
4	Die Befreiungsvorschrift nach § 241a HGB gilt ausschließlich für Einzelkaufleute.	R
5	Es wird zwischen Ist-, Kann- und Sollkaufmann unterschieden.	F
6	In der Bilanz werden Aufwendungen und Erträge einander gegenübergestellt.	F
7	Das Publizitätsgesetz bestimmt, welche Unternehmen von der Rechnungslegungspflicht ausgeschlossen sind.	F
8	Zu den Informationsinstrumenten der Rechnungslegung zählen u. a. Bilanz, Gewinn- und Verlustrechnung und Anhang.	R
9	Die Einstufung der Kapitalgesellschaften erfolgt anhand der drei Größenklassen Kleinst, Medium und Groß.	F
10	Lediglich der Jahresabschluss von großen Kapitalgesellschaften ist dem Abschlussprüfer vorzulegen, der nach der Prüfung den Bestätigungsvermerk gem. § 322 HGB erteilt.	F

Kapitel 2 – Grundlagen der Rechnungslegung

Nr.	Aussage	Antwort
1	Das Privatvermögen ist in der handelsrechtlichen Bilanz stets anzusetzen.	F
2	Zur Abgrenzung wird das Betriebsvermögen in notwendiges sowie gewillkürtes Betriebsvermögen unterschieden.	R
3	Zur Zielgröße der Liquidität gehören die Rechengrößen Einzahlung und Auszahlung sowie Einnahme und Ausgabe.	R
4	Ein Inventar ist grundsätzlich die detaillierte Aufstellung aller Vermögensgegenstände und Schulden eines Unternehmens.	R
5	Bei der Stichtagsinventur handelt es sich um ein einfaches und zeitsparendes Verfahren.	F
6	Die Anfangsbilanz vom 01.01.t1 muss mit der Schlussbilanz vom 31.12.t0 übereinstimmen.	R

Nr.	Aussage	Antwort
7	Der wichtigste Grundsatz ordnungsmäßiger Buchführung ist Klarheit.	F
8	Der Grundsatz der Vergleichbarkeit umfasst die formelle sowie materielle Stetigkeit.	R
9	Erfolgswirksame Vorgänge sind dadurch gekennzeichnet, dass sie das Eigenkapitalkonto beeinflussen.	R
10	Der Grundsatz der Pagatorik besagt, dass kalkulatorische Werte im Wertansatz berücksichtigt werden können.	F
11	Bei der Bewertung von Vermögen und Schulden spielt das Prinzip der Fortsetzung der Unternehmenstätigkeit (Going-Concern-Prinzip) eine untergeordnete Rolle.	F
12	Das Vorsichtsprinzip findet seinen Niederschlag in einer Reihe von Vorschriften und Bilanzierungsgrundsätzen.	R

Kapitel 3 – Grundlegende Ansatzvorschriften

Nr.	Aussage	Antwort
1	Die Grundlinie der Ansatzpflichten wird durch Wahlrechte und Verbote durchbrochen.	R
2	Die abstrakte Aktivierungsfähigkeit leitet sich aus konkreten handelsrechtlichen Aktivierungsvorschriften ab.	F
3	Vermögensgegenstände sind durch eine selbstständige Bewertbarkeit und bilanzielle Greifbarkeit gekennzeichnet.	R
4	Im Falle einer Unternehmensgründung greifen keine Aktivierungsverbote.	F
5	Der Ansatz aktiver latenter Steuern stellt im Handelsrecht ein Wahlrecht dar.	R
6	Die Quantifizierbarkeit ist für die Passivierungsfähigkeit unerheblich.	F
7	Pensionsrückstellungen stellen in Ausnahmefällen handelsrechtlich ein Passivierungsverbot dar.	F
8	Die selbstständige Verwertbarkeit ist ein Kriterium für die abstrakte Aktivierungsfähigkeit von Vermögensgegenständen.	R
9	Selbst geschaffene immaterielle Vermögensgegenstände des Anlagevermögens unterliegen stets einem Ansatzverbot.	F
10	Passivierungswahlrechte existieren für mittelbare Pensionsverpflichtungen und Verpflichtungen aus sog. Pensionsaltzusagen.	R

Kapitel 4 – Grundlegende Bewertungsvorschriften

Nr.	Aussage	Antwort
1	Wertaufhellende Tatsachen sind bei der Bewertung zum vorangegangenen Stichtag zu berücksichtigen. Wertbegründende Tatsachen sind hingegen nicht zu berücksichtigen, da diese erst nach dem Bilanzstichtag verursacht worden sind.	R
2	Eine Zugangsbewertung erfolgt zu marktmäßig realisierten und nachweisbaren Werten.	R
3	Anders als Rabatte zählen Skonti nicht zu den Anschaffungspreisminderungen.	F
4	Im Rahmen der Zugangsbewertung ist für die Fremdwährungsumrechnung jener Eurokurs heranzuziehen, der sich im Durchschnitt der vergangenen drei Monate ergeben hat.	F
5	Herstellungskosten und Anschaffungskosten sind synonyme Begriffe.	F
6	Für soziale Aufwendungen existiert handelsrechtlich ein Einbeziehungswahlrecht in die Herstellungskosten.	R
7	Bei der degressiven Abschreibung werden die Anschaffungs-/Herstellungskosten gleichmäßig auf die Nutzungsdauer verteilt und als Aufwand erfasst.	F
8	Eine voraussichtlich dauerhafte Wertminderung liegt vor, wenn der beizulegende Wert während der Restnutzungsdauer unter jenem Wert liegt, der sich durch den Anfangswert abzüglich planmäßiger Abschreibungen ergibt.	R
9	Eine Abzinsung von Verbindlichkeiten ist stets zu beachten.	F
10	Anders als beim Anlagevermögen gilt im Umlaufvermögen das strenge Niederstwertprinzip.	R
11	Zuschreibungen auf zuvor vorgenommene außerplanmäßige Abschreibungen stellen nach allgemeiner Auffassung ein Wahlrecht dar.	F
12	Für Waren gilt die doppelte Maßgeblichkeit von Absatz- und Beschaffungsmarkt, d. h., der höhere Preis von Absatz- und Beschaffungsmarkt ist Vergleichsmaßstab.	F

Kapitel 5 – Bilanzierung des Anlagevermögens

Nr.	Aussage	Antwort
1	Das Anlagevermögen ist auf der Passivseite der Bilanz auszuweisen.	F
2	Anlagevermögen ist dazu bestimmt, dem Geschäftsbetrieb nur vorübergehend zu dienen.	F
3	Eine objektive Bewertung selbst geschaffener immaterieller Vermögensgegenstände ist zum Teil nur erschwert möglich.	R
4	Ein originärer Geschäfts- oder Firmenwert darf bei Erfüllung bestimmter Kriterien aktiviert werden.	F

Nr.	Aussage	Antwort
5	Software ist, unabhängig eines bestehenden Funktionszusammenhangs, stets als immaterielles Anlagevermögen zu erfassen.	F
6	Für Sachanlagevermögen ist das gemilderte Niederstwertprinzip anzuwenden.	R
7	Beteiligungen an einem anderen Unternehmen sind nur dann in der Bilanz auszuweisen, sofern mindestens 50 % an diesem gehalten werden.	F
8	Im Falle einer dauernden Wertminderung können gemäß Handelsrecht Wahlrechte in Anspruch genommen werden.	F
9	Das Gliederungsschema des § 266 Abs. 2 HGB unterscheidet sich für kleine, mittelgroße und große Gesellschaften.	R
10	Bei selbst erstellten immateriellen Vermögensgegenständen können sowohl Forschungs- als auch Entwicklungskosten in die Herstellungskosten einbezogen werden.	F
11	Der Geschäfts- oder Firmenwert ist handelsrechtlich nur außerplanmäßig abzuschreiben, wenn eine voraussichtliche Nutzungsdauer nicht bestimmt werden kann.	F
12	Unter Anwendung des Komponentenansatzes wird ein abnutzbarer Vermögensgegenstand des Sachanlagevermögens in seine wesentlichen Komponenten unterschiedlicher Nutzungsdauern aufgespalten, die getrennt abgeschrieben werden.	R

Kapitel 6 – Bilanzierung des Umlaufvermögens

Nr.	Aussage	Antwort
1	Bei der Bewertung von Forderungen existiert kein Niederstwertprinzip.	F
2	Eine Wertberichtigung auf Forderungen kann erforderlich sein, z. B. bei Auftreten eines Ausfallrisiken wegen Zahlungsunfähigkeit bzw. bei Insolvenz des Schuldners.	R
3	Bei der Bilanzierung von Vorräten sind außerplanmäßige Abschreibungen in Abhängigkeit von der Dauer der Wertminderung durchzuführen.	F
4	Bei Wegfall des Grundes für eine außerplanmäßige Abschreibung auf Vorräte ist eine Zuschreibung maximal bis zur Höhe der historischen Kosten vorzunehmen.	R
5	Bei der Bewertung von langfristigen Fertigungsaufträgen gilt das Imparitätsprinzip, d. h., Gewinne sind sofort zu realisieren; Verluste hingegen erst dann, wenn die Lieferung bzw. Leistung des Fertigungsauftrags vollständig erbracht ist.	F
6	Bei langfristigen Fertigungsaufträgen ist ein zeitanteiliger Gewinnausweis ohne weiteres möglich (jederzeit ausübbares Wahlrecht).	F
7	Besteht am Abschlussstichtag ein schwebender Verlust aus einem Derivat, ist eine Drohverlustrückstellung zu bilden, ein schwebender Gewinn bleibt aufgrund des Realisationsprinzips außer Betracht.	R

Nr.	Aussage	Antwort
8	Aufgrund des homogenen Charakters von Wertpapieren des Umlaufvermögens kann auf die Einzelbewertung generell verzichtet werden.	F
9	Bei der Bewertung von Wertpapieren des Umlaufvermögens stellen die historischen Kosten die Wertuntergrenze dar.	F
10	Das gemilderte Niederstwertprinzip wird bei der Folgebewertung von Vorräten verwendet.	F
11	Sonstige Vermögensgegenstände gelten als liquide Mittel.	F
12	Für Wertpapiere des Umlaufvermögens gilt wahlweise das gemilderte Niederstwertprinzip.	F

Kapitel 7 – Bilanzierung der Passiva

Nr.	Aussage	Antwort
1	Verbindlichkeiten sind zum höheren Stichtagswert anzusetzen, sofern der Erfüllungsbetrag am Bilanzstichtag niedriger als der bisher erwartete Erfüllungsbetrag ist.	F
2	Rückstellungen sind Verpflichtungen für zukünftige Ausgaben, die hinsichtlich der Fälligkeit und/oder der Höhe ungewiss sind.	R
3	Ein in der Bilanz ausgewiesener Sammelposten für sonstige Rückstellungen ist im Anhang zu erläutern, sofern wesentlich.	R
4	Die Bewertung einer Verbindlichkeit erfolgt grundsätzlich zum Erfüllungsbetrag.	R
5	Um nach Handelsrecht eine Rückstellung ansetzen zu können, muss lediglich geprüft werden, ob eine Verpflichtung des Unternehmens gegenüber Dritten vorliegt und ob aus dieser Verpflichtung eine wirtschaftliche Belastung für das Unternehmen folgt.	F
6	Die Begriffe Inanspruchnahme und Auflösung von Rückstellen sind stets synonym zu verwenden.	F
7	Rückstellungen für im Folgejahr nachgeholte Abraumbeseitigung sind nicht passivierungsfähig, da sie nicht die Kriterien der abstrakten Passivierungsfähigkeit erfüllen.	F
8	Die Begriffe Rücklagen und Rückstellungen werden in der Rechnungslegung in der Regel synonym verwendet.	F
9	Die Abzinsung von Pensionsverpflichtungen darf pauschal mit dem durchschnittlichen Marktzinssatz, der sich bei einer angenommenen Laufzeit von 15 Jahren ergibt, vorgenommen werden.	R
10	Rückstellungen für unterlassende Instandhaltungen sind passivierungspflichtig, wenn sie innerhalb der ersten drei bis vier Monate des neuen Geschäftsjahres nachgeholt werden.	F

Nr.	Aussage	Antwort
11	Zu den Komponenten des Eigenkapitals bei Kapitalgesellschaften gehören z. B. Gewinn-, Liquiditäts- und Kapitalrücklagen.	F
12	Gezeichnetes Kapital ist das Kapital, auf das die Haftung der Gesellschafter gegenüber ihren Gläubigern beschränkt ist.	R
13	Kapitalrücklagen umfassen Beiträge, die im Geschäftsjahr oder in einem früheren Geschäftsjahr aus dem Ergebnis gebildet worden sind.	F
14	Wird die Bilanz nach teilweiser Gewinnverwendung aufgestellt, wird im Eigenkapital nach dem Bilanzgewinn lediglich der anteilige Jahresüberschuss ausgewiesen.	F

Kapitel 8 – Spezielle Sachverhalte der Rechnungslegung

Nr.	Aussage	Antwort
1	Abgrenzungsposten entstehen, wenn Zahlungs- und Erfolgswirkung von Geschäftsvorfällen unterschiedliche Perioden betreffen.	R
2	Antizipative Rechnungsabgrenzungsposten sind handelsrechtlich nicht zu berücksichtigen, da entsprechende Aus- bzw. Einzahlungen erst nach dem Bilanzstichtag erfolgen.	F
3	Merkmal der transitorischen Rechnungsabgrenzung ist es, dass der Zahlungsvorgang der Erfolgswirkung vorgelagert ist.	R
4	Bei Teilamortisationsverträgen decken die Leasingraten während der Grundmietzeit nicht die Anschaffungskosten einschließlich der Finanzierungs- und Nebenkosten ab.	R
5	Beim Operating-Leasing bleibt in aller Regel der Leasingnehmer wirtschaftlicher Eigentümer und hat den Leasinggegenstand in seiner Bilanz anzusetzen und abzuschreiben.	F
6	Handelt es sich beim Finanzierungsleasing im Falle eines Teilamortisationsvertrags um einen Vertrag mit Andienungsrecht, einen Vertrag mit Mehr- oder Mindererlösbeteiligung oder einen durch den Leasingnehmer kündbaren Vertrag, wird die Aktivierung des Leasingobjektes regelmäßig beim Leasinggeber gesehen.	R
7	Beim Finanzierungsleasing im Zuge einer Vollamortisation wird ein Leasinggegenstand immer dann dem Leasingnehmer als wirtschaftlichem Eigentümer zugerechnet, wenn der Leasinggegenstand aller Voraussicht nach über die (annähernd) gesamte Nutzungsdauer hinweg vom Leasingnehmer genutzt wird und somit der verbleibende Herausgabeanspruch des Leasinggebers wertlos bzw. unbedeutend ist.	R
8	Werden derivative Finanzinstrumente als Sicherungsgeschäfte eingesetzt und mit einem Grundgeschäft zu einer Bewertungseinheit zusammengefasst, ist das Going-Concern-Prinzip außer Acht zu lassen.	F

Nr.	Aussage	Antwort
9	Der effektive Teil einer Bewertungseinheit entspricht dem Umfang der sich ausgleichenden Wert- oder Zahlungsstromänderungen im Rahmen des abgesicherten Risikos. Die hier anfallenden Aufwendungen und Erträge sind kompensatorisch zu erfassen.	R
10	Bei Micro-Hedges wird das Nettorisiko aller Unternehmensposten auf Gesamtunternehmensebene mit einem oder mehreren Sicherungsinstrumenten abgesichert.	F
11	Einfrierungs- und Durchbuchungsmethode unterscheiden sich sowohl hinsichtlich der Ergebnisauswirkungen als auch hinsichtlich der bilanziellen Effekte von Ineffektivitäten. Zudem findet ein abweichender Umgang mit nicht gesicherten Teilen statt.	F
12	Die Einfrierungsmethode ist dadurch gekennzeichnet, dass die effektiven Wertänderungen von Grund- und Sicherungsgeschäft in Bilanz und Gewinn- und Verlustrechnung unberücksichtigt bleiben.	R
13	Sonstige finanzielle Verpflichtungen sind nicht im Anhang von großen Kapitalgesellschaften anzugeben.	F
14	Kapitalgesellschaften müssen Haftungsverhältnisse in Form einer Anhangangabe angeben.	R

Kapitel 9 – Bestandteile der Rechnungslegung

Nr.	Aussage	Antwort
1	Der Lagebericht gehört zum HGB-Jahresabschluss.	F
2	Nach HGB zeigt die Bilanz als Bestandsrechnung im Zeitvergleich neben der Gesamtveränderung der Position »Liquide Mittel« auch die Ursachen der Änderung auf.	F
3	Die Kapitalflussrechnung ermöglicht eine fundierte Aussage über die Finanzkraft bzw. Zahlungsfähigkeit eines Unternehmens.	R
4	Ein zentrales Ziel der Segmentberichterstattung ist u. a., Informationen über wesentliche Geschäftsfelder zu geben.	R
5	Eine Verbesserung der Einschätzung der Chancen und Risiken einzelner Geschäftsfelder soll mittels Kapitalflussrechnung ermöglicht werden.	F
6	Der Lagebericht ist ein zusätzliches Berichtsinstrument und pflichtmäßig nur von großen Kapitalgesellschaften zu erstellen.	F
7	Neben Bilanz und GuV ist der Anhang nach HGB das dritte Element des Jahresabschlusses von Kapitalgesellschaften.	R
8	Pflichtbestandteile des Segmentberichts sind u. a. der Wirtschaftsbericht, der Prognosebericht mit Chancen und Risiken und der Bilanzeid.	F

Nr.	Aussage	Antwort
9	Der Eigenkapitalspiegel stellt die Veränderungen des Eigenkapitals in einem Berichtsjahr dar.	R
10	Der Anhang dient primär der Rechenschaftsfunktion eines HGB-Abschlusses.	F

Kapitel 10 – Nachhaltigkeitsberichterstattung

Nr.	Aussage	Antwort
1	Im CSRD-Nachhaltigkeitsbericht sind aus der EU-Taxonomie-VO resultierende Angaben offenzulegen.	R
2	In Zukunft müssen mittelgroße und kleine Kapitalgesellschaften unabhängig von der Kapitalmarktorientierung einen Nachhaltigkeitsbericht erstellen.	F
3	Unternehmen müssen über alle ihnen bekannten Umweltfaktoren berichten.	F
4	Die finanzielle Wesentlichkeit ist im Lagebericht von Bedeutung.	R
5	Der CSRD-Nachhaltigkeitsbericht darf in begründeten Ausnahmen alternativ als gesonderter Bericht erstellt werden.	F
6	Die Prüfungspflicht für den CSRD-Nachhaltigkeitsbericht greift ausschließlich für kapitalmarktorientierte Unternehmen.	F
7	Die europäischen Standards zur Nachhaltigkeitsberichterstattung sind nicht in nationales Recht umzusetzen, da diese unmittelbare Rechtskraft entfalten.	R
8	Die doppelte Wesentlichkeit ist als Oder-Verknüpfung von finanzieller Wesentlichkeit sowie ökologischer und sozialer Wesentlichkeit zu sehen.	R
9	Im Nachhaltigkeitsbericht ist anzugeben, ob das Unternehmen über nachhaltigkeitsorientierte Anreizsysteme für Organmitglieder verfügt.	R
10	Angaben zur Nachhaltigkeitsstrategie müssen sich auch auf Pläne und Maßnahmen des Unternehmens zur Erreichung der Klimaneutralität bis 2050 beziehen.	R

Kapitel 11 – Grundsachverhalte der Konzernabschlusserstellung

Nr.	Aussage	Antwort
1	Ein Konzern kann als Verbindung von mindestens zwei rechtlich selbstständigen Unternehmen (Mutter- und Tochterunternehmen) zu einer wirtschaftlichen Einheit verstanden werden.	R
2	Additiv betrachtete Einzelabschlüsse können einen Konzernabschluss ersetzen, da Umsätze einzeln erfasst werden.	F
3	Vermögens-, Finanz- und Erfolgslage eines Konzerns kann anhand eines Konzernabschlusses beurteilt werden.	R
4	Alle Mutterunternehmen sind stets verpflichtet, einen Konzernabschluss zu erstellen.	F

Nr.	Aussage	Antwort
5	Tochterunternehmen sind in Abhängigkeit von Sitz und Rechtsform im Konsolidierungskreis miteinzubeziehen.	F
6	Die Jahresabschlüsse der in den Konzernabschluss einbezogenen Unternehmen können auf den Stichtag des Konzernabschlusses aufgestellt werden.	F
7	Die Jahresabschlüsse ausländischer Tochterunternehmen müssen in die einheitliche Konzernberichtswährung umgerechnet werden, bevor ein Summenabschluss erstellt werden kann.	R
8	Bei Anwendung der modifizierten Stichtagskursmethode ist das Eigenkapital zu Durchschnittskursen umzurechnen.	F
9	Das Zwischenergebnis ist die Differenz zwischen dem Wertansatz eines konzernintern gelieferten Vermögensgegenstands im Einzelabschluss eines einbezogenen Konzernunternehmens und dem Zeitwert zum Stichtag.	F
10	Im Rahmen der Konsolidierung können echte Aufrechnungsdifferenzen entstehen, z. B. bei Ausleihungen an ein einbezogenes Tochterunternehmen durch das Mutterunternehmens, die nicht mit der Schuldenkonsolidierung auszugleichen sind.	F

Kapitel 12 – Grundsachverhalte der IFRS

Nr.	Aussage	Antwort
1	Der Jahresabschluss nach IFRS ist ein wichtiges Steuerungsinstrument.	F
2	Kapitalmarktorientierte Mutterunternehmen mit Sitz in der EU sind dazu verpflichtet, ihren Konzernabschluss nach den International Financial Reporting Standard (IFRS) aufzustellen.	R
3	Interpretationen der IFRS-Regelungen werden vom DRSC vorgenommen.	F
4	Die Standards der IFRS-Rechnungslegung sind quasi der »theoretische Unterbau« der gesamten IFRS-Rechnungslegung.	F
5	Ziel der IFRS-Rechnungslegung ist es, den Jahresabschlussadressaten entscheidungsnützliche Informationen bereitzustellen.	R
6	Die periodengerechte Erfolgsermittlung hat nach IFRS einen höheren Stellenwert als nach HGB.	R
7	Die Relevanz wird nicht als qualitatives Merkmal entscheidungsnützlicher Informationen in der IFRS-Rechnungslegung verstanden.	F
8	Die IFRS orientieren sich ausschließlich an den Informationsbedürfnissen gegenwärtiger und zukünftiger Fremdkapitalgeber.	F
9	Ein Bilanzansatz eines Vermögenswerts ist abhängig von der Wahrscheinlichkeit des Nutzenzuflusses.	R
10	Das Jahresergebnis spielt in der IFRS-Rechnung keine Rolle, da ein sonstiges Ergebnis mit erfolgsneutralen Komponenten auszuweisen ist.	F

Literatur

Adler, H./Düring, W./Schmaltz, K. (ADS), Rechnungslegung und Prüfung der Unternehmen: Kommentar zum HGB, AktG, GmbHG, PublG nach den Vorschriften des Bilanzrichtlinien-Gesetzes, 1. Teilband (§§ 252 – 263 HGB), 6. Aufl., neu bearb. Von Karl-Heinz Forster u. a., Stuttgart 1994/2001.

Althoff, F., Einführung in die internationale Rechnungslegung, Wiesbaden 2012.

Ammann, H./Müller, S., Konzernbilanzierung, Herne/Berlin 2005.

Arbeitskreis »Immaterielle Werte im Rechnungswesen« der Schmalenbach-Gesellschaft für Betriebswirtschaft e. V. (Hrsg.), Kategorisierung und bilanzielle Erfassung immaterieller Werte, in: DB 2001, S. 989–995.

Baetge, J./Kirsch, H.-J./Thiele, S. (Hrsg.), Bilanzrecht-Kommentar, §§ 253 bis 310 HGB, Loseblatt, Stand März 2023, Bonn, Berlin.

Baetge, J./Kirsch, H.-J./Thiele, S., Bilanzen, 16. Aufl., Düsseldorf 2021.

Baetge, J./Kirsch, H.-J./Thiele, S., Konzernbilanzen, 14. Aufl., Düsseldorf 2011.

Ballwieser, W., Unternehmensbewertung – Prozess, Methoden und Probleme, 2. Aufl., Stuttgart 2007.

Beck'scher Bilanz-Kommentar, §§ 248 bis 266 HGB, 13. Aufl., München 2022.

Bertram, K./Brinkmann, R./Kessler, H./Müller, S. (Hrsg.), Haufe HGB Bilanz Kommentar, 13. Aufl., Freiburg 2022.

Biener, H./Berneke, W., Bilanzrichtlinien-Gesetz, Düsseldorf 1986.

Blase, S./Lange, T./Müller, S., IFRS – Gesamtergebnisrechnung, Bilanz und Segmentberichterstattung, IBP 9, Berlin 2010.

Blase, S./Müller, S., Empirische Analyse der vorzeitigen IFRS-8-Erstanwendung, in: WPg 10/2009, S. 537–544.

Boecker, C./Künkele, K. P., Forschung und Entwicklung im Fokus – Gemeinsamkeiten und Unterschiede zwischen IFRS und HGB i. d. F. des BilMoG, in: IRZ 2010, S. 484–486.

Baumüller, J./Needham, S./Scheid, O., Vorschlag der EU-Kommission zur Corporate Sustainability Due Diligence Directive (CSDDD), in: DB 2022, S. 1401–1408.

Behncke, N./Wulf, I., Erste Berichts- und Prüfungssaison der nichtfinanziellen Berichterstattung – Empirische Analyse der DAX30-Unternehmen, in: KoR 2018, S. 570–580.

Behncke, N./Wulf, I., Erste Berichts- und Prüfungssaison der nichtfinanziellen Berichterstattung – Eine empirische Analyse der DAX160-Unternehmen für das Geschäftsjahr 2017, in: KoR 2019, S. 21–31.

Behncke, N./Wulf, I., Offenlegung von klimabezogenen Informationen und Implikationen für die Corporate Governance – Würdigung des EU-Kommissions-Nachtrags zur klimabezogenen Berichterstattung, in: ZCG 2019, S. 230–237.

Berger, J./Kiy, F./Worret, D., Globale Harmonisierung der Nachhaltigkeitsberichterstattung durch den International Sustainability Standards Board (ISSB), in: WPg 2022, S. 401–409.

Bundesministerium für Umwelt, Naturschutz, Bau und Reaktorsicherheit: Klimaschutz in Zahlen. Fakten, Trends und Impulse deutscher Klimapolitik. Ausgabe 2017, S. 14–15.

Coenenberg, A. G/Haller, A./Schultze, W., Jahresabschluss und Jahresabschlussanalyse, 26. Aufl., Stuttgart 2021.

Coenenberg, A. G../Haller, A./Mattner, G./Schultze, W., Einführung in das Rechnungswesen, 8. Aufl., Stuttgart 2021.

Coenenberg, A. G../Straub, B., Rechenschaft versus Entscheidungsunterstützung: Harmonie oder Disharmonie der Rechnungszwecke?, in: KoR 2008, S. 17–26.

DRSC, CSR-Studie. Abschlussbericht zur vom BMJV beauftragten Horizontalstudie sowie zu Handlungsempfehlungen für die Überarbeitung der CSR-Richtlinie, Januar 2021, S. 90.

Eiselt, A./Müller, S., Die Kapitalflussrechnung als Instrument der Corporate Governance, in: ZCG 2008, S. 86–92.

Eiselt, A./Müller, S., IFRS – Kapitalflussrechnung, IBP 8, Berlin 2008.

EG-Kommission, Grünbuch. Europäische Rahmenbedingungen für die soziale Verantwortung von Unternehmen, KOM(2001) 366 vom 18.07.2001.

EU-Kommission, Aktionsplan: Finanzierung nachhaltigen Wachstums, KOM(2018) 97 final, vom 08.03.2018 (sog. Aktionsplan), S. 2 f.; 5 ff.

EU-Kommission, Leitlinien für die Berichterstattung über nichtfinanzielle Informationen (Methode zur Berichterstattung über nichtfinanzielle Informationen), Abl. EU Nr. C 215/1 vom 05.07.2017, S. 4.

EU-Kommission, Leitlinien für die Berichterstattung über nichtfinanzielle Informationen: Nachtrag zur klimabezogenen Berichterstattung, Abl. EU Nr. C209/1 vom 20.06.2019.

EU-Kommission, Mitteilung der EU-Kommission, Der europäische Grüne Deal, KOM(2019) 640 vom 11.12.2019.

EU-Kommission, Mitteilung der EU-Kommission, Eine neue EU-Strategie (2011–14) für die soziale Verantwortung der Unternehmen, KOM(2011) 681 vom 25.10.2011.

EU-Kommission, Summary Report of the Public Consultation on the Review of the Non-Financial Reporting Directive; abrufbar unter: https://ec.europa.eu/info/law/better-regulation/have-your-say/initiatives/12129-Revision-of-Non-Financial-Reporting-Directive/public-consultation_de (Abruf: 29.03.2023).

EU-Kommission, Vorschlag für eine Verordnung zur Einrichtung eines zentralen europäischen Zugangsportals für den zentralisierten Zugriff auf öffentlich verfügbare, für Finanzdienstleistungen, Kapitalmärkte und Nachhaltigkeit relevante Informationen, KOM(2021) 723 final.

Fink, C./Schmidt, R., Nachhaltigkeitsberichterstattung nach der Corporate Sustainability Reporting Directive, in: KoR 2023, S. 105–116.

Fink, C./Schmotz, T. Die Vorschläge der EU-Kommission zur Überarbeitung der CSR-Richtlinie, in: KoR 2021, S. 304–313.

Fink, C./Theile, C., Anhang und Lagebericht nach dem RegE zum Bilanzrichtlinie-Umsetzungsgesetz, DB 2015, S. 753–762.

Freidank, C.-C./Meuthen M. H., Rechnungslegung und Rechnungslegungspolitik, Band 1: Grundlagen der Rechnungslegung, 3. Aufl., Berlin 2022.

Freidank, C.-C./Velte, P., Wahlrechte im Rahmen der handels- und steuerrechtlichen Herstellungskosten, in: StuW, 2010, S. 356–366.

Glaser, A./Hachmeister, D., Pflicht oder Wahlrecht zur Bildung bilanzieller Bewertungseinheiten nach dem BilMoG, in: BB 2011, S. 555–559.

Göllert, K., Auswirkungen des Bilanzrechtsmodernisierungsgesetzes (BilMoG) auf die Bilanzpolitik, in: DB 2008, S. 1165–1171.

Herzig, N., IAS/IFRS und steuerliche Gewinnermittlung, Düsseldorf 2004.

HLEG, Financing a Sustainable European Economy – final report 2018, abrufbar unter: https://ec.europa.eu/info/sites/default/files/180131-sustainable-finance-final-report_en.pdf (Abruf: 13.07.2021).

Hoffmann, W.-D./Lüdenbach, N., NWB Kommentar Bilanzierung, 14. Aufl., Herne/Berlin 2022.

IDW (Hrsg.), IDW Verlautbarungen, Werkstand: IDW Life 7/2023, Düsseldorf 2023.

IDW (Hrsg.), WP Handbuch, Wirtschaftsprüfung und Rechnungslegung, 18. Aufl., Düsseldorf 2023.

Kirsch, H., 360° BiR eKommentar, Bonn 2023 (online).

Kirsch, H. (Hrsg.), Rechnungslegung Kommentar, Bonn, 121. Aktualisierung (Stand: Mai 2023).

Kirsch, H., Erweiterte Anhangangaben durch den BilRUG-RegE, BBK 2015, S. 321–329.

Kirsch, H., Weiterentwicklung der CSR-Berichterstattung durch aktuelle und künftige EU-Vorgaben, in: DStZ 2022, S. 840–849.

Kirste, L./Harms, S.G./Wulf, I., Berichterstattung nach der EU-Taxonomie-Verordnung – Deskriptive Analyse für die DAX-40-Unternehmen im Jahr der Erstanwendung, in: WPg 2023, S. 23–31.

Kolb, S./Roß, N., Zweifelsfragen zum MicroBilG, WPg 2014, S. 991–996.

Kussmaul, H./Müller, S. (Hrsg.), Handbuch der Bilanzierung, Loseblatt, Freiburg i. Br. 2023 (online).

Küting, K./Pfitzer, N./Weber, C.-P. (Hrsg.), Handbuch der Rechnungslegung – Einzelabschluss, Loseblatt, Stand Juni 2023, Stuttgart.

Küting, K./Weber, C.-P., Der Konzernabschluss, 14. Aufl., Stuttgart 2018.

Kümpel, T./Pollmann, R., Verpflichtungsgrad und Rechtsfolgen handelsrechtlicher Bewertungseinheiten nach BilMoG, in: DStR 2011, S. 1580–1582.

Lanfermann, G., Grüne Zeitenwende für die Lageberichterstattung, in: WPg 2023, S. 350–354.

Lange, T./Müller, S., Die Lageberichterstattung als Teil der Corporate Governance deutscher Unternehmen, in: ZCG 2009, S. 235–237.

Leffson, U., Die Grundsätze ordnungsmäßiger Buchführung, 7. Aufl., Düsseldorf 1987.

Liening, M./von Keitz, I./Wulf, I., Berichterstattung über immaterielle Ressourcen gemäß der Richtlinie (EU) 2022/2464, in: KoR 2023, S. 296–308.

Lüdenbach, N., Verbrauchssteuern nach BilRUG, in: StuB 2015, S. 549.

Lüdenbach, N./Freiberg, J., Die Regelungen des BilRUG im Jahresabschluss, in: StuB 2015, S. 563–570.

Lüdenbach, N./Hoffmann, W.-D./Freiberg, J.: Haufe IFRS-Kommentar, 21. Aufl., Freiburg 2023.

Meyer, C./Theile, C., Bilanzierung nach Handels- und Steuerrecht, 32. Aufl., Herne 2022.

Moxter, A., Bilanzrechtsprechung, 2. Aufl., Tübingen 1985.

Müller, S., IFRS: Grundlagen und Erstanwendung, IBP 1, Berlin 2007.

Müller, S./Mühlbauer, M., Ausschüttungssperre für phasengleiche Gewinnvereinnahmung nach dem BilRUG, StuB 2015, S. 691–697.

Niggemann, F./Schneider, G., Die Wesentlichkeit in der Nachhaltigkeitsberichterstattung – haben die Österreicher oder die Deutschen recht?, in: RWZ 2020, S. 89–94.

Oser, P./Orth, C./Wirtz, H., Das Bilanzrichtlinie-Umsetzungsgesetz (BilRUG) – Wesentliche Änderungen und Hinweise zur praktischen Umsetzung, DB 2014, S. 1877–1886.

Oser, P./Orth, C./Wirtz, H., Neue Vorschriften zur Rechnungslegung und Prüfung durch das Bilanzrichtlinie-Umsetzungsgesetz, DB 2015, S. 197–206.

Ossadnik, W., Grundsatz und Interpretation der »Materiality«, in: WPg 1993, S. 617–629.

Pellens, B./Fülbier, R. U./Gassen, J./Sellhorn, T., Internationale Rechnungslegung, 11. Aufl., Stuttgart 2021.

Philippsen, K./Sultana, A., Negativer Unterschiedsbetrag bei einem asset deal bzw. negativer Kaufpreis bei einem share deal im HGB-Jahresabschluss. Darstellung der bilanziellen Konsequenzen, in: StuB 2021, S. 725–728.

Pollmann, R., Anpassung von Fremdwährungsabschlüssen bei Beteiligungsunternehmen aus Hochinflationsländern nach IFRS im Vergleich zu nationalen Vorschriften, DStR 2015, S. 2090–2093.

Pollmann, R., Ablösung des General Hedge Accounting durch IFRS 9, Hamburg 2022.

Pollmann, R., Handelsrechtliche Bilanzierung von Bewertungseinheiten – Grundlagen und Buchungstechnik der Darstellungsmöglichkeiten, in: BC 2018, S. 546–553.

Pollmann, R., Schuldenkonsolidierung: Entstehung und Behandlung von Aufrechnungsdifferenzen, BC 2016, S. 271–276.

Rapp, D. J./Pampel, J., Digitalisierung der Berichterstattung durch ESEF – cui bono?, in: IRZ, 2021, S. 263 – 268.

Reinke, J./Nissen-Schmidt, A., IFRS – Eigenkapital und Aktienoptionspläne, IBP 7, Berlin 2008.

Schäfer, N./ Schönberger, M.W., Green and more: Klimaberichterstattung nach ISSB und EFRAG, in: WPg 2022, S. 798–800.

Scharpf, P., Bilanzierung von Bewertungseinheiten in der Fünften Jahreszeit, in: DB 2012, S. 357–363.

Schmalenbach, E., Dynamische Bilanz, unter Mitwirkung v. Bauer, R., 11. Aufl., Köln/Opladen 1953.

Schmidt, H., Bilanztraining, 10. Aufl., Freiburg 2002.

Schmotz, T./ Schwedler, K./ Barckow, A., Drei Jahre CSR-RUG – Horizontalstudie zur Anwendungspraxis und Handlungsempfehlungen des DRSC, in: DB 2021, S. 797–805.

Schmotz, T./Schmidt, R., Nichtfinanzielle Berichtspflichten in der Finanzberichterstattung, in: DB 2017, S. 2877–2884.

Schneider, G./Müllner, T., Ein Überblick über den Nachtrag der EU zur klimabezogenen Berichterstattung, in: DK 2020, S. 24–29.

Selchert, F. W., Problem der Unter- und Obergrenze von Herstellungskosten, in: BB 1986, S. 2298–2306.

Stute, A., IFRS: Lagebericht und Konzernlagebericht, IBP 13, Berlin 2010.

TEG on Sustainable Finance, Report on Climate-related Disclosures, 2019; abrufbar unter: https://finance.ec.europa.eu/publications/technical-expert-group-sustainable-finance-report-climate-related-disclosures_en (Abruf: 29.03.2023).

UN-Resolution A/RES/70/1 »Transformation unserer Welt: die Agenda 2030 für nachhaltige Entwicklung; abrufbar unter: https://www.un.org/Depts/german/gv-70/band1/ar70001.pdf (Abruf: 28.08.2023).

Wagenhofer, A./Ewert, R., Externe Unternehmensrechnung, 3. Aufl., Berlin et al. 2015.

Weber, I., IFRS – Anhang, IBP 12, Berlin 2009.

Winter, F./van Meegen, A., Environment, Social – Governance: »Grünes« Aufsichtsrecht? – Die Bedeutung von ESG für Banken, Finanzdienstleister und Versicherungsunternehmen, in: DB 2021, S. 59–62.

Wulf, I., Änderungen der GuV-Struktur und Neudefinition der Umsatzerlöse durch das BilRUG, in: DStZ 2015, S. 737–746.

Wulf, I., Änderungen der Anhangangaben durch das BilRUG – Erhebliche Erleichterungen für kleine Gesellschaften, in: DStZ 2015, S. 826–848.

Wulf, I., Ansatz von Rückstellungen nach HGB und IFRS, in: PiR 2012, S. 77–83.

Wulf. I., Bilanzierung von Bewertungseinheiten nach § 254 HGB unter Berücksichtigung des IDW RS HFA 35, in: DStZ 2012, S. 534–544.

Wulf, I., Immaterielle Vermögenswerte nach IFRS, Berlin 2008.

Wulf, I., Eingeschränktes Aktivierungsverbot bei selbst geschaffenen immateriellen Vermögensgegenständen des Anlagevermögens nach dem BilMoG, in: Accounting 11/2008, S. 8–12.

Wulf, I., Das Lieferkettensorgfaltspflichtengesetz: Anforderungen, praktische Hinweise und Handlungsempfehlungen für KMU, in: DStZ 2022, S. 475–489.

Wulf, I., EU-Vorschläge zur Weiterentwicklung der CSR-Richtlinie und Auswirkungen auf KMU im Lichte der Sustainable-Finance-Initiative, in: DStZ 2021, S. 812–824.

Wulf, I., Systematik und Bilanzierung von Software – Ansatz- und Bewertungsentscheidungen mit Fokus auf Anwendungssoftware und Cloud Computing, in: DStZ 2022, S. 13–23.

Wulf, I., Wesentlichkeit in der nichtfinanziellen Berichterstattung nach § 289c Abs. 3 HGB und § 315c Abs. 2 HGB, in: Freiberg, J. (Hrsg.): Festschrift zum 65. Geburtstag von Dr. Norbert Lüdenbach: Fragestellungen und Perspektiven der Rechnungslegung nach HGB und IFRS, Herne 2020, S. 339–353.

Wulf, I./Velte, P., Nachhaltigkeitsberichterstattung nach der Corporate Sustainability Reporting Directive (CSRD) – Eine kritische Würdigung, in: ZCG 2022, S. 223–232.

Zülch, H./Willms, J., Rückstellung für Entsorgungs-, Wiederherstellungs- und ähnliche Verpflichtungen: Umstellung von HGB auf IFRS, in: DB 2005, S. 1178–1183.

Zwirner, C./Zieglmaier, H./Heyd, S., Bilanzierung und Besteuerung digitaler Leistungen, in: StuB 2019 (Beilage zu Heft 9), S. 1–20.

Gesetze, Richtlinien, Verordnungen

Abgabenordnung (AO) in der Fassung der Bekanntmachung vom 01.10.2002 (BGBl . I S. 3866; 2003 I S. 61), zuletzt geändert durch Gesetz vom 20.12.2022 (BGBl . I S. 2730).

Aktiengesetz (AktG) vom 06.09.1965, BGBl . I 1965, S. 1089–1184, zuletzt geändert durch Gesetz vom 19.06.2023 (BGBl . 2023 I Nr. 154).

Delegierte Verordnung (EU) 2019/815 der Kommission vom 17.12.2018 zur Ergänzung der Richtlinie 2004/109/EG des Europäischen Parlaments und des Rates im Hinblick auf technische Regulierungsstandards für die Spezifikation eines einheitlichen elektronischen Berichtsformats, Abl. EU Nr. L 143/1 vom 29.05.2019.

Einführungsgesetz zum Handelsgesetzbuch (EGHGB) vom 10.05.1897, RGBl. 1897, S. 437, zuletzt geändert durch Gesetz vom 19.06.2023 (BGBl . 2023 I Nr. 154).

Einkommensteuergesetz (EstG). Neugefasst durch Bek. vom 08.10.2009 BGBl . 2009, I S. 3366, 3862, zuletzt geändert durch Gesetz vom 20.12.2022 (BGBl . I S. 2730).

Gesetz über den rechtlichen Schutz von Design (Designgesetz – DesignG) vom 24.02.2014 (BGBl . I S. 122), zuletzt geändert durch Gesetz vom 10.08.2021 (BGBl . I S. 3490).

Gesetz über die unternehmerischen Sorgfaltspflichten in Lieferketten vom 16.07.2021, BGBl . I 2021, S. 2959 ff.

Gesetz über einen nationalen Zertifikatehandel für Brennstoffemissionen (Brennstoffemissionshandelsgesetz – BEHG) vom 12. Dezember 2019 (BGBl . I S. 2728), zuletzt geändert durch Gesetz vom 09.11.2022 (BGBl . I S. 2006).

Gesetz über elektronische Handelsregister und Genossenschaftsregister sowie Unternehmensregister (EHUG) vom 10.11.2006, BGBl . I 2006, S. 2553–2586.

Gesetz zur Umsetzung der Richtlinie (EU) 2021/2101 im Hinblick auf die Offenlegung von Ertragsteuerinformationen durch bestimmte Unternehmen und Zweigniederlassungen sowie zur Änderung des Verbraucherstreitbeilegungsgesetzes und des Pflichtversicherungsgesetzes vom 19.06.2023, BGBl . I Nr. 154 vom 21.06.2023.

Handelsgesetzbuch (HGB) vom 10.05.1897, RGBl. 1897, S. 219–436, zuletzt geändert durch Gesetz vom 19.06.2023 (BGBl . 2023 I Nr. 154).

Immobilien-Leasing- Teilamortisationserlaß »Ertragsteuerliche Behandlung von Teilamortisations-Leasing-Verträgen über unbewegliche Wirtschaftsgüter« (BMF, Schreiben vom 23.12.1991 (BStBl 1992 I S. 13), IV B 2- S 2170 – 115/91).

Immobilien-Leasing-Vollamortisationserlaß »Ertragsteuerliche Behandlung von Finanzierungs-Leasing-Verträgen über unbewegliche Wirtschaftsgüter« (BMF, Schreiben vom 21.03.1972 (BStBl 1972 I S. 188), F/IV B 2 – S 2170 – 11/72).

Mobilien-Leasing-Teilamortisationserlaß »Steuerrechtliche Zurechnung des Leasing-Gegenstandes beim Leasing-Geber« (BMF, Schreiben vom 22.12.75, IV B 2 – S 2170 – 161/75).

Mobilien-Leasing-Vollamortisationserlaß »Ertragsteuerliche Behandlung von Leasing-Verträgen über bewegliche Wirtschaftsgüter« (BMF, Schreiben vom 19.04.1971 (BStBl 1971 I S. 264), IV B/2 – S 2170 – 31/71).

Richtlinie (EU) 2022/2464 vom 14.12.2022 zur Änderung der Verordnung (EU) Nr. 537/2014 und der Richtlinien 2004/109/EG, 2006/43/EG und 2013/34/EU hinsichtlich der Nachhaltigkeitsberichterstattung von Unternehmen (Corporate Sustainability Reporting Directive – CSRD), AblEU Nr. L 322 vom 16.12.2022, S. 15 ff.

Verordnung 2019/2089/EU des Europäischen Parlaments und des Rates vom 27. November 2019 zur Änderung der Verordnung (EU) 2016/1011 hinsichtlich EU-Referenzwerten für den klimabedingten Wandel, hinsichtlich auf das Übereinkommen von Paris abgestimmter EU-Referenzwerte sowie hinsichtlich nachhaltigkeitsbezogener Offenlegungen für Referenzwerte (Text von Bedeutung für den EWR, Abl. EU Nr. L 317/17 vom 09.12.2019.

Verordnung 2019/876/EU des Europäischen Parlaments und des Rates vom 20. Mai 2019 zur Änderung der Verordnung (EU) Nr. 575/2013 in Bezug auf die Verschuldungsquote, die strukturelle Liquiditätsquote, Anforderungen an Eigenmittel und berücksichtigungsfähige Verbindlichkeiten, das Gegenparteiausfallrisiko, das Marktrisiko, Risikopositionen gegenüber zentralen Gegenparteien, Risikopositionen gegenüber Organismen für gemeinsame Anlagen, Großkredite, Melde- und Offenlegungspflichten und der Verordnung (EU) Nr. 648/2012, Abl. EU Nr. L150/1 vom 07.06.2019.

Aufstellung der Deutschen Rechnungslegungsstandards (DRS)

DRS 1	Befreiender Konzernabschluss nach § 292 a HGB (aufgehoben nach Aufhebung von § 292a HGB durch das BilReG)
DRS 2	Kapitalflussrechnung (mit DRS 21 aufgehoben)
DRS 3	Segmentberichterstattung (mit DRS 28 aufgehoben)
DRS 4	Unternehmenserwerbe im Konzernabschluss (mit DRS 23 aufgehoben)
DRS 5	Risikoberichterstattung (mit DRS 20 aufgehoben)
DRS 6	Zwischenberichterstattung (mit DRS 16 aufgehoben)
DRS 7	Konzerneigenkapital und Konzerngesamtergebnis (mit DRS 22 aufgehoben)
DRS 8	Bilanzierung von Anteilen an assoziierten Unternehmen im Konzernabschluss (mit DRS 26 aufgehoben)
DRS 9	Bilanzierung von Anteilen an Gemeinschaftsunternehmen im Konzernabschluss (mit DRS 27 aufgehoben)
DRS 10	Latente Steuern im Konzernabschluss (mit DRS 18 aufgehoben)
DRS 11	Berichterstattung über Beziehungen zu nahe stehenden Personen (aufgehoben nach Einfügung einer diesbezüglichen Anhangangabe in § 314 Abs. 1 Nr. 13 bzw. § 285 Nr. 21 HGB durch das BilMoG)
DRS 12	Immaterielle Vermögenswerte des Anlagevermögens (mit DRS 24 aufgehoben)
DRS 13	Grundsatz der Stetigkeit und Berichtigung von Fehlern
DRS 14	Währungsumrechnung (mit DRS 25 aufgehoben)
DRS 15	Lageberichterstattung (mit DRS 20 aufgehoben)
DRS 15a	Übernahmerechtliche Angaben und Erläuterungen im Konzernlagebericht (aufgehoben nach Einfügung einer diesbezüglichen Berichtspflicht in § 315 Abs. 4 bzw. § 289 Abs. 4 HGB durch das Übernahmerichtlinie-Umsetzungsgesetz; mit dem CSR-RUG erfolgte eine Auslagerung in § 315a bzw. § 289a HGB)
DRS 16	Zwischenberichterstattung
DRS 17	Berichterstattung über die Vergütung der Organmitglieder
DRS 18	Latente Steuern
DRS 19	Pflicht zur Konzernrechnungslegung und Abgrenzung des Konsolidierungskreises
DRS 20	Konzernlagebericht
DRS 21	Kapitalflussrechnung
DRS 22	Konzerneigenkapital

DRS 23	Kapitalkonsolidierung (Einbeziehung von Tochterunternehmen in den Konzernabschluss)
DRS 24	Immaterielle Vermögensgegenstände im Konzernabschluss
DRS 25	Währungsumrechnung im Konzernabschluss
DRS 26	Assoziierte Unternehmen
DRS 27	Anteilmäßige Konsolidierung
DRS 28	Segmentberichterstattung

Aufstellung der International Financial Reporting Standards (IFRS)

IAS 1	Darstellung des Abschlusses
IAS 2	Vorräte
IAS 7	Kapitalflussrechnungen
IAS 8	Rechnungslegungsmethoden, Änderungen von rechnungslegungsbezogenen Schätzungen und Fehler
IAS 10	Ereignisse nach dem Bilanzstichtag
IAS 11	Fertigungsaufträge
IAS 12	Ertragsteuern
IAS 16	Sachanlagevermögen
IAS 17	Leasingverhältnisse
IAS 18	Umsatzerlöse (aufgehoben)
IAS 19	Leistungen an Arbeitnehmer
IAS 20	Bilanzierung und Darstellung von Zuwendungen der öffentlichen Hand
IAS 21	Auswirkungen von Wechselkursänderungen
IAS 23	Fremdkapitalkosten
IAS 24	Angaben über Beziehungen zu nahestehenden Unternehmen und Personen
IAS 26	Bilanzierung und Berichterstattung von Altersversorgungsplänen
IAS 27	Einzelabschlüsse
IAS 28	Anteile an assoziierten Unternehmen
IAS 29	Rechnungslegung in Hochinflationsländern
IAS 31	Anteile an Gemeinschaftsunternehmen (aufgehoben)
IAS 32	Finanzinstrumente: Darstellung
IAS 33	Ergebnis je Aktie
IAS 34	Zwischenberichterstattung
IAS 36	Wertminderung von Vermögenswerten
IAS 37	Rückstellungen, Eventualverbindlichkeiten und Eventualforderungen
IAS 38	Immaterielle Vermögensgegenstände
IAS 39	Finanzinstrumente: Ansatz und Bewertung (wurde weitgehend durch IFRS 9 abgelöst)
IAS 40	Als Finanzinvestition gehaltene Immobilien

IAS 41	Landwirtschaft
IFRS 1	Erstmalige Anwendung der IFRS
IFRS 2	Anteilsbasierte Vergütung
IFRS 3	Unternehmenszusammenschlüsse
IFRS 5	Zur Veräußerung gehaltene langfristige Vermögenswerte und aufgegebene Geschäftsbereiche
IFRS 6	Exploration und Evaluierung von Bodenschätzen
IFRS 7	Finanzinstrumente: Angaben
IFRS 8	Geschäftssegmente
IFRS 9	Finanzinstrumente
IFRS 10	Konzernabschlüsse
IFRS 11	Joint Arrangements – Gemeinsame Vereinbarungen
IFRS 12	Angaben zu Anteilen an Beteiligungen an anderen Unternehmen
IFRS 13	Fair Value Bemessung des beizulegenden Zeitwerts
IFRS 14	Regulatorische Abgrenzungsposten (bisher kein Endorsement; EFRAG hat vorgeschlagen, IFRS 14 nicht in EU-Recht zu übernehmen)
IFRS 15	Erlöse aus Verträgen mit Kunden
IFRS 16	Leasingverhältnisse
IFRS 17	Versicherungsverträge

Stichwortverzeichnis

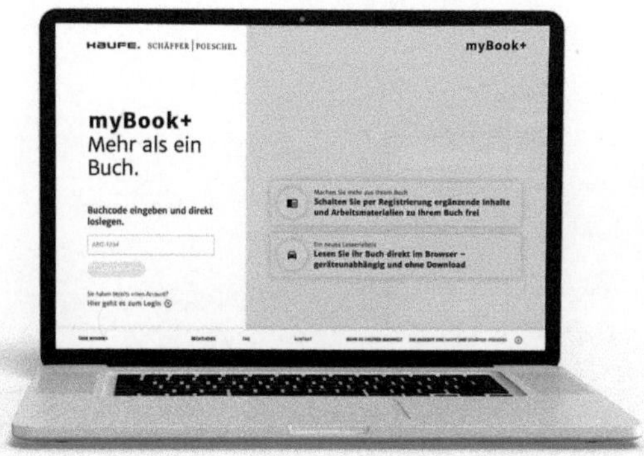

Ihre Online-Inhalte zum Buch: Exklusiv für Buchkäuferinnen und Buchkäufer!

▶ **https://mybookplus.de**

▶ Buchcode: **XTA-38411**